Grundkurs Funktionentheorie

Klaus Fritzsche

Grundkurs Funktionentheorie

Eine Einführung in die komplexe Analysis und ihre Anwendungen

2. Auflage

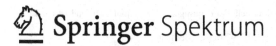 Springer Spektrum

Klaus Fritzsche
Bergische Universität Wuppertal
Wuppertal, Deutschland

ISBN 978-3-662-60381-9   ISBN 978-3-662-60382-6   (eBook)
https://doi.org/10.1007/978-3-662-60382-6

Die Deutsche Nationalbibliothek verzeichnet diese Publikation in der Deutschen Nationalbibliografie; detaillierte bibliografische Daten sind im Internet über http://dnb.d-nb.de abrufbar.

Springer Spektrum

Planung/Lektorat: Andreas Rüdinger

Springer Spektrum ist ein Imprint der eingetragenen Gesellschaft Springer-Verlag GmbH, DE und ist ein Teil von Springer Nature.
Die Anschrift der Gesellschaft ist: Heidelberger Platz 3, 14197 Berlin, Germany

Aus dem Vorwort zur 1. Auflage:

Die Funktionentheorie besticht durch Eleganz und Kraft, sie zeigt sich als eine in sich abgeschlossene Theorie, die dennoch zahlreiche andere Gebiete der Mathematik befruchtet und sich durch ihre Anwendbarkeit einen wichtigen Platz in den Natur- und Ingenieurwissenschaften erobert hat. Für den Mathematiker steht die Funktionentheorie an der Schnittstelle zwischen den drei großen Gebieten Algebra, Geometrie und Analysis und liefert unverzichtbare Beiträge zu allen drei Disziplinen. Anwender, die neben einer Reihe anderer wichtiger Methoden immer wieder Integrale und Integraltransformationen mit all ihren Facetten benutzen müssen, schätzen die Funktionentheorie, die jenseits der klassischen Methoden zur Bestimmung von Stammfunktionen ganz neue, starke und dennoch leicht zu handhabende Werkzeuge bereitstellt.

Studienanfängern stellt sich die Funktionentheorie als eine erste Begegnung mit neuen, unbekannten Welten dar, die über den Schulhorizont weit hinausgehen. Deshalb wird die Funktionentheorie am Anfang als besonders schwer empfunden, obwohl sie das überhaupt nicht ist. Hier muss man sich wirklich auf Neues einlassen und in Kauf nehmen, dass man mit Gegenständen zu arbeiten hat, die sich der Anschauung entziehen. Dies ist zugleich die Chance, in der Welt der Mathematik „erwachsen" zu werden. Hat man die Funktionentheorie erfolgreich studiert und damit auch immer wieder Wechsel der Betrachtungsrichtung vollzogen, so hat man die mathematischen Denk- und Arbeitsweisen begriffen und ist bereit, sich auch noch weit anspruchsvolleren Zielen zuzuwenden.

Die ersten drei Kapitel dieses Buches umfassen den eigentlichen Kern der Funktionentheorie, von der Einführung komplexer Zahlen und Funktionen und deren Differenzierbarkeit über die faszinierend einfache und doch verblüffend mächtige Theorie der komplexen Kurvenintegrale mit allen Wundern der Cauchy-Theorie bis hin zum Höhepunkt, dem Residuensatz, der die Behandlung von Singularitäten (fast) zum Kinderspiel macht und dessen mögliche Anwendungen ein eigenes Buch füllen könnten. Sind komplexe Zahlen und Reihen schon bekannt, so kann man sich all dies – vielleicht da und dort noch ein wenig gestrafft – in einem halben Semester aneignen. Traditionell ist dies eher Stoff für ein ganzes Semester, dann würde man aber noch ein paar Themen aus den folgenden Kapiteln hinzunehmen, insbesondere die Verallgemeinerung der Cauchy-Theorie auf Ketten und Zyklen und den eleganten Beweis von Dixon für den Cauchy'schen Integralsatz.

Das vierte Kapitel baut vor allem auf dem Residuensatz auf und stellt Verfahren zur Konstruktion von komplex-differenzierbaren Funktionen mit vorgegebenen Nullstellen und Singularitäten in den Mittelpunkt. Die Gamma-Funktion ist nur ein wichtiges Beispiel, die elliptischen Funktionen mit ihren vielfältigen Beziehungen zur Algebra und Geometrie ein anderes. Außerdem ergeben sich ganz unerwartet die Summen gewisser aus dem Reellen bekannter Reihen, die in den Anfangssemestern meist gar nicht (oder nur mühsam auf dem Umweg über die Fourier-Theorie) berechnet werden.

Möbius-Transformationen werden schon im ersten Kapitel definiert, danach immer wieder aufgegriffen und schließlich ausführlich im fünften Kapitel benutzt, u.a. beim Beweis des Riemann'schen Abbildungssatzes, einer besonderen Perle der Funktionentheorie. Mit seiner Hilfe können einfach zusammenhängende Gebiete topologisch charakterisiert und die Cauchy-Theorie zum Abschluss gebracht werden. Der Rest des letzten Kapitels widmet sich der holomorphen Fortsetzung und stellt dafür als besonders mächtiges Werkzeug das Spiegelungsprinzip zur Verfügung. Damit werden die Zusammenhänge zwischen elliptischen Integralen, elliptischen Funktionen und elliptischen Kurven deutlich gemacht.

Jedes Kapitel endet mit einem Abschnitt über Anwendungen. Das beginnt mit dem Gebrauch von komplexen Zahlen und harmonischen Funktionen in der Geometrie, der Elektrotechnik, der ebenen Feldtheorie und z.B. auch bei der Lösung von gewöhnlichen Differentialgleichungen. Der Residuensatz liefert viele Lösungen für kompliziertere Integrationsprobleme, auch solche, bei denen Polstellen auf dem Integrationsweg auftreten, und Methoden der Umkehrung von Integral-Transformationen. Nach Einführung des unendlich fernen Punktes kann auf fortgeschrittene Methoden wie asymptotische Entwicklungen und die Sattelpunktmethode zur asymptotischen Integralauswertung eingegangen werden.

Die Möbius-Transformationen finden Eingang in die fraktale Geometrie und liefern ein Modell für die Bewegungen in der nichteuklidischen Geometrie. Anfänge der analytischen Zahlentheorie ergeben sich aus dem Studium der Zeta-Funktion. Deren Nullstellen sind Inhalt eines der größten ungelösten Probleme der Mathematik, der „Riemann'schen Vermutung".

Als Anwendung des Spiegelungsprinzips gewinnt man Formeln für die konforme Abbildung von Polygongebieten auf den Einheitskreis oder die obere Halbebene, die Umkehrung wird durch Jacobi'sche elliptische Funktionen gegeben. Elliptische Kurven bieten einen Abstecher in die algebraische Geometrie. Da sie dort auch über endlichen Körpern betrachtet werden können, sind sie ein wichtiges Thema in der Kryptographie.

Das Buch wendet sich an Studierende im dritten oder vierten Semester Mathematik, aber durch die Darstellung und die umfangreichen Anwendungsbeispiele ist es auch für Studierende der Physik und der Ingenieurwissenschaften bestens geeignet. Vorausgesetzt werden Grundkenntnisse aus der reellen Analysis von einer und mehreren Veränderlichen und ein paar einfache Tatsachen aus der linearen Algebra. Vorkenntnisse aus der mengentheoretischen Topologie wären zwar hilfreich, aber alles, was nötig ist, wird im Text bereitgestellt.

Wuppertal, im Oktober 2008   Klaus Fritzsche

Vorwort zur 2. Auflage

Vorrangigstes Ziel der zweiten Auflage war zunächst die Beseitigung von Druckfehlern, Unklarheiten und kleinen Irrtümern, sowie die Aufnahme vollständiger Lösungen zu sämtlichen Aufgaben. Ein paar inhaltliche Verbesserungen und Erweiterungen boten sich bei der Gelegenheit an, sie werden weiter unten beschrieben.

Um eine flexiblere Auflagenplanung des Grundkurses Funktionentheorie zu ermöglichen, hat der Verlag beschlossen, das Werk ab der zweiten Auflage einfarbig zu drucken. Deshalb wurden alle Illustrationen sorgfältig überarbeitet und mit Graustufen neu gestaltet, so dass kein Qualitätsverlust entstanden ist und sogar größere Klarheit erreicht wurde.

Beim Layout werden jetzt folgende Gestaltungsmittel benutzt:

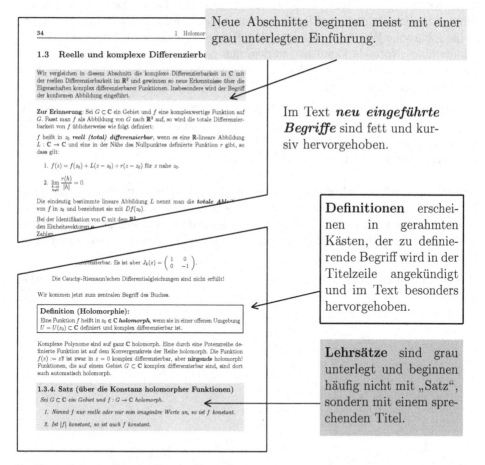

Neue Abschnitte beginnen meist mit einer grau unterlegten Einführung.

Im Text *neu eingeführte Begriffe* sind fett und kursiv hervorgehoben.

Definitionen erscheinen in gerahmten Kästen, der zu definierende Begriff wird in der Titelzeile angekündigt und im Text besonders hervorgehoben.

Lehrsätze sind grau unterlegt und beginnen häufig nicht mit „Satz", sondern mit einem sprechenden Titel.

In Kapitel 3 wurden die Integralberechnungen etwas erweitert und besser strukturiert, sowie der Satz von Hurwitz schon dort bewiesen. Neu ist Abschnitt 3.4, „Der verallgemeinerte Integralsatz", der Teile des Abschnittes 5.1 aus der ersten Auflage und jetzt auch den Residuensatz in allgemeinster Form enthält. Außerdem wurden die Anwendungen zu Kapitel 3 teils erweitert und teils etwas gestrafft. Im Sinne einer Vereinheitlichung wird nun überall das Riemann'sche Integral verwendet.

Der Abschnitt „Holomorphie im Unendlichen" wurde gekürzt, weil die Automorphismengruppen von Gebieten nun erst in Abschnitt 5.1 behandelt werden, und der Abschnitt über „Normale Familien" taucht jetzt – in erweiterter Form – auch erst im nächsten Kapitel auf. Folgerichtig mussten einige Anwendungen zwischen Kapitel 4 und 5 verschoben werden. Außerdem wurde der Abschnitt über die Zetafunktion um einige Beweise ergänzt, insbesondere wird nun der komplette Beweis der Funktionalgleichung präsentiert.

Im Kapitel 5 über „Geometrische Funktionentheorie" findet man am Anfang die weiter vorne ausgelassenen Themen: Es beginnt mit dem Abschnitt über „Automorphismen von Gebieten", der jetzt auch Ergebnisse über die Beziehung zwischen Möbiustransformationen und Drehungen der Sphäre enthält, sowie eine Einführung in die sphärische Weglänge, auf die später Bezug genommen wird. Es folgt der Abschnitt über „Normale Familien", in dem nun genauer zwischen holomorphen und meromorphen Familien unterschieden und die sphärische Ableitung und der Satz von Marty präsentiert wird.

Der Abschnitt „Der Riemann'sche Abbildungssatz" ist gegenüber der entsprechenden Version in der ersten Auflage stark verkürzt, weil vieles schon an früherer Stelle behandelt wurde. Die restlichen Abschnitte von Kapitel 5 entsprechen bis auf kleine Erweiterungen den alten Abschnitten 5.2 bis 5.4.

Zum Schluss möchte ich mich pauschal bei allen Lesern bedanken, die mich auf Druckfehler aufmerksam gemacht oder Verbesserungen vorgeschlagen haben. Außerdem möchte ich mich bei Barbara Lühker und Andreas Rüdinger vom Springer-Verlag bedanken, die mich wie immer mit viel Geduld und Sachkenntnis unterstützt haben.

Wuppertal, im Oktober 2019 Klaus Fritzsche

Inhaltsverzeichnis

Aus dem Vorwort zur 1. Auflage v

Vorwort zur 2. Auflage vii

Inhaltsverzeichnis ix

1 Holomorphe Funktionen **1**

1.1 Die komplexen Zahlen 1

1.2 Komplex differenzierbare Funktionen 18

1.3 Reelle und komplexe Differenzierbarkeit 34

1.4 Der komplexe Logarithmus 43

1.5 Anwendungen 50

Summenberechnungen • Differentialgleichungen • Komplexe Zahlen in der Geometrie • Komplexe Zahlen in der Elektrotechnik • Harmonische Funktionen und ebene Strömungsfelder.

2 Integration im Komplexen **69**

2.1 Komplexe Kurvenintegrale 69

2.2 Der Cauchy'sche Integralsatz 77

2.3 Der Entwicklungssatz 87

2.4 Anwendungen 100

Das Dirichlet-Problem • Ebene Felder • Die Green'sche Funktion.

3 Isolierte Singularitäten **113**

3.1 Laurent-Reihen 113

3.2 Umlaufszahlen 126

3.3 Der Residuensatz 136

3.4 Der verallgemeinerte Integralsatz 152

3.5 Anwendungen 159

Partialbruchzerlegung • Integralberechnungen • Cauchy'sche Hauptwerte und Dispersionsrelationen • Fourier-Transformationen • Laplace-Transformationen.

4 Meromorphe Funktionen **189**

4.1 Holomorphie im Unendlichen 189

4.2   Der Satz von Mittag-Leffler   198

4.3   Der Weierstraß'sche Produktsatz   206

4.4   Die Gamma-Funktion   215

4.5   Elliptische Funktionen   224

4.6   Anwendungen   234

Reihenberechnungen I • Reihenberechnungen II • Das Residuum im unendlich fernen Punkt • Asymptotische Entwicklungen • Die Sattelpunktmethode • Die Riemann'sche Zeta-Funktion • Elliptische Kurven.

5   Geometrische Funktionentheorie   **267**

5.1   Automorphismen von Gebieten   267

5.2   Normale Familien   277

5.3   Der Riemann'sche Abbildungssatz   287

5.4   Holomorphe Fortsetzung   294

5.5   Randverhalten   299

5.6   Das Spiegelungsprinzip   307

5.7   Anwendungen   313

Die Mandelbrot-Menge • Nichteuklidische Geometrie • Die Formel von
Schwarz-Christoffel • Elliptische Integrale und Jacobi'sche elliptische Funktionen.

6   Lösungen zu den Aufgaben   **331**

6.1   Lösungen zu Kapitel 1   331

6.2   Lösungen zu Kapitel 2   339

6.3   Lösungen zu Kapitel 3   346

6.4   Lösungen zu Kapitel 4   359

6.5   Lösungen zu Kapitel 5   372

Literaturverzeichnis   **387**

Symbolverzeichnis   **389**

Stichwortverzeichnis   **391**

1 Holomorphe Funktionen

1.1 Die komplexen Zahlen

Zur Einführung: Die komplexen Zahlen wurden – eigentlich aus Versehen – in der Renaissance entdeckt, als man versuchte, Gleichungen dritten Grades zu lösen. Es erwies sich als vorteilhaft, in – zunächst verheimlichten – Nebenrechnungen die Wurzel aus -1 zu verwenden, wenn diese dann im Endergebnis nicht mehr auftauchte. Irgendwann wollte man dann aber doch das Wesen solcher „imaginärer Größen" ergründen. Es ist vor allem den Mathematikern Euler, Gauß und Hamilton zu verdanken, dass wir heute ganz normal mit komplexen Zahlen rechnen können und in ihnen nichts Geheimnisvolles mehr sehen.

Die Gesetze der Anordnung der reellen Zahlen haben zwingend zur Folge, dass das Quadrat einer reellen Zahl immer positiv ist. Demnach kann es in $\mathbb{R}$ keine Zahl geben, deren Quadrat die Zahl -1 ergibt. Möchte man also so etwas wie $\sqrt{-1}$ zulassen, so reicht die reelle Zahlengerade nicht mehr aus. In der Ebene steht immerhin schon die bekannte Vektoraddition zur Verfügung. Eine Anordnung wie in $\mathbb{R}$ ist dort allerdings nicht mehr möglich. Sind ein Vektor $\mathbf{x}$ und sein Negatives $-\mathbf{x}$ gegeben, so kann keiner dieser beiden Vektoren auf natürliche Weise als „positiv" ausgezeichnet werden. Die Vektoren der Ebene besitzen aber immer eine Länge, und die Länge eines Produktes sollte dem Produkt der Längen entsprechen. Das hat zur Folge, dass die imaginäre Einheit $i = \sqrt{-1}$ die Länge 1 haben muss. Und weil die Multiplikation mit $i^2 = -1$ einer Drehung um 180° entspricht, liegt es nahe, die Multiplikation mit i selbst als eine Drehung um 90° aufzufassen.

Schreibt man nun jede komplexe Zahl in der Form $z = a \cdot 1 + b \cdot i$ mit reellen Koeffizienten a und b, so ergibt sich eine Formel für die Multiplikation von selbst.

Definition (Komplexe Zahlen):

Unter dem Körper $\mathbb{C}$ der *komplexen Zahlen* versteht man die Menge aller (geordneten) Paare (a, b) von reellen Zahlen mit folgenden Rechenoperationen:

1. $(a, b) + (c, d) := (a + c, b + d)$.

2. $(a, b) \cdot (c, d) := (ac - bd, ad + bc)$.

Das Element $(1, 0)$ wird mit 1 bezeichnet, das Element $(0, 1)$ mit i.

Bezüglich der Addition ist $\mathbb{C}$ dann eine abelsche Gruppe mit dem neutralen Element $0 = (0, 0)$ und dem Negativen $-(x, y) = (-x, -y)$. Identifiziert man $x \in \mathbb{R}$ mit dem Paar $(x, 0)$, so kann man $\mathbb{R}$ als Teilmenge von $\mathbb{C}$ auffassen. Weil $(x, 0) \cdot (a, b) = (xa, xb)$ ist, induziert die Multiplikation komplexer Zahlen die be-

© Springer-Verlag GmbH Deutschland, ein Teil von Springer Nature 2019
K. Fritzsche, *Grundkurs Funktionentheorie*,
https://doi.org/10.1007/978-3-662-60382-6_1

kannte Multiplikation mit reellen Skalaren, die zur $\mathbb{R}$-Vektorraum-Struktur auf dem $\mathbb{R}^2$ gehört.

Die Elemente 1 und i bilden eine Basis von $\mathbb{C}$ über $\mathbb{R}$. Jede komplexe Zahl besitzt deshalb eine eindeutige Darstellung

$$z = a + ib, \text{ mit } a, b \in \mathbb{R}.$$

Man nennt $\mathrm{Re}(z) := a$ den *Realteil* und $\mathrm{Im}(z) := b$ den *Imaginärteil* der komplexen Zahl z.

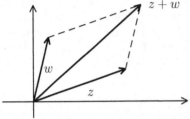

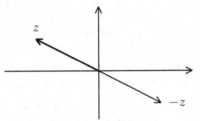

Addition komplexer Zahlen   Das Negative einer komplexen Zahl

Ist $z = x + iy \in \mathbb{C}$, so nennt man $\bar{z} := x - iy$ die zu z *konjugierte (komplexe) Zahl*. Man gewinnt sie durch Spiegelung an der x-Achse. Es gilt:

1. Ist $z = x + iy$, so ist $z \cdot \bar{z} = x^2 + y^2$ eine nicht-negative reelle Zahl.

2. Realteil und Imaginärteil einer komplexen Zahl sind gegeben durch

$$\mathrm{Re}(z) = \frac{1}{2}(z + \bar{z}) \text{ und } \mathrm{Im}(z) = \frac{1}{2i}(z - \bar{z}).$$

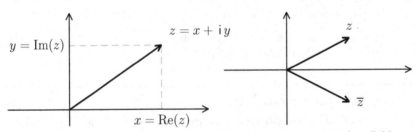

Real- und Imaginärteil einer komplexen Zahl   Die konjugierte komplexe Zahl

Ist $w = a + ib$ eine feste komplexe Zahl, so ist $L_w : \mathbb{C} \to \mathbb{C}$ mit $L_w(z) := w \cdot z$ eine $\mathbb{C}$-lineare Abbildung, also erst recht $\mathbb{R}$-linear. Weil $L_w(1) = a + ib$ und $L_w(i) = -b + ia$ ist, wird L_w bezüglich der Basis $\{1, i\}$ durch die Matrix

$$M_w := \begin{pmatrix} a & -b \\ b & a \end{pmatrix}$$

beschrieben. Eine einfache Rechnung zeigt, dass $M_v \cdot M_w = M_{vw}$ ist. Da die Matrizen-Multiplikation assoziativ ist, folgt sofort das Assoziativgesetz für die Multiplikation in $\mathbb{C}$. Das Kommutativgesetz werden wir weiter unten beweisen.

Die reelle Zahl $|z| := +\sqrt{z\overline{z}}$ nennt man den **Betrag** der komplexen Zahl z. Sie stimmt mit der euklidischen Norm des Vektors z überein.

Ist $z \neq 0$, so ist $z\overline{z} = |z|^2 > 0$, und es gilt $1 = z \cdot \dfrac{\overline{z}}{z\overline{z}}$.

Also ist z invertierbar und $z^{-1} = \dfrac{\overline{z}}{|z|^2}$.

Das Inverse der komplexen Zahl z gewinnt man demnach, indem man z zunächst an der x–Achse spiegelt, und dann am Einheitskreis.[1]

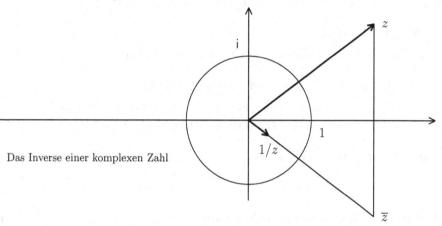

Das Inverse einer komplexen Zahl

Wir können jetzt eine anschauliche Vorstellung von der Multiplikation in $\mathbb{C}$ gewinnen. Ist $z = x + \mathrm{i}\,y \neq 0$, so ist $z = |z| \cdot \dfrac{z}{|z|}$ und $\dfrac{z}{|z|} = \alpha + \mathrm{i}\,\beta$, mit

$$\alpha := \frac{x}{\sqrt{x^2 + y^2}} \quad \text{und} \quad \beta := \frac{y}{\sqrt{x^2 + y^2}}.$$

Offensichtlich ist $\alpha^2 + \beta^2 = 1$, es gibt also einen (eindeutig bestimmten) Winkel $\theta \in [0, 2\pi)$ mit $\alpha = \cos\theta$ und $\beta = \sin\theta$. Damit folgt:

$$z = |z| \cdot (\cos\theta + \mathrm{i}\,\sin\theta).$$

Das ist die (eindeutig bestimmte) **Polarkoordinaten–Darstellung** der komplexen Zahl z. Die Zahl $\arg(z) := \theta \in [0, 2\pi)$ nennt man das **Argument** von z. Für $z = 0$ ist gar kein Winkel festgelegt.

1.1.1. Beispiele

A. Es ist $|\,\mathrm{i}\,| = 1$ und $\arg(\mathrm{i}) = \pi/2$.

B. Sei $z = 1 + \mathrm{i}$. Dann ist $z\overline{z} = (1 + \mathrm{i})(1 - \mathrm{i}) = 2$, also $|z| = \sqrt{2}$. Weil $\cos(\pi/4) = \sin(\pi/4) = 1/\sqrt{2}$ ist, folgt: $\arg(z) = \pi/4$.

---

[1]Die Menge $\mathbb{E} := \{z \in \mathbb{C} : |z| = 1\}$ nennt man den **Einheitskreis**. Unter der Spiegelung einer komplexen Zahl w mit $|w| = r$ an $\mathbb{E}$ versteht man jene komplexe Zahl, die in die gleiche Richtung wie w zeigt, aber die Länge $1/r$ besitzt.

Setzen wir $U(t) := \cos t + i \sin t$ für $t \in \mathbb{R}$, so gibt es zu jeder komplexen Zahl $z \neq 0$ genau ein $r > 0$ und ein $t \in [0, 2\pi)$ mit $z = r \cdot U(t)$. Außerdem gilt:

1. $U(0) = 1$ und $|U(t)| = 1$ für alle $t \in \mathbb{R}$.

2. $U(s) \cdot U(t) = U(s + t)$ für alle $s, t \in \mathbb{R}$.

3. $U(t) \neq 0$ für alle $t \in \mathbb{R}$ und $U(t)^{-1} = U(-t)$.

4. Es ist $U(t + 2\pi) = U(t)$ für alle $t \in \mathbb{R}$.

BEWEIS: (1) ist trivial.

(2) folgt aus den Additionstheoremen für Sinus und Cosinus:

$$
\begin{aligned}
U(s) \cdot U(t) &= (\cos s + i \sin s) \cdot (\cos t + i \sin t) \\
&= (\cos s \cos t - \sin s \sin t) + i\,(\cos s \sin t + \sin s \cos t) \\
&= \cos(s + t) + i \sin(s + t) \;=\; U(s + t).
\end{aligned}
$$

(3) $U(t) \neq 0$ folgt aus (1), und es ist

$$
1 = U(0) = U(t + (-t)) = U(t) \cdot U(-t), \text{ also } U(-t) = U(t)^{-1}.
$$

(4) Die Aussage folgt aus der Periodizität von Cosinus und Sinus.   ∎

Ist nun $z_1 = r_1 \cdot U(t_1)$ und $z_2 = r_2 \cdot U(t_2)$, so ist

$$
z_1 \cdot z_2 = r_1 r_2 \cdot U(t_1 + t_2).
$$

Bei der Multiplikation zweier komplexer Zahlen multiplizieren sich also die Beträge, und die Winkel addieren sich. Hieraus folgt sofort die Kommutativität der Multiplikation.

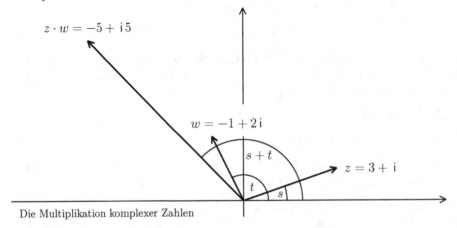

Die Multiplikation komplexer Zahlen

1.1.2. Formel von Moivre

$$(\cos t + i \sin t)^n = \cos(nt) + i \sin(nt), \quad \textit{für alle } n \in \mathbb{Z}.$$

Ein trivialer Induktionsbeweis zeigt, dass $U(t)^n = U(nt)$ für $n \in \mathbb{N}_0$ ist. Dann ist aber auch $U(-nt) = U\big(n \cdot (-t)\big) = U(-t)^n = \big(U(t)^{-1}\big)^n = U(t)^{-n}$. ∎

1.1.3. Beispiel

Die Formel von Moivre erleichtert manche Berechnungen. So ist z.B.

$$\begin{aligned}
\cos(3t) + i \sin(3t) &= (\cos t + i \sin t)^3 \\
&= \cos^3 t + 3\cos^2 t (i \sin t) + 3\cos t (i^2 \sin^2 t) + (i \sin t)^3 \\
&= \big(\cos^3 t - 3\cos t \sin^2 t\big) + i\big(3\cos^2 t \sin t - \sin^3 t\big).
\end{aligned}$$

Der Koeffizientenvergleich liefert dann

$$\cos(3t) = \cos^3 t - 3\cos t \sin^2 t \quad \text{und} \quad \sin(3t) = 3\cos^2 t \sin t - \sin^3 t.$$

Für $n \in \mathbb{N}$ setzen wir

$$\zeta_n := U(2\pi/n) = \cos\left(\frac{2\pi}{n}\right) + i \cdot \sin\left(\frac{2\pi}{n}\right).$$

Ist $m = k \cdot n$, so ist $(\zeta_n)^m = \cos(2k\pi) + i \cdot \sin(2k\pi) = 1$.

1.1.4. Die Lösungen der Gleichung $z^n = 1$

Für jede natürliche Zahl n hat die Gleichung $z^n = 1$ in $\mathbb{C}$ genau n Lösungen, nämlich

$$(\zeta_n)^0 = 1, (\zeta_n)^1 = \zeta_n, (\zeta_n)^2, (\zeta_n)^3, \ldots, (\zeta_n)^{n-1}.$$

BEWEIS: Wir haben schon gesehen, dass $\big((\zeta_n)^k\big)^n = (\zeta_n)^{n \cdot k} = 1$ ist, für $k = 0, \ldots, n-1$. Offensichtlich sind die n Zahlen $(\zeta_n)^k$ paarweise verschieden.

Ist umgekehrt w irgend eine Lösung der Gleichung $z^n = 1$, so ist auch $|w|^n = 1$, also $|w| = 1$. Das bedeutet, dass es ein $\theta \in [0, 2\pi)$ mit $U(\theta) = w$ gibt. Und es ist $U(n\theta) = w^n = 1$, also $\cos(n\theta) = 1$ und $\sin(n\theta) = 0$. Dann gibt es ein $k \in \mathbb{Z}$ mit $n\theta = k \cdot 2\pi$. Wegen $0 \le \theta < 2\pi$ ist $0 \le n\theta < n \cdot 2\pi$. Also kommen für k nur die Werte $0, 1, 2, \ldots, n-1$ in Frage. Damit ist alles bewiesen. ∎

Definition (Einheitswurzeln):

Die Zahlen $1, \zeta_n, (\zeta_n)^2, \ldots, (\zeta_n)^{n-1}$ nennt man die *n-ten Einheitswurzeln*.

Zum Beispiel sind $\zeta_2^0 = 1$ und $\zeta_2^1 = \zeta_2 = -1$ die 2. Einheitswurzeln,

$\zeta_3^0 = 1$, $\zeta_3 = \frac{1}{2}\big(-1 + i\sqrt{3}\big)$ und $\zeta_3^2 = \frac{1}{2}\big(-1 - i\sqrt{3}\big)$ die 3. Einheitswurzeln,

sowie $\zeta_4^0 = 1$, $\zeta_4 = i$, $\zeta_4^2 = -1$ und $\zeta_4^3 = -i$ die 4. Einheitswurzeln.

1.1.5. Beispiel

Wir wollen nun die fünften Einheitswurzeln berechnen. Ist $a := \cos(\pi/5)$ und $b := \sin(\pi/5)$, so liefert die Formel von Moivre die Gleichung

$$(a + b\,i\,)^5 = \cos(\pi) + i\,\sin(\pi) = -1.$$

Ein Vergleich der Imaginärteile ergibt dann die Gleichung $5a^4b - 10a^2b^3 + b^5 = 0$, also $5a^4 - 19a^2b^2 + b^4 = 0$. Setzt man $a^2 + b^2 = 1$ ein und löst nach a^2 auf, so erhält man:

$$a^2 = \frac{1}{8}\big(3 + \sqrt{5}\big) \quad \text{und} \quad b^2 = 1 - a^2 = \frac{1}{8}\big(5 - \sqrt{5}\big).$$

Das Vorzeichen bei der Lösung der quadratischen Gleichung ist dabei eindeutig bestimmt, weil $\pi/6 < \pi/5 < \pi/4$, also $1/2 < a^2 < 3/4$ ist. Nun folgt:

$$\cos\Big(\frac{2\pi}{5}\Big) \;=\; a^2 - b^2 \;=\; \frac{1}{8}\big(-2 + 2\sqrt{5}\big) \;=\; \frac{1}{4}\big(-1 + \sqrt{5}\big)$$

$$\text{und} \quad \sin\Big(\frac{2\pi}{5}\Big) \;=\; 2ab \;=\; \frac{1}{4}\sqrt{\big(3 + \sqrt{5}\big)\big(5 - \sqrt{5}\big)} \;=\; \frac{1}{4}\sqrt{10 + 2\sqrt{5}}.$$

Damit ist

$$\boxed{\;\zeta_5 = \cos\Big(\frac{2\pi}{5}\Big) + i\,\sin\Big(\frac{2\pi}{5}\Big) = \frac{1}{4}\big(-1 + \sqrt{5}\big) + \frac{i}{4}\sqrt{10 + 2\sqrt{5}}.\;}$$

Die anderen fünften Einheitswurzeln kann man nun leicht durch Potenzieren errechnen. Alle Punkte liegen auf den Ecken eines regelmäßigen 5-Ecks.

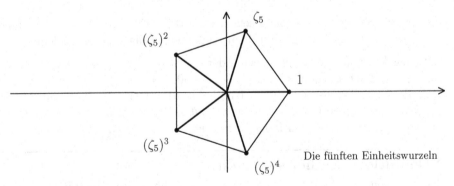

Die fünften Einheitswurzeln

1.1.6. Existenz n-ter komplexer Wurzeln

In $\mathbb{C}$ besitzt jede Zahl $z \neq 0$ genau n verschiedene n-te Wurzeln.

BEWEIS: Sei $z = r(\cos\theta + \mathrm{i}\,\sin\theta)$, mit $r = |z|$ und $\theta \in [0, 2\pi)$. Dann setzen wir

$$z_k := \sqrt[n]{r} \cdot (\cos\frac{\theta}{n} + \mathrm{i}\,\sin\frac{\theta}{n}) \cdot \zeta_n^k, \quad k = 0, 1, \ldots, n-1.$$

Offensichtlich sind dies n verschiedene komplexe Zahlen z_k mit $z_k^n = z$.

Ist andererseits w irgendeine Lösung der Gleichung $w^n = z$, so ist $w^n = z_0^n$, also $(wz_0^{-1})^n = 1$. Das bedeutet, dass es eine n-te Einheitswurzel ζ mit $w = z_0 \cdot \zeta$ gibt. ∎

Der Satz zeigt, dass man in $\mathbb{C}$ nie von **der** n-ten Wurzel einer Zahl z sprechen kann, es gibt stets n verschiedene. Das gilt auch im Falle $n = 2$. Das Symbol $\sqrt{z}$ ist also zweideutig, und es fällt schwer, eine der beiden Wurzeln auszuzeichnen. Zum Beispiel sind $\frac{1}{2}(1 - \mathrm{i})$ und $\frac{1}{2}(\mathrm{i} - 1)$ die beiden Wurzeln von $-\mathrm{i}/2$. Welche davon sollte man bevorzugen?

Wäre es möglich, $\mathbb{C}$ anzuordnen, so wäre jede komplexe Zahl $z \neq 0$ positiv oder negativ (d.h. $-z$ positiv), und das Produkt positiver Zahlen wäre wieder positiv. Insbesondere müsste das Quadrat jeder komplexen Zahl $\neq 0$ positiv sein, also $1 = 1 \cdot 1 > 0$ und $-1 = \mathrm{i} \cdot \mathrm{i} > 0$. Dann wäre aber auch $0 = 1 + (-1) > 0$, und das ist absurd. Deshalb kann man in $\mathbb{C}$ zwar aus jeder Zahl die Wurzel ziehen, eine Unterscheidung zwischen der positiven und der negativen Wurzel ist aber nicht möglich.

Nach den algebraischen Eigenschaften von $\mathbb{C}$ kommen wir nun zu den topologischen. Ist $r > 0$ und $z_0 \in \mathbb{C}$, so ist

$$D_r(z_0) := \{z \in \mathbb{C} : |z - z_0| < r\}$$

die (offene) **Kreisscheibe** mit Radius r um z_0.

Definition (offene und abgeschlossene Mengen):

Eine Teilmenge $U \subset \mathbb{C}$ heißt **offen**, falls es zu jedem $z \in U$ ein $\varepsilon > 0$ gibt, so dass $D_\varepsilon(z)$ noch ganz in U enthalten ist. Eine Menge heißt **abgeschlossen**, wenn ihr Komplement in $\mathbb{C}$ offen ist.

Offene und abgeschlossene Mengen in $\mathbb{C}$ stimmen also mit denen in $\mathbb{R}^2$ überein, und sie haben die gleichen Eigenschaften:

1. Die leere Menge und $\mathbb{C}$ sind zugleich offen und abgeschlossen.

2. Endliche Durchschnitte und beliebige Vereinigungen von offenen Mengen sind wieder offen.

3. Endliche Vereinigungen und beliebige Durchschnitte von abgeschlossenen
Mengen sind wieder abgeschlossen.

Definition (topologischer Raum):

Ein *topologischer Raum* ist eine Menge X, zusammen mit einem System aus-
gezeichneter Teilmengen, welche die *offenen Mengen* von X genannt werden,
so dass gilt:

1. Die leere Menge und der gesamte Raum X sind offen.

2. Endliche Durchschnitte und beliebige Vereinigungen von offenen Mengen
sind wieder offen.

Das System der offenen Mengen von X nennt man auch die *Topologie* von X.[2]

Eine Teilmenge $M \subset X$ heißt *Umgebung* eines Punktes $x_0 \in X$, falls es eine
offene Menge U mit $x_0 \in U \subset M$ gibt. Man schreibt dann: $M = M(x_0)$.

Der topologische Raum X heißt ein *Hausdorff-Raum*, falls es zu je zwei Punkten $x \neq y$ Umgebungen $U = U(x)$ und $V = V(y)$ mit $U \cap V = \varnothing$ gibt.

1.1.7. Beispiele

A. $\mathbb{C}$ ist offensichtlich ein topologischer Raum und sogar ein Hausdorff-Raum.

B. Eine *Metrik* auf einer Menge X ist eine Funktion $d : X \times X \to \mathbb{R}$ mit
folgenden Eigenschaften:

(a) $d(x, y) \geq 0$ für alle $x, y \in X$, und $d(x, y) = 0 \iff x = y$.

(b) $d(x, y) = d(y, x)$ für alle $x, y \in X$.

(c) $d(x, y) \leq d(x, z) + d(z, y)$ für alle $x, y, z \in X$ (Dreiecksungleichung).

Eine Menge X mit einer Metrik d bezeichnet man als *metrischen Raum*.

Jeder metrische Raum X ist automatisch ein topologischer Raum, wenn man
die offenen Mengen wie folgt definiert: Eine Menge $M \subset X$ soll „offen" genannt werden, wenn es zu jedem Punkt $x_0 \in M$ ein $\varepsilon > 0$ gibt, so dass die
„ε-Umgebung"

$$U_\varepsilon(x_0) := \{x \in X \, : \, d(x, x_0) < \varepsilon\}$$

noch ganz in M liegt.

Versieht man den $\mathbb{R}^n$ mit der Metrik $d(\mathbf{x}, \mathbf{y}) := \|\mathbf{x} - \mathbf{y}\|$, so erhält man die
aus der reellen Analysis bekannten ε-Umgebungen und den dort benutzten
Offenheitsbegriff. Das gilt insbesondere für den $\mathbb{R}^2$ und damit für $\mathbb{C}$.

---

[2]Eine kurze und gut verständliche Einführung in die Grundlagen der Topologie findet man in
[Jae3].

Es ist offensichtlich, dass in einem metrischen Raum die Eigenschaften einer Topologie wörtlich wie im $\mathbb{R}^n$ hergeleitet werden können, und genauso, dass jeder metrische Raum die Hausdorff-Eigenschaft besitzt.

Alle topologischen Räume, die uns in diesem Buch begegnen werden, sind in Wahrheit metrische Räume. Allerdings liegt nicht immer gleich auf der Hand, welche Metrik man wählen sollte. Deshalb erweist sich der (allgemeinere) Begriff des topologischen Raumes manchmal als praktischer.

Da die Topologie auf $\mathbb{C}$ offensichtlich mit der übereinstimmt, die man in der reellen Analysis im $\mathbb{R}^2$ verwendet, übertragen sich viele topologische Begriffe aus dem Reellen ins Komplexe. Insbesondere ist ein *stetiger Weg* in $\mathbb{C}$ eine stetige Abbildung α von einem Intervall I nach $\mathbb{C} \cong \mathbb{R}^2$.

Definition (Gebiet):

Ein *Gebiet* in $\mathbb{C}$ ist eine offene Teilmenge $G \subset \mathbb{C}$ mit der Eigenschaft, dass je zwei Punkte von G durch einen stetigen Weg miteinander verbunden werden können, der vollständig in G verläuft.

Ist $G \subset \mathbb{C}$ ein Gebiet, so bilden die offenen Mengen, die in G enthalten sind, eine Topologie für G. Also ist jedes Gebiet ein topologischer Raum (und natürlich auch ein Hausdorff-Raum). Gewöhnen muss man sich allerdings an den Begriff der abgeschlossenen Menge in einem Gebiet: Eine Teilmenge A in einem Gebiet G heißt *(relativ) abgeschlossen* in G, wenn $G \setminus A$ offen ist. Eine solche Menge braucht in $\mathbb{C}$ keineswegs abgeschlossen zu sein.

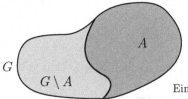

Eine relativ abgeschlossene Menge

Auch die *Konvergenz* von Folgen komplexer Zahlen definiert man wie üblich:

$$\lim_{n \to \infty} z_n = z_0 : \iff \quad \forall \varepsilon > 0 \; \exists n_0, \text{ so dass gilt: } z_n \in D_\varepsilon(z_0) \text{ für } n \geq n_0.$$

Die Folge (z_n) konvergiert genau dann (gegen z_0), wenn die Folgen $(\operatorname{Re} z_n)$ und $(\operatorname{Im} z_n)$ (gegen $\operatorname{Re} z_0$ bzw. $\operatorname{Im} z_0$) konvergieren.

1.1.8. Kriterium für die relative Abgeschlossenheit

Sei $G \subset \mathbb{C}$ ein Gebiet. Eine Teilmenge $A \subset G$ ist genau dann (relativ) abgeschlossen in G, wenn gilt:

Ist (z_n) eine Folge in A, die gegen einen Punkt $z_0 \in G$ konvergiert, so liegt z_0 schon in A.

BEWEIS: 1) Wir setzen zunächst voraus, dass A abgeschlossen in G ist. Sei (z_n) eine Folge in A, die gegen ein $z_0 \in G$ konvergiert. Wäre z_0 Element der offenen Menge $G \setminus A$, so gäbe es ein $\varepsilon > 0$, so dass $D_\varepsilon(z_0) \subset G \setminus A$ ist. Dann kann aber (z_n) nicht gegen z_0 konvergieren. Widerspruch!

2) Nun sei das Kriterium erfüllt. Zu zeigen ist, dass $G \setminus A$ offen ist. Sei $z_0 \in G \setminus A$. Wir nehmen an, dass keine ε-Umgebung von z_0 komplett in $G \setminus A$ liegt. Dann kann man zu jedem $n \in \mathbb{N}$ einen Punkt $z_n \in A$ mit $|z_n - z_0| < 1/n$ finden. Das bedeutet, dass (z_n) gegen z_0 konvergiert, und nach dem Kriterium müsste dann z_0 in A liegen. Also ist die Annahme falsch und alles bewiesen.   ∎

1.1.9. Eine typische Eigenschaft von Gebieten

Ist $G \subset \mathbb{C}$ ein Gebiet und $U \subset G$ eine nicht-leere Teilmenge, die zugleich offen und (relativ) abgeschlossen in G ist, so ist $U = G$.

BEWEIS: Sei $z_0 \in U$ und w_0 ein beliebiger Punkt in G. Dann gibt es einen stetigen Weg $\alpha : [0,1] \to G$ mit $\alpha(0) = z_0$ und $\alpha(1) = w_0$. Sei $M := \{t \in [0,1] : \alpha(s) \in U$ für $0 \le s \le t\}$ und $t_0 := \sup(M)$. Weil U in G abgeschlossen ist, liegt $\alpha(t_0)$ in U und damit t_0 in M. Weil U offen ist, geht das nur, wenn $t_0 = 1$ und $w_0 \in U$ ist.   ∎

1.1.10. Satz

Ist $G \subset \mathbb{C}$ ein Gebiet, so können je zwei Punkte von G durch einen Streckenzug in G verbunden werden.

BEWEIS: Sei $z_0 \in G$ beliebig und

$$U := \{z \in G : z \text{ kann in } G \text{ durch einen Streckenzug mit } z_0 \text{ verbunden werden}\}.$$

U ist eine nicht-leere Teilmenge von G. Ist $z_1 \in U$, so gibt es ein $\varepsilon > 0$, so dass $D_\varepsilon(z_1) \subset G$ ist. Aber jeder Punkt von $D_\varepsilon(z_1)$ kann innerhalb dieser Kreisscheibe durch eine Strecke mit z_1 und damit durch einen Streckenzug in G mit z_0 verbunden werden. Also liegt die Kreisscheibe in U, und U ist offen.

U ist auch abgeschlossen in G. Ist nämlich $z_2 \in G$ Grenzwert einer Folge $w_n \in U$, so kann man wieder eine Kreisscheibe $D_\delta(z_2)$ in G finden. Aber diese Kreisscheibe enthält mindestens einen Punkt $w_n \in U$, und dann ist klar, dass auch z_2 in G durch einen Streckenzug mit z_0 verbunden werden kann. Also gehört z_2 zu U.   ∎

Definition (zusammenhängende Menge):

Eine **beliebige** Menge $M \subset \mathbb{C}$ heißt ***zusammenhängend***,[3] falls in M je zwei Punkte durch einen stetigen Weg miteinander verbunden werden können.

Die leere Menge ist trivialerweise zusammenhängend.

Ist $M \subset \mathbb{C}$ eine beliebige Menge, so nennen wir zwei Punkte $z, w \in M$ **äquivalent**, wenn sie innerhalb von M durch einen stetigen Weg miteinander verbunden werden können. Jeder Punkt $z \in M$ ist zu sich selbst äquivalent, weil er mit Hilfe des konstanten Weges $\gamma_z(t) \equiv z$ mit sich selbst (in M) verbunden wird. Ist $\alpha : [0, 1] \to M$ ein stetiger Weg mit $\alpha(0) = z$ und $\alpha(1) = w$, so verbindet der umgekehrt durchlaufene Weg $-\alpha : [0, 1] \to \mathbb{C}$ mit $(-\alpha)(t) := \alpha(1 - t)$ den Punkt w mit dem Punkt z. Wird schließlich z durch $\alpha : [0, 1] \to M$ mit w und w durch $\beta : [0, 1] \to M$ mit v verbunden, so liefert der zusammengesetzte Weg $\alpha + \beta : [0, 1] \to M$ mit

$$(\alpha + \beta)(t) := \left\{ \begin{array}{ll} \alpha(2t) & \text{für } 0 \leq t \leq 1/2, \\ \beta(2t - 1) & \text{für } 1/2 \leq t \leq 1 \end{array} \right.$$

eine Verbindung von z mit v in M.

Definition (Zusammenhangskomponente):

Sei $M \subset \mathbb{C}$ beliebig. Die Äquivalenzklasse eines Punktes $z \in M$ nennt man die **Zusammenhangskomponente** von z in M und bezeichnet sie mit $C_M(z)$. Man kann auch **Wegkomponente** sagen.

1.1.11. Eigenschaften von Zusammenhangskomponenten

Sei $M \subset \mathbb{C}$ eine beliebige Teilmenge.

1. Ist $z_0 \in M$, so ist

$$C = C_M(z_0) := \{ z \in M \; : \; \exists \text{ stetiger Weg von } z_0 \text{ nach } z \text{ in } M \}$$

die größte zusammenhängende Teilmenge von M mit $z_0 \in C$.

2. Die Zusammenhangskomponenten von M bilden eine Zerlegung von M in paarweise disjunkte zusammenhängende Mengen. Ist M offen, so ist jede Zusammenhangskomponente ein Gebiet, und es gibt höchstens abzählbar viele Komponenten.

3. Ist $N \subset M$ eine zusammenhängende Menge, so liegt N in einer Zusammenhangskomponente von M.

BEWEIS: 1) Offensichtlich liegt z_0 in C. Sind $z_1, z_2 \in C$, so können beide mit z_0 und deshalb auch miteinander verbunden werden. Also ist C zusammenhängend. Dass C maximal ist, ist klar.

---

[3]Eigentlich müsste man M „wegzusammenhängend" oder „bogenzusammenhängend" nennen. Da wir aber in diesem Buch keinen anderen Zusammenhangsbegriff benutzen werden, kürzen wir die Schreibweise etwas ab und sprechen von zusammenhängenden Mengen.

2) Dass die Zusammenhangskomponenten eine Zerlegung von M bilden, folgt direkt daraus, dass sie Äquivalenzklassen sind.

Ist M offen, $C = C_M(z_0)$ und $z_1 \in C$, so gibt es eine Kreisscheibe D mit $z_1 \in D \subset M$, und jeder Punkt $z \in D$ kann in D durch eine Strecke mit z_1 verbunden werden. Daher liegt ganz D in C. Also ist C offen und zusammenhängend und damit ein Gebiet. In der offenen Menge M kann in jeder Komponente ein Punkt mit rationalen Koordinaten ausgewählt werden. Weil die Komponenten paarweise disjunkt sind, kann es nur höchstens abzählbar viele Komponenten geben.

3) Ist $N \subset M$ zusammenhängend, so ist N leer oder enthält einen Punkt z_0. Im ersten Fall liegt N in jeder Zusammenhangskomponente, im zweiten offensichtlich in $C_M(z_0)$.   ∎

Definition (Häufungspunkte und isolierte Punkte):

Sei $M \subset \mathbb{C}$ eine Teilmenge und $z_0 \in \mathbb{C}$ ein Punkt.

1. z_0 heißt **Häufungspunkt** von M, falls jede Umgebung $U = U(z_0)$ einen Punkt $z \in M$ mit $z \neq z_0$ enthält.

2. z_0 heißt **isolierter Punkt** von M, falls es eine Umgebung $U = U(z_0)$ mit $U \cap M = \{z_0\}$ gibt.

Ein isolierter Punkt einer Menge ist also immer ein Element dieser Menge. Für einen Häufungspunkt braucht das nicht zu gelten.

Ein Punkt $z_0 \in \mathbb{C}$ ist genau dann Häufungspunkt einer Menge $M \subset \mathbb{C}$, wenn es eine Folge von Punkten $z_n \neq z_0$ in M gibt, so dass $\lim_{n \to \infty} z_n = z_0$ ist.

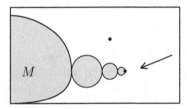   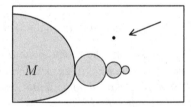

Häufungspunkt von M isolierter Punkt von M

Definition (diskrete Menge):

Eine Teilmenge $M \subset \mathbb{C}$ heißt **diskret**, wenn sie abgeschlossen ist und nur aus isolierten Punkten besteht.

Die Menge der Zahlen $1/n$, $n \in \mathbb{N}$, besteht zwar aus lauter isolierten Punkten, sie ist aber nicht diskret, weil sie nicht abgeschlossen ist. Nimmt man den Häufungspunkt 0 hinzu, so erhält man eine abgeschlossene Menge, die aber auch nicht diskret ist, weil der Nullpunkt nicht isoliert ist.

Definition (kompakte Menge):

Eine Menge $K \subset \mathbb{C}$ heißt **kompakt**, falls jede offene Überdeckung von K eine endliche Teilüberdeckung enthält.

Eine Menge $K \subset \mathbb{C}$ heißt **beschränkt**, falls es ein $R > 0$ gibt, so dass K in $D_R(0)$ liegt.

1.1.12. Satz von Heine-Borel

$K \subset \mathbb{C}$ *ist genau dann kompakt, wenn K abgeschlossen und beschränkt ist.*

Da $\mathbb{C}$ als topologischer Raum mit dem $\mathbb{R}^2$ übereinstimmt, ist dies der bekannte Satz von Heine-Borel aus der Analysis.

Ein Punkt $z_0 \in \mathbb{C}$ heißt **Häufungspunkt der Folge** (z_n), falls in jeder Umgebung von z_0 unendlich viele Folgeglieder liegen. Man beachte: Ist z_0 Häufungspunkt der Menge $\{z_1, z_2, z_3, \ldots\}$, so ist z_0 auch Häufungspunkt der Folge (z_n), aber die Umkehrung gilt im Allgemeinen nicht. So hat die Folge $z_n := (-1)^n$ zwei Häufungspunkte (nämlich $+1$ und -1), aber die Menge $\{-1, +1\}$ der Folgeglieder besteht nur aus zwei isolierten Punkten und hat keinen Häufungspunkt.

1.1.13. Existenz von Häufungspunkten

Ist $K \subset \mathbb{C}$ kompakt, so besitzt jede unendliche Teilmenge von K wenigstens einen Häufungspunkt, der in K liegt.

BEWEIS: Sei $M \subset K$ eine unendliche Teilmenge. Dann enthält M eine Folge von paarweise verschiedenen Punkten $a_1, a_2, a_3 \ldots$. Wir nehmen an, dass M in K keinen Häufungspunkt besitzt. Dann gibt es zu jedem n eine offene Umgebung $U_n = U_n(a_n)$, die keinen weiteren Punkt a_m enthält (sonst wäre a_n ein Häufungspunkt von M).

Aber auch zu jedem $b \in K \setminus \{a_1, a_2, \ldots\}$ gibt es eine offene Umgebung $V_b = V_b(b) \subset \mathbb{C}$, in der keiner der Punkte a_n liegt (sonst wäre b ein Häufungspunkt von M). Die Mengen U_n und V_b bilden zusammen eine offene Überdeckung von K. Da K kompakt ist, kommt man mit endlich vielen aus. Aber das ist absurd, denn es gibt unendlich viele verschiedene a_n. ∎

Eine Folge (z_n) heißt **beschränkt**, falls die Menge der Folgeglieder beschränkt ist.

1.1.14. Folgerung (Satz von Bolzano-Weierstraß)

Jede beschränkte Punktfolge in $\mathbb{C}$ besitzt wenigstens einen Häufungspunkt.

BEWEIS: Sei A die Menge der Folgeglieder. Ist A endlich, so müssen unendlich viele Folgeglieder mit einem Punkt $z_0 \in A$ übereinstimmen. Dieser Punkt ist ein Häufungspunkt der Folge. Sei also A unendlich. Besitzt die Menge A keinen Häufungspunkt, so ist $\mathbb{C} \setminus A$ offen und damit A abgeschlossen und beschränkt, also kompakt. Wegen Satz 1.1.13 kann das nicht sein. Aber jeder Häufungspunkt von A ist auch ein Häufungspunkt der Folge.   ∎

Klar ist: Ist z_0 ein Häufungspunkt der Folge (z_n), so gibt es eine Teilfolge (z_{n_λ}), die gegen z_0 konvergiert.

Für später notieren wir noch:

1.1.15. Satz (über die Schachtelung kompakter Mengen)

Sei $K_1 \supset K_2 \supset \ldots$ eine Folge von kompakten nicht-leeren Teilmengen von $\mathbb{C}$.
Dann ist auch $K := \bigcap\limits_{n=1}^{\infty} K_n$ kompakt und nicht leer.

BEWEIS: K ist offensichtlich abgeschlossen und beschränkt, also kompakt. Wir wählen nun aus jedem K_n einen Punkt z_n. Da alle diese Punkte in der kompakten Menge K_1 liegen, besitzt die Folge einen Häufungspunkt z_0 in K_1. Wir behaupten, dass z_0 sogar in K liegt. Wäre das nämlich nicht der Fall, so gäbe es ein n_0 mit $z_0 \in \mathbb{C} \setminus K_{n_0}$. Aber dann gäbe es auch eine Umgebung $U = U(z_0) \subset \mathbb{C} \setminus K_{n_0}$. Für $n \geq n_0$ könnte dann z_n nicht mehr in U liegen, im Widerspruch dazu, dass z_0 Häufungspunkt der Folge ist. Also ist $K \neq \varnothing$.   ∎

Wie im Reellen definiert man: Eine Folge (z_n) heißt **Cauchy-Folge**, falls gilt:

$$\forall \varepsilon > 0 \; \exists n_0, \text{ s.d. gilt: } |z_n - z_m| < \varepsilon \text{ für } n, m \geq n_0.$$

1.1.16. Satz (Cauchy-Kriterium)

(z_n) konvergiert genau dann, wenn (z_n) eine Cauchy-Folge ist.

BEWEIS: Wenn (z_n) konvergiert, dann ist (z_n) offensichtlich eine Cauchy-Folge. Ist umgekehrt (z_n) eine Cauchy-Folge, so ist diese Folge beschränkt, besitzt also einen Häufungspunkt. Eine Teilfolge konvergiert gegen z_0, und weil es sich um eine Cauchy-Folge handelt, konvergiert sogar die Folge selbst gegen z_0. Die Details findet man in jedem Lehrbuch der reellen Analysis (vgl. etwa [Fri1], Satz 2.1.23).   ∎

Unter einer **unendlichen Reihe** $\sum_{\nu=1}^{\infty} a_\nu$ von komplexen Zahlen a_ν versteht man die Folge der Partialsummen $S_N := \sum_{\nu=1}^{N} a_\nu$. Die Reihe heißt **konvergent**, falls die Folge (S_N) konvergiert. Wie üblich wird dann auch der Grenzwert mit dem Symbol $\sum_{\nu=1}^{\infty} a_\nu$ bezeichnet.

Das Cauchy-Kriterium besagt: Die Reihe $\sum_{\nu=1}^{\infty} a_\nu$ konvergiert genau dann, wenn gilt:

$$\forall \varepsilon > 0 \; \exists n_0, \text{ so dass für } n > n_0 \text{ gilt: } \Big| \sum_{\nu=n_0+1}^{n} a_\nu \Big| < \varepsilon.$$

Die Reihe $\sum_{\nu=1}^{\infty} a_\nu$ heißt **absolut konvergent**, falls $\sum_{\nu=1}^{\infty} |a_\nu|$ konvergiert. Da es sich dabei um eine Reihe mit positiven reellen Gliedern handelt, kann man die bekannten Konvergenzkriterien (wie z.B. das Quotientenkriterium) anwenden.

Mit Hilfe des Cauchy-Kriteriums (bei dem man nur endliche Summen zu betrachten hat) folgt ganz einfach aus der absoluten Konvergenz die gewöhnliche Konvergenz. Außerdem beweist man so auch das **Majorantenkriterium**:

Ist $\sum_{\nu=1}^{\infty} \alpha_\nu$ eine konvergente Reihe mit positiven reellen Gliedern und $|a_\nu| \leq \alpha_\nu$ für $\nu \geq \nu_0$, so konvergiert auch die Reihe $\sum_{\nu=1}^{\infty} a_\nu$.

1.1.17. Beispiel

Ist z eine komplexe Zahl mit $|z| < 1$, so konvergiert die (geometrische) Reihe $\sum_{\nu=0}^{\infty} z^\nu$. Die Konvergenz folgt mit Hilfe des Majorantenkriteriums aus der Konvergenz der reellen geometrischen Reihe. Den bekannten Grenzwert

$$\sum_{\nu=0}^{\infty} z^\nu = \frac{1}{1-z}$$

erhält man aus der Summenformel

$$\sum_{\nu=0}^{n} z^\nu = \frac{z^{n+1}-1}{z-1}$$

und der Grenzwertbeziehung $\lim_{n \to \infty} z^n = 0 \quad$ für $|z| < 1$.

Zum Schluss wollen wir uns noch mit den Rändern von Mengen beschäftigen.

Definition (Rand einer Menge):

Sei $M \subset \mathbb{C}$ eine beliebige Menge. Ein Punkt $z_0 \in \mathbb{C}$ heißt **Randpunkt** von M, falls jede Umgebung von z_0 einen Punkt von M und einen Punkt von $\mathbb{C} \setminus M$ enthält. Mit ∂M bezeichnet man die Menge aller Randpunkte von M.

Ein Punkt $z \in M$ heißt **innerer Punkt** von M, falls es ein $\varepsilon > 0$ mit $D_\varepsilon(z) \subset M$ gibt. Eine Menge ist genau dann offen, wenn sie nur aus inneren Punkten besteht. Ist M beliebig, so ist ein Punkt $z_0 \in \mathbb{C}$ genau dann ein Randpunkt von M, wenn er kein innerer Punkt von M ist, aber entweder ein Punkt von M oder zumindest ein Häufungspunkt von M.

Vereinigt man eine Menge M mit all ihren Häufungspunkten, so erhält man ihre **abgeschlossene Hülle** $\overline{M}$. Die Menge der inneren Punkte von M bezeichnet man als ihren **offenen Kern** $\overset{\circ}{M}$. Die obige Überlegung zeigt, dass $\partial M = \overline{M} \setminus \overset{\circ}{M}$ ist.

1.1.18. Beispiele

A. Ist $M := D_1(0)$, so ist die Menge M offen, stimmt also mit ihrem offenen Kern überein. Die abgeschlossene Hülle von M ist die Menge

$$\overline{D_1(0)} = \{z \in \mathbb{C} : |z| \leq 1\},$$

und der Rand $\partial D_1(0) = \{z \in \mathbb{C} : |z| = 1\}$ ist der Einheitskreis $\mathbb{E}$. In diesem Fall ist der Rand eine Kurve, im Allgemeinen kann man das aber nicht erwarten.

B. Ist $D \subset \mathbb{C}$ diskret, so besitzt D weder innere Punkte noch Häufungspunkte. Damit ist $D = \overline{D} = \partial D$ und $\overset{\circ}{D} = \varnothing$.

C. Sei $G \subset \mathbb{C}$ ein Gebiet und M die Menge der Punkte $z = x + \mathrm{i}\,y \in G$ mit rationalen Koordinaten x und y. Dann ist $\overset{\circ}{M} = \varnothing$ und jeder Punkt von $\overline{G}$ ein Häufungspunkt von M. Also ist $\partial M = \overline{M} = \overline{G}$.

D. Die komplexe Ebene und die leere Menge haben keinen Rand. Jede andere Menge besitzt mindestens einen Randpunkt (wie sich aus dem folgenden Satz ergibt). So besteht z.B. der Rand von $\mathbb{C}^* := \mathbb{C} \setminus \{0\}$ nur aus dem Nullpunkt.

1.1.19. Ränder haben keine Lücken

Sei $M \subset \mathbb{C}$, $z_0 \in M$ und $z_1 \in \mathbb{C} \setminus M$. Dann trifft jeder stetige Weg von z_0 nach z_1 den Rand von M.

BEWEIS: Sei $\alpha : [0,1] \to \mathbb{C}$ ein stetiger Weg mit $\alpha(0) = z_0$ und $\alpha(1) = z_1$. Wir setzen $t_0 := \sup\{t \in [0,1] : \alpha(t) \in M\}$. Offensichtlich existiert t_0 (da die betrachtete Menge nicht leer und nach oben beschränkt ist). Sei $w_0 := \alpha(t_0)$. Ist $w_0 \in M$, so ist $t_0 < 1$, und zu jedem $\delta > 0$ gibt es ein t mit $t_0 < t < t_0 + \delta$ und $\alpha(t) \in \mathbb{C} \setminus M$. Wird ein $\varepsilon > 0$ vorgegeben, so kann man wegen der Stetigkeit von α das δ so klein wählen, dass $\alpha(t)$ in $D_\varepsilon(w_0)$ enthalten ist. Ist $w_0 \notin M$, so ist $t_0 > 0$, und man kann in analoger Weise zu jedem $\varepsilon > 0$ ein $\delta > 0$ und ein t mit $t_0 - \delta < t < t_0$ finden, so dass $\alpha(t) \in M \cap D_\varepsilon(w_0)$ ist. Damit gehört w_0 zum Rand von M. ∎

1.1.20. Aufgaben

A. Berechnen Sie die folgenden komplexen Zahlen in der Form $a + b\,\mathrm{i}$:

$$(2 + 3\,\mathrm{i})^2 - (4 - \mathrm{i})^2, \qquad \frac{(1 - \mathrm{i})^2(\sqrt{3} + \mathrm{i})}{1 - \sqrt{3}\,\mathrm{i}} \qquad \text{und} \qquad \frac{1}{(1 + \mathrm{i})^4} + \frac{1}{(1 - \mathrm{i})^4}.$$

B. Berechnen Sie alle Potenzen i^n für $n \in \mathbb{Z}$.

C. Beweisen Sie die Ungleichung $\big| |z| - |w| \big| \leq |z - w|$.

D. Berechnen Sie $\cos(5t)$ und $\sin(5t)$ in Abhängigkeit von $\sin t$ und $\cos t$.

E. Berechnen Sie alle sechsten Einheitswurzeln.

F. Sind die folgenden Mengen Gebiete in $\mathbb{C}$?

$$G_1 \;:=\; \{z = x + iy : 0 < x < 1,\ 0 < y < 1\} \setminus K,$$
$$\text{mit } K := \bigcup_n \{1/n + it : 0 \leq t \leq 1/2\},$$
$$G_2 \;:=\; \{z \in \mathbb{C} : |z| \neq 1\},$$
$$G_3 \;:=\; G' \cap G'', \text{ mit konvexen Gebieten } G',\ G''.$$

Zeigen Sie, dass G_3 unendlich viele Zusammenhangskomponenten haben kann, wenn G' und G'' nicht konvex sind.

HINWEIS: M heißt konvex, wenn mit je zwei Punkten $z, w \in M$ auch deren Verbindungsstrecke zu M gehört.

G. Sei $K \subset \mathbb{C}$ kompakt, $A \subset \mathbb{C}$ abgeschlossen, beide nicht leer. Ist $K \cap A = \varnothing$, so gibt es Punkte $z_0 \in K$ und $w_0 \in A$, so dass $\mathrm{dist}(z_0, w_0) \leq \mathrm{dist}(z, w)$ für alle $z \in K$ und $w \in A$ ist.[4]

H. Ist die Menge

$$S := \{z = x + iy : (x = 0 \text{ und } |y| \leq 1) \text{ oder } (x > 0 \text{ und } y = \sin(1/x))\}$$

wegzusammenhängend?

I. Sei $G \subset \mathbb{C}$ ein Gebiet und $K \subset G$ kompakt. Zeigen Sie, dass es eine kompakte Menge L mit $K \subset L \subset G$ gibt, die nur endlich viele Zusammenhangskomponenten besitzt. Geben Sie ein Beispiel für eine kompakte Menge mit unendlich vielen Zusammenhangskomponenten an.

J. Zeigen Sie, dass jede Cauchy-Folge beschränkt ist. Geben Sie eine divergente Folge (z_n) an, so dass die Folge der Beträge $|z_n|$ konvergiert.

K. Bestimmen Sie alle Häufungspunkte der Folgen

$$z_n := i^n, \quad w_n := \left(\frac{i}{n}\right)^n, \quad \text{und} \quad u_n := \frac{1 - in}{1 + in}.$$

L. Untersuchen Sie – abhängig von z – die folgenden Reihen auf Konvergenz bzw. absolute Konvergenz:

$$\sum_{n=0}^{\infty} \left(\frac{z-1}{z+1}\right)^n \quad \text{und} \quad \sum_{n=1}^{\infty} \frac{z^n}{n^2}.$$

---

[4]In $\mathbb{C}$ ist $\mathrm{dist}(z, w) := d(z, w) = |z - w|$.

1.2   Komplex differenzierbare Funktionen

Das Thema dieses Buches sind komplexwertige Funktionen von einer komplexen Veränderlichen. Ihr Definitionsbereich ist normalerweise ein Gebiet $G \subset \mathbb{C}$. Aber wie kann man sich eine Funktion $f : G \to \mathbb{C}$ anschaulich vorstellen? Im Reellen versuchen wir, Funktionen von einer Veränderlichen durch ihren Graphen darzustellen. Das lässt sich schlecht übertragen, denn obwohl der Graph einer komplexen Funktion von einer komplexen Veränderlichen nur ein Gebilde mit zwei reellen Freiheitsgraden ist, benötigt man zu seiner Darstellung den 4-dimensionalen Raum. Beschränkt man sich andererseits auf die reellwertige Funktion $z \mapsto |f(z)|$, so verliert man zuviel Information.

Wir werden in diesem Abschnitt versuchen, trotzdem eine gewisse Vorstellung von komplexen Funktionen zu bekommen, wir werden Beispiele betrachten und erklären, was man unter der Ableitung einer komplexen Funktion versteht.

Beginnen wir mit einem ganz einfachen Beispiel, nämlich der Funktion $f(z) = z^2$. Eine bewährte Methode besteht darin, mit zwei Ebenen zu arbeiten. Ist $w = z^2$, so ist

$$|w| = |z|^2 \quad \text{und} \quad \arg(w) = 2 \cdot \arg(z).$$

Es bietet sich daher an, mit Polarkoordinaten zu arbeiten. Die Länge r einer komplexen Zahl $z = r \cdot U(t)$ wird bei Anwendung von f quadriert, der Winkel t verdoppelt. Das Bild der rechten z-Halbebene

$$\{z = x + \mathrm{i}\,y \,:\, x > 0\} = \{r \cdot U(t) \,:\, r > 0 \text{ und } -\pi/2 < t < +\pi/2\}$$

ist deshalb die komplette w-Ebene, aus der nur die negative x-Achse herausgenommen werden muss.

Dabei werden die Strahlen $t = \text{const.}$ auf ebensolche Strahlen abgebildet, nur ihr Winkel gegen die positive x-Achse verdoppelt sich. Die Kreise $r = \text{const.}$ werden wieder auf Kreise abgebildet, allerdings mit quadriertem Radius.

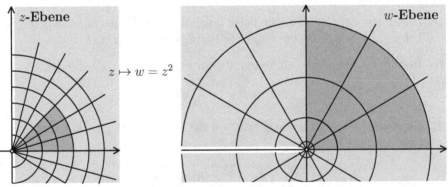

Man kann - wenn man will - auch mit kartesischen Koordinaten arbeiten. Weil $(x + \mathrm{i}\,y)^2 = (x^2 - y^2) + 2\,\mathrm{i}\,xy$ ist, werden die vertikalen Geraden $x = a$ auf die durch die Gleichungen $u = a^2 - y^2$ und $v = 2ay$ gegebenen und durch

$$\alpha_a(t) := \left(a^2 - \left(\frac{t}{2a}\right)^2, t\right)$$

parametrisierten Parabeln abgebildet.

Analog werden die horizontalen Geraden $y = b$ auf die durch $u = x^2 - b^2$ und $v = 2xb$ gegebenen und durch

$$\beta_b(t) := \left(\left(\frac{t}{2b}\right)^2 - b^2, t\right)$$

parametrisierten Parabeln abgebildet. Das Bild sieht etwa folgendermaßen aus:

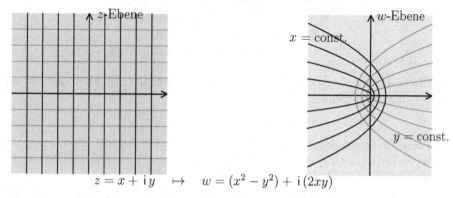

$$z = x + \mathrm{i}\, y \quad \mapsto \quad w = (x^2 - y^2) + \mathrm{i}\,(2xy)$$

Soweit funktioniert das ganz gut. Jetzt suchen wir nach der Umkehrabbildung. Dazu benutzen wir besser die Darstellung in Polarkoordinaten. Wenn wir f auf die rechte Halbebene beschränken, dann erhalten wir als Wertemenge die ganze w-Ebene. Auf dem Rand gibt es allerdings ein Problem. Es ist $f(\mathrm{i}\,t) = f(-\mathrm{i}\,t) = -t^2$. Damit f injektiv bleibt, dürfen wir in der z-Ebene nur die Menge aller z mit $\mathrm{Im}(z) > 0$ betrachten. Als Bildmenge erhalten wir dann die längs der negativen reellen Achse (incl. Nullpunkt) aufgeschlitzte w-Ebene.

Sei $g_1 : \mathbb{C} \setminus \mathbb{R}_- \to \{z \in \mathbb{C} : \mathrm{Im}(z) > 0\}$ definiert durch

$$g_1(r(\cos\varphi + \mathrm{i}\,\sin\varphi)) := \sqrt{r}\,(\cos(\varphi/2) + \mathrm{i}\,\sin(\varphi/2)).$$

Dann ist g_1 eine Umkehrung von $f|_{\{z \in \mathbb{C}:\,\mathrm{Im}(z)>0\}}$.

Definieren wir $g_2 : \mathbb{C} \setminus \mathbb{R}_- \to \{z \in \mathbb{C} : \mathrm{Im}(z) < 0\}$ durch

$$g_2(w) := -g_1(w),$$

so ist g_2 eine Umkehrung von $f|_{\{z \in \mathbb{C}:\,\mathrm{Im}(z)<0\}}$.

Um also eine globale Umkehrfunktion $g(w) = \sqrt{w}$ von $f(z) = z^2$ zu definieren, brauchen wir als Definitionsbereich zwei Exemplare der geschlitzten Ebene. Dabei ist Folgendes zu beachten: Nähert man sich in der w-Ebene von oben dem Schlitz bei $w = -r$, so nähert sich der Wert von g_1 der Zahl $z = \mathrm{i}\sqrt{r}$. Bei Annäherung von unten ergibt sich als Wert die Zahl $z = -\mathrm{i}\sqrt{r}$. Bei g_2 ist es gerade umgekehrt. Um nun $\sqrt{z}$ **stetig** zu definieren, muss man die Oberkante der ersten Ebene mit der Unterkante der zweiten Ebene zusammenkleben, und die Unterkante der ersten Ebene mit der Oberkante der zweiten Ebene. Es entsteht eine Fläche R, die in zwei Blättern über $\mathbb{C}^*$ liegt. Der Nullpunkt fehlt dabei.

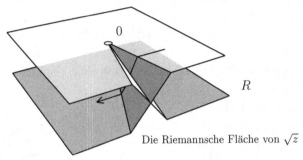

0

R

Die Riemannsche Fläche von $\sqrt{z}$

Die Fläche R nennt man die **Riemannsche Fläche** von $\sqrt{w}$. Man kann sie auch folgendermaßen gewinnen:

$$R = \{(z, w) \in \mathbb{C}^* \times \mathbb{C}^* : w = z^2\}.$$

Die Projektion $\pi := \mathrm{pr}_2|_R : R \to \mathbb{C}^*$ mit $\pi : (z, z^2) \mapsto z^2$ hat die Eigenschaft, dass $\pi^{-1}(w) = \{g_1(w), g_2(w)\}$ genau die beiden Wurzeln aus w enthält. Andererseits ist R aber auch der Graph von $f(z) = z^2$ über $\mathbb{C}^*$.

Die Verklebung der beiden Blätter ist im dreidimensionalen Raum nicht ohne Selbstdurchdringung möglich. Im vierdimensionalen Raum funktioniert es aber, auch wenn wir uns das anschaulich nicht mehr vorstellen können.

Wir werden hier die Theorie der Riemannschen Flächen nicht weiter verfolgen, dazu fehlen uns die nötigen Mittel. Die Problematik, eindeutige Umkehrfunktionen zu finden, wird uns aber immer wieder begegnen.

Im Folgenden wollen wir weitere Beispiele von komplexwertigen Funktionen kennenlernen, die auf $\mathbb{C}$ oder auf Teilmengen von $\mathbb{C}$ definiert sind. Besonders prominente Beispiele sind die (auf ganz $\mathbb{C}$ definierten) komplexen Polynome

$$p(z) := a_n z^n + a_{n-1} z^{n-1} + \cdots + a_1 z + a_0$$

und die komplexen Potenzreihen

$$P(z) := \sum_{\nu=0}^{\infty} c_\nu (z - a)^\nu,$$

sofern sie konvergieren. Eine Potenzreihe ist eine Reihe komplexwertiger Funktionen. Es ist also an der Zeit, über die Konvergenz von Folgen und Reihen komplexwertiger Funktionen zu sprechen. Im Prinzip funktioniert das wie im Reellen. Sind komplexwertige Funktionen (f_ν) auf einer Menge $M \subset \mathbb{C}$ gegeben, so sagt man:

1. (f_ν) **konvergiert punktweise** auf M gegen eine Grenzfunktion $f : M \to \mathbb{C}$, falls für jedes $z \in M$ die Zahlenfolge $(f_\nu(z))$ gegen $f(z)$ konvergiert.

2. (f_ν) **konvergiert gleichmäßig** auf M gegen f, falls gilt:

$$\forall \varepsilon > 0 \; \exists \nu_0 \text{ so dass } \forall \nu \geq \nu_0 \text{ gilt: } \sup_M |f_\nu(z) - f(z)| < \varepsilon.$$

Aus der gleichmäßigen Konvergenz folgt die punktweise Konvergenz. (f_ν) ist eine **Cauchyfolge** (im Sinne der gleichmäßigen Konvergenz), falls gilt:

$$\forall \varepsilon > 0 \; \exists \nu_0 \text{ so dass } \forall \nu, \mu \geq \nu_0 \text{ gilt: } \sup_M |f_\nu(z) - f_\mu(z)| < \varepsilon.$$

Wie im Reellen zeigt man, dass eine Funktionenfolge genau dann eine Cauchyfolge (im Sinne der gleichmäßigen Konvergenz) ist, wenn sie gleichmäßig (gegen eine Grenzfunktion) konvergiert.

Auch bei Reihen von Funktionen spricht man von punktweiser und gleichmäßiger Konvergenz, es kommt aber noch der Begriff der „normalen Konvergenz" hinzu.

1. Eine Reihe $\sum_{\nu=0}^{\infty} f_\nu$ von Funktionen auf M **konvergiert punktweise** auf M gegen eine Grenzfunktion $f : M \to \mathbb{C}$, falls für jedes $z \in M$ die Zahlenreihe $\sum_{\nu=0}^{\infty} f_\nu(z)$ gegen $f(z)$ konvergiert.

2. $\sum_\nu f_\nu$ **konvergiert normal** auf M, falls die Zahlenreihe $\sum_{\nu=0}^{\infty} \sup_M |f_\nu|$ konvergiert.

3. $\sum_\nu f_\nu$ **konvergiert gleichmäßig** auf M gegen f, falls gilt:

$$\forall \varepsilon > 0 \; \exists n_0, \text{ so dass für alle } n \geq n_0 \text{ gilt: } \sup_M \left| \sum_{\nu=0}^{n} f_\nu(z) - f(z) \right| < \varepsilon.$$

Mit Hilfe des Majorantenkriteriums folgt aus der normalen Konvergenz von $\sum_\nu f_\nu$ auf M sofort, dass für jedes $z \in M$ die Zahlenreihe $\sum_\nu f_\nu(z)$ absolut konvergiert, und daraus ergibt sich mit Hilfe der Theorie von Zahlenreihen die punktweise Konvergenz gegen eine Grenzfunktion f. Aber auch die gleichmäßige Konvergenz der Funktionenreihe folgt schon aus der normalen Konvergenz:

Für $n \in \mathbb{N}$ sei $F_n := \sum_{\nu=0}^{n} f_\nu$ die n-te Partialsumme. Ist $\varepsilon > 0$ vorgegeben, so gibt es wegen der normalen Konvergenz ein n_0, so dass für $n \geq n_0$ und jedes $z \in M$ gilt:

$$|F_n(z) - F_{n_0}(z)| = \left| \sum_{\nu=n_0+1}^{n} f_\nu(z) \right| \leq \sum_{\nu=n_0+1}^{n} |f_\nu(z)| \leq \sum_{\nu=n_0+1}^{n} \sup_M |f_\nu| < \frac{\varepsilon}{3}.$$

Zu jedem speziellen $z \in M$ gibt es ein $m = m(z) > n_0$, so dass $|F_m(z) - f(z)| < \varepsilon/3$ ist. Dann folgt aber für dieses z und $n > n_0$:

$$|F_n(z) - f(z)| \leq |F_n(z) - F_m(z)| + |F_m(z) - f(z)|$$
$$\leq |F_n(z) - F_{n_0}(z)| + |F_m(z) - F_{n_0}(z)| + |F_m(z) - f(z)|$$
$$< \frac{\varepsilon}{3} + \frac{\varepsilon}{3} + \frac{\varepsilon}{3} = \varepsilon.$$

Weil das für jedes $z \in M$ und $n \geq n_0$ gilt, konvergiert die Reihe gleichmäßig.

Dass die punktweise Konvergenz auch direkt aus der gleichmäßigen Konvergenz folgt, ist offensichtlich.

Bevor wir fortfahren, müssen wir auf den Begriff der Stetigkeit eingehen.

Definition (Grenzwert einer Funktion, Stetigkeit):

Sei $G \subset \mathbb{C}$ ein Gebiet, z_0 ein Häufungspunkt von G und $f : G \to \mathbb{C}$ eine Funktion. Man sagt, f hat in z_0 den **Grenzwert** c (in Zeichen: $\lim\limits_{z \to z_0} f(z) = c$), falls gilt:

$$\forall \varepsilon > 0 \ \exists \delta > 0, \text{ so dass gilt: Ist } |z - z_0| < \delta, \text{ so ist } |f(z) - f(z_0)| < \varepsilon.$$

Gehört z_0 zu G, so nennt man f **stetig** in z_0, falls gilt:

$$\lim\limits_{z \to z_0} f(z) = f(z_0).$$

Auch das „Folgenkriterium" für die Stetigkeit kann wörtlich aus dem Reellen übertragen werden:

f ist genau dann in z_0 stetig, wenn für jede Folge (z_n) mit $\lim\limits_{n \to \infty} z_n = z_0$ gilt:

$$\lim\limits_{n \to \infty} f(z_n) = f(z_0).$$

Da im Komplexen die gleichen Grenzwertsätze wie im Reellen gelten, sind Summen und Produkte stetiger Funktionen wieder stetig. Insbesondere ist jedes Polynom eine stetige Funktion auf ganz $\mathbb{C}$.

Für Reihen stetiger Funktionen gilt das

1.2.1. Weierstraß–Kriterium

Es sei $M \subset \mathbb{C}$, und es seien stetige Funktionen $f_\nu : M \to \mathbb{C}$ gegeben. Weiter gebe es eine konvergente Reihe $\sum_{\nu=0}^{\infty} a_\nu$ nicht-negativer reeller Zahlen und ein $\nu_0 \in \mathbb{N}$, so dass gilt:

$$|f_\nu(z)| \leq a_\nu \quad \text{für } \nu \geq \nu_0 \text{ und } \textbf{alle } z \in M.$$

Dann konvergiert $\sum_{\nu=0}^{\infty} f_\nu$ auf M normal (und damit gleichmäßig) gegen eine stetige Funktion auf M.

BEWEIS: Das Majorantenkriterium liefert sofort die normale Konvergenz und damit die gleichmäßige Konvergenz der Reihe auf M. Die Grenzfunktion sei mit f bezeichnet. Die Stetigkeit von f leitet man mit einem typischen $\varepsilon/3$-Beweis her:

Sei $z_0 \in M$ und ein $\varepsilon > 0$ vorgegeben. Mit F_n sei wieder die n-te Partialsumme der Funktionenreihe bezeichnet. Wegen der gleichmäßigen Konvergenz gibt es ein n_0, so dass für alle $n \geq n_0$ und alle $z \in M$ gilt:

$$|F_n(z) - f(z)| < \frac{\varepsilon}{3}.$$

Wählt man ein festes $n \geq n_0$, so gibt es wegen der Stetigkeit von F_n in z_0 ein $\delta > 0$, so dass für $|z - z_0| < \delta$ gilt:

$$|F_n(z) - F_n(z_0)| < \frac{\varepsilon}{3}.$$

Für solche z ist dann auch

$$
\begin{aligned}
|f(z) - f(z_0)| &\leq |f(z) - F_n(z)| + |F_n(z) - F_n(z_0)| + |F_n(z_0) - f(z_0)| \\
&< \frac{\varepsilon}{3} + \frac{\varepsilon}{3} + \frac{\varepsilon}{3} = \varepsilon.
\end{aligned}
$$

Also ist f stetig in z_0. ∎

Typische Reihen stetiger Funktionen sind die Potenzreihen. Sie zeichnen sich durch ein besonderes Konvergenzverhalten aus. Es kann passieren, dass eine Potenzreihe $\sum_{\nu=0}^{\infty} a_\nu (z - z_0)^\nu$ nur im Entwicklungspunkt z_0 (gegen den Wert a_0) konvergiert. Sobald aber nur in einem einzigen weiteren Punkt Konvergenz vorliegt, konvergiert die Reihe auf einer kompletten Kreisscheibe, und im Innern dieser Kreisscheibe sogar gleichmäßig.

1.2.2. Über das Konvergenzverhalten von Potenzreihen

Die Potenzreihe $P(z) = \sum_{n=0}^{\infty} c_n (z - a)^n$ konvergiere für ein $z_0 \in \mathbb{C}$, $z_0 \neq a$.

Ist dann $0 < r < |z_0 - a|$, so konvergiert $P(z)$ und auch die Reihe

$$P'(z) := \sum_{n=1}^{\infty} n \cdot c_n (z - a)^{n-1}$$

auf der Kreisscheibe $D_r(a)$ absolut und gleichmäßig.

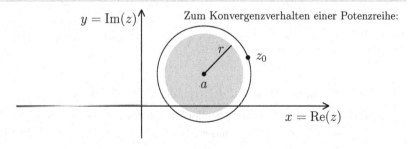

$y = \mathrm{Im}(z)$ — Zum Konvergenzverhalten einer Potenzreihe:

r z_0 a $x = \mathrm{Re}(z)$

BEWEIS: 1) Da $\sum_{n=0}^{\infty} c_n(z_0 - a)^n$ nach Voraussetzung konvergiert, gibt es eine Konstante $M > 0$, so dass $|c_n(z_0 - a)^n| \le M$ für alle n ist. Ist $0 < r < |z_0 - a|$, so ist $q := r/|z_0 - a| < 1$. Für alle z mit $|z - a| \le r$ gilt dann:

$$|c_n(z - a)^n| = |c_n(z_0 - a)^n| \cdot \left| \frac{z - a}{z_0 - a} \right|^n \le M \cdot q^n.$$

Die geometrische Reihe $\sum_{n=0}^{\infty} M\, q^n$ konvergiert. Mit dem Majorantenkriterium folgt, dass $\sum_{n=0}^{\infty} c_n(z - a)^n$ für jedes $z \in D_r(a)$ absolut konvergiert, und mit dem Weierstraß–Kriterium folgt sogar, dass die Reihe auf $D_r(a)$ gleichmäßig konvergiert.

2) Sei $\widetilde{M} := M/r$. Nach (1) ist $|n \cdot c_n(z - a)^{n-1}| \le n \cdot \widetilde{M} \cdot q^{n-1}$ und

$$\lim_{n \to \infty} \frac{(n + 1) \cdot \widetilde{M} \cdot q^n}{n \cdot \widetilde{M} \cdot q^{n-1}} = \lim_{n \to \infty} \frac{n + 1}{n} \cdot q = q < 1.$$

Aus dem Quotientenkriterium folgt jetzt, dass $\sum_{n=1}^{\infty} n \cdot \widetilde{M} \cdot q^{n-1}$ konvergiert, und wie oben kann man daraus schließen, dass $\sum_{n=1}^{\infty} n \cdot c_n(z - a)^{n-1}$ auf $D_r(a)$ gleichmäßig konvergiert.   ∎

Die Zahl $R := \sup\{r \ge 0 \,:\, \exists\, z_0 \in \mathbb{C} \text{ mit } r = |z_0 - a|, \text{ so dass } P(z_0) \text{ konvergiert}\}$ heißt **Konvergenzradius** der Potenzreihe. Die Fälle $R = 0$ und $R = +\infty$ sind dabei auch zugelassen. Der Kreis um a mit Radius R heißt der **Konvergenzkreis** der Reihe. Es gilt:

1. Für $0 < r < R$ konvergiert $P(z)$ auf $\overline{D_r(a)}$ normal (und damit insbesondere absolut und gleichmäßig).

2. Ist $|z_0 - a| > R$, so divergiert $P(z_0)$.

3. Die Grenzfunktion $P(z)$ ist im Innern des Konvergenzkreises $D_R(a)$ stetig.

Für den Konvergenzradius einer Potenzreihe gibt es verschiedene Berechnungsmethoden:

1.2.3. Lemma von Abel

Sei $R > 0$ der Konvergenzradius der Potenzreihe $f(z) = \displaystyle\sum_{n=0}^{\infty} c_n(z - a)^n$. Dann ist

$$R = \sup\{r \ge 0 \,:\, \left(|c_n| r^n\right)_{n \in \mathbb{N}} \text{ beschränkt }\}.$$

BEWEIS: Sei r_0 der Wert auf der rechten Seite der Gleichung.

Wenn eine Reihe nicht-negativer reeller Zahlen konvergiert, dann bilden ihre Glieder eine Nullfolge und sind insbesondere beschränkt. Ist also $r < R$ und $|z - a| = r$, so ist $\sum_{n=0}^{\infty}|c_n|r^n = \sum_{n=0}^{\infty}|c_n(z-a)^n| < \infty$ und damit $(|c_n|r^n)$ beschränkt, d.h., $r \leq r_0$. Weil das für alle $r < R$ gilt, folgt daraus, dass $R \leq r_0$ ist. Da $R > 0$ vorausgesetzt wurde, muss auch $r_0 > 0$ sein.

Ist nun $0 < r < r_0$, so kann man noch ein r' mit $r < r' < r_0$ finden. Dann ist $(|c_n|(r')^n)$ beschränkt, etwa durch eine Konstante M. Wir setzen $q := r/r'$ und erhalten:

1. $0 < q < 1$.

2. $|c_n|r^n = |c_n|(r'q)^n \leq M \cdot q^n$.

Mit dem Majorantenkriterium folgt die Konvergenz der Reihe $\sum_{n=0}^{\infty}|c_n|r^n$, also $r \leq R$. Weil das für alle $r < r_0$ gilt, ist auch $r_0 \leq R$. ∎

Um ein allgemeines Konvergenzkriterium formulieren zu können, müssen wir an den Begriff des Limes Superior erinnern.

Ist (a_n) eine nach oben beschränkte Folge reeller Zahlen, so versteht man unter ihrem *Limes superior* (in Zeichen: $\overline{\lim}\, a_n$ oder $\limsup a_n$) den größten Häufungspunkt der Folge. Besitzt die Folge keinen Häufungspunkt, so ist $\overline{\lim}\, a_n := -\infty$.

Für eine nach oben beschränkte Folge (a_n) ist genau dann $c = \overline{\lim}\, a_n$, wenn für alle $\varepsilon > 0$ ein n_0 existiert, so dass für alle $n \geq n_0$ gilt:

$$a_n < c + \varepsilon, \text{ und es gibt ein } k > n \text{ mit } c - \varepsilon < a_k.$$

Ist die Folge (a_n) nicht nach oben beschränkt, so besitzt sie keinen Limes superior. Manchmal wird dann aber in der Literatur auch $\overline{\lim}\, a_n = +\infty$ gesetzt.

Ist eine Folge (a_n) konvergent, so ist ihr Limes auch ihr einziger Häufungspunkt und damit ihr Limes superior.

1.2.4. Formel von Cauchy-Hadamard

Sei $f(z) = \sum_{n=0}^{\infty} c_n(z-a)^n$ *eine Potenzreihe und* $\gamma := \limsup \sqrt[n]{|c_n|}$. *Dann gilt für den Konvergenzradius* R *der Potenzreihe:*

1. *Wenn* γ *eine endliche Zahl* > 0 *ist, dann ist* $R = 1/\gamma$.

2. *Wenn* $\gamma = 0$ *ist, dann ist* $R = \infty$.

3. *Wenn die Folge* $\sqrt[n]{|c_n|}$ *unbeschränkt (also* $\gamma = \infty$*) ist, dann ist* $R = 0$.

BEWEIS: Sei $z \in \mathbb{C}$, $z \neq a$. Setzt man $\alpha(z) := \overline{\lim}\, \sqrt[n]{|c_n(z-a)^n|}$, so erhält man die Gleichung $\alpha(z) = |z-a|\,\gamma$.

1) Sei $0 < \gamma < +\infty$. Ist $|z - a| < 1/\gamma$, so ist $\alpha(z) < 1$ und es gibt ein q mit $\alpha(z) < q < 1$ und ein n_0, so dass $\sqrt[n]{|c_n(z - a)^n|} < q$ und damit $|c_n(z - a)^n| < q^n$ für $n \geq n_0$ ist. Dann folgt aus dem Majorantenkriterium, dass die Potenzreihe in z (absolut) konvergiert.

Ist $|z - a| > 1/\gamma$, so ist $\alpha(z) > 1$. Das bedeutet, dass unendlich viele Terme $|c_n(z - a)^n|$ ebenfalls > 1 sind. Dann divergiert die Potenzreihe.

2) Sei $\gamma = 0$. Dann ist auch $\alpha(z) = 0$ für alle $z \neq a$, und die Folge $\sqrt[n]{|c_n(z - a)^n|}$ konvergiert gegen Null. Ist $0 < q < 1$, so gibt es ein n_0, so dass $|c_n(z - a)^n| < q^n$ für $n \geq n_0$ gilt. Die Reihe konvergiert.

3) Sei $\gamma = +\infty$. Dann sind die Glieder der Potenzreihe in jedem Punkt $z \neq a$ unbeschränkt, und die Reihe divergiert dort.   ■

Ein zentraler Begriff in der Analysis ist die „Differenzierbarkeit". Anschaulich gewinnt man die Ableitung einer Funktion über einen Grenzprozess als Richtung der Tangente an den Graphen der Funktion. Um allerdings Ableitungen zu berechnen, benötigt man diese anschauliche Deutung nicht, der Differential-Kalkül liefert einen handlichen algebraischen Apparat dafür. Als Euler seinerzeit recht sorglos begann, mit komplexen Zahlen, Funktionen und Reihen zu rechnen, benutzte er die üblichen Regeln:

$$(z^n)' = n \cdot z^{n-1}, \; (e^z)' = e^z \quad \text{usw.}$$

Diese Regeln gewinnt man ganz einfach, wenn man den Begriff des Differentialquotienten rein formal ins Komplexe überträgt.

Definition (Komplexe Differenzierbarkeit):

Sei $G \subset \mathbb{C}$ ein Gebiet, $f : G \to \mathbb{C}$ eine Funktion und $z_0 \in G$ ein Punkt. f heißt in z_0 **komplex differenzierbar**, falls der Grenzwert

$$f'(z_0) := \lim_{z \to z_0} \frac{f(z) - f(z_0)}{z - z_0}$$

existiert. Die komplexe Zahl $f'(z_0)$ nennt man dann die **Ableitung** von f in z_0.

f heißt auf G komplex differenzierbar, falls f in jedem Punkt von G komplex differenzierbar ist.

Dass das so schön geht, liegt daran, dass $\mathbb{C}$ eben mehr als der $\mathbb{R}^2$ ist. $\mathbb{C}$ ist nicht nur ein reeller Vektorraum, $\mathbb{C}$ ist ein Körper!

Sehr handlich ist das folgende **Differenzierbarkeitskriterium**: f ist genau dann in z_0 komplex differenzierbar, wenn es eine in z_0 stetige Funktion $\Delta : G \to \mathbb{C}$ gibt, so dass $f(z) = f(z_0) + (z - z_0) \cdot \Delta(z)$ in jedem Punkt $z \in G$ gilt.

Natürlich ist dann

$$\Delta(z) = \frac{f(z) - f(z_0)}{z - z_0} \quad \text{in jedem Punkt } z \neq z_0, \quad \text{sowie } \Delta(z_0) = f'(z_0).$$

1.2.5. Satz (Ableitungsregeln)

$f, g : G \to \mathbb{C}$ seien beide in $z_0 \in G$ komplex differenzierbar, c eine komplexe Zahl.

1. *$f + g$, $c\,f$ und $f \cdot g$ sind ebenfalls in z_0 komplex differenzierbar, und es gilt:*

$$
\begin{aligned}
(f + g)'(z_0) &= f'(z_0) + g'(z_0) \\
(c\,f)'(z_0) &= c\,f'(z_0) \\
und \quad (f \cdot g)'(z_0) &= f'(z_0)g(z_0) + f(z_0)g'(z_0).
\end{aligned}
$$

2. *Ist $g(z_0) \neq 0$, so ist auch noch $g(z) \neq 0$ nahe z_0, f/g in z_0 komplex differenzierbar und*

$$\left(\frac{f}{g}\right)'(z_0) = \frac{f'(z_0) \cdot g(z_0) - f(z_0) \cdot g'(z_0)}{g(z_0)^2}.$$

3. *Ist h in $w_0 := f(z_0)$ komplex differenzierbar, so ist $h \circ f$ in z_0 komplex differenzierbar, und es gilt:*

$$(h \circ f)'(z_0) = h'(w_0) \cdot f'(z_0).$$

Der BEWEIS geht genauso wie im Reellen. Exemplarisch soll hier nur der Beweis für die Kettenregel angegeben werden:

Ist $h(w) = h(w_0) + \Delta^{**}(w) \cdot (w - w_0)$ und $f(z) = f(z_0) + \Delta^{*}(z) \cdot (z - z_0)$, mit einer in w_0 stetigen Funktion Δ^{**} und einer in z_0 stetigen Funktion Δ^{*}, so folgt:

$$
\begin{aligned}
(h \circ f)(z) &= h(w_0) + \Delta^{**}(f(z)) \cdot (f(z) - w_0) \\
&= (h \circ f)(z_0) + \Delta^{**}(f(z)) \cdot \Delta^{*}(z) \cdot (z - z_0).
\end{aligned}
$$

Nun kann man $\Delta(z) := \Delta^{**}(f(z)) \cdot \Delta^{*}(z)$ setzen. Da diese Funktion in z_0 stetig ist, folgt die komplexe Differenzierbarkeit von $h \circ g$ und die Kettenregel. ∎

Für den Beweis des nächsten Satzes brauchen wir noch einen

1.2.6. Hilfssatz

Sei $G \subset \mathbb{C}$ ein Gebiet und $f : G \to \mathbb{C}$ lokal-konstant. Dann ist f auf G sogar konstant.

BEWEIS: Dass f lokal-konstant ist, bedeutet, dass es zu jedem Punkt $z \in G$ eine Umgebung $U = U(z) \subset G$ gibt, auf der f konstant ist. Daraus folgt natürlich, dass f stetig ist.

Sei nun $z_0 \in G$, $c := f(z_0)$ und $Z := \{z \in G : f(z) = c\}$. Definitionsgemäß ist $Z \neq \varnothing$. Und weil f lokal-konstant ist, ist Z offen.

Weil f stetig ist, ist auch $G \setminus Z = \{z \in G : f(z) \neq c\}$ offen. Folglich ist $Z = G$ und f konstant.   ∎

1.2.7. Satz

Sei $f : G \to \mathbb{C}$ komplex differenzierbar und $f'(z) \equiv 0$. Dann ist f konstant.

BEWEIS: Sei $z_0 \in G$ und $U = U(z_0) \subset G$ eine konvexe offene Umgebung. Ist $z \in U$, so definieren wir $g_z : [0,1] \to \mathbb{C}$ durch $g_z(t) := f\big(z_0 + t(z - z_0)\big)$.

Sei $t_0 \in [0,1]$ und $w_0 := z_0 + t_0(z - z_0)$. Weil f komplex differenzierbar ist, gibt es eine in w_0 stetige Funktion Δ, so dass $f(w) - f(w_0) = (w - w_0)\Delta(w)$ und $\Delta(w_0) = f'(w_0)$ ist. Mit $w_t := z_0 + t(z - z_0)$ folgt dann:

$$g_z(t) - g_z(t_0) = f(w_t) - f(w_0) = (t - t_0)(z - z_0)\Delta(z_0 + t(z - z_0)),$$

also

$$\frac{g_z(t) - g_z(t_0)}{t - t_0} = (z - z_0)\Delta(z_0 + t(z - z_0)),$$

wobei die rechte Seite für $t \to t_0$ gegen gegen $(z - z_0) \cdot f'(w_0) = 0$ konvergiert. Also verschwindet die Ableitung von g_z auf dem ganzen Intervall $[0,1]$, und g_z ist dort konstant. Daraus folgt, dass $f(z) = g_z(1) = g_z(0) = f(z_0)$ ist, also f konstant.

Wir haben nachgewiesen, dass f lokal-konstant ist. Auf dem Gebiet G muss f dann auch global konstant sein.   ∎

1.2.8. Beispiele

A. Weil $z^n - z_0^n = (z - z_0) \cdot \displaystyle\sum_{i=0}^{n-1} z^i z_0^{n-i-1}$ ist, ist

$$\lim_{z \to z_0} \frac{z^n - z_0^n}{z - z_0} = \lim_{z \to z_0} \sum_{i=0}^{n-1} z^i z_0^{n-i-1} = \sum_{i=0}^{n-1} z_0^{n-1} = n \cdot z_0^{n-1} \,.$$

Also ist tatsächlich überall $(z^n)' = n\, z^{n-1}$.

Auch hier zeigt sich der Vorteil, dass $\mathbb{C}$ ein Körper ist.

B. Die komplexen Polynome $p(z) = a_n z^n + \cdots + a_1 z + a_0$ sind auf ganz $\mathbb{C}$ komplex differenzierbar, die Ableitung gewinnt man in gewohnter Weise.

C. Die Funktion $f(z) = z\overline{z}$ ist in $z_0 = 0$ komplex differenzierbar, denn $\Delta(z) := \overline{z}$ ist im Nullpunkt stetig, und es ist

$$f(z) = f(0) + z \cdot \Delta(z).$$

Die Punkte $z \neq 0$ werden wir später untersuchen.

D. Rationale Funktionen sind auf ihrem ganzen Definitionsbereich komplex differenzierbar. Das gilt insbesondere für alle „Möbius-Transformationen". Eine *(gebrochen) lineare Transformation* oder *Möbius-Transformation* ist eine Abbildung der Gestalt

$$T(z) := \frac{az + b}{cz + d}, \quad ad - bc \neq 0.$$

Die Funktion T ist für alle $z \neq -d/c$ definiert und stetig.

Wir betrachten zwei Spezialfälle.

1. Fall: Ist $c = 0$, $A := a/d$ und $B := b/d$, so ist T eine komplexe affin-lineare Funktion:

$$T(z) = A \cdot z + B.$$

Da A eine komplexe Zahl ist, stellt die Abbildung $z \mapsto A \cdot z$ eine Drehstreckung dar. Die Abbildung $w \mapsto w + B$ ist eine Translation der Ebene.

2. Fall: Die Abbildung $I(z) := 1/z$ nennt man die **Inversion**. Sie ist auf $\mathbb{C}^* := \mathbb{C} \setminus \{0\}$ definiert und stetig. Bekanntlich ist

$$\frac{1}{z} = \frac{1}{z\bar{z}} \cdot \bar{z}.$$

Ist $T(z) = \dfrac{az + b}{cz + d}$ eine beliebige Möbius-Transformation mit $c \neq 0$ und $A := (bc - ad)/c$ und $B := a/c$, so ist

$$
\begin{aligned}
A \cdot \frac{1}{cz + d} + B &= \frac{(a(cz + d) + (bc - ad)}{c(cz + d)} \\
&= \frac{acz + ad + bc - ad}{c(cz + d)} = \frac{az + b}{cz + d} = T(z).
\end{aligned}
$$

Also setzt sich T aus affin-linearen Funktionen und der Inversion zusammen.

E. Sei $f(z) = \displaystyle\sum_{n=0}^{\infty} c_n z^n$ eine konvergente Potenzreihe mit Entwicklungspunkt 0 und Konvergenzradius $R > 0$.

Behauptung: *f ist in jedem Punkt z des Konvergenzkreises $D_R(0)$ komplex differenzierbar, und es gilt:*

$$f'(z) = \sum_{n=1}^{\infty} n \cdot c_n z^{n-1}.$$

BEWEIS: Wir wissen schon, dass die formal gliedweise differenzierte Reihe

$$\sum_{n=1}^{\infty} n \cdot c_n z^{n-1}$$

ebenfalls in $D_R(0)$ konvergiert. Außerdem ist ganz leicht zu sehen, dass f im Nullpunkt differenzierbar und $f'(0) = c_1$ ist, denn es ist

$$f(z) - f(0) = z \cdot \sum_{n=1}^{\infty} c_n z^{n-1},$$

wobei $\Delta(z) := \sum_{n=1}^{\infty} c_n z^n = \sum_{k=0}^{\infty} c_{k+1} z^k$ den gleichen Konvergenzradius wie $f(z)$ besitzt und $\Delta(0) = c_1$ ist.

Schwieriger wird es aber, wenn man die komplexe Differenzierbarkeit von f in einem beliebigen Punkt des Konvergenzkreises $D_R(0)$ zeigen will. Sei z_0 ein solcher Punkt . Ist $F_N(z)$ die N-te Partialsumme von $f(z)$, so ist

$$F_N(z) - F_N(z_0) = \sum_{n=1}^{N} c_n(z^n - z_0^n) = (z - z_0) \cdot \Delta_N(z),$$

mit

$$\Delta_N(z) := \sum_{n=1}^{N} c_n \sum_{i=0}^{n-1} z^i z_0^{n-i-1}.$$

Wir wählen ein $r < R$, so dass $|z_0| < r$ ist. Für $z \in D_r(0)$ gilt dann:

$$\Big| c_n \sum_{i=0}^{n-1} z^i z_0^{n-i-1} \Big| \leq |c_n| \cdot \sum_{i=0}^{n-1} |z|^i |z_0|^{n-i-1} \leq |c_n| \cdot n \cdot r^{n-1}.$$

Da die Reihe $\sum_{n=1}^{\infty} n \cdot c_n z^{n-1}$ in jedem Punkt $z \in \overline{D_r(0)}$ absolut konvergiert, ist insbesondere die reelle Reihe $\sum_{n=1}^{\infty} n|c_n| r^{n-1}$ konvergent.

Nach dem Weierstraß-Kriterium konvergiert dann $\Delta_N(z)$ gleichmäßig auf $D_r(0)$ gegen die stetige Funktion

$$\Delta(z) := \lim_{N \to \infty} \Delta_N(z) = \sum_{n=1}^{\infty} c_n \sum_{i=0}^{n-1} z^i z_0^{n-i-1} \quad (\text{mit } \Delta(z_0) = \sum_{n=1}^{\infty} n \cdot c_n z_0^{n-1}).$$

Aus der Gleichung $F_N(z) = F_N(z_0) + (z - z_0) \cdot \Delta_N(z)$ wird beim Grenzübergang $N \to \infty$ die Gleichung $f(z) = f(z_0) + (z - z_0) \cdot \Delta(z)$. Also ist f in z_0 komplex differenzierbar und

$$f'(z_0) = \sum_{n=1}^{\infty} n \cdot c_n \cdot z_0^{n-1}. \qquad \blacksquare$$

Potenzreihen mit beliebigem Entwicklungspunkt werden wir später behandeln.

Die Reihen

$$\exp(z) \; := \; \sum_{n=0}^{\infty} \frac{z^n}{n!},$$

$$\sin(z) \; := \; \sum_{n=0}^{\infty} (-1)^n \frac{z^{2n+1}}{(2n+1)!}$$

$$\text{und} \quad \cos(z) \; := \; \sum_{n=0}^{\infty} (-1)^n \frac{z^{2n}}{(2n)!}.$$

konvergieren auf ganz $\mathbb{C}$ und stellen dort komplex differenzierbare Funktionen dar, die Exponentialfunktion, den Sinus und den Cosinus. Auf $\mathbb{R}$ stimmen sie natürlich mit den bekannten Funktionen überein. Insbesondere ist $\exp(0) = 1$, $\sin(0) = 0$ und $\cos(0) = 1$.

Die Reihen können gliedweise differenziert werden. Deshalb gilt:

$$\exp'(z) = \exp(z), \quad \sin'(z) = \cos(z) \quad \text{und} \quad \cos'(z) = -\sin(z).$$

1.2.9. Satz (Euler'sche Formel)

Für $t \in \mathbb{R}$ ist $\exp(it) = \cos t + i \sin t = U(t)$.

BEWEIS: Man berechne Realteil und Imaginärteil der Reihenentwicklung von $\exp(it)$. ∎

Auch die komplexe Exponentialfunktion erfüllt das

1.2.10. Additionstheorem

Es ist $\exp(z + w) = \exp(z) \cdot \exp(w)$ für alle $z, w \in \mathbb{C}$.

BEWEIS: Sei $a \in \mathbb{C}$ und $f_a(u) := \exp(u) \cdot \exp(a - u)$. Dann ist $f_a'(u) \equiv 0$, also $f_a(u) \equiv f_a(0) = \exp(a)$ konstant. Seien $z, w \in \mathbb{C}$ und $a := z + w$. Dann ist $\exp(z + w) = f_a(z) = \exp(z) \cdot \exp(w)$. ∎

1.2.11. Folgerung ($\exp(z) \neq 0$ auf $\mathbb{C}$)

Es ist $\exp(z) \neq 0$ für alle $z \in \mathbb{C}$ und $\exp(z)^{-1} = \exp(-z)$.

BEWEIS: Es ist $1 = \exp(0) = \exp(z + (-z)) = \exp(z) \cdot \exp(-z)$. Daraus folgen beide Behauptungen. ∎

1.2.12. Folgerung (Periodizität der Exponentialfunktion)

Es ist $\exp(z + 2\pi\,\mathrm{i}) = \exp(z)$, *für alle* $z \in \mathbb{C}$.

BEWEIS: Es ist $\exp(2\pi\,\mathrm{i}) = \cos(2\pi) + \mathrm{i}\,\sin(2\pi) = 1$, also

$$\exp(z + 2\pi\,\mathrm{i}) = \exp(z) \cdot \exp(2\pi\,\mathrm{i}) = \exp(z).$$

Das ist alles!   ∎

Die Exponentialfunktion ist also über $\mathbb{C}$ periodisch mit Periode $2\pi\,\mathrm{i}$.

Außerdem gilt für **alle** $z \in \mathbb{C}$ die **Euler'sche Formel**:

$$\boxed{\exp(\mathrm{i}\,z) = \cos(z) + \mathrm{i}\,\sin(z)}$$

BEWEIS: Ersetzt man jeweils -1 durch i^2, so erhält man

$$
\begin{aligned}
\cos z + \mathrm{i}\,\sin z &= \sum_{n=0}^{\infty}(-1)^n\frac{z^{2n}}{(2n)!} + \mathrm{i}\sum_{n=0}^{\infty}(-1)^n\frac{z^{2n+1}}{(2n+1)!}\\
&= \sum_{n=0}^{\infty}\frac{(\mathrm{i}\,z)^{2n}}{(2n)!} + \sum_{n=0}^{\infty}\frac{(\mathrm{i}\,z)^{2n+1}}{(2n+1)!} = \exp(\mathrm{i}\,z).
\end{aligned}
$$

∎

Daraus folgen auch neue Relationen, z.B.:

$$\cos(z) = \frac{1}{2}(e^{\mathrm{i}z} + e^{-\mathrm{i}z}) \quad \text{und} \quad \sin(z) = \frac{1}{2\,\mathrm{i}}(e^{\mathrm{i}z} - e^{-\mathrm{i}z}).$$

Bemerkung: An Stelle von $\exp(z)$ schreibt man auch e^z. Eine endgültige Rechtfertigung dafür liefern wir in Abschnitt 1.4. Insbesondere ist $U(t) = e^{\mathrm{i}t}$.

Eine beliebige komplexe Zahl $z \neq 0$ kann deshalb auf eindeutige Weise in der Form $z = r \cdot e^{\mathrm{i}t}$ geschrieben werden, mit $r > 0$ und $0 \le t < 2\pi$. Das ist die Polarkoordinaten-Darstellung in ihrer endgültigen Form.

1.2.13. Aufgaben

A. Berechnen Sie $\sqrt{5 - 12\,\mathrm{i}}$ und $\sqrt{-24 + 10\,\mathrm{i}}$.

B. Sei $K \subset \mathbb{C}$ kompakt und $f : K \to \mathbb{C}$ stetig. Zeigen Sie, dass dann auch $f(K)$ kompakt ist und dass $|f|$ auf K sein Maximum annimmt.

C. Bestimmen Sie den Konvergenzradius der folgenden Potenzreihen:

(a) $P_1(z) := \sum_{k=0}^{\infty} z^{2^k}.$

(b) $P_2(z) := \sum_{n=1}^{\infty} \frac{n^3}{3^n} z^n$.

(c) $P_3(z) := \sum_{n=1}^{\infty} (-1)^n 3^{n+1} n z^{2n+1}$.

(d) $P_4(z) := \sum_{n=1}^{\infty} \frac{z^n}{n^n}$.

D. Sei $P(z) = \sum_{n=0}^{\infty} a_n (z - z_0)^n$ eine Potenzreihe mit Konvergenzradius R. Zeigen Sie, dass $Q(z) := \sum_{n=0}^{\infty} \frac{a_n}{n+1} (z - z_0)^{n+1}$ den gleichen Konvergenzradius wie P hat.

E. Schreiben Sie $f(z) := z^2 - 2z + 1$ in der Form $f(z) = f(z_0) + (z - z_0)\Delta(z)$, für $z_0 = 1$ bzw. $z_0 = \mathrm{i}$, und zeigen Sie, dass $\Delta(z)$ für $z \to z_0$ gegen $f'(z_0)$ konvergiert.

F. Zeigen Sie, dass $f(z) := z e^{z^2+1} + |z|^2$ in $z = 0$ komplex differenzierbar ist, und berechnen Sie $f'(0)$.

G. Sei f in $D_r(z_0)$ komplex differenzierbar und f' stetig. Zeigen Sie: Für alle Folgen (z_n) und (w_n) mit $z_n \neq w_n$ und $\lim_{n\to\infty} z_n = \lim_{n\to\infty} w_n = z_0$ ist

$$\lim_{n\to\infty} \frac{f(z_n) - f(w_n)}{z_n - w_n} = f'(z_0).$$

H. Zeigen Sie, dass $f(z) := (z+1)/(z-1)$ die Menge $\mathbb{C} \setminus \{1\}$ holomorph und bijektiv auf sich abbildet, sowie $D_1(0)$ auf $\{z \in \mathbb{C} : \mathrm{Re}(z) < 0\}$.

I. Benutzen Sie die Reihenentwicklung der Exponentialfunktion, um zu zeigen:

$$|\exp z - 1| \leq 2|z| \text{ für } |z| \leq \frac{1}{2}.$$

Folgern Sie daraus: Konvergiert eine Folge (f_n) von stetigen Funktionen auf einer kompakten Menge $K \subset \mathbb{C}$ gleichmäßig gegen die Funktion f, so konvergiert die Folge $(\exp \circ f_n)$ auf K gleichmäßig gegen $\exp \circ f$.

J. Beweisen Sie die Gleichungen

$$\sin^2 z + \cos^2 z = 1 \quad \text{und} \quad \sin(2z) = 2\sin z \cos z.$$

K. Zeigen Sie, dass $\sin(x + \mathrm{i} y) = \sin x \cosh y + \mathrm{i} \cos x \sinh y$ ist.

L. Die komplexen hyperbolischen Funktionen werden definiert durch

$$\sinh z := \frac{1}{2}(e^z - e^{-z}) \quad \text{und} \quad \cosh z := \frac{1}{2}(e^z + e^{-z}).$$

Zeigen Sie, dass $\sinh z = -\mathrm{i} \sin(\mathrm{i} z)$ und $\cosh z = \cos(\mathrm{i} z)$ ist.

1.3   Reelle und komplexe Differenzierbarkeit

Wir vergleichen in diesem Abschnitt die komplexe Differenzierbarkeit in $\mathbb{C}$ mit der reellen Differenzierbarkeit im $\mathbb{R}^2$ und gewinnen so neue Erkenntnisse über die Eigenschaften komplex differenzierbarer Funktionen. Insbesondere wird der Begriff der konformen Abbildung eingeführt.

Zur Erinnerung: Sei $G \subset \mathbb{C}$ ein Gebiet und f eine komplexwertige Funktion auf G. Fasst man f als Abbildung von G nach $\mathbb{R}^2$ auf, so wird die totale Differenzierbarkeit von f üblicherweise wie folgt definiert:

f heißt in z_0 **reell (total) differenzierbar**, wenn es eine $\mathbb{R}$-lineare Abbildung $L : \mathbb{C} \to \mathbb{C}$ und eine in der Nähe des Nullpunktes definierte Funktion r gibt, so dass gilt:

1. $f(z) = f(z_0) + L(z - z_0) + r(z - z_0)$ für z nahe z_0.

2. $\displaystyle\lim_{\substack{h \to 0 \\ h \neq 0}} \frac{r(h)}{|h|} = 0.$

Die eindeutig bestimmte lineare Abbildung L nennt man die **totale Ableitung** von f in z_0 und bezeichnet sie mit $Df(z_0)$.

Bei der Identifikation von $\mathbb{C}$ mit dem $\mathbb{R}^2$ entsprechen die komplexen Zahlen 1 und i den Einheitsvektoren $\mathbf{e}_1 = (1, 0)$ und $\mathbf{e}_2 = (0, 1)$. Deshalb nennt man die komplexen Zahlen

$$f_x(z_0) = \frac{\partial f}{\partial x}(z_0) := Df(z_0)(1) \quad \text{und} \quad f_y(z_0) = \frac{\partial f}{\partial y}(z_0) := Df(z_0)(i)$$

die **partiellen Ableitungen** von f nach x und y. Ist $f = g + i\,h$, so gilt:

$$f_x(z_0) = g_x(z_0) + i\,h_x(z_0) \quad \text{und } f_y(z_0) = g_y(z_0) + i\,h_y(z_0).$$

Die $\mathbb{R}$-lineare Abbildung $Df(z_0)$ wird deshalb bezüglich der Basis $\{1, i\}$ durch die Funktionalmatrix (Jacobi-Matrix) $J_f(z_0) := \begin{pmatrix} g_x(z_0) & g_y(z_0) \\ h_x(z_0) & h_y(z_0) \end{pmatrix}$ beschrieben.

1.3.1. Satz

Ist f in z_0 komplex differenzierbar, so ist f in z_0 auch reell differenzierbar, und die totale Ableitung $Df(z_0) : \mathbb{C} \to \mathbb{C}$ ist die Multiplikation mit $f'(z_0)$, also $\mathbb{C}$−linear. Auch die Umkehrung dieser Aussage ist richtig.

BEWEIS: Sei f in z_0 komplex differenzierbar. Dann gibt es eine in z_0 stetige Funktion Δ, so dass gilt:

$$\begin{aligned}
f(z) &= f(z_0) + (z - z_0)\Delta(z) \\
&= f(z_0) + f'(z_0)(z - z_0) + (\Delta(z) - f'(z_0))(z - z_0) \\
&= f(z_0) + L(z - z_0) + r(z - z_0),
\end{aligned}$$

mit der durch $L(v) := f'(z_0) \cdot v$ definierten linearen Abbildung L und der Funktion $r(h) := (\Delta(z_0 + h) - f'(z_0)) \cdot h$. Dann gilt:

$$\frac{r(h)}{h} = \Delta(z_0 + h) - f'(z_0) \to 0 \ (\text{für } h \to 0)$$

Also ist f in z_0 reell differenzierbar und $Df(z_0) = L$ sogar $\mathbb{C}$-linear.

Ist umgekehrt f in z_0 reell differenzierbar und $Df(z_0)$ $\mathbb{C}$-linear, so gibt es eine komplexe Zahl a, so dass $Df(z_0)(v) = a \cdot v$ ist, und es gibt eine Darstellung

$$f(z) = f(z_0) + a(z - z_0) + r(z - z_0), \ \text{mit} \ \lim_{h \to 0} \frac{r(h)}{h} = 0.$$

Setzt man $\Delta(z) := a + \dfrac{r(z - z_0)}{z - z_0}$, für $z \neq z_0$, so strebt $\Delta(z)$ für $z \to z_0$ gegen a. Δ ist also stetig nach z_0 fortsetzbar. Außerdem ist $\Delta(z)(z - z_0) = f(z) - f(z_0)$. ∎

Eine $\mathbb{R}$-lineare Abbildung $L : \mathbb{C} \to \mathbb{C}$ ist genau dann zusätzlich $\mathbb{C}$-linear, wenn es eine komplexe Zahl c_0 gibt, so dass $L(w) = c_0 \cdot w$ ist. Schreibt man $c_0 = a_0 + i\, b_0$, so ist $c_0 \cdot 1 = a_0 + i\, b_0$ und $c_0 \cdot i = -b_0 + i\, a_0$. Das bedeutet, dass L bezüglich $\{1, i\}$ durch die Matrix $A = \begin{pmatrix} a_0 & -b_0 \\ b_0 & a_0 \end{pmatrix}$ beschrieben wird. Für eine in z_0 komplex differenzierbare Funktion muss also gelten:

$$\boxed{g_x(z_0) = h_y(z_0) \quad \text{und} \quad g_y(z_0) = -h_x(z_0).}$$

Dieses kleine System von partiellen Differentialgleichungen ist der Schlüssel zum Verständnis der komplexen Differenzierbarkeit. Man spricht von den **Cauchy-Riemann'schen Differentialgleichungen**.

1.3.2. Charakterisierungen der (kompl.) Differenzierbarkeit

Folgende Aussagen sind äquivalent:

1. *f ist in z_0 reell differenzierbar und $Df(z_0) : \mathbb{C} \to \mathbb{C}$ ist $\mathbb{C}$-linear.*

2. *Es gibt eine **in z_0 stetige** Funktion $\Delta : G \to \mathbb{C}$, so dass für alle $z \in G$ gilt:*

$$f(z) = f(z_0) + \Delta(z) \cdot (z - z_0).$$

3. *f ist in z_0 komplex differenzierbar.*

4. *f ist in z_0 reell differenzierbar und es gelten die Cauchy-Riemann'schen Differentialgleichungen*

$$g_x(z_0) = h_y(z_0) \quad \text{und} \quad g_y(z_0) = -h_x(z_0).$$

BEWEIS:

Die Äquivalenz der Aussagen (1), (2) und (3) haben wir schon gezeigt. Außerdem ist klar, dass aus diesen Aussagen auch (4) folgt.

Ist schließlich f in z_0 reell differenzierbar, und gelten die Cauchy-Riemann'schen Differentialgleichungen, so beschreibt die totale Ableitung die Multiplikation mit der komplexen Zahl $g_x(z_0) + i\, h_x(z_0) = f_x(z_0)$. Also ist $Df(z_0)$ $\mathbb{C}$-linear. ∎

Bemerkung: Ist f in z_0 komplex differenzierbar, so ist

$$\begin{aligned} f'(z_0) &= f_x(z_0) = g_x(z_0) + i\, h_x(z_0) \\ &= h_y(z_0) - i\, g_y(z_0) = -i\,(g_y(z_0) + i\, h_y(z_0)) = -i\, f_y(z_0). \end{aligned}$$

1.3.3. Beispiel

Sei $f(z) := z\overline{z}$. Dann ist f in $z_0 := 0$ komplex differenzierbar und $f'(0) = 0$. Aber f ist in keinem Punkt $z_0 \neq 0$ komplex differenzierbar, denn sonst wäre dort auch die Funktion

$$k(z) := \overline{z} = \frac{1}{z} \cdot f(z)$$

komplex differenzierbar. Es ist aber $J_k(z) = \begin{pmatrix} 1 & 0 \\ 0 & -1 \end{pmatrix}$.

Die Cauchy-Riemann'schen Differentialgleichungen sind nicht erfüllt!

Wir kommen jetzt zum zentralen Begriff des Buches.

Definition (Holomorphie):
Eine Funktion f heißt in $z_0 \in \mathbb{C}$ *holomorph*, wenn sie in einer offenen Umgebung $U = U(z_0) \subset \mathbb{C}$ definiert und komplex differenzierbar ist.

Komplexe Polynome sind auf ganz $\mathbb{C}$ holomorph. Eine durch eine Potenzreihe definierte Funktion ist auf dem Konvergenzkreis der Reihe holomorph. Die Funktion $f(z) := z\overline{z}$ ist zwar in $z = 0$ komplex differenzierbar, aber **nirgends** holomorph! Funktionen, die auf einem Gebiet $G \subset \mathbb{C}$ komplex differenzierbar sind, sind dort auch automatisch holomorph.

1.3.4. Satz (über die Konstanz holomorpher Funktionen)

Sei $G \subset \mathbb{C}$ ein Gebiet und $f : G \to \mathbb{C}$ holomorph.

1. *Nimmt f nur reelle oder nur rein imaginäre Werte an, so ist f konstant.*

2. *Ist $|f|$ konstant, so ist auch f konstant.*

BEWEIS: 1) Nimmt $f = g + ih$ nur reelle Werte an, so ist $h(z) \equiv 0$. Da f holomorph ist, gelten die Cauchy-Riemann'schen DGLn, und es ist $g_x = g_y = 0$. Das ist nur möglich, wenn g lokal-konstant und daher überhaupt konstant ist. Also ist auch f konstant. Im Falle rein imaginärer Werte geht es genauso.

2) Sei $|f|$ konstant. Ist diese Konstante $= 0$, so ist $f(z) \equiv 0$. Ist aber $|f| =: c \neq 0$, so ist die Funktion $f\overline{f} = c^2$ konstant und damit holomorph, und f besitzt keine Nullstellen. Daraus folgt, dass $\overline{f} = c^2/f$ holomorph ist, und damit auch

$$\operatorname{Re}(f) = \frac{1}{2}(f + \overline{f}) \quad \text{und} \quad \operatorname{Im}(f) = \frac{1}{2i}(f - \overline{f}).$$

Wegen (1) muss f dann konstant sein. ∎

Wir wollen jetzt partielle Ableitungen nach z und $\overline{z}$ einführen. Dieser nach Wilhelm Wirtinger benannte äußerst nützliche Kalkül kann allerdings nur formal verstanden werden. Er beruht auf dem folgenden einfachen Ergebnis aus der linearen Algebra:

1.3.5. Lemma

Sei $L : \mathbb{C} \to \mathbb{C}$ eine $\mathbb{R}$-lineare Abbildung. Dann gibt es eindeutig bestimmte komplexe Zahlen c, c', so dass gilt:

$$L(z) = c \cdot z + c' \cdot \overline{z}.$$

L ist genau dann $\mathbb{C}$-linear, wenn $c' = 0$ ist. Und L ist genau dann reellwertig, wenn $c' = \overline{c}$ ist.

BEWEIS: Zunächst die Existenz: Es gibt komplexe Zahlen α und β, so dass gilt:

$$L(x + iy) = \alpha x + \beta y.$$

Setzt man die Beziehungen $x = \frac{1}{2}(z + \overline{z})$ und $y = \frac{1}{2i}(z - \overline{z})$ ein, so erhält man

$$L(z) = \frac{1}{2}(\alpha - i\beta) \cdot z + \frac{1}{2}(\alpha + i\beta) \cdot \overline{z}.$$

Man kann also $c := (\alpha - i\beta)/2$ und $c' := (\alpha + i\beta)/2$ setzen.

Zur Eindeutigkeit: Ist $c_1 \cdot z + c_1' \cdot \overline{z} = c_2 \cdot z + c_2' \cdot \overline{z}$ für alle $z \in \mathbb{C}$ und setzt man $z = 1$ bzw. $z = i$ ein, so erhält man die Gleichungen

$$c_1 + c_1' = c_2 + c_2' \quad \text{und} \quad c_1 - c_1' = c_2 - c_2',$$

also $c_1 = c_2$ und damit $c_1' = c_2'$.

Wegen der Eindeutigkeit der Darstellung ist klar, dass L genau dann $\mathbb{C}$-linear ist, wenn $c' = 0$ ist.

L ist genau dann reellwertig, wenn $L(z) = \overline{L(z)}$ für alle $z \in \mathbb{C}$ ist, also $cz + c'\overline{z} = \overline{c'}z + \overline{c}\,\overline{z}$ und wegen der Eindeutigkeit dann $c' = \overline{c}$. ∎

1.3.6. Satz

Sei $G \subset \mathbb{C}$ ein Gebiet, $z_0 \in G$ und $f : G \to \mathbb{C}$ reell differenzierbar. Dann gibt es eindeutig bestimmte komplexe Zahlen $f_z(z_0)$ und $f_{\bar{z}}(z_0)$, so dass gilt:

$$Df(z_0)(h) = f_z(z_0) \cdot h + f_{\bar{z}}(z_0) \cdot \bar{h}.$$

Nach dem vorangegangenen Lemma ist der BEWEIS jetzt trivial.

Definition (Wirtinger-Ableitungen):

Die Zahlen

$$\frac{\partial f}{\partial z}(z_0) := f_z(z_0) \quad \text{und} \quad \frac{\partial f}{\partial \bar{z}}(z_0) := f_{\bar{z}}(z_0)$$

nennt man die **Wirtinger-Ableitungen von f nach z und $\bar{z}$.**

1.3.7. Satz (Wirtinger-Kalkül)

Sei $G \subset \mathbb{C}$ ein Gebiet, $z_0 \in G$ und $f : G \to \mathbb{C}$ in z_0 reell differenzierbar. Dann gilt:

1. *$f_z(z_0) = \frac{1}{2}\big(f_x(z_0) - \mathrm{i}\, f_y(z_0)\big) \quad$ und $\quad f_{\bar{z}}(z_0) = \frac{1}{2}\big(f_x(z_0) + \mathrm{i}\, f_y(z_0)\big)$.*

2. *f ist genau dann in z_0 komplex differenzierbar, wenn $f_{\bar{z}}(z_0) = 0$ ist. In dem Falle ist $f_z(z_0) = f'(z_0)$.*

3. *Die Ableitungen $f \mapsto f_z(z_0)$ und $f \mapsto f_{\bar{z}}(z_0)$ sind in f $\mathbb{C}$-linear und erfüllen die Produktregel.*

4. *Höhere Wirtinger-Ableitungen werden wie üblich induktiv definiert. Insbesondere gilt für zweimal stetig differenzierbares f die Gleichung*

$$f_{z\bar{z}} = \frac{1}{4}(f_{xx} + f_{yy}).$$

5. *Ist $\alpha : I \to G$ ein differenzierbarer Weg mit $\alpha(t_0) = z_0$, so ist*

$$(f \circ \alpha)'(t_0) = f_z(z_0) \cdot \alpha'(t_0) + f_{\bar{z}}(z_0) \cdot \overline{\alpha'(t_0)}.$$

BEWEIS:

1) Es ist $Df(z_0)(u + \mathrm{i}\, v) = f_x(z_0)u + f_y(z_0)v$. Die Behauptung folgt aus dem Beweis von Lemma 3.5.

2) Es gilt:

f ist in z_0 komplex diffb. $\iff$ $g_x(z_0) = h_y(z_0)$ und $g_y(z_0) = -h_x(z_0)$
$$\iff f_x(z_0) = h_y(z_0) - i\,g_y(z_0) = -i\,f_y(z_0)$$
$$\iff f_{\bar{z}}(z_0) = 0 \text{ und } f_z(z_0) = f_x(z_0).$$

3) $\mathbb{R}$-Linearität und Produktregel folgen aus den entsprechenden Regeln für $Df(z_0)$. Und offensichtlich ist

$$(i\,f)_x = (-h + i\,g)_x = -h_x + i\,g_x = i \cdot (g_x + i\,h_x) = i \cdot f_x$$

und analog $(i\,f)_y = i \cdot f_y$. Mit (1) ergibt sich daraus die $\mathbb{C}$-Linearität.

4) Es ist $f_{z\bar{z}} = \frac{1}{4}[(f_x - i\,f_y)_x + i\,(f_x - i\,f_y)_y] = \frac{1}{4}(f_{xx} + f_{yy})$.

5) Es ist $(f \circ \alpha)'(t) = Df(\alpha(t))(\alpha'(t)) = f_z(\alpha(t)) \cdot \alpha'(t) + f_{\bar{z}}(\alpha(t)) \cdot \overline{\alpha'(t)}$. ∎

Man geht also mit z und $\bar{z}$ so um, als handle es sich um zwei unabhängige Variable (was natürlich in Wirklichkeit nicht der Fall ist). Mit dieser Eselsbrücke tut man sich leichter!

1.3.8. Folgerung 1

Es ist $f_x = f_z + f_{\bar{z}}$ *und* $f_y = i\,(f_z - f_{\bar{z}})$.

Der BEWEIS ist eine simple Umformung von Aussage (1) in Satz 1.3.7.

1.3.9. Folgerung 2

Es ist $\overline{(f_z)} = \bar{f}_{\bar{z}}$ *und* $\overline{(f_{\bar{z}})} = \bar{f}_z$.

BEWEIS: Es ist

$$\overline{(f_z)} = \overline{(f_x - i\,f_y)/2} = \frac{1}{2}\left(\overline{(f_x)} + i\,\overline{(f_y)}\right) = \frac{1}{2}\left(\bar{f}_x + i\,\bar{f}_y\right) = \bar{f}_{\bar{z}}.$$

Nochmaliges Konjugieren ergibt die zweite Formel. ∎

Wir setzen jetzt voraus, dass $G \subset \mathbb{C}$ ein Gebiet, $f : G \to \mathbb{C}$ holomorph und $f'(z) \neq 0$ für alle $z \in G$ ist. Wegen der Cauchy-Riemann'schen Differentialgleichungen ist dann

$$\det Df(z) = \det \begin{pmatrix} g_x & -h_x \\ h_x & g_x \end{pmatrix} = (g_x)^2 + (h_x)^2 = |f'(z)|^2 > 0.$$

Das bedeutet, dass f – aufgefasst als Abbildung von $\mathbb{R}^2$ nach $\mathbb{R}^2$ – orientierungserhaltend ist!

Ist f holomorph und nicht konstant, so ist $\bar{f}$ natürlich nicht holomorph. Man nennt eine solche Funktion ***antiholomorph***. Es ist dann

$$\det D\bar{f}(z) = \det \begin{pmatrix} g_x & -h_x \\ -h_x & -g_x \end{pmatrix} = -|f'(z)|^2 < 0.$$

Antiholomorphe Funktionen sind also orientierungsumkehrend.

Holomorphe Funktionen lassen außerdem Winkel invariant. Allerdings müssen wir erst einmal erklären, was darunter zu verstehen ist.

Sind $z = r_1 \cdot e^{it_1}$ und $w = r_2 \cdot e^{it_2}$ zwei komplexe Zahlen $\neq 0$, so verstehen wir unter dem Winkel zwischen z und w die Zahl

$$\angle(z, w) = \arg\left(\frac{w}{z}\right) = \begin{cases} t_2 - t_1 & \text{falls } t_2 > t_1 \\ 2\pi + t_2 - t_1 & \text{sonst.} \end{cases}$$

Der Winkel $\angle(z, w)$ wird also von z aus immer in mathematisch positiver Dreh-richtung gemessen.

Sind $\alpha, \beta : [0, 1] \to \mathbb{C}$ zwei glatte[5] differenzierbare Wege mit $\alpha(0) = \beta(0) = z_0$, so setzt man $\angle(\alpha, \beta) := \angle(\alpha'(0), \beta'(0))$. Ist f eine holomorphe Funktion, so ist $(f \circ \alpha)'(0) = f'(\alpha(0)) \cdot \alpha'(0)$.

Definition (Konformität):

Sei $G \subset \mathbb{C}$ ein Gebiet. Eine stetig differenzierbare Abbildung $f : G \to \mathbb{C}$ mit nicht verschwindender Ableitung heißt in z_0 **winkeltreu**, falls für beliebige glatte differenzierbare Wege α, β mit $\alpha(0) = \beta(0) = z_0$ gilt:

$$\angle(f \circ \alpha, f \circ \beta) = \angle(\alpha, \beta).$$

Ist f lokal umkehrbar, überall winkeltreu und orientierungserhaltend, so nennt man f **lokal konform**. Ist f sogar global injektiv, so nennt man f **konform**.

1.3.10. Kriterium für lokale Konformität

Ist $f : G \to \mathbb{C}$ holomorph, mit stetigen partiellen Ableitungen, und $f'(z) \neq 0$ für $z \in G$, so ist f lokal konform.

BEWEIS: Ist $f'(z_0) \neq 0$, so ist auch $\det Df(z_0) = |f'(z_0)|^2 \neq 0$. Sind außerdem die partiellen Ableitungen von f stetig, so folgt aus dem Satz über inverse Abbildungen, dass es offene Umgebungen $U = U(z_0)$ und $V = V(f(z_0))$ gibt, so dass $f : U \to V$ ein Diffeomorphismus ist. Also ist f lokal umkehrbar.

Wir müssen nur noch zeigen, dass f winkeltreu ist. Aber es ist

$$\begin{aligned} \angle(f \circ \alpha, f \circ \beta) &= \angle((f \circ \alpha)'(0), (f \circ \beta)'(0)) = \angle(f'(z_0) \cdot \alpha'(0), f'(z_0) \cdot \beta'(0)) \\ &= \arg\left(\frac{f'(z_0) \cdot \beta'(0)}{f'(z_0) \cdot \alpha'(0)}\right) = \arg\left(\frac{\beta'(0)}{\alpha'(0)}\right) = \angle(\alpha, \beta). \end{aligned}$$

∎

---

[5]Ein differenzierbarer Weg α heißt **glatt** in t, falls $\alpha'(t) \neq 0$ ist.

Bemerkung: Die Begriffe „Funktion" und „Abbildung" stehen beide für eine eindeutige Zuordnung zwischen zwei Mengen. Traditionsgemäß hat aber eine Funktion einen Zahlenbereich wie etwa $\mathbb{Z}$, $\mathbb{R}$ oder $\mathbb{C}$ als Wertebereich.

Definition (biholomorphe Abbildung):

Gegeben seien zwei Gebiete $G_1, G_2 \subset \mathbb{C}$ und eine holomorphe Abbildung $f : G_1 \to G_2$. Die Abbildung heißt **biholomorph**, falls f zusätzlich bijektiv und f^{-1} holomorph ist. Man nennt die beiden Gebiete dann auch **biholomorph äquivalent**.

Eine Funktion $f : G \to \mathbb{C}$ (auf einem Gebiet G) heißt **in** $z_0 \in G$ **biholomorph**, falls es offene Umgebungen $U = U(z_0) \subset G$ und $V = V(f(z_0)) \subset \mathbb{C}$ gibt, so dass $f|_U : U \to V$ biholomorph ist. f heißt auf G **lokal biholomorph**, falls f in jedem Punkt $z \in G$ biholomorph ist.

1.3.11. Beispiele

A. Die Funktion $f(z) = z^2$ ist außerhalb des Nullpunktes lokal biholomorph, nicht aber injektiv. Das Verhalten im Nullpunkt werden wir später untersuchen.

B. Eine Möbius-Transformation $T(z) := (az + b)/(cz + d)$ (mit $ad - bc \neq 0$) bildet $\mathbb{C} \setminus \{-d/c\}$ biholomorph auf $\mathbb{C} \setminus \{a/c\}$ ab. Die Umkehrung ist wieder eine Möbius-Transformation.

1.3.12. Hilfssatz

Sei $G \subset \mathbb{C}$ ein Gebiet und $f : G \to \mathbb{C}$ holomorph, injektiv und lokal biholomorph. Dann ist $f(G)$ ein Gebiet und $f : G \to f(G)$ biholomorph.

BEWEIS: Ist $w_0 = f(z_0) \in f(G)$, so gibt es offene Umgebungen $U = U(z_0) \subset G$ und $V = V(w_0) \subset \mathbb{C}$, so dass $f : U \to V$ biholomorph ist. Also ist $V = f(U) \subset f(G)$. Das bedeutet, dass $f(G)$ offen ist.

Sind $w_1 = f(z_1)$ und $w_2 = f(z_2)$ zwei Punkte von $f(G)$, so gibt es einen stetigen Weg $\alpha : [0,1] \to G$ mit $\alpha(0) = z_1$ und $\alpha(1) = z_2$. Dann verbindet $f \circ \alpha$ die Punkte w_1 und w_2 in $f(G)$. Also ist $f(G)$ ein Gebiet.

$f : G \to f(G)$ ist holomorph und bijektiv. Ist $w_0 = f(z_0) \in f(G)$, so gibt es Umgebungen $U = U(z_0)$ und $V = V(w_0)$, so dass $f : U \to V$ biholomorph ist. Also ist $f^{-1}|_V = (f|_U)^{-1}$ holomorph. Da w_0 beliebig gewählt wurde, ist f^{-1} holomorph und damit f biholomorph. ∎

1.3.13. Kriterium für lokale Biholomorphie

Sei $G \subset \mathbb{C}$ ein Gebiet, $f : G \to \mathbb{C}$ holomorph, f' stetig und $z_0 \in G$. Unter diesen Voraussetzungen ist f genau dann in z_0 biholomorph, wenn $f'(z_0) \neq 0$ ist.

BEWEIS: 1) Ist $f(z_0) = w_0$ und f in z_0 lokal biholomorph, so gibt es offene Umgebungen $U = U(z_0)$ und $V = V(w_0)$, sowie eine holomorphe Funktion $g :$ $V \to U$, so dass $g \circ f|_U = \mathrm{id}_U$ und daher $1 = (g \circ f)'(z_0) = g'(w_0) \cdot f'(z_0)$ ist, also $f'(z_0) \neq 0$.

2) Sei umgekehrt $f'(z_0) \neq 0$. Dann ist auch $\det Df(z_0) \neq 0$. Weil f stetig differenzierbar ist, besitzt f lokal eine reell differenzierbare Umkehrung. Sei $U = U(z_0)$ offen und $f : U \to V$ umkehrbar (reell) differenzierbar. Da $(f|_U)^{-1} \circ f = \mathrm{id}_U$ holomorph ist, gilt für $z \in U$:

$$
\begin{aligned}
0 &= \left((f|_U)^{-1} \circ f\right)_{\bar{z}}(z) \\
&= \left((f|_U)^{-1}\right)_w\!\left(f(z)\right) \cdot f_{\bar{z}}(z) + \left((f|_U)^{-1}\right)_{\overline{w}}\!\left(f(z)\right) \cdot (\overline{f})_{\bar{z}}(z) \\
&= \left((f|_U)^{-1}\right)_{\overline{w}}\!\left(f(z)\right) \cdot \overline{f'(z)}.
\end{aligned}
$$

Also erfüllt $(f|_U)^{-1}$ die Cauchy-Riemann'schen Differentialgleichungen und ist damit holomorph.   ∎

Bemerkungen:

1. Wir werden später sehen, dass die Stetigkeit von f' nicht extra vorausgesetzt werden muss.

2. Sei $f(z) := z^2$. Dann verschwindet $f'(z) = 2z$ im Nullpunkt. Daher ist f im Nullpunkt nicht lokal biholomorph.

3. Da $\exp'(z) = \exp(z) \neq 0$ auf ganz $\mathbb{C}$ gilt, folgt, dass $\exp : \mathbb{C} \to \mathbb{C}^*$ lokal biholomorph ist. Über das globale Verhalten sprechen wir im nächsten Abschnitt.

1.3.14. Aufgaben

A. Beweisen Sie die komplexe Differenzierbarkeit von e^z auf $\mathbb{C}$ mit Hilfe der Cauchy-Riemann'schen Differentialgleichungen.

B. Sind die folgenden Funktionen holomorph?

$$f(x + \mathrm{i}\,y) := (x^2 - y^2) - 2\,\mathrm{i}\,xy, \quad g(x + \mathrm{i}\,y) := (x^2 - y^2) + 2\,\mathrm{i}\,xy \quad \text{und}$$

$$h(x + \mathrm{i}\,y) := x^2 - \mathrm{i}\,(y^2 + x).$$

C. Sei $f(z) = f(x + iy) := \begin{cases} \dfrac{xy(x + iy)}{x^2 + y^2} & \text{für } z \neq 0, \\ 0 & \text{für } z = 0. \end{cases}$

Zeigen Sie, dass f in $z = 0$ partiell differenzierbar ist und die Cauchy-Riemann'schen Differentialgleichungen erfüllt, dass f im Nullpunkt aber nicht komplex differenzierbar ist.

D. Sei f auf einer offenen Menge $B \subset \mathbb{C}$ stetig reell differenzierbar. Zeigen Sie, dass $\det J_f(z) = |f_z(z)|^2 - |f_{\bar{z}}(z)|^2$ auf B gilt.

E. Sei $\varphi(r, t) := r(\cos t + i \sin t)$ und $f = g + ih$ stetig differenzierbar. Zeigen Sie, dass die Cauchy-Riemann'schen Differentialgleichungen zu folgendem Gleichungssystem äquivalent sind:

$$r \cdot (g \circ \varphi)_r = (h \circ \varphi)_t \quad \text{und} \quad r \cdot (h \circ \varphi)_r = -(g \circ \varphi)_t.$$

F. Sei $G \subset \mathbb{C}$ ein Gebiet, $f : G \to \mathbb{C}$ holomorph und $G^* := \{\bar{z} : z \in G\}$. Zeigen Sie, dass $f^*(z) := \overline{f(\bar{z})}$ auf G^* holomorph ist.

G. Sei $f(z) := z^n$, $\alpha(t) := (2 + t, 4 + 2t)$ und $\beta(t) := (2 + t, 4 - t)$. Berechnen Sie die Winkel $\angle(\alpha, \beta)$ und $\angle(f \circ \alpha, f \circ \beta)$.

1.4 Der komplexe Logarithmus

In diesem Abschnitt lernen wir eine nicht ganz so einfache holomorphe Funktion kennen, den komplexen Logarithmus. Da die Exponentialfunktion nicht global umkehrbar ist, tritt bei ihrer Umkehrung das Phänomen der Mehrdeutigkeit auf, das sich über den Logarithmus auf viele andere Funktionen vererbt, wie etwa Wurzelfunktionen, allgemeine Potenzen oder die Umkehrungen der Winkelfunktionen.

Um die Logarithmusfunktion zu definieren, liegt es nahe, nach einer Umkehrfunktion der Exponentialfunktion zu suchen. Leider kann es eine solche nicht geben, denn es gilt:

$$\exp(z + 2k\pi i) = \exp(z) \quad \text{für alle } k \in \mathbb{Z}.$$

Speziell ist $\{z \in \mathbb{C} : \exp(z) = 1\} = 2\pi i \mathbb{Z}$. Die Exponentialfunktion ist also weit von der Injektivität entfernt. Aber immerhin gilt:

1.4.1. Bijektivitätsbereiche der Exponentialfunktion

Sei $a \in \mathbb{R}$ beliebig. Dann ist

$$\exp : \{z \in \mathbb{C} : a \leq \operatorname{Im}(z) < a + 2\pi\} \to \mathbb{C}^*$$

bijektiv.

BEWEIS: Sei $a \in \mathbb{R}$. Dann wird durch $S_a := \{z \in \mathbb{C} : a \leq \operatorname{Im}(z) < a + 2\pi\}$ ein Streifen parallel zur x-Achse definiert.

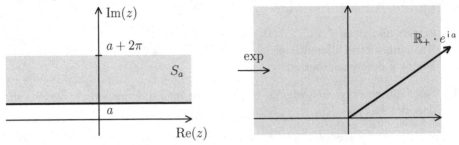

1) Injektivität: Es ist $\exp(z) = 1 \iff z = 2\pi i n$, $n \in \mathbb{Z}$. Also gilt:

$$\exp(z) = \exp(w) \implies \exp(z - w) = 1$$
$$\implies z = w + 2\pi i n$$
$$\implies z \text{ und } w \text{ nicht beide im gleichen Streifen } S_a.$$

2) Surjektivität: Sei $w = re^{it} \in \mathbb{C}^*$, also $r > 0$, $0 \leq t < 2\pi$. Wir setzen $z := \ln(r) + i t$. Dann ist $\exp(z) = e^{\ln(r) + i t} = r \cdot e^{it} = w$.

Liegt z nicht im Streifen S_a, so kann man ein $k \in \mathbb{Z}$ finden, so dass $z^* := z + 2\pi i k$ dann aber doch in S_a liegt, und es ist auch $\exp(z^*) = \exp(z) = w$.   ∎

Definition (Logarithmuszweig):

$$\log_{(a)} := (\exp \big|_{S_a})^{-1} : \mathbb{C}^* \setminus \mathbb{R}_+ e^{ia} \to \mathring{S}_a$$

heißt **der durch a bestimmte Logarithmuszweig**. Insbesondere heißt $\log = \log_{(-\pi)} : \mathbb{C} \setminus \mathbb{R}_- \to \{z = x + i y : -\pi < y < \pi\}$ der **Hauptzweig** des Logarithmus.

1.4.2. Berechnungsformel für den Logarithmus

Ist $z = r \cdot e^{it}$, mit $a < t < a + 2\pi$, so ist $\log_{(a)}(z)$ definiert, und es gilt

$$\log_{(a)}(z) = \ln(r) + i t.$$

Der BEWEIS ist klar.

Zur Bestimmung von Logarithmen ergibt sich demnach folgendes Kochrezept:

Ist eine komplexe Zahl $z = r \cdot e^{it}$ gegeben, mit $0 \leq t < 2\pi$, so wähle man ein $a \in \mathbb{R}$, so dass $a < t < a + 2\pi$ ist. Wenn z nicht gerade auf der negativen reellen Achse liegt, insbesondere also für $0 \leq t < \pi$, kann $a = -\pi$ gewählt werden, und es ist

$$\log_{(-\pi)}(z) = \log(z) = \ln(r) + it.$$

Ist dagegen $\pi \leq t < 2\pi$, so kann man $a = 0$ wählen und erhält $\log_{(0)}(z) = \ln r + it$.

1.4.3. Beispiele

A. Sei $z = 2i$. Dann ist $r = 2$ und $t = \pi/2$. Also kann $a = -\pi$ gewählt werden, und es ist $\log(2i) = \log_{(-\pi)}(z) = \ln(2) + i\pi/2$.

B. Sei $z = -2i$. Dann ist wieder $r = 2$, aber diesmal $t = 3\pi/2$. Weil $\pi < 3\pi/2 < 2\pi$ gilt, wählen wir $a = 0$ und erhalten $\log_{(0)}(-2i) = \ln(2) + i(3\pi/2)$.

1.4.4. Holomorphie und Ableitung des Logarithmus

$\log(z)$ ist eine holomorphe Funktion auf der entlang der negativen reellen Achse aufgeschlitzten Ebene $\mathbb{C}' = \mathbb{C} \setminus \{x \in \mathbb{R} : x \leq 0\}$ mit

$$\log(1) = 0, \quad \exp(\log(z)) = z \quad \text{und} \quad \log'(z) = 1/z.$$

BEWEIS: Der Hauptzweig $\log = \log_{(0)}$ ist offensichtlich auf $\mathbb{C}'$ definiert, 1 liegt in dieser aufgeschlitzten Ebene, und es ist $\log(1) = \ln(1) = 0$. Nach Konstruktion ist $\exp(\log(z)) = z$ auf ganz $\mathbb{C}'$. Als Umkehrabbildung zur komplexen Exponentialfunktion, deren Ableitung nirgends verschwindet, ist $\log$ außerdem holomorph. Für $z \in \mathbb{C}'$ ist $1 = (\exp \circ \log)'(z) = \exp(\log(z)) \cdot \log'(z) = z \cdot \log'(z)$. ∎

Wir können noch eine weitere Beschreibung des Logarithmus geben. Aus der reellen Analysis ist bekannt, dass Folgendes gilt:

$$\ln(1 + x) = \sum_{n=0}^{\infty} \frac{(-1)^n}{n+1} x^{n+1} = \sum_{n=1}^{\infty} \frac{(-1)^{n-1}}{n} x^n,$$

$$\text{bzw.} \quad \ln(x) = \sum_{n=1}^{\infty} \frac{(-1)^{n-1}}{n}(x-1)^n.$$

Der Konvergenzradius dieser Reihe ist $= 1$, also wird durch

$$\widetilde{L}(w) := \sum_{n=1}^{\infty} \frac{(-1)^{n-1}}{n} w^n$$

auf $D_1(0)$ eine holomorphe Funktion gegeben. Sei $L(z) := \widetilde{L}(z-1)$.

Behauptung: Für $|z - 1| < 1$ ist $L(z) = \log(z)$.

BEWEIS:

$$\text{In } D_1(0) \text{ ist} \quad \widetilde{L}'(w) = \sum_{n=1}^{\infty} n \cdot \frac{(-1)^{n-1}}{n} w^{n-1} = \sum_{n=1}^{\infty} (-w)^{n-1} = \frac{1}{1+w}.$$

Weil $\widetilde{L}$ auf $D_1(0)$ holomorph ist, ist $L(z) = \widetilde{L}(z-1)$ holomorph auf $D_1(1)$, und es ist

$$L'(z) = \widetilde{L}'(z-1) = 1/z = \log'(z),$$

also $L(z) = \log(z) + c$, mit einer Konstanten c. Setzt man $z = 1$ ein, so erhält man $c = 0$. ∎

Weil $\log'(z) = 1/z$ ist, stellt der Nullpunkt natürlich ein unüberwindliches Hindernis für eine etwaige Fortsetzung des Logarithmus dar. Warum man log aber nicht wenigstens auf $\mathbb{C}^* = \mathbb{C} \setminus \{0\}$ definieren kann, zeigt die folgende Überlegung:

$$\text{Es sei} \quad z_1(\varepsilon) \;:=\; r\,e^{\,i\,t_1(\varepsilon)}$$
$$\text{und} \quad z_2(\varepsilon) \;:=\; r\,e^{\,i\,t_2(\varepsilon)},$$

mit $t_1(\varepsilon) := -\pi + \varepsilon$ und $t_2(\varepsilon) := \pi - \varepsilon$. Dann streben beide Punkte $z_i(\varepsilon)$ für $\varepsilon \to 0$ gegen die reelle Zahl $-r$, aber

$$\log(z_2(\varepsilon)) - \log(z_1(\varepsilon)) = i\,(\pi - \varepsilon) - i\,(-\pi + \varepsilon) = 2(\pi - \varepsilon)\,i$$

strebt für $\varepsilon \to 0$ gegen $2\pi\,i$.

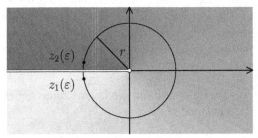

Die Zweige $\log_{(-\pi + 2k\pi)}$, $k \in \mathbb{Z}$, sind alle auf $\mathbb{C}'$ definiert. Verschafft man sich für jedes k ein Exemplar G_k von $\mathbb{C}'$ und verheftet dann jeweils G_k mit G_{k+1} entlang der negativen reellen Achse so, dass die Logarithmuswerte aneinander passen, so erhält man eine wendeltreppenartige Fläche aus unendlich vielen Blättern, die Riemannsche Fläche des Logarithmus, auf der eine globale Logarithmusfunktion definiert werden kann.

Jetzt können wir auch beliebige Potenzen in $\mathbb{C}$ definieren.

Definition (allgemeine Potenzfunktion):

Für komplexe Zahlen z und w mit $z \neq 0$ setzt man

$$z^w := \exp(w \cdot \log_{(a)}(z)).$$

Dabei muss z im Definitionsbereich des verwendeten Logarithmuszweiges liegen. Wenn möglich, benutzt man den Hauptzweig.

Das ist eine seltsame Definition! Die Potenz z^w wird im Allgemeinen nicht eindeutig bestimmt sein, im schlimmsten Fall gibt es unendlich viele Werte. Betrachten wir einige

1.4.5. Beispiele

A. Was ist i^i? Benutzen wir die Beziehung $i = e^{i\pi/2}$ und den Hauptzweig des Logarithmus, so folgt:

$$i^i = \exp(i \cdot \log_{(-\pi)}(e^{i\pi/2})) = \exp(i \cdot i\pi/2) = e^{-\pi/2} = 0.207879\ldots$$

Es kommen aber noch unendlich viele andere Werte in Frage, nämlich $e^{-\pi/2}e^{-2\pi k}$, $k \in \mathbb{Z}$.

B. Die Wurzel aus einer komplexen Zahl $z = re^{it}$ ist die Potenz

$$
\begin{aligned}
z^{1/2} &= \exp\left(\frac{1}{2} \cdot [\log_{(-\pi)}(z) + 2\pi i k]\right) \\
&= \exp\left(\frac{1}{2} \cdot [\ln(r) + it + 2\pi i k]\right) \\
&= \exp\left(\frac{1}{2}\ln(r)\right) \cdot \exp\left(i\left(\frac{t}{2} + \pi k\right)\right) = \pm\sqrt{r} \cdot e^{it/2},
\end{aligned}
$$

je nachdem, ob k gerade oder ungerade ist. Das ist ein ganz vernünftiges Ergebnis. Von den ursprünglich unendlich vielen Möglichkeiten bleiben nur zwei übrig.

C. Ähnlich ist es bei der n-ten Wurzel:

$$z^{1/n} = \sqrt[n]{r} \cdot e^{i(t/n)+i(2k/n)\pi} = \sqrt[n]{r} \cdot e^{i(t/n)} \cdot (\zeta_n)^k, \quad k = 0, \ldots, n-1.$$

wobei ζ_n eine n-te Einheitswurzel bezeichnet. In den bekannten Fällen kommt also auch Bekanntes heraus.

D. Für den Logarithmus einer positiven reellen Zahl benutzt man normalerweise den Hauptzweig. Ist also e die Euler'sche Zahl, so ist $e^z = \exp(z \cdot \log(e)) = \exp(z \cdot \ln(e)) = \exp(z)$. Das rechtfertigt endlich die Exponentialschreibweise für die komplexe Exponentialfunktion. Man sollte dabei aber nicht vergessen, dass $\exp(z)$ nur einer der möglichen Werte von e^z ist, auch wenn die anderen Werte meistens unberücksichtigt bleiben.

Die Schwierigkeit, die Exponentialfunktion zu invertieren, vererbt sich auf andere elementare Funktionen. Exemplarisch soll hier die komplexe Arcustangens-Funktion eingeführt werden.

Bekanntlich ist

$$\sin z = \frac{1}{2i}(e^{iz} - e^{-iz}) \quad \text{und} \quad \cos z = \frac{1}{2}(e^{iz} + e^{-iz}),$$

also

$$\tan z = \frac{\sin z}{\cos z} = \frac{e^{\mathrm{i}z} - e^{-\mathrm{i}z}}{\mathrm{i}\left(e^{\mathrm{i}z} + e^{-\mathrm{i}z}\right)} = -\frac{\mathrm{i}\left(e^{2\mathrm{i}z} - 1\right)}{e^{2\mathrm{i}z} + 1}.$$

Diese Funktion ist überall holomorph, außer in den Punkten z, für die $e^{2\mathrm{i}z} + 1 = 0$ ist. Das sind alle Punkte der Gestalt $z = \pi/2 + k\pi$, $k \in \mathbb{Z}$.

Der Tangens setzt sich in der Form $\tan(z) = g \circ f(z)$ zusammen, mit

$$f(z) := \exp(2\,\mathrm{i}\,z) \quad \text{und} \quad g(w) := \mathrm{i}\frac{1-w}{1+w}.$$

Auf $G_0 := \{z \in \mathbb{C} : -\pi/2 < \mathrm{Re}\,z < \pi/2\}$ ist der Tangens definiert und holomorph. Durch $z \mapsto 2\,\mathrm{i}\,z$ wird G_0 auf den Streifen $S_{-\pi} = \{z : -\pi < \mathrm{Im}\,z < \pi\}$ und durch f das Gebiet G_0 biholomorph auf $\mathbb{C}' = \mathbb{C} \setminus \mathbb{R}_-$ abgebildet. Die Umkehrabbildung ist gegeben durch

$$f^{-1}(w) = \frac{1}{2\,\mathrm{i}}\log w \quad \text{(mit dem Hauptzweig des Logarithmus)}.$$

Die Funktion g ist eine auf $\mathbb{C} \setminus \{-1\}$ definierte Möbius-Transformation, mit Umkehrfunktion

$$g^{-1}(u) = \frac{1 + \mathrm{i}\,u}{1 - \mathrm{i}\,u} \quad \text{(für } u \neq -\mathrm{i}\text{)}.$$

Man muss nun noch herausfinden, wie das Bild von $\mathbb{C}'$ unter g aussieht, wohin also $\mathbb{R}_-$ abgebildet wird. Und weil -1 unter g keinen Bildpunkt besitzt, muss nur gezeigt werden, wohin g die Mengen

$$M_1 := \{x \in \mathbb{R} : x < -1\} \quad \text{und} \quad M_2 := \{x \in \mathbb{R} : -1 < x \leq 0\}$$

abbildet. Dabei ist $g(t) = \mathrm{i}\,h(t)$, mit $h(t) := (1-t)/(1+t)$ für $t \neq -1$. Die Funktion h ist auf $\mathbb{R} \setminus \{-1\}$ definiert und differenzierbar, es ist $h(0) = 1$ und $h'(t) = -2/(1+t)^2 < 0$, also h streng monoton fallend. Außerdem ist

$$\lim_{\substack{t \to -1 \\ t > -1}} h(t) = +\infty, \quad \lim_{\substack{t \to -1 \\ t < -1}} h(t) = -\infty \quad \text{und} \quad \lim_{t \to -\infty} h(t) = -1.$$

Also ist $g(M_1) = \{\mathrm{i}t : t < -1\}$ und $g(M_2) = \{\mathrm{i}t : t \geq 1\}$, und g bildet $\mathbb{C}'$ biholomorph auf $G := \mathbb{C} \setminus \{\mathrm{i}t : t \leq -1 \text{ oder } t \geq 1\}$ ab. Damit ist die Funktion $\arctan = \tan^{-1} = f^{-1} \circ g^{-1} : G \to G_0$ gegeben durch

$$\arctan(u) = \frac{1}{2\,\mathrm{i}}\log\frac{1 + u\,\mathrm{i}}{1 - u\,\mathrm{i}}.$$

Andere Logarithmenzweige führen zu anderen Zweigen des Arcustangens.

Wie im Reellen erhält man für die Ableitung

$$\arctan'(u) = \frac{1}{2\,\mathrm{i}} \cdot \frac{1 - u\,\mathrm{i}}{1 + u\,\mathrm{i}} \cdot \frac{\mathrm{i} + u + \mathrm{i} - u}{(1 - u\,\mathrm{i})^2} = \frac{1}{(1 + u\,\mathrm{i})(1 - u\,\mathrm{i})} = \frac{1}{1 + u^2}.$$

1.4.6. Aufgaben

A. Berechnen Sie die Werte von

$$\log(-2 - 2\,\mathrm{i}), \quad \log(\mathrm{i}), \quad (-\,\mathrm{i})^{\mathrm{i}} \quad \text{und } 2^{\mathrm{i}}.$$

B. Für $w \in \mathbb{C}^* := \mathbb{C} \setminus \{0\}$ sei $\mathrm{Log}(w) := \exp^{-1}(\{w\}) = \{z \in \mathbb{C} \; \exp z = w\}$. Zeigen Sie für $w, w_1, w_2 \in \mathbb{C}^*$:

$$\begin{aligned}
\mathrm{Log}(w_1 \cdot w_2) &= \{z_1 + z_2 : z_1 \in \mathrm{Log}(w_1) \text{ und } z_2 \in \mathrm{Log}(w_2)\}, \\
\mathrm{Log}(w_1/w_2) &= \{z_1 - z_2 : z_1 \in \mathrm{Log}(w_1) \text{ und } z_2 \in \mathrm{Log}(w_2)\}
\end{aligned}$$

und $\{mz : z \in \mathrm{Log}(w)\} \subset \mathrm{Log}(w^m)$, für $m \in \mathbb{Z}$.

C. Benutzen Sie die Reihendarstellung des Logarithmus, um zu zeigen:

Ist $|z| \leq \dfrac{1}{2}$, so ist $|\log(1 + z) - z| \leq |z|^2$.

D. Benutzen Sie das Ergebnis der vorigen Aufgabe, um die folgende Aussage zu beweisen:

Ist $K \subset \mathbb{C}$ kompakt, so gibt es ein $n_0 \in \mathbb{N}$, so dass für alle $n \geq n_0$ die Funktion $f_n(z) := n \cdot \log\left(1 + \dfrac{z}{n}\right)$ auf K definiert ist und außerdem gilt:

$$|f_n(z) - z| \leq \frac{|z|^2}{n}, \quad \text{für } z \in K \text{ und } n \geq n_0.$$

Insbesondere konvergiert (f_n) auf K gleichmäßig gegen $f(z) = z$.

Man schließe nun:
$$\lim_{n \to \infty} \left(1 + \frac{z}{n}\right)^n = e^z.$$

E. Sei $H_+ := \{z \in \mathbb{C} : \mathrm{Im}(z) > 0\}$ die „obere Halbebene" und $G := H_+ \setminus \{\mathrm{i}t : t \leq 1\}$. Zeigen Sie, dass durch $w = f(z) := \sqrt{z^2 + 1}$ eine bijektive holomorphe Abbildung von G nach H_+ definiert wird. Bestimmen Sie die Umkehrabbildung.

F. Bestimmen Sie auf geeignete Weise eine Umkehrfunktion des Sinus, den komplexen Arcussinus.

G. Potenzfunktionen sind normalerweise mehrdeutig. Wie ist in diesem Zusammenhang die Gleichung $\exp z = e^z$ zu verstehen?

1.5   Anwendungen

Summenberechnungen

Die Euler'sche Formel erlaubt eine besonders bequeme Berechnung gewisser trigo-
nometrischer Summen. Bekanntlich ist

$$\sum_{k=0}^{n-1} z^k = \frac{z^n - 1}{z - 1}.$$

Setzt man $z = e^{it}$ ein, so erhält man

$$\sum_{k=0}^{n-1} e^{ikt} = \frac{e^{int} - 1}{e^{it} - 1} = \frac{e^{int/2}\left(e^{int/2} - e^{-int/2}\right)}{e^{it/2}\left(e^{it/2} - e^{-it/2}\right)}.$$

Unter Verwendung der Gleichungen

$$\cos t = \frac{1}{2}(e^{it} + e^{-it}) \quad \text{und} \quad \sin t = \frac{1}{2i}(e^{it} - e^{-it})$$

erhält man

$$\sum_{k=0}^{n-1} e^{ikt} = e^{i(n-1)t/2} \cdot \frac{\sin(nt/2)}{\sin(t/2)}.$$

Das ergibt:

$$\sum_{k=0}^{n-1} \cos(kt) = \frac{\cos\bigl((n-1)t/2\bigr)\sin(nt/2)}{\sin(t/2)}$$

$$\text{und} \quad \sum_{k=0}^{n-1} \sin(kt) = \frac{\sin\bigl((n-1)t/2\bigr)\sin(nt/2)}{\sin(t/2)}.$$

Auch bei unendlichen Reihen kann die Euler'sche Formel helfen. Setzt man etwa
$z = e^{it}$ in die Exponentialreihe $\exp(z) = \sum_{n=0}^{\infty} \dfrac{z^n}{n!}$ ein, so erhält man

$$e^{\cos t + i\sin t} = \sum_{n=0}^{\infty} \frac{e^{int}}{n!} = \sum_{n=0}^{\infty} \left[\frac{\cos(nt)}{n!} + i\,\frac{\sin(nt)}{n!}\right],$$

also

$$\sum_{n=0}^{\infty} \frac{\cos(nt)}{n!} = e^{\cos t}\cos(\sin t) \quad \text{und} \quad \sum_{n=0}^{\infty} \frac{\sin(nt)}{n!} = e^{\cos t}\sin(\sin t).$$

Differentialgleichungen

Sei $I \subset \mathbb{R}$ ein Intervall, $t_0 \in I$ und $f : I \to \mathbb{C}$ eine komplexwertige differenzierbare Funktion von einer reellen Variablen. Dann ist

$$f'(t_0) = \lim_{t \to t_0} \frac{f(t) - f(t_0)}{t - t_0} = \lim_{h \to 0} \frac{f(t_0 + h) - f(t_0)}{h}.$$

Ist $\lambda \in \mathbb{C}$ und $f(t) := e^{\lambda t}$, so folgt:

$$f'(t_0) = \lim_{h \to 0} \frac{e^{\lambda(t_0 + h)} - e^{\lambda t_0}}{h} = e^{\lambda t_0} \lim_{h \to 0} \frac{e^{\lambda h} - 1}{h} = \lambda e^{\lambda t_0}.$$

Man kann dies z.B. auf die Lösung der Differentialgleichung

$$y'' + 2ay' + by = 0, \quad a, b \in \mathbb{R}.$$

anwenden, etwa mit Hilfe des Ansatzes $y(t) := e^{\lambda t}$, mit $\lambda = a + ib \in \mathbb{C}$.

Ist ein solches $y(t)$ Lösung der Differentialgleichung, so muss gelten:

$$0 = (\lambda^2 + 2a\lambda + b)e^{\lambda t}, \text{ für alle } t.$$

Das kann nur sein, wenn $\lambda^2 + 2a\lambda + b = 0$ ist, also $\lambda = -a \pm \sqrt{a^2 - b}$.

1. Fall: Ist $a^2 - b > 0$, so sind die beiden Zahlen

$$\lambda_1 := -a + \sqrt{a^2 - b} \quad \text{und} \quad \lambda_2 := -a - \sqrt{a^2 - b}$$

reell und verschieden. Damit erhält man die beiden (linear unabhängigen) Lösungen

$$y_1(t) = e^{\lambda_1 t} \quad \text{und} \quad y_2(t) = e^{\lambda_2 t}.$$

2. Fall: Ist $a^2 - b = 0$, so erhält man eine Lösung $y_1(t) = e^{-at}$. Für eine zweite Lösung macht man den Ansatz $y_2(t) := te^{-at}$. Differenzieren ergibt:

$$y_2'(t) = (1 - at)e^{-at} \quad \text{und} \quad y_2''(t) = (-2a + a^2t)e^{-at}.$$

Einsetzen in die Differentialgleichung zeigt: Dies ist tatsächlich eine weitere Lösung.

3. Fall: Sei $a^2 - b > 0$ und $\omega := \sqrt{b - a^2}$. Dann ist $\lambda_{1/2} = -a \pm i\omega$. Da das Polynom $p(x) := x^2 + 2ax + b$ reelle Koeffizienten hat, sind

$$\lambda := \lambda_1 = -a + i\omega \quad \text{und} \quad \overline{\lambda} = \lambda_2 = -a - i\omega$$

die beiden (komplexen) Nullstellen.

Ist $f = g + ih$ eine komplexwertige Lösung der Differentialgleichung, so ist

$$(g'' + 2ag' + bg) + i(h'' + 2ah' + bh) = f'' + 2af' + bf = 0.$$

Der Vergleich von Real- und Imaginärteil zeigt, dass g und h reellwertige Lösungen sind. Im vorliegenden Fall (also $f(t) = e^{\lambda t}$) bedeutet das:

$$y_1(t) := e^{-at} \cos(\omega t) \quad \text{und} \quad y_2(t) := e^{-at} \sin(\omega t)$$

sind zwei (linear unabhängige) Lösungen.

Real- und Imaginärteil der zweiten komplexen Lösung $t \mapsto e^{\overline{\lambda} t}$ ergeben nichts Neues.

Komplexe Zahlen in der Geometrie

Die komplexe Zahlenebene ist ein Modell für die ebene euklidische Geometrie. Die Addition von Zahlen entspricht der Vektoraddition. Der Betrag einer komplexen Zahl stimmt mit der euklidischen Norm überein, das euklidische Skalarprodukt zweier komplexer Zahlen $z = x + iy$ und $w = u + iv$ ist gegeben durch

$$z \bullet w = xu + yv = \mathrm{Re}\big((xu + yv) + i(yu - xv)\big) = \mathrm{Re}\big((x + iy)(u - iv)\big) = \mathrm{Re}(z\bar{w}).$$

Wir beschäftigen uns nun mit der Darstellung von Geraden und Kreisen.

Eine **Gerade** in $\mathbb{C}$ ist eine Menge

$$L = \{x + iy : px + qy = r\}, \text{ mit reellen Zahlen } p, q, r \text{ mit } (p, q) \neq (0, 0).$$

Häufig benutzt man eine Parametrisierung

$$\alpha(t) := z_0 + vt, \text{ mit } v \neq 0, \text{ für } t \in \mathbb{R}.$$

Der **Kreis** um $z_0 = x_0 + iy_0$ mit Radius $r > 0$ ist die Menge

$$K = \{x + iy : (x - x_0)^2 + (y - y_0)^2 = r^2\}.$$

Hier benutzt man die Parametrisierung

$$\gamma(t) := z_0 + re^{it}, \text{ für } 0 \leq t \leq 2\pi.$$

Tatsächlich folgt aus der Gleichung $\big((x - x_0)/r\big)^2 + \big((y - y_0)/r\big)^2 = 1$, dass ein $t \in [0, 2\pi]$ mit $(x - x_0)/r = \cos t$ und $(y - y_0)/r = \sin t$ existiert.

1.5.1. Lemma

Jede Gerade und jeder Kreis kann durch eine Menge der Gestalt

$$M = \{\alpha z\bar{z} + cz + \bar{c}\bar{z} + \delta = 0\}$$

mit $\alpha, \delta \in \mathbb{R}$, $c \in \mathbb{C}$ und $c\bar{c} > \alpha\delta$ beschrieben werden.

Ist $\alpha = 0$, so liegt eine Gerade vor, andernfalls ein Kreis.

BEWEIS:

1) Ist $\alpha = 0$, so muss automatisch $c \neq 0$ sein, und die Menge

$$M = \{z \in \mathbb{C} : cz + \bar{c}\bar{z} + \delta = 0\} = \{x + iy : (c + \bar{c})x + (ic - i\bar{c})y = -\delta\}$$

ist eine Gerade. Ist nämlich $c + \bar{c} = 0$, so ist $ic - i\bar{c} = 2ic \neq 0$.

Ist umgekehrt eine Gerade in der Form $px + qy = r$ mit $(p, q) \neq (0, 0)$ gegeben, so kann man $c := (p - iq)/2$ und $\delta := -r$ setzen. Damit erhält man die Gerade in der komplexen Darstellung $cz + \bar{c}\bar{z} + \delta = 0$ mit $c\bar{c} = (p^2 + q^2)/4 > 0$.

2) Ist $\alpha \neq 0$, so kann man dadurch dividieren, also o.B.d.A. annehmen, dass $\alpha = 1$ ist. Dann ist $r := \sqrt{c\bar{c} - \delta}$ eine positive reelle Zahl, und der Kreis um $u := -\bar{c}$ mit Radius r ist gegeben durch

$$\begin{aligned} |z - u| = r &\iff (z - u)(\bar{z} - \bar{u}) = r^2 \\ &\iff z\bar{z} + cz + \bar{c}\bar{z} + (u\bar{u} - r^2) = 0 \\ &\iff z\bar{z} + cz + \bar{c}\bar{z} + \delta = 0. \end{aligned}$$

∎

Axiomensysteme für die ebene euklidische Geometrie enthalten in der Regel eine Gruppe von Kongruenz- oder Bewegungsaxiomen, mit deren Hilfe man festlegt, welche Figuren deckungsgleich sind. Die euklidischen Bewegungen setzen sich aus Translationen, Drehungen und Geradenspiegelungen zusammen. Mit Hilfe von Möbius-Transformationen und der Konjugation kann man alle euklidischen Bewegungen beschreiben:

Translationen sind gegeben durch $z \mapsto z + b$.

Drehungen (um den Nullpunkt) sind gegeben durch $z \mapsto az$ (mit $|a| = 1$).

Die **Spiegelung** an der x-Achse ist gegeben durch $z \mapsto \bar{z}$.

Eine Drehung um einen beliebigen Punkt z_0 erhält man, indem man diesen Punkt zunächst in den Nullpunkt verschiebt (mittels $T : z \mapsto z - z_0$), dann dreht und dann wieder alles zurückverschiebt. Das ergibt die Abbildung

$$z \mapsto z_0 + a(z - z_0), \quad |a| = 1.$$

Die Spiegelung an einer beliebigen Geraden bekommt man, indem man diese Gerade zunächst so verschiebt, dass sie durch den Nullpunkt geht. Dann dreht man sie in Richtung der x-Achse, spiegelt an dieser Achse und macht dann die Drehung und die Verschiebung rückgängig. Wir suchen auch hierzu eine Formel.

Die Gerade L, an der gespiegelt werden soll, sei durch die Parametrisierung $\gamma(t) = z_0 + vt$ (mit $v \neq 0$) gegeben. Jeder Punkt $w \in \mathbb{C}$ kann in der Gestalt $w = z_0 + vz$ geschrieben werden, mit einem geeigneten Punkt $z \in \mathbb{C}$. Man braucht ja nur $z = (w - z_0)/v$ zu setzen. Liegt w auf L, so ist $z = t$ reell. Speziell dem Punkt z_0 entspricht der Wert $z = 0$.

Die Transformation $w \mapsto z = (w - z_0)/v$ bildet L auf die reelle Achse ab. Spiegelt man an ihr, so erhält man den Punkt $\bar{z}$. Der Punkt $w^* := z_0 + v\bar{z}$ ist das Spiegelbild von w, und man kann ihn als Funktion von w schreiben:

$$w^* = z_0 + (\overline{w} - \bar{z}_0) \cdot \frac{v}{\bar{v}}.$$

Das ist die gesuchte Formel für die Spiegelung an der Geraden L.

1.5.2. Die Wirkung von Möbius-Transformationen

Eine Möbius-Transformation

$$T(z) = \frac{az + b}{cz + d} \quad mit \ ac - bd \neq 0$$

bildet Kreise und Geraden wieder auf Kreise oder Geraden ab. Das Gleiche gilt für die Konjugation.

Zum BEWEIS betrachten wir eine Menge der Gestalt

$$M = \{z \in \mathbb{C} \mid \alpha z\bar{z} + cz + \bar{c}\bar{z} + \delta = 0\}$$

mit $\alpha, \delta \in \mathbb{R}$, $c \in \mathbb{C}$ und $c\bar{c} > \alpha\delta$. Wir müssen zeigen, dass $T(M)$ wieder eine solche Gestalt hat:

Es reicht, affin-lineare Funktionen und die Inversion zu betrachten.

1) Sei $w = Az + B$. Dann gilt:

$$z = Cw + D, \ mit \ C := 1/A \ und \ D := -B/A.$$

Liegt $z \in M$, dann ist

$$
\begin{aligned}
0 &= \alpha(Cw + D)(\overline{Cw + D}) + c(Cw + D) + \bar{c}(\overline{Cw + D}) + \delta \\
&= (\alpha C\bar{D})w\bar{w} + (\alpha C\bar{D} + cC)w + (\alpha\bar{C}D + \bar{c}\bar{C})\bar{w} \\
&\quad + (\alpha D\bar{D} + cD + \bar{c}\bar{D} + \delta),
\end{aligned}
$$

Also liegt w wieder auf einer Menge vom gewünschten Typ.

2) Nun sei $w = \dfrac{1}{z}$. Dann ist auch $z = \dfrac{1}{w}$, und es gilt für $z \in M$:

$$\frac{\alpha}{w\bar{w}} + \frac{c}{w} + \frac{\bar{c}}{\bar{w}} + \delta = 0.$$

Da $w \neq 0$ sein muss, können wir mit $w\bar{w}$ multiplizieren und erhalten:

$$\alpha + c\bar{w} + \bar{c}w + \delta w\bar{w} = 0.$$

Auch hier ist das Bild von M wieder eine Menge vom gewünschten Typ.

Die Aussage über die Konjugation ist trivial. ∎

1.5.3. Lemma

Sei $f : G_1 \to G_2$ eine biholomorphe Abbildung. Ist $G \subset G_1$ ein Gebiet, so ist auch $f(G)$ ein Gebiet und $f(\partial G \cap G_1) = \partial f(G) \cap G_2$.

BEWEIS: Sei $z_0 \in \partial G \cap G_1$, $w_0 := f(z_0) \in G_2$ und $V = V(w_0) \subset G_2$ eine offene Umgebung. Dann ist auch $U := f^{-1}(V) \subset G_1$ eine offene Umgebung von z_0, enthält also einen Punkt $z_1 \in G$ und einen Punkt $z_2 \in G_1 \setminus G$.

$w_1 := f(z_1)$ liegt in $f(G \cap U) \subset f(G) \cap V$, $w_2 := f(z_2)$ liegt in $f((G_1 \setminus G) \cap U) \subset (G_2 \setminus f(G)) \cap V$. Also ist w_0 ein Randpunkt von $f(G)$.

Wir haben gezeigt, dass $f(\partial G \cap G_1) \subset \partial f(G) \cap G_2$ ist. Vertauscht man die Rollen von f und f^{-1}, so erhält man die umgekehrte Relation. ∎

Ist also ein Gebiet $G \subset \mathbb{C}$ durch eine Gerade oder einen Kreis K berandet und T eine Möbius-Transformation, so wird $T(G)$ durch $T(K)$ berandet, also wieder eine Gerade oder einen Kreis. Diese Erkenntnis hilft bei der Bestimmung des Bildes von $\mathbb{R}$ oder von $D_1(0)$ unter T.

1.5.4. Beispiel

Sei $T(z) := \dfrac{z - \mathsf{i}}{z + \mathsf{i}}$. Dann ist T auf $\mathbb{C} \setminus \{-\mathsf{i}\}$ definiert, bildet also die **obere Halbebene** $H_+ = \{z = x + \mathsf{i}\,y : y > 0\}$ biholomorph auf ein Gebiet G ab. Da $T(0) = -1$, $T(1) = -\mathsf{i}$ und $T(-1) = \mathsf{i}$ ist, wird die reelle Achse (also der Rand von H_+) auf den durch die drei Punkte -1, $-\mathsf{i}$ und i bestimmten Kreis abgebildet, d.h. auf $\partial D_1(0)$. Damit muss $G = D_1(0)$ oder $= \mathbb{C} \setminus (D_1(0) \cup \{-\mathsf{i}\})$ sein. Weil $T(\mathsf{i}) = 0$ ist, ist $T(H_+) = D_1(0)$ die Einheitskreisscheibe.

Als letzte geometrische Anwendung behandeln wir die Berechnung von Einheitswurzeln. Ist ζ eine n-te Einheitswurzel, so ist

$$0 = \zeta^n - 1 = (\zeta - 1)(1 + \zeta + \zeta^2 + \cdots + \zeta^{n-1}),$$

also $\zeta = 1$ oder $1 + \zeta + \zeta^2 + \cdots + \zeta^{n-1} = 0$. Diese Gleichung ist sehr nützlich, genauso wie die folgende Beziehung:

Es ist $\zeta^{-1} = 1/\zeta = \zeta^n/\zeta = \zeta^{n-1}$ (und allgemein $\zeta^{-k} = \zeta^{n-k}$). Andererseits ist $\zeta^{-1} = \bar{\zeta}$. Im Falle $\zeta = \cos(2\pi/n) + \mathsf{i}\,\sin(2\pi/n)$ folgt dann: $\zeta + \zeta^{-1} = 2\cos(2\pi/n)$.

1.5.5. Beispiele

A. Im Falle $n = 3$ erfüllt eine Einheitswurzel die Gleichung $1 + \zeta + \zeta^2 = 0$. Also ist

$$\zeta = \frac{-1 \pm \mathsf{i}\sqrt{3}}{2},$$

und deshalb $\cos(120°) = -1/2$ und $\sin(120°) = \sqrt{3}/2$.

B. Im Falle $n = 5$ erfüllt eine Einheitswurzel die Gleichung $1 + \zeta + \zeta^2 + \zeta^3 + \zeta^4 = 0$. Es sei $\zeta = \cos(2\pi/5) + \mathsf{i}\,\sin(2\pi/5)$ und $u := \zeta + \zeta^{-1} = \zeta + \zeta^4 = 2\cos(2\pi/5)$. Dann ist $u^2 = (\zeta + \zeta^{-1})^2 = \zeta^2 + \zeta^3 + 2$, also $0 = u + u^2 - 1$ und $u = (-1 \pm \sqrt{5})/2$. Setzt man $\zeta + \zeta^{-1}$ für u ein, so erhält man (durch Multiplikation mit ζ) die Gleichung

$$\zeta^2 - \frac{\sqrt{5}-1}{2}\,\zeta + 1 = 0.$$

Die Auflösung dieser quadratischen Gleichung ergibt

$$\zeta = \frac{\sqrt{5}-1}{4} \pm \frac{\mathrm{i}}{4}\sqrt{10 + 2\sqrt{5}}\,.$$

Real- und Imaginärteil liefern Cosinus und Sinus von 72°.

Komplexe Zahlen in der Elektrotechnik

Wir betrachten nun einige Anwendungen der komplexen Rechnung in der Elektrotechnik. Bei den Ingenieuren ist manches anders als in der Mathematik. Da der Buchstabe i für die Stromstärke reserviert ist, verwenden die Elektrotechniker das Symbol j für die imaginäre Einheit. In diesem Unterabschnitt schließen wir uns diesem Brauch an.

Bei den komplexen Zahlen interessiert man sich in der Elektrotechnik besonders für die vektoriellen Aspekte. Allerdings spricht man nicht von Vektoren, sondern von **Zeigern** (weil ein im Nullpunkt angehefteter Pfeil wie ein Uhrzeiger aussieht).

Wechselstrom i und Wechselspannung u werden durch harmonische Schwingungen beschrieben:

$$\begin{aligned} u(t) &= \widehat{u}\cdot\sin(\omega t + \varphi_u) \\ \text{und}\quad i(t) &= \widehat{\imath}\cdot\sin(\omega t + \varphi_i). \end{aligned}$$

Dabei bezeichnet man ω als **Kreisfrequenz** und die Konstanten φ_u und φ_i als **Phasenkonstanten**.

Die „komplexe Zeigerrechnung" kommt ins Spiel, wenn man u und i als horizontale Projektion eines Punktes auffasst, der sich mit konstanter Winkelgeschwindigkeit auf einem Kreis um den Nullpunkt bewegt. Der Sinn dieser sogenannten „symbolischen Methode" besteht darin, dass man Rechenvorteile gewinnt.

Die komplexen Zeiger $\mathbf{U} := \widehat{u}\cdot e^{\mathrm{j}\varphi_u}$ und $\mathbf{I} := \widehat{\imath}\cdot e^{\mathrm{j}\varphi_i}$ bezeichnet man auch als „komplexe Amplituden", den Faktor $e^{\mathrm{j}\omega t}$ als „Zeitfaktor". So erhält man Spannung und Stromstärke in der folgenden komplexen Schreibweise:

$$\mathbf{u}(t) := \mathbf{U}\cdot e^{\mathrm{j}\omega t} \quad \text{und} \quad \mathbf{i}(t) := \mathbf{I}\cdot e^{\mathrm{j}\omega t}$$

Legt man eine Wechselspannung an einen Widerstand an, so fließt Strom. Das Ohm'sche Gesetz liefert den (zeitunabhängigen) **Widerstandsoperator**

$$\mathbf{Z} := \frac{\mathbf{u}}{\mathbf{i}} = \frac{\mathbf{U}e^{\mathrm{j}\omega t}}{\mathbf{I}e^{\mathrm{j}\omega t}} = \frac{\mathbf{U}}{\mathbf{I}}.$$

Ist $\varphi := \varphi_u - \varphi_i$, so ist $\mathbf{Z} = |\mathbf{Z}|e^{\mathrm{j}\varphi}$. Man schreibt $\mathbf{Z}$ in der Form $\mathbf{Z} = R + \mathrm{j}X$ und nennt R den **Wirkwiderstand** und X den **Blindwiderstand**. Es ist $|\mathbf{Z}| = \sqrt{R^2 + X^2}$ und $\tan\varphi = X/R$.

$\mathbf{Y} := 1/\mathbf{Z}$ heißt ***Leitwertoperator***. Man schreibt $\mathbf{Y} = G + \mathrm{j}\,B$ und nennt G den ***Wirkleitwert*** und B den ***Blindleitwert***.

Wir betrachten einige Widerstandsoperatoren im Wechselstromkreis.

1. **Kapazitiver Widerstandsoperator (Kondensator):**

Kondensator

Die Ladung q und die Spannung u sind zeitabhängig, zwischen ihnen besteht die Beziehung $q = C \cdot u$. Die Stromstärke i ist gegeben durch $i = q' = C \cdot u'$.

Bei der symbolischen Methode werden u und i durch die komplexen Größen $\mathbf{u}$ und $\mathbf{i}$ ersetzt. Es ist $u = \mathrm{Re}(\mathbf{u})$ und $i = \mathrm{Re}(\mathbf{i})$, und es gilt die Beziehung $\mathrm{Re}(\mathbf{u}') = (\mathrm{Re}\,\mathbf{u})'$. Also bleibt für die komplexen Größen die Beziehung

$$\mathbf{i}(t) = C \cdot \mathbf{u}'(t), \quad \text{also} \quad \mathbf{I} = C \cdot \mathrm{j}\,\omega \cdot \mathbf{U}$$

erhalten. Für den Widerstandsoperator folgt dann:

$$\mathbf{Z} = \frac{\mathbf{U}}{\mathbf{I}} = \frac{1}{C\,\mathrm{j}\,\omega} = -\mathrm{j}\,\frac{1}{\omega C}\,.$$

Das ist eine rein imaginäre Größe. Aus der Darstellung

$$\mathbf{Z} = \frac{\mathbf{U}}{\mathbf{I}} = \frac{\widehat{u}}{\widehat{i}}\, e^{\mathrm{j}\,\varphi}$$

ergibt sich: $e^{\mathrm{j}\,\varphi} = -\mathrm{j}$, also $\varphi = -\pi/2$. Das bedeutet, dass $\varphi_u = \varphi_i - \pi/2$ ist, der Spannungszeiger läuft dem Stromzeiger in der Phase um 90° hinterher.

Der Leitwert ist in diesem Falle $\mathbf{Y} = \mathrm{j}\,\omega C$.

2. **Induktiver Widerstandsoperator (verlustfreie Spule):**

Induktivität

Hier gilt das Induktionsgesetz $u = L \cdot i'$, oder in komplexer Schreibweise:

$$\mathbf{u}(t) = L \cdot \mathbf{i}'(t), \quad \text{also} \quad \mathbf{U} = L \cdot \mathrm{j}\,\omega \cdot \mathbf{I}.$$

So erhält man den Widerstandsoperator

$$\mathbf{Z} = L \cdot \mathrm{j}\,\omega\,.$$

Hier ist die Phasendifferenz $\varphi = \pi/2$, der Spannungszeiger läuft dem Stromzeiger in der Phase um 90° voraus.

Der Leitwert ist in diesem Falle $\mathbf{Y} = -\mathrm{j}/(\omega L)$.

Abhängigkeiten wie $t \mapsto \mathbf{u}(t)$ oder $t \mapsto \mathbf{i}(t)$ führen zu parametrisierten Kurven in der komplexen Ebene. In der Elektrotechnik bezeichnet man solche Kurven als ***Ortskurven***. Dabei braucht der Parameter nicht unbedingt die Zeit zu sein! Manchmal bezeichnet man die Abhängigkeit einer komplexen elektrischen Größe von einem reellen Parameter auch als ***Netzwerkfunktion***.

Schaltet man etwa einen Ohm'schen und einen induktiven Widerstand in Reihe, so addieren sich nach den Kirchhoff'schen Regeln die Widerstandsoperatoren:

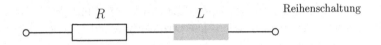

Reihenschaltung

Man kann in diesem Fall den Gesamtwiderstand

$$\mathbf{Z} = \mathbf{Z}(\omega) = R + j\omega L$$

als Funktion der Frequenz ω auffassen.

Die Spur der Ortskurve sieht folgendermaßen aus:

Ist der Widerstandsoperator eines Wechselstromkreises als Ortskurve gegeben, so kann man auch die Ortskurve des Leitwertes bestimmen.

1.5.6. Beispiele

A. Wir betrachten die Reihenschaltung eines Ohm'schen und eines kapazitiven Widerstandes:

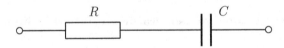

Hier sei $R \geq 0$ variabel und $\dfrac{1}{\omega C} = 5$ konstant. Dann sieht die Ortskurve von

$$\mathbf{Z} = \mathbf{Z}(R) = R - j\frac{1}{\omega C} = R - 5j \qquad \text{folgendermaßen aus:}$$

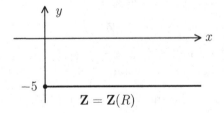

Der Leitwert ist $\mathbf{Y}(R) = \dfrac{1}{\mathbf{Z}(R)} = \dfrac{1}{R - 5\mathrm{j}}$.

Wir wollen die Ortskurve des Leitwertes bestimmen. Das Bild der Geraden $y = -5$ unter der Inversion muss im Innern des Einheitskreises liegen, kann also nur ein Kreis sein. Zunächst rechnen wir die reelle Geradengleichung $px + qy = r$ mit $p = 0$, $q = 1$ und $r = -5$ in die komplexe Form $cz + \overline{c}\overline{z} + \delta = 0$ um. Dabei ist

$$c = \frac{1}{2}(p - \mathrm{j}\,q) = -\frac{\mathrm{j}}{2} \quad \text{und} \quad \delta = -r = 5.$$

Ersetzt man nun z durch $1/w$ und multipliziert man anschließend die Gleichung $c/w + \overline{c}/\overline{w} + \delta = 0$ mit $w\overline{w}$, so erhält man die Kreisgleichung

$$w\overline{w} + \frac{\mathrm{j}}{10}w - \frac{\mathrm{j}}{10}\overline{w} = 0,$$

also $w\overline{w} + \gamma w + \overline{\gamma}\overline{w} + \varepsilon = 0$ mit $\gamma = \mathrm{j}/10$ und $\varepsilon = 0$. Aus dieser Gleichung kann man den Mittelpunkt u und den Radius ϱ ablesen:

$$u = -\overline{\gamma} = \frac{\mathrm{j}}{10} = 0.1\mathrm{j} \quad \text{und} \quad \varrho = \sqrt{\gamma\overline{\gamma} - \varepsilon} = \frac{1}{10} = 0.1\,.$$

Das ergibt folgende Ortskurve $\mathbf{Y} = \mathbf{Y}(R)$:

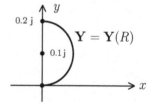

Da nur der Fall $R \geq 0$ interessiert, ist die Ortskurve ein Halbkreis.

B. Als weiteres Beispiel betrachten wir die Reihenschaltung eines Ohm'schen Widerstandes R, eines induktiven Widerstandes L und eines kapazitiven Widerstandes C:

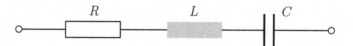

Sind R, L und C fest, so kann man $\mathbf{Z}$ als Funktion von ω auffassen:

$$\mathbf{Z}(\omega) = R + \mathrm{j}\omega L - \mathrm{j}\frac{1}{\omega C} = R + \mathrm{j}\left(\omega L - \frac{1}{\omega C}\right).$$

Ist $k := 1/(\omega C)$ konstant und $X := \omega L$, so ist $\mathbf{Z} = \mathbf{Z}(X) = R + \mathrm{j}\,(X - k)$, und die Ortskurve von $\mathbf{Z}(X)$ ist die vertikale Gerade

$$\{R + j(X - k) : X \in \mathbb{R}\},$$

gegeben durch die Gleichung $px + qy = r$ mit $p = 1$, $q = 0$ und $r = R$, bzw. $cz + \overline{c}\overline{z} + \delta = 0$ mit $c = (p - jq)/2 = 1/2$ und $\delta = -r = -R$.

Wir wollen die Ortskurve von

$$\mathbf{Y}(X) = \frac{1}{R + j(X - k)} = \frac{1}{jX + (R - jk)}$$

bestimmen. Wieder geschieht das mit Hilfe der Anwendung der Inversion. Dabei ist auch in diesem Fall klar, dass ein Kreis im Innern des Einheitskreises herauskommt. Und wie beim vorigen Beispiel hat die gesuchte Kreisgleichung die Form

$$w\overline{w} + \gamma w + \overline{\gamma}\overline{w} + \varepsilon = 0, \quad \text{diesmal mit } \gamma = -1/(2R) \text{ und } \varepsilon = 0.$$

Dann ist $u = -\overline{\gamma} = 1/(2R)$ der Mittelpunkt und $\varrho = \sqrt{\gamma\overline{\gamma} - \varepsilon} = 1/(2R)$ der Radius der Ortskurve.

Man kann die Ortskurve $\mathbf{Y} = \mathbf{Y}(X)$ natürlich auch geometrisch durch Spiegelung der Kurve $\mathbf{Z} = \mathbf{Z}(X)$ am Einheitskreis und anschließende Konjugation konstruieren.

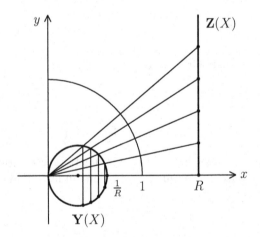

Harmonische Funktionen und ebene Strömungsfelder

Definition (harmonische Funktion):

Sei $G \subset \mathbb{C}$ ein Gebiet. Eine zweimal stetig differenzierbare Funktion $f : G \to \mathbb{R}$ heißt **harmonisch**, wenn $f_{xx} + f_{yy} = 0$ ist.

Der Differentialoperator $\Delta : f \mapsto f_{xx} + f_{yy}$ heißt **Laplace-Operator**.

Sei nun $f = g + i\,h : G \to \mathbb{C}$ eine holomorphe Funktion. Es gelten die Cauchy-Riemann'schen Differentialgleichungen: $g_x = h_y$ und $g_y = -h_x$. Daraus folgt:

$$g_{xx} + g_{yy} = h_{yx} - h_{xy} = 0$$
$$\text{und} \quad h_{xx} + h_{yy} = -g_{yx} + g_{xy} = 0.$$

Realteil und Imaginärteil einer holomorphen Funktion sind jeweils harmonisch! Aber es kommt noch besser!

1.5.7. Lokale Charakterisierung harmonischer Funktionen

Sei $g : G \to \mathbb{R}$ eine harmonische Funktion. Dann gibt es zu jedem Punkt $z_0 \in G$ eine offene Umgebung $U = U(z_0) \subset G$ und eine holomorphe Funktion $f : U \to \mathbb{C}$, so dass $g|_U = \mathrm{Re}(f)$ ist.

BEWEIS: Wir suchen eine in der Nähe von z_0 definierte und zweimal stetig differenzierbare reellwertige Funktion h mit $g_x = h_y$ und $g_y = -h_x$. Wegen der ersten Gleichung wird man es mit einer Stammfunktion

$$h(x + i\,y) = \int g_x(x + i\,y)\,dy + C$$

versuchen. Dabei ist aber zu beachten, dass die Integrationskonstante C noch von x abhängen kann. Wie sie zu wählen ist, sollte sich aus der zweiten zu erfüllenden Gleichung ergeben. Hier sind nun die Details:

Sei $z_0 = x_0 + i\,y_0 \in G$ fest gewählt, und U eine in G enthaltene rechteckige offene Umgebung von z_0. Für $z = x + i\,y \in U$ setzen wir

$$h(x + i\,y) := \int_{y_0}^{y} g_x(x + i\,t)\,dt + \varphi(x),$$

mit einer noch näher zu bestimmenden (zweimal differenzierbaren) Funktion φ.

Dann ist offensichtlich $h_y = g_x$, und

$$
\begin{aligned}
h_x(x + i\,y) &= \int_{y_0}^{y} g_{xx}(x + i\,t)\,dt + \varphi'(x) \\
&= -\int_{y_0}^{y} g_{yy}(x + i\,t)\,dt + \varphi'(x) \\
&= -\big(g_y(x + i\,y) - g_y(x + i\,y_0)\big) + \varphi'(x).
\end{aligned}
$$

Damit $h_x = -g_y$ ist, sollte $\varphi'(x) = -g_y(x + i\,y_0)$ sein. Also setzen wir

$$\varphi(x) := -\int_{x_0}^{x} g_y(s + i\,y_0)\,ds.$$

Die so bestimmte Funktion h ist zweimal stetig differenzierbar und hat die gewünschten Eigenschaften. $\blacksquare$

Bemerkung: Sind die harmonischen Funktionen g und h Realteil und Imaginärteil einer holomorphen Funktion f, so spricht man auch von **konjugierten harmonischen Funktionen**. Man beachte aber, dass h durch g nicht eindeutig bestimmt ist.

Als Anwendung betrachten wir 2-dimensionale Strömungen (die man als Querschnitte 3-dimensionaler zylindrischer Strömungen auffassen kann).

Die Strömung werde durch ein stetig differenzierbares Vektorfeld

$$\mathbf{F} := p + i\,q$$

auf einer offenen Menge $U \subset \mathbb{C}$ beschrieben. Wir nehmen an, dass $\mathbf{F}$ quellenfrei und wirbelfrei ist. Das wird durch die Bedingungen

$$\frac{\partial p}{\partial x}(z) + \frac{\partial q}{\partial y}(z) = 0 \quad \text{und} \quad \frac{\partial q}{\partial x}(z) - \frac{\partial p}{\partial y}(z) = 0 \quad \text{für } z \in U$$

ausgedrückt. Die zweite Gleichung ist die Integrabilitätsbedingung, die zeigt, dass $\mathbf{F}$ zumindest lokal ein Gradientenfeld ist (vgl. [Fri2]). Es gibt eine zweimal stetig differenzierbare Funktion φ mit $\nabla\varphi := \varphi_x + i\,\varphi_y = \mathbf{F}$. Man nennt φ eine **Potentialfunktion** für $\mathbf{F}$. Wegen $p_x - (-q)_y = p_x + q_y = 0$ erfüllt auch das Vektorfeld $-q + i\,p$ die Integrabilitätsbedingung, und es gibt eine zweimal stetig differenzierbare Funktion ψ mit $\nabla\psi = -q + i\,p = i\,\mathbf{F}$. Diese Funktion ψ nennt man eine **Stromfunktion** für $\mathbf{F}$. Es ist

$$\Delta\varphi = p_x + q_y = 0 \quad \text{und} \quad \Delta\psi = (-q)_x + p_y = 0,$$

φ und ψ sind beide harmonisch!

Die Linien $\varphi = c$ heißen **Äquipotentiallinien**, die Linien $\psi = c$ **Stromlinien**. Die Gradienten der Potentialfunktion und der Stromfunktion stehen aufeinander senkrecht:

$$\nabla\varphi \cdot \nabla\psi = (p + i\,q) \cdot (-q + i\,p) = -pq + pq = 0.$$

Die Funktion $f := \varphi + i\,\psi$ bezeichnet man als **komplexes Potential** für $\mathbf{F}$. Mit $\varphi_x = p = \psi_y$ und $\varphi_y = q = -\psi_x$ erfüllt f die Cauchy-Riemann'schen Differentialgleichungen, ist also holomorph. Es besteht die Beziehung

$$\overline{f'(z)} = \varphi_x(z) - i\,\psi_x(z) = p(z) + i\,q(z) = \mathbf{F}(z).$$

1.5.8. Beispiele

A. Der einfachste Fall ist eine gleichförmige Strömung mit dem komplexen Potential

$$f(z) := cz, \quad \text{mit } c = re^{-i\theta}.$$

Dann ist

$$
\begin{aligned}
\varphi(x,y) &= \operatorname{Re}\big(f(x+iy)\big) = (r\cos\theta)x + (r\sin\theta)y \\
\text{und} \quad \psi(x,y) &= \operatorname{Im}\big(f(x+iy)\big) = (-r\sin\theta)x + (r\cos\theta)y,
\end{aligned}
$$

also $\mathbf{F}(z) = \varphi_x(z) + i\,\varphi_y(z) = r\cos\theta + r\sin\theta = re^{i\theta} = \overline{c}$.

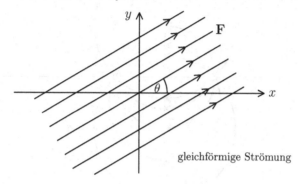

gleichförmige Strömung

Die Äquipotentiallinien $\varphi = $ constant stehen auf $\overline{c}$ senkrecht, die Stromlinien verlaufen parallel zu $\overline{c}$.

B. Jetzt betrachten wir den Fall einer Quelle in z_0, mit dem komplexen Potential

$$f(z) := k \cdot \log(z - z_0), \quad k > 0.$$

Natürlich ist f nicht global auf $\mathbb{C}^*$ definiert, das Potential ist also immer nur lokal verwendbar, und der Logarithmus muss jeweils geeignet gewählt werden. Das Vektorfeld

$$\mathbf{F}(z) = \overline{f'(z)} = \frac{k}{\overline{z} - \overline{z_0}} = \frac{k(z - z_0)}{|z - z_0|^2}$$

existiert dagegen auf ganz $\mathbb{C}^*$.

Die Potentialfunktion φ ist gegeben durch $\varphi(z) = k\ln|z - z_0|$, und die Äquipotentiallinien $\varphi(z) = $ const. sind die Linien $|z - z_0| = $ const., also Kreise um z_0. Die Stromfunktion ψ ist gegeben durch $\psi(z) = k\arg(z - z_0)$ (und deshalb nicht global eindeutig definierbar). Die Stromlinien $\psi(z) = $ const. sind Strahlen, die von z_0 ausgehen.

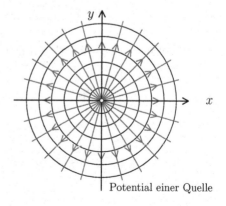

Potential einer Quelle

C. Wir betrachten jetzt die Kombination einer Quelle und einer Senke:

$$f(z) := k\big[\log(z+a) - \log(z-a)\big] = k \cdot \log \frac{z+a}{z-a}.$$

Der Einfachheit halber sei a reell und > 0.

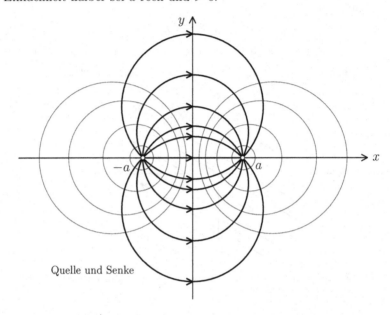

Quelle und Senke

Ist $\varphi(z) = k \cdot \log \dfrac{z+a}{z-a} = t$, so ist $|z+a| = e^{t/k}|z-a|$. Im Falle $t = 0$ ergibt das die Mittelsenkrechte $x = 0$ zwischen $-a$ und a. Für $t \to -\infty$ erhält man den Punkt $-a$, für $t \to +\infty$ den Punkt a. Werte dazwischen ergeben Kreise mit einem Mittelpunkt auf der reellen Achse. Das sind die Äquipotentiallinien. Die Stromlinien sind Kreise durch $-a$ und a mit dem Mittelpunkt auf der imaginären Achse.

Das zugehörige Vektorfeld ist

$$\mathbf{F}(z) = \overline{f'(z)} = \frac{k(\overline{z}-a)}{\overline{z}+a} \cdot \frac{-2a}{(\overline{z}-a)^2} = \frac{2ak}{a^2-\overline{z}^2}.$$

Lässt man $\mu := 2ak$ fest, a gegen Null und k gegen Unendlich gehen, so erhält man

$$\begin{aligned}
f(z) &= \log\Big(\frac{z+a}{z-a}\Big)^k = \log\Big(1 + \frac{2a}{z-a}\Big)^k \\
&= \log\Big(1 + \frac{\mu/(z-a)}{k}\Big)^k \to \frac{\mu}{z}.
\end{aligned}$$

Das Ergebnis ist das komplexe Potential eines Dipols. Nun ist $f(z) = \mu/z = \varphi(z) + \mathrm{i}\,\psi(z)$ mit

$$\varphi(x + iy) = \frac{\mu x}{x^2 + y^2} \quad \text{und} \quad \psi(x + iy) = \frac{-\mu y}{x^2 + y^2}.$$

Wir setzen ab jetzt $\mu = 1$. Dann sind die Äquipotentiallinien und Feldlinien (Stromlinien) gegeben durch

$$\varphi(z) = c \iff \left(x - \frac{1}{2c}\right)^2 + y^2 = \left(\frac{1}{2c}\right)^2$$

$$\text{bzw.} \quad \psi(z) = c \iff x^2 + \left(y + \frac{1}{2c}\right)^2 = \left(\frac{1}{2c}\right)^2.$$

In beiden Fällen erhält man Kreise, die beiden Scharen stehen natürlich aufeinander senkrecht.

Das Feld des Dipols ist gegeben durch

$$\mathbf{F}(z) = \overline{f'(z)} = -\frac{1}{\overline{z}^2} = \frac{-z^2}{|z|^2} = \frac{y^2 - x^2}{(x^2 + y^2)^2} + i \cdot \frac{-2xy}{(x^2 + y^2)^2}.$$

Das Strömungsbild sieht folgendermaßen aus:

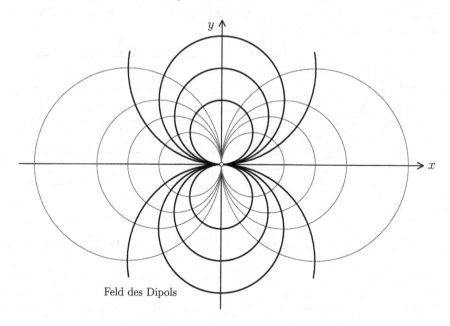

Feld des Dipols

1.5.9. Die Invarianz harmonischer Funktionen

Sei $T : G \to D$ eine biholomorphe Transformation zwischen zwei Gebieten in $\mathbb{C}$. Eine Funktion $h : D \to \mathbb{R}$ ist genau dann harmonisch, wenn $h \circ T : G \to \mathbb{R}$ harmonisch ist.

BEWEIS: Wir benutzen den Wirtinger-Kalkül. Danach ist $h = h(w)$ genau dann harmonisch, wenn $h_{w\overline{w}} = 0$ ist. Und für die holomorphe Transformation T ist $T_z = T'$ und $T_{\overline{z}} = 0$. Die Kettenregel liefert nun

$$
\begin{aligned}
(h \circ T)_{z\overline{z}} &= \left[(h_w \circ T)T_z + (h_{\overline{w}} \circ T)\overline{T}_z \right]_{\overline{z}} \quad \text{(mit } \overline{T}_z = 0) \\
&= (h_w \circ T)_{\overline{z}}T' + (h_w \circ T)T_{z\overline{z}} \quad \text{(mit } T_{\overline{z}z} = 0) \\
&= (h_{ww} \circ T)T_{\overline{z}}T' + (h_{w\overline{w}} \circ T)\overline{T}_{\overline{z}}T' = (h_{w\overline{w}} \circ T)|T'|^2.
\end{aligned}
$$

Da $T'(z) \neq 0$ auf G gilt, verschwindet $h_{w\overline{w}}$ genau dann auf D, wenn $(h \circ T)_{z\overline{z}}$ auf G verschwindet. Daraus folgt die Behauptung.   ∎

Die Konsequenz ist, dass man Strömungsbilder mit Hilfe von biholomorphen Abbildungen transportieren kann.

Als erstes Beispiel betrachten wir die Transformation $T(z) := z^2$. Sie bildet den ersten Quadranten auf die obere Halbebene H_+ ab. Das komplexe Potential $f(z) = cz$ (mit einem konstanten reellen Faktor $c > 0$) beschreibt auf H_+ eine horizontale gleichförmige Strömung. Das Potential $f \circ T(z) = cz^2$ hat als Realteil die Potentialfunktion $\varphi(x + \mathrm{i}y) = c(x^2 - y^2)$ und als Imaginärteil die Stromfunktion $\psi(x + \mathrm{i}y) = 2cxy$. Also sind die Äquipotentiallinien die Kurven $(x - y)(x + y) = \text{const.}$, die Stromlinien die Kurven $xy = \text{const.}$ Das sind zwei Scharen von Hyperbeln, die zueinander orthogonal sind. Das so beschriebene Vektorfeld liefert den Fluss um eine Ecke.

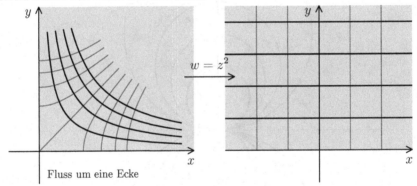

Fluss um eine Ecke

$$ w = z^2 $$

Besonders interessante Anwendungen liefert die **_Joukowski-Funktion_**, die durch

$$ w = J(z) := \frac{1}{2}\left(z + \frac{1}{z} \right), \quad \text{für } z \neq 0, $$

definiert wird. Sie ist holomorph auf $\mathbb{C}^*$, und es gilt:

$$ J(z_1) = J(z_2) \iff z_1 - z_2 = \frac{z_1 - z_2}{z_1 z_2} \iff (z_1 - z_2) \cdot \left(1 - \frac{1}{z_1 z_2} \right) = 0 $$

$$ \iff z_1 = z_2 \text{ oder } z_1 z_2 = 1. $$

Damit J injektiv ist, darf der Definitionsbereich keine zwei Punkte z_1, z_2 mit $z_1 z_2 = 1$ enthalten. Das gilt z.B. für die Gebiete $|z| < 1$ oder $|z| > 1$. Umkehrungen sind dann gegeben durch

$$z = w + \sqrt{w^2 - 1} \quad \text{bzw.} \quad z = w - \sqrt{w^2 - 1}.$$

Bei geeigneter Wahl des Wurzelzweiges bildet die erste Funktion auf das Äußere des Einheitskreises und die zweite Funktion auf das Innere des Einheitskreises ab.

Zum genaueren Studium der Joukowski-Funktion untersuchen wir das Bild eines Kreises $K_r = \{z : |z| = r\}$. Ist $z = re^{i\theta} \in K_r$ und $w = u + iv = J(z)$, so ist

$$u = \frac{1}{2}\left(r + \frac{1}{r}\right)\cos\theta \quad \text{und} \quad v = \frac{1}{2}\left(r - \frac{1}{r}\right)\sin\theta.$$

Setzen wir $a := \frac{1}{2}\left(r + \frac{1}{r}\right)$ und $b := \frac{1}{2}\left(r - \frac{1}{r}\right)$, so ist $\dfrac{u^2}{a^2} + \dfrac{v^2}{b^2} = 1$.

Das ist die Gleichung einer Ellipse Ihre Brennpunkte sind die Punkte $(c, 0)$ und $(-c, 0)$ mit

$$c = \sqrt{a^2 - b^2} = \sqrt{\frac{1}{4}\left(r + \frac{1}{r}\right)^2 - \frac{1}{4}\left(r - \frac{1}{r}\right)^2} = 1.$$

Ist $S_\theta := \{z = re^{i\theta} : r > 1\}$ der Teil eines Strahles vom Nullpunkt aus, der außerhalb des Einheitskreises liegt, $z \in S_\theta$ und $w = u + iv = J(z)$, so ist

$$\frac{u^2}{\cos^2\theta} - \frac{v^2}{\sin^2\theta} = \frac{1}{4}\left(r + \frac{1}{r}\right)^2 - \frac{1}{4}\left(r - \frac{1}{r}\right)^2 = 1.$$

Dadurch wird eine Hyperbel beschrieben, die ebenfalls die Brennpunkte $(-1, 0)$ und $(1, 0)$ besitzt, sowie die Asymptoten $v = \pm u \cdot \tan\theta$.

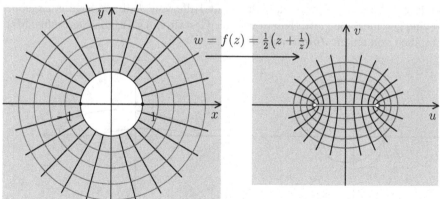

Offensichtlich kann man die Joukowski-Funktion benutzen, um die Strömung um ein kreisförmiges Hindernis zu beschreiben. Ist wieder $f(w) = cw$ (mit $c > 0$) das komplexe Potential einer gleichförmigen Strömung, so beschreibt $g(z) := f(J(z))$ die Strömung, die den Einheitskreis umfließt. Schreibt man $g(z) = \varphi(z) + i\psi(z)$, so ist

$$\psi(re^{it}) = \frac{c}{2}\left(r - \frac{1}{r}\right)\sin t.$$

Das ergibt folgendes Strömungsbild:

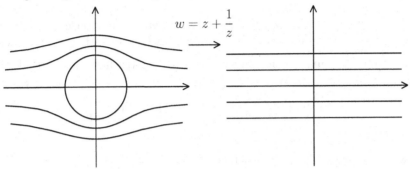

Eine Parametrisierung der Stromlinien $\psi = k$ ist gegeben durch

$$\alpha(t) := \left(r\cos\arcsin\left(\frac{2kr}{c(r^2 - 1)}\right), \frac{2kr^2}{c(r^2 - 1)}\right).$$

Zum Beweis löse man die Gleichung $\frac{c}{2}\left(r - \frac{1}{r}\right)\sin t = k$ nach t auf:

$$t = \arcsin\left(\frac{2kr}{c(r^2 - 1)}\right).$$

Dann ist $\alpha(t) = (r\cos t, r\sin t)$, für $0 \leq t \leq 2\pi$.

Zum Schluss kommen wir noch auf eine besonders interessante Anwendung der Joukowski-Funktion zu sprechen. Bildet man einen Kreis K, der durch einen der Punkte 1 oder -1 geht, den anderen in seinem Inneren enthält und seinen Mittelpunkt in der Nähe des Nullpunktes hat, mit Hilfe von J ab, so ist das Ergebnis $J(K)$ eine geschlossene glatte Kurve von der Gestalt eines Tragflächenprofils. Man spricht auch von einem **Joukowski-Profil**.

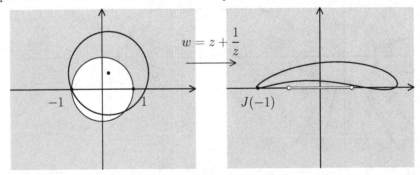

Die Strömung um ein kreisförmiges Hindernis wurde schon behandelt. Nun kann man diese Strömung mit Hilfe von J übertragen und erhält die Strömung um das Tragflächenprofil. Auf diese Weise kann man die aerodynamischen Eigenschaften eines solchen Profils genauer studieren.

2 Integration im Komplexen

2.1 Komplexe Kurvenintegrale

Im ersten Kapitel wurde die komplexe Differenzierbarkeit eingeführt, indem der reelle Differentialquotient einfach formal ins Komplexe übertragen wurde:

$$f'(z_0) = \frac{df}{dz}(z_0) = \lim_{z \to z_0} \frac{f(z) - f(z_0)}{z - z_0} \, .$$

Will man aber auch komplexe Integrale

$$\int_p^q f(z)\, dz$$

wie in der reellen Analysis definieren, so geht das nicht so einfach.

Der Integrand sollte in allen Punkten „zwischen" dem Anfangs- und dem Endpunkt definiert und in irgend einem Sinne integrierbar sein. Im Komplexen gibt es aber keine Intervalle, bestenfalls die Verbindungsstrecke. Doch wenn f auf einer offenen Menge G definiert ist, dann braucht diese Verbindungsstrecke keineswegs komplett zu G zu gehören. Wenn G wenigstens ein Gebiet ist, so existiert in G ein Streckenzug, der p mit q verbindet, und man kann die Funktion f entlang dieses Streckenzuges integrieren. Welche Konsequenzen dann aber die Abhängigkeit vom Integrationsweg nach sich zieht, muss noch untersucht werden.

Wir führen folgende Sprachregelung ein: Ein **Integrationsweg** in einem Gebiet $G \subset \mathbb{C}$ ist ein stückweise stetig differenzierbarer Weg $\alpha : [a, b] \to G$.

Definition (komplexes Kurvenintegral):

Sei $G \subset \mathbb{C}$ ein Gebiet, $f : G \to \mathbb{C}$ eine stetige komplexwertige Funktion und $\alpha : [a, b] \to G$ ein Integrationsweg. Dann wird das **komplexe Kurvenintegral** von f über α definiert durch

$$\int_\alpha f(z)\, dz := \int_a^b f\big(\alpha(t)\big) \cdot \alpha'(t)\, dt. \quad [1]$$

Man kann das komplexe Kurvenintegral einer Funktion f über α natürlich schon dann bilden, wenn f nur auf der **Spur** $|\alpha| = \alpha\big([a, b]\big)$ definiert ist.

---

[1]Am Ende dieses Abschnittes findet sich eine kurze Erinnerung an die Integration komplexwertiger (stückweise stetiger) Funktionen von einer reellen Veränderlichen.

© Springer-Verlag GmbH Deutschland, ein Teil von Springer Nature 2019
K. Fritzsche, *Grundkurs Funktionentheorie*,
https://doi.org/10.1007/978-3-662-60382-6_2

2.1.1. Eigenschaften komplexer Kurvenintegrale

1. Ist $\varphi : [c, d] \to [a, b]$ eine stetig differenzierbare und streng monoton wachsende Funktion (eine sogenannte **Parametertransformation**), so ist

$$\int_{\alpha \circ \varphi} f(z) \, dz = \int_{\alpha} f(z) \, dz.$$

2. Für stetige Funktionen f_1, f_2 und Konstanten $c_1, c_2 \in \mathbb{C}$ ist

$$\int_{\alpha} (c_1 f_1 + c_2 f_2)(z) \, dz = c_1 \cdot \int_{\alpha} f_1(z) \, dz + c_2 \cdot \int_{\alpha} f_2(z) \, dz.$$

3. Es gilt die **Standardabschätzung**:

$$\left| \int_{\alpha} f(z) \, dz \right| \leq L(\alpha) \cdot \max_{z \in |\alpha|} |f(z)|,$$

wobei $L(\alpha) = \displaystyle\int_a^b |\alpha'(t)| \, dt$ die **Länge** von α ist.

4. Sind f und f_ν stetige Funktionen auf $|\alpha|$ und konvergiert (f_ν) auf $|\alpha|$ gleichmäßig gegen f, so ist

$$\int_{\alpha} f(z) \, dz = \lim_{\nu \to \infty} \int_{\alpha} f_\nu(z) \, dz.$$

BEWEIS: 1) Ist φ eine Parametertransformation, so folgt mit der Substitutionsregel:

$$\int_{\alpha} f(z) \, dz = \int_a^b f \circ \alpha(t) \alpha'(t) \, dt = \int_c^d f \circ \alpha(\varphi(s)) \alpha'(\varphi(s)) \varphi'(s) \, ds$$

$$= \int_c^d f \circ (\alpha \circ \varphi)(s)(\alpha \circ \varphi)'(s) \, ds = \int_{\alpha \circ \varphi} f(z) \, dz.$$

2) Die Linearität ist trivial.

3) Es ist $\left| \displaystyle\int_{\alpha} f(z) \, dz \right| = \left| \displaystyle\int_a^b f(\alpha(t)) \alpha'(t) \, dt \right| \leq \displaystyle\int_a^b |f(\alpha(t)) \alpha'(t)| \, dt.$

Setzt man $M := \max\limits_{z \in |\alpha|} |f(z)|$, so ist

$$\int_a^b |f(\alpha(t)) \alpha'(t)| \, dt \leq M \cdot \int_a^b |\alpha'(t)| \, dt = M \cdot L(\alpha).$$

Zu (4): Ist $\varepsilon > 0$ vorgegeben, so gibt es ein ν_0 mit

$$|f_\nu(z) - f(z)| < \frac{\varepsilon}{L(\alpha)} \text{ für } \nu \geq \nu_0 \text{ und } z \in |\alpha|.$$

Dann ist

$$\big| \int_\alpha f_\nu(z)\, dz - \int_\alpha f(z)\, dz \big| \leq L(\alpha) \cdot \sup_{z \in |\alpha|} |f_\nu(z) - f(z)| < \varepsilon.$$

für $\nu \geq \nu_0$. Daraus folgt die Behauptung.   ∎

2.1.2. Satz (Integrationsregel)

Ist $f : G \to \mathbb{C}$ komplex differenzierbar, f' stetig und $\alpha : [a,b] \to G$ ein stetig differenzierbarer Weg, so ist

$$\int_\alpha f'(z)\, dz = f(\alpha(b)) - f(\alpha(a)).$$

BEWEIS: Auch $f \circ \alpha : [a,b] \to \mathbb{C}$ ist stetig differenzierbar, mit $(f \circ \alpha)'(t) = f'(\alpha(t)) \cdot \alpha'(t)$ und

$$\int_a^b f'(\alpha(t)) \cdot \alpha'(t)\, dt = \int_a^b (f \circ \alpha)'(t)\, dt = f(\alpha(b)) - f(\alpha(a)).$$

Man beachte, dass der Strich hier einmal die komplexe und einmal die reelle Ableitung bezeichnet!   ∎

> **Definition (Stammfunktion):**
>
> Sei $G \subset \mathbb{C}$ ein Gebiet und $f : G \to \mathbb{C}$ stetig. Eine **Stammfunktion** von f ist eine holomorphe Funktion $F : G \to \mathbb{C}$ mit $F' = f$.

Bemerkung: Ist $f : G \to \mathbb{C}$ stetig, so unterscheiden sich je zwei Stammfunktionen von f höchstens um eine Konstante (denn eine holomorphe Funktion mit verschwindender Ableitung ist konstant). Für stetige Funktionen, die eine komplex differenzierbare Stammfunktion besitzen, funktioniert also das Integrieren fast wie im Reellen!

Bis hierhin ist nicht so recht einzusehen, warum man sich mit komplexer Analysis abplagen soll. Den wesentlichen Unterschied zur reellen Analysis werden wir aber gleich kennenlernen. Will man nämlich eine Funktion f von p nach q integrieren, so kann es passieren, dass f zwei Stammfunktionen F_1, F_2 besitzt, die in der Nähe von p übereinstimmen, aber auf verschiedenen – den Endpunkt q enthaltenden – Gebieten G_1, G_2 definiert sind und in q verschiedene Werte besitzen, auch wenn f selbst auf $G_1 \cup G_2$ definiert ist. Das bedeutet, dass die Unabhängigkeit vom Integrationsweg, wie sie in Satz 2.1.2 für Funktionen mit globaler Stammfunktion geliefert wird, im Allgemeinen nur unter strengen Voraussetzungen gegeben ist.

2.1.3. Beispiele

A. Sei $z_0 \neq 0$ und $\alpha(t) := t \cdot z_0$ (für $0 \leq t \leq 1$) die Verbindungsstrecke von 0 und z_0. Weiter sei $f(z) := z^n$. Dann ist

$$\int_\alpha f(z)\, dz = \int_0^1 f(t \cdot z_0) \cdot z_0 \, dt = z_0^{n+1} \cdot \int_0^1 t^n \, dt = \frac{1}{n+1} z_0^{n+1}.$$

Dieses Ergebnis kann man auch auf anderem Wege erhalten. Setzt man $F(z) := z^{n+1}/(n+1)$, so ist $F'(z) = f(z)$ und daher

$$\int_\alpha f(z)\, dz = F(\alpha(1)) - F(\alpha(0)) = F(z_0) - F(0) = \frac{1}{n+1} z_0^{n+1}.$$

B. Die Kreislinie $\partial D_r(z_0)$ wird durch $\alpha(t) := z_0 + r \cdot e^{it}$ (mit $0 \leq t \leq 2\pi$) parametrisiert. Wenn nicht ausdrücklich etwas anderes gesagt wird, benutzen wir immer diese Parametrisierung.

Ein **fundamentaler Baustein der Funktionentheorie** ist die Formel

$$\int_{\partial D_r(z_0)} (z - z_0)^n \, dz := \int_\alpha (z - z_0)^n \, dz = \begin{cases} 2\pi i & \text{für } n = -1 \\ 0 & \text{sonst.} \end{cases}$$

BEWEIS: Es ist

$$\int_\alpha \frac{1}{z - z_0} \, dz = \int_0^{2\pi} \frac{1}{r} e^{-it} \cdot r\, i\, e^{it} \, dt = i \cdot \int_0^{2\pi} dt = 2\pi i,$$

und für $n \neq -1$ ist $F(z) := (z - z_0)^{n+1}/(n+1)$ Stammfunktion von $(z - z_0)^n$ und daher $\int_\alpha (z - z_0)^n \, dz = 0$.

Die Funktionentheorie als eigenständige Disziplin gibt es wahrscheinlich nur wegen der unscheinbaren Gleichung $\int_{\partial D_1(0)} dz/z = 2\pi i$, die große Folgen nach sich ziehen wird.

Ist $\alpha : [a, b] \to \mathbb{C}$ ein Integrationsweg, so bezeichne $-\alpha$ den in umgekehrter Richtung durchlaufenen Weg, parametrisiert z.B. durch $-\alpha(t) := \alpha(a + b - t)$ (für $a \leq t \leq b$). Mit $\varphi(t) := a + b - t$ gilt dann:

$$\begin{aligned}
\int_{-\alpha} f(z)\, dz &= \int_a^b f(\alpha \circ \varphi(t))(\alpha \circ \varphi)'(t)\, dt = \int_a^b f \circ \alpha(\varphi(t)) \alpha'(\varphi(t)) \varphi'(t)\, dt \\
&= \int_{\varphi(a)}^{\varphi(b)} f \circ \alpha(s) \alpha'(s)\, ds = -\int_a^b f \circ \alpha(s) \alpha'(s)\, ds = -\int_\alpha f(z)\, dz.
\end{aligned}$$

Sind $\alpha : [a, b] \to \mathbb{C}$ und $\beta : [c, d] \to \mathbb{C}$ zwei Integrationswege (i.A. mit $\alpha(b) = \beta(c)$, aber das muss nicht zwingend so sein), so bezeichne $\alpha + \beta$ den Weg, der entsteht, indem man α und β hintereinander durchläuft. Dann setzt man

$$\int_{\alpha+\beta} f(z)\,dz := \int_{\alpha} f(z)\,dz + \int_{\beta} f(z)\,dz.$$

2.1.4. Beispiel

Wir betrachten die Wege $\alpha, \beta, \gamma : [0,1] \to \mathbb{C}$ mit

$$\alpha(t) := -1 + 2t, \quad \beta(t) := 1 + \mathrm{i}\,t \quad \text{und} \quad \gamma(t) := (-1 + 2t) + \mathrm{i}\,t.$$

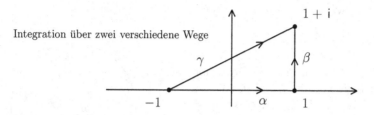

Integration über zwei verschiedene Wege

Dann ist

$$
\begin{aligned}
\int_{\alpha+\beta} \bar{z}\,dz &= \int_0^1 (-1 + 2t) \cdot 2\,dt + \int_0^1 (1 - \mathrm{i}\,t) \cdot \mathrm{i}\,dt \\
&= 2 \cdot (-t + t^2)\Big|_0^1 + \mathrm{i} \cdot (t - \frac{\mathrm{i}}{2}t^2)\Big|_0^1 \\
&= 2 \cdot (-1 + 1) + \mathrm{i} \cdot (1 - \frac{\mathrm{i}}{2}) = \mathrm{i} + \frac{1}{2},
\end{aligned}
$$

$$
\begin{aligned}
\text{und} \quad \int_{\gamma} \bar{z}\,dz &= \int_0^1 (-1 + 2t - \mathrm{i}\,t)(2 + \mathrm{i})\,dt \\
&= (2 + \mathrm{i}) \cdot (-t + \frac{2 - \mathrm{i}}{2}t^2)\Big|_0^1 \\
&= (2 + \mathrm{i}) \cdot (-1 + 1 - \frac{\mathrm{i}}{2}) = -\mathrm{i} + \frac{1}{2}.
\end{aligned}
$$

Das komplexe Kurvenintegral über $f(z) := \bar{z}$ hängt vom Integrationsweg ab! Wir werden im folgenden Satz sehen, dass das daran liegt, dass f keine Stammfunktion besitzt.

2.1.5. Hauptsatz über Kurvenintegrale

Sei $G \subset \mathbb{C}$ ein Gebiet und $f : G \to \mathbb{C}$ eine stetige Funktion. Dann sind folgende Aussagen äquivalent:

1. *f besitzt auf G eine Stammfunktion.*

2. *Es ist $\displaystyle\int_{\alpha} f(z)\,dz = 0$ für jeden geschlossenen Integrationsweg α in G.*

Beweis:

(1) $\implies$ (2): Ist F eine Stammfunktion von f und $\alpha : [a,b] \to G$ ein Integrationsweg, so ist

$$\int_\alpha f(z)\,dz = F(\alpha(b)) - F(\alpha(a)).$$

Ist α geschlossen, so verschwindet die rechte Seite und damit das Integral.

(2) $\implies$ (1): Sei $\int_\alpha f(\zeta)\,d\zeta = 0$ für jeden geschlossenen Integrationsweg, und $a \in G$ ein einmalig fest gewählter Punkt. Zu $z \in G$ sei jeweils ein Integrationsweg $\alpha_z : [0,1] \to G$ gewählt, der a mit z verbindet. Dann setze man

$$F(z) := \int_{\alpha_z} f(\zeta)\,d\zeta.$$

Wegen der Voraussetzung ist die Definition von F unabhängig von der Wahl des Weges α_z. Zu zeigen bleibt: F ist auf G komplex differenzierbar, und es ist $F' = f$.

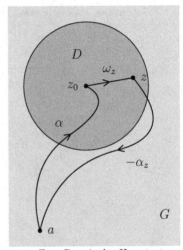

Dazu betrachten wir einen Punkt $z_0 \in G$ und wählen eine offene Kreisscheibe D um z_0, die noch ganz in G enthalten ist. Für $z \in D$ sei $\omega_z(t) := z_0 + t \cdot (z - z_0)$ die (in D enthaltene) Verbindungsstrecke zwischen z_0 und z. Weiter sei $\alpha := \alpha_{z_0}$.

Dann ist $\gamma := \alpha + \omega_z - \alpha_z$ ein geschlossener Weg, und es gilt:

Zum Beweis des Hauptsatzes

$$
\begin{aligned}
0 = \int_\gamma f(\zeta)\,d\zeta &= \int_\alpha f(\zeta)\,d\zeta + \int_{\omega_z} f(\zeta)\,d\zeta - \int_{\alpha_z} f(\zeta)\,d\zeta \\
&= F(z_0) - F(z) + \int_0^1 f(z_0 + t(z - z_0)) \cdot (z - z_0)\,dt \\
&= F(z_0) - F(z) + \Delta(z) \cdot (z - z_0),
\end{aligned}
$$

mit $\Delta(z) := \displaystyle\int_0^1 f(z_0 + t(z - z_0))\,dt$.

Offensichtlich ist $\Delta(z_0) = f(z_0)$, und für $z \in D$ ist

$$
\begin{aligned}
|\Delta(z) - \Delta(z_0)| &= \left| \int_0^1 [f(z_0 + t(z - z_0)) - f(z_0)]\,dt \right| \\
&\leq \max_{0 \leq t \leq 1} |f(z_0 + t(z - z_0)) - f(z_0)|.
\end{aligned}
$$

Da f stetig ist, folgt hieraus auch die Stetigkeit von Δ in z_0.   ∎

Definition (sternförmiges Gebiet):

Sei $G \subset \mathbb{C}$ ein Gebiet. G heißt *sternförmig bezüglich* $a \in G$, falls mit jedem $z \in G$ auch die Verbindungsstrecke von a und z ganz in G liegt.

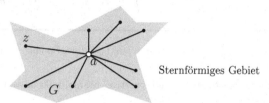

Sternförmiges Gebiet

Jedes konvexe Gebiet ist sternförmig, aber die Umkehrung ist i.A. falsch. Sind G_1 und G_2 konvex und ist $a \in G_1 \cap G_2$, so ist $G_1 \cup G_2$ bezüglich a sternförmig.

Das „Innere eines Dreiecks" (die exakte Formulierung sei dem Leser überlassen) nennen wir ein *Dreiecksgebiet*. Offensichtlich ist jedes Dreiecksgebiet konvex, und sein Rand ist Spur eines Integrationsweges. Nimmt man diesen Rand hinzu, so spricht man von einem *abgeschlossenen Dreieck*.

2.1.6. Der Hauptsatz für Sterngebiete

Sei $G \subset \mathbb{C}$ ein bezüglich $a \in G$ sternförmiges Gebiet, $f : G \to \mathbb{C}$ stetig. Dann sind folgende Aussagen äquivalent:

1. *f besitzt auf G eine Stammfunktion.*

2. *Es ist $\int_{\partial\Delta} f(z)\,dz = 0$ für jedes abgeschlossene Dreieck $\Delta \subset G$, das a als Eckpunkt hat.*

BEWEIS:

$(1) \implies (2)$: Klar!

$(2) \implies (1)$: Das ist eine Verschärfung des Hauptsatzes über Kurvenintegrale im Falle von sternförmigen Gebieten. Der Beweis wird völlig analog geführt, allerdings definiert man diesmal $F(z)$ als Integral über die **Verbindungsstrecke** von a und z, was wegen der Sternförmigkeit möglich ist. ∎

Ergänzung

Es soll hier kurz an die Integration komplexwertiger Funktionen von einer reellen Veränderlichen erinnert werden. Eine (komplexwertige) Funktion f auf einem Intervall $[a, b]$ heißt *stückweise stetig*, wenn es eine Zerlegung $a = t_0 < t_1 < \ldots < t_n = b$ gibt, so dass f auf jedem der offenen Intervalle (t_{i-1}, t_i) stetig ist und in den Punkten t_i einseitige Grenzwerte besitzt. f heißt *stückweise stetig differenzierbar*, wenn f auf $[a, b]$ stetig und auf den abgeschlossenen Teilintervallen einer geeigneten Zerlegung stetig differenzierbar ist.

Definition :

Sei $f : [a, b] \to \mathbb{C}$ eine stückweise stetige komplexwertige Funktion. Dann erklärt man das Integral über f durch

$$\int_a^b f(t)\, dt := \int_a^b \operatorname{Re} f(t)\, dt + i \int_a^b \operatorname{Im} f(t)\, dt.$$

Die Zuordnung $f \mapsto \int_a^b f(t)\, dt$ ist $\mathbb{C}$-linear, und das Integral einer reellwertigen Funktion ist reell. Außerdem gilt:

1. Ist f stetig und F eine (komplexwertige) Stammfunktion von f auf $[a, b]$, so ist

$$\int_a^b f(t)\, dt = F(b) - F(a).$$

2. Ist $\varphi : [a, b] \to \mathbb{R}$ stückweise stetig differenzierbar, so ist

$$\int_{\varphi(a)}^{\varphi(b)} f(t)\, dt = \int_a^b f(\varphi(s))\varphi'(s)\, ds.$$

3. Ist (f_ν) eine Folge von stetigen Funktionen auf $[a, b]$, die gleichmäßig gegen eine Funktion f konvergiert, so ist

$$\int_a^b f(t)\, dt = \lim_{\nu \to \infty} \int_a^b f_\nu(t)\, dt.$$

4. Es gilt die Abschätzung

$$\left| \int_a^b f(t)\, dt \right| \le \int_a^b |f(t)|\, dt.$$

2.1.7. Beispiel

Sei $n \in \mathbb{Z}$, $n \neq 0$, $f(t) := e^{int}$ und $F(t) := \dfrac{1}{in} e^{int}$. Dann ist $F'(t) = f(t)$ und daher

$$\int_a^b e^{int}\, dt = \frac{1}{in} e^{int} \Big|_a^b = \frac{1}{in}(e^{inb} - e^{ina}).$$

2.1.8. Aufgaben

A. Berechnen Sie $\int_\alpha 1/z\, dz$, wenn α eine Parametrisierung des Randes des Rechtecks mit den Ecken $\pm 2 \pm i$ ist.

B. Sei α eine Parametrisierung des Viertelkreisbogens um 0, der 3 mit $3i$ verbindet. Beweisen Sie die Abschätzung

$$\left| \int_\alpha \frac{dz}{1 + z^2} \right| \le \frac{3\pi}{16},$$

ohne das Integral explizit zu berechnen.

C. Sei R ein beliebiges Rechtecksgebiet. Berechnen Sie $\int_{\partial R} \sin z\, dz$.

D. Sei $\mathbb{R}_- := \{x \in \mathbb{R} : x < 0\}$. Zeigen Sie, dass das Gebiet $G := \mathbb{C}^* \setminus \mathbb{R}_-$ sternförmig ist.

E. Sei $\alpha(t) := 2e^{it}$ für $\pi \le t \le 2\pi$. Berechnen Sie $\displaystyle\int_\alpha \frac{z+2}{z}\,dz$.

F. Es sei $G \subset \mathbb{C}$ ein Gebiet und $\alpha_n : [0,1] \to \mathbb{C}$ eine Folge von Integrationswegen in G, so dass (α_n) auf $[0,1]$ gleichmäßig gegen einen Integrationsweg $\alpha : [0,1] \to G$ und (α_n') gleichmäßig gegen α' konvergiert. Zeigen Sie, dass für jede stetige Funktion $f : G \to \mathbb{C}$ gilt:

$$\lim_{n\to\infty} \int_{\alpha_n} f(z)\,dz = \int_\alpha f(z)\,dz.$$

G. Berechnen Sie $\int_\alpha |z|^2\,dz$, wobei für α einmal der Streckenzug von 0 über 1 nach $1+i$ und dann der Streckenzug von 0 über i nach $1+i$ eingesetzt werden soll.

2.2 Der Cauchy'sche Integralsatz

Welche Funktionen besitzen eine (komplex differenzierbare) Stammfunktion? Wichtigstes Hilfsmittel bei der Suche nach der verblüffenden Antwort auf diese Frage ist der Cauchy'sche Integralsatz, den wir in diesem Abschnitt beweisen werden.

Ausgangspunkt ist der

2.2.1. Satz von Goursat

Sei $G \subset \mathbb{C}$ ein Gebiet, $f : G \to \mathbb{C}$ eine holomorphe Funktion und $\triangle \subset G$ ein abgeschlossenes Dreiecksgebiet. Dann gilt:

$$\int_{\partial\triangle} f(z)\,dz = 0.$$

BEWEIS: Wir schreiben $\triangle = \triangle^{(0)}$. Indem wir die Seiten von $\triangle$ halbieren, unterteilen wir $\triangle$ in 4 kongruente Teildreiecke $\triangle_1^{(1)}, \ldots, \triangle_4^{(1)}$.

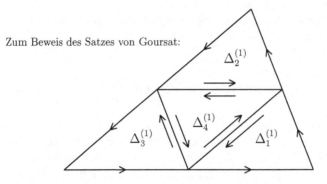

Zum Beweis des Satzes von Goursat:

Sei $\gamma = \partial\Delta_1^{(1)} + \partial\Delta_2^{(1)} + \partial\Delta_3^{(1)} + \partial\Delta_4^{(1)}$. Dann ist

$$\int_\gamma f(z)\,dz = \sum_{k=1}^4 \int_{\partial\Delta_k^{(1)}} f(z)\,dz = \int_{\partial\Delta^{(0)}} f(z)\,dz,$$

denn die Integrale über die Strecken im Innern des Dreiecks heben sich gegenseitig auf, da die Strecken jeweils doppelt mit entgegengesetztem Vorzeichen durchlaufen werden. Also ist

$$\left|\int_{\partial\Delta^{(0)}} f(z)\,dz\right| = \left|\int_\gamma f(z)\,dz\right| \le 4 \cdot \max_k \left|\int_{\partial\Delta_k^{(1)}} f(z)\,dz\right|.$$

Nun wählt man unter den Dreiecken $\Delta_1^{(1)}, \dots, \Delta_4^{(1)}$ dasjenige aus, bei dem der Betrag des Integrals am größten ist, und nennt es $\Delta^{(1)}$. Dann ist

$$\left|\int_{\partial\Delta^{(0)}} f(z)\,dz\right| \le 4 \cdot \left|\int_{\partial\Delta^{(1)}} f(z)\,dz\right|.$$

Wiederholt man diese Prozedur, so erhält man eine Folge von Dreiecken

$$\Delta = \Delta^{(0)} \supset \Delta^{(1)} \supset \Delta^{(2)} \supset \dots$$

mit

$$\left|\int_{\partial\Delta} f(z)\,dz\right| \le 4^n \cdot \left|\int_{\partial\Delta^{(n)}} f(z)\,dz\right| \text{ und } L(\partial\Delta^{(n)}) = 2^{-n} \cdot L(\partial\Delta).$$

Da alle $\Delta^{(i)}$ kompakt und nicht leer sind, enthält $\bigcap_{n\ge 0} \Delta^{(n)}$ einen Punkt z_0, und da der Durchmesser der Dreiecke beliebig klein wird, kann es auch nur einen solchen Punkt geben.

Jetzt kommt der entscheidende Trick dieses Beweises! Wir nutzen die komplexe Differenzierbarkeit von f in z_0 aus:

Es gibt eine in z_0 stetige Funktion A, so dass gilt:

1. $f(z) = f(z_0) + (z - z_0) \cdot (f'(z_0) + A(z))$.

2. $A(z_0) = 0$.

Die affin-lineare Funktion $\lambda(z) := f(z_0) + (z - z_0) \cdot f'(z_0)$ hat auf G eine Stammfunktion, nämlich

$$\Lambda(z) := (f(z_0) - z_0 \cdot f'(z_0)) \cdot z + \frac{f'(z_0)}{2} \cdot z^2.$$

Also ist $\displaystyle\int_{\partial\Delta^{(n)}} \lambda(z)\, dz = 0$ für alle n. Daraus folgt:

$$\begin{aligned}
\left| \int_{\partial\Delta^{(n)}} f(z)\, dz \right| &= \left| \int_{\partial\Delta^{(n)}} (z - z_0) A(z)\, dz \right| \\
&\leq L(\partial\Delta^{(n)}) \cdot \max_{\partial\Delta^{(n)}} (|z - z_0| \cdot |A(z)|) \\
&\leq L(\partial\Delta^{(n)})^2 \cdot \max_{\partial\Delta^{(n)}} (|A(z)|.
\end{aligned}$$

Setzt man alles zusammen, so erhält man:

$$\begin{aligned}
\left| \int_{\partial\Delta} f(z)\, dz \right| &\leq 4^n \cdot \left| \int_{\partial\Delta^{(n)}} f(z)\, dz \right| \\
&\leq 4^n \cdot L(\partial\Delta^{(n)})^2 \cdot \max_{\partial\Delta^{(n)}} |A(z)| \\
&= L(\partial\Delta)^2 \cdot \max_{\partial\Delta^{(n)}} |A(z)|.
\end{aligned}$$

Für $n \to \infty$ strebt die rechte Seite gegen 0. ∎

Der Satz von Goursat lässt sich noch ein wenig verschärfen.

2.2.2. Satz von Goursat in verschärfter Form

Sei $G \subset \mathbb{C}$ ein Gebiet, $f : G \to \mathbb{C}$ stetig und bis auf endlich viele Punkte holomorph. Dann gilt für jedes abgeschlossene Dreiecksgebiet $\Delta \subset G$:

$$\int_{\partial\Delta} f(z)\, dz = 0.$$

BEWEIS: Wir können annehmen, dass f überall bis auf einen einzigen Ausnahmepunkt z_0 holomorph ist. Nun unterscheiden wir mehrere Fälle:

1. Fall: z_0 ist Eckpunkt von Δ.

Dann zerlegen wir Δ folgendermaßen in drei Teildreiecke:

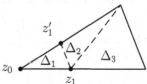

Aus dem gewöhnlichen Satz von Goursat folgt, dass

$$\int_{\partial\triangle_2} f(z)\,dz = \int_{\partial\triangle_3} f(z)\,dz = 0$$

ist, also

$$\int_{\partial\triangle} f(z)\,dz = \int_{\partial\triangle_1} f(z)\,dz,$$

unabhängig davon, wie z_1 und z_1' gewählt werden. Dann ist

$$\left|\int_{\partial\triangle} f(z)\,dz\right| \le L(\partial\triangle_1)\cdot\sup_{\triangle}|f(z)|,$$

und die rechte Seite strebt gegen Null, wenn z_1 und z_1' gegen z_0 wandern.

2. Fall: z_0 liegt auf einer Seite von $\triangle$, ist aber kein Eckpunkt. Dann zerlegt man $\triangle$ in zwei Teildreiecke, auf die beide jeweils der erste Fall anwendbar ist:

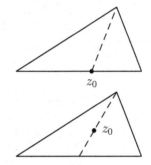

3. Fall: z_0 liegt im Innern von $\triangle$. Diesen Fall kann man auf den 2. Fall reduzieren:

Liegt z_0 außerhalb $\triangle$, so ist überhaupt nichts zu zeigen.   ∎

2.2.3. Satz (über die Existenz von Stammfunktionen)

Sei $G \subset \mathbb{C}$ ein sternförmiges Gebiet, $f : G \to \mathbb{C}$ stetig und bis auf endlich viele Punkte holomorph. Dann besitzt f auf G eine Stammfunktion.

BEWEIS: Sei G sternförmig bezüglich $a \in G$. Nach dem verschärften Satz von Goursat ist $\int_{\partial\triangle} f(z)\,dz = 0$ für jedes abgeschlossene Dreieck $\triangle \subset G$, insbesondere also für jedes Dreieck, das a als Eckpunkt hat. Aber dann besitzt f eine Stammfunktion.   ∎

Wir haben im Beweis nicht direkt die Holomorphie von f benutzt, sondern nur die Tatsache, dass das Integral über f und den Rand eines abgeschlossenen Dreiecksgebietes in G verschwindet!

Nun folgt:

2.2.4. Cauchy'scher Integralsatz (für Sterngebiete)

Sei $G \subset \mathbb{C}$ ein sternförmiges Gebiet, $f : G \to \mathbb{C}$ stetig und bis auf endlich viele Punkte holomorph. Dann gilt für jeden geschlossenen Integrationsweg α in G:

$$\int_{\alpha} f(z)\,dz = 0.$$

BEWEIS: f besitzt eine Stammfunktion, und daraus folgt die Behauptung. ■

2.2.5. Lemma

*Sei $R > 0$ und $f : D_R(z_0) \to \mathbb{C}$ holomorph
außerhalb des Punktes $z_1 \in D_R(z_0)$, $z_1 \neq z_0$.*

*Ist $0 < r < R$ und $\varepsilon > 0$ so gewählt, dass
noch $D_\varepsilon(z_1) \subset D_r(z_0)$ ist, so gilt:*

$$\int_{\partial D_r(z_0)} f(z)\, dz = \int_{\partial D_\varepsilon(z_1)} f(z)\, dz.$$

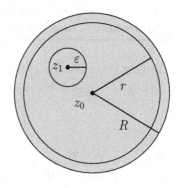

BEWEIS: Wir zeigen, dass die Differenz der Integrale verschwindet. Dazu fassen wir die „Differenz" der Integrale als Summe zweier Integrale über geschlossene Wege auf, auf die sich jeweils der Cauchy'sche Integralsatz anwenden lässt:

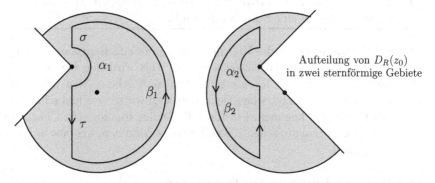

Aufteilung von $D_R(z_0)$
in zwei sternförmige Gebiete

Bezeichnet man die beiden Verbindungsstrecken vom kleinen inneren Kreis zum großen äußeren Kreis (von oben nach unten orientiert) mit σ und τ und die positiv orientierten Teil-Kreislinien mit α_1, α_2 und β_1, β_2, so gilt:

$$(\beta_1 + \sigma - \alpha_1 + \tau) + (\beta_2 - \tau - \alpha_2 - \sigma) = (\beta_1 + \beta_2) - (\alpha_1 + \alpha_2).$$

Die beiden geschlossenen Wege auf der linken Seite der Gleichung verlaufen jeweils in einem sternförmigen Gebiet, in dem f holomorph ist. Nach Cauchy ist das Integral über diese Wege $= 0$, und daraus folgt auch schon die Behauptung. ■

2.2.6. Folgerung

Ist $D \subset \mathbb{C}$ eine Kreisscheibe und $z \in \mathbb{C} \setminus \partial D$, so ist

$$\int_{\partial D} \frac{d\zeta}{\zeta - z} = \begin{cases} 2\pi\,\mathrm{i} & \text{falls } z \in D, \\ 0 & \text{sonst.} \end{cases}$$

Definition (relativ kompakte Teilmenge):

Sei $G \subset \mathbb{C}$ ein Gebiet und $B \subset G$ eine offene Teilmenge. Man sagt, B liegt *relativ kompakt* in G (in Zeichen: $B \subset\subset G$), wenn $\overline{B}$ kompakt und in G enthalten ist.

BEWEIS (VON 2.2.6): 1) Sei $\varepsilon > 0$ so gewählt, dass $D_\varepsilon(z) \subset\subset D$ ist. Für $\zeta \neq z$ ist $f(\zeta) := 1/(\zeta - z)$ holomorph. Also ist

$$\int_{\partial D} \frac{d\zeta}{\zeta - z} = \int_{\partial D_\varepsilon(z)} \frac{d\zeta}{\zeta - z} = 2\pi\,\mathrm{i}\,.$$

2) Ist $z \in \mathbb{C} \setminus \overline{D}$, so gibt es eine Kreisscheibe D' mit $D \subset\subset D'$ und $z \in \mathbb{C} \setminus \overline{D'}$. Dann ist $f(\zeta)$ auf D' holomorph, und das Integral verschwindet aufgrund des Cauchy'schen Integralsatzes für Sterngebiete. ∎

Definition (einfach zusammenhängendes Gebiet):

Ein Gebiet $G \subset \mathbb{C}$ heißt *einfach zusammenhängend*, falls jede holomorphe Funktion $f : G \to \mathbb{C}$ eine Stammfunktion besitzt.

Diese Definition ist nicht die Übliche. Man kann einfach zusammenhängende Gebiete auch rein topologisch charakterisieren. Das wird den brisanten Sätzen der folgenden Abschnitte erst ihren eigentlichen Sinn geben. Aber hier beginnen wir mit der obigen, rein analytischen Definition, weil wir so erst mal schneller zu interessanten Resultaten kommen. Für die vollständige topologische Charakterisierung werden wir den Riemann'schen Abbildungssatz benutzen, der erst in Kapitel 5 zur Verfügung steht.

2.2.7. Hinreichende Bedingungen (für einfach zusammenhängende Gebiete)

1. *Jedes sternförmige Gebiet ist einfach zusammenhängend.*

2. *Sind G_1 und G_2 einfach zusammenhängende Gebiete und ist $G_1 \cap G_2 \neq \emptyset$ zusammenhängend, so ist auch $G_1 \cup G_2$ einfach zusammenhängend.*

BEWEIS: 1) ist klar, aufgrund des Cauchy'schen Integralsatzes für Sterngebiete.

2) $G := G_1 \cup G_2$ ist wieder ein Gebiet. Sei $f : G \to \mathbb{C}$ holomorph. Dann gibt es Stammfunktionen F_λ von $f|_{G_\lambda}$, für $\lambda = 1, 2$. Auf $G_1 \cap G_2$ ist dann $(F_1 - F_2)'(z) \equiv 0$, also $F_1(z) - F_2(z) \equiv c$ konstant. Sei

$$F(z) := \begin{cases} F_1(z) & \text{auf } G_1, \\ F_2(z) + c & \text{auf } G_2. \end{cases}$$

Offensichtlich ist F holomorph auf G und $F' = f$. ∎

Die wichtigsten Beispiele einfach zusammenhängender Gebiete sind

> die komplexe Ebene $\mathbb{C}$,

> der **Einheitskreis** $\mathbb{D} := D_1(0)$ (eigentlich die „Einheitskreisscheibe")

und die **obere Halbebene** $\mathbb{H} := H_+ = \{z \in \mathbb{C} : \operatorname{Im}(z) > 0\}$.

2.2.8. Cauchy'scher Integralsatz (für einfach zusammenhängende Gebiete)

Sei $G \subset \mathbb{C}$ ein einfach zusammenhängendes Gebiet und $f : G \to \mathbb{C}$ holomorph. Dann gilt für jeden geschlossenen Integrationsweg α in G :

$$\int_\alpha f(z)\, dz = 0.$$

Der BEWEIS ist trivial. Natürlich wirkt das Ganze wie Mogelei, weil wir eigentlich die Aussage des Satzes in Form unserer Definition von einfach zusammenhängenden Gebieten schon hineingesteckt haben. Wir haben uns den Cauchy'schen Integralsatz hier gewissermaßen auf Vorrat beschafft. Die jetzt eingesparte Arbeit werden wir nachholen, wenn wir einfach zusammenhängende Gebiete zu einem späteren Zeitpunkt topologisch charakterisieren werden. Allerdings werden wir schon am Ende dieses Kapitels eine größere Klasse von Beispielen angeben können.

2.2.9. Satz

Sei $G \subset \mathbb{C}$ ein einfach zusammenhängendes Gebiet, $f : G \to \mathbb{C}$ holomorph, $f(z) \neq 0$ auf G und f' holomorph. Dann gibt es eine holomorphe Funktion h auf G, so dass $\exp(h(z)) = f(z)$ für alle $z \in G$ gilt.

BEWEIS: Weil f'/f holomorph auf G ist, gibt es eine Stammfunktion F von f'/f. Sei $H := (\exp \circ F)/f$. Dann ist

$$H'(z) = \frac{\exp(F(z)) \cdot F'(z) \cdot f(z) - \exp(F(z)) \cdot f'(z)}{f(z)^2} = 0 \text{ für alle } z \in G,$$

also $H(z) \equiv c$ konstant. Deshalb ist $\exp(F(z)) = c \cdot f(z)$ und $c \neq 0$. Man setze $h(z) := F(z) - \log(c)$, mit einem geeigneten Logarithmus. Dann ist $\exp \circ h = f$. ∎

Definition (Logarithmusfunktion):

Sei $G \subset \mathbb{C}^*$ ein Gebiet. Eine **Logarithmusfunktion** auf G ist eine stetige Funktion $L : G \to \mathbb{C}$, so dass $\exp(L(z)) \equiv z$ auf G gilt.

2.2.10. Eigenschaften von Logarithmusfunktionen

Sei $G \subset \mathbb{C}^*$ ein Gebiet.

1. *Ist $L : G \to \mathbb{C}$ eine Logarithmusfunktion, so ist L holomorph und*

$$L'(z) = 1/z.$$

2. *Je zwei Logarithmusfunktionen auf G unterscheiden sich um ein ganzzahliges Vielfaches von $2\pi\,\mathrm{i}$.*

3. *Ist $G \subset \mathbb{C}^*$ einfach-zusammenhängend, so gibt es auf G eine Logarithmusfunktion.*

BEWEIS: 1) Da exp lokal injektiv ist, folgt wie bei den schon behandelten Logarithmuszweigen, dass L komplex differenzierbar und $L'(z) = 1/z$ ist.

2) Ist $\exp(L_1(z)) = \exp(L_2(z)) = z$ auf G, so ist $L_1 - L_2$ holomorph und $(L_1 - L_2)'(z) \equiv 0$, also $L_1(z) - L_2(z) \equiv c$ auf G. Andererseits nimmt $L_1 - L_2$ nur Werte in $2\pi\,\mathrm{i}\,\mathbb{Z}$ an. Daraus folgt die Behauptung.

3) Die Funktion $f(z) := z$ ist holomorph und ohne Nullstellen auf G. Wir haben oben schon gezeigt, dass es dann eine holomorphe Funktion L mit $\exp(L(z)) = z$ gibt. Also ist L eine Logarithmusfunktion.   ∎

Wir wollen jetzt zeigen, dass der Wert einer holomorphen Funktion f an einer Stelle z_0 durch das Integral über f und einen geschlossenen Weg um z_0 herum berechnet werden kann.

2.2.11. Die Cauchy'sche Integralformel

Sei $G \subset \mathbb{C}$ ein Gebiet, $f : G \to \mathbb{C}$ holomorph, $z_0 \in G$ und $r > 0$, so dass $D := D_r(z_0) \subset\subset G$ ist.

Dann gilt für alle $z \in D$: $\displaystyle f(z) = \frac{1}{2\pi\,\mathrm{i}} \int\limits_{\partial D} \frac{f(\zeta)}{\zeta - z}\, d\zeta.$

BEWEIS: Wir können ein $\varepsilon > 0$ finden, so dass auch noch $D' := D_{r+\varepsilon}(z_0) \subset G$ ist.

Sei $z \in D$ beliebig vorgegeben. Da f in G holomorph ist, gibt es eine in z stetige Funktion Δ_z auf G, so dass für alle $\zeta \in G$ gilt:

$$f(\zeta) = f(z) + \Delta_z(\zeta) \cdot (\zeta - z).$$

Dann ist

$$\Delta_z(\zeta) = \begin{cases} \big(f(\zeta) - f(z)\big)/(\zeta - z) & \text{falls } \zeta \neq z \\ f'(z) & \text{falls } \zeta = z. \end{cases}$$

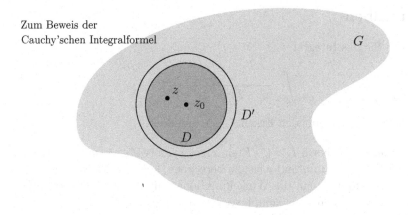

Zum Beweis der
Cauchy'schen Integralformel

Nachdem Δ_z überall stetig und außerhalb z sogar holomorph ist, können wir auf der sternförmigen Menge D' den Cauchy'schen Integralsatz auf Δ_z und den geschlossenen Weg $\partial D \subset D'$ anwenden:

$$
\begin{aligned}
0 &= \int_{\partial D} \Delta_z(\zeta)\,d\zeta = \int_{\partial D} \frac{f(\zeta) - f(z)}{\zeta - z}\,d\zeta \\
&= \int_{\partial D} \frac{f(\zeta)}{\zeta - z}\,d\zeta - f(z) \cdot \int_{\partial D} \frac{d\zeta}{\zeta - z} = \int_{\partial D} \frac{f(\zeta)}{\zeta - z}\,d\zeta - f(z) \cdot 2\pi\,\mathrm{i}. \quad \blacksquare
\end{aligned}
$$

Beim Beweis der Cauchy'schen Integralformel ist ganz deutlich die **komplexe** Differenzierbarkeit eingegangen. Dementsprechend hat der Satz Konsequenzen, die weit über das hinausgehen, was man von einer reell differenzierbaren Abbildung erwarten würde.

2.2.12. Beispiele

A. Es soll das Integral $\displaystyle\int_{\partial D_3(0)} \frac{e^z}{z^2 + 2z}\,dz$ berechnet werden.

Indem man den Nenner in Linearfaktoren zerlegt und eine Partialbruchzerlegung durchführt, bringt man das Integral in die Form, die auf der rechten Seite der Cauchy'schen Integralformel steht:

$$
\begin{aligned}
\int_{\partial D_3(0)} \frac{e^z}{z^2 + 2z}\,dz &= \int_{\partial D_3(0)} \left[\frac{1/2}{z} - \frac{1/2}{z + 2} \right] \cdot e^z\,dz \\
&= \frac{1}{2} \int_{\partial D_3(0)} \frac{e^z}{z}\,dz - \frac{1}{2} \int_{\partial D_3(0)} \frac{e^z}{z - (-2)}\,dz \\
&= 2\pi\,\mathrm{i} \cdot \frac{1}{2} \cdot [e^0 - e^{-2}] = \pi\,\mathrm{i}(1 - e^{-2}).
\end{aligned}
$$

B. Sei $C = \partial D_1(\mathrm{i}/2)$. Dann liegt i im Innern von C, und $-\mathrm{i}$ nicht. Daher gilt:

$$
\int_C \frac{dz}{z^2 + 1} = \frac{1}{2\mathrm{i}} \int_C \frac{dz}{z - \mathrm{i}} - \frac{1}{2\mathrm{i}} \int_C \frac{dz}{z + \mathrm{i}} = \frac{1}{2\mathrm{i}} \cdot [2\pi\,\mathrm{i} - 0] = \pi.
$$

2.2.13. Aufgaben

A. Berechnen Sie das Integral

$$\int_{\partial\Delta} \frac{e^{-z}\, dz}{z^3 + 2z^2 - 3z - 10},$$

wobei Δ das Dreieck mit den Ecken i, $-i$ und 3 ist.

B. Um ein Integral der Form $I = \int_0^{2\pi} F(\sin x, \cos x)\, dx$ (wobei $F(u, v)$ ein Quotient zweier Polynome in u und v ist) zu berechnen, kann man folgendermaßen vorgehen: Beschreibt man die Winkelfunktionen mit Hilfe der Exponentialfunktion, so kann man I als komplexes Kurvenintegral auffassen:

$$I = \frac{1}{i} \int_{\partial D_1(0)} \frac{1}{z} F\left(\frac{1}{2i}\left(z - \frac{1}{z}\right), \frac{1}{2}\left(z + \frac{1}{z}\right)\right) dz.$$

  (a) Beweisen Sie die Formel!

  (b) Manchmal kann man das gewonnene Kurvenintegral mit Hilfe der Cauchy'schen Integralformel berechnen. Führen Sie das im Falle des folgenden Integrals aus:

$$I = \int_0^{2\pi} \frac{dx}{3 + 2\sin x}.$$

C. Berechnen Sie $\displaystyle\int_{C_i} \frac{z\sin z}{z^3 + 8}\, dz$ für $C_1 = \partial D_{3/2}(1)$ und $C_2 = \partial D_1(-2)$.

D. Es soll $\int_0^\infty (\sin x)/x\, dx$ berechnet werden. Dabei hilft der folgende Integrationsweg, der Cauchy'sche Integralsatz und die Euler'sche Formel.

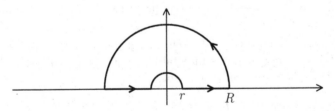

E. Berechnen Sie $\displaystyle\int_{\partial D_1(0)} \frac{1}{\sqrt{z}}\, dz$. Seien Sie dabei vorsichtig mit der Definition von $\sqrt{z}$.

F. Sei $G \subset \mathbb{C}$ ein Gebiet, $D = D_r(z_0) \subset\subset G$ und $z_1, z_2 \in D$. Ist f holomorph auf G, so ist

$$\frac{1}{2\pi i} \int_{\partial D} \frac{f(z)}{(z - z_1)(z - z_2)}\, dz = \frac{f(z_1)}{z_1 - z_2} + \frac{f(z_2)}{z_2 - z_1}.$$

G. Berechnen Sie $\dfrac{1}{2\pi\,\mathrm{i}} \displaystyle\int_C \dfrac{\cos z}{z^2+1}\,dz$, wobei einmal $C = \{z \,:\, |z - 2\,\mathrm{i}| = 2\}$ und einmal $C = \{z \,:\, |z| = 2\}$ zu setzen ist.

H. Sei $Q \subset \mathbb{C}$ ein offenes achsenparalleles Rechteck, $f : \overline{Q} \to \mathbb{C}$ stetig und holomorph in Q. Dann ist $\displaystyle\int_{\partial Q} f(z)\,dz = 0$.

2.3   Der Entwicklungssatz

In diesem Abschnitt wird die wichtigste Folgerung aus der Cauchy'schen Integralformel bewiesen, der sogenannte „Entwicklungssatz", der zeigt, dass jede holomorphe Funktion lokal in eine Potenzreihe entwickelt werden kann und damit beliebig oft komplex differenzierbar ist. Dieses höchst überraschende Ergebnis, das die holomorphen Funktionen in ganz neuem Licht erscheinen lässt, wurde von Taylor und Cauchy beim Versuch entdeckt, die Taylor-Entwicklung von komplex differenzierbaren Funktionen zu berechnen. Die Motivation erwuchs also aus der Idee, bekannte Sachverhalte aus dem Reellen ins Komplexe zu übertragen. Cauchys Integralformel lieferte schließlich das passende Hilfsmittel, und die Folgerungen, die sich aus dem Entwicklungssatz ziehen lassen, übertreffen alle Erwartungen.

2.3.1. Entwicklungs-Lemma

Sei $\alpha : [a,b] \to \mathbb{C}$ ein Integrationsweg, $z_0 \in \mathbb{C} \setminus |\alpha|$ und $R := \mathrm{dist}(z_0, |\alpha|)$. Ist f eine stetige Funktion auf der Spur von α, so gibt es eine Potenzreihe

$$p(z) = \sum_{n=0}^{\infty} a_n(z - z_0)^n,$$

die im Innern von $D_R(z_0)$ absolut und gleichmäßig gegen die auf $\mathbb{C} \setminus |\alpha|$ definierte Funktion

$$F(z) := \frac{1}{2\pi\,\mathrm{i}} \int_\alpha \frac{f(\zeta)}{\zeta - z}\,d\zeta$$

konvergiert.

Die Koeffizienten der Potenzreihe genügen der Formel

$$a_n = \frac{1}{2\pi\,\mathrm{i}} \int_\alpha \frac{f(\zeta)}{(\zeta - z_0)^{n+1}}\,d\zeta.$$

Insbesondere ist F holomorph auf $\mathbb{C} \setminus |\alpha|$.

BEWEIS: Ist $\zeta \in |\alpha|$ und $z \in D_R(z_0)$, so ist $|z - z_0| < R \le |\zeta - z_0|$. Wir können den folgenden „Trick mit der geometrischen Reihe" anwenden:

$$
\begin{aligned}
\frac{1}{\zeta - z} &= \frac{1}{(\zeta - z_0) - (z - z_0)} = \frac{1}{\zeta - z_0} \cdot \frac{1}{1 - (z - z_0)/(\zeta - z_0)} \\
&= \frac{1}{\zeta - z_0} \cdot \sum_{n=0}^{\infty} \left(\frac{z - z_0}{\zeta - z_0} \right)^n .
\end{aligned}
$$

Da f auf der kompakten Menge $|\alpha|$ beschränkt ist, etwa durch eine Zahl $C > 0$, ist

$$
\left| \frac{f(\zeta)}{(\zeta - z_0)^{n+1}} \cdot (z - z_0)^n \right| \le \frac{C}{R} \cdot \left(\frac{|z - z_0|}{R} \right)^n , \quad \text{für } \zeta \in |\alpha| \text{ und } z \in D_R(z_0).
$$

Die Reihe über die Terme auf der rechten Seite konvergiert für jedes feste $z \in D_R(z_0)$. Nach dem Weierstraß-Kriterium konvergiert dann (für festes z) die Reihe

$$
\frac{f(\zeta)}{\zeta - z} = \frac{f(\zeta)}{\zeta - z_0} \cdot \sum_{n=0}^{\infty} \left(\frac{z - z_0}{\zeta - z_0} \right)^n = \sum_{n=0}^{\infty} \frac{f(\zeta)}{(\zeta - z_0)^{n+1}} (z - z_0)^n
$$

absolut und gleichmäßig in ζ auf $|\alpha|$. Da die Partialsummen stetig in ζ sind, kann man Grenzwertbildung und Integration vertauschen und erhält:

$$
\frac{1}{2\pi\,\mathrm{i}} \int_{\alpha} \frac{f(\zeta)}{\zeta - z} \, d\zeta = \sum_{n=0}^{\infty} \left(\frac{1}{2\pi\,\mathrm{i}} \int_{\alpha} \frac{f(\zeta)}{(\zeta - z_0)^{n+1}} \, d\zeta \right) \cdot (z - z_0)^n .
$$

Die Reihe konvergiert für jedes $z \in D_R(z_0)$. Nun setzen wir

$$
a_n := \frac{1}{2\pi\,\mathrm{i}} \int_{\alpha} \frac{f(\zeta)}{(\zeta - z_0)^{n+1}} \, d\zeta .
$$

Dann konvergiert die Reihe $\sum_{n=0}^{\infty} a_n (z - z_0)^n$ absolut und gleichmäßig im Innern von $D_R(z_0)$ gegen $F(z)$. Da man diese Konstruktion in jedem Punkt $z_0 \in \mathbb{C} \setminus |\alpha|$ durchführen kann, ist F dort überall holomorph.   ∎

Jetzt sind wir auf den folgenden Satz vorbereitet:

2.3.2. Entwicklungssatz von Cauchy

Sei $G \subset \mathbb{C}$ ein Gebiet, $f : G \to \mathbb{C}$ holomorph und $z_0 \in G$. Ist $R > 0$ der Radius der größten (offenen) Kreisscheibe um z_0, die noch in G hineinpasst, so gibt es eine Potenzreihe

$$
p(z) = \sum_{n=0}^{\infty} a_n (z - z_0)^n ,
$$

die für jedes r mit $0 < r < R$ auf $D_r(z_0)$ absolut und gleichmäßig gegen $f(z)$ konvergiert. Für jedes solche r ist

$$a_n = \frac{1}{2\pi i} \int\limits_{\partial D_r(z_0)} \frac{f(\zeta)}{(\zeta - z_0)^{n+1}} d\zeta.$$

Die Funktion f ist auf G beliebig oft komplex differenzierbar.

BEWEIS: Sei $0 < r < R$ und $\alpha(t) := z_0 + re^{it}$, $0 \le t \le 2\pi$. Dann ist f auf $|\alpha|$ stetig und man kann das Entwicklungs-Lemma anwenden. Es gibt eine Potenzreihe $p(z)$, die im Innern von $D_r(z_0)$ absolut und gleichmäßig gegen

$$F(z) := \frac{1}{2\pi i} \int_\alpha \frac{f(\zeta)}{\zeta - z} d\zeta$$

konvergiert. Die Koeffizienten der Reihe sind durch die Formel

$$a_n = \frac{1}{2\pi i} \int\limits_{\partial D_r(z_0)} \frac{f(\zeta)}{(\zeta - z_0)^{n+1}} d\zeta$$

gegeben. Nach der Cauchy'schen Integralformel ist aber $F(z) = f(z)$, und es ist klar, dass die Koeffizienten a_n nicht von r abhängen. ∎

2.3.3. Folgerung (Höhere Cauchy'sche Integralformeln)

Sei $G \subset \mathbb{C}$ ein Gebiet und $f : G \to \mathbb{C}$ holomorph. Dann ist f auf G beliebig oft komplex differenzierbar, und für $z_0 \in G$, $D := D_r(z_0) \subset\subset G$ und $z \in D$ ist

$$f^{(n)}(z) = \frac{n!}{2\pi i} \int\limits_{\partial D_r(z_0)} \frac{f(\zeta)}{(\zeta - z)^{n+1}} d\zeta \quad \text{für } n \in \mathbb{N}_0.$$

BEWEIS: Ist $z \in D$, so gibt es nach dem Entwicklungslemma eine Potenzreihe $p(w) = \sum_{n=0}^\infty a_n(w - z)^n$, die auf einer Umgebung $U = U_\delta(z)$ gegen die holomorphe Funktion

$$F(w) := \frac{1}{2\pi i} \int_{\partial D} \frac{f(\zeta)}{\zeta - w} d\zeta$$

konvergiert. Nach der Cauchy'schen Integralformel ist aber $f(w) = F(w) = p(w)$ für $w \in U$, und daher $f^{(n)}(z) = p^{(n)}(z) = a_n \cdot n!$ für alle n. Daraus folgt:

$$\frac{f^{(n)}(z)}{n!} = \frac{1}{2\pi i} \int_{\partial D} \frac{f(\zeta)}{(\zeta - z)^{n+1}} d\zeta$$

für jedes $z \in D$ und $n \in \mathbb{N}_0$. ∎

Definition (analytische Funktion):

Sei $G \subset \mathbb{C}$ ein Gebiet. Eine Funktion $f : G \to \mathbb{C}$ heißt in $z_0 \in G$ **in eine Potenzreihe entwickelbar**, wenn es ein $r > 0$ gibt, so dass $D := D_r(z_0) \subset\subset G$ ist und f auf D mit einer konvergenten Potenzreihe übereinstimmt.

f heißt auf G **analytisch**, wenn f in jedem Punkt von G in eine Potenzreihe entwickelbar ist.

Analytische Funktionen sind beliebig oft komplex differenzierbar! Man beachte aber, dass man i.A. nicht mit einer einzigen Potenzreihe auskommt.

2.3.4. Satz von Morera

Sei $G \subset \mathbb{C}$ ein Gebiet, $f : G \to \mathbb{C}$ stetig und $\int_{\partial\Delta} f(z)\,dz = 0$ für jedes abgeschlossene Dreieck $\Delta \subset G$. Dann ist f holomorph auf G.

BEWEIS: f besitzt zumindest lokal (auf sternförmigen Teilmengen) eine holomorphe Stammfunktion F. Aber F ist beliebig oft komplex differenzierbar, und dann ist auch $f = F'$ holomorph.   ∎

Fassen wir nun zusammen:

2.3.5. Theorem

Sei $G \subset \mathbb{C}$ ein Gebiet. Folgende Aussagen über eine Funktion $f : G \to \mathbb{C}$ sind äquivalent:

1. *f ist reell differenzierbar und erfüllt die Cauchy-Riemann'schen Differentialgleichungen.*

2. *f ist komplex differenzierbar.*

3. *f ist holomorph.*

4. *f ist beliebig oft komplex differenzierbar.*

5. *f ist analytisch.*

6. *f ist stetig und besitzt lokal immer eine Stammfunktion.*

7. *f ist stetig, und es ist $\displaystyle\int_{\partial\Delta} f(z)\,dz = 0$ für jedes abgeschlossene Dreieck Δ in G.*

Das ist schon erstaunlich! Eine einmal komplex differenzierbare Funktion ist automatisch beliebig oft komplex differenzierbar. Ein großer Unterschied zur reellen Theorie! Wir können tatsächlich bei all den Sätzen, bei denen „f holomorph und

f' stetig" vorausgesetzt wurde, auf die Forderung nach einer stetigen Ableitung verzichten. Und wir sind noch lange nicht am Ende. Die holomorphen Funktionen weisen noch viele andere bemerkenswerte Eigenschaften auf.

2.3.6. Satz

Sei $G \subset \mathbb{C}$ ein Gebiet, $f : G \to \mathbb{C}$ stetig und außerhalb von $z_0 \in G$ sogar holomorph. Dann ist f auf ganz G holomorph.

BEWEIS: Nach Voraussetzung besitzt f lokal immer eine Stammfunktion. ∎

2.3.7. Riemann'scher Hebbarkeitssatz

Sei $G \subset \mathbb{C}$ ein Gebiet, $z_0 \in G$ und f auf $G \setminus \{z_0\}$ holomorph. Bleibt f in der Nähe von z_0 beschränkt, so gibt es eine holomorphe Funktion $\hat{f}$ auf G, die auf $G \setminus \{z_0\}$ mit f übereinstimmt.

BEWEIS: Wir benutzen einen netten kleinen Trick:

$$\text{Sei} \quad F(z) := \begin{cases} f(z) \cdot (z - z_0) & \text{für } z \neq z_0, \\ 0 & \text{für } z = z_0. \end{cases}$$

Wegen der Beschränktheit von f ist F stetig in G. Außerdem ist F natürlich holomorph auf $G \setminus \{z_0\}$. Beides zusammen ergibt, dass F auf ganz G holomorph ist. Also gibt es eine Darstellung

$$F(z) = F(z_0) + \Delta(z) \cdot (z - z_0),$$

mit einer in z_0 stetigen Funktion Δ. Da $\Delta(z) = f(z)$ außerhalb von z_0 holomorph ist, muss Δ sogar auf ganz G holomorph sein. Wir können $\hat{f} := \Delta$ setzen. ∎

Jetzt untersuchen wir die Nullstellen einer holomorphen Funktion.

2.3.8. Lokaler Darstellungssatz

Sei $G \subset \mathbb{C}$ ein Gebiet, $f : G \to \mathbb{C}$ holomorph, $z_0 \in G$ und $f(z_0) = 0$. Dann ist entweder $f^{(k)}(z_0) = 0$ für alle $k \in \mathbb{N}_0$, oder es gibt ein $k > 0$, eine offene Umgebung $U = U(z_0) \subset G$ und eine holomorphe Funktion $g : U \to \mathbb{C}$, so dass gilt:

1. *$f(z) = (z - z_0)^k \cdot g(z)$ für $z \in U$.*

2. *$g(z_0) \neq 0$.*

Die Zahl k ist eindeutig bestimmt durch

$$f(z_0) = f'(z_0) = \ldots = f^{(k-1)}(z_0) = 0 \quad und \quad f^{(k)}(z_0) \neq 0.$$

BEWEIS: Wählt man für U eine kleine Kreisscheibe um z_0, so hat man auf U eine Darstellung

$$f(z) = \sum_{n=0}^{\infty} a_n (z - z_0)^n.$$

Da $f(z_0) = 0$ ist, muss $a_0 = 0$ sein. Ist nicht $a_k = 0$ für alle k, so gibt es ein kleinstes $k \geq 1$, so dass $a_k \neq 0$ ist. Dann ist

$$f(z) = (z - z_0)^k \cdot g(z), \quad \text{mit } g(z) := \sum_{m=0}^{\infty} a_{m+k}(z - z_0)^m.$$

Mit Hilfe des Lemmas von Abel sieht man sofort, dass die Reihe für $g(z)$ ebenfalls auf U konvergiert. Das ergibt die gewünschte Darstellung, und außerdem ist $g(z_0) = a_k \neq 0$.

Weiter ist

$$f^{(n)}(z_0) = n! a_n \begin{cases} = 0 & \text{für } n = 0, \ldots, k-1 \\ \neq 0 & \text{für } n = k. \end{cases}$$

Dadurch ist k eindeutig festgelegt.   ∎

Die Zahl k nennt man die **Ordnung der Nullstelle von f in** z_0.

Bei der lokalen Darstellung von f können wir annehmen, dass $g(z) \neq 0$ für $z \in U$ gilt. Dann gibt es auf U eine holomorphe Funktion h mit $\exp(h(z)) = g(z)$ und daher auch eine k-te holomorphe Wurzel aus g, nämlich $\gamma(z) := \exp(h(z)/k)$. Es sei dann

$$q(z) := (z - z_0) \cdot \gamma(z) \text{ für } z \in U.$$

Offensichtlich ist q holomorph, $q(z)^k = f(z)$ und $q'(z_0) = \gamma(z_0) \neq 0$, also q in z_0 biholomorph. Ist q auf $V = V(z_0) \subset U$ injektiv, so hat die Gleichung $f(z) = c$ für jedes $c \in f(V)$ genau k Lösungen, nämlich die k Zahlen $q^{-1}(w_\nu)$, wobei $w_1, \ldots, w_k$ die k verschiedenen Wurzeln aus c sind. Mit anderen Worten: In der Nähe einer Nullstelle der Ordnung k nimmt eine holomorphe Funktion jeden Wert genau k-mal an.

Gibt es auch Nullstellen der Ordnung ∞? Diese Frage beantwortet der

2.3.9. Identitätssatz

Sei $G \subset \mathbb{C}$ ein Gebiet (diese Eigenschaft von G ist hier besonders wichtig!). Für zwei holomorphe Funktionen $f, g : G \to \mathbb{C}$ ist äquivalent:

1. *$f(z) = g(z)$ für alle $z \in G$.*

2. *$f(z) = g(z)$ für alle z aus einer Teilmenge $M \subset G$, die wenigstens einen Häufungspunkt in G hat.*

3. *Es gibt einen Punkt $z_0 \in G$, so dass $f^{(k)}(z_0) = g^{(k)}(z_0)$ für alle $k \in \mathbb{N}_0$ ist.*

BEWEIS: (1) $\implies$ (2) ist trivial.

(2) $\implies$ (3): Ist $z_0 \in G$ Häufungspunkt der Menge $M \subset G$, so gibt es eine Folge (z_ν) in M, die gegen z_0 konvergiert. Wegen der Stetigkeit von f und g ist

$$f(z_0) = \lim_{\nu \to \infty} f(z_\nu) = \lim_{\nu \to \infty} g(z_\nu) = g(z_0).$$

Es reicht, zu zeigen: Ist h holomorph und $h(z) = 0$ für alle $z \in M \cup \{z_0\}$, so ist $h^{(k)}(z_0) = 0$ für alle $k \in \mathbb{N}_0$. Wenn Letzteres nicht erfüllt ist, gibt es ein k und eine holomorphe Funktion q, so dass $h(z) = (z - z_0)^k \cdot q(z)$ und $q(z_0) \neq 0$ ist. Aber andererseits wäre dann $q(z_\nu) = 0$ für alle ν, und das kann nicht sein!

(3) $\implies$ (1): Sei $h := f - g$ und $N := \{z \in G \mid h^{(k)}(z) = 0 \text{ für alle } k \in \mathbb{N}_0\}$. Dann liegt z_0 in N, also ist $N \neq \varnothing$. Außerdem ist N offen: Ist nämlich $w_0 \in N$, so sind in der Potenzreihenentwicklung von h in w_0 alle Koeffizienten $= 0$, und das bedeutet, dass h auf einer ganzen Umgebung von w_0 identisch verschwindet.

Andererseits ist auch $G \setminus N$ offen, denn weil alle Funktionen $h^{(k)}$ stetig sind, ist N als Durchschnitt von relativ abgeschlossenen Mengen selbst relativ abgeschlossen in G. Weil G ein Gebiet ist, muss $G = N$ sein. ∎

Die Menge M, die im Satz vorkommt, kann z.B. eine kleine Umgebung U eines Punktes $z_0 \in G$ sein. Der Identitätssatz sagt: eine holomorphe Funktion auf G ist schon durch ihre Werte auf U festgelegt. Das zeigt eine gewisse Starrheit der holomorphen Funktionen. Wackelt man lokal an ihnen, so wackelt stets die ganze Funktion mit!

2.3.10. Folgerung

Ist $G \subset \mathbb{C}$ ein Gebiet und $f : G \to \mathbb{C}$ holomorph und nicht die Nullfunktion, so ist $\{z \in G \mid f(z) = 0\}$ in G abgeschlossen und diskret (oder leer).

Die Cauchy'sche Integralformel zeigt, dass der Wert einer holomorphen Funktion in einem Punkt durch die Werte auf einer Kreislinie um den Punkt herum festgelegt sind. Noch deutlicher können wir das durch die folgende Formel ausdrücken:

2.3.11. Mittelwerteigenschaft

Ist f holomorph auf dem Gebiet G, $z_0 \in G$ und $D_r(z_0) \subset\subset G$, dann ist

$$f(z_0) = \frac{1}{2\pi} \int_0^{2\pi} f(z_0 + re^{it}) \, dt.$$

Zum BEWEIS braucht man nur die Parametrisierung der Kreislinie in die Cauchy'-sche Integralformel einzusetzen.

2.3.12. Maximumprinzip

Sei $G \subset \mathbb{C}$ ein Gebiet und $f : G \to \mathbb{C}$ holomorph. Besitzt $|f|$ in G ein lokales Maximum, so ist f konstant.

BEWEIS: Wenn $|f|$ in $z_0 \in G$ ein Maximum besitzt, dann gibt es ein $r > 0$, so dass $|f(z)| \le |f(z_0)|$ für $|z - z_0| \le r$ ist.

Aus der Mittelwerteigenschaft folgt für $0 < \varrho < r$:

$$|f(z_0)| \le \frac{1}{2\pi} \int_0^{2\pi} |f(z_0 + \varrho e^{it})| \, dt \le |f(z_0)|.$$

Dann muss natürlich überall sogar das Gleichheitszeichen stehen, und es folgt:

$$\int_0^{2\pi} \left(|f(z_0 + \varrho e^{it})| - |f(z_0)| \right) \, dt = 0.$$

Da der Integrand überall ≤ 0 und $\varrho < r$ beliebig ist, folgt:

$$|f(z)| = |f(z_0)| \quad \text{für } |z - z_0| < r.$$

Also ist $|f|$ auf $D_r(z_0)$ konstant, und dann natürlich auch f selbst. Schließlich wenden wir den Identitätssatz an und erhalten, dass f auf ganz G konstant sein muss.   ∎

Man kann das Maximumprinzip auch so formulieren:

Eine nicht-konstante holomorphe Funktion nimmt nirgendwo in ihrem Definitionsbereich ein lokales Maximum an (worunter stets ein Maximum von $|f|$ zu verstehen wäre).

2.3.13. Folgerung

Ist $G \subset \mathbb{C}$ ein beschränktes Gebiet, $f : \overline{G} \to \mathbb{C}$ stetig und holomorph auf G, so nimmt $|f|$ sein Maximum auf dem Rand von G an.

BEWEIS: Als stetige Funktion auf einer kompakten Menge muss $|f|$ irgendwo auf $\overline{G}$ sein Maximum annehmen. Wegen des Maximumprinzips kann das nicht in G liegen. Da bleibt nur der Rand.   ∎

2.3.14. Minimumprinzip

Sei $G \subset \mathbb{C}$ ein Gebiet und $f : G \to \mathbb{C}$ holomorph und ohne Nullstellen. Besitzt $|f|$ in G ein lokales Minimum, so ist f konstant.

Der BEWEIS sei dem Leser als Übungsaufgabe überlassen. Man überlege sich, warum die Nullstellenfreiheit gefordert wird.

2.3.15. Cauchy'sche Ungleichungen

Sei $G \subset \mathbb{C}$ ein Gebiet, $f : G \to \mathbb{C}$ holomorph, $z_0 \in G$ und $r > 0$ mit $D_r(z_0) \subset\subset$ G. Dann gelten die folgenden Abschätzungen:

1. $|f(z_0)| \leq \max\limits_{\partial D_r(z_0)} |f|$.

2. $|f'(z)| \leq \dfrac{4}{r} \max\limits_{\partial D_r(z_0)} |f|$ für $z \in \overline{D_{r/2}(z_0)}$.

BEWEIS: 1) folgt sofort aus dem Maximumprinzip.

2) Für $z \in \overline{D_{r/2}(z_0)}$ gilt die Cauchy'sche Integralformel

$$f'(z) = \frac{1}{2\pi \mathrm{i}} \int_{\partial D_r(z_0)} \frac{f(\zeta)}{(\zeta - z)^2} \, d\zeta.$$

Für $\zeta \in \partial D_r(z_0)$ ist $|\zeta - z| \geq r/2$. Also ergibt die Standardabschätzung:

$$|f'(z)| \leq \frac{1}{2\pi} \cdot 2\pi r \cdot \max_{\partial D_r(z_0)} \left| \frac{f(\zeta)}{(\zeta - z)^2} \right| \leq \frac{4}{r} \cdot \max_{\partial D_r(z_0)} |f|.$$

Das ist die gewünschte Ungleichung.   ∎

2.3.16. Satz von Liouville

Ist f auf ganz $\mathbb{C}$ holomorph und beschränkt, so ist f konstant.

BEWEIS: Sei $|f(z)| \leq C$ für alle $z \in \mathbb{C}$. Aus der zweiten Cauchy'schen Ungleichung folgt:

$$|f'(z)| \leq \frac{4}{r} \max_{\partial D_r(z_0)} |f| \leq \frac{4C}{r}, \text{ für } |z| \leq r/2.$$

Dann ist aber $f'(z) \equiv 0$ auf jeder festen Kreisscheibe um Null, also sogar auf ganz $\mathbb{C}$. Und f selbst ist konstant.   ∎

Wer das Wundern noch nicht verlernt hat, sollte an dieser Stelle einmal innehalten und sich bewusst machen, wieviele erstaunliche Eigenschaften holomorpher Funktionen wir in kurzer Zeit hergeleitet haben!

Definition (ganze Funktion):

Eine *ganze Funktion* ist eine auf ganz $\mathbb{C}$ definierte holomorphe Funktion.

Beispiele sind die Exponentialfunktion, der Sinus und der Cosinus, vor allem aber die Polynome.

2.3.17. Fundamentalsatz der Algebra

Jedes nicht konstante Polynom besitzt eine Nullstelle in $\mathbb{C}$.

BEWEIS: Wir machen die Annahme, es gebe ein Polynom $p(z)$ vom Grad $n \geq 1$ ohne Nullstellen. Es sei $p(z) = a_n z^n + a_{n-1} z^{n-1} + \cdots + a_1 z + a_0$ mit $a_n \neq 0$. Dann ist

$$f(z) := \frac{1}{p(z)}$$

eine ganze Funktion, und für $z \neq 0$ ist

$$f(z) = \frac{1}{z^n} \cdot \frac{1}{q(1/z)},$$

mit dem Polynom $q(w) := a_n + a_{n-1}w + \cdots + a_1 w^{n-1} + a_0 w^n$. Wegen $q(0) = a_n \neq 0$ ist

$$\lim_{z \to \infty} f(z) = \lim_{z \to \infty} \frac{1}{z^n} \cdot \frac{1}{q(0)} = 0.$$

Also ist f eine beschränkte ganze Funktion und nach Liouville konstant, im Gegensatz zur Annahme. ∎

Hieraus folgt per Induktion, dass jedes Polynom vom Grad $n \geq 1$ genau n Nullstellen (mit Vielfachheit gezählt) besitzt und daher in n Linearfaktoren zerfällt.

2.3.18. Konvergenzsatz von Weierstraß

Ist (f_n) eine Folge von holomorphen Funktionen auf einem Gebiet G, die lokal gleichmäßig gegen eine Grenzfunktion f konvergiert, so ist auch f holomorph und (f_n') konvergiert auf G lokal gleichmäßig gegen f'.

BEWEIS: Die Grenzfunktion f ist auf jeden Fall stetig. Sei Δ ein abgeschlossenes Dreieck in G. Dann konvergiert (f_n) auf $\partial \Delta$ gleichmäßig, und man kann den Satz über die Vertauschbarkeit von Integration und Limesbildung anwenden:

$$\int_{\partial \Delta} f(z)\,dz = \lim_{n \to \infty} \int_{\partial \Delta} f_n(z)\,dz = 0.$$

Also ist f nach dem Satz von Morera holomorph.

Sei $z_0 \in G$ beliebig. Es genügt zu zeigen, dass es eine offene Umgebung $U = U(z_0) \subset G$ gibt, so dass (f_n') auf U gleichmäßig gegen f' konvergiert. Dazu sei $r > 0$ so gewählt, dass $D_r(z_0) \subset\subset G$ ist, und dann $U := D_{r/2}(z_0)$ gesetzt.

Sei $\varepsilon > 0$ vorgegeben. Für $z \in U$ und beliebiges $n \in \mathbb{N}$ gilt:

$$|f_n'(z) - f'(z)| \leq \frac{4}{r} \cdot \max_{\partial D_r(z_0)} |f_n - f|.$$

Man kann n_0 so groß wählen, dass $\max\limits_{\partial D_r(z_0)} |f_n - f| < \dfrac{r}{4} \cdot \varepsilon$ für $n \geq n_0$ ist. Aber dann ist $|f_n'(z) - f'(z)| < \varepsilon$ für $z \in U$ und $n \geq n_0$.

Das heißt, dass (f_n') lokal gleichmäßig gegen f' konvergiert. ∎

Der Satz wird im Reellen falsch, da muss man die gleichmäßige Konvergenz der Folge (f_n') fordern.

Das folgende Resultat haben wir (unter der sich als überflüssig herausgestellten Zusatzannahme, dass f' stetig ist) schon in Abschnitt 1.3 gezeigt:

2.3.19. Satz

Eine holomorphe Funktion $f : G \to \mathbb{C}$ ist genau dann in $z_0 \in G$ lokal biholomorph, wenn $f'(z_0) \neq 0$ ist.

2.3.20. Satz von der Gebietstreue

Ist $G \subset \mathbb{C}$ ein Gebiet und $f : G \to \mathbb{C}$ eine nicht konstante holomorphe Abbildung, so ist auch $f(G)$ ein Gebiet.

BEWEIS: Da f stetige Wege auf stetige Wege abbildet, müssen wir nur zeigen, dass $f(G)$ offen ist.

Sei $z_0 \in G$ und $g(z) := f(z) - f(z_0)$, also $g(z_0) = 0$. Es reicht zu zeigen, dass 0 innerer Punkt von $g(G)$ ist.

Da f holomorph und nicht konstant ist, gibt es nach dem Identitätssatz eine Kreisscheibe $D = D_r(z_0) \subset G$, so dass $g(z) \neq 0$ auf ∂D ist (denn sonst gäbe es eine Folge mit Häufungspunkt z_0, auf der g verschwindet). Sei $\varepsilon := \min_{\partial D} |g|/2 > 0$. Ist $w \in D_\varepsilon(0)$ und $h(z) := g(z) - w$, so ist $|h(z_0)| = |w| < \varepsilon$. Für $z \in \partial D$ ist andererseits $|h(z)| \geq |g(z)| - |w| \geq 2\varepsilon - \varepsilon = \varepsilon$. Das bedeutet, dass $|h|$ ein Minimum in D annimmt. Aus dem Minimumprinzip folgt nun, dass h eine Nullstelle in D besitzt. Also gibt es ein $z \in D$ mit $g(z) = w$. Damit ist $D_\varepsilon(0) \subset g(D) \subset g(G)$. ∎

Bemerkenswert ist, dass f nicht injektiv zu sein braucht. Im Reellen bildet etwa die Funktion $x \mapsto \sin x$ das offene Intervall $(\pi/4, 7\pi/4)$ auf das abgeschlossene Intervall $[-1, 1]$ ab, da gilt der Satz von der Gebietstreue nicht.

Und jetzt kommt noch ein weiterer erstaunlicher Satz:

2.3.21. Hinreichende Bedingung für Biholomorphie

Sei $G \subset \mathbb{C}$ ein Gebiet, $f : G \to \mathbb{C}$ holomorph und injektiv.

Dann ist $f : G \to f(G)$ biholomorph und $f'(z) \neq 0$ für alle $z \in G$.

BEWEIS: Da f' holomorph und nicht identisch Null ist, ist die Menge $A := \{z \in G \mid f'(z) = 0\}$ diskret in G. Weiter wissen wir schon, dass $f(G)$ ein Gebiet und $f : G \to f(G)$ stetig, offen und bijektiv ist, also ein Homöomorphismus. Daher ist auch $M := f(A)$ diskret in $f(G)$. Da $f : G \setminus A \to f(G) \setminus M$ bijektiv und lokal biholomorph, also sogar global biholomorph ist, gilt: $f^{-1} : f(G) \to G$ ist stetig und außerhalb M holomorph. Aber dann muss f^{-1} sogar auf ganz $f(G)$ holomorph sein, und $f'(z) \neq 0$ für alle $z \in G$.   ∎

Auch dieser Satz ist im Reellen falsch, wie schon das Beispiel der Funktion $x \mapsto x^3$ zeigt.

2.3.22. Bilder einfach zusammenhängender Gebiete

Sei G einfach zusammenhängend, $F : G \to \mathbb{C}$ holomorph und injektiv. Dann ist auch $F(G)$ einfach zusammenhängend.

BEWEIS: Wir wissen schon, dass $G^* := F(G)$ ein Gebiet ist. Sei f holomorph auf G^*. Dann ist $(f \circ F) \cdot F'$ holomorph auf G, und es gibt eine Stammfunktion g von $(f \circ F) \cdot F'$ auf G. Die Funktion $F^{-1} : G^* \to G$ ist ebenfalls holomorph, und damit auch $h := g \circ F^{-1}$. Es ist

$$h'(w) = g'(F^{-1}(w)) \cdot \frac{1}{F'(F^{-1}(w))} = f(w) \quad \text{für } w \in G^*. \qquad \blacksquare$$

Dieser Satz liefert uns viele neue Beispiele einfach zusammenhängender Gebiete.

2.3.23. Beispiel

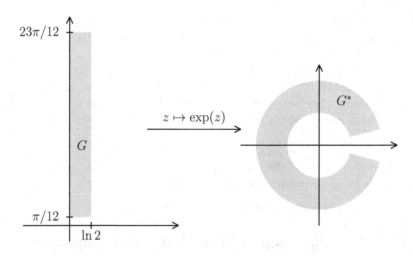

Das (sternförmige) Rechteck

$$G := \{x + \mathrm{i}\,y : 0 < x < \ln 2 \text{ und } \pi/12 < y < 23\pi/12\}$$

wird durch $w = \exp(z)$ biholomorph auf einen aufgeschlitzten Kreisring

$$G^* = \{re^{it} : 1 < r < 2 \text{ und } \pi/12 < t < 23\pi/12\}$$

abgebildet. Also ist G^* einfach zusammenhängend.

Der komplette Kreisring $K := \{re^{it} : 1 < r < 2 \text{ und } 0 \le t < 2\pi\}$ ist nicht einfach zusammenhängend, denn die auf K holomorphe Funktion $f(z) := 1/z$ besitzt keine Stammfunktion auf K.

2.3.24. Aufgaben

A. Sei $G \subset \mathbb{C}$ ein Gebiet, $\alpha : [a, b] \to G$ ein Integrationsweg, $p := \alpha(a)$ und $q := \alpha(b)$. Sind $f, g : G \to \mathbb{C}$ holomorph, so ist

$$\int_\alpha f'(z)g(z)\,dz = f(q)g(q) - f(p)g(p) - \int_\alpha f(z)g'(z)\,dz.$$

B. Sei f eine ganze Funktion. Zeigen Sie: Ist $\operatorname{Re} f$ auf $\mathbb{C}$ beschränkt, so ist f konstant.

C. Sei $G \subset \mathbb{C}$ ein Gebiet, $f : G \to \mathbb{C}$ holomorph und $D = D_r(0) \subset\subset G$. Zeigen Sie: Ist $|f|$ auf ∂D konstant, so ist f auf G konstant, oder f besitzt eine Nullstelle in D.

D. Sei $G \subset \mathbb{C}$ ein Gebiet, f und g holomorph auf G und $a \in G$. Außerdem sei $f^{(k)}(a) = g^{(k)}(a) = 0$ für $k = 0, \ldots, n-1$ und $f^{(n)}(a) \ne 0$ und $g^{(n)}(a) \ne 0$. Zeigen Sie unter diesen Voraussetzungen:

$$\lim_{z \to a} \frac{f(z)}{g(z)} = \frac{f^{(n)}(a)}{g^{(n)}(a)}.$$

E. Sei $G \subset \mathbb{C}$ ein Gebiet. Sind f, g holomorphe Funktionen auf G mit $f(z) \cdot g(z) \equiv 0$ auf G, so ist entweder $f(z) \equiv 0$ oder $g(z) \equiv 0$ auf G.

F. Sei $G \subset \mathbb{C}$ ein Gebiet, $f : G \to \mathbb{C}$ holomorph, $z_0 \in G$ und $r > 0$ mit $D_r(z_0) \subset\subset G$. Beweisen Sie die folgenden (Cauchy'schen) Ungleichungen:

$$|f^{(n)}(z_0)| \le \frac{n!}{r^n} \max_{\partial D_r(z_0)} |f|.$$

G. Sei $G \subset \mathbb{C}$ ein Gebiet und (f_n) eine Folge von (komplexwertigen) stetigen Funktionen auf G, die lokal gleichmäßig gegen eine Grenzfunktion f konvergiert. Besitzen alle f_n auf G eine Stammfunktion, so besitzt auch f auf G eine Stammfunktion.

H. Gibt es holomorphe Funktionen f, g, h auf $\mathbb{C}$ mit folgenden Eigenschaften?

$$\begin{aligned}
f^{(n)}(0) &= (n!)^2 \quad \text{für } n \geq 0, \\
g\left(\frac{1}{n}\right) &= g\left(-\frac{1}{n}\right) = \frac{1}{n^2} \quad \text{für } n \geq 1, \\
h\left(\frac{1}{2n}\right) &= h\left(\frac{1}{2n-1}\right) = \frac{1}{n} \quad \text{für } n \geq 1.
\end{aligned}$$

I. Ist f eine ganze Funktion, $C > 0$ und $|f(z)| \leq C \cdot |z|^n$ für $|z| \geq R$, so ist f ein Polynom vom Grad $\leq n$.

J. Beweisen Sie das Minimumprinzip (Satz 2.3.14).

2.4   Anwendungen

Das Dirichlet-Problem

Harmonische Funktionen, die in 1.5 eingeführt wurden, spielen eine wichtige Rolle in Mathematik und Naturwissenschaften. Da sie als Realteile holomorpher Funktionen auftreten, lassen sich einige der phantastischen Eigenschaften, die wir für holomorphe Funktionen bewiesen haben, auf harmonische Funktionen übertragen. Es wird sich zeigen, dass harmonische Funktionen auf einem Gebiet G, die bis zum Rand stetig sind, bereits durch die Werte auf dem Rand festgelegt sind. Beim Dirichlet-Problem geht es darum, die Funktion im Innern aus ihren Randwerten zu bestimmen (oder zumindest die Existenz zu zeigen). Für Kreisscheiben werden wir das Programm durchführen.

Definition (Mittelwerteigenschaft):

Sei $G \subset \mathbb{C}$ ein Gebiet. Eine stetige Funktion $f : G \to \mathbb{C}$ hat die **Mittelwerteigenschaft** (kurz MWE), falls gilt:

Zu jedem $z \in G$ gibt es ein $R > 0$ mit $D_R(0) \subset\subset G$, so dass für alle r mit $0 < r \leq R$ gilt:

$$f(z) = \frac{1}{2\pi} \int_0^{2\pi} f(z + re^{it})\, dt.$$

2.4.1. Satz

1. *Holomorphe Funktionen haben die MWE.*

2. *Mit f und g haben auch alle Linearkombinationen $c_1 f + c_2 g$ die MWE.*

> 3. *Mit f haben auch* Re(*f*), Im(*f*) *und* $\overline{f}$ *die MWE.*
>
> 4. *Harmonische Funktionen haben die MWE.*

BEWEIS: 1) haben wir schon gezeigt, 2) folgt trivial aus der $\mathbb{C}$-Linearität des Integrals. 4) gilt, weil jede harmonische Funktion Realteil einer holomorphen Funktion ist.

3) Wegen $\displaystyle\int_a^b \overline{f(t)}\,dt = \overline{\int_a^b f(t)\,dt}$ erfüllt mit f auch $\overline{f}$ die MWE, und daher auch $\mathrm{Re}(f) = \tfrac{1}{2}(f + \overline{f})$ und $\mathrm{Im}(f) = \tfrac{1}{2i}(f - \overline{f})$. ∎

2.4.2. Satz

Sei $f : \overline{G} \to \mathbb{R}$ *stetig. Außerdem habe* f *auf* G *die MWE. Dann nimmt* f *sein globales Maximum und Minimum auf* ∂G *an.*

BEWEIS: Wir nehmen an, dass f sein globales Maximum in $a \in G$ annimmt. Dann ist $c := f(a) \geq f(z)$ für $z \in G$.

Sei $D_r(a) \subset\subset G$ und $0 < \varrho \leq r$. Dann ist

$$f(a) = \frac{1}{2\pi}\int_0^{2\pi} f(a + \varrho e^{it})\,dt \leq \frac{1}{2\pi}\int_0^{2\pi} f(a)\,dt = f(a).$$

Es muss also überall das Gleichheitszeichen stehen. Das bedeutet:

$$0 = \int_0^{2\pi} (f(a) - f(a + \varrho e^{it}))\,dt.$$

Da der Integrand ≥ 0 ist, ist f auf $D_r(a)$ konstant. So folgt, dass $M := \{z \in G : f(z) = c\}$ offen (und nicht leer) ist. Außerdem ist M natürlich abgeschlossen, also $M = G$. Damit ist f konstant. Im Falle eines Minimums schließt man analog. ∎

Definition (Poisson-Kern):

Sei $z \in \mathbb{C}$, $R > 0$ und $\theta \in \mathbb{R}$, sowie $z \neq Re^{i\theta}$. Dann nennt man

$$P_R(z, \theta) := \frac{R^2 - |z|^2}{|Re^{i\theta} - z|^2}$$

den ***Poisson-Kern.***

Der Poisson-Kern wird gebraucht, um eine harmonische Funktion aus den Randwerten als Integral über den Rand zu gewinnen.

Setzt man $F(z, \zeta) := \dfrac{\zeta + z}{\zeta - z}$ (für $z \neq \zeta$), so ist

$$\operatorname{Re} F(z,\zeta) = \operatorname{Re}\left(\frac{(\zeta+z)(\overline{\zeta}-\overline{z})}{|\zeta-z|^2}\right) = \frac{|\zeta|^2 - |z|^2}{|\zeta-z|^2},$$

also $P_R(z,\theta) = \operatorname{Re} F(z, Re^{i\theta})$.

2.4.3. Satz

Sei $D = D_R(0)$ und f holomorph auf einer offenen Umgebung U von $\overline{D}$. Dann ist

$$f(z) = \frac{1}{2\pi}\int_0^{2\pi} f(Re^{i\theta})P_R(z,\theta)\, d\theta, \text{ für alle } z \in D.$$

BEWEIS: Sei g eine beliebige holomorphe Funktion auf U. Dann ist

$$\begin{aligned}
g(z) &= \frac{1}{2\pi i}\int_{\partial D}\frac{g(\zeta)}{\zeta - z}\, d\zeta = \frac{1}{2\pi i}\int_{\partial D}\frac{g(\zeta)\zeta\overline{\zeta}}{\zeta\overline{\zeta} - z\overline{\zeta}}\cdot\frac{d\zeta}{\zeta}\\
&= \frac{1}{2\pi}\int_0^{2\pi}\frac{g(Re^{i\theta})R^2}{R^2 - z\cdot Re^{-i\theta}}\, d\theta\,.
\end{aligned}$$

Sei nun $z \in D$ fest gewählt und speziell $g(w) = \dfrac{f(w)}{R^2 - w\overline{z}}$. Offensichtlich ist g holomorph auf einer Umgebung von $\overline{D}$. Dann folgt:

$$\frac{f(z)}{R^2 - |z|^2} = g(z) = \frac{1}{2\pi}\int_0^{2\pi}\frac{g(Re^{i\theta})R^2}{R^2 - z\cdot Re^{-i\theta}}\, d\theta\,,$$

also

$$\begin{aligned}
f(z) &= \frac{1}{2\pi}\int_0^{2\pi}\frac{f(Re^{i\theta})R^2(R^2 - |z|^2)}{(R^2 - z\cdot Re^{-i\theta})(R^2 - \overline{z}\cdot Re^{i\theta})}\, d\theta\\
&= \frac{1}{2\pi}\int_0^{2\pi}\frac{f(Re^{i\theta})(R^2 - |z|^2)}{|Re^{i\theta} - z|^2}\, d\theta = \frac{1}{2\pi}\int_0^{2\pi} f(Re^{i\theta})P_R(z,\theta)\, d\theta.
\end{aligned}$$

∎

2.4.4. Folgerung

Für alle $R > 0$ und $z \in \mathbb{C}$ ist $\dfrac{1}{2\pi}\displaystyle\int_0^{2\pi} P_R(z,\theta)\, d\theta = 1$.

BEWEIS: Setze $f(z) \equiv 1$ in die obige Formel ein.   ∎

2.4.5. Lösung des Dirichlet-Problems

Sei $R > 0$, $D = D_R(0)$ und $u : \partial D \to \mathbb{R}$ stetig. Dann gibt es eine stetige Funktion $\widehat{u}$ auf $\overline{D}$, so dass gilt:

1. $\widehat{u}$ ist harmonisch in D.

2. $\widehat{u}|_{\partial D} = u$.

BEWEIS: Für $z \in D$ sei $v(z) := \dfrac{1}{2\pi} \displaystyle\int_0^{2\pi} u(Re^{i\theta}) P_R(z, \theta)\, d\theta$. Dann setzen wir

$$\widehat{u}(z) := \begin{cases} v(z) & \text{für } z \in D, \\ u(z) & \text{für } z \in \partial D. \end{cases}$$

1) Für $z \in D$ ist

$$\begin{aligned} \widehat{u}(z) &= \frac{1}{2\pi} \int_0^{2\pi} u(Re^{i\theta}) P_R(z, \theta)\, d\theta \\ &= \operatorname{Re}\left(\frac{1}{2\pi} \int_0^{2\pi} u(Re^{i\theta}) F(z, Re^{i\theta})\, d\theta \right) \\ &= \operatorname{Re}\left(\frac{1}{2\pi i} \int_{\partial D} u(\zeta) F(z, \zeta)\, \frac{d\zeta}{\zeta} \right) \end{aligned}$$

Als Realteil einer (in z) holomorphen Funktion ist $\widehat{u}$ harmonisch in D.

2) Es bleibt zu zeigen, dass $\widehat{u}$ stetig ist. Sei also $z_0 \in \partial D$ und $\varepsilon > 0$. Zur Vereinfachung setzen wir $R = 1$ und nehmen an, dass $z_0 = e^{i\theta_0}$ mit $\theta_0 \neq 0, 2\pi$ ist. Wir schreiben dann auch P an Stelle von P_R.

Wir können nun ein $\delta_0 > 0$ finden, so dass gilt:

1. $J := [\theta_0 - 2\delta_0, \theta_0 + 2\delta_0] \subset [0, 2\pi]$.

2. $|u(\zeta) - u(z_0)| < \varepsilon/2$ für $\zeta = e^{i\theta}$ und $\theta \in J$.

Nun sei $S := \{z \in D : z = re^{it} \text{ mit } \theta_0 - \delta_0 \leq t \leq \theta_0 + \delta_0\}$.

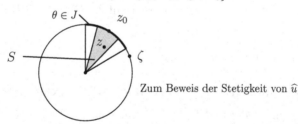

Zum Beweis der Stetigkeit von $\widehat{u}$

Es gibt ein $c > 0$, so dass $|\zeta - z| \geq c$ für $z \in S$ und $\zeta = e^{i\theta}$ mit $\theta \in M := [0, 2\pi] \setminus J$. Für solche Punkte z und ζ gilt dann:

$$\begin{aligned} \widehat{u}(z) - \widehat{u}(z_0) &= \frac{1}{2\pi} \int_0^{2\pi} (u(e^{i\theta}) - u(z_0)) P(z, \theta)\, d\theta \\ &= \frac{1}{2\pi} \int_J (u(e^{i\theta}) - u(z_0)) P(z, \theta)\, d\theta + \frac{1}{2\pi} \int_M (u(e^{i\theta}) - u(z_0)) P(z, \theta)\, d\theta \\ &= I_1(z) + I_2(z). \end{aligned}$$

Dabei ist

$$|I_1(z)| \le \frac{1}{2\pi} \int_J |u(e^{i\theta}) - u(z_0)| P(z,\theta)\, d\theta \le \frac{\varepsilon}{2} \cdot \frac{1}{2\pi} \int_0^{2\pi} P(z,\theta)\, d\theta = \frac{\varepsilon}{2}.$$

Ist $k := \max_{\partial D} |u|$, so gilt:

$$
\begin{aligned}
|I_2(z)| \;&\le\; \frac{1}{2\pi} \int_M (|u(e^{i\theta})| + |u(z_0)|) \cdot \frac{1 - |z|^2}{|e^{i\theta} - z|^2}\, d\theta \\
&\le\; \frac{2k}{2\pi c^2} \cdot \int_M (1 - |z|^2)\, d\theta \;\le\; \frac{k}{\pi c^2}(1 - |z|^2) \cdot 2\pi \;=\; \frac{2k}{c^2}(1 - |z|^2).
\end{aligned}
$$

Nun wähle man $\delta > 0$ so klein, dass für $z \in D$ mit $|z - z_0| < \delta$ gilt: $z \in S$ und $1 - |z|^2 < \varepsilon \cdot c^2/(4k)$. Dann ist $|I_2(z)| < \varepsilon/2$ und $|\widehat{u}(z) - \widehat{u}(z_0)| < \varepsilon$. ∎

Bemerkung: Das ***Dirichlet'sche Problem für ein beliebiges Gebiet*** $G \subset \mathbb{C}$ lautet: Gibt es zu einer stetigen Funktion $u : \partial G \to \mathbb{R}$ eine auf $\overline{G}$ stetige und auf G harmonische Funktion $\widehat{u}$ mit $\widehat{u}|_{\partial G} = u$?

In dieser allgemeinen Form ist das Dirichlet'sche Problem nur unter bestimmten Voraussetzungen an den Rand lösbar.

2.4.6. Folgerung

Eine stetige Funktion $f : G \to \mathbb{R}$ ist genau dann harmonisch, wenn sie die MWE besitzt.

BEWEIS: Es ist nur noch eine Richtung zu zeigen. Die Funktion $f : G \to \mathbb{R}$ sei stetig und besitze die MWE. Es sei $z_0 \in G$ und $D = D_R(z_0) \subset\subset G$. Dann gibt es eine stetige Funktion $\widehat{u}$ auf $\overline{D}$, die harmonisch auf D ist, so dass $\widehat{u}|_{\partial D} = f|_{\partial D}$ ist. Dann ist $g := \widehat{u} - f$ stetig auf $\overline{D}$ und erfüllt auf D die MWE. Außerdem ist $g|_{\partial D} = 0$. Da g sein Maximum und Minimum auf ∂D annehmen muss, ist $g(z) \equiv 0$ auf ganz D. Also ist $f = \widehat{u}$ harmonisch auf D. Da z_0 beliebig war, ist f überall harmonisch. ∎

Wir fassen noch einmal zusammen:

2.4.7. Eigenschaften harmonischer Funktionen

Sei $G \subset \mathbb{C}$ ein Gebiet und $f : G \to \mathbb{R}$ harmonisch. Dann gilt:

1. *f ist beliebig oft differenzierbar (und sogar reell-analytisch).*

2. *Gibt es eine nicht-leere offene Teilmenge $U \subset G$ mit $f|_U = 0$, so ist $f = 0$.*

3. *Hat f in $z_0 \in G$ ein lokales Maximum oder Minimum, so ist f konstant.*

4. *Ist G beschränkt und f auf $\overline{G}$ noch stetig, so nimmt f Maximum und Minimum auf ∂G an.*

BEWEIS: 1) ist trivial, da eine harmonische Funktion lokal Realteil einer holomorphen Funktion ist.

2) Sei $N := \{z \in G \mid \exists V = V(z) \subset G \text{ mit } f|_V = 0\}$. Dann ist N sicherlich eine offene Teilmenge von G, und nach Voraussetzung ist $N \neq \varnothing$. Aber N ist auch abgeschlossen in G :

Ist nämlich $z_0 \in G$ ein Häufungspunkt von N, so gibt es eine Kreisscheibe $D \subset\subset G$ um z_0 und eine holomorphe Funktion F auf D, so dass $f|_D = \mathrm{Re}(F)$ ist. Auf der (nicht leeren) offenen Menge $N \cap D$ verschwindet $\mathrm{Re}(F)$ identisch. Aber dann ist F dort rein imaginär, also konstant, und daher ist $z_0 \in N$.

(3) Ein lokales Extremum von f in $z_0 \in G$ ist zugleich ein globales Extremum von f auf einer geeigneten kleinen Kreisumgebung $U = U(z_0) \subset G$. Dann muss f auf U konstant sein, etwa $\equiv c$. Da $g(z) := f(z) - c$ ebenfalls harmonisch auf G und $g(z) \equiv 0$ auf U ist, verschwindet g gemäß (2) auf ganz G, und f ist konstant.

(4) folgt aus der MWE. ∎

Warnung: Aus (2) folgt, dass die Nullstellenmenge einer nicht konstanten harmonischen Funktion f keine inneren Punkte besitzt. Sie braucht deshalb noch nicht diskret in G zu sein. So ist z.B. $f(z) := \mathrm{Re}(z)$ eine auf ganz $\mathbb{C}$ harmonische, nicht konstante Funktion, und $\{z \in \mathbb{C} \mid f(z) = 0\}$ ist gerade die y-Achse.

Ebene Felder

In 1.5. haben wir schon den Zusammenhang zwischen harmonischen Funktionen und ebenen Strömungsfeldern hergestellt. Hier wollen wir uns mit dem Verhalten solcher Strömungen am Rande beschäftigen.

Die Definition des komplexen Kurvenintegrals erinnert etwas an die Kurvenintegrale der reellen Analysis. Wir wollen sehen, wie weit die Übereinstimmung geht. Ist $G \subset \mathbb{R}^2$ ein Gebiet, $\mathbf{F} = (F_1, F_2)$ ein stetig differenzierbares Vektorfeld auf G und $\alpha = (\alpha_1, \alpha_2) : [a, b] \to G$ ein Integrationsweg, so nennt man

$$\int_\alpha \mathbf{F} \bullet d\mathbf{x} := \int_a^b \mathbf{F}\big(\alpha(t)\big) \bullet \alpha'(t)\, dt = \int_a^b \Big(F_1\big(\alpha(t)\big)\alpha_1'(t) + F_2\big(\alpha(t)\big)\alpha_2'(t)\Big)\, dt$$

das **Kurvenintegral (2. Art)** von $\mathbf{F}$ über α. Wie der Name vermuten lässt, gibt es auch ein **Kurvenintegral 1. Art**: Ist nämlich $\varrho : G \to \mathbb{R}$ eine stetig differenzierbare Funktion, so setzt man

$$\int_\alpha \varrho\, ds := \int_a^b \varrho\big(\alpha(t)\big) \cdot |\alpha'(t)|\, dt.$$

Beide Integrale sind invariant unter orientierungstreuen Parametertransformationen. Bei Orientierungsumkehrung ändert das Kurvenintegral 2. Art sein Vorzeichen, das Integral 1. Art bleibt gleich.

Ist $\alpha : [a, b] \to G$ ein glatter Weg, so ist $\alpha'(t) \neq 0$ für alle $t \in [a, b]$. Man nennt dann

$$\mathbf{T}_\alpha(t) := \frac{\big(\alpha_1'(t), \alpha_2'(t)\big)}{|\alpha'(t)|}$$

den **Tangenteneinheitsvektor** an der Stelle $\alpha(t)$. Es ist

$$\int_\alpha (\mathbf{F} \cdot \mathbf{T}_\alpha)\, ds = \int_\alpha \mathbf{F} \cdot d\mathbf{x}.$$

Man bezeichnet dieses Integral auch als die **Zirkulation** von $\mathbf{F}$ entlang α.

Der Vektor $\mathrm{i} \cdot \alpha'(t)$ steht senkrecht auf $\alpha'(t)$, und die Vektoren $\{-\mathrm{i}\,\alpha'(t), \alpha'(t)\}$ bilden eine positiv orientierte Basis von $\mathbb{C}$ (über $\mathbb{R}$). Dabei ist

$$-\mathrm{i}\,\alpha'(t) = -\mathrm{i}\big(\alpha_1'(t) + \mathrm{i}\,\alpha_2'(t)\big) = \alpha_2'(t) - \mathrm{i}\,\alpha_1'(t).$$

Deshalb nennt man $\mathbf{N}_\alpha(t) := \dfrac{\big(\alpha_2'(t), -\alpha_1'(t)\big)}{|\alpha'(t)|}$ den **Normaleneinheitsvektor** an der Stelle $\alpha(t)$. Es ist $\mathbf{N}_\alpha = -\mathrm{i}\,\mathbf{T}_\alpha$.

Das Integral $\displaystyle\int_\alpha (\mathbf{F} \cdot \mathbf{N}_\alpha)\, ds = \int_\alpha (\mathrm{i}\,\mathbf{F}) \cdot d\mathbf{x}$ nennt man den **Fluss** des Vektorfeldes $\mathbf{F}$ durch das (durch α parametrisierte) Kurvenstück. Dabei ergibt sich die Gleichung aus der Formel $\mathbf{u} \cdot (\mathrm{i}\,\mathbf{v}) = -(\mathrm{i}\,\mathbf{u}) \cdot \mathbf{v}$.

Ist $f = g + \mathrm{i}\,h$ eine komplexwertige stetig differenzierbare Funktion auf G, so ist

$$\begin{aligned}
\int_\alpha f(z)\, dz &= \int_a^b \Big[g\big(\alpha(t)\big) + \mathrm{i}\,h\big(\alpha(t)\big)\Big] \cdot \Big[\alpha_1'(t) + \mathrm{i}\,\alpha_2'(t)\Big]\, dt \\
&= \int_a^b \Big[g\big(\alpha(t)\big)\alpha_1'(t) - h\big(\alpha(t)\big)\alpha_2'(t)\Big]\, dt + \mathrm{i} \cdot \int_a^b \Big[g\big(\alpha(t)\big)\alpha_2'(t) + h\big(\alpha(t)\big)\alpha_1'(t)\Big]\, dt \\
&= \int_\alpha \overline{f(z)} \cdot d\mathbf{x} + \mathrm{i}\int_\alpha \big(\overline{f(z)} \cdot \mathbf{N}_\alpha\big)\, ds = \int_\alpha \overline{f(z)} \cdot d\mathbf{x} + \mathrm{i}\int_\alpha \big(\mathrm{i}\,\overline{f(z)}\big) \cdot d\mathbf{x}.
\end{aligned}$$

Das komplexe Kurvenintegral über f setzt sich also aus der Zirkulation von $\overline{f}$ entlang der Kurve und dem Fluss von $\overline{f}$ durch die Kurve zusammen. Besitzt ein ebenes Vektorfeld $\mathbf{F}$ ein komplexes Potential f (so dass $\mathbf{F} = \overline{f'}$ ist) und ist f' holomorph, so verschwinden nach dem Cauchy'schen Integralsatz die Zirkulation und der Fluss für jede geschlossene Kurve. Das bedeutet, dass das Feld wirbel- und quellenfrei ist.

Definition (Normalenableitung):

Sei $f : G \to \mathbb{R}$ stetig differenzierbar, $\alpha : [a, b] \to G$ ein glatter Weg, $t_0 \in [a, b]$ und $z_0 := \alpha(t_0)$. Dann heißt

$$\frac{\partial f}{\partial \nu}(\alpha, z_0) := \nabla f(z_0) \cdot \mathbf{N}_\alpha(t_0)$$

die **Normalenableitung** von f bezüglich α in z_0.

Bemerkung: Die Bedingung $\partial f/\partial\nu(\alpha, z_0) = 0$ ist unabhängig von der Parametrisierung α:

Ist φ ein streng monoton wachsender Parameterwechsel mit $\varphi(s_0) = t_0$ und $\beta := \alpha \circ \varphi$, so ist $|\beta'(t)| = |\alpha'(\varphi(t)) \cdot \varphi'(t)| = |\alpha'(\varphi(t))| \cdot \varphi'(t)$ und

$$\nabla f(z_0) \bullet \mathbf{N}_\beta(t_0) = \nabla f(z_0) \bullet \frac{-\mathrm{i}\,\beta'(t_0)}{|\beta'(t_0)|} = \nabla f(z_0) \bullet \frac{-\mathrm{i}\,\alpha'(\varphi(t_0)) \cdot \varphi'(t_0)}{|\alpha'(\varphi(t_0))| \cdot \varphi'(t_0)}$$

$$= \nabla f(z_0) \bullet \frac{-\mathrm{i}\,\alpha'(\varphi(t_0))}{|\alpha'(\varphi(t_0))|} = \nabla f(z_0) \bullet \mathbf{N}_\alpha(t_0).$$

Ist φ streng monoton fallend, so kommt ein Vorzeichenwechsel hinzu. Die Behauptung bleibt richtig.

2.4.8. Satz

Sei $F : U \to V$ eine holomorphe Abbildung, $\alpha : [a, b] \to U$ ein glatter Weg und $\beta := F \circ \alpha$. Ist $\dfrac{\partial f}{\partial\nu}(\beta, F(z_0)) = 0$, so ist $\dfrac{\partial(f \circ F)}{\partial\nu}(\alpha, z_0) = 0$.

BEWEIS: Sei $w_0 := F(z_0)$. Ist $0 = \dfrac{\partial f}{\partial\nu}(\beta, w_0) = \nabla f(w_0) \bullet \mathbf{N}_\beta(t_0)$, so gibt es eine reelle Zahl c, so dass $\nabla f(w_0) = c \cdot \beta'(t_0)$ ist. Dann ist

$$\nabla(f \circ F)(z_0) \bullet u = \nabla f(w_0) \bullet (F'(z_0) \cdot u) = (c \cdot \beta'(t_0)) \bullet (F'(z_0) \cdot u)$$

$$= c \cdot (F'(z_0) \cdot \alpha'(t_0)) \bullet (F'(z_0) \cdot u) = c \cdot |F'(z_0)|^2 \cdot (\alpha'(t_0) \bullet u),$$

wegen der Beziehung $(\lambda z) \bullet (\lambda w) = (\lambda\overline{\lambda}) \cdot (z \bullet w)$.

Setzt man für u die Elemente der Standardbasis $\{1, \mathrm{i}\}$ ein, so erhält man die Gleichung $\nabla(f \circ F)(z_0) = (c \cdot |F'(z_0)|^2) \cdot \alpha'(t_0)$. Also ist $\nabla(f \circ F)(z_0) \bullet \mathbf{N}_\alpha(t_0) = 0$. Damit ist der Satz bewiesen. ∎

Physikalisch erwartet man, dass bei einer Strömung am Ufer die Normalenableitung verschwindet. Der gerade bewiesene Satz zeigt, dass diese Eigenschaft unter biholomorphen Abbildungen erhalten bleibt. Das ist wichtig, wenn man an die Überlegungen im Anhang des ersten Kapitels denkt.

2.4.9. Satz (Green'sche Formel)

Sei $G \subset \mathbb{C}$ ein glatt berandetes Gebiet. Sind u, v zweimal stetig differenzierbare Funktionen auf einer Umgebung von $\overline{G}$, so ist

$$\int_G (u\Delta v - v\Delta u)\, dx\, dy = \int_{\partial G} \left(u\frac{\partial v}{\partial\nu} - v\frac{\partial u}{\partial\nu}\right) ds.$$

Dabei bezieht sich die Normalenableitung auf eine beliebige positiv orientierte Parametrisierung des Randes (so dass das Gebiet „links" vom Weg liegt).

BEWEIS: Wir verwenden den Green'schen Integralsatz (der für den Spezialfall, dass G ein Rechtecksgebiet ist, am Schluss dieses Anhanges bewiesen wird). Dabei wenden wir ihn in der Form $\int_G (p_x + q_y)\, dx\, dy = \int_{\partial G}(p\, dy - q\, dx)$ auf den Fall $p = u \cdot v_x$ und $q = u \cdot v_y$ an. Es ist

$$\int_G (u_x v_x + u v_{xx} + u_y v_y + u v_{yy})\, dx\, dy = \int_{\partial G}(u v_x\, dy - u v_y\, dx)$$

und $$\int_G (u \Delta v + u_x v_x + u_y v_y)\, dx\, dy = \int_{\partial G} u(v_x\, dy - v_y\, dx) = \int_{\partial G} u \frac{\partial v}{\partial \nu}\, ds,$$

denn es ist $v_x \alpha_2' - v_y \alpha_1' = \nabla v \bullet (\alpha_2', -\alpha_1') = (\nabla v \bullet \mathbf{N}_\alpha)|\alpha'|$, wenn α eine Parametrisierung von ∂G ist. Analog erhält man, wenn man u und v vertauscht, die Formel

$$\int_G (v \Delta u + u_x v_x + u_y v_y)\, dx\, dy = \int_{\partial G} v(u_x\, dy - u_y\, dx) = \int_{\partial G} v \frac{\partial u}{\partial \nu}\, ds.$$

Die Subtraktion der Gleichungen ergibt die Green'sche Formel.   ∎

2.4.10. Folgerung

Ist f harmonisch auf einer Umgebung von $\overline{G}$, so ist $\displaystyle\int_{\partial G} \frac{\partial f}{\partial \nu}\, ds = 0$.

BEWEIS: Man setze in der Green'schen Formel $u \equiv 1$ und $v := f$.   ∎

Ist $G = D_r(z_0)$, parametrisiert durch $\alpha(t) := z_0 + re^{it} = (x_0 + r\cos t) + \mathrm{i}\,(y_0 + r\sin t)$, so ist $\mathbf{N}_\alpha(t) = e^{it}$. Ist f stetig differenzierbar auf einer Umgebung von $\overline{G}$, so ist in diesem Fall

$$\frac{\partial f}{\partial \nu}(z_0 + re^{it}) = \nabla f(z_0 + re^{it}) \bullet e^{it} = f_x(z_0 + re^{it})\cos t + f_y(z_0 + re^{it})\sin t.$$

Die Green'sche Funktion

Definition (Green'sche Funktion):

Sei $G \subset \mathbb{C}$ ein Gebiet und $z_0 \in G$. Eine Funktion $g = g(z, z_0) : \overline{G} \setminus \{z_0\} \to \mathbb{R}$ heißt **Green'sche Funktion** (zum Laplace-Operator und) zum Gebiet G mit Singularität z_0, wenn gilt:

1. $z \mapsto g(z, z_0)$ ist stetig auf $\overline{G} \setminus \{z_0\}$ und harmonisch auf $G \setminus \{z_0\}$.

2. $g(z, z_0) = 0$ für $z \in \partial G$.

3. Es gibt eine harmonische Funktion φ auf G, so dass

$$g(z, z_0) = -\ln|z - z_0| + \varphi(z)$$

für alle $z \in G \setminus \{z_0\}$ gilt.

Was ist der Sinn der Green'schen Funktion? Wir werden sehen: Ist die Green'sche Funktion zu einem Gebiet bekannt, so kann man eine etwaige Lösung des Dirichlet-Problems auf diesem Gebiet berechnen.

Ist G ein glatt berandetes Gebiet, $z_0 \in G$ und φ eine auf $\overline{G}$ stetig differenzierbare und auf G harmonische Funktion, so ist auch

$$h(z) := \varphi(z) - \log|z - z_0|$$

auf $\overline{G}\backslash\{z_0\}$ stetig differenzierbar und auf $G\backslash\{z_0\}$ harmonisch. Sei $\varepsilon > 0$ so gewählt, dass $D_\varepsilon(z_0) \subset\subset G$ ist, und $G_\varepsilon := G \backslash \overline{D_\varepsilon(z_0)}$. Dann ist h auf G_ε harmonisch und auf dem Rand stetig differenzierbar. Sind u und v zwei solche Funktionen, so folgt aus der Green'schen Formel:

$$\int_{\partial G_\varepsilon} \left(u\frac{\partial v}{\partial \nu} - v\frac{\partial u}{\partial \nu}\right) ds = 0.$$

Wir wenden diese Formel im Falle $v = h$ an. Führen wir um z_0 Polarkoordinaten $\Phi(r,t) = z_0 + re^{it}$ ein und ist f differenzierbar auf einer Umgebung von $\partial D_\varepsilon(z_0)$, so erhalten wir die Gleichung

$$\frac{\partial(f \circ \Phi)}{\partial r}(\varepsilon, t) = f_x(z_0 + \varepsilon e^{it})\cos t + f_y(z_0 + \varepsilon e^{it})\sin t = \frac{\partial f}{\partial \nu}(z_0 + \varepsilon e^{it}).$$

Der Kreisrand $\partial D_\varepsilon(z_0)$ wird durch $\alpha(t) = \Phi(\varepsilon, t) = z_0 + \varepsilon e^{it}$ parametrisiert, und es ist

$$\int_{\partial G} \left(u\frac{\partial h}{\partial \nu} - h\frac{\partial u}{\partial \nu}\right) ds = \int_{\partial D_\varepsilon(z_0)} \left(u\frac{\partial h}{\partial \nu} - h\frac{\partial u}{\partial \nu}\right) ds$$

$$= \int_0^{2\pi} \left[u \circ \alpha(t)\frac{\partial(h \circ \Phi)}{\partial r}(\varepsilon, t) - h \circ \alpha(t)\frac{\partial(u \circ \Phi)}{\partial r}(\varepsilon, t)\right]\varepsilon\, dt$$

$$= \int_0^{2\pi} \left[u \circ \alpha(t) \cdot \left(\frac{\partial(\varphi \circ \Phi)}{\partial r}(\varepsilon, t) - \frac{1}{\varepsilon}\right) - (\varphi \circ \alpha(t) - \log\varepsilon) \cdot \frac{\partial(u \circ \Phi)}{\partial r}(\varepsilon, t)\right]\varepsilon\, dt$$

$$= -\int_0^{2\pi} u \circ \alpha(t)\, dt - \varepsilon\log\varepsilon \int_0^{2\pi} \frac{\partial(u \circ \Phi)}{\partial r}(\varepsilon, t)\, dt$$

$$+ \varepsilon\int_0^{2\pi} \left(u \circ \alpha(t)\frac{\partial(\varphi \circ \Phi)}{\partial r}(\varepsilon, t) - \varphi \circ \alpha(t)\frac{\partial(u \circ \Phi)}{\partial r}(\varepsilon, t)\right) dt.$$

Nach dem Mittelwertsatz für harmonische Funktionen ist das erste Integral $= -2\pi u(z_0)$. Die beiden anderen verschwinden für $\varepsilon \to 0$. Dass $\lim_{\varepsilon \to 0}\varepsilon\log\varepsilon = 0$ ist, folgt aus den Regeln von de l'Hospital. Zusammenfassend haben wir folgende Formel bewiesen:

$$u(z_0) = -\frac{1}{2\pi}\int_{\partial G} \left(u\frac{\partial h}{\partial \nu} - h\frac{\partial u}{\partial \nu}\right) ds.$$

Ist $h(z) = g(z, z_0)$ die Green'sche Funktion von G mit Singularität z_0, so verschwindet h auf dem Rand von G, und man erhält:

$$u(z_0) = -\frac{1}{2\pi} \int_{\partial G} u(z) \frac{\partial g(z, z_0)}{\partial \nu} \, ds.$$

Wenn u also die Lösung des Dirichletproblems auf G ist, dann kann man den Wert von u in z_0 aus den Randwerten von u und der Green'schen Funktion $g(z, z_0)$ von G berechnen.

Die Formel sichert nicht die Existenz einer Lösung des Dirichlet-Problems zu gegebenen Randwerten. Es gibt aber Sätze, die dies unter recht allgemeinen Voraussetzungen zeigen. Dann braucht man nur noch die Green'sche Funktion, um die Lösung explizit zu berechnen.[2]

2.4.11. Eindeutigkeit der Green'schen Funktion

Die Green'sche Funktion zu einem Gebiet G mit Singularität $z_0 \in G$ ist eindeutig bestimmt.

BEWEIS: Sind u, v auf $\overline{G}$ stetig und auf G harmonisch mit $u|_{\partial G} = v|_{\partial G}$, so ist $u = v$ (denn die harmonische Funktion $u - v$ verschwindet auf dem Rand und muss dort zugleich Maximum und Minimum annehmen, also $= 0$ in G sein.

Sei nun $z_0 \in G$. Sind g_1 und g_2 zwei Green'sche Funktionen auf G mit Singularität z_0, so gibt es harmonische Funktionen φ_1 und φ_2, so dass außerhalb von z_0 gilt:

$$g_1(z) = \varphi_1(z) - \log|z - z_0| \quad \text{und} \quad g_2(z) = \varphi_2(z) - \log|z - z_0|.$$

Da $g_1 - g_2 = \varphi_1 - \varphi_2$ harmonisch auf G und $= 0$ auf ∂G ist, müssen g_1 und g_2 auf G übereinstimmen.   ∎

2.4.12. Beispiel

$g(z) = g(z, 0) := -\log|z|$ ist offensichtlich die Green'sche Funktion zum Einheitskreis mit Singularität im Nullpunkt.

2.4.13. Der Fall biholomorpher Bilder des Einheitskreises

Sei $G \subset \mathbb{C}$ ein beschränktes Gebiet und $f : G \to D_1(0)$ eine biholomorphe Abbildung mit $f(z_0) = 0$. Dann ist $g(z, z_0) := -\log|f(z)|$ die Green'sche Funktion von G mit Singularität z_0.

BEWEIS: In der Nähe von z_0 hat man wegen der Holomorphie von f eine Darstellung $f(z) = (z - z_0)(c + g(z))$, mit einer holomorphen Funktion g und $c \neq 0$. Dann ist dort $-\log|f(z)| = -\log|z - z_0| - \operatorname{Re}\log(c + g(z))$. Die Funktion

---

[2]Für Leser, die Distributionen (also „verallgemeinerte Funktionen") und speziell die Dirac'sche Delta-Distribution kennen, sei angemerkt: Die Green'sche Funktion $g = g(z, z_0)$ zum Gebiet G ist die Lösung der Differentialgleichung $\Delta g = \delta_{z-z_0}$ unter der Randbedingung $g|_{\partial G} = 0$.

$$u(z) := -\log|f(z)| + \log|z - z_0| = \log\left|\frac{z - z_0}{f(z)}\right|$$

ist auf $G \setminus \{z_0\}$ harmonisch. Da sie aber nahe z_0 mit $-\operatorname{Re}\log(c + g(z))$ überein-stimmt, ist sie sogar auf ganz G definiert und harmonisch.

Sei $g(z, z_0) := u(z) - \log|z - z_0|$. Konvergiert (z_n) in G gegen einen Randpunkt $z^* \in \partial G$, so kann man eine Teilfolge (z_{n_k}) finden, so dass $|f(z_{n_k})|$ gegen 1 konvergiert, also $g(z_{n_k}, z_0) = -\log|f(z_{n_k})|$ gegen Null. Das bedeutet, dass $g(z, z_0)$ auf dem Rand von G verschwindet, also tatsächlich die gesuchte Green'sche Funktion ist. ∎

Wir werden in Kapitel 5 sehen, dass man zu vielen beschränkten einfach zusammen-hängenden Gebieten G eine biholomorphe Abbildung f von G auf die Ein-heitskreisscheibe $D_1(0)$ explizit angeben kann. Für solche Gebiete hat man nach 2.4.13 dann auch die Green'sche Funktion zur Hand. Ist f umkehrbar stetig auf den Rand fortsetzbar, so kann man Randwerte von ∂G nach $\partial D_1(0)$ übertragen, dort das Dirichlet-Problem lösen und die Lösung zurücktransportieren ("Verpflan-zungsprinzip"). Auch mit der stetigen Fortsetzbarkeit auf den Rand werden wir uns in Kapitel 5 beschäftigen.

Ergänzung

2.4.14. Der Green'sche Integralsatz

Sei $G \subset \mathbb{C}$ ein Gebiet, $\mathbf{F} = (p, q)$ ein stetig differenzierbares Vektorfeld auf G und $R \subset\subset G$ ein (achsenparalleles) Rechtecksgebiet. Dann ist

$$\int_R \left(\frac{\partial q}{\partial x} - \frac{\partial p}{\partial y}\right) dx\, dy = \int_{\partial R} p\, dx + q\, dy := \int_{\partial R} \mathbf{F} \cdot d\mathbf{x}.$$

BEWEIS: Sei $R := [a, b] \times [c, d]$. Dann wird ∂R durch folgende Wege parametrisiert:

$$\begin{aligned}
\gamma_1(t) &:= t + \mathrm{i}\,c, & a \le t \le b,\\
\gamma_2(t) &:= b + \mathrm{i}\,t, & c \le t \le d,\\
\gamma_3(t) &:= t + \mathrm{i}\,d, & a \le t \le b,\\
\gamma_4(t) &:= a + \mathrm{i}\,t, & c \le t \le d.
\end{aligned}$$

Dann ist $\partial R = \gamma_1 + \gamma_2 - \gamma_3 - \gamma_4$ und

$$\begin{aligned}
-\int_R \frac{\partial p}{\partial y}(x + \mathrm{i}\,y)\, dx\, dy &= -\int_a^b \int_c^d \frac{\partial p}{\partial y}(x + \mathrm{i}\,y)\, dy\, dx\\
&= -\int_a^b \Big[p(x + \mathrm{i}\,d) - p(x + \mathrm{i}\,c)\Big] dx\\
&= -\int_a^b p(\gamma_3(t))\, \gamma_3'(t)\, dt + \int_a^b p(\gamma_1(t))\, \gamma_1'(t)\, dt\\
&= -\int_{\gamma_3} (p, 0) \cdot d\mathbf{x} + \int_{\gamma_1} (p, 0) \cdot d\mathbf{x} = \int_{\partial R} (p, 0) \cdot d\mathbf{x},
\end{aligned}$$

und analog

$$
\begin{aligned}
\int_R \frac{\partial q}{\partial x}(x+\mathrm{i}\,y)\,dx\,dy
&= \int_c^d \Big[q(b+\mathrm{i}\,y) - q(a+\mathrm{i}\,y) \Big]\,dy \\
&= \int_c^d \mathrm{i}\,q(\gamma_2(t))\cdot\gamma_2'(t)\,dt - \int_c^d \mathrm{i}\,q(\gamma_4(t))\cdot\gamma_4'(t)\,dt \\
&= \int_{\gamma_2}(0,q)\cdot d\mathbf{x} - \int_{\gamma_4}(0,q)\cdot d\mathbf{x} \;=\; \int_{\partial R}(0,q)\cdot d\mathbf{x}.
\end{aligned}
$$

Daraus folgt die Behauptung.   ∎

Der Cauchy'sche Integralsatz lässt sich – unter etwas stärkeren Voraussetzungen – aus dem Green'schen Integralsatz herleiten. Ist nämlich $f = g + \mathrm{i}\,h$ holomorph und f' stetig (diese Bedingung braucht man beim Satz von Goursat nicht), so folgt:

$$
\begin{aligned}
\int_{\partial R} f(z)\,dz
&= \int_{\partial R} \overline{f}\cdot d\mathbf{x} + \mathrm{i}\int_{\partial R}(\mathrm{i}\,\overline{f})\cdot d\mathbf{x} \\
&= \int_{\partial R}(g,-h)\cdot d\mathbf{x} + \mathrm{i}\int_{\partial R}(h,g)\cdot d\mathbf{x} \\
&= \int_R\Big(-\frac{\partial h}{\partial x}-\frac{\partial g}{\partial y}\Big)\,dx\,dy + \mathrm{i}\int_R\Big(\frac{\partial g}{\partial x}-\frac{\partial h}{\partial y}\Big)\,dx\,dy.
\end{aligned}
$$

Da f holomorph ist, ist $g_x = h_y$ und $g_y = -h_x$, und die beiden Integrale verschwinden.

Wer mit Differentialformen umgehen kann, erhält für eine stetig differenzierbare, aber nicht holomorphe Funktion f mit Hilfe der Formel

$$
d\overline{z}\wedge dz = (dx-\mathrm{i}\,dy)\wedge(dx+\mathrm{i}\,dy) = 2\mathrm{i}\,dx\wedge dy
$$

die allgemeinere Beziehung

$$
\begin{aligned}
\int_R \frac{\partial f}{\partial \overline{z}}(z)\,d\overline{z}\wedge dz
&= 2\mathrm{i}\int_R \frac{\partial f}{\partial \overline{z}}(x+\mathrm{i}\,y)\,dx\,dy \\
&= \mathrm{i}\int_R\Big(\frac{\partial f}{\partial x}+\mathrm{i}\frac{\partial f}{\partial y}\Big)\,dx\,dy \\
&= \mathrm{i}\int_R(g_x - h_y)\,dx\,dy - \int_R(g_y + h_x)\,dx\,dy \\
&= \mathrm{i}\int_{\partial R}(h,g)\cdot d\mathbf{x} - \int_{\partial R}(-g,h)\cdot d\mathbf{x} \\
&= \mathrm{i}\int_{\partial R}(\mathrm{i}\,\overline{f})\cdot d\mathbf{x} + \int_{\partial R}\overline{f}\cdot d\mathbf{x} \;=\; \int_{\partial R} f(z)\,dz.
\end{aligned}
$$

Ist f holomorph, so verschwindet die Ableitung nach $\overline{z}$ und man bekommt auch hieraus den Cauchy'schen Integralsatz.

3 Isolierte Singularitäten

3.1 Laurent-Reihen

Das besondere Verhalten der holomorphen Funktionen macht nicht vor Singularitäten halt. Man kann zumindest isolierte Singularitäten ziemlich einfach klassifizieren und die Funktionen zudem in der Nähe einer solchen Singularität in eine sogenannte Laurent-Reihe entwickeln, die große Ähnlichkeit mit einer Taylorreihe aufweist.

Definition (isolierte Singularitäten):

Sei $U \subset \mathbb{C}$ offen, $z_0 \in U$ und $f : U \setminus \{z_0\} \to \mathbb{C}$ holomorph. Dann nennt man z_0 eine *isolierte Singularität* von f.

Zunächst einmal ist z_0 nur eine Definitionslücke für f. Wie „singulär" f tatsächlich in z_0 ist, das müssen wir erst von Fall zu Fall herausfinden. Entscheidend ist, dass z_0 eine **isolierte** Definitionslücke ist, dass es also keine Folge von singulären Punkten von f gibt, die sich gegen z_0 häuft. Der komplexe Logarithmus ist im Nullpunkt nicht definiert, aber er hat dort auch keine isolierte Singularität, denn man muss immer einen von Null nach ∞ führenden Weg aus $\mathbb{C}$ herausnehmen, um $\log$ auf dem Rest definieren zu können.

Wir wollen nun die isolierten Singularitäten klassifizieren.

Definition (Typen isolierter Singularitäten):

Sei $U \subset \mathbb{C}$ offen und f holomorph auf U, bis auf eine isolierte Singularität in einem Punkt $z_0 \in U$.

1. z_0 heißt eine *hebbare Singularität* von f, wenn es eine holomorphe Funktion g auf U gibt, so dass $f(z) = g(z)$ für $z \in U \setminus \{z_0\}$ ist.

2. z_0 heißt eine *Polstelle* von f, wenn es ein $k \geq 1$, eine Umgebung $W = W(z_0) \subset U$ und eine auf W holomorphe Funktion g mit $g(z_0) \neq 0$ gibt, so dass gilt:
$$f(z) \cdot (z - z_0)^k = g(z) \quad \text{für } z \in W \setminus \{z_0\}.$$
Die eindeutig bestimmte Zahl k mit dieser Eigenschaft heißt dann die *Polstellenordnung von f in z_0*.

3. z_0 heißt eine *wesentliche Singularität* von f, wenn z_0 weder hebbar noch eine Polstelle ist.

Offensichtlich schließen sich die Hebbarkeit und die Polstelle gegenseitig aus, so dass die isolierten Singularitäten durch die obige Definition tatsächlich klassifiziert

© Springer-Verlag GmbH Deutschland, ein Teil von Springer Nature 2019
K. Fritzsche, *Grundkurs Funktionentheorie*,
https://doi.org/10.1007/978-3-662-60382-6_3

werden. Die Polstellenordnung ist dadurch eindeutig bestimmt, dass k die kleinste natürliche Zahl ist, für die $f(z) \cdot (z - z_0)^k$ holomorph und $\neq 0$ in z_0 ist, während $f(z) \cdot (z - z_0)^{k+1}$ holomorph mit einer Nullstelle in z_0 ist.

Man kann die drei Typen isolierter Singularitäten auch aufgrund des Werteverhaltens von f in der Nähe von z_0 unterscheiden:

3.1.1. Werteverhalten bei nicht-wesentlichen Singularitäten

Sei z_0 eine isolierte Singularität von f.

1. *z_0 ist genau dann eine hebbare Singularität, wenn f in der Nähe von z_0 beschränkt bleibt.*

2. *Eine Polstelle liegt genau dann in z_0 vor, wenn $\lim\limits_{z \to z_0} |f(z)| = +\infty$ ist.*

BEWEIS: 1) folgt sofort aus dem Riemann'schen Hebbarkeitssatz.

2) Ist $f(z) \cdot (z - z_0)^k = g(z)$, mit einer holomorphen Funktion g mit $g(z_0) \neq 0$, so gibt es eine Umgebung $V = V(z_0)$ und ein $\varepsilon > 0$ mit $|g(z)| > \varepsilon$ für $z \in V$. Ist $z \in V$ und $z \neq z_0$, so gilt:

$$|f(z)| = \frac{1}{|z - z_0|^k} \cdot |g(z)| > \frac{\varepsilon}{|z - z_0|^k} \to +\infty \quad \text{(für } z \to z_0\text{)}.$$

Setzen wir umgekehrt voraus, dass $\lim\limits_{z \to z_0} |f(z)| = +\infty$ ist, so lässt sich $1/f$ zu einer holomorphen Funktion h mit $h(z_0) = 0$ fortsetzen. Das bedeutet, dass es ein $k \in \mathbb{N}$ und eine holomorphe Funktion $\widetilde{h}$ in der Nähe von z_0 gibt, so dass gilt:

$$\frac{1}{f(z)} = (z - z_0)^k \cdot \widetilde{h}(z) \text{ und } \widetilde{h}(z) \neq 0 \text{ nahe } z_0.$$

Also ist $f(z) = \dfrac{1}{(z - z_0)^k} \cdot g(z)$, wobei $g(z) := 1/\widetilde{h}(z)$ holomorph und $\neq 0$ nahe z_0 ist.   ∎

In der Nähe einer wesentlichen Singularität verhält sich eine holomorphe Funktion nicht so brav, sie fängt dort vielmehr an, sehr wild zu oszillieren.

3.1.2. Satz von Casorati-Weierstraß

f hat in z_0 genau dann eine wesentliche (isolierte) Singularität, wenn $f(z)$ in jeder Umgebung von z_0 jedem beliebigen Wert beliebig nahe kommt.

Das Kriterium bedeutet: Ist $w_0 \in \mathbb{C}$ ein beliebig vorgegebener Wert, so gibt es eine Folge von Punkten (z_n) mit $\lim\limits_{n \to \infty} z_n = z_0$ und $\lim\limits_{n \to \infty} f(z_n) = w_0$.

BEWEIS: 1) Ist das Kriterium erfüllt, so ist $|f|$ nicht beschränkt und strebt auch nicht gegen $+\infty$. Also muss die Singularität wesentlich sein.

2) Sei umgekehrt z_0 eine wesentliche Singularität von f. Wir wollen zeigen, dass f in jeder Umgebung von z_0 jedem Wert $w_0 \in \mathbb{C}$ beliebig nahe kommt. Nehmen wir also an, es gibt eine offene Umgebung $V = V(z_0)$, ein $w_0 \in \mathbb{C}$ und ein $\varepsilon > 0$, so dass gilt:

$$f(V \setminus \{z_0\}) \cap D_\varepsilon(w_0) = \varnothing.$$

Dann ist $g(z) := 1/\big(f(z) - w_0\big)$ holomorph auf $V \setminus \{z_0\}$ und beschränkt bei Annäherung an z_0. Es gibt daher eine holomorphe Funktion $\widehat{g}$ auf V mit $\widehat{g}|_{V \setminus \{z_0\}} = g$

Ist $\widehat{g}(z_0) = 0$, so hat $f(z) = w_0 + 1/g(z)$ in z_0 eine Polstelle. Ist dagegen $\widehat{g}(z_0) \neq 0$, so ist f nahe z_0 beschränkt, die Singularität also hebbar. Beides kann nicht sein! ∎

3.1.3. Beispiele

A. Sei $f(z) := z/\sin z$ für $|z| < \pi$ und $z \neq 0$. Es ist $\sin(0) = 0$ und $\sin'(0) = \cos(0) = 1$, also $\sin(z) = z \cdot h(z)$, mit einer nahe $z_0 = 0$ holomorphen Funktion h mit $h(0) = 1$. Aus Stetigkeitsgründen gibt es dann ein kleines $\varepsilon > 0$, so dass $\big|\sin(z)/z\big| = |h(z)| > 1 - \varepsilon$ für z nahe bei 0 und $z \neq 0$ ist.

Also ist $|f(z)| = \big|z/\sin(z)\big| < 1/(1-\varepsilon)$ in der Nähe von 0 beschränkt. (Die Abschätzung gilt natürlich nur für $z \neq 0$.) Damit liegt eine hebbare Singularität vor. Der Wert, der in 0 ergänzt werden muss, ist gegeben durch $f(0) := 1/h(0) = 1$.

B. $f(z) := 1/z$ hat offensichtlich in $z = 0$ eine Polstelle.

C. Sei $f(z) := \exp(1/z)$. In $z_0 = 0$ liegt eine isolierte Singularität vor. Aber was für eine?

Setzen wir $z_n := 1/n$ ein, dann strebt $f(z_n) = e^n$ gegen ∞. Also kann die Singularität nicht hebbar sein. Setzen wir dagegen $w_n := -\mathrm{i}/(2\pi n)$ ein, so erhalten wir

$$f(w_n) = e^{2\pi n \cdot \mathrm{i}} = 1.$$

Also strebt $f(w_n)$ in diesem Fall nicht gegen ∞. Damit kann auch keine Polstelle vorliegen, die Singularität ist wesentlich!

Die Methode, den Typ einer Singularität über das Werteverhalten der Funktion herauszubekommen, ist nicht immer so einfach anwendbar. Wir werden deshalb nach einer besseren Methode suchen. Zur Motivation betrachten wir eine Funktion f, so dass

$$f(z) = \frac{1}{(z - z_0)^k} \cdot h(z)$$

ist, mit einer nahe z_0 holomorphen Funktion h. Dann können wir h in z_0 in eine Taylorreihe entwickeln,

$$h(z) = \sum_{n=0}^{\infty} a_n (z - z_0)^n, \text{ für } |z - z_0| < r,$$

und dann gilt für $z \neq z_0$ und $|z - z_0| < r$:

$$f(z) = \sum_{n=0}^{\infty} a_n (z - z_0)^{n-k} = \frac{a_0}{(z - z_0)^k} + \frac{a_1}{(z - z_0)^{k-1}} + \cdots + a_k + a_{k+1}(z - z_0) + \cdots$$

Im Falle einer wesentlichen Singularität, etwa $f(z) := \exp(1/z)$, erhalten wir dagegen für $z \neq 0$:

$$f(z) = \sum_{n=0}^{\infty} \frac{1}{n!} \left(\frac{1}{z}\right)^n = 1 + z^{-1} + \frac{1}{2}z^{-2} + \frac{1}{6}z^{-3} + \cdots$$

Die Reihe erstreckt sich über unendlich viele negative Potenzen von z. Wir werden sehen, dass es immer möglich ist, eine holomorphe Funktion um eine isolierte Singularität z_0 herum in eine Reihe zu entwickeln, die sowohl positive als auch negative Potenzen von $z - z_0$ enthalten kann.

Definition (Laurent-Reihen):

Eine *Laurent-Reihe* ist eine Reihe der Form

$$L(z) = \sum_{n=-\infty}^{\infty} a_n (z - z_0)^n.$$

Die Zahlen a_n heißen die *Koeffizienten* der Reihe, z_0 der *Entwicklungspunkt*.

$$H(z) \; := \; \sum_{n=-\infty}^{-1} a_n (z - z_0)^n \; = \; \sum_{n=1}^{\infty} a_{-n}(z - z_0)^{-n}$$

$$= \; \frac{a_{-1}}{z - z_0} + \frac{a_{-2}}{(z - z_0)^2} + \cdots$$

heißt *Hauptteil der Reihe*,

$$N(z) := \sum_{n=0}^{\infty} a_n (z - z_0)^n = a_0 + a_1(z - z_0) + a_2(z - z_0)^2 + \cdots$$

heißt *Nebenteil* der Reihe.

Die Laurent-Reihe $L(z) = H(z) + N(z)$ heißt *konvergent* (*absolut konvergent, lokal gleichmäßig konvergent* usw.), wenn Hauptteil und Nebenteil es jeweils für sich sind.

Ist $0 \leq r < R$, so ist

$$K_{r,R}(z_0) := \{z \in \mathbb{C} \mid r < |z - z_0| < R\}$$

ein *Kreisring* um z_0 mit innerem Radius r und äußerem Radius R. Dabei ist die Möglichkeit $R = +\infty$ zugelassen.

3.1.4. Das Konvergenzverhalten von Laurent-Reihen

Sei $L(z) = H(z) + N(z)$ eine Laurent-Reihe mit Entwicklungspunkt z_0, $R > 0$ der Konvergenzradius des Nebenteils $N(z)$ und $r^* > 0$ der „Konvergenzradius" des Hauptteils, d.h. der Konvergenzradius der Potenzreihe

$$\widetilde{H}(w) := H\left(\frac{1}{w} + z_0\right) = a_{-1}w + a_{-2}w^2 + \cdots.$$

1. Ist $r^* \cdot R \leq 1$, so konvergiert $L(z)$ auf keiner offenen Teilmenge von $\mathbb{C}$.

2. Ist $r^* \cdot R > 1$ und $r := 1/r^*$, so konvergiert $L(z)$ in dem Kreisring $K_{r,R}(z_0)$ absolut und lokal gleichmäßig gegen eine holomorphe Funktion.

BEWEIS: Die Reihe $\widetilde{H}(w)$ konvergiert nach Voraussetzung für $|w| < r^*$. Dann konvergiert $H(z) = \widetilde{H}\left(\dfrac{1}{z - z_0}\right)$ für $|z - z_0| > \dfrac{1}{r^*} = r$.

Ist $r^* \cdot R \leq 1$, so ist $R \leq r$, und die Reihe kann nirgends konvergieren. Ist $r^* \cdot R > 1$, so konvergieren Haupt- und Nebenteil beide für $r < |z - z_0| < R$. ∎

Laurent-Reihen konvergieren also auf Ringgebieten. Lässt man den inneren Radius gegen 0 und den äußeren gegen ∞ gehen, so erhält man $\mathbb{C}^*$ als Beispiel eines ausgearteten Ringgebietes.

Wir wollen nun sehen, dass sich umgekehrt jede auf einem Ringgebiet definierte holomorphe Funktion dort in eine konvergente Laurent-Reihe entwickeln lässt. Auf dem Weg dahin brauchen wir ein paar Hilfssätze.

3.1.5. Hilfssatz 1

Sei $0 < r < R$ und f holomorph auf dem Kreisring

$$K_{r,R}(z_0) := \{z \in \mathbb{C} : r < |z - z_0| < R\}.$$

Für $r < \varrho_1 < \varrho_2 < R$ ist dann stets $\displaystyle\int_{\partial D_{\varrho_1}(z_0)} f(\zeta)\, d\zeta = \int_{\partial D_{\varrho_2}(z_0)} f(\zeta)\, d\zeta.$

BEWEIS: Man teile den Kreisring wie in der unten folgenden Skizze in mehrere Sektoren und wende jeweils den Cauchy'schen Integralsatz für einfach zusammenhängende Gebiete an. Die Integrale über die vier Sektoren des Ringgebietes $K_{\varrho_1,\varrho_2}(z_0)$ verschwinden.

Dann verschwindet auch die Summe über alle vier Teil-Integrale. Da die „Verbindungsstege" doppelt durchlaufen werden, liefern sie keinen Beitrag. Es bleiben nur die Integrale über $\partial D_{\varrho_1}(z_0)$ und $\partial D_{\varrho_1}(z_0)$ übrig, mit umgekehrten Vorzeichen. ∎

Zum Beweis von Hilfssatz 1:

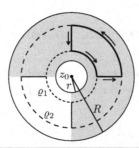

3.1.6. Hilfssatz 2

Sei f holomorph auf dem Kreisring $K_{r,R}(z_0)$ und $r < \varrho < R$. Dann ist

$$F_\varrho(z) := \frac{1}{2\pi i} \int_{\partial D_\varrho(z_0)} \frac{f(\zeta)}{\zeta - z} \, d\zeta$$

eine holomorphe Funktion auf $\mathbb{C} \setminus \partial D_\varrho(z_0)$. Außerdem gilt:

1. *Ist $\varrho < \sigma < R$, so ist $F_\sigma = F_\varrho$ auf $D_\varrho(z_0)$.*

2. *Ist $r < \sigma < \varrho$, so ist $F_\sigma = F_\varrho$ auf $\mathbb{C} \setminus \overline{D_\varrho(z_0)}$.*

BEWEIS: Die Holomorphie von F_ϱ folgt aus dem Entwicklungslemma.

Sei $\varrho < \sigma < R$ und $z \in D_\varrho(z_0)$. Dann gibt es ein δ mit $\max(|z - z_0|, r) < \delta < \varrho$. Also ist $g_z(\zeta) := f(\zeta)/(\zeta - z)$ holomorph auf $K_{\delta,R}(z_0)$ und

$$F_\sigma(z) = \int_{\partial D_\sigma(z_0)} g_z(\zeta) \, d\zeta = \int_{\partial D_\varrho(z_0)} g_z(\zeta) \, d\zeta = F_\varrho(z), \quad \text{nach Hilfssatz 1.}$$

Ist $r < \sigma < \varrho$ und $z \in \mathbb{C} \setminus \overline{D_\varrho(z_0)}$, so gibt es ein ε mit $\varrho < \varepsilon < \min(|z - z_0|, R)$. Dann ist g_z holomorph auf $K_{r,\varepsilon}(z_0)$, und man kann wieder Hilfssatz 1 anwenden. ∎

3.1.7. Hilfssatz 3

Sei f holomorph auf dem Kreisring $K_{r,R}(z_0)$ und $r < \varrho_1 < |z - z_0| < \varrho_2 < R$. Dann ist

$$f(z) = \frac{1}{2\pi i} \int_{\partial D_{\varrho_2}(z_0)} \frac{f(\zeta)}{\zeta - z} \, d\zeta - \frac{1}{2\pi i} \int_{\partial D_{\varrho_1}(z_0)} \frac{f(\zeta)}{\zeta - z} \, d\zeta.$$

BEWEIS: Sei $z \in K_{r,R}(z_0)$ und $r < \varrho_1 < |z - z_0| < \varrho_2 < R$. Dann wird durch

$$h_z(\zeta) := \begin{cases} \big(f(\zeta) - f(z)\big)/(\zeta - z) & \text{für } \zeta \neq z, \\ f'(z) & \text{für } \zeta = z \end{cases}$$

eine holomorphe Funktion auf $K_{r,R}(z_0)$ definiert. Nach Hilfssatz 1 ist

$$\int_{\partial D_{\varrho_1}(z_0)} h_z(\zeta)\,d\zeta = \int_{\partial D_{\varrho_2}(z_0)} h_z(\zeta)\,d\zeta,$$

und daher gilt:

$$\int_{\partial D_{\varrho_2}(z_0)} \frac{f(\zeta)}{\zeta - z}\,d\zeta - 2\pi\,\mathrm{i}\,f(z) = \int_{\partial D_{\varrho_2}(z_0)} \frac{f(\zeta) - f(z)}{\zeta - z}\,d\zeta$$

$$= \int_{\partial D_{\varrho_1}(z_0)} \frac{f(\zeta) - f(z)}{\zeta - z}\,d\zeta = \int_{\partial D_{\varrho_1}(z_0)} \frac{f(\zeta)}{\zeta - z}\,d\zeta,$$

denn es ist $\int_{\partial D_{\varrho_1}(z_0)} 1/(\zeta - z)\,d\zeta = 0$. ∎

Wir können jetzt das entscheidende Resultat für die Entwickelbarkeit in Kreisringen beweisen. Es benutzt noch gar keine Reihen:

3.1.8. Satz von der „Laurent-Trennung"

Sei f holomorph auf dem Ringgebiet $K_{r,R}(z_0) := \{z \in \mathbb{C} \mid r < |z - z_0| < R\}$. Dann gibt es eindeutig bestimmte holomorphe Funktionen

$$f^+ : D_R(z_0) \to \mathbb{C} \quad und \quad f^- : \mathbb{C} \setminus \overline{D_r(z_0)} \to \mathbb{C}$$

mit

$$f^+ + f^- = f \ auf\ K_{r,R}(z_0) \quad und \quad |f^-(z)| \to 0 \ für\ |z| \to \infty.$$

BEWEIS: Wir beginnen mit der einfacher zu beweisenden Eindeutigkeit:

Es gebe zwei Darstellungen der gewünschten Art:

$$f = f_1^+ + f_1^- = f_2^+ + f_2^-.$$

Dann definieren wir eine neue Funktion $h : \mathbb{C} \to \mathbb{C}$ durch

$$h(z) := \begin{cases} f_1^+(z) - f_2^+(z) & \text{für } z \in D_R(z_0), \\ f_2^-(z) - f_1^-(z) & \text{für } z \in \mathbb{C} \setminus \overline{D_r(z_0)}. \end{cases}$$

Diese Funktion ist auf ganz $\mathbb{C}$ holomorph, und für $z \to \infty$ strebt sie gegen 0. Also handelt es sich um eine beschränkte ganze Funktion, die natürlich konstant sein muss (Liouville). Es ist nur $h(z) \equiv 0$ möglich.

Nun kommen wir zur Existenz von f^+ und f^-.

Für ϱ mit $r < \varrho < R$ und $|z - z_0| \neq \varrho$ setzen wir

$$F_\varrho(z) := \frac{1}{2\pi\,\mathrm{i}} \int_{\partial D_\varrho(z_0)} \frac{f(\zeta)}{\zeta - z}\,d\zeta.$$

Dann ist F_ϱ in $\mathbb{C} \setminus \partial D_\varrho(z_0)$ holomorph. Ist $|z - z_0| < R$, so gibt es ein ϱ mit $|z - z_0| < \varrho < R$, und wir setzen

$$f^+(z) := F_\varrho(z).$$

Nach Hilfssatz 2 kommt es dabei nicht darauf an, welches ϱ wir nehmen.

Entsprechend definiert man $f^- : \mathbb{C} \setminus \overline{D_r(z_0)} \to \mathbb{C}$ durch $f^-(z) := -F_\varrho(z)$, wobei ϱ die Bedingung $r < \varrho < \min(R, |z - z_0|)$ erfüllen muss. Holomorphie und Unabhängigkeit von ϱ folgen wie bei f^+.

Ist nun $r < \varrho_1 < |z - z_0| < \varrho_2 < R$, so ergibt sich aus Hilfssatz 3:

$$f(z) = F_{\varrho_2}(z) - F_{\varrho_1}(z) = f^+(z) + f^-(z).$$

Nun müssen wir nur noch $|f^-(z)|$ für $|z| \to \infty$ abschätzen: Wir halten ϱ mit $r < \varrho < R$ fest und betrachten ein z mit $|z - z_0| > \varrho$. Dann ist

$$
\begin{aligned}
|f^-(z)| &= |F_\varrho(z)| = \frac{1}{2\pi} \cdot \left| \int_{\partial D_\varrho} \frac{f(\zeta)}{\zeta - z} \, d\zeta \right| \\
&\leq \frac{1}{2\pi} \cdot 2\pi\varrho \cdot \sup_{\partial D_\varrho} \left| \frac{f(\zeta)}{\zeta - z} \right| \\
&\leq \varrho \cdot \frac{1}{\inf_{\partial D_\varrho} |\zeta - z|} \cdot \sup_{\partial D_\varrho} |f(\zeta)| \\
&= \varrho \cdot \frac{1}{|z - z_0| - \varrho} \cdot \sup_{\partial D_\varrho} |f(\zeta)|,
\end{aligned}
$$

und dieser Ausdruck strebt gegen Null, für $|z| \to \infty$. ∎

3.1.9. Folgerung (Existenz der Laurent-Entwicklung)

Sei f holomorph auf dem Ringgebiet $K = K_{r,R}(z_0)$. Dann lässt sich f auf K in eindeutiger Weise in eine Laurent-Reihe entwickeln:

$$f(z) = \sum_{n=-\infty}^{\infty} a_n (z - z_0)^n.$$

Die Reihe konvergiert im Innern von K absolut und gleichmäßig gegen f.

Für jedes ϱ mit $r < \varrho < R$ und jedes $n \in \mathbb{Z}$ ist

$$a_n = \frac{1}{2\pi i} \int_{\partial D_\varrho(z_0)} \frac{f(\zeta)}{(\zeta - z_0)^{n+1}} \, d\zeta.$$

BEWEIS: Wir führen die Laurent-Zerlegung durch:

$$f(z) = f^+(z) + f^-(z),$$

wobei f^+ holomorph auf $D_R(z_0)$ ist, und f^- holomorph auf $\mathbb{C} \setminus \overline{D_r(z_0)}$. Dann kann man f^+ in eine Taylorreihe entwickeln:

$$f^+(z) = \sum_{n=0}^{\infty} a_n(z - z_0)^n,$$

mit

$$a_n = \frac{1}{n!} f^{(n)}(z_0) = \frac{1}{2\pi i} \int\limits_{\partial D_\varrho(z_0)} \frac{f(\zeta)}{(\zeta - z_0)^{n+1}} \, d\zeta, \quad r < \varrho < R.$$

Der Hauptteil muss etwas anders behandelt werden:

Die Abbildung $\varphi(w) := z_0 + 1/w$ bildet $D_{1/r}(0) \setminus \{0\}$ holomorph auf $\mathbb{C} \setminus \overline{D_r(z_0)}$ ab. Also ist $g(w) := f^-\left(z_0 + \dfrac{1}{w}\right)$ holomorph in $D_{1/r}(0) \setminus \{0\}$, und

$$\lim_{w \to 0} g(w) = \lim_{z \to \infty} f^-(z) = 0.$$

Deshalb können wir auf g den Riemann'schen Hebbarkeitssatz anwenden. Es gibt eine holomorphe Funktion $\widehat{g}$ auf $D_{1/r}(0)$, die außerhalb 0 mit g übereinstimmt. Nun entwickeln wir $\widehat{g}$ in eine Taylorreihe:

$$\widehat{g}(w) = \sum_{n=0}^{\infty} b_n w^n, \quad \text{für } |w| < \frac{1}{r}.$$

Da $\widehat{g}(0) = 0$ ist, ist $b_0 = 0$. Also gilt für $|z - z_0| > r$:

$$f^-(z) = g\left(\frac{1}{z - z_0}\right) = \sum_{n=1}^{\infty} b_n \left(\frac{1}{z - z_0}\right)^n = \sum_{n=-\infty}^{-1} a_n(z - z_0)^n,$$

mit $a_{-n} := b_n$ für $n = 1, 2, 3, \ldots$

Insgesamt ist

$$f(z) = \sum_{n=-\infty}^{\infty} a_n(z - z_0)^n \quad \text{für } z \in K_{r,R}(z_0).$$

Die Reihe konvergiert im Innern des Ringgebietes absolut und lokal gleichmäßig. Sie kann also für $r < \varrho < R$ über $\partial D_\varrho(z_0)$ gliedweise integriert werden. Das gleiche gilt dann für

$$\frac{f(z)}{(z - z_0)^{N+1}} = \sum_{n=-\infty}^{\infty} a_n(z - z_0)^{n-N-1}.$$

Benutzt man noch, dass

$$\int\limits_{\partial D_\varrho(z_0)} (z-z_0)^n \, dz = \begin{cases} 2\pi \, \mathrm{i} & \text{falls } n=-1 \\ 0 & \text{sonst.} \end{cases}$$

ist, so erhält man:

$$\frac{1}{2\pi \, \mathrm{i}} \int\limits_{\partial D_\varrho(z_0)} \frac{f(z)}{(z-z_0)^{N+1}} \, dz = \sum_{n=-\infty}^{\infty} a_n \cdot \frac{1}{2\pi \, \mathrm{i}} \int\limits_{\partial D_\varrho(z_0)} (z-z_0)^{n-N-1} \, dz = a_N.$$

∎

3.1.10. Beispiel

Sei $f(z) := \dfrac{1}{z(z-\mathrm{i})^2}$.

Diese Funktion ist holomorph für $z \notin \{0, \mathrm{i}\}$. Es gibt nun eine ganze Reihe verschiedener Gebiete, in denen f in eine Laurent-Reihe entwickelt werden kann.

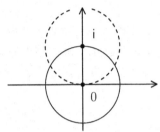

Die Singularitäten von f
und die zugehörigen Kreisringe

Im Kreisring $K_{0,1}(0)$:

Wir wollen f nach Potenzen von $1/z$ entwickeln. Der erste Faktor hat schon die gewünschte Gestalt, und für den zweiten gibt es ein Kochrezept:

Will man – allgemein – eine Funktion der Gestalt $1/(z-c)$ in eine Laurent-Reihe um $z_0 \neq c$ entwickeln, so benutzt man den Trick mit der geometrischen Reihe:

Für alle z mit $|z-z_0| < |c-z_0|$ ist $\left| \dfrac{z-z_0}{c-z_0} \right| < 1$, also

$$\frac{1}{z-c} = \frac{1}{z-z_0-(c-z_0)} = -\frac{1}{c-z_0} \cdot \frac{1}{1-(z-z_0)/(c-z_0)}$$

$$= -\frac{1}{c-z_0} \cdot \sum_{n=0}^{\infty} \left(\frac{z-z_0}{c-z_0} \right)^n.$$

Ist $|z-z_0| > |c-z_0|$, so geht man analog vor:

$$\frac{1}{z-c} = \frac{1}{z-z_0} \cdot \frac{1}{1-(c-z_0)/(z-z_0)} = \frac{1}{z-z_0} \cdot \sum_{n=0}^{\infty} \left(\frac{c-z_0}{z-z_0} \right)^n.$$

Ist $m \geq 2$, so ist $\dfrac{1}{(z-c)^m} = \dfrac{(-1)^{m-1}}{(m-1)!} \cdot \left(\dfrac{1}{z-c} \right)^{(m-1)}$.

Durch gliedweise Differentiation der Reihe für $1/(z-c)$ erhält man die Reihe für die m-ten Potenzen.

Im vorliegenden Fall ist $c = \mathrm{i}$, $z_0 = 0$ und $|z - 0| = |z| < 1 = |\mathrm{i} - 0|$, also

$$\frac{1}{z - \mathrm{i}} = \mathrm{i} \cdot \sum_{n=0}^{\infty} \left(\frac{z}{\mathrm{i}}\right)^n$$

und

$$\frac{1}{(z - \mathrm{i})^2} = -\left(\frac{1}{z - \mathrm{i}}\right)' = -\mathrm{i} \cdot \sum_{n=1}^{\infty} n \left(\frac{z}{\mathrm{i}}\right)^{n-1} \cdot \frac{1}{\mathrm{i}} = -\sum_{n=0}^{\infty} (n+1) \cdot \left(\frac{z}{\mathrm{i}}\right)^n.$$

Also ist

$$f(z) = -\frac{1}{z} - \sum_{n=1}^{\infty} \frac{(n+1)}{\mathrm{i}^n} z^{n-1} = -\frac{1}{z} - \sum_{n=0}^{\infty} \frac{(n+2)}{\mathrm{i}^{n+1}} z^n.$$

Im Kreisring $K_{1,\infty}(0)$:

Hier ist wieder $c = \mathrm{i}$ und $z_0 = 0$, aber $|z - 0| > |\mathrm{i} - 0|$, also

$$\frac{1}{z - \mathrm{i}} = \frac{1}{z} \cdot \sum_{n=0}^{\infty} \left(\frac{\mathrm{i}}{z}\right)^n = \sum_{n=1}^{\infty} \mathrm{i}^{n-1} \frac{1}{z^n}$$

und

$$\frac{1}{(z - \mathrm{i})^2} = -\left(\frac{1}{z - \mathrm{i}}\right)' = -\sum_{n=1}^{\infty} \mathrm{i}^{n-1}(-n) \frac{1}{z^{n+1}} = \sum_{n=1}^{\infty} \mathrm{i}^{n-1} \cdot n \cdot \frac{1}{z^{n+1}}.$$

Also ist

$$f(z) = \sum_{n=1}^{\infty} \mathrm{i}^{n-1} \cdot n \cdot \frac{1}{z^{n+2}} = \sum_{n=3}^{\infty} \mathrm{i}^{n-3}(n - 2) \frac{1}{z^n} = \sum_{n=-\infty}^{-3} \mathrm{i}^{-n-1}(n + 2) z^n,$$

wegen $\mathrm{i}^{-n-3}(-n - 2) = \mathrm{i}^{-n-1}(n + 2)$.

Im Kreisring $K_{0,1}(\mathrm{i})$:

Hier soll $1/z$ nach Potenzen von $(z - \mathrm{i})$ entwickelt werden. Es ist $c = 0$, $z_0 = \mathrm{i}$ und $|z - \mathrm{i}| > |0 - \mathrm{i}|$, also

$$\frac{1}{z} = -\frac{1}{-\mathrm{i}} \cdot \sum_{n=0}^{\infty} \left(\frac{z - \mathrm{i}}{-\mathrm{i}}\right)^n = \sum_{n=0}^{\infty} (-\mathrm{i}^{n+1})(z - \mathrm{i})^n$$

und damit

$$
\begin{aligned}
f(z) &= \frac{1}{z} \cdot \frac{1}{(z-\mathsf{i})^2} = \sum_{n=0}^{\infty} (-\mathsf{i}^{n+1})(z-\mathsf{i})^{n-2} = \sum_{n=-2}^{\infty} (-\mathsf{i}^{n+3})(z-\mathsf{i})^n \\
&= \frac{-\mathsf{i}}{(z-\mathsf{i})^2} + \frac{1}{z-\mathsf{i}} + \sum_{n=0}^{\infty} \mathsf{i}^{n+1}(z-\mathsf{i})^n.
\end{aligned}
$$

Wir könnten f noch im Kreisring $K_{1,\infty}(\mathsf{i})$ betrachten, aber darauf verzichten wir an dieser Stelle.

3.1.11. Charakterisierung von isolierten Singularitäten durch die Laurent-Reihe

Sei $U \subset \mathbb{C}$ eine offene Umgebung von z_0 und z_0 eine isolierte Singularität der holomorphen Funktion $f : U \setminus \{z_0\} \to \mathbb{C}$. Auf einem Kreisring $K_{0,\varepsilon}(z_0)$ besitze f die Laurent-Entwicklung $f(z) = \sum_{n=-\infty}^{\infty} a_n(z-z_0)^n$. Dann gilt:

$$
\begin{aligned}
z_0 \text{ hebbar} &\iff a_n = 0 \text{ für \textbf{alle} } n < 0, \\
z_0 \text{ Polstelle} &\iff \exists\, n < 0 \text{ mit } a_n \neq 0 \text{ und } a_k = 0 \text{ für } k < n, \\
z_0 \text{ wesentlich} &\iff a_n \neq 0 \text{ für unendlich viele } n < 0.
\end{aligned}
$$

Beweis: 1) z_0 ist genau dann hebbar, wenn eine holomorphe Funktion $\widehat{f} : D_\varepsilon(z_0) \to \mathbb{C}$ existiert, mit $\widehat{f}\,\big|_{K_{0,\varepsilon}(z_0)} = f$. Aber $\widehat{f}$ besitzt eine Taylorentwicklung:

$$
\widehat{f}(z) = \sum_{n=0}^{\infty} a_n(z-z_0)^n.
$$

2) z_0 ist genau dann eine Polstelle, wenn es in der Nähe von z_0 eine Darstellung $f(z) = \dfrac{1}{(z-z_0)^k} \cdot h(z)$ gibt, wobei gilt: $h(z) = \sum_{n=0}^{\infty} b_n(z-z_0)^n$, mit $b_0 \neq 0$. Aber dann ist

$$
f(z) = \sum_{n=0}^{\infty} b_n(z-z_0)^{n-k} = \sum_{n=-k}^{\infty} b_{n+k}(z-z_0)^n.
$$

3) z_0 ist wesentlich, wenn es weder hebbar noch Polstelle ist. Das lässt nur die Möglichkeit, dass $a_n \neq 0$ für unendlich viele n mit $n < 0$ ist. ∎

3.1.12. Beispiele

A. Die Funktion

$$
\frac{\sin z}{z} = \frac{1}{z} \cdot \left(z - \frac{z^3}{3!} \pm \dots \right) = 1 - \frac{z^2}{3!} \pm \dots
$$

besitzt keinen Hauptteil, hat also in $z = 0$ eine hebbare Singularität. Natürlich ist

$$\lim_{z \to 0} \frac{\sin z}{z} = 1.$$

B. Die Funktion

$$f(z) = \frac{1}{z(z - i)^2}$$

hat eine Polstelle 1. Ordnung in 0 und eine Polstelle 2. Ordnung in i. Die nötigen Laurent-Reihen haben wir schon ausgerechnet.

C. Die Funktion

$$e^{1/z} = \sum_{n=0}^{\infty} \frac{1}{n!} z^{-n} = 1 + \frac{1}{z} + \frac{1}{2z^2} + \cdots$$

hat in $z = 0$ eine wesentliche Singularität.

D. Die Funktion

$$f(z) := \frac{1}{\sin z}$$

ist holomorph für $z \neq n\pi$, $n \in \mathbb{Z}$.

Sei $g(z) := \sin z / z$. Dann ist g holomorph und $\neq 0$ auf $D_\pi(0)$, mit $g(0) = 1$. Aber dann ist auch $1/g$ holomorph auf $D_\pi(0)$, und man kann schreiben:

$$\frac{1}{g(z)} = \sum_{n=0}^{\infty} a_n z^n, \quad \text{mit } a_0 = 1.$$

Also ist

$$f(z) = \frac{1}{z} \cdot \frac{1}{g(z)} = \frac{1}{z} + \sum_{n=0}^{\infty} a_{n+1} z^n.$$

Das bedeutet, dass f in $z = 0$ eine Polstelle 1. Ordnung besitzt.

3.1.13. Aufgaben

A. Sei $f : \mathbb{C} \to \mathbb{C}$ eine nicht-konstante ganze Funktion. Zeigen Sie, dass $f(\mathbb{C})$ dicht in $\mathbb{C}$ ist.

B. Sei $z_0 \in \mathbb{C}$, (z_ν) eine gegen z_0 konvergente Folge von Punkten $z_\nu \neq z_0$, $r > 0$ und $D' := D_r(z_0) \setminus (\{z_0\} \cup \{z_\nu : \nu \in \mathbb{N}\})$. Ist f holomorph in D', mit Polstellen in den z_ν, $\nu \geq 1$, so ist $f(D')$ dicht in $\mathbb{C}$.

C. Bestimmen Sie alle isolierten Singularitäten und deren Typ für die Funktionen

$$f(z) := \frac{1}{e^z + 1}, \quad g(z) := \cos \frac{1}{z - i} \quad \text{und } h(z) := \frac{1}{z} + \cot^2 z$$

(für $\cot z := \cos(z)/\sin(z)$).

D. Zeigen Sie: Ist a Pol oder wesentliche Singularität der Funktion f, so ist a kein Pol von e^f.

E. Berechnen Sie die Laurent-Entwicklung von $\dfrac{1}{z^2 + z^4}$ bzw. von $\dfrac{\sin z}{z^3}$ um den Nullpunkt.

F. Berechnen Sie die Laurent-Entwicklung von $\dfrac{1}{z^2 - 4}$ um $z_0 = 2$.

G. Berechnen Sie die Laurent-Entwicklung von $\dfrac{1}{(z-2)(z-3)}$ für $2 < |z| < 3$.

H. Zeigen Sie für $x \in \mathbb{R}$: $e^{(z-1/z)x/2} = \displaystyle\sum_{n=-\infty}^{+\infty} J_n(x) z^n$, mit

$$J_n(x) := \frac{1}{2\pi} \int_{-\pi}^{\pi} \cos(x \sin t - nt)\, dt.$$

I. Berechnen Sie die Laurent-Entwicklung von $\dfrac{2z+1}{z^2 + 4z + 3}$ für $1 < |z| < 3$.

J. Es gibt die (nicht-trivialen) Reihenentwicklungen

$$\sum_{n=0}^{\infty} z^n = \frac{1}{1-z} \quad \text{und} \quad \sum_{n=1}^{\infty} z^{-n} = \frac{-1}{1-z}.$$

Danach müsste $\sum_{n=-\infty}^{+\infty} z^n = 0$ für alle z sein. Stimmt das?

K. Entwickeln Sie $1/(z-a)$ um $z = 0$ so, dass die Reihe für $|z| \to \infty$ konvergiert.

L. Berechnen Sie die Laurent-Entwicklung von $e^z/(z-1)^2$ für $|z-1| > 0$ um $z = 1$.

3.2   Umlaufszahlen

Bisher haben wir weitgehend sehr einfache Integrationswege betrachtet, z.B. Kreisränder, für die wir die folgende wichtige Beziehung hergeleitet haben:

Ist $z_0 \in \mathbb{C}$, $r > 0$ und $z \in \mathbb{C}$ ein weiterer Punkt, $|z - z_0| \neq r$, so ist

$$\int_{\partial D_r(z_0)} \frac{d\zeta}{\zeta - z} = \begin{cases} 2\pi\,\mathrm{i} & \text{für } |z - z_0| < r, \\ 0 & \text{für } |z - z_0| > r. \end{cases}$$

Jetzt wollen wir uns mit der Fragestellung beschäftigen, was passiert, wenn man den Kreisrand durch einen beliebigen – eventuell sehr verschlungenen – Weg ersetzt, und darüber hinaus auch mit der Frage, wie man eventuell über Wege integrieren kann, die nur stetig und nicht stückweise stetig differenzierbar sind.

3.2.1. Hilfssatz

Ist $G \subset \mathbb{C}$ ein Gebiet und $\alpha : [a, b] \to G$ ein stetiger Weg, so gibt es eine Zerlegung $a = t_0 < t_1 < \ldots < t_n = b$ und Kreisscheiben $D_1, \ldots, D_n \subset G$, so dass $\alpha([t_{i-1}, t_i])$ in D_i enthalten ist, für $i = 1, \ldots, n$.

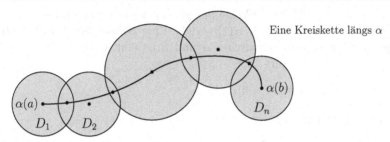

Eine Kreiskette längs α

Man nennt $(D_1, D_2, \ldots, D_n)$ eine **Kreiskette längs** α.

BEWEIS: Sei $t^* := \sup\{t \in [a, b] : \exists$ Kreiskette längs α von a bis $t\}$.

Offensichtlich existiert t^* mit $a < t^* \le b$. Ist $t^* = b$, so ist alles bewiesen. Andernfalls setze man $z^* := \alpha(t^*)$ und wähle ein $r > 0$, so dass $D := D_r(z^*) \subset G$ ist. Außerdem sei $\varepsilon > 0$ so gewählt, dass $\alpha([t^* - \varepsilon, t^* + \varepsilon]) \subset D$ ist.

Dann gibt es eine Zerlegung $a = t_0 < t_1 < \ldots < t_n = t^* - \varepsilon$ und Kreisscheiben $D_1, \ldots, D_n \subset G$ mit $\alpha([t_{i-1}, t_i]) \subset D_i$. Dann ist $(D_1, \ldots, D_n, D)$ eine Kreiskette längs $\alpha|_{[a,s]}$, für $s := t^* + \varepsilon$. Wegen $s > t^*$ ist das ein Widerspruch. ∎

Wir übertragen jetzt das Konzept des komplexen Kurvenintegrals (für holomorphe Funktionen), das wir bisher nur für Integrationswege zur Verfügung haben, auf beliebige stetige Wege.

Ist $G \subset \mathbb{C}$ ein Gebiet und $\alpha : [a, b] \to G$ ein stetiger Weg, so gibt es eine Kreiskette $\{D_1, \ldots, D_n\}$ längs α mit $a = t_0 < t_1 < \cdots < t_n = b$ und $\alpha([t_{i-1}, t_i]) \subset D_i \subset G$ für $i = 1, \ldots, n$. Ist $f : G \to \mathbb{C}$ holomorph, so existiert auf jeder Kreisscheibe D_i eine Stammfunktion F_i von f. Man kann deshalb definieren:

$$\int\limits_\alpha f(z)\, dz := \sum_{i=1}^n \Big(F_i\big(\alpha(t_i)\big) - F_i\big(\alpha(t_{i-1})\big) \Big).$$

Bemerkungen:

1. Die Definition ist unabhängig von der Wahl der Kreiskette bzw. von der Wahl der Stammfunktionen. Geht man nämlich von F_i zu einer anderen Stammfunktion $\widetilde{F_i}$ über, so ist $\widetilde{F_i} = F_i + C_i$, mit einer Konstanten C_i. Diese Konstanten fallen in der Summe wieder weg. Man kann sie also so wählen, dass $F_i = F_{i+1}$ auf $D_i \cap D_{i+1}$ ist. Aber dann folgt aus dem Identitätssatz, dass die Werte der F_i längs α durch F_0 eindeutig bestimmt sind. Deshalb ist das Integral von der Kreiskette unabhängig.

2. Falls α stückweise stetig-differenzierbar ist, stimmt der neue Integralbegriff mit dem schon vorhandenen überein. Man beachte aber, dass nur **holomorphe** Funktionen über stetige Wege integriert werden können.

Definition (Homotopie):

Es seien $\alpha, \beta : [0,1] \to \mathbb{C}$ stetige Wege mit gleichem Anfangspunkt $z_0 = \alpha(0) = \beta(0)$ und gleichem Endpunkt $z_1 = \alpha(1) = \beta(1)$. Eine **Homotopie (mit festem Anfangs- und Endpunkt)** zwischen α und β ist eine stetige Abbildung $\Phi : [0,1] \times [0,1] \to \mathbb{C}$, für die gilt:

1. $\Phi(t,0) = \alpha(t)$ und $\Phi(t,1) = \beta(t)$.

2. $\Phi(0,s) = z_0$ und $\Phi(1,s) = z_1$.

Zur Abkürzung wird $\Phi_s(t)$ für $\Phi(t,s)$ geschrieben. $\Phi_s(t)$ ist dann ein gewöhnlicher stetiger Weg von z_0 nach z_1, speziell ist $\Phi_0 = \alpha$ und $\Phi_1 = \beta$.

Zwei Wege heißen **homotop** in G (in Zeichen: $\alpha \simeq \beta$), falls es eine Homotopie zwischen α und β gibt. Ein geschlossener Weg α in G mit $z_0 = \alpha(0) = \alpha(1)$ heißt **nullhomotop** in G, falls α in G homotop zum konstanten Weg $c(t) \equiv z_0$ ist.

Der Weg α ist also in G homotop zum Weg β, wenn α stetig in β deformiert werden kann, ohne G zu verlassen.

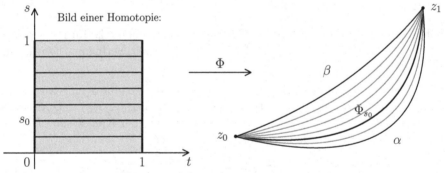

3.2.2. Satz

Ist $G \subset \mathbb{C}$ konvex oder homöomorphes Bild einer konvexen Menge, so ist jeder geschlossene Weg in G nullhomotop in G.

BEWEIS: Es sei G konvex, $\alpha : [0,1] \to G$ ein geschlossener Weg mit Anfangs- und Endpunkt z_0. Definiert man

$$\Phi(t,s) := s \cdot z_0 + (1-s) \cdot \alpha(t) \quad \text{auf } [0,1] \times [0,1],$$

so ist Φ stetig, und wegen der Konvexität liegt das Bild von Φ in G. Alle Wege Φ_s haben z_0 als Anfangs- und Endpunkt. Außerdem ist $\Phi_0 = \alpha$ und $\Phi_1(t) \equiv z_0$, also α nullhomotop in G.

Ist G homöomorphes Bild eines konvexen Gebietes, so kann der Weg α mit Hilfe der Umkehrabbildung dorthin transportiert werden. Die Konstruktion der Homotopie lässt sich dann ganz einfach übertragen. ∎

3.2.3. Homotopie-Invarianz des Kurvenintegrals

Sind die Wege α, β in G homotop zueinander, so ist $\int\limits_\alpha f(z)\,dz = \int\limits_\beta f(z)\,dz$ für jede holomorphe Funktion f auf G.

BEWEIS: Es sei $z_0 := \alpha(0) = \beta(0)$ der Anfangspunkt, $z_n := \alpha(1) = \beta(1)$ der Endpunkt. Weiter sei Φ die Homotopie, $s_0 \in [0, 1]$ und $\{D_1, \ldots, D_n\}$ eine Kreiskette längs $\gamma_0 := \Phi_{s_0}$ (zur Zerlegung $0 = t_0 < t_1 < \ldots < t_n = 1$) in G. Dann ist $\Phi(t, s_0) \in D_i$ für $t_{i-1} \le t \le t_i$. Ist s nahe bei s_0, so verläuft auch noch $\gamma := \Phi_s$ im Innern der Kreiskette, und man kann eine Zerlegung $0 = u_0 < u_1 < \ldots < u_n = 1$ finden, so dass $\Phi(t, s) \in D_i$ ist, für $u_{i-1} \le t \le u_i$.

Nun sei F_i eine Stammfunktion von f in D_i. Auf $D_i \cap D_{i+1}$ ist $c_i := F_{i+1} - F_i$ konstant. Daher ist

$$F_{i+1}(\gamma(u_i)) - F_{i+1}(\gamma_0(t_i)) = F_i(\gamma(u_i)) - F_i(\gamma_0(t_i))$$

für $i = 1, \ldots, n-1$, und es gilt:

$$\int_\gamma f(z)\,dz - \int_{\gamma_0} f(z)\,dz =$$
$$= \sum_{i=1}^n \left[F_i(\gamma(u_i)) - F_i(\gamma(u_{i-1}))\right] - \sum_{i=1}^n \left[F_i(\gamma_0(t_i)) - F_i(\gamma_0(t_{i-1}))\right]$$
$$= \sum_{i=1}^n \left[F_i(\gamma(u_i)) - F_i(\gamma_0(t_i))\right] - \sum_{i=0}^{n-1} \left[F_{i+1}(\gamma(u_i)) - F_{i+1}(\gamma_0(t_i))\right]$$
$$= \left(F_n(z_n) - F_n(z_n)\right) - \left(F_1(z_0) - F_1(z_0)\right) = 0.$$

Man wähle nun so kleine Zerlegungen $0 = t_0 < t_1 < \ldots < t_n = 1$ und $0 = s_0 < s_1 < \ldots < s_m = 1$, dass das Bild des Rechtecks $Q_{ij} = [t_{i-1}, t_i] \times [s_{j-1}, s_j]$ unter Φ jeweils in einer geeigneten Kreisscheibe $D_{ij} \subset G$ enthalten ist, für alle i und j. Für festes j liegen dann die Wege $\Phi_{s_{j-1}}$ und Φ_{s_j} jeweils so dicht beieinander, dass sie durch die gleiche Kreiskette überdeckt werden und die Integrale darüber gleich sind. Aber dann stimmen auch die Integrale über α und β überein. ∎

3.2.4. Folgerung

Sei f holomorph auf G und α ein geschlossener Weg, der nullhomotop in G ist.

$$Dann\ ist \int_\alpha f(z)dz = 0.$$

BEWEIS: α ist homotop zu einem konstanten Weg $c(t) \equiv z_0$, und das Integral längs c verschwindet offensichtlich.   ∎

3.2.5. Ein hinreichendes topologisches Kriterium

Sei $G \subset \mathbb{C}$ ein Gebiet, in dem jeder geschlossene Weg nullhomotop ist. Dann ist G einfach zusammenhängend.

BEWEIS: Wenn in G jeder geschlossene Weg nullhomotop ist, dann verschwindet das Integral über jede Funktion $f \in \mathcal{O}(G)$ und jeden geschlossenen Weg α in G. Daraus folgt, dass G einfach zusammenhängend ist.   ∎

Definition (stetige Argumentfunktion):

Sei $\alpha : [a,b] \to \mathbb{C}^*$ ein Integrationsweg. Eine *stetige Argumentfunktion* längs α ist eine stetige Funktion $\varphi : [a,b] \to \mathbb{R}$ mit $\alpha(t) = |\alpha(t)| e^{\,i\,\varphi(t)}$ für $t \in [a,b]$.

3.2.6. Satz

Sei $\alpha : [a,b] \to \mathbb{C}^*$ ein Integrationsweg. Dann gibt es eine stetige Argumentfunktion $\varphi : [a,b] \to \mathbb{R}$ längs α. Je zwei solche Funktionen unterscheiden sich um ein ganzzahliges Vielfaches von 2π.

BEWEIS: Es gibt eine Zerlegung $a = t_0 < t_1 < \ldots < t_n = b$ und eine dazu passende Kreiskette $(D_1, \ldots, D_n)$ längs α in $\mathbb{C}^*$. Auf jeder der Kreisscheiben D_ν gibt es eine Logarithmusfunktion L_ν. Sei $\psi_\nu : [t_{\nu-1}, t_\nu] \to \mathbb{R}$ definiert durch $\psi_\nu(t) :=$ $\mathrm{Im}(L_\nu \circ \alpha(t))$.

Zu jedem $\nu \in \{1, \ldots, n\}$ gibt es ein $k_\nu \in \mathbb{Z}$, so dass $L_{\nu+1} = L_\nu + 2\pi\,i\,k_\nu$ auf $D_\nu \cap D_{\nu+1}$ ist. Dann ist $\psi_{\nu+1} = \psi_\nu + 2\pi k_\nu$. Jetzt kann man definieren:

$$\varphi(t) := \begin{cases} \psi_1(t) & \text{für } t_0 \le t < t_1 \\ \psi_\nu(t) - 2\pi(k_1 + \cdots + k_{\nu-1}) & \text{für } \nu \ge 2 \text{ und } t_{\nu-1} \le t < t_\nu. \end{cases}$$

Offensichtlich ist φ stetig. Auf $[t_{\nu-1}, t_\nu)$ ist

$$|\alpha(t)| e^{\,i\,\varphi(t)} = \exp\big(\ln|\alpha(t)| + i\,\psi_\nu(t)\big) = \exp\big(L_\nu \circ \alpha(t)\big) = \alpha(t).$$

Also ist φ eine stetige Argumentfunktion längs α.

Sind $\varphi, \psi : [a, b] \to \mathbb{R}$ zwei stetige Argumentfunktionen längs α, so ist $e^{i\varphi(t)} = e^{i\psi(t)}$, also $e^{i(\varphi(t)-\psi(t))} \equiv 1$. Dann ist $\varphi - \psi$ eine stetige Funktion auf $[a, b]$, die nur Werte in $2\pi\mathbb{Z}$ annimmt. Weil $[a, b]$ zusammenhängend ist, muss $\varphi - \psi$ konstant (und ein Element von $2\pi\mathbb{Z}$) sein. ∎

3.2.7. Satz

*Ist α ein **geschlossener** Weg in $\mathbb{C}^*$ und φ eine stetige Argumentfunktion längs α, so ist $\varphi(b) - \varphi(a)$ ein ganzzahliges Vielfaches von 2π, das nicht von φ abhängt.*

BEWEIS: Ist $\alpha : [a, b] \to \mathbb{C}^*$ ein geschlossener Weg und φ eine stetige Argumentfunktion längs α, so ist $e^{i\varphi(t)} = \alpha(t)/|\alpha(t)|$, also $e^{i\varphi(b)} = e^{i\varphi(a)}$ und damit $\varphi(b) - \varphi(a) = 2\pi k$ für ein $k \in \mathbb{Z}$.

Ist $\psi : [a, b] \to \mathbb{R}$ eine weitere stetige Argumentfunktion längs α, so unterscheidet sich ψ von φ nur um eine additive Konstante. Deshalb hängt der Wert von $\varphi(b) - \varphi(a)$ nicht von φ ab. ∎

Definition (Umlaufszahl):

Sei $\alpha : [a, b] \to \mathbb{C}$ ein Integrationsweg und $z \notin |\alpha|$. Dann heißt

$$n(\alpha, z) := \frac{1}{2\pi i} \int_\alpha \frac{d\zeta}{\zeta - z}$$

die **Umlaufszahl** von α bezüglich z.

Ist $\alpha : [a, b] \to \mathbb{C}$ ein geschlossener Integrationsweg und $z \notin |\alpha|$, so definiere man $\alpha_z(t) := \alpha(t) - z$. Dann ist auch α_z geschlossen, aber $0 \notin |\alpha_z|$. Außerdem ist

$$n(\alpha_z, 0) = \frac{1}{2\pi i} \int_{\alpha_z} \frac{d\zeta}{\zeta} = \frac{1}{2\pi i} \int_a^b \frac{\alpha_z'(t)}{\alpha_z(t)} \, dt = \frac{1}{2\pi i} \int_a^b \frac{\alpha'(t)}{\alpha(t) - z} \, dt = n(\alpha, z).$$

Man braucht also nur Umlaufszahlen um den Nullpunkt zu untersuchen.

3.2.8. Anschauliche Deutung der Umlaufszahl

*Sei $\alpha : [a, b] \to \mathbb{C}$ ein **geschlossener** Integrationsweg, $z \notin |\alpha|$ und φ eine stetige Argumentfunktion längs α_z. Dann ist $n(\alpha, z) = (\varphi(b) - \varphi(a))/2\pi$.*

BEWEIS: O.B.d.A. sei $z = 0$, also $|\alpha| \subset \mathbb{C}^*$. Ist φ eine stetige Argumentfunktion längs α, so wähle man eine Zerlegung $a = t_0 < t_1 < \ldots < t_n = b$ und eine dazu passende Kreiskette $(D_1, \ldots, D_n)$ längs α in $\mathbb{C}^*$. Auf jeder der Kreisscheiben D_ν gibt es eine Logarithmusfunktion L_ν, so dass gilt:

$$L_\nu(\alpha(t)) = \ln|\alpha(t)| + i\varphi(t) \quad \text{für } t \in [t_{\nu-1}, t_\nu].$$

Setzt man $\alpha_\nu := \alpha|_{[t_{\nu-1}, t_\nu]}$, so ist $(L_\nu \circ \alpha)'(t) = \alpha_\nu'(t)/\alpha_\nu(t)$ und

$$
\int_\alpha \frac{d\zeta}{\zeta} = \sum_{\nu=1}^n \int_{\alpha_\nu} \frac{d\zeta}{\zeta} = \sum_{\nu=1}^n \int_{t_{\nu-1}}^{t_\nu} \frac{\alpha_\nu'(t)}{\alpha_\nu(t)}\, dt = \sum_{\nu=1}^n \Big(L_\nu(\alpha(t_\nu)) - L_\nu(\alpha(t_{\nu-1})) \Big)
$$

$$
= \sum_{\nu=1}^n \Big(\ln|\alpha(t_\nu)| - \ln|\alpha(t_{\nu-1})| + \mathsf{i}\,\varphi(t_\nu) - \mathsf{i}\,\varphi(t_{\nu-1}) \Big) = \mathsf{i}\,(\varphi(b) - \varphi(a)),
$$

weil sich alle anderen Terme wegheben. Also ist $n(\alpha, z) = (\varphi(b) - \varphi(a))/2\pi$.   ∎

> *Die Umlaufszahl eines geschlossenen Weges α um einen Punkt $z \notin |\alpha|$ ist*
> *also immer eine ganze Zahl. Sie zählt, wie oft z von α umlaufen wird.*

Wir wollen jetzt Umlaufszahlen berechnen. Dazu sind weitere geometrische Betrachtungen erforderlich.

3.2.9. Satz

Sei $K \subset \mathbb{C}$ kompakt und $B = \mathbb{C} \setminus K$.

1. B besitzt genau eine unbeschränkte Zusammenhangskomponente.

2. B besteht aus höchstens abzählbar vielen Zusammenhangskomponenten.

BEWEIS: 1) K ist kompakt und daher in einer abgeschlossenen Kreisscheibe $\overline{D_R(0)}$ enthalten. Die zusammenhängende Menge $U := \mathbb{C} \setminus \overline{D_R(0)}$ liegt in einer (unbeschränkten) Komponente von B, jede andere Komponente muss in $D_R(0)$ enthalten und damit beschränkt sein.

2) wurde schon in Abschnitt 1.1 bewiesen.   ∎

3.2.10. Die Werte der Umlaufszahl

Sei α ein geschlossener Integrationsweg in $\mathbb{C}$. Dann ist die Umlaufszahl $n(\alpha, z)$
auf jeder Zusammenhangskomponente von $\mathbb{C} \setminus |\alpha|$ konstant und $= 0$ auf der
unbeschränkten Komponente.

BEWEIS: Da $n(\alpha, z)$ stetig ist, aber nur ganzzahlige Werte annimmt, muss die Umlaufszahl auf jeder Zusammenhangskomponente konstant sein.

Die Umlaufszahl auf der unbeschränkten Komponente berechnet man wie folgt: Sei $|\alpha| \subset D_R(0)$. Ist $|z_0| > R$, so ist $f(z) := 1/(z - z_0)$ holomorph auf der sternförmigen Menge $D_R(0)$, besitzt dort also auch eine Stammfunktion. Daher ist

$$
n(\alpha, z_0) = \frac{1}{2\pi \mathsf{i}} \int_\alpha f(z)\, dz = 0
$$

und dann sogar $n(\alpha, z) = 0$ auf der gesamten unbeschränkten Komponente.   ∎

Es soll nun angedeutet werden, wie man zu einem geschlossenen Integrationsweg α ganz einfach „per Hand" sämtliche Umlaufzahlen $n(\alpha, z)$ bestimmen kann.

3.2.11. Satz über die Bestimmung von Umlaufzahlen

Sei $\alpha : [a,b] \to \mathbb{C}$ ein geschlossener Integrationsweg, $t_0 \in (a,b)$, $z_0 := \alpha(t_0)$ und α in t_0 sogar differenzierbar, mit $\alpha'(t_0) \neq 0$. Es gebe ein $\varepsilon > 0$, so dass gilt:

1. *α läuft in $D := D_\varepsilon(z_0)$ von Rand zu Rand, und $\alpha(a) = \alpha(b)$ liegt nicht in $\overline{D}$.*

2. *$D_\varepsilon(z_0) \setminus |\alpha|$ besteht aus zwei Zusammenhangskomponenten C_+ und C_-.*

3. *Jeder Punkt aus $D_\varepsilon(z_0) \cap |\alpha|$ ist Randpunkt von C_+ und C_-.*

4. *C_+ liegt links von α und C_- liegt rechts von α.*

Ist dann $z_1 \in C_-$ und $z_2 \in C_+$, so ist $n(\alpha, z_2) = n(\alpha, z_1) + 1$.

BEWEIS: Im Beweis werden die Beziehungen

$$n(-\alpha, z_0) = -n(\alpha, z_0) \quad \text{und} \quad n(\alpha + \beta, z_0) = n(\alpha, z_0) + n(\beta, z_0)$$

benutzt. Ihr Beweis ist eine einfache Übungsaufgabe. Die Parameter t_- und t_+ seien so gewählt, dass gilt:

1. $t_- < t_0 < t_+$.

2. $w_- := \alpha(t_-)$ und
   $w_+ := \alpha(t_+)$ liegen auf ∂D.

3. $\alpha(t) \in D$ für $t_- < t < t_+$.

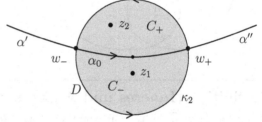

Da $w_- \neq w_+$ ist, wird der Kreis ∂D durch diese Punkte in zwei Kreisbögen κ_1 und κ_2 (links und rechts von α) unterteilt, so dass $\partial D = \kappa_1 + \kappa_2$ ist. Schließlich sei noch

$$\alpha' := \alpha|_{[a,t_-]}, \quad \alpha_0 := \alpha|_{[t_-,t_+]} \quad \text{und} \quad \alpha'' := \alpha|_{[t_+,b]}.$$

Dann ist $\alpha = \alpha' + \alpha_0 + \alpha''$, $\partial C_+ = \alpha_0 + \kappa_1$ und $\partial C_- = \kappa_2 - \alpha_0$.

Sei $\gamma := \alpha' - \kappa_1 + \alpha''$. Dann ist γ ein geschlossener Weg. Da $|\gamma| \cap D = \varnothing$ ist, liegt D ganz in einer Zusammenhangskomponente von $\mathbb{C} \setminus |\gamma|$, und es ist $n(\gamma, z_1) = n(\gamma, z_2)$. Weiter gilt:

1. $n(\kappa_1 + \kappa_2, z) = n(\partial D, z) = 1$ für jedes $z \in D$.

2. $n(\alpha_0 + \kappa_1, z_1) = n(\partial C_+, z_1) = 0$ und $n(\kappa_2 - \alpha_0, z_2) = n(\partial C_-, z_2) = 0$, also
   $n(\alpha_0 + \kappa_1, z_2) = n(\alpha_0 - \kappa_2, z_2) + n(\partial D, z_2) = 1$.

Alles zusammen ergibt:

$$
\begin{aligned}
n(\alpha, z_2) - n(\alpha, z_1) &= n(\alpha' + \alpha_0 + \alpha'', z_2) - n(\alpha' + \alpha_0 + \alpha'', z_1) \\
&= n(\gamma, z_2) + n(\alpha_0 + \kappa_1, z_2) - n(\gamma, z_1) - n(\kappa_1 + \alpha_0, z_1) \\
&= n(\gamma, z_2) + 1 - n(\gamma, z_1) - 0 \;=\; 1.
\end{aligned}
$$

Damit ist alles gezeigt.   ∎

Die Moral von der Geschichte ist nun:

1. Liegt z „weit draußen", so ist auf jeden Fall $n(\alpha, z) = 0$.

2. Überquert man α – von außen kommend – in einem glatten Punkt so, dass α dabei von „links" kommt, so erhöht sich die Umlaufszahl um 1. Kommt α von rechts, so erniedrigt sie sich um 1.

3.2.12. Beispiel

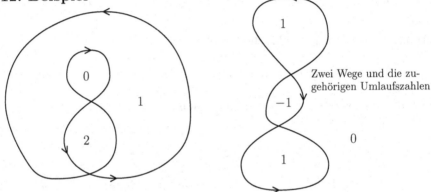

Zwei Wege und die zugehörigen Umlaufszahlen

Definition (Inneres und Äußeres eines Weges):

Sei $\alpha : [a, b] \to \mathbb{C}$ ein **geschlossener** Integrationsweg. Dann nennt man

$$\operatorname{Int}(\alpha) := \{ z \in \mathbb{C} \setminus |\alpha| : n(\alpha, z) \neq 0 \} \text{ das } \boldsymbol{\mathit{Innere}}$$

und

$$\operatorname{Ext}(\alpha) := \{ z \in \mathbb{C} \setminus |\alpha| : n(\alpha, z) = 0 \} \text{ das } \boldsymbol{\mathit{Äußere}}$$

des Weges α.

Der folgende Satz wirft noch etwas mehr Licht auf die Deutung des einfachen Zusammenhangs.

3.2.13. Satz

Ist $G \subset \mathbb{C}$ einfach zusammenhängend und $\alpha : [a, b] \to G$ ein geschlossener Integrationsweg, so ist $\operatorname{Int}(\alpha) \subset G$.

BEWEIS: Ist $z_0 \notin G$, so ist $1/(z - z_0)$ holomorph auf G und daher $n(\alpha, z_0) = 0$. ∎

Anschaulich bedeutet das, dass G keine Löcher haben kann.

3.2.14. Aufgaben

A. Beweisen Sie für beliebige Wege α und β die Beziehungen

$$n(-\alpha, z_0) = -n(\alpha, z_0) \quad \text{und} \quad n(\alpha + \beta, z_0) = n(\alpha, z_0) + n(\beta, z_0)$$

B. Seien $a, b \in \mathbb{C}$, $a \neq 0$, sowie $T(z) := az + b$. Ist γ ein Integrationsweg und $z_0 \notin |\gamma|$, so gilt:

   (a) $n(T \circ \gamma, T(z_0)) = n(\gamma, z_0)$.

   (b) Ist $\overline{\gamma}(t) := \overline{\gamma(t)}$, so ist $n(\overline{\gamma}, \overline{z}_0) = -\overline{n(\gamma, z_0)}$.

C. Berechnen Sie die Umlaufszahlen von z_1 und z_2:

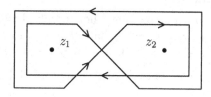

D. Sei $\alpha : [0,1] \to \mathbb{C}$ stetig differenzierbar und injektiv, $z_0 := \alpha(0)$, $\alpha'(0)$ reell und > 0. Dann gibt es ein $\varepsilon > 0$ und eine stetige Funktion $\varphi : [0, \varepsilon] \to \mathbb{R}$, so dass gilt:

   (a) Zu jedem r mit $0 \leq r \leq \varepsilon$ gibt es genau ein $t \in [0,1]$ mit $|\alpha(t) - z_0| = r$.

   (b) Durch $\widetilde{\alpha}(\tau) := z_0 + \tau \cdot e^{i\varphi(\tau)}$ wird das Kurvenstück $|\alpha| \cap \overline{D_\varepsilon(z_0)}$ parametrisiert.

E. Sei $\alpha : (a, b) \to \mathbb{C}$ ein injektiver Integrationsweg, $t_0 \in (a, b)$ und $z_0 := \alpha(t_0)$. Dann gibt es ein $\varepsilon > 0$, so dass für $0 < \delta \leq \varepsilon$ gilt: $D_\delta(z_0) \setminus |\alpha|$ besteht aus zwei Zusammenhangskomponenten. Die Ergebnisse der vorigen Aufgabe können (und sollten) natürlich verwendet werden.

F. Sei $\alpha_0 : [a, b] \to \mathbb{C}$ ein geschlossener Integrationsweg, $z_0 \in \mathbb{C} \setminus |\alpha_0|$. Dann gibt es ein $\delta > 0$, so dass für jeden geschlossenen Integrationsweg $\alpha : [a, b] \to \mathbb{C}$ mit $|\alpha(t) - \alpha_0(t)| < \delta$ auf $[a, b]$ gilt:

$$z_0 \in \mathbb{C} \setminus |\alpha| \quad \text{und} \quad n(\alpha, z_0) = n(\alpha_0, z_0).$$

3.3   Der Residuensatz

Wir kommen zur mächtigsten Maschinerie der Funktionentheorie. In diesem Abschnitt werden Methoden entwickelt, reelle Integrale zu berechnen, die mit den klassischen Methoden schwer zu knacken sind. Der Trick besteht darin, ein Integral über ein reelles Intervall zunächst als Teil eines komplexen Integrals über über eine geschlossene Kurve aufzufassen. Und komplexe Kurvenintegrale werden mit eher algebraischen Methoden berechnet, zum Teil sogar durch Differentiation. Was in der reellen Analysis kaum oder nur schwer lösbar erschien, wird so zu einer Routineaufgabe. So ist es auch nicht verwunderlich, dass das entscheidende Werkzeug, der Residuensatz, sehr viele Anwendungen erlaubt. Eine Auswahl solcher Anwendungen findet sich im letzten Abschnitt dieses Kapitels, darunter vor allem die Fourier- und Laplace-Transformationen.

Zunächst aber muss dargelegt werden, was man unter dem Residuum einer holomorphen Funktion in einer isolierten Singularität versteht.

Definition (meromorphe Funktion):

Sei $B \subset \mathbb{C}$ offen. Ist D in B diskret, so nennt man eine holomorphe Funktion $f : B \setminus D \to \mathbb{C}$ eine **meromorphe Funktion auf** B, falls f in den Punkten von D höchstens Polstellen besitzt (also keine wesentlichen Singularitäten).

Die Menge $P(f) := \{ z \in D : f \text{ hat in } z \text{ eine Polstelle der Ordnung} \geq 1 \}$ heißt **Polstellenmege von** f.

Typische Beispiele meromorpher Funktionen sind rationale Funktionen, aber auch Funktionen der Gestalt $1/\sin(z)$.

Es geht jetzt um folgendes Problem: Sei $G \subset \mathbb{C}$ ein einfach zusammenhängendes Gebiet, $z_0 \in G$, γ ein geschlossener Integrationsweg in $G' := G \setminus \{z_0\}$ und f eine meromorphe Funktion auf G mit einziger Polstelle z_0.

$$\text{Wie berechnet man } \int_\gamma f(z)\, dz\,?$$

Der Einfachheit halber betrachten wir zunächst eine einfach geschlossene Kurve.

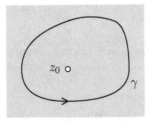
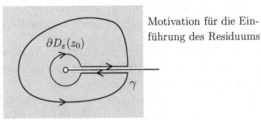

Motivation für die Einführung des Residuums

Umgeht man z_0 mit Hilfe eines kleinen Abstechers und eines in umgekehrter Richtung durchlaufenen Kreises $\partial D_\varepsilon(z_0)$ (siehe Skizze), so erhält man einen neuen geschlossenen Weg innerhalb eines einfach zusammenhängenden Gebietes. Beim Integrieren spielt der Abstecher keine Rolle, weil man den gleichen Weg zweimal, aber in entgegengesetzter Richtung durchläuft. Man integriert also eigentlich nur über γ und $-\partial D_\varepsilon(z_0)$. Aus dem Cauchy'schen Integralsatz folgt:

$$\int_\gamma f(z)\,dz = \int_{\partial D_\varepsilon(z_0)} f(z)\,dz.$$

Die Berechnung des (eventuell komplizierten) Ausgangsintegrals wird zurückgeführt auf die Berechnung eines „Restintegrals" über den Kreisrand $\partial D_\varepsilon(z_0)$. Dieses bezeichnet man (nach Division durch $2\pi\,\mathrm{i}$) als „Residuum":

Definition (Residuum):

Sei $B \subset \mathbb{C}$ offen, $z_0 \in B$, $f : B \setminus \{z_0\} \to \mathbb{C}$ holomorph und $\varepsilon > 0$, so dass $D_\varepsilon(z_0) \subset\subset B$ ist. Dann heißt

$$\mathrm{res}_{z_0}(f) := \frac{1}{2\pi\,\mathrm{i}} \int_{\partial D_\varepsilon(z_0)} f(\zeta)\,d\zeta$$

das ***Residuum*** von f in z_0.

Bemerkungen:

1. Das Residuum hängt nicht von der Wahl des Radius ε ab. Das zeigt man wie üblich mit Hilfe des Cauchy'schen Integralsatzes.

2. z_0 braucht keine Singularität zu sein! Ist f in z_0 holomorph, so ist $\mathrm{res}_{z_0}(f) = 0$. Auch das folgt aus dem Integralsatz.

3. In der Laurent-Entwicklung von f um z_0 ist

$$a_{-1} = \frac{1}{2\pi\,\mathrm{i}} \int_{\partial D_\varepsilon(z_0)} f(\zeta)\,d\zeta = \mathrm{res}_{z_0}(f),$$

   für ein genügend kleines ε.

4. Es ist $\quad \mathrm{res}_{z_0}(a \cdot f + b \cdot g) = a \cdot \mathrm{res}_{z_0}(f) + b \cdot \mathrm{res}_{z_0}(g)$.

5. Ist F holomorph auf $B \setminus \{z_0\}$ und $F' = f$, so ist $\mathrm{res}_{z_0}(f) = 0$. Das ist klar, denn das Integral über eine abgeleitete Funktion und einen geschlossenen Weg verschwindet immer.

6. $\mathrm{res}_{z_0}\left(\dfrac{1}{z - z_0}\right) = 1$ und $\mathrm{res}_{z_0}\left(\dfrac{1}{(z - z_0)^k}\right) = 0$ für $k \geq 2$.

7. Allgemeiner gilt: Hat f in z_0 eine **einfache Polstelle**, so ist

$$\operatorname{res}_{z_0}(f) = \lim_{z \to z_0} (z - z_0) f(z).$$

BEWEIS: Wir schreiben $f(z) = \dfrac{a_{-1}}{z - z_0} + h(z)$, h holomorph in z_0.

Dann folgt: $(z - z_0)f(z) = a_{-1} + (z - z_0)h(z) \to a_{-1}$ für $z \to z_0$. ∎

8. Und noch allgemeiner kann man zeigen:

Hat f in z_0 eine **m-fache Polstelle**, so ist

$$\operatorname{res}_{z_0}(f) = \frac{1}{(m - 1)!} \lim_{z \to z_0} [(z - z_0)^m f(z)]^{(m-1)}.$$

BEWEIS: Es ist

$$f(z) = \frac{a_{-m}}{(z - z_0)^m} + \cdots + \frac{a_{-1}}{z - z_0} + a_0 + a_1(z - z_0) + \cdots ,$$

also $(z - z_0)^m f(z) = a_{-m} + \cdots + a_{-1}(z - z_0)^{m-1} + a_0(z - z_0)^m + \cdots$

Damit ist $[(z - z_0)^m f(z)]^{(m-1)} = (m - 1)! \, a_{-1} + (z - z_0) \cdot (\ldots)$, und es folgt die Behauptung. ∎

9. Seien g und h holomorph nahe z_0, $g(z_0) \neq 0$, $h(z_0) = 0$ und $h'(z_0) \neq 0$.

Dann ist $\operatorname{res}_{z_0}\left(\dfrac{g}{h}\right) = \dfrac{g(z_0)}{h'(z_0)}$.

BEWEIS: Wir können schreiben:

$$
\begin{aligned}
g(z) &= c_0 + (z - z_0) \cdot \widetilde{g}(z), \text{ mit } c_0 \neq 0 \\
\text{und} \quad h(z) &= (z - z_0) \cdot (b_1 + \widetilde{h}(z)), \text{ mit } b_1 \neq 0 \text{ und } \widetilde{h}(z_0) = 0.
\end{aligned}
$$

Dann ist

$$\frac{g(z)}{h(z)} = \frac{c_0 + (z - z_0) \cdot \widetilde{g}(z)}{(z - z_0) \cdot (b_1 + \widetilde{h}(z))} = \frac{1}{z - z_0} \cdot \frac{c_0}{b_1 + \widetilde{h}(z)} + \frac{\widetilde{g}(z)}{b_1 + \widetilde{h}(z)}.$$

Also hat $f := g/h$ in z_0 eine einfache Polstelle, und es ist

$$\lim_{z \to z_0} (z - z_0) f(z) = \frac{c_0}{b_1 + \widetilde{h}(z_0)} = \frac{c_0}{b_1} = \frac{g(z_0)}{h'(z_0)}.$$

∎

3.3.1. Beispiele

A. Die Funktion $f(z) := \dfrac{e^{iz}}{z^2 + 1} = \dfrac{e^{iz}}{(z - i)(z + i)}$ hat einfache Polstellen bei i
und $-i$. Es ist

$$\mathrm{res}_i(f) = \lim_{z \to i} (z - i)f(z) = \lim_{z \to i} \frac{e^{iz}}{z + i} = -\frac{1}{2e}\, i,$$

und analog

$$\mathrm{res}_{-i}(f) = \lim_{z \to -i} (z + i)f(z) = \lim_{z \to -i} \frac{e^{iz}}{z - i} = \frac{e}{2}\, i.$$

B. $f(z) := \dfrac{z^2}{1 + z^4}$ hat 4 einfache Polstellen, insbesondere im Punkt

$$z_0 := e^{(\pi/4)i} = \cos\frac{\pi}{4} + i\sin\frac{\pi}{4} = \frac{1}{\sqrt{2}}(1 + i).$$

Mit $g(z) := z^2$ und $h(z) := 1 + z^4$ ist

$$\mathrm{res}_{z_0}(f) = \frac{g(z_0)}{h'(z_0)} = \frac{z_0^2}{4z_0^3} = \frac{1}{4z_0} = \frac{1}{4}e^{-(\pi/4)i} = \frac{1}{4\sqrt{2}}(1 - i).$$

3.3.2. Der Residuensatz

Sei $G \subset \mathbb{C}$ ein einfach zusammenhängendes Gebiet, $D \subset G$ endlich, γ ein geschlossener Integrationsweg in G mit $|\gamma| \cap D = \varnothing$ und $f : G \setminus D \to \mathbb{C}$ holomorph. Dann gilt:

$$\frac{1}{2\pi i} \int_\gamma f(\zeta)\, d\zeta = \sum_{z \in D} n(\gamma, z)\, \mathrm{res}_z(f).$$

Bemerkung: In Abschnitt 3.4. werden wir eine allgemeinere Version des Residuensatzes präsentieren. Dann braucht D nicht mehr endlich und G nicht einfach zusammenhängend sein. Der Weg wird durch den allgemeineren Begriff des „nullhomologen Zyklus" ersetzt werden.

BEWEIS: Sei $D = \{z_1, \ldots, z_N\}$ und jeweils $h_\mu(z)$ der Hauptteil der Laurent-Entwicklung von f um z_μ. Wie aus dem Satz von der Laurent-Trennung hervorgeht, ist h_μ holomorph auf $\mathbb{C} \setminus \{z_\mu\}$. Daraus folgt:

$$f - \sum_{\mu=1}^{N} h_\mu \text{ ist holomorph auf } G, \text{ und daher gilt: } \int_\gamma f(z)\, dz = \sum_{\mu=1}^{N} \int_\gamma h_\mu(z)\, dz.$$

Nun schreiben wir ausführlich: $\quad h_\mu(z) = \displaystyle\sum_{n=-\infty}^{-1} a_{\mu,n}(z - z_\mu)^n.$

Diese Reihe konvergiert gleichmäßig auf $|\gamma|$, kann dort also gliedweise integriert werden. Daher gilt:

$$\int_\gamma h_\mu(z)\,dz = \sum_{n=-\infty}^{-1} a_{\mu,n} \int_\gamma (z-z_\mu)^n\,dz$$

$$= a_{\mu,-1} \int_\gamma \frac{1}{z-z_\mu}\,dz + \sum_{n\geq 2} a_{\mu,-n} \int_\gamma \frac{1}{(z-z_\mu)^n}\,dz$$

$$= a_{\mu,-1} \cdot 2\pi\,\mathrm{i} \cdot n(\gamma, z_\mu),$$

denn für $n \geq 2$ besitzt $1/(z-z_\mu)^n$ in der Nähe von $|\gamma|$ eine Stammfunktion. Da $a_{\mu,-1} = \mathrm{res}_{z_\mu}(f)$ ist, folgt der Satz. ∎

Angewandt wird der Residuensatz oft in einer spezielleren Form. Ein beschränktes, einfach zusammenhängendes Gebiet mit glattem Rand heißt **positiv berandet**, falls $n(\partial G, z) = 1$ für jedes $z \in G$ ist.

3.3.3. Die Residuenformel

Sei $B \subset \mathbb{C}$ offen und $G \subset\subset B$ ein glatt und positiv berandetes, einfach zusammenhängendes Gebiet. Außerdem seien $z_1, \dots, z_N$ Punkte in G und $f : B \setminus \{z_1, \dots, z_N\} \to \mathbb{C}$ eine holomorphe Funktion. Dann ist

$$\frac{1}{2\pi\,\mathrm{i}} \int_{\partial G} f(\zeta)\,d\zeta = \sum_{k=1}^{N} \mathrm{res}_{z_k}(f).$$

BEWEIS: Man kann den Residuensatz auf f und $\gamma := \partial G$ anwenden. Da $n(\partial G, z) = 1$ für jedes $z \in G$ ist, folgt die Behauptung. ∎

3.3.4. Beispiele

A. Es soll $\displaystyle\int_{|z|=1} \frac{e^z}{z^4}\,dz$ berechnet werden.

Das geht in diesem Falle auch sehr einfach mit einer der höheren Cauchy'schen Integralformeln:

$$\int_{|z|=1} \frac{e^z}{z^4}\,dz = \frac{2\pi\,\mathrm{i}}{3!} \frac{d^3}{dz^3}\Big|_0 (e^z) = \frac{\pi\,\mathrm{i}}{3}.$$

Mit dem Residuensatz macht man es so:

Die Laurent-Reihe des Integranden um $z = 0$ hat die Gestalt

$$\frac{e^z}{z^4} = \frac{1}{z^4} \cdot \sum_{n=0}^{\infty} \frac{z^n}{n!} = \frac{1}{z^4} + \frac{1}{z^3} + \frac{1}{2z^2} + \frac{1}{6z} + \frac{1}{24} + \cdots$$

Also ist

$$\mathrm{res}_0\left(\frac{e^z}{z^4}\right) = \text{Koeffizient bei } z^{-1} = \frac{1}{6}.$$

Daraus folgt:

$$\int\limits_{|z|=1} \frac{e^z}{z^4}\,dz = 2\pi\,\mathrm{i}\cdot\mathrm{res}_0\left(\frac{e^z}{z^4}\right) = \frac{\pi\,\mathrm{i}}{3}.$$

B. Sei $G \subset \mathbb{C}$ einfach zusammenhängend, f holomorph auf G und $\gamma : [a,b] \to G$ ein geschlossener Integrationsweg. Dann kann man den Residuensatz auf $g(z) := f(z)/(z - z_0)^{k+1}$ anwenden. Es ist

$$g(z) = \frac{1}{(z - z_0)^{k+1}}\cdot\left(f(z_0) + f'(z_0)(z - z_0) + \cdots + \frac{f^{(k)}(z_0)}{k!}(z - z_0)^k + \cdots\right),$$

also $\mathrm{res}_{z_0}(g) = \dfrac{1}{k!}f^{(k)}(z_0)$. Damit folgt:

$$\frac{k!}{2\pi\,\mathrm{i}}\int_\gamma \frac{f(\zeta)}{(\zeta - z_0)^{k+1}}\,d\zeta = n(\gamma, z_0)\cdot f^{(k)}(z_0).$$

Das ist eine Verallgemeinerung der höheren Cauchy'schen Integralformeln.

Der Cauchy'sche Integralsatz für einfach zusammenhängende Gebiete folgt auch aus dem Residuensatz, da unter den Voraussetzungen des Integralsatzes alle Residuen (und damit die komplette rechte Seite) verschwinden.

Wir kommen nun zu weiteren Anwendungen des Residuensatzes:

3.3.5. Das Argument-Prinzip

Sei $G \subset \mathbb{C}$ einfach zusammenhängend und γ ein geschlossener Integrationsweg in G. Weiter sei f auf G meromorph und nicht konstant, N die Menge der Nullstellen und P die Menge der Polstellen von f. Ist $N \cup P$ endlich und $|\gamma| \cap (N \cup P) = \varnothing$, so gilt:

$$\frac{1}{2\pi\,\mathrm{i}}\int_\gamma \frac{f'(\zeta)}{f(\zeta)}\,d\zeta = \sum_{a\in N} n(\gamma, a)o(f, a) - \sum_{b\in P} n(\gamma, b)o(f, b),$$

wenn man mit $o(f, z)$ die Null- bzw. Polstellenordnung von f in z bezeichnet.

BEWEIS: Die Funktion f'/f ist holomorph auf $G \setminus D$.

Sei $a \subset D$. Dann gilt in der Nähe von a:

$$f(z) = (z - a)^k \cdot g(z),$$

mit einer nahe a holomorphen Funktion g ohne Nullstellen, $|k| \in \mathbb{N}$ und $k = \pm o(f, a)$, je nachdem, ob eine Null- oder Polstelle vorliegt. Daraus folgt:

$$\frac{f'(z)}{f(z)} = \frac{k \cdot (z-a)^{k-1} \cdot g(z) + (z-a)^k \cdot g'(z)}{(z-a)^k \cdot g(z)} = \frac{k}{z-a} + \frac{g'(z)}{g(z)}.$$

Da g'/g nahe a holomorph ist, ist $\operatorname{res}_a(f'/f) = k = \pm o(f, a)$. Mit dem Residuensatz ergibt sich die gewünschte Formel.   ∎

Die Bezeichnung „Argument-Prinzip" rührt daher, dass Folgendes gilt:

$$\frac{1}{2\pi i} \int_{\gamma} \frac{f'(z)}{f(z)} \, dz \;=\; \frac{1}{2\pi i} \int_a^b \frac{f'(\gamma(t))\gamma'(t)}{f(\gamma(t))} \, dt \;=\; \frac{1}{2\pi i} \int_a^b \frac{(f \circ \gamma)'(t)}{f \circ \gamma(t)} \, dt$$

$$=\; \frac{1}{2\pi i} \int_{f \circ \gamma} \frac{d\zeta}{\zeta} \;=\; n(f \circ \gamma, 0).$$

Das Integral auf der linken Seite der Formel misst also die Änderung des Arguments beim Durchlaufen des Weges $f \circ \gamma$.

3.3.6. Folgerung

Sei $B \subset \mathbb{C}$ offen, $G \subset\subset B$ ein positiv berandetes, einfach zusammenhängendes Gebiet, f meromorph auf B und ohne Null- und Polstellen auf ∂G. Ist n die Anzahl der Nullstellen und p die Anzahl der Polstellen von f in G (jeweils mit Vielfachheit gezählt), so gilt:

$$\frac{1}{2\pi i} \int_{\partial G} \frac{f'(\zeta)}{f(\zeta)} \, d\zeta = n - p.$$

Der Beweis ist trivial, die Umlaufszahlen sind alle $= 1$.

3.3.7. Satz von Rouché

Sei $B \subset \mathbb{C}$ offen, $f : B \to \mathbb{C}$ holomorph und $G \subset\subset B$ ein positiv berandetes, einfach zusammenhängendes Gebiet.

Ist h eine weitere holomorphe Funktion auf B und $|h(z)| < |f(z)|$ auf ∂G, so haben f und $f + h$ gleich viele Nullstellen (mit Vielfachheit) in G.

BEWEIS: Für $0 \le \lambda \le 1$ sei $f_\lambda(z) := f(z) + \lambda \cdot h(z)$. Dann ist f_λ auf B holomorph, und für $z \in \partial G$ gilt:

$$|f_\lambda(z)| \ge |f(z)| - \lambda \cdot |h(z)| > (1 - \lambda) \cdot |h(z)| \ge 0.$$

Also hat f_λ auf ∂G keine Nullstellen. Nun sei N_λ die Anzahl der Nullstellen von f_λ in G. Der Wert des Integrals

$$N_\lambda = \frac{1}{2\pi i} \int_{\partial G} \frac{f'_\lambda(z)}{f_\lambda(z)}\, dz$$

hängt stetig von λ ab, liegt aber in $\mathbb{Z}$. Also ist $N_0 = N_1$. ∎

3.3.8. Beispiel

Wieviele Nullstellen hat das Polynom $p(z) := z^4 - 4z + 2$ im Innern des Einheitskreises $D_1(0)$?

Setzen wir $f(z) := -4z + 2$ und $h(z) := z^4$, so ist

$$\begin{aligned} |f(z)| &= |4z - 2| \geq 4|z| - 2 = 2 \text{ auf } \partial D_1(0) \\ \text{und } |h(z)| &= |z|^4 = 1 < |f(z)| \text{ auf } \partial D_1(0). \end{aligned}$$

Nach dem Satz von Rouché müssen nun f und $p = f + h$ in $D_1(0)$ gleich viele Nullstellen besitzen. Aber f hat dort genau eine Nullstelle (nämlich $z = 1/2$). Also kann auch p nur eine Nullstelle in $D_1(0)$ besitzen.

Definition (kompakte Konvergenz):

Eine Folge (oder Reihe) von holomorphen Funktionen heißt auf G **kompakt konvergent** (gegen eine holomorphe Grenzfunktion), falls sie auf jeder kompakten Teilmenge $K \subset G$ gleichmäßig konvergiert.

Ist $\varepsilon > 0$ vorgegeben, so kann eine kompakte Menge durch endlich viele ε-Umgebungen überdeckt werden. Deshalb ist die kompakte Konvergenz äquivalent zur lokal gleichmäßigen Konvergenz. Von Fall zu Fall benutzt man mal die eine und mal die andere Charakterisierung.

3.3.9. Satz von Hurwitz

Sei $G \subset \mathbb{C}$ ein Gebiet und (f_n) eine Folge von holomorphen Funktionen auf G, die kompakt gegen eine holomorphe Grenzfunktion f auf G konvergiert.

Haben die Funktionen f_n alle in G keine Nullstellen, so ist entweder $f(z) \equiv 0$, oder f hat in G auch keine Nullstellen.

BEWEIS: Es sei $f(z) \not\equiv 0$. Dann ist $N := \{z \in G \mid f(z) = 0\}$ leer oder diskret in G. Ist $z_0 \in G$, so gibt es auf jeden Fall ein $r > 0$, so dass $D = D_r(z_0)$ relativ kompakt in G liegt und f auf $\overline{D_r(z_0)} \setminus \{z_0\}$ keine Nullstelle besitzt.

Dann sind die Funktionen $1/f$ und $1/f_n$ auf ∂D definiert und stetig, und $(1/f_n)$ konvergiert dort gleichmäßig gegen $1/f$. Und wegen des Satzes von Weierstraß konvergiert auch (f'_n) auf ∂D gleichmäßig gegen f'. Also ist

$$\lim_{n \to \infty} \frac{1}{2\pi i} \int_{\partial D} \frac{f_n'(\zeta)}{f_n(\zeta)} \, d\zeta = \frac{1}{2\pi i} \int_{\partial D} \frac{f'(\zeta)}{f(\zeta)} \, d\zeta.$$

Die Folgerung aus dem Argumentprinzip besagt, dass die Integrale auf der linken Seite die Nullstellen der Funktionen f_n in D zählen und das Integral auf der rechten Seite die Nullstellen von f in D. Da die linke Seite verschwindet, gilt das auch für die rechte Seite, und f kann in z_0 keine Nullstelle besitzen.   ∎

3.3.10. Folgerung

Sei $G \subset \mathbb{C}$ ein Gebiet und (f_n) eine Folge von holomorphen Funktionen auf G, die kompakt gegen eine holomorphe Grenzfunktion f auf G konvergiert. Sind alle Funktionen f_n injektiv, so ist f konstant oder auch injektiv.

BEWEIS: f sei nicht konstant. Für jedes $z_0 \in G$ ist $f_n - f_n(z_0)$ ohne Nullstellen auf dem Gebiet $G' := G \setminus \{z_0\}$. Nach Hurwitz hat dann auch $f - f(z_0)$ keine Nullstellen auf G'. Also ist $f(z_0) \neq f(w_0)$ für $z_0 \neq w_0$. Da z_0 beliebig gewählt werden kann, folgt die Behauptung.   ∎

Der Residuensatz erlaubt es, gewisse analytisch schwer zu behandelnde reelle Integrale auf algebraischem Wege zu berechnen.

Typ 1: Trigonometrische Integrale

Sei $R(x, y)$ eine komplexwertige rationale Funktion. Der Residuensatz soll angewendet werden, um Integrale vom Typ

$$I := \int_0^{2\pi} R(\cos t, \sin t) \, dt$$

zu berechnen. Zu diesem Zweck sucht man eine holomorphe oder meromorphe Funktion f, so dass das fragliche Integral als komplexes Kurvenintegral über f auffasst werden kann:

$$I = \int_\gamma f(z) \, dz, \quad \text{mit } \gamma(t) := e^{it}, \quad 0 \leq t \leq 2\pi.$$

Ist $z = \gamma(t)$, so ist $z = \cos t + i \sin t$ und $1/z = \bar{z} = \cos t - i \sin t$, also

$$\cos t = \frac{1}{2}\left(z + \frac{1}{z}\right) \quad \text{und} \quad \sin t = \frac{1}{2i}\left(z - \frac{1}{z}\right).$$

Da $\gamma'(t) = i\gamma(t)$ ist, folgt:

$$R(\cos t, \sin t) = \frac{1}{i\gamma(t)} \cdot R\left(\frac{1}{2}\left(\gamma(t) + \frac{1}{\gamma(t)}\right), \frac{1}{2i}\left(\gamma(t) - \frac{1}{\gamma(t)}\right)\right) \cdot \gamma'(t).$$

Setzt man $f(z) := \frac{1}{z} \cdot R\left(\frac{1}{2}\left(z + \frac{1}{z}\right), \frac{1}{2i}\left(z - \frac{1}{z}\right)\right)$, so erhält man:

$$\int_0^{2\pi} R(\cos t, \sin t)\, dt \;=\; \frac{1}{i}\int_0^{2\pi} f(\gamma(t)) \cdot \gamma'(t)\, dt \;=\; \frac{1}{i}\int_\gamma f(z)\, dz$$
$$=\; 2\pi \cdot \sum_{z \in D_1(0)} \mathrm{res}_z(f).$$

3.3.11. Beispiel

Sei $I := \displaystyle\int_0^{2\pi} \frac{dt}{a + \sin t}$, $\quad a > 1$ reell. Hier ist $R(x,y) = \dfrac{1}{a+y}$, also

$$f(z) = \frac{1}{z} \cdot \frac{1}{a + (z - 1/z)/(2\,i)} = \frac{2\,i}{2a\,i\,z + z^2 - 1} = \frac{2\,i}{(z - z_1)(z - z_2)},$$

mit $z_{1,2} = i(-a \pm \sqrt{a^2 - 1})$. f hat also zwei einfache Polstellen auf der imaginären Achse.

Da $a > 1$ ist, ist $0 < a - 1 < a + 1$. Und weil $a^2 - 1 = (a-1)(a+1)$ ist, folgt: $a - 1 < \sqrt{a^2 - 1} < a + 1$, also $-1 < -a + \sqrt{a^2 - 1} < 1$, d.h. $z_1 = i(-a + \sqrt{a^2 - 1}) \in D_1(0)$ und $z_2 = i(-a - \sqrt{a^2 - 1}) \notin D_1(0)$. Daraus folgt:

$$\int_0^{2\pi} \frac{dt}{a + \sin t} = 2\pi \cdot \mathrm{res}_{z_1}(f) = 2\pi \cdot \lim_{z \to z_1} \frac{2\,i}{z - z_2} = \frac{4\pi\,i}{z_1 - z_2} = \frac{2\pi}{\sqrt{a^2 - 1}}.$$

Typ 2: Uneigentliche rationale Integrale

Es sollen uneigentliche Integrale der Form

$$I := \int_{-\infty}^{\infty} f(x)\, dx$$

betrachtet werden. Ausgangspunkt ist dabei folgende Aussage:

3.3.12. Integrationssatz

Sei $U \subset \mathbb{C}$ eine offene Umgebung der abgeschlossenen oberen Halbebene $\overline{\mathbb{H}} = \{z \in \mathbb{C} : \mathrm{Im}(z) \geq 0\}$, $D \subset U$ endlich und $D \cap \mathbb{R} = \varnothing$. Außerdem sei f holomorph auf $U \setminus D$ und $\lim_{|z| \to \infty} z \cdot f(z) = 0$, und es existiere das uneigentliche Integral über f von $-\infty$ bis $+\infty$. Dann ist

$$\int_{-\infty}^{\infty} f(x)\, dx = 2\pi\,i \cdot \sum_{\mathrm{Im}(z) > 0} \mathrm{res}_z(f).$$

BEWEIS: Man wähle $r > 0$ so groß, dass alle Singularitäten von f in $D_r(0)$ liegen, und das sind nach Voraussetzung nur endlich viele.

Der Weg γ setze sich aus der Strecke zwischen $-r$ und r auf der reellen Achse und dem Halbkreis $\gamma_r(t) := re^{it}$ für $0 \leq t \leq \pi$ zusammen.

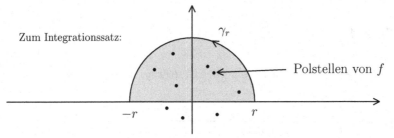

Zum Integrationssatz: γ_r

                                               Polstellen von f

Dann ist $\displaystyle\int_{\gamma_r} f(z)\,dz + \int_{-r}^{r} f(x)\,dx = \int_{\gamma} f(z)\,dz = 2\pi\,\mathrm{i} \cdot \sum_{\mathrm{Im}(z)>0} \mathrm{res}_z(f)$. Die Summe auf der rechten Seite ist natürlich endlich.

Für $r \to \infty$ strebt das Integral von $-r$ nach r gegen das zu berechnende uneigentliche Integral. Die Existenz dieses Integrals ist nach Voraussetzung gesichert. Das Integral über den Halbkreis kann man folgendermaßen abschätzen:

$$\Big|\int_{\gamma_r} f(z)\,dz\,\Big| \leq \pi r \cdot \sup_{|\gamma_r|}|f| = \pi \cdot \sup_{|\gamma_r|}|z \cdot f(z)| \to 0 \text{ für } r \to \infty.$$

Daraus folgt die Behauptung.

Ersetzt man γ_r durch den unteren Halbkreis, so erhält man:

$$\int_{-\infty}^{\infty} f(x)\,dx = -2\pi\,\mathrm{i} \cdot \sum_{\mathrm{Im}(z)<0} \mathrm{res}_z(f).$$

∎

Man kann sich fragen, ob die Existenz des Integrals nicht automatisch mitbewiesen wurde. Leider ist das nicht der Fall. Zur Erinnerung: Der Grenzwert

$$\text{C.H.} \int_{-\infty}^{\infty} g(t)\,dt := \lim_{r\to\infty} \int_{-r}^{r} g(t)\,dt$$

heißt ***Cauchy'scher Hauptwert*** des uneigentlichen Integrals.[1] Er kann existieren, auch wenn das uneigentliche Integral divergiert. Wenn letzteres allerdings konvergiert, dann stimmt es mit dem Cauchy'schen Hauptwert überein.

Im obigen Beweis wurde nur gezeigt, dass der Cauchy'sche Hauptwert existiert, weil man die Grenzen $-r$ und $+r$ gleichzeitig gegen ∞ laufen ließ.

In der Praxis hat man es meistens mit rationalen Funktionen zu tun. Wir sammeln erst mal ein paar Fakten über solche Funktionen.

---

[1]In der Literatur wird häufig auch die Bezeichnung PV (für „principal value") benutzt.

3.3.13. Satz

Sei $p(z)$ ein komplexes Polynom n-ten Grades. Dann gibt es Konstanten $c, C > 0$ und ein $R > 0$, so dass gilt:

$$c|z|^n \le |p(z)| \le C|z|^n \quad \text{für } |z| \ge R.$$

BEWEIS: Es reicht, ein normiertes Polynom $p(z) = z^n + a_{n-1}z^{n-1} + \cdots + a_0$ zu betrachten. Man schreibe dann $p(z) = z^n(1+g(z))$ mit $g(z) := a_{n-1}/z + \cdots + a_0/z^n$. Ist $\varepsilon > 0$ vorgegeben, $R > 0$ hinreichend groß und $|z| \ge R$, so ist

$$|g(z)| \le \frac{|a_{n-1}|}{R} + \cdots + \frac{|a_0|}{R^n} < \varepsilon,$$

also $|p(z)| = |z|^n \cdot |1 + g(z)| \le C \cdot |z|^n$, für $C := 1 + \varepsilon$. Wählt man außerdem $\varepsilon < 1$, so ist $c := 1 - \varepsilon > 0$ und $|p(z)| \ge |z|^n \cdot (1 - |g(z)|) \ge c \cdot |z|^n$.   ■

3.3.14. Folgerung

Sind $p(z)$ und $q(z)$ Polynome mit $\deg(q) = \deg(p) + k$, $k \ge 0$, so gibt es eine Konstante $C > 0$ und ein $R > 0$, so dass

$$\left| \frac{p(z)}{q(z)} \right| \le C \cdot \frac{1}{|z|^k}$$

für $|z| \ge R$ ist. Außerdem folgt:

1. *Ist $k = 1$, so ist $\left| z \cdot \dfrac{p(z)}{q(z)} \right|$ im Unendlichen beschränkt.*

2. *Ist $k \ge 2$ und $q(z)$ ohne reelle Nullstellen, so existiert das uneigentliche Integral*

$$\int_{-\infty}^{\infty} \frac{p(x)}{q(x)} \, dx.$$

BEWEIS: Für $|z| \ge R$ sei

$$c_1|z|^m \le |p(z)| \le C_1|z|^m \quad \text{und} \quad c_2|z|^n \le |q(z)| \le C_2|z|^n.$$

Dann ist $\left| \dfrac{p(z)}{q(z)} \right| \le C \cdot |z|^{m-n}$, für $|z| \ge R$, $C := \dfrac{C_1}{c_2}$ und $m - n \le -k$.

1) Ist $k = 1$, so ist $\left| z \cdot \dfrac{p(z)}{q(z)} \right| \le C$.

2) Ist $k \ge 2$, so folgt die Existenz des uneigentlichen Integrals aus der Konvergenz des Integrals $\int_a^{\infty} (1/|x|^k) \, dx$, dem Majoranten-Kriterium für uneigentliche Integrale und der Tatsache, dass $q(x)$ keine reellen Nullstelle besitzt.   ■

3.3.15. Folgerung (1. Variante des Integrationssatzes)

Sei $f(z) = p(z)/q(z)$ rational und ohne reelle Polstellen, $\deg(q) \geq \deg(p) + 2$.
Dann ist

$$\int_{-\infty}^{+\infty} f(x)\, dx = 2\pi\, \mathrm{i} \cdot \sum_{\mathrm{Im}(z)>0} \mathrm{res}_z(f).$$

BEWEIS: Aus den Voraussetzungen folgt, dass $\lim_{|z|\to\infty} z \cdot f(z) = 0$ ist und das uneigentliche Integral konvergiert. Also kann man sofort den Integrationssatz anwenden.   ∎

3.3.16. Beispiel

Wir wollen das Integral $I := \int_{-\infty}^{\infty} \dfrac{x^2}{1+x^4}\, dx$ berechnen. Dabei hat die Funktion $f(z) := \dfrac{z^2}{1+z^4}$ für $k = 0, 1, 2, 3$ Polstellen in den Punkten

$$z_k = \zeta_{4,k} e^{\,\mathrm{i}\,\pi/4} = e^{\,\mathrm{i}\,(\pi+2\pi k)/4} = \cos\left(\frac{\pi+2\pi k}{4}\right) + \mathrm{i}\,\sin\left(\frac{\pi+2\pi k}{4}\right).$$

Es ist $\mathrm{Im}(z_k) > 0$ für $k = 0$ und $k = 1$, und da die 4 Polstellen paarweise verschieden sind, liegen in

$$z_0 = e^{\,\mathrm{i}\,\pi/4} = \frac{1}{\sqrt{2}}(1 + \mathrm{i}) \quad \text{und} \quad z_1 = \mathrm{i}\, e^{\,\mathrm{i}\,\pi/4} = \frac{1}{\sqrt{2}}(\mathrm{i} - 1)$$

jeweils einfache Polstellen vor. Wie wir schon an früherer Stelle gesehen haben, ist

$$\mathrm{res}_{z_0}(f) \;=\; \frac{z_0^2}{4z_0^3} = \frac{1}{4}\bar{z}_0 = \frac{1}{4\sqrt{2}}(1 - \mathrm{i})$$

$$\text{und} \quad \mathrm{res}_{z_1}(f) \;=\; \frac{z_1^2}{4z_1^3} = \frac{1}{4}\bar{z}_1 = \frac{1}{4\sqrt{2}}(-1 - \mathrm{i}),$$

und demnach

$$I = 2\pi\, \mathrm{i}\, \left(\frac{1}{4\sqrt{2}}(1 - \mathrm{i}) + \frac{1}{4\sqrt{2}}(-1 - \mathrm{i}) \right) = \frac{\pi\, \mathrm{i}}{2\sqrt{2}}(-2\,\mathrm{i}) = \frac{\pi}{\sqrt{2}}.$$

3.3.17. Satz (2. Variante des Integrationssatzes)

Sei $f(z) = p(z)/q(z)$ rational und ohne reelle Polstellen, $\deg(q) \geq \deg(p)+1$ und $\alpha > 0$. Dann ist

$$\int_{-\infty}^{+\infty} f(x)e^{\,\mathrm{i}\,\alpha x}\, dx = 2\pi\, \mathrm{i} \cdot \sum_{\mathrm{Im}(z)>0} \mathrm{res}_z\!\left(f(z)e^{\,\mathrm{i}\,\alpha z}\right).$$

Ist $\alpha < 0$, so muss man die Residuen in der unteren Halbebene heranziehen.

BEWEIS: Aus den Voraussetzungen folgt, dass Konstanten $C, R > 0$ existieren, so dass $|f(z)| \leq C/|z|$ für $|z| \geq R$ ist. Insbesondere ist dann $\lim_{|z| \to \infty} f(z) = 0$. Die Existenz des uneigentlichen Integrals darf man hier nicht voraussetzen. Man muss also einen neuen Beweis finden. Dazu benutze man die folgenden Integrationswege:

Zur 2. Variante des Integrationssatzes:

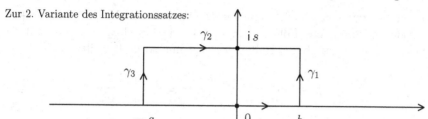

Es sei stets $s = a + b$, und die Zahlen seien außerdem so gewählt, dass alle Polstellen von f in $\mathbb{H}$ im Innern des Rechtecks liegen. Es reicht zu zeigen, dass die Integrale

$$I_\nu := \int_{\gamma_\nu} f(z) e^{i\alpha z}\, dz$$

für $\nu = 1, 2, 3$ und $a, b \to \infty$ gegen null streben. Dabei sei $\gamma_1(t) := b + it$ und $\gamma_3(t) := -a + it$ für $0 \leq t \leq s$, sowie $\gamma_2(t) := t + is$ für $-a \leq t \leq b$. Insbesondere folgt dann auch die Existenz des uneigentlichen Integrals.

1) Die Standardabschätzung ergibt:

$$
\begin{aligned}
|I_2| &\leq (a + b) \cdot \sup_{|\gamma_2|} |f(z) e^{i\alpha z}| \leq s \cdot e^{-\alpha s} \cdot \sup_{|\gamma_2|} |f(z)| \\
&\leq \sup_{|\gamma_2|} |f(z)| \to 0 \quad \text{für } s \to \infty,
\end{aligned}
$$

wobei man annehmen konnte, dass $e^{\alpha s} > s$ ist.

b) Es ist

$$
\begin{aligned}
|I_1| &\leq \int_0^s |f(b + it)| \cdot e^{-\alpha t}\, dt \leq \sup_{|\gamma_1|} |f| \cdot \int_0^s e^{-\alpha t}\, dt \\
&= \sup_{|\gamma_1|} |f| \cdot \frac{1 - e^{-\alpha s}}{\alpha} \leq \frac{1}{\alpha} \sup_{|\gamma_1|} |f| \to 0 \quad \text{für } a, b \to \infty.
\end{aligned}
$$

$I_3(t)$ wird analog abgeschätzt.

Damit folgt die Existenz des uneigentlichen Integrals und die gewünschte Formel.

∎

3.3.18. Beispiel

Es sollen die Integrale $\displaystyle\int_{-\infty}^{+\infty} \frac{\cos x}{x^2 + 2x + 4}\, dx$ und $\displaystyle\int_{-\infty}^{+\infty} \frac{\sin x}{x^2 + 2x + 4}\, dx$ berechnet werden.

Offensichtlich erfüllt das Integral

$$I = \int_{-\infty}^{+\infty} \frac{e^{ix}}{x^2 + 2x + 4}\, dx$$

die Voraussetzungen des obigen Satzes. Die Funktion $f(z) := e^{iz}/(z^2 + 2z + 4)$ ist meromorph mit den Polstellen $z_1 = -1 + i\sqrt{3}$ und $z_2 := -1 - i\sqrt{3}$. In einer Umgebung der oberen Halbebene liegt nur z_1, und es gilt:

$$\operatorname{res}_{z_1}(f) = \lim_{z \to z_1} \frac{e^{iz}}{z - z_2} = \frac{e^{i(-1 + i\sqrt{3})}}{2i\sqrt{3}} = \frac{e^{-i}e^{-\sqrt{3}}}{2i\sqrt{3}}.$$

Damit folgt:

$$\int_{-\infty}^{+\infty} \frac{e^{ix}}{x^2 + 2x + 4}\, dx = 2\pi i \operatorname{res}_{z_1}(f) = \pi \cdot \frac{e^{-i}e^{-\sqrt{3}}}{\sqrt{3}}$$

$$= \frac{\pi}{\sqrt{3}} \cdot e^{-\sqrt{3}} \cdot \big(\cos(-1) + i\sin(-1)\big),$$

also

$$\int_{-\infty}^{+\infty} \frac{\cos x}{x^2 + 2x + 4}\, dx = \frac{\pi}{\sqrt{3}} \cdot e^{-\sqrt{3}} \cos(1).$$

3.3.19. Aufgaben

A. Berechnen Sie das Residuum von $f(z) := 1/(z^2 + 2)^3$ in $z_0 := i\sqrt{2}$.

B. Der Weg $\alpha : [0, 4\pi] \to \mathbb{C}$ sei definiert durch

$$\alpha(t) := \begin{cases} 1 + e^{i(2t - \pi)} & \text{für } 0 \le t \le 2\pi, \\ -1 + e^{i(4\pi - 2t)} & \text{für } 2\pi < t \le 4\pi. \end{cases}$$

Berechnen Sie das Integral

$$\int_{\alpha} \frac{16z^3 + 6z}{(z^2 + 1)(4z^2 - 1)}\, dz.$$

C. (a) Berechnen Sie das Integral $\displaystyle\int_{|z|=2} \frac{5z - 2}{z(z - 1)}\, dz$ mit Hilfe des Residuensatzes.

  (b) Bestimmen Sie das Residuum von $z \cdot \cos(1/z)$ in $z = 0$.

  (c) Benutzen Sie den Satz von Rouché, um zu zeigen: Alle Nullstellen von $f(z) := z^7 - 5z^3 + 12$ liegen im Kreisring $K := \{z \in \mathbb{C} : 1 \le |z| < 2\}$.

D. Berechnen Sie das Integral $\displaystyle\int_{-\infty}^{\infty} \frac{x^2 + 1}{x^4 + 1}\, dx$.

E. Berechnen Sie $J := \displaystyle\int_0^\infty \frac{dx}{(x^2 + a^2)^2}$ (für $a > 0$).

F. Beweisen Sie: $\displaystyle\int_{-\infty}^\infty \frac{x^2\, dx}{(x^2 + 1)^2(x^2 + 2x + 2)} = \frac{7\pi}{50}$.

G. Bestimmen Sie den Typ der Singularität und das Residuum der folgenden Funktionen im Nullpunkt:

$$\frac{e^z}{\sin z}, \quad \frac{2z + 1}{z(z^3 - 5)}, \quad z^{-2}\log(1 + z) \quad \text{und} \quad \frac{\sin z}{z^4}.$$

H. Für $n \geq 2$ ist $\displaystyle\int_0^\infty \frac{1}{1 + x^n}\, dx = \frac{\pi/n}{\sin(\pi/n)}$.

Beweisen Sie dies mit Hilfe
der nebenstehenden Figur:

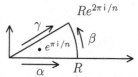

I. Sei α eine positiv orientierte Parametrisierung der durch $|z + 2| + |z - 2| = 6$ gegebenen Kurve (für welche Punkte ist die Summe der Abstände von zwei gegebenen Punkten konstant?). Berechnen Sie das Integral $\displaystyle\int_\alpha \frac{z^5}{(z^2 - 1)(z + i)^2}\, dz$.

J. Berechnen Sie das Integral $\displaystyle\int_0^\infty \frac{x \sin x}{(x^2 + 1)^2}\, dx$.

Hinweis: Berechnen Sie zuerst $\displaystyle\int_{-\infty}^\infty \frac{x}{(x^2 + 1)^2} e^{ix}\, dx$.

K. Entwickeln Sie die folgenden Funktionen in eine Laurent-Reihe und geben Sie das Residuum an:

a) $\dfrac{e^{2z}}{(z - 1)^3}$ um $z_0 := 1$.

b) $\dfrac{1}{z^2(z - 3)^2}$ um $z_0 := 3$.

L. Zeigen Sie: $\displaystyle\int_0^{2\pi} \frac{dt}{(5 - 3\sin t)^2} = \frac{5\pi}{32}$.

M. Berechnen Sie das Integral $\displaystyle\int_0^{2\pi} \frac{dx}{3 - 2\cos x + \sin x}$.

N. Berechnen Sie das Integral $\displaystyle\int_0^{2\pi} \frac{d\theta}{(3\cos\theta + 5)^2}$.

O. Berechnen Sie für $C := \{z \in \mathbb{C} : |z + i + 1| = \sqrt{2}\}$ das Integral

$$\int_C \frac{z^5}{(z^2 - 1)(z + i)^2}\, dz.$$

3.4   Der verallgemeinerte Integralsatz

Der Cauchy'sche Integralsatz wurde bisher nur für geschlossene Integrationswege in einfach zusammenhängenden Gebieten bewiesen. Es gibt eine deutlich allgemeinere Formulierung, die zu einer neuen Charakterisierung des Begriffes „einfach zusammenhängend" führt. Außerdem lässt sich damit auch der Residuensatz allgemeiner formulieren.

Unter einer **Kette** von Wegen in einem Gebiet G versteht man eine formale Linearkombination

$$\Gamma = \sum_{j=1}^{N} n_j \alpha_j$$

von Wegen α_j in G mit ganzzahligen Koeffizienten $n_j = n(\alpha_j)$. Die Menge $|\Gamma| := |\alpha_1| \cup \ldots \cup |\alpha_N|$ heißt die **Spur** von Γ. Einfache Fälle (Summen von Wegen oder umgekehrt durchlaufene Wege) haben wir schon früher kennengelernt.

Ist f eine holomorphe Funktion auf G, so setzt man

$$\int_{\Gamma} f(z)\, dz := \sum_{i=1}^{N} n_i \int_{\alpha_i} f(z)\, dz.$$

Jeder Weg ist natürlich auch eine Kette. Ist der Weg geschlossen, so gibt es genau einen Punkt, der zugleich Anfangs- und Endpunkt ist. Diese Eigenschaft können wir benutzen, um geschlossene Wege zu verallgemeinern und „geschlossene Ketten", sogenannte Zyklen einzuführen.

Definition (Zyklus):
Für einen Weg α sei $z_A(\alpha)$ der Anfangspunkt und $z_E(\alpha)$ der Endpunkt. Eine Kette $\Gamma = \sum_{j=1}^{N} n_j \alpha_j$ in G heißt ein **Zyklus**, falls für jeden Punkt $z \in G$ gilt:

$$\sum_{j \text{ mit } z=z_A(\alpha_j)} n(\alpha_j) = \sum_{k \text{ mit } z=z_E(\alpha_k)} n(\alpha_k).$$

3.4.1. Beispiele

  A. Ist α ein geschlossener Weg mit Anfangs- und Endpunkt z_0, so ist $n \cdot \alpha$ für jedes $n \in \mathbb{Z}$ ein Zyklus, denn die zu betrachtenden Summen ergeben entweder beide n (im Punkt z_0) oder 0 (sonst). Insbesondere ist jeder konstante Weg (dessen Spur ein einzelner Punkt ist) ein Zyklus.

  B. Sind $\alpha_1, \ldots, \alpha_N$ irgendwelche Wege mit $z_E(\alpha_j) = z_A(\alpha_{j+1})$ und $z_E(\alpha_N) = z_A(\alpha_1)$, so ist $\alpha_1 + \cdots + \alpha_N$ ein Zyklus.

C. Sind $\Gamma_1, \ldots, \Gamma_n$ Zyklen und $a_1, \ldots, a_n$ ganze Zahlen, so ist auch die Linearkombination $a_1\Gamma_1 + \cdots + a_n\Gamma_n$ ein Zyklus.

3.4.2. Verallgemeinerter Fundamentalsatz

Sei $G \subset \mathbb{C}$ ein Gebiet, $f : G \to \mathbb{C}$ holomorph. f besitzt genau dann auf G eine Stammfunktion, wenn gilt:

$$\int_\Gamma f(z)\, dz = 0 \quad \text{für jeden Zyklus } \Gamma \text{ in } G.$$

BEWEIS: 1) Sei $f = F'$ auf G und $\Gamma = \sum_{j=1}^{N} n_j \alpha_j$ ein Zyklus in G. Dann gilt:

$$\int_\Gamma f(z)\, dz = \sum_{j=1}^{N} n_j \int_{\alpha_j} F'(z)\, dz = \sum_{j=1}^{N} n_j \left[F\big(z_E(\alpha_j)\big) - F\big(z_A(\alpha_j)\big) \right]$$

$$= \sum_{z \in G} F(z) \cdot \left(\sum_{z = z_E(\alpha_j)} n_j - \sum_{z = z_A(\alpha_k)} n_k \right) = 0.$$

2) Ist umgekehrt das Kriterium erfüllt, so ist $\int_\alpha f(z)\, dz = 0$ für jeden geschlossenen Weg α, und f besitzt (nach dem Fundamentalsatz) eine Stammfunktion. ∎

Auch der Begriff der Umlaufzahl kann verallgemeinert werden:

Definition (Umlaufzahl):

Sei $\Gamma = \sum_{j=1}^{N} n_j \alpha_j$ eine Kette in $\mathbb{C}$ und $z \notin |\Gamma|$. Dann heißt

$$n(\Gamma, z) := \frac{1}{2\pi\, \mathrm{i}} \int_\Gamma \frac{d\zeta}{\zeta - z} = \frac{1}{2\pi\, \mathrm{i}} \sum_{j=1}^{N} n_j \int_{\alpha_j} \frac{d\zeta}{\zeta - z}$$

die **Umlaufzahl** von Γ bezüglich z.

3.4.3. Eigenschaften der Umlaufzahl

1. $n(\Gamma, z)$ hängt stetig von z ab.

2. $n(\Gamma_1 + \Gamma_2, z) = n(\Gamma_1, z) + n(\Gamma_2, z)$.

3. $n(-\Gamma, z) = -n(\Gamma, z)$.

Der BEWEIS ist trivial.

3.4.4. Umlaufszahlen von Zyklen sind ganzzahlig

Ist Γ ein Zyklus und $z_0 \notin |\Gamma|$, so ist $n(\Gamma, z_0) \in \mathbb{Z}$.

BEWEIS: Ist α ein Weg und $z_0 \notin |\alpha|$, so liegt 0 nicht auf dem durch $(\alpha - z_0)(t) :=$ $\alpha(t) - z_0$ definierten Weg $\alpha - z_0$, und es gilt $n(\alpha - z_0, 0) = n(\alpha, z_0)$. Deshalb können wir o.B.d.A. annehmen, dass $z_0 = 0$ ist.

Sei $\Gamma = \sum_{j=1}^{N} n_j \alpha_j$. Es gibt dann zu jedem Weg $\alpha_j : [a_j, b_j] \to \mathbb{C}^*$ eine stetige Argumentfunktion $\varphi_j : [a_j, b_j] \to \mathbb{R}$, so dass gilt:

$$n(\alpha_j, 0) = \frac{1}{2\pi}\big(\varphi_j(b_j) - \varphi_j(a_j)\big), \text{ also } n(\Gamma, 0) = \frac{1}{2\pi}\sum_{j=1}^{N} n_j \cdot \big(\varphi_j(b_j) - \varphi_j(a_j)\big).$$

Es gibt ganze Zahlen k_j und l_j, so dass $\varphi_j(a_j) = \arg(z_A(\alpha_j)) + 2\pi k_j$ und $\varphi_j(b_j) = \arg(z_E(\alpha_j)) + 2\pi l_j$ ist. Also ist

$$
\begin{aligned}
n(\Gamma, 0) &= \sum_{j=1}^{N} n_j(k_j - l_j) + \frac{1}{2\pi}\sum_{j=1}^{N} n_j\Big(\arg\big(z_E(\alpha_j)\big) - \arg\big(z_A(\alpha_j)\big)\Big) \\
&= \sum_{j=1}^{N} n_j(k_j - l_j) + \frac{1}{2\pi}\sum_{z \in G} \arg(z) \cdot \left(\sum_{z = z_E(\alpha_j)} n_j - \sum_{z = z_A(\alpha_k)} n_k\right) \\
&= \sum_{j=1}^{N} n_j(k_j - l_j) \in \mathbb{Z}.
\end{aligned}
$$

$\blacksquare$

3.4.5. Die Zusammenhangskomponenten von $\mathbb{C} \setminus |\Gamma|$

Sei Γ ein Zyklus in $\mathbb{C}$. Dann enthält $\mathbb{C} \setminus |\Gamma|$ höchstens abzählbar viele Zusammenhangskomponenten, und genau eine davon ist unbeschränkt. Die Umlaufszahl $n(\Gamma, z)$ ist auf jeder Zusammenhangskomponente konstant und verschwindet auf der unbeschränkten Komponente.

Der BEWEIS kann wörtlich vom Beweis für geschlossene Wege abgeschrieben werden.

Definition (nullhomologe Zyklen):

Sei $G \subset \mathbb{C}$ ein Gebiet. Ein Zyklus Γ in B heißt **nullhomolog** in G, falls $n(\Gamma, z) = 0$ für jeden Punkt $z \in \mathbb{C} \setminus G$ ist. Zwei Zyklen Γ_1, Γ_2 in G heißen **homolog** in G, falls ihre Differenz nullhomolog in G ist.

Anschaulich gesprochen ist ein Zyklus Γ genau dann nullhomolog in G, wenn er keinen Punkt des Komplementes von G umläuft. Der Rand des Einheitskreises ist also in $\mathbb{C}^*$ nicht nullhomolog. Nun kann man den Cauchy'schen Integralsatz in folgender Weise verallgemeinern:

3.4.6. Allgemeiner Cauchy'scher Integralsatz

Sei $G \subset \mathbb{C}$ ein Gebiet, $f : G \to \mathbb{C}$ holomorph und Γ ein nullhomologer Zyklus in G. Dann gilt:

1. $\displaystyle\int_\Gamma f(z)\,dz = 0.$

2. Ist $z \in G \setminus |\Gamma|$ und $k \in \mathbb{N}_0$, so ist

$$n(\Gamma, z) \cdot f^{(k)}(z) = \frac{k!}{2\pi i} \int_\Gamma \frac{f(\zeta)}{(\zeta - z)^{k+1}}\,d\zeta.$$

BEWEIS: Der hier vorgestellte Beweis wurde von J.D.Dixon 1971 veröffentlicht.

1. Schritt: Auf $G \times G$ wird folgende Funktion definiert:

$$g(w, z) := \begin{cases} \dfrac{f(w) - f(z)}{w - z} & \text{für } w \neq z \\ f'(z) & \text{für } w = z. \end{cases}$$

Wir zeigen, dass g stetig und bei festem w holomorph in z ist. Die Stetigkeit von g in Punkten (w, z) mit $w \neq z$ ist klar. Also untersuchen wir Differenzen der Gestalt $g(w, z) - g(z_0, z_0)$.

a) Ist $w = z$, so erhält man $g(w, z) - g(z_0, z_0) = f'(z) - f'(z_0)$, und diese Differenz strebt für $z \to z_0$ gegen Null.

b) Ist $w \neq z$, so ist

$$g(w, z) - g(z_0, z_0) = \frac{f(w) - f(z)}{w - z} - f'(z_0) = \frac{1}{w - z} \int_z^w [f'(\zeta) - f'(z_0)]\,d\zeta.$$

In der Nähe von z_0 kann man das Integral über die Verbindungsstrecke von z und w erstrecken und erhält:

$$|g(w, z) - g(z_0, z_0)| \leq \sup_{[0,1]} |f'(z + t(w - z)) - f'(z_0)|.$$

Wegen der Stetigkeit von f' strebt der Ausdruck auf der rechten Seite für $(w, z) \to (z_0, z_0)$ gegen Null.

Bei festem w ist $g(w, z)$ stetig und für $z \neq w$ holomorph, also überhaupt holomorph.

2. Schritt: Wir wollen zunächst die Formel (2) im Falle $k = 0$ beweisen.

Sei $z \in G \setminus |\Gamma|$. Es ist

$$\frac{1}{2\pi i} \int_\Gamma \frac{f(\zeta)}{\zeta - z} \, d\zeta - n(\Gamma, z) \cdot f(z) = \frac{1}{2\pi i} \int_\Gamma g(\zeta, z) \, d\zeta.$$

Um die verallgemeinerte Integralformel für $k = 0$ zu beweisen, genügt es zu zeigen, dass $\int_\Gamma g(\zeta, z) \, d\zeta = 0$ ist. Wir definieren daher $h_0 : G \to \mathbb{C}$ durch

$$h_0(z) := \int_\Gamma g(\zeta, z) \, d\zeta.$$

Offensichtlich ist h_0 stetig, und wir zeigen mit Hilfe des Satzes von Morera, dass h_0 sogar holomorph ist: Sei Δ ein abgeschlossenes Dreieck in G. Dann ist

$$\int_{\partial \Delta} h_0(z) \, dz = \int_{\partial \Delta} \int_\Gamma g(\zeta, z) \, d\zeta \, dz = \int_\Gamma \left[\int_{\partial \Delta} g(\zeta, z) \, dz \right] d\zeta.$$

Die Vertauschbarkeit der Integrale ist gegeben, weil g stetig auf $G \times G$ ist. Aber weil $g(\zeta, z)$ bei festem ζ holomorph in z ist, verschwindet das innere Integral auf der rechten Seite und damit auch das Gesamtintegral auf der linken Seite. h_0 ist tatsächlich holomorph auf G.

3. Schritt: Der entscheidende Trick des Beweises kommt jetzt:

Sei $G_0 := \{z \in \mathbb{C} \setminus |\Gamma| \; : \; n(\Gamma, z) = 0\}$. Als Vereinigung von Zusammenhangskomponenten ist G_0 offen. Da Γ nullhomolog in G ist, liegt $\mathbb{C} \setminus G$ in G_0, und daher ist $G \cup G_0 = \mathbb{C}$. Auf $G \cap G_0$ gilt jedoch:

$$h_0(z) = \int_\Gamma \frac{f(\zeta)}{\zeta - z} \, d\zeta =: h_1(z),$$

und h_1 ist auf $\mathbb{C} \setminus |\Gamma|$ und damit insbesondere auf G_0 holomorph. h_0 lässt sich also mit Hilfe von h_1 zu einer ganzen Funktion h fortsetzen. Die Standardabschätzung zeigt sofort, dass $h_1(z)$ für $z \to \infty$ gegen Null strebt. Damit ist h beschränkt und nach Liouville konstant. Und diese Konstante muss offensichtlich $= 0$ sein.

4. Schritt: Wir haben die Integralformel für den Fall $k = 0$ bewiesen:

$$n(\Gamma, z) \cdot f(z) = \frac{1}{2\pi i} \int_\Gamma \frac{f(\zeta)}{\zeta - z} \, d\zeta.$$

Die Fälle $k \geq 1$ ergeben sich hieraus durch fortgesetztes Differenzieren. Den verallgemeinerten Cauchy'schen Integralsatz erhält man, indem man die Formel auf die Funktion $F(z) := f(z)(z - z_0)$ anwendet:

$$0 = n(\Gamma, z_0) \cdot F(z_0) = \frac{1}{2\pi i} \int_\Gamma \frac{F(z)}{z - z_0} \, dz = \frac{1}{2\pi i} \int_\Gamma f(z) \, dz.$$

Damit ist alles gezeigt.   ∎

3.4.7. Homologie und einfacher Zusammenhang

Sei $G \subset \mathbb{C}$ ein Gebiet. Dann sind folgende Aussagen äquivalent:

1. *Jeder Zyklus in G ist nullhomolog in G.*

2. $\int_\Gamma f(z)\, dz = 0$ *für jeden Zyklus Γ und jede holomorphe Funktion f in G.*

3. *G ist einfach zusammenhängend, d.h., jede holomorphe Funktion auf G besitzt eine Stammfunktion.*

4. *Ist $f : G \to \mathbb{C}$ holomorph und ohne Nullstellen, so gibt es eine holomorphe Funktion q auf G mit $\exp \circ q = f$.*

BEWEIS: $(1) \implies (2)$: Das haben wir oben gerade gezeigt.

$(2) \implies (3)$: Das ist der Hauptsatz über Kurvenintegrale.

$(3) \implies (4)$: Auch diese Aussage haben wir schon früher bewiesen.

$(4) \implies (1)$: Sei Γ ein Zyklus in G und $a \in \mathbb{C} \setminus G$. Dann hat $f(z) := z - a$ keine Nullstelle in G und es gibt eine holomorphe Funktion q mit $f = \exp \circ q$. Nun folgt:

$$f'(z) = q'(z) \cdot f(z), \text{ also } q'(z) = \frac{f'(z)}{f(z)} = \frac{1}{z - a}.$$

Daher ist $n(\Gamma, a) = \dfrac{1}{2\pi i} \displaystyle\int_\Gamma \frac{1}{z - a}\, dz = \dfrac{1}{2\pi i} \displaystyle\int_\Gamma q'(z)\, dz = 0$, wie aus Satz 3.4.2 (Seite 153) folgt.   ∎

3.4.8. (Verallgemeinerter Residuensatz)

Sei $G \subset \mathbb{C}$ ein Gebiet, $D \subset G$ diskret, Γ ein nullhomologer Zyklus in G mit $|\Gamma| \cap D = \varnothing$ und $f : G \setminus D \to \mathbb{C}$ holomorph. Dann gilt:

$$\frac{1}{2\pi i} \int_\Gamma f(\zeta)\, d\zeta = \sum_{z \in G} n(\Gamma, z)\, \mathrm{res}_z(f).$$

Man beachte: Es gibt höchstens endlich viele Punkte $z \in D$, in denen eventuell $n(\Gamma, z) \neq 0$ ist, und für $z \in G \setminus D$ ist $\mathrm{res}_z(f) = 0$. Also ist die Summe auf der rechten Seite der Gleichung sinnvoll.

BEWEIS: Sei $D' = \{z_1, \ldots, z_N\}$ die Menge derjenigen Punkte $z \in D$, in denen $n(\Gamma, z) \neq 0$ ist, sowie $D'' := D \setminus D'$. Dann ist Γ im Gebiet $B := G \setminus D''$ nullhomolog. Für $\mu = 1, \ldots, N$ sei $h_\mu(z)$ der Hauptteil der Laurent-Entwicklung von f um z_μ. Dann ist $f - \sum_{\mu=1}^N h_\mu$ auf B holomorph und $\int_\Gamma f(z)\, dz = \sum_{\mu=1}^N \int_\Gamma h_\mu(z)\, dz$.

Ist $h_\mu(z) = \sum_{n=-\infty}^{-1} a_{\mu,n}(z - z_\mu)^n$, so gilt:

$$\int_\Gamma h_\mu(z)\, dz = \sum_{n=-\infty}^{-1} a_{\mu,n} \int_\Gamma (z - z_\mu)^n\, dz$$

$$= a_{\mu,-1} \int_\Gamma \frac{1}{z - z_\mu}\, dz + \sum_{n \geq 2} a_{\mu,-n} \int_\Gamma \frac{1}{(z - z_\mu)^n}\, dz$$

$$= a_{\mu,-1} \cdot 2\pi\, \mathrm{i} \cdot n(\Gamma, z_\mu) = 2\pi\, \mathrm{i} \cdot \mathrm{res}_{z_\mu}(f) \cdot n(\Gamma, z_\mu),$$

denn für $n \geq 2$ besitzt $1/(z - z_\mu)^n$ in der Nähe von $|\Gamma|$ eine Stammfunktion.   ∎

3.4.9. (Verallgemeinertes Argument-Prinzip)

Sei $G \subset \mathbb{C}$ ein Gebiet und Γ ein nullhomologer Zyklus in G. Weiter sei f auf G meromorph und nicht konstant, N die Menge der Nullstellen und P die Menge der Polstellen von f, sowie $|\Gamma| \cap (N \cup P) = \varnothing$. Dann gilt:

$$\frac{1}{2\pi\, \mathrm{i}} \int_\Gamma \frac{f'(\zeta)}{f(\zeta)}\, d\zeta = \sum_{a \in N} n(\Gamma, a) o(f, a) - \sum_{b \in P} n(\Gamma, b) o(f, b),$$

wenn man mit $o(f, z)$ die Null- bzw. Polstellenordnung von f in z bezeichnet.

BEWEIS: Man kann fast wörtlich den Beweis des speziellen Argument-Prinzips aus Abschnitt 3.3 übernehmen, muss aber den verallgemeinerten Residuensatz benutzen.   ∎

3.4.10. Aufgaben

A. Die Wege $\gamma_1 : [0, 1] \to \mathbb{C}$ und $\gamma_2 : [0, 1] \to \mathbb{C}$ seien definiert durch $\gamma_1(t) := t$ und $\gamma_2(t) := (1 - t) + \mathrm{i}\, t$. Parametrisieren Sie die Spur der Kette $\gamma_1 + \gamma_2$ durch eine stückweise glatte Parametrisierung $\gamma : [0, 1] \to \mathbb{C}$. Geht das auch mit einer glatten Parametrisierung?

B. Suchen Sie globale Stammfunktionen zu $f(z) := z e^z$ (auf $\mathbb{C}$), zu $g(z) := \cos^2 z$ (auf $\mathbb{C}$) und zu $h(z) := \log z$ (in $\mathbb{C}^* \setminus \mathbb{R}_-$).

C. Sei $\gamma(t) := e^{\mathrm{i} t}$ für $-\pi/2 \leq t \leq \pi/2$. Entwickeln Sie die holomorphe Funktion

$$f(z) := \frac{1}{2\pi\, \mathrm{i}} \int_\gamma \frac{1}{\zeta - z}\, d\zeta$$

in eine Potenzreihe um den Nullpunkt. Wie groß ist der Konvergenzradius?

D. Sei $\alpha(t) := e^{\mathrm{i} t}$ (für $0 \leq t \leq 2\pi$), $\beta(t) := 2 + e^{\mathrm{i} t}$ (für $\pi \leq t \leq 2\pi$) und $\gamma(t) := 2 + e^{-\mathrm{i} t}$ (für $\pi \leq t \leq 2\pi$). Sind die Ketten $\Gamma_1 = \alpha + \beta - \gamma$, $\Gamma_2 := 3\alpha + \beta$ und $\Gamma_3 := 2\alpha$ Zyklen? Falls ja, berechnen Sie die Umlaufszahlen bezüglich $z_0 = 2$.

E. Sei $\alpha(t) := 2e^{-it}$, $\beta_1(t) := i + \frac{1}{2}e^{it}$ und $\beta_2(t) := -i + \frac{1}{2}e^{it}$, sowie $G := \mathbb{C} \setminus \{i, -i\}$.

Für welche ganzen Zahlen k, l, m ist $\gamma := k\alpha + l\beta_1 + m\beta_2$ in G nullhomolog? Berechnen Sie für $f(z) := 1/(z-i)$, $g(z) := 1/(z+i)$ und $h(z) := 1/(z^2+1)$ jeweils $\int_\gamma f(z)\, dz$.

3.5 Anwendungen

Partialbruchzerlegung

Als erste, einfache Anwendung greifen wir das Problem der Partialbruchzerlegung auf, für das der Residuensatz eine neue und elegante Methode liefert. Wir betrachten eine rationale Funktion $f(z) = p(z)/q(z)$ (gekürzt, mit $\mathrm{grad}(p) < \mathrm{grad}(q)$) und nehmen an, dass wir den Nenner in Linearfaktoren zerlegen können:

$$q(z) = \prod_{i=1}^{N}(z - a_i)^{r_i}, \quad a_i \neq a_j \text{ für } i \neq j.$$

Dann gibt es eine Darstellung

$$\frac{p(z)}{q(z)} = \sum_{i=1}^{N}\sum_{j=1}^{r_i} \frac{c_{ij}}{(z-a_i)^j},$$

und wir wollen versuchen, die Koeffizienten c_{ij} zu bestimmen. Dabei beschränken wir uns auf den Fall, dass alle $r_i \leq 2$ sind.

Offensichtlich ist $\sum_{j=1}^{r_i} \dfrac{c_{ij}}{(z-a_i)^j}$ der Hauptteil der Laurent-Entwicklung von f in a_i (denn alle anderen Summanden sind in a_i holomorph). Damit folgt sofort:

$$c_{i1} = \mathrm{res}_{a_i}(f).$$

Ist $r_i = 1$, so ist $c_{i1} = \lim_{z \to a_i}(z - a_i)f(z)$.

Ist $r_i = 2$, so ist $c_{i1} = \lim_{z \to a_i}\left[(z - a_i)^2 f(z)\right]'$.

Der Koeffizient c_{i2} kommt nur vor, wenn $r_i = 2$ ist. Offensichtlich ist dann

$$c_{i2} = \lim_{z \to a_i}(z - a_i)^2 f(z).$$

Integralberechnungen

Wir haben schon zwei Integraltypen behandelt, trigonometrische Integrale und uneigentliche rationale Integrale. Hier sollen weitere Typen untersucht werden.

Typ 3: Integranden mit Verzweigungssingularität

Wir betrachten einen Integranden, der eine Funktion $f(z)$ enthält, die auf einer aufgeschlitzten Ebene definiert ist. Wir können dabei an den Logarithmus oder eine Potenzfunktion denken. Überschreitet man den Schnitt, so zeigt die Funktion ein wohlbestimmtes Verhalten. Der Logarithmus macht z.B. einen Sprung um $2\pi\,\mathrm{i}$, und die normale Wurzelfunktion wechselt das Vorzeichen. Wir können neue Typen von Integralen berechnen, indem wir einen geschlossenen Weg betrachten, der zum Teil auf beiden Seiten des Schnittes entlangläuft.

Als Beispiel betrachten wir das Integral $I := \displaystyle\int_0^\infty \frac{1}{(x+1)x^{1/2}}\,dx$.

In der Nähe von $x = 0$ kann der Integrand durch $x^{-1/2}$ abgeschätzt werden, für großes x durch $x^{-3/2}$. Damit ist klar, dass das Integral als uneigentliches Integral (absolut) konvergiert.

Da der Integrand eine Polstelle bei $z = -1$ hat und wir für die Anwendung des Residuensatzes einen Weg brauchen, der mindestens eine Polstelle umläuft, bietet es sich an, die Wurzelfunktion auf der längs der positiven x-Achse aufgeschnittenen Ebene zu verwenden:

$$\sqrt{z} = \sqrt{re^{\mathrm{i}t}} := \sqrt{r}\,e^{\mathrm{i}t/2},\ \text{für } 0 < t < 2\pi.$$

Strebt z von oben gegen die positive reelle Zahl x (also t gegen Null), so strebt $\sqrt{z}$ gegen $+\sqrt{x}$. Strebt z von unten gegen x (also t gegen 2π), so strebt $\sqrt{z}$ gegen $-\sqrt{x}$. Wir betrachten nun den folgenden Integrationsweg:

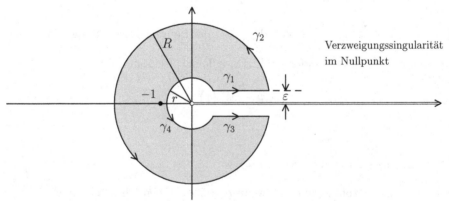

Sei $F(z) := \dfrac{1}{(z+1)\sqrt{z}}$ und $\Gamma := \gamma_1 + \gamma_2 - \gamma_3 - \gamma_4$. Dann ist

$$\int_\Gamma F(z)\,dz = 2\pi\,\mathrm{i}\,\mathrm{res}_{-1}\big(F(z)\big) = 2\pi\,\mathrm{i} \cdot \lim_{z \to -1} \frac{1}{\sqrt{z}} = 2\pi.$$

Für $\varepsilon \to 0$ strebt $\displaystyle\int_{\gamma_1} F(z)\,dz$ gegen $\displaystyle\int_r^R \frac{1}{(x+1)x^{1/2}}\,dx$ und $\displaystyle\int_{-\gamma_3} F(z)\,dz$ gegen

$\displaystyle\int_R^r \frac{1}{(x+1)(-x^{1/2})}\,dx = \int_r^R \frac{1}{(x+1)x^{1/2}}\,dx$, also den gleichen Wert.

Ist $|z| = R$ groß, so ist $|z+1| \ge |z| - 1 = R - 1 \ge R/2$ und $|F(z)| \le 2 \cdot R^{-3/2}$. Deshalb strebt

$$\Big| \int_{\gamma_2} F(z)\,dz \Big| \le 2\pi R \cdot \frac{2}{R^{3/2}} = \frac{4\pi}{R^{1/2}}$$

für $R \to \infty$ gegen Null.

Ist $|z| = r$ klein, so ist $|z+1| \ge 1 - |z| > 1/2$ und $|F(z)| \le 2 \cdot r^{-1/2}$. Deshalb strebt auch

$$\Big| \int_{\gamma_4} F(z)\,dz \Big| \le 2\pi r \cdot \frac{2}{r^{1/2}} = 4\pi \cdot r^{1/2}$$

für $r \to 0$ gegen Null.

Alles zusammen ergibt die Beziehung

$$2\pi = 2 \lim_{\substack{r \to 0 \\ R \to \infty}} \int_r^R \frac{1}{(x+1)x^{1/2}}\,dx, \qquad \text{also} \qquad \int_0^\infty \frac{1}{(x+1)x^{1/2}}\,dx = \pi.$$

Das gerade betrachtete Beispiel ist ein Spezialfall der so genannten **Mellin-Transformation**: Ist $f(z)$ eine meromorphe Funktion mit endlich vielen Polstellen, von denen keine auf der positiven reellen Achse liegt, so kann unter geeigneten Voraussetzungen folgendes Integral berechnet werden:

$$\int_0^\infty f(x) x^a\,\frac{dx}{x} = \int_0^\infty f(x) x^{a-1}\,dx.$$

Um den Integranden als Einschränkung oder Grenzwert einer holomorphen Funktion $f(z) \cdot z^{a-1}$ auffassen zu können, muss man einen geeigneten Logarithmus-Zweig wählen. Auf der längs der positiven reellen Achse aufgeschlitzten Ebene $\widetilde{\mathbb{C}} := \mathbb{C}^* \setminus \mathbb{R}_+$ kann man $\lambda(z) := \log_{(0)}$ benutzen, so dass $z^a = e^{a\lambda(z)}$ ist. Für $0 < t < 2\pi$ ist $\lambda(re^{\mathrm{i}t}) = \ln r + \mathrm{i}t$, also

$$\lim_{\substack{\varepsilon \to 0 \\ \varepsilon > 0}} \lambda(x + \mathrm{i}\varepsilon) = \ln(x) \qquad \text{und} \qquad \lim_{\substack{\varepsilon \to 0 \\ \varepsilon < 0}} \lambda(x + \mathrm{i}\varepsilon) = \ln(x) + 2\pi\,\mathrm{i}.$$

Entsprechend ist

$$\lim_{\substack{\varepsilon \to 0 \\ \varepsilon > 0}} (x + \mathrm{i}\varepsilon)^{a-1} = x^{a-1} \quad \text{und} \quad \lim_{\substack{\varepsilon \to 0 \\ \varepsilon < 0}} (x + \mathrm{i}\varepsilon)^{a-1} = x^{a-1} \cdot e^{2\pi\mathrm{i}(a-1)} = x^{a-1} \cdot e^{2\pi\mathrm{i}a}.$$

Sind r und ε sehr klein, R sehr groß, so liegen alle etwaigen Polstellen von f in dem von $\Gamma = \gamma_1 + \gamma_2 - \gamma_3 - \gamma_4$ berandeten Gebiet G.

3.5.1. Satz

Ist $f(z)$ eine meromorphe Funktion mit endlich vielen Polstellen, von denen keine auf der positiven reellen Achse liegt, $\mathrm{Re}(a) > 0$, $\lim\limits_{z \to 0} f(z)z^a = 0$ und $\lim\limits_{|z| \to \infty} f(z)z^a = 0$, so existiert das Integral

$$\int_0^\infty f(x)x^{a-1}\,dx = \frac{2\pi\,\mathrm{i}}{1 - e^{2\pi\,\mathrm{i}\,a}} \cdot \sum_{w \in \widetilde{\mathbb{C}}} \mathrm{res}_w(f(z)z^{a-1}).$$

BEWEIS: Sei $I_\nu := \displaystyle\int_{\gamma_\nu} f(z)z^{a-1}\,dz$. Es gilt:

$$|I_2| \leq 2\pi R \cdot \sup_{|\gamma_2|}|f(z)z^{a-1}| = 2\pi \cdot \sup_{|\gamma_2|}|f(z)z^a| \longrightarrow 0 \quad (\text{für } R \to \infty)$$

und

$$|I_4| \leq 2\pi r \cdot \sup_{|\gamma_4|}|f(z)z^{a-1}| = 2\pi \cdot \sup_{|\gamma_4|}|f(z)z^a| \longrightarrow 0 \quad (\text{für } r \to 0).$$

Außerdem ist

$$\lim_{\varepsilon \to 0} \int_{\gamma_1} f(z)z^{a-1}\,dz = \int_r^R f(x)x^{a-1}\,dx$$

und

$$\lim_{\varepsilon \to 0} \int_{\gamma_3} f(z)z^{a-1}\,dz = \int_r^R f(x)x^{a-1}e^{2\pi\,\mathrm{i}\,a}\,dx.$$

Also strebt $I_1 - I_3$ bei festem r und R für $\varepsilon \to 0$ gegen

$$(1 - e^{2\pi\,\mathrm{i}\,a}) \cdot \int_r^R f(x)x^{a-1}\,dx.$$

Ist dabei r genügend klein und R genügend groß, so nimmt $I_1 + I_2 - I_3 - I_4$ den festen Wert $2\pi\,\mathrm{i} \cdot \sum_{w \in \widetilde{\mathbb{C}}} \mathrm{res}_w(f(z)z^{a-1})$ an. Lässt man jetzt $r \to 0$ und $R \to \infty$ streben, so erhält man die Existenz des Integrals $\int_0^\infty f(x)x^{a-1}\,dx$ und die Gültigkeit der gewünschten Gleichung. ∎

3.5.2. Zusatz

Ist $f(z) = p(z)/q(z)$, mit Polynomen p und q, $\mathrm{grad}(q) > \mathrm{grad}(p)$ und $0 < \mathrm{Re}(a) < 1$, so sind die Voraussetzungen des obigen Satzes erfüllt:

BEWEIS: Sei $z = re^{\mathrm{i}t} \in \widetilde{\mathbb{C}}$ und $a = \alpha + \mathrm{i}\beta$ mit $0 < \alpha < 1$. Dann ist

$$z^a = e^{a\log z} = e^{\alpha \ln r - \beta t} \cdot e^{\mathrm{i}(\beta \ln r + \alpha t)},$$

also $|z^a| = r^\alpha \cdot e^{-\beta t} \le r^\alpha \cdot e^{|\beta|2\pi}$. Da f nach Voraussetzung im Nullpunkt keine Singularität besitzt, folgt:

$$|f(z)z^a| \le |f(z)| \cdot |z|^{\operatorname{Re}(a)} \cdot e^{2\pi|\operatorname{Im}(a)|} \longrightarrow 0 \quad \text{(für } z \to 0).$$

Andererseits folgt aus der speziellen Gestalt von f, dass es ein $C > 0$ gibt, so dass für große z gilt: $|f(z)| \le C/|z|$. Da $\operatorname{Re}(a) - 1 < 0$ ist, bedeutet das:

$$|f(z)z^a| \le C \cdot |z|^{\operatorname{Re}(a)-1} \cdot e^{2\pi|\operatorname{Im}(a)|} \longrightarrow 0 \quad \text{(für } z \to \infty).$$

∎

Da $e^{-\pi \mathrm{i} a} - e^{\pi \mathrm{i} a} = -2\mathrm{i}\sin(\pi a)$ ist, gilt:

$$\frac{2\pi \mathrm{i}}{1 - e^{2\pi \mathrm{i} a}} = \frac{2\pi \mathrm{i}\, e^{-\pi \mathrm{i} a}}{e^{-\pi \mathrm{i} a} - e^{\pi \mathrm{i} a}} = -\frac{\pi e^{-\pi \mathrm{i} a}}{\sin(\pi a)}.$$

3.5.3. Folgerung

Sei $f(z) = p(z)/q(z)$ eine rationale Funktion ohne Polstellen in $\mathbb{R}_+$, $\operatorname{grad}(q) > \operatorname{grad}(p)$ und $a \in \mathbb{C}$ mit $0 < \operatorname{Re}(a) < 1$. Dann ist

$$\int_0^\infty f(x)x^{a-1}\,dx = -\frac{\pi e^{-\pi \mathrm{i} a}}{\sin(\pi a)} \cdot \sum_{w \in \tilde{\mathbb{C}}} \operatorname{res}_w(f(z)z^{a-1}).$$

3.5.4. Beispiel

Berechnet werden soll das Integral $I := \displaystyle\int_0^\infty \frac{x^{a-1}}{x+1}\,dx$, mit $a \in \mathbb{R}$, $0 < a < 1$.

Hier ist $f(z) = \dfrac{1}{z+1}$, mit $z = -1$ als einziger Polstelle. Es ist

$$\operatorname{res}_{-1}(f(z)z^{a-1}) = \lim_{z \to -1} z^{a-1} = (-1)^{a-1} = (e^{\pi \mathrm{i}})^{a-1} = -e^{\pi \mathrm{i} a},$$

also

$$I = -\frac{\pi e^{-\pi \mathrm{i} a}}{\sin(\pi a)} \cdot (-e^{\pi \mathrm{i} a}) = \frac{\pi}{\sin(\pi a)}.$$

Manchmal sind bei einer Verzweigungssingularität allerdings andere Integrationswege vorteilhafter:

3.5.5. Beispiel

Es soll das Integral

$$I := \int_0^\infty \frac{(\ln x)^2}{x^2 + 1}\, dx$$

berechnet werden. Das funktioniert gut mit dem folgendem Weg:

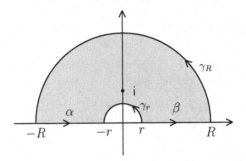

Sei $\Gamma := \alpha - \gamma_r + \beta + \gamma_R$ und G das von Γ berandete Gebiet. Auf einer Umgebung von $\overline{G}$ existiert eine holomorphe Logarithmusfunktion, die auf der positiven reellen Achse mit $\ln x$ übereinstimmt. Auf der negativen reellen Achse erhält man die Funktion $\ln x + \pi\, \mathrm{i}$. Die Teilwege seien parametrisiert durch $\alpha(t) := t$ (auf $[-R, -r]$), $\gamma_r(t) := r e^{\mathrm{i}t}$ (auf $[0, \pi]$), $\beta(t) := t$ (auf $[r, R]$) und $\gamma_R(t) := R e^{\mathrm{i}t}$ (auf $[0, \pi]$).

Die Funktion $f(z) := (\log(z))^2/(z^2 + 1)$ hat in G genau bei $z_0 := \mathrm{i}$ einen Pol erster Ordnung, und es ist

$$\mathrm{res}_{z_0} = \frac{\log(z_0)^2}{2 z_0} = \frac{\log(e^{\mathrm{i}\pi/2})^2}{2\,\mathrm{i}} = \frac{(\mathrm{i}\,\pi/2)^2}{2\,\mathrm{i}} = -\frac{\pi^2}{8\,\mathrm{i}}\,,$$

also $\displaystyle \int_\Gamma f(z)\, dz = 2\pi\,\mathrm{i} \cdot \mathrm{res}_{\mathrm{i}}(f) = -\frac{\pi^3}{4}\,.$

Für genügend kleines r ist

$$\left| \int_{\gamma_r} f(z)\, dz \right| \ \le\ L(\gamma_r) \cdot \sup_{|\gamma_r|} |f| \ =\ \pi r \cdot \sup_{[0,\pi]} \frac{|(\log(r e^{\mathrm{i}t})^2|}{|(r e^{\mathrm{i}t})^2 + 1|}$$

$$\le\ \pi r \cdot \sup_{[0,\pi]} \frac{|\ln r + \mathrm{i}\, t|^2}{1 - r^2} \ \le\ 2\pi r \cdot \big((\ln r)^2 + \pi^2\big),$$

und das strebt für $r \to 0$ gegen null. Dass dabei $r \cdot (\ln r)^2 \to 0$ für $r \to 0$ gilt, folgt mit Hilfe der Regel von de l'Hospital.

Es gibt eine Konstante $C > 0$, so dass $\big| 1/(z^2 + 1) \big| \le C/|z|^2$ für genügend großes R gilt. Also ist dann

$$\left| \int_{\gamma_R} f(z)\, dz \right| \leq \pi R \cdot \frac{C}{R^2} \cdot \sup_{[0,\pi]} \left| \ln R + \mathrm{i}\, t \right|^2 = \frac{\pi C}{R} \cdot \left((\ln R)^2 + \pi^2 \right).$$

Für $R \to \infty$ strebt $(\ln R)^2/R$ gegen null, und damit gilt das auch für das Integral über γ_R. Weiter ist

$$\lim_{\substack{r \to 0 \\ R \to \infty}} \int_\beta \frac{\log(z)^2}{z^2+1}\, dz = \int_0^\infty \frac{(\ln t)^2}{t^2+1}\, dt.$$

und

$$\lim_{\substack{r \to 0 \\ R \to \infty}} \int_\alpha \frac{\log(z)^2}{z^2+1}\, dz = \lim_{\substack{r \to 0 \\ R \to \infty}} \int_{-R}^{-r} \frac{(\ln t + \mathrm{i}\,\pi)^2}{t^2+1}\, dt$$

$$= \int_0^\infty \frac{(\ln t)^2}{t^2+1}\, dt + 2\pi\,\mathrm{i} \int_0^\infty \frac{\ln t}{t^2+1}\, dt - \pi^2 \int_0^\infty \frac{dt}{t^2+1}.$$

Weil $\displaystyle\int_0^\infty \frac{dt}{t^2+1} = \frac{\pi}{2}$ ist, folgt:

$$2 \cdot \int_0^\infty \frac{(\ln t)^2}{t^2+1}\, dt + 2\pi\,\mathrm{i} \int_0^\infty \frac{\ln t}{t^2+1}\, dt - \frac{\pi^3}{2} = -\frac{\pi^3}{4},$$

also $\displaystyle\int_0^\infty \frac{(\ln t)^2}{t^2+1}\, dt + \pi\,\mathrm{i} \int_0^\infty \frac{\ln t}{t^2+1}\, dt = \frac{\pi^3}{8}.$

Der Vergleich von Realteil und Imaginärteil liefert:

$$\int_0^\infty \frac{(\ln t)^2}{t^2+1}\, dt = \frac{\pi^3}{8} \quad \text{und} \quad \int_0^\infty \frac{\ln t}{t^2+1}\, dt = 0.$$

Hätte man mit dem Weg gearbeitet, der bei der Behandlung der Mellin-Transformation benutzt wurde, so wäre das Integral über $(\ln t)^2/(t^2+1)$ weggefallen und hätte nicht berechnet werden können.

Typ 4: Pole auf dem Integrationsweg

Bisher durften Pole nie auf dem Integrationsweg liegen. Manchmal lohnt es sich aber, auch diesen Fall einzubeziehen. Dabei wird die folgende Aussage benötigt:

Behauptung: *Ist f meromorph mit einem einfachen Pol bei a und $\alpha_\varrho : [0,\pi] \to \mathbb{C}$ der durch $\alpha_\varrho(t) := a + \varrho e^{\mathrm{i}\,t}$ definierte Halbkreis, so ist*

$$\lim_{\varrho \to 0} \int_{\alpha_\varrho} f(z)\, dz = \pi\,\mathrm{i}\, \operatorname{res}_a(f).$$

BEWEIS: Ist $f(z) = \dfrac{c}{z-a} + g(z)$ (nahe a), mit einer holomorphen Funktion g,

so ist $\displaystyle\int_{\alpha_\varrho} f(z)\, dz = c \int_{\alpha_\varrho} \frac{dz}{z-a} + \int_{\alpha_\varrho} g(z)\, dz = c \int_0^\pi \frac{\mathrm{i}\,\varrho e^{\mathrm{i}\,t}}{\varrho e^{\mathrm{i}\,t}}\, dt = \operatorname{res}_a(f) \cdot \pi\,\mathrm{i}.$ ∎

3.5.6. Satz

Sei F meromorph, mit insgesamt nur endlich vielen Polstellen und genau einer Polstelle a auf der reellen Achse. Außerdem bleibe $z \cdot F(z)$ für großes z beschränkt. Dann gilt:

$$\lim_{\varrho \to 0} \left[\int_{-\infty}^{a-\varrho} F(x) e^{ix}\, dx + \int_{a+\varrho}^{+\infty} F(x) e^{ix}\, dx \right]$$

$$= 2\pi\, \mathrm{i} \sum_{\mathrm{Im}(z)>0} \mathrm{res}_z (F(z) e^{\mathrm{i}z}) + \pi\, \mathrm{i}\, \mathrm{res}_a (F(z) e^{\mathrm{i}z}).$$

BEWEIS: Wir benutzen die folgenden Integrationswege:

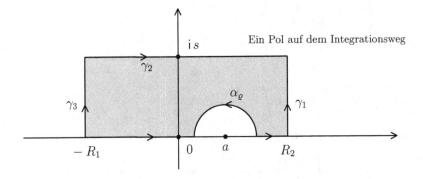

Sei $f(z) := F(z) e^{\mathrm{i}z}$. Sind R_1, R_2 und s genügend groß und ist ϱ genügend klein, so ist

$$\int_{-R_1}^{a-\varrho} f(x)\, dx + \int_{a+\varrho}^{R_2} f(x)\, dx - \int_{\alpha_\varrho} f(z)\, dz + \int_{\gamma_1 - \gamma_2 - \gamma_3} f(z)\, dz = 2\pi\, \mathrm{i} \sum_{\mathrm{Im}(z)>0} \mathrm{res}_z (f(z)).$$

Aus den Voraussetzungen folgt wie im Beweis der zweiten Variante des Integrationssatzes auch hier, dass das Integral über den Umweg $\gamma_1 - \gamma_2 - \gamma_3$ verschwindet, wenn R_1, R_2 und s gegen Unendlich gehen. Daraus ergibt sich mit Hilfe der obigen Behauptung die gewünschte Formel.   ∎

3.5.7. Beispiel

Das uneigentliche Integral $\int_{-\infty}^{\infty} ((\sin x)/x)\, dx$ existiert, wie man schon in Analysis 1 zeigen kann. Um es mit Hilfe des Residuenkalküls zu berechnen, muss man allerdings die Funktion $f(z) := e^{\mathrm{i}z}/z$ betrachten, denn die Funktion $\sin z$ nimmt für wachsenden Imaginärteil von z immer größere Werte an, so dass man nicht mit $(\sin z)/z$ arbeiten kann.

Leider hat f einen Pol im Nullpunkt, aber man kann noch den gerade bewiesenen Satz anwenden:

Es ist

$$
\int_{-\infty}^{+\infty} \frac{\sin x}{x}\, dx = \lim_{\varrho \to 0}\left(\int_{-\infty}^{-\varrho} \frac{\sin x}{x}\, dx + \int_{\varrho}^{+\infty} \frac{\sin x}{x}\, dx \right)
$$

$$
= \lim_{\varrho \to 0} \operatorname{Im}\left(\int_{-\infty}^{-\varrho} \frac{e^{\mathrm{i}x}}{x}\, dx + \int_{\varrho}^{+\infty} \frac{e^{\mathrm{i}x}}{x}\, dx \right)
$$

$$
= \operatorname{Im}\left[2\pi\mathrm{i} \sum_{\operatorname{Im}(z)>0} \operatorname{res}_z\!\left(\frac{e^{\mathrm{i}z}}{z}\right) + \pi\mathrm{i}\, \operatorname{res}_0\!\left(\frac{e^{\mathrm{i}z}}{z}\right) \right]
$$

$$
= \operatorname{Im}\left(\pi\mathrm{i}\, \operatorname{res}_0\!\left(\frac{e^{\mathrm{i}z}}{z}\right) \right) = \pi.
$$

Cauchy'sche Hauptwerte und Dispersionsrelationen

> **Definition (Cauchy'scher Hauptwert):**
>
> Sei $a < x_0 < b$ und f stetig auf $[a,b]\setminus\{x_0\}$. Dann wird der **Cauchy'sche Hauptwert** des uneigentlichen Integrals von f über $[a,b]$ definiert als der Grenzwert
>
> $$
> C.H. \int_a^b f(x)\, dx = \lim_{\varepsilon \to 0}\left(\int_a^{x_0-\varepsilon} f(x)\, dx + \int_{x_0+\varepsilon}^b f(x)\, dx \right),
> $$
>
> sofern dieser existiert.

Wir wenden das auf den Fall an, dass $[a,b]$ in einem Gebiet $G \subset \mathbb{C}$ enthalten und f eine holomorphe Funktion auf $G \setminus \{0\}$ ist (mit $a < 0 < b$). Es sei $D_\varepsilon(0) \subset\subset G$, α_ε die Parametrisierung von $\partial D_\varepsilon(0)$, α_ε^+ die Parametrisierung des oberen und α_ε^- die des unteren Halbkreises. Dann definiert man

$$
\mathscr{R} \int_a^b f(z)\, dz := \int_a^{-\varepsilon} f(z)\, dz - \int_{\alpha_\varepsilon^+} f(z)\, dz + \int_\varepsilon^b f(z)\, dz \quad (\textbf{\textit{Rechtswert}} \text{ des Integrals})
$$

und

$$
\mathscr{L} \int_a^b f(z)\, dz := \int_a^{-\varepsilon} f(z)\, dz + \int_{\alpha_\varepsilon^-} f(z)\, dz + \int_\varepsilon^b f(z)\, dz \quad (\textbf{\textit{Linkswert}} \text{ des Integrals}).
$$

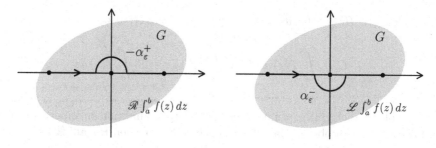

Beim Rechtswert liegt die Singularität rechts vom Integrationsweg, beim Linkswert links davon. Beide Werte sind unabhängig von ε, was man wie üblich mit dem Cauchy'schen Integralsatz beweist. Offensichtlich ist

$$\mathscr{L} \int_a^b f(z)\,dz - \mathscr{R} \int_a^b f(z)\,dz = \int_{\partial D_\varepsilon(0)} f(z)\,dz = 2\pi\,\mathrm{i}\,\mathrm{res}_0(f).$$

3.5.8. Satz

Unter den obigen Bedingungen sei die Singularität von f im Nullpunkt speziell ein Pol erster Ordnung. Dann gilt:

$$C.H. \int_a^b f(x)\,dx \;=\; \frac{1}{2}\Big(\mathscr{L}\int_a^b f(z)\,dz + \mathscr{R}\int_a^b f(z)\,dz\Big)$$

$$=\; \mathscr{R}\int_a^b f(z)\,dz + \pi\,\mathrm{i}\,\mathrm{res}_0(f) \;=\; \mathscr{L}\int_a^b f(z)\,dz - \pi\,\mathrm{i}\,\mathrm{res}_0(f).$$

BEWEIS: Zunächst ist (ohne besondere Voraussetzung an f)

$$\int_a^{-\varepsilon} f(x)\,dx + \int_\varepsilon^b f(x)\,dx = \mathscr{R}\int_a^b f(z)\,dz + \int_{\alpha_\varepsilon^+} f(z)\,dz.$$

In der Nähe des Nullpunktes ist $f(z) = a_{-1}/z + a_0 + a_1 z + \cdots$, also $g(z) := f(z) - a_{-1}/z$ dort holomorph. Lokal wird g durch eine Konstante $C > 0$ nach oben beschränkt. Insbesondere ist dann $\big|\int_{\alpha_\varepsilon^+} g(z)\,dz\big| \leq \varepsilon\cdot\pi\cdot C$. Außerdem gilt:

$$\int_{\alpha_\varepsilon^+} \frac{a_{-1}}{z}\,dz = a_{-1}\cdot\int_0^\pi \frac{(\alpha_\varepsilon^+)'(t)}{\alpha_\varepsilon^+(t)}\,dt = a_{-1}\cdot\int_0^\pi \frac{\varepsilon\,\mathrm{i}\,e^{\mathrm{i}t}}{\varepsilon e^{\mathrm{i}t}}\,dt = \mathrm{i}\,\pi\cdot a_{-1}.$$

Damit ist

$$C.H. \int_a^b f(x)\,dx \;=\; \lim_{\varepsilon\to 0}\Big(\int_a^{-\varepsilon} f(x)\,dx + \int_\varepsilon^b f(x)\,dx\Big)$$

$$=\; \mathscr{R}\int_a^b f(z)\,dz + \lim_{\varepsilon\to 0}\int_{\alpha_\varepsilon^+} f(z)\,dz \;=\; \mathscr{R}\int_a^b f(z)\,dz + \pi\,\mathrm{i}\,a_{-1}$$

und analog $C.H. \int_a^b f(x)\,dx = \mathscr{L}\int_a^b f(z)\,dz - \pi\,\mathrm{i}\,a_{-1}$, also

$$2\cdot C.H. \int_a^b f(x)\,dx = \mathscr{R}\int_a^b f(z)\,dz + \mathscr{L}\int_a^b f(z)\,dz.$$

■

Der Satz bleibt auch gültig, wenn f eine meromorphe Funktion auf einer Umgebung der abgeschlossenen oberen Halbebene mit einem einfachen Pol auf $\mathbb{R}$ ist.

3.5.9. Beispiel

Es soll – wenn möglich – $C.H. \int_{-\infty}^{\infty} \frac{dx}{x^3 - 1}$ berechnet werden. Es ist $z^3 - 1 =$

$(z-1)(z^2 + z + 1) = (z-1)(z-\alpha)(z-\alpha^2)$ mit $\alpha := \dfrac{-1 + i\sqrt{3}}{2}$ und

$\alpha^2 = \overline{\alpha} = \dfrac{-1 - i\sqrt{3}}{2}$. f hat einfache Polstellen in $z = 1$ und in $z = \alpha$ (die
Polstelle in $z = \overline{\alpha}$ interessiert in diesem Zusammenhang nicht). Es ist

$$\mathrm{res}_1\left(\frac{1}{z^3 - 1}\right) = \frac{1}{|1 - \alpha|^2} = \frac{1}{3}$$

und

$$\mathrm{res}_\alpha\left(\frac{1}{z^3 - 1}\right) = \frac{1}{(\alpha - 1)(\alpha - \overline{\alpha})} = \frac{2}{(-3 + i\sqrt{3})i\sqrt{3}} = \frac{i\sqrt{3} - 1}{6}.$$

Nun ist

$$
\begin{aligned}
C.H. \int_{-\infty}^{\infty} \frac{dx}{x^3 - 1} &= \mathscr{R} \int_{-\infty}^{\infty} \frac{dx}{x^3 - 1} + \pi i \, \mathrm{res}_1\left(\frac{1}{z^3 - 1}\right) \\
&= 2\pi i \, \mathrm{res}_\alpha\left(\frac{1}{z^3 - 1}\right) + \pi i \, \mathrm{res}_1\left(\frac{1}{z^3 - 1}\right) \\
&= 2\pi i \cdot \frac{i\sqrt{3} - 1}{6} + \pi i \cdot \frac{1}{3} = -\frac{\pi\sqrt{3}}{3}.
\end{aligned}
$$

Dabei wurde benutzt, dass α die einzige Singularität von f in der oberen Halbebene und $|f(z)| \leq C \cdot |z|^{-3}$ ist. Daraus folgt, dass der Rechtswert durch das Residuum in α berechnet werden kann.

Die Methode des Cauchy'schen Hauptwertes kann auch benutzt werden, um die Cauchy'sche Integralformel auf den Fall zu verallgemeinern, dass der auszuwertende Punkt auf dem Integrationsweg liegt:

3.5.10. Satz

Sei $G \subset \mathbb{C}$ ein Gebiet, f holomorph auf G und γ ein glatter, einfach geschlossener Integrationsweg in G mit $\mathrm{Int}(\gamma) \subset G$. Ist $z_0 \in |\gamma|$, so ist

$$\frac{1}{\pi i} C.H. \int_\gamma \frac{f(z)}{z - z_0}\, dz = f(z_0).$$

BEWEIS: Sei γ auf $[a, b]$ definiert, $a < t_0 < b$ und $\gamma(t_0) = z_0$. Der Cauchy'sche Hauptwert wird auf die naheliegende Weise eingeführt:

$$C.H. \int_\gamma \frac{f(z)}{z - z_0}\, dz = \lim_{\varepsilon \to 0}\left(\int_{\gamma_\varepsilon^-} \frac{f(z)}{z - z_0}\, dz + \int_{\gamma_\varepsilon^+} \frac{f(z)}{z - z_0}\, dz \right),$$

wobei γ_ε^+ die Einschränkung von γ auf $[a, t_0 - \varepsilon]$ und γ_ε^- die Einschränkung auf $[t_0 + \varepsilon, b]$ ist. Auch Links- und Rechtswert werden sinngemäß erklärt.

Integralformel mit
Cauchy'schem Hauptwert

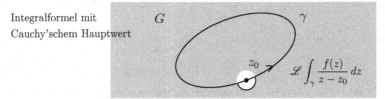

Dann ist

$$\frac{1}{2\pi\,\mathrm{i}}\mathscr{L}\int_\gamma \frac{f(z)}{z - z_0}\, dz = f(z_0) \quad \text{und} \quad \mathscr{R}\int_\gamma \frac{f(z)}{z - z_0}\, dz = 0,$$

also

$$C.H.\int_\gamma \frac{f(z)}{z - z_0}\, dz = \frac{1}{2}\Big(\mathscr{L}\int_\gamma \frac{f(z)}{z - z_0}\, dz + \mathscr{R}\int_\gamma \frac{f(z)}{z - z_0}\, dz\Big) = \pi\,\mathrm{i}\, f(z_0).$$

∎

Man kann die obige Methode auf den folgenden Fall anwenden: Der Weg γ bestehe aus dem Intervall $[-R, R]$ auf der reellen Achse und dem durch $\alpha_R^+(t) := Re^{\mathrm{i}t}$ (mit $0 \le t \le \pi$) parametrisierten Halbkreis vom Radius R.

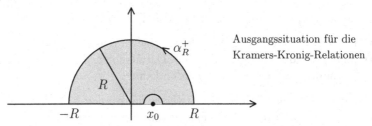

Ausgangssituation für die
Kramers-Kronig-Relationen

Es sei $x_0 \in \mathbb{R}$ und $-R < x_0 < R$. Außerdem gebe es zu jedem $\varepsilon > 0$ ein $R_0 > 0$, so dass $|f(z)| < \varepsilon$ für $z \in |\alpha_R^+|$ und $R \ge R_0$ ist. Weil

$$\Big|\int_{\alpha_R^+} \frac{f(z)}{z - x_0}\, dz\Big| \le R\pi \cdot \frac{1}{R - R_0} \cdot \sup_{|\alpha_R^+|}|f| = \frac{\pi}{1 - R_0/R} \cdot \sup_{|\alpha_R^+|}|f|$$

dann für $R \to \infty$ gegen Null strebt, folgt:

$$\begin{aligned} f(x_0) &= \frac{1}{\pi\,\mathrm{i}} C.H.\int_{-\infty}^{+\infty} \frac{f(x)}{x - x_0}\, dx \\ &= -\mathrm{i}\Big(\frac{1}{\pi} C.H.\int_{-\infty}^{\infty} \frac{\mathrm{Re}\, f(x)}{x - x_0}\, dx\Big) + \frac{1}{\pi} C.H.\int_{-\infty}^{\infty} \frac{\mathrm{Im}\, f(x)}{x - x_0}\, dx\,. \end{aligned}$$

Das ergibt:

3.5.11. Kramers-Kronig-Relationen

Ist f holomorph in der oberen Halbebene (inklusive $\mathbb{R} \setminus \{x_0\}$) und $\lim\limits_{\substack{R \to \infty \\ |\alpha_R^+|}} \sup|f| = 0$, so gilt:

$$\operatorname{Re} f(x_0) = \frac{1}{\pi} \, C.H. \int_{-\infty}^{\infty} \frac{\operatorname{Im} f(x)}{x - x_0} \, dx \quad und \quad \operatorname{Im} f(x_0) = -\frac{1}{\pi} \, C.H. \int_{-\infty}^{\infty} \frac{\operatorname{Re} f(x)}{x - x_0} \, dx \, .$$

Es kann vorkommen, dass $\operatorname{Re} f$ und $\operatorname{Im} f$ zwei verschiedene physikalische Erscheinungen beschreiben, die man unabhängig voneinander messen kann. Durch die obige Abhängigkeit kann man dann von einer Eigenschaft auf eine andere schließen. Unter Dispersion versteht man die Abhängigkeit der Ausbreitungsgeschwindigkeit elektromagnetischer Wellen (in einem Medium) von der Wellenlänge. Kramers und Kronig entdeckten Beziehungen zwischen Dispersion und Absorption, die man durch Gleichungen von der obigen Art beschreiben kann. Allgemein bezeichnet man solche Gleichungen wegen ihres Ursprungs auch als **Dispersionsrelationen**. Vor ihrer Anwendung muss man sich natürlich davon überzeugen, dass die betrachtete Größe durch eine analytische Funktion f beschrieben werden kann, die in der oberen Halbebene für große Argumente vernachlässigt werden kann.

Den Übergang zwischen $\operatorname{Re} f$ und $\operatorname{Im} f$ mittels der obigen Integrale bezeichnet man auch als **Hilbert-Transformation**.

Bei der Betrachtung der inhomogenen Wellengleichung spielt eine **Green-Funktion** eine wichtige Rolle. Darunter versteht man hier die Lösung im Falle eines einzelnen eingehenden Impulses. Mit Hilfe der Green-Funktion kann man (durch Superposition) andere Lösungen gewinnen. Um sie allerdings mathematisch beschreiben zu können, benötigt man die Theorie der Distributionen, was über die Ziele dieses Buches hinausgeht. Dennoch soll erwähnt werden, dass als Green-Funktionen genau solche Hauptwert-Integrale auftreten können, wie wir sie oben beschrieben haben. Physikalisch ist dann zwischen dem Linkswert, der sogenannten „retardierten (oder nacheilenden) Green-Funktion", und dem Rechtswert, der sogenannten „avancierten (oder vorauseilenden) Green-Funktion" zu unterscheiden. Erstere genügt dem Kausalitätsprinzip, die zweite beschreibt eine Situation, in der die Ursache nach der Wirkung kommt. Das ist physikalisch auszuschließen.

Fourier-Transformationen

Viele physikalische Probleme werden mit Hilfe linearer Transformationen oder Operatoren (also linearer Zuordnungen zwischen Funktionenräumen) untersucht:

$$\text{Originalfunktion } f(x) \overset{T}{\circ\!\!-\!\!\bullet} \text{ Bildfunktion } T[f(x)] = F(y) \, .$$

Der Grund für dieses Vorgehen ist die Tatsache, dass sich oftmals komplizierte Zusammenhänge im Originalraum nach der Transformation im Bildbereich viel einfacher ausdrücken lassen. Ein typisches Beispiel sind **Integraltransformationen** der Gestalt

$$f(x) \; \circ\!\!-\!\!\bullet \; F(y) := \int k(x,y)f(x)\,dx\,.$$

Dabei nennt man $k(x,y)$ die **Kernfunktion** oder den **Integralkern**.

Ein physikalisches System könnte folgendermaßen aussehen:

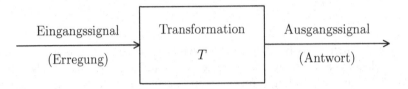

Das Eingangssignal ist in vielen Fällen eine komplexe Schwingung der Gestalt $f(t) = e^{i\omega(t+t_0)}$. Ist T eine lineare Transformation, so gilt für das Ausgangssignal:

$$\begin{aligned}
F_\omega(t+t_0) &= T\big[e^{i\omega(t+t_0)}\big] = T\big[e^{i\omega t_0} \cdot e^{i\omega t}\big] \\
&= e^{i\omega t_0} \cdot T\big[e^{i\omega t}\big] = e^{i\omega t_0} F_\omega(t).
\end{aligned}$$

Setzt man $t = 0$ ein, so erhält man die Beziehung $F_\omega(t_0) = F_\omega(0) \cdot e^{i\omega t_0}$. Da t_0 beliebig gewählt wurde, ergibt das die Gleichung $F_\omega(t) = F_\omega(0) \cdot e^{i\omega t}$, d.h., das Ausgangssignal ist wieder eine Schwingung! Den Faktor $F_\omega(0)$ nennt man den „Frequenzgang" oder die „Übertragungsfunktion" der Transformation.

Ein besonders wichtiges Beispiel einer Integraltransformation ist die Fourier-Transformation. Als Originalbereich nehmen wir den Raum der über $\mathbb{R}$ (absolut) uneigentlich integrierbaren komplexwertigen Funktionen. Bei praktischen Anwendungen kommt man sogar meist mit stückweise stetigen Funktionen aus.

Definition (Fourier-Transformation):

Ist f über $\mathbb{R}$ (absolut) uneigentlich integrierbar, so heißt

$$F(\omega) := \int_{-\infty}^{\infty} f(t)e^{-i\omega t}\,dt$$

die **Fourier-Transformierte** von f. Man schreibt auch

$$F(\omega) = \widehat{f}(\omega) \quad \text{oder} \quad F = \mathscr{F}[f].$$

f heißt **Originalfunktion**, F **Spektralfunktion** oder **Bildfunktion**. Den Zusammenhang zwischen Originalfunktion und Bildfunktion macht man wie üblich mit folgender Symbolik deutlich:

$$f(t) \; \circ\!\!-\!\!\bullet \; F(\omega)$$

Weil $|f(t)e^{-i\omega t}| = |f(t)|$ über $\mathbb{R}$ integrierbar ist, ist die Existenz des Fourier-Integrals gesichert. Außerdem ist die Fourier-Transformierte $\widehat{f}$ beschränkt:

$$|\widehat{f}(\omega)| = \Big| \int_{-\infty}^{\infty} f(t)e^{-i\omega t}\,dt \,\Big| \leq \int_{-\infty}^{\infty} |f(t)|\,dt.$$

Unter den Originalfunktionen kann man sich irgendwelche eingehenden elektromagnetischen Signale vorstellen. Mit Hilfe der Fourier-Transformation wird das Signal wie beim Empfang durch eine Antenne als kontinuierliche Überlagerung von harmonischen Schwingungen dargestellt. Die Fourier-Transformierte $F = F(\omega)$ beschreibt, welchen Beitrag die verschiedenen Frequenzen leisten.

3.5.12. Beispiele

A. Das einfachste Beispiel ist der **Rechteck-Impuls**:

$$\pi(t) := \begin{cases} 1 & \text{für } |t| \leq 1 \\ 0 & \text{für } |t| > 1. \end{cases}$$

Die Fourier-Transformierte $F = \mathscr{F}[\pi]$ ist gegeben durch

$$F(\omega) = \int_{-1}^{1} e^{-i\omega t}\,dt = \frac{i}{\omega}\cdot e^{-i\omega t}\,\Big|_{-1}^{1} = \frac{i}{\omega}\cdot(e^{-i\omega} - e^{i\omega}) = \frac{2}{\omega}\cdot\sin(\omega).$$

Mit der Schreibweise $\operatorname{si}(x) := \sin x/x$ erhält man:

$$\pi(t) \;\circ\!\!-\!\!\bullet\; \widehat{\pi}(\omega) = 2\operatorname{si}(\omega)\,.$$

Man beachte, dass $\widehat{\pi}$ nicht absolut uneigentlich integrierbar ist!

B. Als nächstes betrachten wir den **symmetrisch abfallenden Impuls**

$$f(t) := e^{-a|t|}.$$

f ist über $\mathbb{R}$ absolut uneigentlich integrierbar, und es gilt:

$$\int_{-\infty}^{\infty} |f(t)|\,dt = 2\int_{0}^{\infty} e^{-at}\,dt = 2\cdot\frac{e^{-at}}{-a}\,\Big|_{0}^{\infty} = 2/a.$$

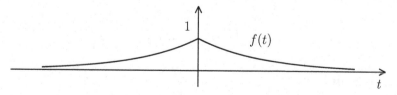

Die Fourier-Transformierte von f ist gegeben durch

$$F(\omega) = \int_{-\infty}^{\infty} e^{-a|t|} e^{-i\omega t}\, dt = \int_0^{\infty} e^{-(a+i\omega)t}\, dt + \int_{-\infty}^0 e^{-(-a+i\omega)t}\, dt$$

$$= -\frac{1}{a+i\omega} e^{-(a+i\omega)t}\Big|_0^{\infty} - \frac{1}{-a+i\omega} e^{-(-a+i\omega)t}\Big|_{-\infty}^0$$

$$= \frac{1}{a+i\omega} - \frac{1}{-a+i\omega} = \frac{-2a}{-\omega^2-a^2} = \frac{2a}{\omega^2+a^2}.$$

Also haben wir:

$$e^{-a|t|}\ \circ\!\!-\!\!\bullet\ \frac{2a}{a^2+\omega^2}.$$

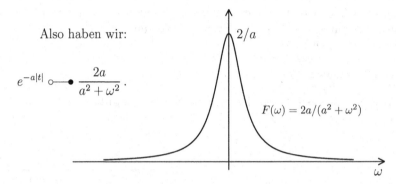

$$F(\omega) = 2a/(a^2+\omega^2)$$

Zu vielen Standard-Funktionen (z.B. konstante Funktionen, Sinus, Cosinus usw.) kann man **nicht** die Fourier-Transformierte bilden!

3.5.13. Eigenschaften der Fourier-Transformation

1. $\mathscr{F}[f_1 + f_2] = \mathscr{F}[f_1] + \mathscr{F}[f_2]$.

2. Ist $\alpha \in \mathbb{C}$, so ist $\mathscr{F}[\alpha \cdot f] = \alpha \cdot \mathscr{F}[f]$.

3. $f(t-c)\ \circ\!\!-\!\!\bullet\ \widehat{f}(\omega)e^{-i\omega c}$.

4. $f(at)\ \circ\!\!-\!\!\bullet\ \dfrac{1}{|a|} \cdot \widehat{f}\left(\dfrac{\omega}{a}\right)$.

BEWEIS: (1), (2) und (3) sind trivial.

Zu (4): Sei $\varphi(t) := at$. Im Endlichen gilt :

$$\int_\alpha^\beta g(at)\, dt = \frac{1}{a} \int_\alpha^\beta g(\varphi(t))\varphi'(t)\, dt = \frac{1}{a}\int_{a\alpha}^{a\beta} g(s)\, ds = \frac{1}{|a|} \cdot \int_{|a|\alpha}^{|a|\beta} g(s)\, ds.$$

Also ist $\displaystyle\int_{-\infty}^{\infty} f(at)e^{-i\omega t}\, dt = \frac{1}{|a|}\int_{-\infty}^{\infty} f(s)e^{-i\omega s/a}\, ds = \frac{1}{|a|}\widehat{f}\left(\frac{\omega}{a}\right).$ ∎

3.5.14. Beispiel

Wir untersuchen einen modifizierten und verschobenen Rechteck-Impuls:

$$f(t) := \pi\left(\frac{t-a}{T}\right) = \begin{cases} 1 & \text{für } |t-a| \leq T \\ 0 & \text{für } |t-a| > T. \end{cases}$$

Man kann von der Beziehung $\pi(t) \circ\!\!-\!\!\bullet 2\,\text{si}(\omega)$ ausgehen.

Setzt man $f_1(t) := \pi(t - a/T)$, so ist $f(t) = \pi(t/T - a/T) = f_1(t/T)$. Damit folgt:

$$f_1(t) \quad \circ\!\!-\!\!\bullet \quad \widehat{\pi}(\omega)e^{-i\omega a/T} = 2\,\text{si}(\omega)e^{-i\omega a/T}$$
$$\text{und} \quad f(t) \quad \circ\!\!-\!\!\bullet \quad T \cdot \widehat{f_1}(T\omega) = 2T \cdot \text{si}(T\omega)e^{-i\omega a}.$$

3.5.15. Satz (Translation im Bildbereich)
Wenn $f(t) \circ\!\!-\!\!\bullet F(\omega)$, *dann* $e^{i\omega_0 t}f(t) \circ\!\!-\!\!\bullet F(\omega - \omega_0)$.

BEWEIS: Es ist $F(\omega - \omega_0) = \displaystyle\int_{-\infty}^{\infty} f(t)e^{-i(\omega-\omega_0)t}\,dt = \int_{-\infty}^{\infty} \left[f(t)e^{i\omega_0 t}\right]e^{-i\omega t}\,dt.$ ∎

3.5.16. Beispiel

Es soll die Fourier-Transformierte einer amplitudenmodulierten Cosinus-Schwingung berechnet werden:

$$f(t) := e^{-a|t|} \cdot \cos(\Omega t),\ \Omega, a \in \mathbb{R},\ a > 0.$$

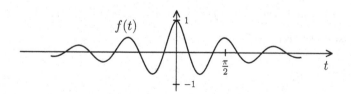

Es ist $\cos z = \dfrac{1}{2}(e^{iz} + e^{-iz})$ und deshalb $f(t) = \dfrac{1}{2}e^{-a|t|}(e^{i\Omega t} + e^{-i\Omega t})$.

Nun haben wir:

$$e^{-a|t|} \quad \circ\!\!-\!\!\bullet \quad F(\omega) = \frac{2a}{a^2 + \omega^2},$$

$$\text{also} \quad e^{-a|t|}e^{i\Omega t} \quad \circ\!\!-\!\!\bullet \quad F(\omega - \Omega) = \frac{2a}{a^2 + (\omega - \Omega)^2}$$

$$\text{und} \quad e^{-a|t|}e^{-i\Omega t} \quad \circ\!\!-\!\!\bullet \quad F(\omega + \Omega) = \frac{2a}{a^2 + (\omega + \Omega)^2}$$

$$\text{und damit} \quad f(t) \quad \circ\!\!-\!\!\bullet \quad \frac{a}{a^2 + (\omega - \Omega)^2} + \frac{a}{a^2 + (\omega + \Omega)^2}.$$

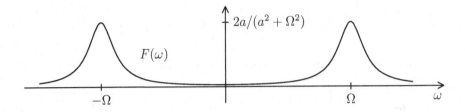

3.5.17. Die Fourier-Transformierte der Ableitung

Sei $f : \mathbb{R} \to \mathbb{C}$ stetig differenzierbar. Sind f und f' über $\mathbb{R}$ uneigentlich integrierbar, so gilt:

$$f'(t) \circ\!\!-\!\!-\!\bullet \; \mathrm{i}\,\omega \cdot \widehat{f}(\omega).$$

Bei höherer Differenzierbarkeit erhält man die Formel $f^{(n)}(t) \circ\!\!-\!\!-\!\bullet \; (\mathrm{i}\,\omega)^n \cdot \widehat{f}(\omega).$

BEWEIS: Aufgrund der Voraussetzungen muss $\lim_{x \to \infty} f(x) = \lim_{x \to -\infty} f(x) = 0$ sein. Außerdem kann man partielle Integration anwenden:

$$\int_{-N}^{M} f'(t) e^{-\mathrm{i}\omega t}\, dt = f(t) e^{-\mathrm{i}\omega t}\,\Big|_{-N}^{M} - \int_{-N}^{M} f(t)(-\mathrm{i}\,\omega) e^{-\mathrm{i}\omega t}\, dt.$$

Für $N, M \to \infty$ strebt der erste Summand auf der rechten Seite gegen 0 und der zweite gegen $\mathrm{i}\,\omega \cdot \widehat{f}(\omega)$.

Auf den Fall höherer Ableitungen soll hier nicht näher eingegangen werden.   ∎

3.5.18. Die Ableitung der Fourier-Transformierten

Die Funktionen f und $t \mapsto t \cdot f(t)$ seien über $\mathbb{R}$ absolut uneigentlich integrierbar. Dann ist $\widehat{f}$ differenzierbar, und es gilt:

$$t \cdot f(t) \circ\!\!-\!\!-\!\bullet \; \mathrm{i} \cdot \widehat{f}\,'(\omega).$$

BEWEIS: Sei $h(t, \omega) := f(t) \cdot e^{-\mathrm{i}\omega t}$. Dann ist h nach ω differenzierbar und

$$\Big|\frac{\partial h}{\partial \omega}(t, \omega)\Big| = |t \cdot f(t)|,$$

wobei die rechte Seite uneigentlich integrierbar ist. Dann konvergiert das Integral über $\partial h / \partial w$ absolut gleichmäßig, und nach dem Satz über uneigentliche Parameterintegrale (vgl. die Ergänzung am Ende von 3.5) folgt, dass $\widehat{f}$ differenzierbar ist. Außerdem gilt:

$$\widehat{f}\,'(\omega) = \int_{-\infty}^{\infty} f(t)(-\mathrm{i}\,t) e^{-\mathrm{i}\omega t}\, dt = -\mathrm{i} \int_{-\infty}^{\infty} t \cdot f(t) e^{-\mathrm{i}\omega t}\, dt = -\mathrm{i} \cdot \mathscr{F}[t \cdot f(t)].$$

Daraus folgt die Behauptung.   ∎

3.5.19. Beispiel

Sei $f(t) := e^{-t^2}$. Die Funktion ist stetig, ≥ 0 und über $\mathbb{R}$ uneigentlich integrierbar. Also existiert die Fourier-Transformierte

$$f(t) \circ\!\!-\!\!\bullet F(\omega) = \int_{-\infty}^{\infty} f(t)e^{-i\omega t}\, dt.$$

f ist sogar stetig differenzierbar, und $f'(t) = -2t \cdot e^{-t^2} = -2t \cdot f(t)$ ist ebenfalls integrierbar. Wir haben deshalb zwei Darstellungsmöglichkeiten für die Fourier-Transformierte von $f'(t)$:

$$f'(t) \circ\!\!-\!\!\bullet -2i\,F'(\omega) \quad \text{(Ableitung der Fourier-Transformierten)}$$
$$\text{und} \quad f'(t) \circ\!\!-\!\!\bullet i\omega F(\omega) \quad \text{(Fourier-Transformierte der Ableitung)}$$

Also ist

$$F'(\omega) = -\frac{\omega}{2}F(\omega) \quad \text{und} \quad F(0) = \sqrt{\pi}.$$

Das ist eine gewöhnliche DGL 1. Ordnung mit Anfangsbedingung. Die Lösung ist in diesem Fall einfach, denn es ist $(\log F)'(\omega) = F'(\omega)/F(\omega) = -\omega/2$, also $\log F(\omega) = -\omega^2/4 + \text{const.}$, und $F(\omega) = C \cdot e^{-(\omega^2/4)}$, mit $C = F(0) = \sqrt{\pi}$. Das bedeutet:

$$f(t) = e^{-t^2} \circ\!\!-\!\!\bullet F(\omega) = \sqrt{\pi}e^{-(\omega^2/4)},$$

und daher

$$e^{-(t^2/2)} = e^{-(t/\sqrt{2})^2} \circ\!\!-\!\!\bullet \sqrt{2}\cdot F(\sqrt{2}\omega) = \sqrt{2\pi}e^{-(\omega^2/2)}.$$

Die Funktion $e^{-(t^2/2)}$ ist also – abgesehen von dem rechts auftretenden Faktor $\sqrt{2\pi}$ – ein „Fixpunkt" der Fourier-Transformation. Deshalb wird in der mathematischen Literatur die Fourier-Transformation gerne mit einem Vorfaktor $1/\sqrt{2\pi}$ versehen.

Die Umkehrung der Fourier-Transformation liefert der folgende Satz:

3.5.20. Fourier-Integral-Theorem

Sei f stückweise stetig differenzierbar und über $\mathbb{R}$ absolut uneigentlich integrierbar. Dann ist
$$\frac{1}{2}[f(x-) + f(x+)] = \frac{1}{2\pi}\,\text{C.H.} \int_{-\infty}^{\infty} \widehat{f}(\omega)e^{i\omega x}\, d\omega. \; \text{(Cauchy'scher Hauptwert)}$$

Dabei bezeichnet $f(x-)$ und $f(x+)$ wie üblich den Grenzwert von f von links bzw. von rechts. Ist f in x stetig, so erhält man auf der linken Seite der Gleichung einfach den Wert $f(x)$. Auf den Beweis müssen wir hier aus Platzgründen verzichten. Für die Funktionentheorie interessant ist sowieso nur der Spezialfall, dass $\widehat{f}$ meromorph ist, denn dann kann man die Umkehrung mit Hilfe der Residuentheorie ausführen:

3.5.21. Komplexe Umkehrformel

*Sei $\widehat{f}$ die Einschränkung einer auf $\mathbb{C}$ definierten **meromorphen** Funktion F. Außerdem habe F nur endlich viele Polstellen, und $z \cdot F(z)$ bleibe für großes z beschränkt. Dann ist*

$$f(t) = \mathrm{i} \sum_{\mathrm{Im}(z)>0} \mathrm{res}_z\big(F(z)e^{\mathrm{i}zt}\big) \qquad \textit{(für } t > 0\textit{)}.$$

Ist $t < 0$, so wechselt das Vorzeichen, und man muss die Residuen in der unteren Halbebene heranziehen.

BEWEIS: Wir benutzen das Fourier-Integral-Theorem und den folgenden Integrationsweg (mit $\gamma_r(s) := re^{\mathrm{i}s}$):

Zur komplexen Umkehrformel:

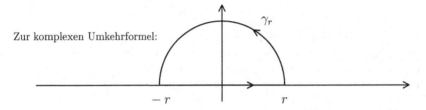

Für genügend großes r gilt nach dem Residuensatz:

$$\int_{\gamma_r} F(z)e^{\mathrm{i}zt}\,dz + \int_{-r}^{r} \widehat{f}(\omega)e^{\mathrm{i}\omega t}\,d\omega = 2\pi\mathrm{i} \cdot \sum_{\mathrm{Im}(z)>0} \mathrm{res}_z(F(z)e^{\mathrm{i}zt}).$$

Ist $|z \cdot F(z)| \leq M$ für $|z| \geq R$, so folgt für $r \geq R$:

$$\Big|\int_{\gamma_r} F(z)e^{\mathrm{i}zt}\,dz\Big| = \Big|\int_0^\pi F(re^{\mathrm{i}s})\mathrm{i}re^{\mathrm{i}s} \cdot e^{\mathrm{i}\gamma_r(s)t}\,ds\Big| \leq \int_0^\pi r|F(re^{\mathrm{i}s})|e^{-rt\sin s}\,ds$$

$$\leq M \cdot \int_0^\pi e^{-rt\sin s}\,ds = 2M \cdot \int_0^{\pi/2} e^{-rt\sin s}\,ds.$$

Um das verbliebene Integral auszuwerten, müssen wir die Sinusfunktion näher untersuchen: Ist $0 \leq s \leq \pi/2$, so ist $\sin s \geq 2s/\pi$, also $e^{-rt\sin s} \leq e^{-rt\cdot 2s/\pi}$. Damit ist

$$\int_0^{\pi/2} e^{-rt\sin s}\,ds \leq \int_0^{\pi/2} e^{-rt\cdot 2s/\pi}\,ds = \Big(\frac{-\pi}{2rt}\Big)e^{-rt\cdot 2s/\pi}\Big|_0^{\pi/2} = \frac{\pi}{2rt}(1 - e^{-rt}),$$

und es folgt: $\Big|\int_{\gamma_r} F(z)e^{\mathrm{i}zt}\,dz\Big| \leq \dfrac{M\pi}{rt}(1 - e^{-rt}) \to 0$ für $r \to \infty$, also

$$f(t) = \frac{1}{2\pi} \lim_{r\to\infty} \int_{-r}^{r} \widehat{f}(\omega)e^{\mathrm{i}\omega t}\,d\omega = \mathrm{i} \cdot \sum_{\mathrm{Im}(z)>0} \mathrm{res}_z\big(F(z)e^{\mathrm{i}zt}\big).$$

Ist $t < 0$, so argumentiert man analog mit der unteren Halbebene.   ∎

Ist $F(z) = p(z)/q(z)$ rational, mit $\deg(q) \geq \deg(p) + 1$, so ist $|z \cdot F(z)|$ im Unendlichen beschränkt. Für unsere Zwecke reicht diese Bedingung, denn man braucht nur den Cauchy'schen Hauptwert, die Existenz des uneigentlichen Integrals von $-\infty$ bis $+\infty$ muss nicht bewiesen werden.

3.5.22. Beispiel

Sei $\hat{f}(\omega) := 2a/(\omega^2 + a^2)$, mit einer Konstanten $a > 0$. Dann ist $\hat{f}$ Einschränkung der meromorphen Funktion $F(z) := \dfrac{2a}{(z - \mathrm{i}\,a)(z + \mathrm{i}\,a)}$, die zwei einfache Polstellen aufweist.

F erfüllt alle Bedingungen, die man braucht, um die komplexe Umkehrformel anwenden zu können. Es ist

$$\mathrm{res}_{\mathrm{i}a}(F(z)e^{\mathrm{i}zt}) = -\mathrm{i}\,e^{-at} \quad \text{und} \quad \mathrm{res}_{-\mathrm{i}a}(F(z)e^{\mathrm{i}zt}) = \mathrm{i}\,e^{at}.$$

Daraus folgt:

$$\begin{aligned} \text{Für } t > 0 \text{ ist} \quad f(t) &= \mathrm{i} \cdot \mathrm{res}_{\mathrm{i}a}(F(z)e^{\mathrm{i}zt}) = e^{-at}, \\ \text{und für } t < 0 \text{ ist} \quad f(t) &= -\mathrm{i} \cdot \mathrm{res}_{-\mathrm{i}a}(F(z)e^{\mathrm{i}zt}) = e^{at}. \end{aligned}$$

Zusammen ist $f(t) = e^{-a|t|}$, und das ist genau das, was man hier erwartet.

Laplace-Transformationen

In der Wirklichkeit hat man es meist mit Signalen zu tun, die erst zu einem bestimmten Zeitpunkt ausgelöst werden. Um solche Einschaltvorgänge berücksichtigen zu können, betrachtet man Funktionen f mit $f(t) = 0$ für $t < 0$. Leider existiert die Fourier-Transformierte für viele gängige Funktionen nicht, insbesondere nicht für Schwingungen $e^{\mathrm{i}\omega t}$. Deshalb erzwingt man die Konvergenz des Fourier-Integrals, indem man einen „konvergenzerzeugenden Faktor" einführt, den stark dämpfenden Faktor $e^{-\alpha t}$ (mit positivem α). Das ergibt die Transformation

$$f(t) \circ\!\!-\!\!\bullet \ \mathscr{F}[f(t)e^{-\alpha t}] = \int_0^\infty f(t)e^{-(\alpha + \mathrm{i}\omega)t}\,dt.$$

Dieses Integral existiert z.B., wenn $f(t)$ stückweise stetig und $f(t)e^{-\alpha t}$ (absolut) uneigentlich integrierbar ist.

Definition :

Unter einer **L-Funktion** versteht man eine Funktion $f : \mathbb{R} \to \mathbb{C}$ mit folgenden Eigenschaften:

1. $f(t) = 0$ für $t < 0$.

---

2. f ist stückweise stetig für $t > 0$.

3. f ist bei 0 (uneigentlich) integrierbar.

4. Das **Laplace-Integral** $\displaystyle\int_0^\infty f(t)e^{-zt}\,dt$ existiert für wenigstens ein $z \in \mathbb{C}$ mit $\operatorname{Re}(z) > 0$.

Man nennt dann $F(z) := \displaystyle\int_0^\infty f(t)e^{-zt}\,dt$ (für jedes $z \in \mathbb{C}$, für das $F(z)$ konvergiert) die **Laplace-Transformierte** von f.

3.5.23. Bereiche absoluter Konvergenz

Wenn die Laplace-Transformierte $F(z)$ von $f(z)$ für ein $z_0 \in \mathbb{C}$ (absolut) konvergiert, dann tut sie das auch für alle $z \in \mathbb{C}$ mit $\operatorname{Re}(z) \geq \operatorname{Re}(z_0)$.

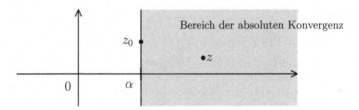

BEWEIS: Sei $z_0 := u + iv$ und $z = x + iy$, mit $x \geq u$. Dann ist

$$|e^{-zt}| = e^{-xt} \leq e^{-ut} = |e^{-z_0 t}|.$$

Daraus folgt die Behauptung.   ∎

Das Infimum α aller reeller Zahlen $x \geq 0$, so dass $\int_0^\infty f(t)e^{-zt}\,dt$ für $\operatorname{Re}(z) > x$ absolut konvergiert, heißt die **Abszisse absoluter Konvergenz** für das Laplace-Integral von f. Die Halbebene, die links von der vertikalen Geraden $x = \alpha$ begrenzt wird, ist das genaue Konvergenzgebiet des Laplace-Integrals. Der Rand gehört entweder ganz dazu oder überhaupt nicht. Da $f(t) = 0$ für $t < 0$ ist, kann auch die ganze Ebene als Konvergenzgebiet vorkommen.

Ist $f : \mathbb{R} \to \mathbb{C}$ eine L-Funktion und α die Abszisse absoluter Konvergenz der Laplace-Transformierten

$$F(z) := \int_0^\infty f(t)e^{-zt}\,dt,$$

so schreibt man auch

$$F(z) = \mathscr{L}[f(t)] \quad \text{oder} \quad f(t) \mathrel{\circ\!\!-\!\!\bullet} F(z).$$

$f(t)$ heißt **Originalfunktion** und $F(z)$ die **Bildfunktion**.

Definition (exponentielles Wachstum):

Eine (stückweise stetige) Funktion $f : \mathbb{R}_0^+ := \{t \in \mathbb{R} : t \geq 0\} \to \mathbb{C}$ *wächst höchstens exponentiell von der Ordnung* a, wenn es Konstanten $M > 0$ und $T > 0$ gibt, so dass für $t \geq T$ gilt: $|f(t)| \leq M \cdot e^{at}$.

3.5.24. Existenz der Laplace-Transformierten

Wächst die (stückweise stetige) Funktion $f : \mathbb{R}_0^+ \to \mathbb{C}$ höchstens exponentiell von der Ordnung a, so konvergiert das Laplace-Integral

$$F(z) = \int_0^\infty f(t)e^{-zt}\, dt$$

für alle $z \in \mathbb{C}$ mit $\mathrm{Re}(z) > a$ (absolut). Insbesondere ist f eine L-Funktion.

BEWEIS: Wir schreiben z in der Form $z = x + iy$, mit $x > a$. Dann gibt es Konstanten T und M, so dass für $t \geq T$ gilt:

$$|f(t)e^{-zt}| = |f(t)| \cdot e^{-xt} \leq M \cdot e^{(a-x)t} = M \cdot e^{-|a-x|t}.$$

Die Funktion auf der rechten Seite ist (absolut) uneigentlich integrierbar, also auch $f(t)e^{-zt}$. ∎

3.5.25. Beispiele

A. Sei $f(t) \equiv 1$. Da nur Funktionen betrachtet werden, die $= 0$ für $t < 0$ sind, erwähnt man diese zusätzliche Bedingung meistens gar nicht mehr. Es ist

$$\int_0^R 1 \cdot e^{-zt}\, dt = \left(-\frac{1}{z}e^{-zt}\right)\Big|_0^R = \frac{1}{z}(1 - e^{-zR}),$$

und das konvergiert für $\mathrm{Re}(z) > 0$ und $R \to \infty$ gegen $1/z$. Also gilt:

$$1 \;\circ\!\!-\!\!\bullet\; \frac{1}{z} \qquad (\text{für } \mathrm{Re}(z) > 0)$$

B. Die Funktion $f(t) := e^{at}$ wächst höchstens exponentiell von der Ordnung a. Also kann man die Laplace-Transformierte bilden:

$$
\begin{aligned}
\mathscr{L}[e^{at}] &= \int_0^\infty e^{at}e^{-zt}\, dt = \int_0^\infty e^{(a-z)t}\, dt \\
&= \left(\frac{1}{a-z}e^{(a-z)t}\right)\Big|_0^\infty = \frac{1}{a-z}(0-1) = \frac{1}{z-a},
\end{aligned}
$$

falls $\mathrm{Re}(a - z) < 0$ ist, also $\mathrm{Re}(z) > a$.

C. Sei $f(t) := \cos(\omega t) = \frac{1}{2}(e^{i\omega t} + e^{-i\omega t})$. Dann folgt:

$$\mathscr{L}[f(t)] = \int_0^\infty f(t)e^{-zt}\,dt = \frac{1}{2}\left[\int_0^\infty e^{(i\omega - z)t}\,dt + \int_0^\infty e^{-(i\omega + z)t}\,dt\right]$$

$$= \frac{1}{2}\left[\frac{1}{i\omega - z}e^{(i\omega - z)t}\,\Big|_0^\infty + \frac{1}{-(i\omega + z)}e^{-(i\omega + z)t}\,\Big|_0^\infty\right]$$

$$= \frac{1}{2}[-\frac{1}{i\omega - z} + \frac{1}{i\omega + z}] = \frac{z}{z^2 + \omega^2}$$

für $\mathrm{Re}(i\omega - z) < 0$ und $\mathrm{Re}(i\omega + z) > 0$, also $\mathrm{Re}(z) > 0$. So erhält man:

$$\cos(\omega t) \circ\!\!-\!\!\bullet \frac{z}{z^2 + \omega^2} \quad \text{und analog} \quad \sin(\omega t) \circ\!\!-\!\!\bullet \frac{\omega}{z^2 + \omega^2}.$$

Bemerkung: Die Laplace-Transformierte

$$F(z) = \int_0^\infty f(t)e^{-zt}\,dt$$

ist als Parameterintegral in ihrem Konvergenzbereich eine holomorphe Funktion von z. Es kann allerdings vorkommen, dass $F(z)$ auf ein größeres Gebiet holomorph fortgesetzt werden kann. Man wird dann auch die fortgesetzte Funktion als Laplace-Transformierte von f bezeichnen. Beschränkt man sich jedoch auf reelle Parameter s, so endet der Existenzbereich von $F(s)$ stets bei der Abszisse der absoluten Konvergenz.

3.5.26. Eigenschaften der Laplace-Transformation

Sei $f(t) \circ\!\!-\!\!\bullet F(z)$ und $g(t) \circ\!\!-\!\!\bullet G(z)$. Dann gilt:

1. *Linearität:* $\qquad a \cdot f(t) + b \cdot g(t) \circ\!\!-\!\!\bullet a \cdot F(z) + b \cdot G(z).$

2. *Ähnlichkeitssatz:* $\quad f(at) \circ\!\!-\!\!\bullet \dfrac{1}{a} \cdot F(\dfrac{1}{a}z)$ *(für $a \in \mathbb{R}$, $a > 0$).*

3. *Verschiebungssatz (Verschiebung im Zeitbereich):*

$$f(t - T) \circ\!\!-\!\!\bullet e^{-zT} \cdot F(z). \qquad \text{(für } T \in \mathbb{R} \text{)}$$

   Man beachte, dass $f(t - T)$ links vom Nullpunkt abgeschnitten wird!

4. *Dämpfungssatz (Verschiebung im Bildbereich):*

$$e^{-ct} \cdot f(t) \circ\!\!-\!\!\bullet F(z + c). \qquad \text{(für } c \in \mathbb{C} \text{)}$$

BEWEIS: 1) ist trivial.

2) $\mathscr{L}[f(at)] = \displaystyle\int_0^\infty f(at)e^{-zt}\,dt = \frac{1}{a}\int_0^\infty f(\tau)e^{-(z/a)\tau}\,d\tau = \frac{1}{a}F(\frac{z}{a}).$

3) $\mathcal{L}[f(t-T)] = \int_0^\infty f(t-T)e^{-zt}\,dt = e^{-zT} \cdot \int_0^\infty f(\tau)e^{-z\tau}\,d\tau = e^{-zT} \cdot F(z)$.

4) $\mathcal{L}[e^{-ct}f(t)] = \int_0^\infty f(t)e^{-(z+c)t}\,dt = F(z+c)$. ∎

3.5.27. Beispiele

A. Die Funktion $H(t) := \begin{cases} 0 & \text{für } t \leq 0 \\ 1 & \text{für } t > 0 \end{cases}$ bezeichnet man als **Heaviside-Funktion**. Mit ihrer Hilfe kann man eine beliebige **Sprungfunktion** beschreiben: $H(t-T) = \sigma_T(t) := \begin{cases} 0 & \text{für } t \leq T \\ 1 & \text{für } t > T. \end{cases}$

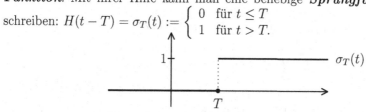

Für die Laplace-Transformation besteht kein Unterschied zwischen H und der Funktion 1. Also gilt:

$$\mathcal{L}[\sigma_T(t)] = \mathcal{L}[H(t-T)] = e^{-zT} \cdot \mathcal{L}[1] = \frac{1}{z} \cdot e^{-zT}.$$

B. Auch ein Rechteck-Impuls

$$\pi_T(t) := \begin{cases} 1 & \text{für } 0 < t \leq T \\ 0 & \text{sonst.} \end{cases}$$

ist leicht zu behandeln.

Es ist $\pi_T(t) = \sigma_0(t) - \sigma_T(t)$, also $\quad \mathcal{L}[\pi_T(t)] = \frac{1}{z}(1 - e^{-zT})$.

3.5.28. Die Laplace-Transformierte der Ableitung

$f(t)$ sei $= 0$ für $t < 0$ und differenzierbar für $t > 0$, und f' sei eine L-Funktion.

Dann ist f eine stückweise stetige Funktion von höchstens exponentiellem Wachstum, und mit $F(z) := \mathcal{L}[f(t)]$ gilt:

$$f'(t) \circ\!\!-\!\!\bullet\ z \cdot F(z) - f(0+).$$

BEWEIS: Da f' eine L-Funktion ist, existiert das (uneigentliche) Integral

$$\int_0^t f'(\tau)\,d\tau = \lim_{\varepsilon \to 0} \int_\varepsilon^t f'(\tau)\,d\tau = \lim_{\varepsilon \to 0}(f(t) - f(\varepsilon))$$

und damit auch $f(0+) = \lim\limits_{\varepsilon \to 0} f(\varepsilon)$, und es ist $\int_0^t f'(\tau)\, d\tau = f(t) - f(0+)$.

Weiterhin existiert nach Voraussetzung für ein $z_0 = x_0 + \mathrm{i}\, y_0$ mit $x_0 > 0$ das Integral

$$\int_0^\infty f'(\tau) e^{-z_0 \tau}\, d\tau.$$

Also ist $M(t) := \int_0^t |f'(\tau)| e^{-x_0 \tau}\, d\tau$ durch eine Konstante $M > 0$ beschränkt und

$$
\begin{aligned}
|f(t)e^{-x_0 t}| &= \left| \left(\int_0^t f'(\tau)\, d\tau + f(0+) \right) \cdot e^{-x_0 t} \right| \\
&\leq \int_0^t |f'(\tau)| e^{-x_0 \tau}\, d\tau + |f(0+)e^{-x_0 t}| \\
&\qquad (\text{denn es ist } e^{-x_0 t} \leq e^{-x_0 \tau} \leq 1 \text{ für } 0 \leq \tau \leq t) \\
&= M(t) + |f(0+)e^{-x_0 t}| \leq M + |f(0+)| =: \widetilde{M},
\end{aligned}
$$

also $|f(t)| \leq \widetilde{M} \cdot e^{x_0 t}$. Damit wächst f höchstens exponentiell von der Ordnung x_0.

Ist $x := \mathrm{Re}(z) > x_0$, so ist $|f(t)e^{-zt}| = |f(t)|e^{-x_0 t} \cdot e^{-(x-x_0)t} \leq \widetilde{M} \cdot e^{-(x-x_0)t}$, und dieser Ausdruck strebt für $t \to \infty$ gegen Null. Mit partieller Integration folgt nun:

$$
\begin{aligned}
\mathscr{L}[f'(t)] &= \int_0^\infty f'(t)e^{-zt}\, dt = f(t)e^{-zt} \Big|_0^\infty - \int_0^\infty f(t)(-ze^{-zt})\, dt \\
&= -f(0+) + z \cdot \int_0^\infty f(t)e^{-zt}\, dt = -f(0+) + z \cdot F(z).
\end{aligned}
$$

$\blacksquare$

Mit vollständiger Induktion zeigt man leicht:

3.5.29. Folgerung

Sei $f(t)$ für $t > 0$ n-mal differenzierbar, und $f^{(n)}$ eine L-Funktion. Dann ist auch f eine L-Funktion, und für die Laplace-Transformierte $F(z)$ von f gilt:

$$f^{(n)}(t) \;\circ\!\!-\!\!\bullet\; z^n \cdot F(z) - z^{n-1} \cdot f(0+) - z^{n-2} \cdot f'(0+) - \ldots - f^{(n-1)}(0+).$$

3.5.30. Beispiel

Die Funktion $f(t) = t^n$ erfüllt alle nötigen Voraussetzungen. Also ist

$$\mathscr{L}[t^{n-1}] = \mathscr{L}[(\tfrac{1}{n}t^n)'] = \tfrac{1}{n}(z \cdot \mathscr{L}[t^n] - 0) = \tfrac{z}{n} \cdot \mathscr{L}[t^n] \text{ bzw. } \mathscr{L}[t^n] = \tfrac{n}{z}\mathscr{L}[t^{n-1}].$$

Außerdem ist $\mathscr{L}[t] = \int_0^\infty te^{-zt}\,dt = \left(t\cdot\left(-\frac{1}{z}e^{-zt}\right)\right)\bigg|_0^\infty + \frac{1}{z}\int_0^\infty e^{-zt}\,dt$

$$= -\frac{1}{z^2}e^{-zt}\bigg|_0^\infty = \frac{1}{z^2},\ \text{für } \mathrm{Re}(z) > 0.$$

Aus der obigen Reduktionsformel folgt nun: $t^n \circ\!\!-\!\!\bullet\ \dfrac{n!}{z^{n+1}}$.

3.5.31. Die Umkehrung der Laplace-Transformation

Sei $f : [0,\infty) \to \mathbb{R}$ stückweise stetig und von höchstens exponentiellem Wachstum, $F(z)$ die Laplace-Transformierte von $f(t)$, mit α als Abszisse der absoluten Konvergenz. Dann ist

$$\frac{1}{2}\big(f(t-) + f(t+)\big) = \frac{1}{2\pi\,\mathrm{i}}\ \mathrm{C.H.}\ \int_{x-\mathrm{i}\infty}^{x+\mathrm{i}\infty} F(z)e^{zt}\,dz.$$

Die Integration ist über die Gerade $\{z : \mathrm{Re}(z) = x\}$ zu erstrecken, wobei $x > \alpha$ beliebig gewählt werden kann. Ist f in t stetig, so steht auf der linken Seite der Gleichung einfach nur der Wert $f(t)$.

BEWEIS: Nach Voraussetzung gibt es ein M und ein γ, so dass $|f(t)| \le M\cdot e^{\gamma t}$ für große t gilt. Außerdem ist natürlich $f(t) = 0$ für $t < 0$. Ist $x > \gamma$ fest, aber beliebig gewählt, so ist auch $f_x(t) := e^{-xt}f(t)$ stückweise stetig differenzierbar und $= 0$ für $t < 0$. Außerdem ist f_x (absolut) integrierbar, und für die Fourier-Transformierte gilt:

$$\widehat{f_x}(\omega) = \int_{-\infty}^\infty f_x(t)e^{-\mathrm{i}\omega t}\,dt = \int_0^\infty f(t)e^{-(x+\mathrm{i}\omega)t}\,dt = F(x + \mathrm{i}\omega),$$

wenn wir mit $F(z)$ die Laplace-Transformierte $\mathscr{L}[f(t)]$ bezeichnen. Weil f_x die Voraussetzungen des Fourier-Integral-Theorems erfüllt, folgt

$$\frac{1}{2}(f_x(t-) + f_x(t+)) = \frac{1}{2\pi}\mathrm{C.H.}\int_{-\infty}^\infty \widehat{f_x}(\omega)e^{\mathrm{i}\omega t}\,d\omega = \frac{1}{2\pi}\lim_{A\to\infty}\int_{-A}^A F(x + \mathrm{i}\omega)e^{\mathrm{i}\omega t}\,d\omega.$$

Verwendet man den parametrisierten Weg $\omega \mapsto \gamma(\omega) := x + \mathrm{i}\omega$, so erhält man

$$\frac{1}{2}(f(t-) + f(t+)) = \frac{e^{xt}}{2\pi}\lim_{A\to\infty}\int_{-A}^A F(x + \mathrm{i}\omega)e^{\mathrm{i}\omega t}\,d\omega$$

$$= \frac{1}{2\pi}\lim_{A\to\infty}\int_{-A}^A F(x + \mathrm{i}\omega)e^{(x+\mathrm{i}\omega)t}\,d\omega$$

$$= \frac{1}{2\pi\,\mathrm{i}}\lim_{A\to\infty}\int_{-A}^A F\big(\gamma(\omega)\big)e^{\gamma(\omega)t}\,\gamma'(\omega)\,d\omega$$

$$= \frac{1}{2\pi\,\mathrm{i}}\lim_{A\to\infty}\int_{x-\mathrm{i}A}^{x+\mathrm{i}A} F(z)e^{zt}\,dz.$$

$\blacksquare$

Die Umkehrformel darf nur auf solche holomorphen Funktionen angewandt werden, die Laplace-Transformierte sind. Man kann sich nun fragen, ob jede Funktion, die auf einer rechten Halbebene holomorph ist, schon automatisch die Laplace-Transformierte einer geeigneten Urbildfunktion ist. Leider ist das nicht der Fall, und es ist auch schwierig, ein vollständiges Kriterium dafür anzugeben. Man kann aber zeigen: Ist $F(z)$ eine meromorphe Funktion auf $\mathbb{C}$, so dass $z \cdot F(z)$ für $|z| \to \infty$ beschränkt bleibt, so ist $F(z)$ eine Laplace-Transformierte.

3.5.32. Komplexe Umkehrformel für Laplace-Transformierte

Ist $F(z)$ meromorph auf $\mathbb{C}$ und holomorph für $\mathrm{Re}(z) > \alpha$ und $z \cdot F(z)$ beschränkt für $|z| \to \infty$, so ist $F(z)$ die Laplace-Transformierte einer Funktion $f(t)$, und es gilt:

$$\frac{1}{2}\big(f(t-) + f(t+)\big) = \sum_{\mathrm{Re}(z) \leq \alpha} \mathrm{res}_z(F(z)e^{zt}).$$

Die Voraussetzungen des Satzes sind z.B. erfüllt, wenn $F(z) = P(z)/Q(z)$ ist, mit Polynomen P und Q und $\deg(Q) \geq \deg(P) + 1$.

BEWEIS: Sei $F(z)$ holomorph in der Halbebene $\{z : \mathrm{Re}(z) > \alpha \geq 0\}$. Dann erhält man die Urbildfunktion $f(t)$ durch die komplexe Umkehrformel:

$$\frac{1}{2}\big(f(t-) + f(t+)\big) = \frac{1}{2\pi\,\mathrm{i}} \cdot \lim_{A \to \infty} \int_{x-\mathrm{i}A}^{x+\mathrm{i}A} F(z)e^{zt}\,dz.$$

Um die rechte Seite auszuwerten, kann man die folgende Figur benutzen:

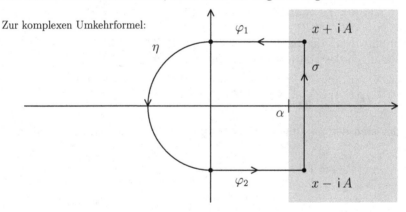

Dabei sei

$$\begin{aligned}
\sigma(\tau) &:= x + \mathrm{i}\tau, & (-A \leq \tau \leq A)\\
\varphi_1(\tau) &:= (x - \tau) + \mathrm{i}A, & (0 \leq \tau \leq x)\\
\varphi_2(\tau) &:= \tau - \mathrm{i}A, & (0 \leq \tau \leq x)\\
\text{und} \quad \eta(\tau) &:= Ae^{\mathrm{i}\tau}, & (\pi/2 \leq \tau \leq 3\pi/2).
\end{aligned}$$

$C := \sigma + \varphi_1 + \eta + \varphi_2$ ist ein Zyklus, der bei genügend großem A alle Singularitäten von $F(z)$ in seinem Inneren enthält. Nach dem Residuensatz ist also

$$\frac{1}{2\pi i} \int_C F(z) e^{zt} \, dz = \sum_{\mathrm{Re}(z) \le \alpha} \mathrm{res}_z(F(z) e^{zt}).$$

Man kann die Werte von f also aus den Residuen von $F(z) e^{zt}$ berechnen, wenn die Integrale über φ_1, φ_2 und η für $A \to \infty$ verschwinden.

Ein t sei festgehalten. Bei den Wegen φ_i kommt es nicht auf den Durchlaufungssinn an. Ist A so groß, dass im Innern des Zyklus $|z \cdot F(z)| \le C$ ist, so gilt:

$$\left| \int_{\varphi_i} F(z) e^{zt} \, dz \right| = \left| \int_0^x F(\tau \pm i A) e^{(\tau \pm i A)t} \, d\tau \right| \le \frac{C}{A} \int_0^x e^{\tau t} \, d\tau$$

$$= \frac{C}{A} \cdot \left(\frac{1}{t} e^{\tau t} \right) \Big|_0^x = \frac{C}{At} (e^{xt} - 1) \to 0 \quad (\text{für } A \to \infty)$$

Es ist $\eta(\tau) = A \cos \tau + i A \sin \tau$. Benutzt man, dass der Cosinus symmetrisch zur Achse $\tau = \pi$ ist und dass $\cos \tau \le 1 - (2/\pi)\tau$ für $\pi/2 \le \tau \le \pi$ ist, so erhält man:

$$\left| \int_\eta F(z) e^{zt} \, dz \right| \le \frac{C}{A} \cdot \int_{\pi/2}^{(3\pi)/2} A \cdot \left| e^{\eta(\tau)t} \right| \, d\tau = C \cdot \int_{\pi/2}^{(3\pi)/2} e^{At \cos \tau} \, d\tau$$

$$= 2C \cdot \int_{\pi/2}^{\pi} e^{At \cos \tau} \, d\tau \le 2C \cdot e^{At} \cdot \int_{\pi/2}^{\pi} e^{-(2At/\pi)\tau} \, d\tau$$

$$= 2C e^{At} \cdot \left(-\frac{\pi}{2At} e^{-(2At/\pi)\tau} \right) \Big|_{\pi/2}^{\pi}$$

$$= 2C e^{At} \cdot \left(-\frac{\pi}{2At} (e^{-2At} - e^{-At}) \right) = \frac{C\pi}{At} (1 - e^{-At}) \to 0.$$

Damit ist die komplexe Umkehrformel bewiesen. ∎

Die Laplace-Transformation wird gerne benutzt, um lineare Differentialgleichungen mit konstanten Koeffizienten zu lösen.[2]

3.5.33. Beispiel

Es soll die folgende Differentialgleichung zweiter Ordnung betrachtet werden:

$$y'' + 4y = \sin(\omega t), \quad \text{mit } \omega \ne \pm 2 \text{ und Anfangswerten } y(0) = A \text{ und } y'(0) = B.$$

Man geht in drei Schritten vor:

1. Schritt (Anwendung der Laplace-Transformation):

Sei $Y(z) := \mathscr{L}[y(t)]$. Weil $\mathscr{L}[\sin(\omega t)] = \omega/(z^2 + \omega^2)$ ist, erhält man:

---

[2]Man kann zeigen, dass die Lösungen einer solchen Differentialgleichung von höchstens exponentiellem Wachstum sind, wenn dies auf die „Inhomogenität", also die rechte Seite zutrifft!

$$z^2 Y(z) - zA - B + 4Y(z) = \frac{\omega}{z^2 + \omega^2}.$$

2. Schritt (Lösung im Bildbereich):

$$Y(z) = \frac{\omega}{(z^2 + \omega^2)(z^2 + 4)} + A \cdot \frac{z}{z^2 + 4} + B \cdot \frac{1}{z^2 + 4}, \text{ für Re}(z) > 0.$$

3. Schritt (Rücktransformation):

Dieser Schritt ist der Aufwändigste. Praktiker arbeiten dabei gerne mit Tabellen, aber im vorliegenden Fall bietet sich die Residuen-Methode des komplexen Umkehrsatzes an. Die gesuchte Lösung hat die Gestalt

$$y(t) = \omega \cdot \mathscr{L}^{-1}\left[\frac{1}{(z^2 + \omega^2)(z^2 + 4)}\right] + A\cos(2t) + \frac{B}{2}\sin(2t).$$

Weil $\omega^2 \neq 4$ ist, hat $F(z) := 1/\big((z^2 + \omega^2)(z^2 + 4)\big)$ vier verschiedene einfache Polstellen, nämlich $z = \pm\, \mathrm{i}\,\omega$ und $z = \pm 2\,\mathrm{i}$. Daher ist

$$
\begin{aligned}
f(t) \;:=\;& \mathscr{L}^{-1}[F(z)] \\
=\;& \operatorname{res}_{\mathrm{i}\omega}(F(z)e^{zt}) + \operatorname{res}_{-\mathrm{i}\omega}(F(z)e^{zt}) + \operatorname{res}_{2\mathrm{i}}(F(z)e^{zt}) + \operatorname{res}_{-2\mathrm{i}}(F(z)e^{zt}) \\
=\;& \frac{1}{2\,\mathrm{i}\,\omega(\omega^2 - 4)} \cdot (-e^{\mathrm{i}\omega t} + e^{-\mathrm{i}\omega t}) + \frac{1}{4\,\mathrm{i}\,(\omega^2 - 4)} \cdot (e^{2\mathrm{i}t} - e^{-2\mathrm{i}t}) \\
=\;& -\frac{1}{\omega(\omega^2 - 4)} \cdot \sin(\omega t) + \frac{1}{2(\omega^2 - 4)}\sin(2t)
\end{aligned}
$$

und damit

$$y(t) = \left[\frac{\omega}{2(\omega^2 - 4)} + \frac{B}{2}\right]\sin(2t) + A\cos(2t) - \frac{1}{\omega^2 - 4}\sin(\omega t).$$

Es ist bei solchen Aufgaben immer ratsam, das Ergebnis durch eine Probe zu bestätigen.

Ergänzung

3.5.34. Satz über uneigentliche Parameterintegrale

Sei $I \subset \mathbb{R}$ ein beschränktes Intervall, $f : I \times [a, \infty) \to \mathbb{R}$ stetig und stetig partiell nach der ersten Variablen differenzierbar. Außerdem konvergiere das uneigentliche Integral $F(x) := \int_a^\infty f(x,t)\,dt$ für jedes $x \in I$, und es gebe eine stetige, uneigentlich integrierbare Funktin $\varphi : [a, \infty) \to \mathbb{R}$, so dass $|f_x(x,t)| \leq \varphi(t)$ auf $I \times [a, \infty)$ gilt.

Dann ist F auf I differenzierbar und $F'(x) = \displaystyle\int_a^\infty \frac{\partial f}{\partial x}(x,t)\,dt$.

Zum Beweis vgl. [Fri1], Satz 4.5.15, 4.5.16 und 4.5.17.

4 Meromorphe Funktionen

Wir haben bisher nicht allzu viele Beispiele von holomorphen Funktionen kennengelernt. Allerdings erweitert sich der Kreis erheblich, wenn man die meromorphen Funktionen einbezieht, die ja auch nur holomorphe Funktionen sind, deren Definitionsbereich gewisse isolierte Lücken aufweist. Bei Annäherung an diese Lücken zeigen die meromorphen Funktionen ein so eindeutiges Verhalten, dass man den Holomorphiebegriff auf Polstellen erweitern kann.

Zur Konstruktion neuer holomorpher oder meromorpher Funktionen benutzt man gerne Folgen oder Reihen von bekannten Funktionen. Auf diesem Wege lassen sich holomorphe Funktionen zu vorgegebenen Nullstellen und meromorphe Funktionen zu vorgegebenen Polstellen konstruieren, und zwar erstaunlich explizit. Das besagen der Produktsatz von Weierstraß und der Satz von der Mittag-Leffler'schen Partialbruchzerlegung. Die so gewonnenen Methoden liefern neue, interessante Beispiele, darunter die Gamma-Funktion und die Klasse der elliptischen Funktionen.

4.1 Holomorphie im Unendlichen

Für einen reibungslosen Umgang mit Polstellen erweist es sich als ein höchst nützlicher Kunstgriff, die komplexe Ebene um einen unendlich fernen Punkt zu erweitern. Warum man dabei mit einem einzigen Punkt auskommt und was diese Erweiterung bedeutet, das zeigt die stereographische Projektion.

Eine meromorphe Funktion zeigt in der Nähe einer Polstelle ein recht eindeutiges Werteverhalten. Um ihr in der Polstelle selbst einen Wert zuordnen zu können, müssen wir aber noch zu $\mathbb{C}$ einen unendlich fernen Punkt hinzufügen, und das geht folgendermaßen: Wir wählen ein festes Objekt, das wir mit ∞ bezeichnen und das nicht zu $\mathbb{C}$ gehört. Dann setzen wir

$$\overline{\mathbb{C}} := \mathbb{C} \cup \{\infty\}.$$

Um festzulegen, in welcher Beziehung ∞ zum Rest der komplexen Zahlenebene steht, wird der Begriff der *ε-Umgebung* in $\overline{\mathbb{C}}$ definiert:

1. Ist z_0 sogar ein Punkt von $\mathbb{C}$, so versteht man unter einer ε-Umgebung von z_0 wie üblich eine Menge der Gestalt $U_\varepsilon(z_0) = \{z \in \mathbb{C} : |z - z_0| < \varepsilon\}$.

2. Unter einer ε-Umgebung von ∞ versteht man eine Menge der Gestalt

$$U_\varepsilon(\infty) = \{z \in \mathbb{C} : |z| > 1/\varepsilon\} \cup \{\infty\}.$$

© Springer-Verlag GmbH Deutschland, ein Teil von Springer Nature 2019
K. Fritzsche, *Grundkurs Funktionentheorie*,
https://doi.org/10.1007/978-3-662-60382-6_4

Sei $M \subset \overline{\mathbb{C}}$ eine beliebige Teilmenge. Ein Punkt $z_0 \in M$ heißt **innerer Punkt** von M, falls ein $\varepsilon > 0$ existiert, so dass $U_\varepsilon(z_0)$ ganz in M enthalten ist. Die Menge M wird **offen** (in $\overline{\mathbb{C}}$) genannt, wenn sie nur aus inneren Punkten besteht.

Jede in $\mathbb{C}$ offene Menge ist dann auch offen in $\overline{\mathbb{C}}$.

4.1.1. Satz
$\overline{\mathbb{C}}$ ist ein kompakter Hausdorff'scher topologischer Raum.

BEWEIS: Dass die leere Menge und ganz $\overline{\mathbb{C}}$ offen sind, ist offensichtlich.

Sei $(M_\iota)_{\iota \in I}$ ein beliebiges System von offenen Mengen und $z_0 \in \bigcup_\iota M_\iota$. Dann gibt es ein $\iota_0 \in I$, so dass z_0 in M_{ι_0} liegt. Aber dann ist z_0 innerer Punkt von M_{ι_0} und damit erst recht von $\bigcup_\iota M_\iota$. Also sind Vereinigungen von offenen Mengen wieder offen.

Schließlich seien $M_1, \ldots, M_n$ offen und z_0 ein Punkt von $M_1 \cap \ldots \cap M_n$. Da z_0 innerer Punkt von jeder der Mengen M_i ist, gibt es Zahlen $\varepsilon_i > 0$, so dass $U_{\varepsilon_i}(z_0) \subset M_i$ ist. Sei $\varepsilon := \min(\varepsilon_1, \ldots, \varepsilon_n)$. Ist $z_0 \in \mathbb{C}$ und $z \in U_\varepsilon(z_0)$, so ist $|z - z_0| < \varepsilon \leq \varepsilon_i$ für $i = 1, \ldots, n$ und daher $z \in U_{\varepsilon_1}(z_0) \cap \ldots \cap U_{\varepsilon_n}(z_0) \subset M_1 \cap \ldots \cap M_n$. Ist $z_0 = \infty$ und $z \in U_\varepsilon(\infty)$, so ist $z = \infty$ oder $z \in \mathbb{C}$ und $|z| > 1/\varepsilon \geq 1/\varepsilon_i$ für $i = 1, \ldots, n$, also auch in diesem Falle $z \in U_{\varepsilon_1}(z_0) \cap \ldots \cap U_{\varepsilon_n}(z_0) \subset M_1 \cap \ldots \cap M_n$. Damit ist klar, dass $M_1 \cap \ldots \cap M_n$ offen ist.

Als nächstes soll gezeigt werden, dass die Hausdorff-Eigenschaft erfüllt ist. Seien also z_0 und w_0 zwei Punkte in $\overline{\mathbb{C}}$ mit $z_0 \neq w_0$.

a) Liegen beide Punkte in $\mathbb{C}$, so gibt es offensichtlich disjunkte Umgebungen dieser Punkte in $\mathbb{C}$.

b) Ist $z_0 = \infty$ und $w_0 \in \mathbb{C}$, so wähle man ein positives $\varepsilon < 1$ und setze

$$\delta := \frac{1}{|w_0| + 1}.$$

Dann ist $U_\varepsilon(w_0) \cap U_\delta(\infty) = \varnothing$. Gäbe es nämlich einen Punkt $z \in U_\varepsilon(w_0) \cap U_\delta(\infty)$, so wäre $z \neq \infty$, $|z - w_0| < \varepsilon$ und $|z| > 1/\delta = |w_0| + 1$, also

$$|z| = |(z - w_0) + w_0| \leq |z - w_0| + |w_0| < \varepsilon + |w_0| < 1 + |w_0| = 1/\delta < |z|.$$

Das kann aber nicht sein.

Es muss noch gezeigt werden, dass $\overline{\mathbb{C}}$ kompakt ist. Sei also $(U_\iota)_{\iota \in I}$ eine offene Überdeckung von $\overline{\mathbb{C}}$. Dann gibt es ein $\iota_0 \in I$, so dass $\infty \in U_{\iota_0}$ ist, und es gibt ein $\varepsilon > 0$ mit $\{z \in \mathbb{C} : |z| > 1/\varepsilon\} \subset U_{\iota_0}$. Sei $I' := I \setminus \{\iota_0\}$.

Für $\iota \in I'$ sei $U'_\iota := U_\iota \setminus \{\infty\}$. Da in dem Hausdorff-Raum $\overline{\mathbb{C}}$ jede einpunktige Menge abgeschlossen ist, sind die U'_ι offen. Insbesondere bildet $(U'_\iota)_{\iota \in I'}$ eine offene Überdeckung der kompakten Menge $K := \{z \in \mathbb{C} : |z| \leq 1/\varepsilon\}$ in $\mathbb{C}$. Ist $I_0 \subset I'$

endlich, so dass K schon von $(U'_\iota)_{\iota \in I_0}$ überdeckt wird, so stellt $\{U_\iota \; : \; \iota \in I_0\} \cup \{U_{\iota_0}\}$ eine endliche offene Überdeckung von $\overline{\mathbb{C}}$ dar. ∎

Das ist ein seltsames und überraschendes Ergebnis! $\mathbb{C}$ selbst ist weit davon entfernt, kompakt zu sein. Fügt man aber noch einen einzigen Punkt hinzu, so entsteht ein kompakter Raum. Um das besser zu verstehen, geben wir eine anschauliche Deutung für $\overline{\mathbb{C}}$.

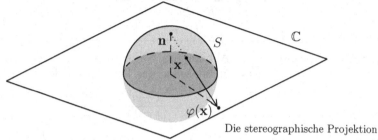

Die stereographische Projektion

Sei $S := S^2 = \{(z, h) \in \mathbb{C} \times \mathbb{R} \; : \; |z|^2 + h^2 = 1\}$ die Einheitssphäre im $\mathbb{R}^3$, $\mathbf{n} := (0, 1) \in S$ der „Nordpol". Dann wird die ***stereographische Projektion*** $\varphi : S \setminus \{\mathbf{n}\} \to \mathbb{C}$ folgendermaßen definiert:

Ist $\mathbf{x}_0 = (z_0, h_0) \in S \setminus \{\mathbf{n}\}$, so trifft der Strahl, der von $\mathbf{n}$ ausgeht und bei $\mathbf{x}_0$ die Sphäre S durchstößt, die komplexe Ebene in einem Punkt $w_0 = \varphi(\mathbf{x}_0)$.

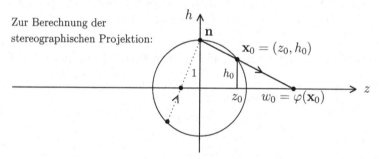

Zur Berechnung der stereographischen Projektion:

Die Punkte z_0 und $w_0 = \varphi(z_0, h_0)$ liegen auf dem gleichen (von 0 ausgehenden) Strahl in $\mathbb{C}$. Also muss $w_0 = \lambda z_0$ sein, mit einem reellen Faktor $\lambda > 0$.

Zur Bestimmung von λ unterscheidet man zwischen positivem und negativem h_0.

Ist $h_0 > 0$, so ist $z_0 \neq 0$, $\lambda > 1$, und nach dem Strahlensatz besteht das Verhältnis $h_0 : 1 = |w_0 - z_0| : |w_0|$. Also ist in diesem Fall $h_0 = (\lambda - 1)/\lambda$, und daher $\lambda = 1/(1 - h_0)$. Ist $-1 < h_0 < 0$, so ist ebenfalls $z_0 \neq 0$ und $0 < \lambda < 1$, und man kommt schnell zum gleichen Ergebnis. Schließlich ist $\varphi(0, -1) = 0$.

Somit ist die stereographische Projektion gegeben durch

$$\varphi(z, h) = \frac{1}{1 - h} \cdot z.$$

Diese Abbildung ist sogar bijektiv! Ist nämlich $w \in \mathbb{C}$, so ist der Strahl, der von $\mathbf{n}$ aus durch w geht, gegeben durch die Menge

$$\{t \cdot (w, 0) + (1 - t) \cdot (0, 1) : t \geq 0\} = \{(tw, 1 - t) \in \mathbb{C} \times \mathbb{R} : t \geq 0\}.$$

Es gibt genau ein $t > 0$ mit $|tw|^2 + (1 - t)^2 = 1$, nämlich $t = 2/(|w|^2 + 1)$. Bei diesem Parameter trifft der Strahl die Sphäre im Punkt

$$\boxed{\varphi^{-1}(w) = \left(\frac{2w}{|w|^2 + 1}, \frac{|w|^2 - 1}{|w|^2 + 1} \right).}$$

φ und φ^{-1} sind beides stetige Abbildungen. Nähert sich $\mathbf{x} = (z, h) \in S$ dem Nordpol $(0, 1)$, so wandert $\varphi(\mathbf{x})$ immer weiter ins Unendliche, denn es ist

$$|\varphi(z, h)|^2 = \frac{|z|^2}{(1 - h)^2} = \frac{1 - h^2}{(1 - h)^2} = \frac{1 + h}{1 - h}.$$

Wir wollen sehen, dass man φ zu einer stetigen Abbildung $\widehat{\varphi} : S \to \overline{\mathbb{C}}$ fortsetzen kann, mit $\widehat{\varphi}(\mathbf{n}) = \infty$. Dazu müssen wir etwas weiter ausholen.

Sei $G \subset \mathbb{C}$ ein Gebiet. Eine Funktion $f : G \to \mathbb{C}$ ist genau dann in $z_0 \in G$ stetig, falls gilt:

$$\forall \varepsilon > 0 \; \exists \delta > 0, \text{ so dass für } z \in G \text{ gilt: } |z - z_0| < \delta \implies |f(z) - f(z_0)| < \varepsilon.$$

Diese Bedingung lässt sich nicht wörtlich auf beliebige topologische Räume übertragen, kann aber leicht wie folgt umformuliert werden:

Eine Abbildung $f : X \to Y$ zwischen topologischen Räumen ist genau dann in $x_0 \in X$ **stetig**, wenn es zu jeder Umgebung $V = V(f(x_0))$ eine Umgebung $U = U(x_0)$ mit $f(U) \subset V$ gibt.

Wir testen das anhand der **Inversion** $I : \overline{\mathbb{C}} \to \overline{\mathbb{C}}$ mit

$$I(z) := \begin{cases} 1/z & \text{falls } z \in \mathbb{C}, \; z \neq 0 \\ \infty & \text{falls } z = 0, \\ 0 & \text{falls } z = \infty. \end{cases}$$

Sei V eine Umgebung von ∞ in $\overline{\mathbb{C}}$. Dann gibt es ein $\varepsilon > 0$, so dass $\{z \in \mathbb{C} : |z| > 1/\varepsilon\} \subset V$ ist. Sei nun $z \in U := D_\varepsilon(0)$. Dann ist $|I(z)| = 1/|z| > 1/\varepsilon$, also $I(U) \subset V$. Damit ist die Inversion stetig in ∞. Ähnlich kann man zeigen, dass sie auch im Nullpunkt stetig ist.

Kehren wir zur stereographischen Projektion zurück. Wir wollen zeigen: Zu jedem $\delta > 0$ gibt es ein $\varepsilon > 0$, so dass für $(z, h) \in S$ mit $1 - h < \varepsilon$ ist $|\varphi(z, h)| > 1/\delta$. Ist δ vorgegeben, so setzen wir $\varepsilon := (2\delta^2)/(1 + \delta^2)$. Ist $1 - h < \varepsilon$, so ist $h > (1 - \delta^2)/(1 + \delta^2)$ und damit $\delta^2 > (1 - h)/(1 + h)$, also

$$\frac{1}{\delta} < \sqrt{\frac{1 + h}{1 - h}} = |\varphi(z, h)|.$$

Das bedeutet, dass $\varphi(\{(z, h) : h > 1 - \varepsilon\}) \subset U_\delta(\infty)$ ist, also $\widehat{\varphi}$ stetig in $(0, 1)$.

4.1.2. Satz

*Sei $f : X \to Y$ eine stetige und bijektive Abbildung zwischen kompakten Räumen. Dann ist f sogar ein **Homöomorphismus** (das heißt, dass auch $f^{-1} : Y \to X$ stetig ist).*

BEWEIS: Ist $A \subset X$ abgeschlossen, so ist A (in der von X induzierten Relativtopologie[1]) kompakt. Das sieht man so: Sei $(U_\iota)_{\iota \in I}$ eine offene Überdeckung von A. Nimmt man noch $X \setminus A$ hinzu, so erhält man eine offene Überdeckung von X. Weil X kompakt ist, gibt es dazu eine endliche Teilüberdeckung und damit offensichtlich auch eine endliche Teilüberdeckung von A.

Das stetige Bild der kompakten Menge A ist wieder kompakt. Ist nämlich $(V_\iota)_{\iota \in I}$ eine offene Überdeckung von $f(A)$, so bilden die Mengen $U_\iota := f^{-1}(V_\iota)$ eine offene Überdeckung von A. Weil A kompakt ist, kommt man mit endlich vielen U_ι aus, etwa $U_1, \ldots, U_N$. Dann ist $V_1, \ldots, V_N$ die gesuchte endliche Überdeckung von $f(A)$.

Als kompakte Menge ist $f(A)$ in Y abgeschlossen. Dazu betrachten wir einen beliebigen Punkt $x_0 \in Y \setminus f(A)$. Weil Y ein Hausdorffraum ist, gibt es zu jedem $x \in f(A)$ offene Umgebungen U_x von x und V_x von x_0 mit $U_x \cap V_x = \varnothing$. Man kann endlich viele Punkte $x_1, \ldots, x_k \in f(A)$ finden, so dass die Umgebungen U_{x_i} schon $f(A)$ überdecken, und dann ist $V := V_{x_1} \cap \ldots \cap V_{x_k}$ eine offene Umgebung von x_0 in $Y \setminus f(A)$. Da x_0 beliebig war, folgt daraus, dass $Y \setminus f(A)$ offen ist.

Wir haben gezeigt, dass f abgeschlossene Mengen auf abgeschlossene Mengen abbildet, also auch offene Mengen auf offene. Das bedeutet, dass f^{-1} stetig ist. ∎

Nun folgt: *Die stereographische Projektion $\widehat{\varphi} : S^2 \to \overline{\mathbb{C}}$ ist ein Homöomorphismus.*

Man nennt $\overline{\mathbb{C}}$ deshalb auch die ***Riemann'sche Zahlenkugel***. Topologisch stimmt die Zahlenkugel mit der Oberfläche einer Kugel im $\mathbb{R}^3$ überein, und $\mathbb{C}$ mit der Kugeloberfläche ohne Nordpol.

Und die Beziehung zwischen der Sphäre S^2 und der Riemann'schen Zahlenkugel geht noch weiter:

4.1.3. Satz

Die stereographische Projektion bildet Kreise auf S^2 auf Kreise oder Geraden in $\mathbb{C}$ ab.

BEWEIS: Ein Kreis auf $S = S^2$ ist der Durchschnitt von S mit einer Ebene

$$E := \{(z, h) \in \mathbb{C} \times \mathbb{R} \mid cz + \overline{c}\overline{z} + \varrho h + \sigma = 0\},$$

mit $(c, \varrho) \neq (0, 0)$. Der Abstand der Ebene E vom Ursprung ist die Zahl

---

[1] $M \subset A$ heißt offen, wenn es eine offene Menge $\widehat{M} \subset X$ mit $\widehat{M} \cap A = M$ gibt.

$$d := \frac{|\sigma|}{\sqrt{4c\overline{c} + \varrho^2}}.$$

Damit E und S sich tatsächlich in einem Kreis treffen, muss $d < 1$ sein, also $\sigma^2 - \varrho^2 < 4c\overline{c}$.

Setzt man nun $\alpha := (\sigma + \varrho)/2$ und $\delta := (\sigma - \varrho)/2$, so ist $\alpha\delta < c\overline{c}$. Für $(z, h) \in S \cap E$ und $w := \varphi(z, h)$ gilt dann:

$$
\begin{aligned}
\alpha w\overline{w} + cw + \overline{cw} + \delta &= \alpha\frac{1 + h}{1 - h} + \frac{cz}{1 - h} + \frac{\overline{cz}}{1 - h} + \delta \\
&= \frac{1}{1 - h} \cdot (\alpha(1 + h) + cz + \overline{cz} + \delta(1 - h)) \\
&= \frac{1}{1 - h} \cdot (cz + \overline{cz} + (\alpha - \delta)h + (\alpha + \delta)) \\
&= \frac{1}{1 - h} \cdot (cz + \overline{cz} + \varrho h + \sigma) = 0.
\end{aligned}
$$

Die Punkte w liegen nach Lemma 1.5.1 auf einem Kreis oder einer Geraden. Die Ebene E geht genau dann durch den Nordpol $(0, 1)$, wenn $\varrho + \sigma = 0$ ist. Dann ist auch $\alpha = 0$, die Bildmenge also eine Gerade (die man auch als „Kreis" durch den unendlich fernen Punkt auffassen kann).

Umgekehrt folgt genauso, dass das Urbild eines Kreises oder einer Geraden wieder ein Kreis auf S^2 ist.   ∎

Wir beschäftigen uns nun noch einmal mit den (gebrochen) linearen Transformationen oder Möbius-Transformationen:

$$T(z) := \frac{az + b}{cz + d}, \quad ad - bc \neq 0.$$

Die Transformation T ist für alle $z \neq -d/c$ definiert und stetig und bildet Kreise und Geraden wieder auf Kreise oder Geraden ab (Satz 1.5.2). Außerdem kann man T als stetige Abbildung $T : \overline{\mathbb{C}} \to \overline{\mathbb{C}}$ auffassen, mit

$$-d/c \mapsto \infty \quad \text{und} \quad \infty \mapsto a/c,$$

denn $I \circ T(-d/c) = 0$ und $T \circ I(w) = (bw + a)/(dw + c)$, also $T \circ I(0) = a/c$.

Ein Punkt $z_0 \in \overline{\mathbb{C}}$ heißt **Fixpunkt** von T, falls $T(z_0) = z_0$ ist. Wir wollen jetzt die Möbius-Transformationen nach der Anzahl ihrer Fixpunkte klassifizieren.

Sei also $T(z) = (az + b)/(cz + d)$ eine nicht konstante Möbius-Transformation.

1. Ist T affin-linear, $T(z) = az + b \neq \mathrm{id}_{\mathbb{C}}$, so ist der unendlich ferne Punkt ein Fixpunkt. Ist auch noch $a = 1$, so liegt eine Translation vor und die Abbildung hat keinen weiteren Fixpunkt. Ist $a \neq 1$, so stellt $z = -b/(a - 1)$ einen weiteren Fixpunkt dar. Mehr gibt es nicht.

2. Ist $c \neq 0$, so ist $T(\infty) = a/c$, also ∞ kein Fixpunkt! $T(z) = z$ gilt genau dann, wenn $cz^2 + (d-a)z - b = 0$ ist. Eine quadratische Gleichung hat höchstens zwei verschiedene Lösungen, also T höchstens zwei Fixpunkte in $\mathbb{C}$.

4.1.4. Folgerung

1. *Sei T eine lineare Transformation mit mehr als zwei Fixpunkten. Dann ist $T = \mathrm{id}_{\overline{\mathbb{C}}}$.*

2. *Seien $z_1, z_2, z_3 \in \overline{\mathbb{C}}$ paarweise verschieden. Dann ist T durch die Bilder $T(z_i)$, $i \in \{1, 2, 3\}$ eindeutig festgelegt.*

BEWEIS: 1) ist klar!

2) Sei $S(z_i) = T(z_i)$ für $i = 1, 2, 3$. Dann ist auch $S^{-1}T$ eine lineare Transformation, hat aber mindestens drei Fixpunkte. Also muss $S = T$ sein! ∎

Man kann sogar zu drei beliebigen Punkten und drei vorgegebenen Bildern die passende lineare Transformation konkret bestimmen. Dazu sucht man zunächst zu beliebigen, paarweise verschiedenen Punkten z_1, z_2, z_3 eine Möbius-Transformation T mit $T(z_1) = 0$, $T(z_2) = 1$ und $T(z_3) = \infty$. Schon $T(z) = (z - z_1)/(z - z_3)$ bildet die Punkte z_1 und z_3 richtig ab. Allerdings ist $T(z_2) = (z_2 - z_1)/(z_2 - z_3)$. Dividiert man $T(z)$ noch durch diesen Bruch, so erhält man die gewünschte Transformation.

Definition (Doppelverhältnis):

Als ***Doppelverhältnis*** der Punkte z, z_1, z_2, z_3 bezeichnen wir die Größe

$$DV(z, z_1, z_2, z_3) := \frac{z - z_1}{z - z_3} : \frac{z_2 - z_1}{z_2 - z_3}.$$

Bemerkung: Ist einer der ausgewählten Punkte gleich Unendlich, so vereinfacht sich die Formel. Im Falle $z_1 = \infty$ gilt z.B.

$$DV(z, \infty, z_2, z_3) = \frac{z_2 - z_3}{z - z_3}.$$

Der fehlende Bruch $(z - z_1)/(z_2 - z_1) = \big((z/z_1) - 1\big)\big((z_2/z_1) - 1\big)$ strebt gegen 1, wenn z_1 nach Unendlich geht.

4.1.5. Lineare Transformationen mit vorgegebenen Werten

Sind z_1, z_2, z_3 und w_1, w_2, w_3 jeweils paarweise verschieden, so gibt es genau eine gebrochen lineare Transformation T mit $T(z_i) = w_i$ für alle $i \in \{1, 2, 3\}$.

BEWEIS: Sei $T_1(z) := DV(z, z_1, z_2, z_3)$ und $T_2(z) := DV(z, w_1, w_2, w_3)$. Dann erfüllt die Verkettung $T(z) := T_2^{-1} \circ T_1(z)$ die Forderung. Dass T eindeutig bestimmt ist, haben wir schon gesehen.   ∎

4.1.6. Bestimmung von Kreisen und Geraden

Seien $z_1, z_2, z_3 \in \overline{\mathbb{C}}$. Ein Punkt $z \in \overline{\mathbb{C}}$ liegt genau dann auf der durch z_1, z_2, z_3 bestimmten Kreislinie (alle $z_i \in \mathbb{C}$) oder Geraden (ein $z_i = \infty$), falls das Doppelverhältnis $DV(z, z_1, z_2, z_3)$ eine reelle Zahl oder der unendlich ferne Punkt ist.

BEWEIS: Sei $T(z) = DV(z, z_1, z_2, z_3)$, K die Gerade oder Kreislinie durch die z_i. Dann ist $T(K)$ Kreis oder Gerade durch 0, 1 und Unendlich, also $T(K) = \mathbb{R} \cup \{\infty\}$, und damit ist $z \in K$ genau dann, wenn $T(z)$ reell ist oder Unendlich.   ∎

4.1.7. Folgerung

Das Gebiet $G \subset \overline{\mathbb{C}}$ werde von einer Geraden oder einer Kreislinie berandet. Dann gibt es eine lineare Transformation T mit

$$T(G) = \mathbb{H} = \{z \in \mathbb{C} : \operatorname{Im} z > 0\} \quad \text{(obere Halbebene, vgl. 1.5.4).}$$

BEWEIS: Es gibt eine lineare Transformation T, die ∂G auf $\mathbb{R} \cup \{\infty\}$ abbildet. Weil ∂G und $\mathbb{R} \cup \{\infty\}$ die Zahlenkugel $\overline{\mathbb{C}}$ jeweils in zwei disjunkte Gebiete zerlegen, ist $T(G)$ entweder die obere Halbebene $\mathbb{H}$ oder die untere Halbebene $-\mathbb{H}$. Im letzteren Falle schaltet man noch die Abbildung $z \mapsto -z$ dahinter.   ∎

4.1.8. Beispiel

Die Abbildung $C(z) := \mathrm{i}\,(1+z)/(1-z)$ bildet -1 auf 0, $-\mathrm{i}$ auf 1 und 1 auf ∞ ab, sowie 0 auf i. Daher ist $C(z) = DV(z, -1, -\mathrm{i}, 1)$, und weil -1, $-\mathrm{i}$ und 1 alle auf $\partial D_1(0)$ liegen, bildet C die Einheitskreislinie $\partial D_1(0)$ auf $\mathbb{R} \cup \{\infty\}$ ab. Weil $C(0) = \mathrm{i}$ ist, ist $C(D_1(0)) = \mathbb{H}$. Man nennt C die **Cayley-Abbildung**.

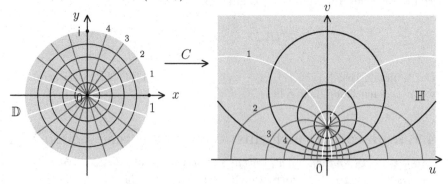

Die Umkehrabbildung $C^{-1}(w) = (w - \mathrm{i})/(w + \mathrm{i})$ haben wir schon in Abschnitt 1.5. kennengelernt.

Wir wollen jetzt klären, was Holomorphie im Unendlichen bedeutet. Dazu benutzen wir die Inversion $I(z) = 1/z$.

Definition (Holomorphie im Unendlichen):

Sei $U \subset \overline{\mathbb{C}}$ offen, $\infty \in U$. Eine Funktion $f : U \to \mathbb{C}$ heißt ***holomorph im Unendlichen***, falls $f \circ I$ im Punkt $z = 0$ holomorph ist. Ist f außerdem in allen Punkten von $U \setminus \{\infty\}$ im herkömmlichen Sinne holomorph, so nennt man f auf U holomorph. $\mathscr{O}(U)$ bezeichne die Menge der holomorphen Funktionen auf U.[2]

Bemerkung: Sei $U \subset \overline{\mathbb{C}}$ offen. Eine holomorphe Funktion $f : U \to \mathbb{C}$ ist immer auch eine stetige Abbildung $U \to \mathbb{C}$.

4.1.9. Satz

Jede auf $\overline{\mathbb{C}}$ holomorphe Funktion ist konstant.

BEWEIS: Sei $f \in \mathscr{O}(\overline{\mathbb{C}})$ und $\widehat{\varphi}$ die stereographische Projektion. Dann ist $|f \circ \widehat{\varphi}|$ stetig auf der kompakten Sphäre und nimmt in einem Punkt $\mathbf{x}_0 \in S^2$ ein globales Maximum an. Aber dann nimmt auch $|f|$ sein Maximum in $z_0 = \widehat{\varphi}(\mathbf{x}_0)$ an. Ist z_0 in $\mathbb{C}$, so liefert das Maximumprinzip, dass f konstant auf ganz $\mathbb{C}$ ist. Ist $z_0 = \infty$, so ist f auf $\mathbb{C}$ beschränkt, und der Satz von Liouville liefert das gleiche Ergebnis. Also ist f in jedem Fall auf $\mathbb{C}$ und aus Stetigkeitsgründen dann auch auf $\overline{\mathbb{C}}$ konstant. ∎

Sei weiterhin $U \subset \overline{\mathbb{C}}$ offen. Ist $\infty \in U$ und f auf $U \setminus \{\infty\}$ holomorph, so besitzt f in ∞ eine isolierte Singularität. Diese nennt man eine ***Polstelle***, falls $f \circ I$ in 0 eine Polstelle besitzt. Das trifft zum Beispiel auf die Funktion $f(z) \equiv z$ auf $\mathbb{C}$ zu.

Ist allgemeiner $D \subset U$ diskret und f holomorph auf $U \setminus D$ mit höchstens Polstellen in D, so nennt man f eine ***meromorphe Funktion*** auf U. Indem man f in den Polstellen den Wert ∞ zuordnet, setzt man f zu einer stetigen Abbildung $\widehat{f} : U \to \overline{\mathbb{C}}$ fort. Außerhalb der Polstellen nimmt $\widehat{f}$ nur Werte in $\mathbb{C}$ an. Insbesondere ist die konstante Funktion $u(z) \equiv \infty$ zwar stetig, aber weder holomorph noch meromorph. Ist dagegen $c \in \mathbb{C}$, so ist die Funktion $k(z) \equiv c$ auf jeden Fall holomorph (also auch meromorph).

4.1.10. Satz

Jede auf $\overline{\mathbb{C}}$ meromorphe Funktion ist rational, d.h. Quotient zweier Polynome.

---

[2]Über die Herkunft des Symbols $\mathscr{O}(U)$ für die Menge der holomorphen Funktionen auf U darf gerätselt werden. Vom „o" im Wort „holomorph" (bei dem das „h" am Anfang in Frankreich nicht ausgesprochen wird) bis hin zum Anfangsbuchstaben des japanischen Funktionentheoretikers Oka gibt es die unterschiedlichsten Deutungen.

BEWEIS: Sei f meromorph auf $\overline{\mathbb{C}}$, P_f die Polstellenmenge von f. Dann ist P_f diskret, wegen der Kompaktheit von $\overline{\mathbb{C}}$ also endlich. Es seien $z_1, \ldots, z_N$ alle Polstellen von f im Endlichen. Für jedes μ sei $h_\mu(z)$ der Hauptteil der Laurent-Entwicklung von f um z_μ. Dann ist h_μ rational und holomorph auf $\overline{\mathbb{C}} \setminus \{z_\mu\}$.

Die Funktion $p(z) := f(z) - \sum_{\mu=1}^{N} h_\mu(z)$ ist holomorph auf $\mathbb{C}$, hat aber eventuell noch einen Pol in Unendlich. In $\mathbb{C}$ kann p aber in eine Potenzreihe entwickelt werden: $p(z) = \sum_{n=0}^{\infty} a_n z^n$ für alle z aus $\mathbb{C}$.

Um nun p in der Nähe von Unendlich zu untersuchen, muss man $p \circ I$ bilden und nahe 0 untersuchen: $p \circ I(z) = a_0 + \sum_{n=1}^{\infty} a_n z^{-n}$ besitzt genau dann im Nullpunkt einen Pol oder eine hebbare Singularität, wenn ab einem n_0 alle a_n verschwinden, wenn also p ein Polynom ist. Damit folgt: $f(z) = p(z) + \sum_{\mu=1}^{N} h_\mu(z)$ ist eine rationale Funktion.   ∎

Ist $G \subset \overline{\mathbb{C}}$ ein Gebiet und f meromorph auf G, so kann man f zu einer Abbildung $\widehat{f} : G \to \overline{\mathbb{C}}$ fortsetzen, indem man $\widehat{f}(z) = \infty$ für jedes z aus P_f setzt. Da $f(z)$ bei Annäherung an eine Polstelle gegen Unendlich strebt, ist f als Abbildung nach $\overline{\mathbb{C}}$ stetig. Anders ausgedrückt:

Die meromorphen Funktionen auf einem Gebiet G sind die stetigen Funktionen von G nach $\overline{\mathbb{C}}$, die außerhalb einer diskreten Menge holomorph sind.

4.1.11. Aufgaben

A. Sei $\varphi : S^2 \to \overline{\mathbb{C}}$ die stereographische Projektion, $\mathbf{x}_i \in S^2 \setminus \{\mathbf{n}\}$ und $z_i = \varphi(\mathbf{x}_i)$ für $i = 1, 2$. Zeigen Sie: $\mathbf{x}_1$ und $\mathbf{x}_2$ sind genau dann Antipodenpunkte, wenn $z_1 \overline{z}_2 = -1$ ist.

B. Beschreiben Sie, welche Abbildung von S^2 nach S^2 durch die Abbildung $z \mapsto 1/z$ (von $\overline{\mathbb{C}}$ nach $\overline{\mathbb{C}}$) induziert wird.

C. Bestimmen Sie das Bild des Kreises $\{z : |z - 1 - i| = 1\}$ unter der Transformation $w = 1/z$.

D. Zeigen Sie: Das Doppelverhältnis ist invariant unter Möbius-Transformationen.

E. Bilden Sie die Menge $\{z : |z - 1| < 2 \text{ und } |z + 1| < 2\}$ biholomorph auf die obere Halbebene ab.

4.2   Der Satz von Mittag-Leffler

Erstaunlicherweise ist es leichter, meromorphe Funktionen zu vorgegebenen Polstellen zu konstruieren, als holomorphe Funktionen zu vorgegebenen Nullstellen. Deshalb beginnen wir mit den meromorphen Funktionen. Eine isolierte Polstelle im Punkte a ist im einfachsten Fall durch eine rationale Funktion der Gestalt

$c/(z-a)^n$ gegeben, und endlich viele solcher Polstellen kann man addieren. Das ist die Umkehrung der Partialbruchzerlegung. Nicht-trivial wird die Situation nur im Fall von unendlich vielen Polstellen, aber man spricht auch dann von der Partialbruchzerlegung meromorpher Funktionen. Wir werden das Problem auf $\mathbb{C}$ lösen und als Anwendung bekommen wir interessante Reihenentwicklungen und z.B. die Summe einer Zahlenreihe, die in der reellen Analysis nur recht mühsam – etwa mit Fourier-Theorie – zu gewinnen ist.

Wir erinnern uns: Sei f eine holomorphe Funktion mit einer isolierten Singularität in $z_0 \in \mathbb{C}$. Liegt eine Polstelle vor, so gibt es eine offene Umgebung $U = U(z_0) \subset \mathbb{C}$ und eine Laurentreihe mit einem endlichen Hauptteil, die f auf $U \setminus \{z_0\}$ darstellt:

$$f(z) = \sum_{n=-k}^{-1} c_n(z-z_0)^n + \sum_{n=0}^{\infty} c_n(z-z_0)^n \quad \text{für } z \in U \setminus \{z_0\}.$$

Wir können annehmen, dass $c_{-k} \neq 0$ ist. Dann nennt man k die Ordnung der Polstelle. Der Koeffizient c_{-1} ist das Residuum von f in z_0.

Ist f eine meromorphe Funktion auf einem Gebiet G und P die in G diskrete Polstellenmenge, so besitzt f in jedem Punkt $a \in P$ einen eindeutig bestimmten Hauptteil

$$h_{f,a}(z) = \sum_{n=-k}^{-1} c_n(z-a)^n \quad \text{mit Ordnung } k = k(a).$$

Das System $H_f = (h_{f,a})_{a \in P}$ nennt man die **Hauptteilverteilung** von f.

Mit $\mathcal{M}(G)$ sei die Menge aller meromorphen Funktionen auf dem Gebiet G bezeichnet. Wir wollen die Frage untersuchen, ob es zu jeder Hauptteilverteilung H auf $\mathbb{C}$ eine passende Funktion $f \in \mathcal{M}(G)$ mit $H_f = H$ gibt. Man nennt dann f eine **Lösung** von H.

Ist eine Hauptteilverteilung $(h_a)_{a \in P}$ gegeben, so unterscheiden wir zwei Fälle:

1. Ist P endlich, so lassen sich die Hauptteile summieren. Durch $f := \sum_{a \in P} h_a$ ist eine rationale Funktion gegeben, und es gilt $H_f = (h_a)_{a \in P}$, d.h. das Problem ist gelöst. Die rechte Seite ist die **Partialbruchzerlegung** von f.

2. Wenn P unendlich ist, dann lässt sich die diskrete Menge P als Folge schreiben, $P = \{a_n : n \in \mathbb{N}\}$. Wir würden gerne definieren:

$$f := \sum_{n=0}^{\infty} h_n,$$

wenn h_n der Hauptteil in a_n ist. Doch wie ist die Summe zu verstehen? Uns fehlt bisher ein geeigneter Konvergenzbegriff für Reihen meromorpher Funktionen.

Definition (Konvergenz meromorpher Funktionenreihen):

Sei $(f_\nu) \subset \mathcal{M}(G)$ eine Folge meromorpher Funktionen, jeweils mit Polstellenmenge $P(f_\nu)$. Die Reihe $\sum\limits_{\nu=1}^{\infty} f_\nu$ heißt **kompakt konvergent** auf G, falls für jedes Kompaktum $K \subset G$ ein ν_0 existiert, so dass gilt:

1. $P(f_\nu) \cap K = \emptyset$ für $\nu \geq \nu_0$.

2. Die Reihe $\sum\limits_{\nu \geq \nu_0} f_\nu$ konvergiert gleichmäßig auf K.

In diesem Fall gibt es eine diskrete Menge $P \subset G$, so dass alle f_ν auf $G \setminus P$ holomorph sind und die Reihe $\sum_{\nu=0}^{\infty} f_\nu$ auf $G \setminus P$ lokal gleichmäßig gegen eine meromorphe Funktion f konvergiert, die höchstens in P Polstellen besitzt. Ist $U \subset G$ offen und $U \cap P(f_\nu) = \emptyset$ für $\nu \geq \nu_0$, so ist

$$f = f_1 + f_2 + \cdots + f_{\nu_0-1} + \sum_{\nu \geq \nu_0} f_\nu \quad \text{auf } U.$$

4.2.1. Satz von Mittag-Leffler

Jede Hauptteilverteilung auf $\mathbb{C}$ ist lösbar. Die Lösung ist bis auf eine ganze Funktion eindeutig bestimmt.

Es gibt also auf $\mathbb{C}$ sehr viele meromorphe Funktionen!

BEWEIS: Wir schreiben die Polstellenmenge in der Form $P = \{a_\nu : \nu \in \mathbb{N}\}$, so dass die a_ν dem Betrage nach geordnet sind. Außerdem sei $a_0 := 0$. Es sei $(h_\nu)_{\nu \in \mathbb{N}}$ die zugehörige Hauptteilverteilung. Ist $0 \notin P$, so lassen wir ausnahmsweise $h_0 := 0$ als Hauptteil in Null zu.

Wir betrachten die Folge von Kreisscheiben $D_\nu := \{z \in \mathbb{C} : |z| < |a_\nu|/2\}$. Dann ist $h_\nu \in \mathcal{O}(\overline{D}_\nu)$ für alle $\nu \in \mathbb{N}$. Auf $\overline{D}_\nu$ kann h_ν gleichmäßig durch Taylor-Polynome approximiert werden, d.h. es existieren Polynome P_ν mit

$$|h_\nu - P_\nu|_{\overline{D}_\nu} < 2^{-\nu}.$$

Zu jedem $R > 0$ gibt es ein ν_0, so dass die meromorphen Funktionen $f_\nu := h_\nu - P_\nu$ auf $\overline{D_R(0)}$ für $\nu \geq \nu_0$ holomorph sind. Die Reihe $f := h_0 + \sum_{\nu=1}^{\infty} f_\nu$ konvergiert kompakt auf $\mathbb{C}$ gegen eine meromorphe Funktion f. Auf $D_R(0)$ ist

$$f = h_0 + \sum_{\nu=1}^{\nu_0-1}(h_\nu - P_\nu) + \sum_{\nu \geq \nu_0} f_\nu.$$

Deshalb hat f dort die Polstellen $a_0, \ldots, a_{\nu_0-1}$ mit den Hauptteilen h_ν. ∎

Bemerkung: Der Trick, mittels Taylor-Polynomen die Konvergenz der meromorphen Reihe zu erzwingen, wird als „Methode der konvergenzerzeugenden Summanden" bezeichnet.

Wir untersuchen jetzt den **Spezialfall** einer Verteilung von Polen 1. Ordnung:

Gegeben sei eine diskrete Folge a_ν, die monoton geordnet ist (d.h. es sei $0 = a_0 < |a_1| \leq |a_2| \leq \cdots$), sowie eine Folge komplexer Zahlen $c_\nu \neq 0$, die wir als Residuen vorgeben wollen, um eine meromorphe Funktion mit einfachen Polstellen und Residuen c_ν in den a_ν zu konstruieren.

Der Hauptteil h_ν in a_ν kann – unter Ausnutzung der geometrischen Reihe – folgendermaßen umgeformt werden:

$$h_\nu(z) = \frac{c_\nu}{z - a_\nu} = -\frac{c}{a_\nu} \cdot \frac{1}{1 - z/a_\nu} = -\frac{c_\nu}{a_\nu} \cdot \sum_{\lambda=0}^{\infty} \left(\frac{z}{a_\nu}\right)^\lambda \text{ für } |z| < |a_\nu|.$$

Das Taylor-Polynom von $h_\nu(z)$ vom Grade μ auf der Kreisscheibe vom Radius $|a_\nu|$ um Null ist daher gegeben durch

$$P_{\nu,\mu}(z) := -\frac{c_\nu}{a_\nu} \sum_{\lambda=0}^{\mu} \left(\frac{z}{a_\nu}\right)^\lambda = -\frac{c_\nu}{a_\nu} \cdot \frac{1 - (z/a_\nu)^{\mu+1}}{1 - z/a_\nu} = \frac{c_\nu}{z - a_\nu} \left(1 - \left(\frac{z}{a_\nu}\right)^{\mu+1}\right).$$

Um der Linie des Beweises von Mittag-Leffler zu folgen, müssten wir eine Folge natürlicher Zahlen (k_ν) finden, so dass gilt:

$$|h_\nu(z) - P_{\nu,k_\nu}(z)| < 2^{-\nu} \text{ auf } D_\nu = \{z \, : \, |z| \leq \frac{1}{2}|a_\nu|\}.$$

Damit kann die Lösung f des Problems schon genauer angegeben werden:

$$f(z) = \frac{c_0}{z} + \sum_{\nu=1}^{\infty} (h_\nu(z) - P_{\nu,k_\nu}(z)) = \frac{c_0}{z} + \sum_{\nu=1}^{\infty} \frac{c_\nu}{z - a_\nu} \cdot \left(\frac{z}{a_\nu}\right)^{k_\nu+1}.$$

Jede andere Lösung erhält man durch Addition einer ganzen Funktion.

Nun versuchen wir, die k_ν ganz konkret zu bestimmen. Dabei kommt es nur darauf an, die Abschätzungen für $|h_\nu(z) - P_{\nu,k_\nu}(z)|$ so zu erfüllen, dass die Reihe für f kompakt konvergiert. Dabei helfen die folgenden Überlegungen weiter:

Sei $R > 0$ und ν_0 so gewählt, dass $|a_\nu| > 2R$ für alle $\nu \geq \nu_0$ ist. Dann ist $|a_\nu|/2 > R$ und $|a_\nu| - R > |a_\nu|/2$. Für z aus $D_R(0)$ und $\nu \geq \nu_0$ folgt deshalb

$$|a_\nu - z| \geq |a_\nu| - |z| > |a_\nu| - R > \frac{1}{2}|a_\nu|, \text{ also } |1 - \frac{z}{a_\nu}| > \frac{1}{2}.$$

Damit können wir die Reihenglieder für $\nu \geq \nu_0$ auf $D_R(0)$ nach oben abschätzen:

$$\left| \frac{c_\nu}{z - a_\nu} \cdot \left(\frac{z}{a_\nu} \right)^{k_\nu+1} \right| = \left| \frac{c_\nu}{a_\nu} \right| \cdot \frac{1}{|z/a_\nu - 1|} \cdot \left| \frac{z}{a_\nu} \right|^{k_\nu+1} \leq 2 \cdot \left| \frac{c_\nu}{a_\nu} \right| \cdot \left| \frac{z}{a_\nu} \right|^{k_\nu+1}.$$

Können wir die k_ν so groß wählen, dass die Reihe

$$\sum_{\nu=1}^{\infty} \frac{c_\nu}{a_\nu} \cdot \left(\frac{R}{a_\nu} \right)^{k_\nu+1}$$

absolut konvergent ist, so konvergiert der (bei ν_0 beginnende) Rest der meromorphen Reihe für f gleichmäßig auf $D_R(0)$. Wenn wir es schaffen, dass dies bei geeigneter Wahl der k_ν für alle $R > 0$ (und die zugehörigen ν_0) gleichzeitig funktioniert, sind wir fertig.

Der Trick, der nun alles einfacher macht, besteht darin, alle k_ν gleich zu wählen. Wir setzen $k_\nu = N - 1$ für ein festes $N \in \mathbb{N}$ und alle ν. Das ergibt:

4.2.2. Spezieller Satz von Mittag-Leffler

Ist die Reihe $\sum_{\nu=1}^{\infty} c_\nu / a_\nu^{N+1}$ absolut konvergent, so ist eine Lösung der Hauptteilverteilung $h_\nu(z) := c_\nu/(z - a_\nu)$ gegeben durch

$$f(z) = \frac{c_0}{z} + \sum_{\nu=1}^{\infty} \frac{c_\nu}{z - a_\nu} \left(\frac{z}{a_\nu} \right)^N.$$

f ist bis auf eine ganze Funktion eindeutig bestimmt.

4.2.3. Beispiel

Die Folge der (a_ν) sei eine Aufzählung aller ganzen Zahlen, die vorgegebenen Residuen c_ν seien alle gleich 1. Weil die Reihe $\sum_{\nu \neq 0} |c_\nu|/|a_\nu|^2 = 2 \cdot \sum_{\nu=1}^{\infty} 1/\nu^2$ konvergiert, genügt es, $N = 1$ anzusetzen, und wir erhalten als Lösung

$$f(z) = \frac{1}{z} + \sum_{\nu \neq 0} \left(\frac{1}{z - \nu} \cdot \frac{z}{\nu} \right) = \frac{1}{z} + \sum_{\nu \neq 0} \left(\frac{1}{z - \nu} + \frac{1}{\nu} \right).$$

Wir wollen untersuchen, ob wir die Funktion aus dem Beispiel schon in anderer Form kennen. Um etwa $f(z)$ als Quotient zweier holomorpher Funktionen darzustellen, benötigen wir einen Nenner, der einfache Nullstellen in allen ganzen Zahlen hat. Die Funktion $z \mapsto \sin(\pi z)$ erfüllt diese Bedingung. Deshalb untersuchen wir $\cot(\pi z) := \dfrac{\cos(\pi z)}{\sin(\pi z)}$ und bestimmen das Residuum in ν aus $\mathbb{Z}$:

$$\mathrm{res}_\nu(\cot(\pi z)) = \frac{\cos(\pi \nu)}{\pi \cdot \sin'(\pi \nu)} = \frac{1}{\pi}.$$

Also ist auch die Funktion $g(z) := \pi \cot(\pi z)$ eine Lösung der im Beispiel betrachteten Hauptteilverteilung. Die Differenz $h(z) := g(z) - f(z)$ der beiden Lösungen ist also eine ganze Funktion. Ihre Ableitung ist gegeben durch

$$h'(z) = \pi^2 \cdot \cot'(\pi z) + \frac{1}{z^2} + \sum_{\nu \neq 0} \frac{1}{(z-\nu)^2} = -\left(\frac{\pi}{\sin(\pi z)}\right)^2 + h_0(z),$$

mit der meromorphen Funktion $h_0(z) := \sum_{\nu \in \mathbb{Z}} 1/(z-\nu)^2$. Dabei hat h_0 Polstellen in allen ganzen Zahlen und ist periodisch mit Periode 1, da über alle ganzen Zahlen summiert wird. Auf dem „Streifen" $S := \{z = x + iy : 0 \leq x \leq 1 \text{ und } |y| \geq 1\}$ ist h_0 holomorph.

Wir versuchen nun, in mehreren Schritten zu zeigen, dass h verschwindet.

1. Behauptung: h_0 *ist auf* S *beschränkt und geht gegen Null, wenn der Imaginärteil* $y = \text{Im}(z)$ *gegen Unendlich geht, sogar gleichmäßig in* $x = \text{Re}(z)$.
BEWEIS:

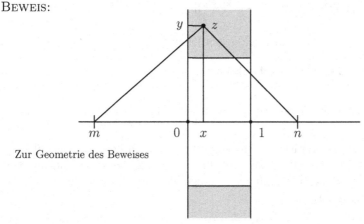

Zur Geometrie des Beweises

Weil die Hypotenuse eines rechtwinkligen Dreiecks länger ist als die längere Kathete, die wiederum länger als das arithmetische Mittel der beiden Katheten ist, gilt für $z = x + iy$:

$$|z - n| \geq \frac{1}{2}\big(|y| + (n-x)\big) \geq \frac{|y| + (n-1)}{2} \quad \text{für } n \in \mathbb{N}$$

und

$$|z - m| \geq \frac{1}{2}\big(|y| + (|m| + x)\big) \geq \frac{|y| + |m|}{2} \quad \text{für } m \in \mathbb{Z}, \, m \leq 0.$$

Das genügt schon für die Beschränktheit von h_0 auf S:

$$|h_0(z)| \leq 4 \left(\sum_{\nu=1}^{\infty} \frac{1}{(|y| + (\nu-1))^2} + \sum_{\mu=0}^{\infty} \frac{1}{(|y| + |\mu|)^2} \right)$$

$$\leq 8 \sum_{\nu=0}^{\infty} \frac{1}{(|y| + \nu)^2} \leq 8 \sum_{\nu=1}^{\infty} \frac{1}{\nu^2} < \infty.$$

Ist jetzt $|y| > N$, so ist

$$|h_0(z)| \leq 8 \sum_{\nu=0}^{\infty} \frac{1}{(N+\nu)^2} = 8 \sum_{\nu=N}^{\infty} \frac{1}{\nu^2}.$$

Die rechte Seite geht für $N \to \infty$ gegen Null, und damit gilt die Behauptung. ∎

Selbstverständlich ist auch $\left(\dfrac{\pi}{\sin(\pi z)}\right)^2$ periodisch mit Periode 1.

2. Behauptung: $|\sin(\pi z)|$ *geht gegen Unendlich, wenn der Imaginärteil von z gegen Unendlich geht.*

BEWEIS: Es ist $\sin z = \dfrac{1}{2\,\mathrm{i}}(e^{\mathrm{i}z} - e^{-\mathrm{i}z}) = \dfrac{1}{2\,\mathrm{i}}(e^{\mathrm{i}x}e^{-y} - e^{-\mathrm{i}x}e^{y})$, also

$$|\sin z| = \left|\frac{e^y}{2}(e^{-x\mathrm{i}} - e^{\mathrm{i}x}e^{-2y})\right| \geq \frac{e^y}{2}(1 - e^{-2y}).$$

Für $y \to \infty$ strebt der ganze Ausdruck gegen Unendlich. ∎

Das bedeutet aber, dass die ganze Funktion

$$h'(z) = h_0(z) - \left(\frac{\pi}{\sin(\pi z)}\right)^2$$

periodisch (also beschränkt) ist und gegen Null geht, wenn der Imaginärteil von z gegen Unendlich geht. Nach dem Satz von Liouville ist h' konstant und die Konstante muss gleich Null sein. Damit ist h konstant, und nebenbei haben wir die folgende Identität gezeigt:

$$\boxed{\sum_{\nu\in\mathbb{Z}} \frac{1}{(z-\nu)^2} = \left(\frac{\pi}{\sin(\pi z)}\right)^2.}$$

Eine letzte Untersuchung an h ist noch nötig, es ist

$$\begin{aligned}
h(-z) &= \pi \cdot \cot(-\pi z) + \frac{1}{z} + \sum_{\nu\neq 0}\left(\frac{1}{z+\nu} - \frac{1}{\nu}\right) \\
&= -\left[\pi\cot(\pi z) - \frac{1}{z} - \sum_{\nu\neq 0}\left(\frac{1}{z+\nu} + \frac{1}{\nu}\right)\right] = -h(z),
\end{aligned}$$

weil bei der Summation über $\nu \neq 0$ natürlich ν durch $-\nu$ ersetzt werden kann. Also ist h ungerade, und weil h konstant ist, muss $h = 0$ gelten.

Halten wir als Ergebnis fest :

4.2.4. Satz (von der Cotangens-Reihe)

Folgende Identitäten zwischen meromorphen Funktionen gelten auf ganz $\mathbb{C}$:

$$\pi \cot(\pi z) = \frac{1}{z} + \sum_{\nu \neq 0} \left(\frac{1}{z - \nu} + \frac{1}{\nu} \right) \quad und \quad \left(\frac{\pi}{\sin(\pi z)} \right)^2 = \sum_{\nu \in \mathbb{Z}} \frac{1}{(z - \nu)^2}.$$

4.2.5. Folgerung

Es ist $\displaystyle\sum_{\nu=0}^{\infty} \frac{1}{(2\nu + 1)^2} = \frac{\pi^2}{8}.$

BEWEIS: Setzen wir in der letzten Identität $z := 1/2$, so ergibt sich

$$\pi^2 = \sum_{\nu \in \mathbb{Z}} \frac{1}{(\frac{1}{2} - \nu)^2} = 4 \sum_{\nu \in \mathbb{Z}} \frac{1}{(2\nu - 1)^2} = 8 \sum_{\nu=0}^{\infty} \frac{1}{(2\nu + 1)^2}.$$

∎

4.2.6. Aufgaben

A. Sei (z_k) eine diskrete Folge in $\mathbb{C}$ (mit $z_0 = 0$) und g eine ganze Funktion mit Nullstellen der Ordnung n_k in z_k. Zeigen Sie, dass es eine ganze Funktion g_0 und zu jedem k ein N_k gibt, so dass gilt:

$$\frac{g'(z)}{g(z)} = \frac{n_0}{z} + \sum_{k=1}^{\infty} \left(\frac{n_k}{z - z_k} + \frac{n_k}{z_k} \sum_{\nu=0}^{N_k - 1} \left(\frac{z}{z_k} \right)^\nu \right) + g_0(z).$$

Die Reihe konvergiert kompakt.

B. Sei $G \subset \mathbb{C}$ ein Gebiet und $\sum_{\nu=1}^{\infty} f_\nu$ eine Reihe von meromorphen Funktionen auf G, die kompakt gegen eine meromorphe Funktion f konvergiert. Zeigen Sie, dass dann auch $\sum_{\nu=1}^{\infty} f_\nu'$ kompakt auf G gegen die meromorphe Funktion f' konvergiert.

C. f und g seien zwei ganze Funktionen ohne gemeinsame Nullstellen. Zeigen Sie, dass es ganze Funktionen u und v mit $uf + vg = 1$ gibt.

D. Sei (a_ν) eine Folge von komplexen Zahlen mit

$$\lim_{\nu \to \infty} a_\nu = \infty \quad und \quad \sum_{\nu=1}^{\infty} \left| \frac{1}{a_\nu} \right|^3 < \infty.$$

Zeigen Sie, dass

$$f(z) := \sum_{\nu=1}^{\infty} \left(\frac{1}{(z - a_\nu)^2} - \frac{1}{a_\nu^2} \right)$$

eine Lösung der Hauptteilverteilung (h_ν) mit $h_\nu(z) := \dfrac{1}{(z - a_\nu)^2}$ ist.

E. Beweisen Sie die Gleichungen $\tan(z/2) = \cot(z/2) - 2\cot z$ und

$$\pi \tan(\pi z) = 8z \sum_{\nu=0}^{\infty} \frac{1}{(2\nu + 1)^2 - 4z^2} \,.$$

F. Sei $f(z) := 1/(\exp(z) - 1) - 1/z$. Bestimmen Sie alle Singularitäten von f und beweisen Sie die Gültigkeit der Partialbruchzerlegung

$$f(z) = -\frac{1}{2} + 2z \sum_{n=1}^{\infty} \frac{1}{z^2 + (2\pi n)^2} \,.$$

G. Konstruieren Sie eine meromorphe Funktion auf $\mathbb{D}$ mit einfachen Polen und Residuum 1 in den Punkten $z_n := 1 - 1/n$ (für $n \in \mathbb{N}$).

4.3   Der Weierstraß'sche Produktsatz

In diesem Abschnitt suchen wir zu einer vorgegebenen echten Teilmenge D eines Gebietes G eine holomorphe Funktion, die genau in den Punkten von D Nullstellen besitzt. Der Identitätssatz sagt dann ganz klar, dass D in G diskret sein muss.

Ist $D = \{a_1, \ldots, a_k\}$ endlich, so wird das Problem ganz einfach durch das Polynom

$$p(z) := \prod_{\nu=1}^{k} (z - a_\nu)$$

gelöst. Wenn man möchte, kann man auch noch Vielfachheiten vorschreiben. Ist D unendlich, so ergibt sich ein Konvergenzproblem. Deshalb müssen wir vorweg die Theorie der unendlichen Produkte entwickeln. Der Weierstraß'sche Produktsatz liefert schließlich die Lösung des Problems auf $\mathbb{C}$.

Eine diskrete Menge D können wir als Folge (a_ν) schreiben, und optimistisch schreiben wir auch noch Nullstellenordnungen (n_ν) vor. Nun hätten wir gerne, dass ein „unendliches Produkt"

$$\prod_{\nu=1}^{\infty} (z - a_\nu)^{n_\nu}$$

gebildet werden kann. Allerdings, was soll das sein? Der naive Ansatz ist das Bilden endlicher Produkte, mit anschließendem Grenzübergang. Wir werden aber sehen, dass noch ein paar Zusatzbedingungen nötig sind, um zum Beispiel sicherzustellen, dass ein unendliches Produkt nur dann Null wird, wenn einer der Faktoren verschwindet (denn sonst könnte der obige Ansatz ja zu viele Nullstellen liefern).

Definition (unendliche Produkte komplexer Zahlen):

Sei $(a_\nu) \subset \mathbb{C}$. Das ***unendliche Produkt*** $\prod\limits_{\nu=1}^{\infty} a_\nu$ ***konvergiert***, falls gilt:

- Entweder sind alle $a_\nu \neq 0$ und $a := \lim\limits_{n \to \infty} \prod\limits_{\nu=1}^{n} a_\nu$ existiert und ist $\neq 0$,

- oder es gibt ein ν_0, so dass $a_\nu \neq 0$ für alle $\nu \geq \nu_0$ ist, und es existiert
  $a^* := \lim\limits_{n \to \infty} \prod\limits_{\nu=\nu_0}^{n} a_\nu \neq 0$ im obigen Sinne. Dann sei $a := a^* \cdot \prod\limits_{\nu=1}^{\nu_0-1} a_\nu$.

In den beiden angegebenen Fällen wird $\prod_{\nu=1}^{\infty} a_\nu := a$ gesetzt, in allen anderen Fällen existiert das unendliche Produkt nicht.

Zunächst leiten wir einige elementare Eigenschaften unendlicher Produkte her:

4.3.1. Eigenschaften unendlicher Produkte

Das unendliche Produkt $\prod\limits_{\nu=1}^{\infty} a_\nu$ *existiere. Dann gilt:*

1. $\prod\limits_{\nu=1}^{\infty} a_\nu$ *ist genau dann* $= 0$, *wenn mindestens ein* a_ν *verschwindet.*

2. *Die Folge* (a_ν) *ist eine „1-Folge", d.h. es ist* $\lim\limits_{\nu \to \infty} a_\nu = 1$.

BEWEIS: (1) folgt direkt aus der Definition.

(2) Ohne Einschränkung seien alle $a_\nu \neq 0$, da es ohnehin nur endlich viele Ausnahmen geben darf und die bei der Grenzwertbetrachtung unwichtig sind. Dann existiert der Grenzwert $a := \lim_{n \to \infty} \prod_{\nu=1}^{n} a_\nu \neq 0$. Nun kann man a_n als Quotienten der Partialprodukte darstellen:

$$a_n = \prod_{\nu=1}^{n} a_\nu \; \Big/ \; \prod_{\nu=1}^{n-1} a_\nu.$$

Dann folgt: $\lim\limits_{n \to \infty} a_n = a/a = 1$. ∎

Für unendliche Reihen steht ja schon ein perfekter Apparat zur Verfügung. Wir wollen nun die Theorie der unendlichen Produkte auf die der Reihen zurückführen.

Da liegt der Gedanke nahe, den Logarithmus zu verwenden, auch wenn die Mehr-deutigkeit des komplexen Logarithmus den Teufel im Detail befürchten lässt. Im ersten Schritt schreiben wir die Faktoren des Produktes in der Form $a_\nu = 1 + u_\nu$. Für die Existenz des Produktes der a_ν ist dann notwendig, dass die u_ν eine Nullfolge bilden.

4.3.2. Der Vergleich von unendlichen Produkten und Reihen

Das unendliche Produkt $\prod_{\nu=1}^{\infty}(1+u_\nu)$ existiert genau dann, wenn es ein ν_0 gibt, so dass für alle $\nu \geq \nu_0$ gilt:

1. $u_\nu \notin \{x \in \mathbb{R} : x \leq -1\}$,

2. $\sum_{\nu=\nu_0}^{\infty} \log(1+u_\nu)$ ist konvergent.

Bemerkung: Mit log ist der Hauptzweig des Logarithmus gemeint. Diese Bezeich-nung behalten wir im ganzen Abschnitt bei. Mit dem Hauptzweig kommt man aus, weil die Faktoren gegen 1 konvergieren müssen und man deshalb annehmen kann, dass sie schon alle in einer kleinen Umgebung der Eins liegen.

BEWEIS: 1) Angenommen, es gelten die beiden Bedingungen, dann ist

$$\prod_{\nu=\nu_0}^{n}(1+u_\nu) = \prod_{\nu=\nu_0}^{n} \exp \circ \log(1+u_\nu) = \exp\Big(\sum_{\nu=\nu_0}^{n} \log(1+u_\nu)\Big).$$

Weil die unendliche Summe existiert und die Exponentialfunktion stetig und daher mit dem Limes vertauschbar ist, gilt:

$$\prod_{\nu=\nu_0}^{\infty}(1+u_\nu) = \exp\Big(\sum_{\nu=\nu_0}^{\infty} \log(1+u_\nu)\Big).$$

Also existiert das Produkt im Sinne des zweiten Teils der Definition.

2) Es existiere $\prod_{\nu=1}^{\infty}(1+u_\nu)$. Es sei ν_1 so gewählt, dass $1+u_\nu \neq 0$ für alle $\nu \geq \nu_1$ ist, und für $n \geq \nu_1$ sei

$$P_n := \prod_{\nu=\nu_1}^{n}(1+u_\nu).$$

Dann existiert der Grenzwert $P = \lim_{n \to \infty} P_n$ und ist ungleich Null. Weiterhin gibt es ein $\nu_0 \geq \nu_1$, so dass für $\nu, \mu \geq \nu_0$ gilt:

1. $|P_\nu - P_\mu| < \frac{1}{4}|P|$, da (P_n) eine Cauchyfolge ist.

2. $\frac{1}{2}|P| < |P_\mu|$, weil die P_μ gegen $P \neq 0$ konvergieren.

Dann ist $|P_\nu - P_\mu| < \frac{1}{2}|P_\mu|$, also $\left|\,P_\nu/P_\mu - 1\,\right| < \frac{1}{2}$ für alle $\nu > \mu \geq \nu_0$, d.h.

$$\prod_{\lambda=\mu+1}^{\nu} (1 + u_\lambda) \in D_{1/2}(1) \quad \text{für } \nu > \mu \geq \nu_0.$$

Wir können annehmen, dass $1 + u_\lambda$ für $\lambda \geq \nu_0$ nicht in $\mathbb{R}_-$ liegt, weil die Folge der u_λ gegen Null konvergiert. Der Grenzwert

$$\lim_{n\to\infty} \prod_{\lambda=\nu_0+1}^{n} (1 + u_\lambda)$$

liegt im abgeschlossenen Kreis $\overline{D_{1/2}(1)}$. Nun ist der Logarithmus auf alle Faktoren und den Grenzwert anwendbar, und aus seiner Stetigkeit ergibt sich

$$\log \prod_{\lambda=\nu_0+1}^{\infty} (1 + u_\lambda) \;=\; \log \lim_{n\to\infty} \prod_{\lambda=\nu_0+1}^{n} (1 + u_\lambda) \;=\; \lim_{n\to\infty} \log \prod_{\lambda=\nu_0+1}^{n} (1 + u_\lambda)$$

$$=\; \lim_{n\to\infty} \sum_{\lambda=\nu_0+1}^{n} \log(1 + u_\lambda) = \sum_{\lambda=\nu_0+1}^{\infty} \log(1 + u_\lambda).$$

Damit ist auch diese Richtung bewiesen. ∎

Definition (absolute Konvergenz unendlicher Produkte):

Das unendliche Produkt $\prod_{\nu=1}^{\infty}(1 + u_\nu)$ heißt genau dann **absolut konvergent**, wenn es ein ν_0 gibt, so dass für alle $\nu \geq \nu_0$ gilt:

1. $u_\nu \notin \{x \in \mathbb{R} : x \leq -1\}$,

2. $\sum_{\nu=\nu_0}^{\infty} \log(1 + u_\nu)$ konvergiert absolut.

4.3.3. Kriterium für die absolute Konvergenz

Das unendliche Produkt $\prod_{\nu=1}^{\infty}(1 + u_\nu)$ konvergiert genau dann absolut, wenn die Reihe $\sum_{\nu=1}^{\infty} u_\nu$ absolut konvergiert.

BEWEIS: Die Funktion $g(z) := \begin{cases} \log(1+z)/z & \text{für } z \neq 0, \\ \log'(1) - 1 & \text{für } z = 0 \end{cases}$

ist in $z = 0$ stetig. Daher gibt es eine offene Umgebung $U = U_\varepsilon(0)$, so dass $1/2 < |g(z)| < 3/2$ auf U gilt. Das liefert für $|z| < \varepsilon$ die Ungleichungskette

$$\frac{1}{2}|z| \le |\log(1+z)| \le \frac{3}{2}|z|,$$

und aus dieser folgt der Satz ganz leicht.   ∎

Jetzt sollen unendliche Produkte von Funktionen betrachtet werden.

Definition (normale Konvergenz im Inneren):

Ist $G \subset \mathbb{C}$ ein Gebiet und (f_ν) eine Folge stetiger Funktionen auf G, so nennen wir die Funktionenreihe $\sum_{\nu=1}^{\infty} f_\nu$ *im Innern von G normal konvergent*, falls für jede kompakte Teilmenge $K \subset G$ die Reihe $\sum_{\nu=1}^{\infty} |f_\nu|_K$ konvergiert.

Das Produkt $\prod_{\nu=1}^{\infty}(1+f_\nu)$ heißt *im Inneren von G normal konvergent*, falls $\sum_{\nu=1}^{\infty} f_\nu$ im Inneren von G normal konvergiert.

4.3.4. Grenzfunktionen normal konvergenter Produkte

Sei $(f_\nu) \subset \mathcal{O}(G)$ eine Folge holomorpher Funktionen. Das Produkt $\prod_{\nu=1}^{\infty}(1+f_\nu)$ sei im Inneren von G normal konvergent. Dann konvergiert die Folge der Partialprodukte $F_n := \prod_{\nu=1}^{n}(1+f_\nu)$ auf G kompakt gegen eine holomorphe Funktion.

BEWEIS: Sei $K \subset G$ kompakt. Dann ist $\sum_{\nu=1}^{\infty}|f_\nu|_K < \infty$. Ist $0 < \varepsilon < 1/2$, so gibt es ein ν_0, so dass $|f_\nu|_K < \varepsilon$ für alle $\nu \ge \nu_0$ gilt. Wir wählen ε so klein, dass $\big|1 - \log(1+u)/u\big| \le 1/2$ für $|u| \le \varepsilon$ ist. Dann gilt die schon gezeigte Einschließung

$$\frac{1}{2}\big| f_\nu(z) \big| \le \big| \log(1 + f_\nu(z)) \big| \le \frac{3}{2}\big| f_\nu(z) \big| \quad \text{für } \nu \ge \nu_0 \text{ und } z \in K.$$

Mit dem Weierstraß-Kriterium folgt, dass $\sum_{\nu=1}^{\infty} \log(1+f_\nu)$ auf K gleichmäßig konvergiert und damit die Folge der holomorphen Funktionen

$$h_n(z) := \sum_{\nu=\nu_0}^{n} \log(1 + f_\nu(z))$$

auf K gleichmäßig gegen eine holomorphe Funktion h. Sei $K_0 := h(K)$ und $K_1 := \{w \in \mathbb{C} : \operatorname{dist}(w, K_0) \le 1\}$. Beide Mengen sind kompakt. Ist $\varepsilon > 0$ vorgegeben, so gibt es ein $\delta \in (0,1)$, so dass $|\exp(w) - \exp(w')| < \varepsilon$ für $w, w' \in K_1$ und $|w - w'| < \delta$ ist. Und zu diesem δ gibt es ein $n_0 \in \mathbb{N}$, so dass $|h_n(z) - h(z)| < \delta$ für $n \ge n_0$ und $z \in K$ ist. Weil $h(z)$ in K_0 und $h_n(z)$ (für $z \in K$) in K_1 liegt, ist $|\exp(h_n(z)) - \exp(h(z))| < \varepsilon$. Damit konvergiert $(\exp \circ h_n)$ auf K gleichmäßig gegen $\exp \circ h$. Die Folge

$$\left[\prod_{\nu=1}^{\nu_0-1}(1+f_\nu(z))\right] \cdot \exp(h_n(z)) = \prod_{\nu=1}^{n}(1+f_\nu(z)) = F_n(z)$$

konvergiert deshalb auf G kompakt gegen die holomorphe Funktion

$$F(z) := \left[\prod_{\nu=1}^{\nu_0-1}(1+f_\nu(z))\right] \cdot \exp(h(z)).$$

Das war zu zeigen. ∎

Definition (Nullstellenverteilungen):

Sei $G \subset \mathbb{C}$ ein Gebiet. Eine **Nullstellenverteilung** (oder ein **positiver Divisor**) auf G besteht aus einer in G diskreten Menge D und einer Familie von natürlichen Zahlen $(n_a)_{a \in D}$.

Eine **Lösung der Nullstellenverteilung** ist eine holomorphe Funktion f auf G, die genau in den Punkten $a \in D$ Nullstellen der Ordnung n_a hat.

4.3.5. Weierstraß'scher Produktsatz

Jede Nullstellenverteilung auf $\mathbb{C}$ ist lösbar.

BEWEIS: Sei $D \subset \mathbb{C}$ unendlich und diskret, $(n_a)_{a \in D}$ die Familie von Ordnungen. Wir schreiben D als Folge, $D = \{a_\nu : \nu \in \mathbb{N}\}$, so dass die a_ν nach ihren Beträgen aufsteigend geordnet sind. Außerdem können wir annehmen, dass jede Nullstellenordnung genau $= 1$ ist, indem wir jeden Punkt $a \in D$ genau n_a-mal in der Folge auftreten lassen. Da D diskret in $\mathbb{C}$ ist, strebt die Folge der Beträge $|a_\nu|$ monoton gegen Unendlich.

Betrachten wir nun für $n \in \mathbb{N}_0$ die folgenden speziellen Funktionen:

$$E_0(z) := 1 - z$$

$$\text{und} \quad E_n(z) := (1-z) \cdot \exp(z + \frac{z^2}{2} + \cdots + \frac{z^n}{n}) \text{ für } n \geq 1.$$

Jedes E_n ist eine ganze Funktion mit genau einer Nullstelle bei $z = 1$.

Behauptung: Für $|z| \leq 1$ ist $|1 - E_n(z)| \leq |z|^{n+1}$.

BEWEIS dazu: Wir bestimmen zunächst die erste Ableitung

$$\begin{aligned}
E_n'(z) &= -\exp(z + \frac{z^2}{2} + \cdots + \frac{z^n}{n}) \\
&\quad + (1-z) \cdot (1 + z + \cdots + z^{n-1}) \cdot \exp(z + \frac{z^2}{2} + \cdots + \frac{z^n}{n}) \\
&= -z^n \cdot \exp(z + \frac{z^2}{2} + \cdots + \frac{z^n}{n}) = -z^n \cdot \sum_{\lambda=0}^{\infty} a_\lambda z^\lambda,
\end{aligned}$$

mit reellen Koeffizienten $a_\lambda > 0$, $a_0 = 1$. Dann ist

$$1 - E_n(z) = E_n(0) - E_n(z) = -\int_0^z E_n'(w)\,dw$$

$$= \sum_{\lambda=0}^{\infty} a_\lambda \int_0^z w^{\lambda+n}\,dw = \sum_{\lambda=0}^{\infty} a_\lambda \left(\frac{w^{\lambda+n+1}}{\lambda+n+1} \Big|_0^z \right) = z^{n+1} \cdot \sum_{\lambda=0}^{\infty} b_\lambda z^\lambda,$$

wobei die $b_\lambda = \dfrac{a_\lambda}{\lambda+n+1} \geq 0$ sind. Sei $\varphi(z) := \dfrac{1 - E_n(z)}{z^{n+1}} = \sum_{\lambda=0}^{\infty} b_\lambda z^\lambda$. Für $|z| \leq 1$

folgt die Behauptung aus $|\varphi(z)| \leq \sum_{\lambda=0}^{\infty} b_\lambda |z^\lambda| \leq \sum_{\lambda=0}^{\infty} b_\lambda = \varphi(1) = 1 - E_n(1) = 1$.

Mit Hilfe der E_n versuchen wir jetzt die Konstruktion einer Lösung der Nullstellenverteilung. Für jedes $\nu \in \mathbb{N}$ ist (bei Wahl einer zunächst völlig beliebigen Zahl $k_\nu \in \mathbb{N}$) die Funktion $E_{k_\nu}(z/a_\nu)$ eine ganze Funktion, die genau in $z = a_\nu$ eine einfache Nullstelle hat.

Das Produkt $\displaystyle\prod_{\nu=1}^{\infty} E_{k_\nu}\left(\frac{z}{a_\nu}\right)$ ist holomorph auf $\mathbb{C}$, falls die Summe $\displaystyle\sum_{\nu=1}^{\infty}\left(E_{k_\nu}\left(\frac{z}{a_\nu}\right) - 1\right)$

normal auf $\mathbb{C}$ konvergiert. Wegen der gezeigten Abschätzung für E_n folgt dies aus der kompakten Konvergenz von $\displaystyle\sum_{\nu=1}^{\infty}\Big|\frac{z}{a_\nu}\Big|^{k_\nu+1}$ auf $\mathbb{C}$. Wir suchen also Zahlen k_ν, so

dass gilt: $\displaystyle\sum_{\nu=1}^{\infty}\left(\frac{r}{|a_\nu|}\right)^{k_\nu+1} < \infty$ für alle $r > 0$.

Versuchsweise setzen wir $k_\nu := \nu - 1$ für alle ν. Ist $r > 0$ gegeben, dann existiert ein ν_0, so dass $\dfrac{r}{|a_\nu|} < \dfrac{1}{2}$ für alle $\nu \geq \nu_0$. Dann ist

$$\sum_{\nu \geq \nu_0}\left(\frac{r}{|a_\nu|}\right)^{k_\nu+1} \leq \sum_{\nu \geq \nu_0}\left(\frac{1}{2}\right)^\nu < \infty.$$

Damit stellt $f(z) := \displaystyle\prod_{\nu=1}^{\infty} E_\nu\left(\frac{z}{a_\nu}\right)$ eine Lösung der Nullstellenverteilung dar.   ∎

Genauer haben wir sogar gezeigt:

4.3.6. Spezieller Weierstraß'scher Produktsatz

Sei (a_ν) eine Folge verschiedener komplexer Zahlen mit $\displaystyle\lim_{\nu \to \infty}|a_\nu| = \infty$, $a_0 = 0$.

Außerdem sei eine Folge (n_ν) von Vielfachheiten gegeben. Ist $\displaystyle\sum_{\nu=1}^{\infty}\left(\frac{r}{|a_\nu|}\right)^{k_\nu+1}$ für

jedes $r > 0$ konvergent, so ist

$$f(z) := z^{n_0} \cdot \prod_{\nu=1}^{\infty}\left[\left(1 - \frac{z}{a_\nu}\right) \cdot \exp\left(\sum_{\mu=1}^{k_\nu} \frac{1}{\mu}\left(\frac{z}{a_\nu}\right)^\mu\right)\right]^{n_\nu}$$

> *eine ganze Funktion, die genau in den a_ν Nullstellen der Ordnung n_ν hat. Ist g eine weitere Lösung der Nullstellenverteilung, so existiert eine ganze Funktion h, so dass $g = f \cdot \exp(h)$ ist.*

Bemerkung: Die letzte Behauptung gilt, da der Quotient g/f eine ganze, nullstellenfreie Funktion ist, von der auf dem einfach zusammenhängenden Gebiet $\mathbb{C}$ ein Logarithmus existiert.

4.3.7. Beispiel

Die Funktion $f(z) := \sin(\pi z)$ hat als Nullstellenverteilung lauter einfache Nullstellen, und zwar in allen ganzen Zahlen $\nu \in \mathbb{Z}$. Die Summe

$$\sum_{\nu \neq 0} \left(\frac{r}{|\nu|} \right)^2 = 2r^2 \sum_{\nu=1}^{\infty} \frac{1}{\nu^2}$$

konvergiert für jedes feste r. Deshalb setzen wir $k_\nu := 1$ für alle ν und machen den Ansatz

$$\sin(\pi z) = \exp(h(z)) \cdot z \cdot \prod_{\nu \neq 0} \left(1 - \frac{z}{\nu} \right) \cdot \exp\left(\frac{z}{\nu} \right),$$

mit einer ganzen Funktion h. Wir versuchen, h zu bestimmen, indem wir auf beiden Seiten die logarithmische Ableitung $(\log f)' = f'/f$ bilden:

$$\pi \cot(\pi z) = \left(h(z) + \log z + \sum_{\nu \neq 0} \left(\log\left(1 - \frac{z}{\nu} \right) + \frac{z}{\nu} \right) \right)'$$

$$= h'(z) + \frac{1}{z} + \sum_{\nu \neq 0} \left(\frac{-1/\nu}{1 - z/\nu} + \frac{1}{\nu} \right) = h'(z) + \frac{1}{z} + \sum_{\nu \neq 0} \left(\frac{1}{z - \nu} + \frac{1}{\nu} \right)$$

Aus der Darstellung des Cotangens, die wir aus dem Satz von Mittag-Leffler gewonnen haben, ergibt sich, dass $h'(z) \equiv 0$ sein muss, also $h(z) \equiv c$. Wir bestimmen nun noch die Konstante c. Aus

$$\frac{\pi \sin(\pi z)}{\pi z} = \exp(c) \prod_{\nu \neq 0} \left(1 - \frac{z}{\nu} \right) \exp\left(\frac{z}{\nu} \right)$$

folgt beim Grenzübergang für $z \to 0$ die Gleichung $\pi = \exp(c)$.

Damit haben wir folgende Identität bewiesen:

4.3.8. Produktdarstellung der Sinusfunktion

$$\sin(\pi z) = \pi z \cdot \left[\prod_{\nu \neq 0} \left(1 - \frac{z}{\nu} \right) \exp\left(\frac{z}{\nu} \right) \right] = \pi z \cdot \prod_{\nu=1}^{\infty} \left(1 - \frac{z^2}{\nu^2} \right).$$

Bemerkung: Die konvergenzerzeugenden Faktoren heben sich weg, da über alle ganzen Zahlen $\neq 0$ multipliziert wird.

4.3.9. Folgerung (Wallis'sche Formel)

Eine Produktdarstellung für π ist

$$\frac{\pi}{2} = \prod_{\nu=1}^{\infty} \frac{(2\nu)^2}{(2\nu-1)(2\nu+1)} = \lim_{n\to\infty} (2n+1) \cdot \prod_{\nu=1}^{n} \frac{(2\nu)^2}{(2\nu+1)^2}.$$

BEWEIS: Setzt man $z := 1/2$ in der Produktdarstellung von $\sin(\pi z)$, so ergibt sich:

$$1 = \sin\left(\frac{\pi}{2}\right) = \frac{\pi}{2} \prod_{\nu=1}^{\infty} \left(1 - \frac{1}{(2\nu)^2}\right) = \frac{\pi}{2} \prod_{\nu=1}^{\infty} \frac{(2\nu)^2 - 1}{(2\nu)^2}, \text{ also } \quad \frac{\pi}{2} = \prod_{\nu=1}^{\infty} \frac{(2\nu)^2}{(2\nu-1)(2\nu+1)}.$$

Die zweite Darstellung folgt aus der ersten nach Betrachtung der Partialprodukte:

$$\lim_{n\to\infty} \frac{2^2}{1\cdot 3} \cdot \frac{4^2}{3\cdot 5} \cdot \frac{6^2}{5\cdot 7} \cdots \frac{(2n)^2}{(2n-1)(2n+1)} = \lim_{n\to\infty} (2n+1) \cdot \prod_{\nu=1}^{n} \frac{(2\nu)^2}{(2\nu+1)^2}. \qquad \blacksquare$$

4.3.10. Aufgaben

A. Beweisen Sie die Gleichungen $\displaystyle\prod_{k=2}^{\infty}\left(1 - \frac{1}{k^2}\right) = \frac{1}{2}$ und $\displaystyle\prod_{k=2}^{\infty}\left(1 + \frac{(-1)^k}{k}\right) = 1$.

B. Beweisen Sie die Formeln

$$\prod_{k=2}^{N}\left(1 - \frac{2}{k(k+1)}\right) = \frac{1}{3}\left(1 + \frac{2}{N}\right) \quad \text{und} \quad \prod_{k=2}^{N}\left(1 - \frac{2}{k^3+1}\right) = \frac{2}{3}\left(1 + \frac{1}{N(N+1)}\right).$$

Was folgt daraus für die entsprechenden unendlichen Produkte?

C. Untersuchen Sie, ob die folgenden Produkte konvergieren, und bestimmen Sie ggf. den Grenzwert:

$$\prod_{k=1}^{\infty}\left(1 + \frac{1}{k}\right), \qquad \prod_{k=2}^{\infty}\left(1 - \frac{1}{k}\right) \quad \text{und} \quad \prod_{k=1}^{\infty}\left(1 + \frac{i}{k}\right).$$

D. Zeigen Sie: $\displaystyle\prod_{n=0}^{\infty}\left(1 + z^{2^n}\right)$ konvergiert in allen Punkten z mit $|z| < 1$ absolut.

E. Beweisen Sie die Gleichungen

$$\tan(z) = \sum_{\nu=1}^{\infty} \frac{8z}{(2\nu-1)^2\pi^2 - 4z^2} \quad \text{und} \quad \cos(\pi z) = \prod_{k=0}^{\infty}\left(1 - \frac{4z^2}{(2k+1)^2}\right).$$

F. Zeigen Sie, dass durch $f(z) := \prod_{k=1}^{\infty}\left(1 + \dfrac{1}{k^z}\right)$ eine holomorphe Funktion auf $G := \{z \in \mathbb{C} : \text{Re}(z) > 1\}$ dargestellt wird.

G. Zeigen Sie, dass das Produkt $\prod_{n=1}^{\infty}\left(1 + \dfrac{z^2}{n^2}\right)$ eine ganze Funktion darstellt.

H. Sei (z_n) eine Folge von paarweise verschiedenen Punkten in $\mathbb{C}$. Für alle $f, g \in \mathscr{O}(\mathbb{C})$ mit $f(z_n) = g(z_n)$ für alle $n \in \mathbb{N}$ folge stets $f = g$. Zeigen Sie, dass $\{z_n : n \in \mathbb{N}\}$ einen Häufungspunkt besitzen muss.

I. Sei f eine ganze Funktion, deren Nullstellen alle die Ordnung 2 haben. Dann gibt es eine ganze Funktion g mit $g^2 = f$.

4.4 Die Gamma-Funktion

Will man die Fakultäten von $\mathbb{N}$ auf reelle Argumente ausdehnen, so stößt man auf natürliche Weise auf die reelle Gamma-Funktion. Diese lässt sich meromorph in die komplexe Ebene fortsetzen.

Im vorliegenden Abschnitt wird die komplexe Gamma-Funktion direkt als Kehrwert eines unendlichen Produktes von holomorphen Funktionen eingeführt, wobei die etwas mysteriöse Euler'sche Konstante γ eine wichtige Rolle spielt. Schließlich wird die aus dem Reellen bekannte Integraldarstellung der Gamma-Funktion hergeleitet.

Unter Verwendung des Weierstraß'schen Produktsatzes wollen wir eine holomorphe oder meromorphe Funktion finden, die die Fakultäten interpoliert:

$$f(n) = (n-1)! \quad \text{für } n \in \mathbb{N}.$$

Das wird durch jede Funktion erreicht, die die folgende Funktionalgleichung erfüllt:

$$f(z+1) = z \cdot f(z) \quad \text{und} \quad f(1) = 1.$$

Bemerkungen:

1. f ist nicht eindeutig bestimmt! Ist f eine Lösung des Problems, dann ist eine weitere Lösung gegeben durch $f_1(z) := f(z) \cdot \cos(2\pi z)$, denn es ist $f_1(z+1) = f(z+1) \cdot \cos(2\pi z + 2\pi) = z \cdot f_1(z)$.

2. Mehrfaches Anwenden der Funktionalgleichung ergibt:

$$f(z+2) \;=\; (z+1) \cdot f(z+1) \;=\; z \cdot (z+1) \cdot f(z)$$

$$\vdots$$

$$f(z+n) \;=\; z(z+1)\cdots(z+n-1) \cdot f(z)$$

und schließlich $\quad f(z+n+1) \;=\; z(z+1)\cdots(z+n) \cdot f(z),$

also

$$(z+n) \cdot f(z) = \frac{1}{z} \cdot \frac{1}{z+1} \cdots \frac{1}{z+n-1} \cdot f(z+n+1),$$

wobei die rechte Seite in der Nähe von $z = -n$ holomorph ist (weil $f(1) = 1$ ist). Das bedeutet, dass f an der Stelle $-n$ eine Polstelle 1. Ordnung besitzt. Außerdem ist

$$\lim_{z \to -n} (z+n) \cdot f(z) = \lim_{z \to -n} \frac{f(z+n+1)}{z(z+1) \cdots (z+n-1)} = (-1)^n \cdot \frac{1}{n!}.$$

Also besitzt f an der Polstelle $-n$ das Residuum $\dfrac{(-1)^n}{n!}$.

Wir versuchen nun, f in der Form $1/g$ zu konstruieren, wobei g eine ganze Funktion sein soll, die einfache Nullstellen in $z = -n$ hat, für alle natürlichen Zahlen inklusive Null. Dazu sei

$$P(z) := \prod_{n=1}^{\infty} \left(1 + \frac{z}{n}\right) \exp(-\frac{z}{n}).$$

Das unendliche Produkt ist wohldefiniert, da $\displaystyle\sum_{n=1}^{\infty} (\frac{r}{n})^2$ für jedes $r > 0$ konvergent ist. Wir setzen jetzt $g(z) := z \cdot P(z)$. Dann ist g eine ganze Funktion, die genau die geforderten Nullstellen hat.

Als erstes versuchen wir, den Funktionswert für $z = 1$ zu bestimmen:

$$g(1) = P(1) = \prod_{n=1}^{\infty} \left(1 + \frac{1}{n}\right) \exp(-\frac{1}{n})$$

ist eine positive, reelle Zahl, weil jeder Faktor es ist. Also ist der Logarithmus anwendbar, und es gilt

$$
\begin{aligned}
-\log P(1) &= \lim_{N \to \infty} \sum_{n=1}^{N} \left(\frac{1}{n} - \log(1 + \frac{1}{n})\right) \\
&= \lim_{N \to \infty} \sum_{n=1}^{N} \left(\frac{1}{n} - \log(n+1) + \log n\right) \\
&= \lim_{N \to \infty} \left[\left(\sum_{n=1}^{N} \frac{1}{n}\right) - \log(N+1)\right].
\end{aligned}
$$

Bemerkung: Da $\log(N+1) - \log N = \log((N+1)/N)$ für große N gegen Null geht, ändert sich der Grenzwert nicht, wenn man in der Folge $\log(N+1)$ durch $\log(N)$ ersetzt.

Definition (Euler'sche Konstante):

Die Zahl

$$\gamma := \lim_{N \to \infty} \left[\left(\sum_{n=1}^{N} \frac{1}{n} \right) - \log N \right]$$

heißt **Euler'sche Konstante** (manchmal auch Euler-Mascheroni-Konstante). Sie wurde 1781 von Euler berechnet. Die ersten Dezimalstellen sind

$$\gamma = 0.57721566490153286\ldots$$

Bisher ist ungeklärt, ob γ eine rationale Zahl ist. Bekannt ist aber, dass der Nenner b – falls $\gamma = a/b$ eine rationale Zahl ist – ziemlich groß sein muss, nämlich $b > 10^{10000}$.

Mit der obigen Definition ist $g(1) = P(1) = \exp(-\gamma)$. Wir arbeiten weiter am Aussehen von g:

$$g(z) = z \cdot P(z) = \lim_{N \to \infty} z \cdot \prod_{n=1}^{N} \left(\frac{z+n}{n} \right) \exp\left(-\frac{z}{n}\right)$$

$$= \lim_{N \to \infty} \left[\frac{z(z+1)\cdots(z+N)}{N!} \cdot \exp\left(-\sum_{n=1}^{N} \frac{z}{n} \right) \right]$$

Den Exponentialfaktor formen wir so um, dass beim Grenzübergang die Euler'sche Konstante auftritt:

$$\exp\left(-\sum_{n=1}^{N} \frac{z}{n}\right) = \underbrace{\exp\left[-z\left(\left(\sum_{n=1}^{N} \frac{1}{n}\right) - \log N\right)\right]}_{\to \quad \exp(-\gamma z) \text{ für } N \to \infty} \cdot \underbrace{\exp(-z \log N)}_{N^{-z}}.$$

Daraus ergibt sich

$$\exp(\gamma z) \cdot g(z) = \lim_{N \to \infty} \frac{z(z+1)\cdots(z+N)}{N! \cdot N^z}.$$

Für $z = 1$ erhält man $\exp(\gamma) \cdot g(1) = \lim\limits_{N \to \infty} \dfrac{N+1}{N} = 1$.

Definition (Gamma-Funktion):

Die (auf $\mathbb{C}$) meromorphe Funktion

$$\Gamma(z) := \frac{1}{z \cdot \exp(\gamma z) \cdot P(z)} = \frac{1}{\exp(\gamma z) g(z)}$$

heißt die **Gamma-Funktion**.

4.4.1. Eigenschaften der Gamma-Funktion

1. *Die einzigen Singularitäten von Γ sind einfache Pole in $z = -n$, $n \in \mathbb{N}_0$, mit Residuum $(-1)^n/n!$*

2. *$\Gamma(1) = 1$ und $\Gamma(z+1) = z \cdot \Gamma(z)$ außerhalb der Singularitäten.*

3. *$\Gamma(n) = (n-1)!$ für n aus $\mathbb{N}$.*

4. *Es gilt die „Ergänzungsformel": $\Gamma(z) \cdot \Gamma(1-z) = \dfrac{\pi}{\sin \pi z}$ für $z \notin \mathbb{Z}$.*

5. *Es gilt die Multiplikationsformel von Gauß/Euler:*

$$\Gamma(z) = \lim_{n \to \infty} \frac{n! \cdot n^z}{z(z+1) \cdots (z+n)}.$$

Insbesondere ist $\Gamma(x) \geq 0$ für $x \in \mathbb{R}_+$.

BEWEIS: 1) Ist z Polstelle von Γ, so ist z eine Nullstelle von g. Das bedeutet aber, dass $z = 0$ oder z eine Nullstelle von P ist, insgesamt also $z = -n$ für ein $n \in \mathbb{N}_0$. Die Residuen erhalten wir nach unseren Vorüberlegungen, sobald wir die Funktionalgleichung geprüft haben.

2) Die Gültigkeit der Funktionalgleichung ergibt sich direkt aus den Eigenschaften der Funktion g:

$\Gamma(1) = 1/\big(\exp(\gamma) \cdot g(1)\big) = 1$ ist klar, und es gilt

$$
\begin{aligned}
\Gamma(z+1) &= \frac{1}{\exp\big(\gamma(z+1)\big)g(z+1)} = \lim_{N \to \infty} \frac{N! \cdot N^{z+1}}{(z+1)(z+2) \cdots (z+N+1)} \\
&= \lim_{N \to \infty} \frac{z \cdot N}{z+N+1} \cdot \lim_{N \to \infty} \frac{N! \cdot N^z}{z(z+1) \cdots (z+N)} = z \cdot \Gamma(z).
\end{aligned}
$$

3) Folgt unmittelbar aus der Funktionalgleichung.

4) Zunächst untersuchen wir, wie sich $g(z) \cdot g(-z)$ verhält. Es ist

$$-g(z) \cdot g(-z) = z^2 \cdot P(-z) \cdot P(z) = z^2 \cdot \prod_{n=1}^{\infty} \left(1 - \left(\frac{z}{n}\right)^2\right) = \frac{z}{\pi} \cdot \sin(\pi z),$$

wobei wir das unendliche Produkt schon als Folgerung des Weierstraß'schen Produktsatzes ausgerechnet hatten. Damit ergibt sich weiter

$$\Gamma(z) \cdot \Gamma(1-z) = -z\Gamma(z)\Gamma(-z) = \frac{-z}{\exp(\gamma z) \cdot g(z) \cdot \exp(-\gamma z) \cdot g(-z)} = \frac{\pi}{\sin \pi z}.$$

5) Die Multiplikationsformel ergibt sich aus der Definition von Γ. ∎

4.4.2. Folgerung

Es gilt: $\Gamma\left(\frac{1}{2}\right) = \sqrt{\pi}$.

BEWEIS:

$$\Gamma\left(\frac{1}{2}\right)^2 = \Gamma\left(\frac{1}{2}\right) \cdot \Gamma\left(1 - \frac{1}{2}\right) = \frac{\pi}{\sin(\pi/2)} = \pi.$$

Weil $\Gamma(1/2) \geq 0$ ist, ergibt sich die gewünschte Formel. ∎

4.4.3. Legendre'sche Verdopplungsformel

Wenn z nicht in der Menge $\{0, -\frac{1}{2}, -1, -\frac{3}{2}, \dots\}$ liegt, so gilt

$$\Gamma(2z) = \frac{1}{\sqrt{\pi}} \cdot 2^{2z-1} \cdot \Gamma(z) \cdot \Gamma\left(z + \frac{1}{2}\right).$$

BEWEIS: $G := \mathbb{C} \setminus \{0, -\frac{1}{2}, -1, -\frac{3}{2}, \dots\}$ ist ein Gebiet. Weil auf G beide Seiten der Gleichung holomorph sind, genügt es, die Behauptung auf der einfach zusammenhängenden rechten Halbebene nachzurechnen und dann den Identitätssatz anzuwenden.

In der rechten Halbebene hat Γ keine Nullstellen, also existiert dort $\log \Gamma$. Wir betrachten die logarithmische Ableitung $\Psi(z) := \dfrac{\Gamma'(z)}{\Gamma(z)} = \dfrac{d}{dz} \log \Gamma(z)$.

Dazu benötigen wir zunächst eine Darstellung von $\log \Gamma$:

$$\log \Gamma(z) = -\big[\log(z) + \gamma z + \log P(z)\big].$$

Dabei ist $\log P(z) = \displaystyle\sum_{n=1}^{\infty} \left(\log\left(1 + \frac{z}{n}\right) - \frac{z}{n}\right) = \sum_{n=1}^{\infty} \left(\log(z + n) - \log n - \frac{z}{n}\right)$, und wir

können Ψ ausdrücken als $\Psi(z) = -\gamma - \dfrac{1}{z} - \displaystyle\sum_{n=1}^{\infty} \left(\frac{1}{z+n} - \frac{1}{n}\right)$, also Ψ' als

$$\Psi'(z) = \frac{1}{z^2} + \sum_{n=1}^{\infty} \frac{1}{(z+n)^2} = \sum_{n=0}^{\infty} \frac{1}{(z+n)^2}.$$

Jetzt starten wir mit einer Abwandlung eines Teils der Verdopplungsformel:

$$\frac{d^2}{dz^2} \log\left(\Gamma(z) \cdot \Gamma\left(z + \frac{1}{2}\right)\right) = \Psi'(z) + \Psi'\left(z + \frac{1}{2}\right) = \sum_{n=0}^{\infty} \frac{1}{(z+n)^2} + \sum_{n=0}^{\infty} \frac{1}{(z+\frac{1}{2}+n)^2}$$

$$= 4 \sum_{n=0}^{\infty} \frac{1}{(2z+n)^2} = 4\Psi'(2z) = \frac{d^2}{dz^2} \log\left(\Gamma(2z)\right).$$

Zwei Funktionen, deren zweite Ableitungen gleich sind, unterscheiden sich höchstens um eine affin-lineare Funktion:

$$\log\left(\Gamma(z)\cdot\Gamma\left(z+\frac{1}{2}\right)\right) - \log\Gamma(2z) = az + b, \quad \text{also}$$

$$\frac{\Gamma(z)\cdot\Gamma\left(z+\frac{1}{2}\right)}{\Gamma(2z)} = e^{az+b}.$$

Zur Bestimmung der Konstanten a und b setzen wir $z = 1$ ein und erhalten

$$e^{a+b} = \Gamma\left(1+\frac{1}{2}\right) = \frac{1}{2}\Gamma\left(\frac{1}{2}\right) = \frac{\sqrt{\pi}}{2}.$$

Setzen wir hingegen $z = 1/2$ ein, so ergibt sich als zweite Gleichung für a und b:

$$e^{(a/2)+b} = \Gamma\left(\frac{1}{2}\right) = \sqrt{\pi}.$$

Die Auflösung der Bedingungen nach a und b ergibt $e^a = \dfrac{1}{4}$ und $e^b = 2\sqrt{\pi}$.

Daraus folgt $e^{-(az+b)} = \dfrac{1}{(e^a)^z e^b} = \dfrac{1}{(1/4)^z \cdot 2\sqrt{\pi}} = \dfrac{4^z}{2\sqrt{\pi}} = \dfrac{2^{2z-1}}{\sqrt{\pi}}$, was die fehlenden

Faktoren für die Verdopplungsformel liefert.   ∎

4.4.4. Integraldarstellung der Γ-Funktion

In der rechten Halbebene gilt: $\quad \Gamma(z) = \displaystyle\int\limits_0^\infty e^{-t}t^{z-1}dt.$

BEWEIS: Die obige Gleichung wirft viele Fragen auf. Deren Beantwortung erfolgt in mehreren Schritten:

1. Sei $F(z) := \displaystyle\int_0^\infty e^{-t}t^{z-1}\,dt$. Zunächst muss gezeigt werden, dass dieses uneigentliche Integral für jedes z mit $\mathrm{Re}(z) > 0$ konvergiert.

2. Die Funktionen $F_n(z) := \displaystyle\int_{1/n}^n e^{-t}t^{z-1}\,dt$ sind auf $R := \{z \in \mathbb{C} : \mathrm{Re}(z) > 0\}$ holomorph und konvergieren punktweise gegen F. Zeigt man, dass (F_n) auf R kompakt gegen F konvergiert, so ist auch F auf R holomorph.

3. Für festes $x \geq 1$ konvergiert die Folge der Integrale $\Gamma_n(x) := \displaystyle\int_0^n \left(1-\frac{t}{n}\right)t^{x-1}\,dt$ gegen $\Gamma(x)$. Zeigt man, dass $\Gamma_n(x)$ auch gegen $F(x)$ konvergiert, so erhält man $F(x) = \Gamma(x)$ für alle $x \geq 1$. Da F und Γ in R holomorph sind, folgt dann mit Hilfe des Identitätssatzes, dass $F = \Gamma$ auf R gilt.

Wir arbeiten nun die einzelnen Schritte ab:

1. Schritt:
a) Sei $x := \operatorname{Re}(z) > 0$. Ist $0 < t \leq 1$, so ist $|t^{z-1}e^{-t}| \leq t^{x-1}$. Deshalb konvergiert das uneigentliche Integral bei $t = 0$. Die Voraussetzung $x > 0$ ist dabei besonders wichtig.

b) Ist $t \gg 1$, insbesondere $t > 2x$, so ist $|t^{z-1}e^{-t}| = t^{x-1}e^{-t} \leq e^{t/2} \cdot e^{-t} = e^{t/2}$. Deshalb konvergiert das uneigentliche Integral für $t \to \infty$.

2. Schritt: Dass $F_n(z)$ holomorph auf R ist und punktweise gegen $F(z)$ konvergiert, ist klar. Nun sei $K \subset R$ kompakt. Dann gibt es reelle Zahlen $0 < a < b$, so dass K in der Menge $\{z \in \mathbb{C} : a \leq \operatorname{Re}(z) \leq b\}$ enthalten ist. Für $m > n > 1$ und $z \in K$ gilt:

$$
\begin{aligned}
|F_m(z) - F_n(z)| &\leq \left| \int_{1/m}^{1/n} e^{-t}t^{z-1}\,dt \right| + \left| \int_n^m e^{-t}t^{z-1}\,dt \right| \\
&\leq \int_{1/m}^{1/n} t^{x-1}\,dt + \int_n^m e^{-t/2}\,dt = \left. (t^x/x) \right|_{1/m}^{1/n} - 2 \cdot e^{-t/2} \Big|_n^m \\
&\leq \frac{(1/n)^x}{x} + 2 \cdot e^{-n/2} \leq \frac{(1/n)^b}{a} + 2 \cdot e^{-n/2}.
\end{aligned}
$$

Ist $\varepsilon > 0$ vorgegeben, so kann man n_0 so groß wählen, dass $|F_m(z) - F_n(z)| < \varepsilon$ für $m > n \geq n_0$ und $z \in K$ ist. Also ist (F_n) auf K eine Cauchyfolge im Sinne der gleichmäßigen Konvergenz, und das bedeutet, dass (F_n) auf R kompakt gegen F konvergiert.

3. Schritt: Für reelles $x \geq 1$ sei $\Gamma_n(x) := \int_0^n \left(1 - \frac{t}{n}\right)^n t^{x-1}\,dt$. Dann ist

$$
\begin{aligned}
\Gamma_n(x) &= \left(1 - \frac{t}{n}\right)^n \cdot \frac{t^x}{x} \Big|_{t=0}^{t=n} - \int_0^n \frac{t^x}{x} \cdot n \cdot \left(1 - \frac{t}{n}\right)^{n-1} \cdot \left(\frac{-1}{n}\right)\,dt \\
&= \frac{1}{x} \int_0^n \left(1 - \frac{t}{n}\right)^{n-1} t^x\,dt = \cdots \\
&= \frac{1}{x} \cdot \frac{1}{x+1} \cdots \frac{1}{x+n-1} \cdot \frac{n!}{n^n} \int_0^n t^{x+n-1}\,dt \\
&= \frac{n! \cdot n^{x+n}}{x(x+1)\cdots(x+n-1) \cdot n^n \cdot (x+n)} = \frac{n^x \cdot n!}{x(x+1)\cdots(x+n)},
\end{aligned}
$$

also $\lim\limits_{n \to \infty} \Gamma_n(x) = \Gamma(x)$.

Nun muss gezeigt werden, dass $\Gamma_n(x)$ für $x \geq 1$ auch gegen $F(x)$ konvergiert. Dabei ist die Funktion $f(t) := 1 - e^t\left(1 - \frac{t}{n}\right)^n$ (für $0 \leq t \leq n$) hilfreich. Es ist $f(0) = 0$

und $f'(t) = e^t \left(1 - \dfrac{t}{n}\right)^{n-1} \dfrac{t}{n} \geq 0$, also f monoton wachsend. Damit ist $f(t) \geq 0$ und

deshalb $e^t \left(1 - \dfrac{t}{n}\right)^n \leq 1$ für $0 \leq t \leq n$. Es folgt:

$$1 - e^t \left(1 - \frac{t}{n}\right)^n = \int_0^t f'(s)\, ds \leq e^t \int_0^t \frac{s}{n}\, ds \leq e^t \frac{t^2}{2n},$$

also $1 - e^t \dfrac{t^2}{2n} \leq e^t \left(1 - \dfrac{t}{n}\right)^n \leq 1$ und $e^{-t}\left(1 - \dfrac{e^t t^2}{2n}\right)t^{x-1} \leq \left(1 - \dfrac{t}{n}\right)^n t^{x-1} \leq e^{-t} t^{x-1}$.

Das bedeutet:

$$\int_0^n e^{-t} t^{x-1}\, dt - \frac{1}{2n} \int_0^n t^{x+1}\, dt \leq \int_0^n \left(1 - \frac{t}{n}\right)^n t^{x-1}\, dt \leq \int_0^n e^{-t} t^{x-1}\, dt.$$

Lässt man n gegen Unendlich gehen, so wird daraus die Ungleichungskette

$$F(x) \leq \lim_{n \to \infty} \Gamma_n(x) \leq F(x).$$

Damit ist $F(x) = \Gamma(x)$ für alle $x \geq 1$, und der Satz ist bewiesen. ∎

4.4.5. Folgerung

Es gilt: $\displaystyle \int_0^\infty e^{-x^2}\, dx = \frac{1}{2}\sqrt{\pi}.$

BEWEIS: Als Folgerung aus der Multiplikationsformel für die Γ-Funktion hatten wir $\Gamma\left(\dfrac{1}{2}\right) = \sqrt{\pi}$ festgehalten. Mit der Integraldarstellung ergibt das

$$\sqrt{\pi} = \Gamma\left(\frac{1}{2}\right) = \int_0^\infty e^{-t} t^{-1/2}\, dt = \int_0^\infty e^{-s^2} \cdot \frac{1}{s} \cdot 2s\, ds = 2 \int_0^\infty e^{-s^2}\, ds,$$

wobei die Substitution $t = s^2$ verwendet wurde. ∎

Zum Schluss dieses Abschnittes soll noch ein Bild der Gamma-Funktion gezeigt werden:

Dabei beschränken wir uns auf den Absolutbetrag. Man sieht deutlich die Polstellen bei 0, -1, -2 usw., sowie das extrem steile Wachstum für $x \to \infty$.

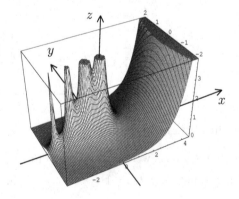

4.4.6. Aufgaben

A. Zeigen Sie: Die Folge $a_n := \sum_{\nu=1}^{n} \frac{1}{\nu} - \ln n$ ist positiv und monoton fallend.

B. Zeigen Sie für die Funktion Ψ folgende Eigenschaften:

(a) $\Psi(1) = -\gamma$.

(b) Ist $H_N := \sum_{n=1}^{N} 1/n$, so ist $\Psi(N) = -\gamma + H_{N-1}$ für alle $N \in \mathbb{N}$.

(c) Es ist $\Psi(z+1) = \Psi(z) + \frac{1}{z}$.

Folgern Sie die Gleichung $\Gamma'(1) = -\gamma$.

C. Sei $Q_R := [0, R] \times [0, R]$ und $S_R := \{re^{it} : 0 \le r \le R \text{ und } 0 \le t \le \pi/2\}$, sowie $f(x, y) := e^{-(x^2+y^2)} x^{2m-1} y^{2n-1}$ (für $m, n \in \mathbb{N}$). Zeigen Sie:

$$\lim_{R \to \infty} \int_{Q_R} f(x, y)\, dx\, dy = \lim_{R \to \infty} \int_{S_R} f(x, y)\, dx\, dy.$$

Folgern Sie daraus:

$$\Gamma(m)\Gamma(n) = 4 \int_0^\infty e^{-r^2} r^{2(m+n)-1}\, dr \int_0^{\pi/2} \cos^{2m-1} t \, \sin^{2n-1} t \, dt$$

und

$$\int_0^{\pi/2} \cos^{m-1} t \, \sin^{n-1} t \, dt = \frac{1}{2} \cdot \frac{\Gamma(m/2)\Gamma(n/2)}{\Gamma(m/2 + n/2)}.$$

D. Beweisen Sie die Gleichung

$$\Gamma(z+1)\Gamma(z + \frac{1}{2}) = \sqrt{\pi}\, 4^{-z}\, \Gamma(2z + 1).$$

E. Beweisen Sie die Integraldarstellungen

$$\Gamma(z) = \frac{1}{e^{2\pi i z} - 1} \int_{\eta_+} e^{-\zeta} \zeta^{z-1}\, d\zeta$$

und

$$\frac{1}{\Gamma(z)} = \frac{1}{2\pi i} \int_{\eta_-} e^{\zeta} \zeta^{-z}\, d\zeta,$$

wobei folgende Integrationswege zu benutzen sind:

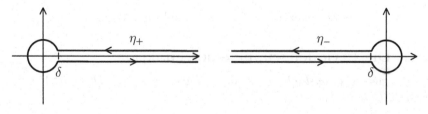

4.5   Elliptische Funktionen

Die reelle Analysis wäre undenkbar ohne periodische Funktionen (mit Sinus und Cosinus als prominentesten Vertretern). Auch in der komplexen Analysis haben wir schon periodische Funktionen kennengelernt, allen voran die Exponentialfunktion mit der Periode $2\pi\,\mathrm{i}$. Allerdings stehen uns in der komplexen Ebene zwei Dimensionen zur Verfügung, was die Möglichkeit „doppelt-periodischer" Funktionen eröffnet. Solche Funktionen werden auch „elliptisch" genannt (aus Gründen, die wir erst am Ende des nächsten Kapitels endgültig erklären können), und sie stellen das Thema dieses Abschnittes dar. Es wird sich zeigen, dass die nicht-konstanten elliptischen Funktionen zwangsläufig meromorph sind, und dass die Gesamtheit aller elliptischen Funktionen eine einfache algebraische Struktur besitzt. Tatsächlich stellen die elliptischen Funktionen ein faszinierendes Bindeglied zwischen Analysis, Algebra und Geometrie dar.

Definition (Perioden einer Funktion):

Ist f eine meromorphe Funktion auf $\mathbb{C}$, so bezeichne D_f den Definitionsbereich, also $\mathbb{C}$ ohne die Polstellen von f. Eine Zahl $\omega \in \mathbb{C}$ heißt **Periode** von f, falls gilt:

$$f(z) = f(z + \omega) \text{ für alle } z \in D_f.$$

Mit Per(f) bezeichnen wir die Menge aller Perioden von f.

Bemerkungen:

1. In jedem Falle ist $0 \in \mathrm{Per}(f)$. Ist f konstant, so ist $\mathrm{Per}(f) = \mathbb{C}$.

2. Sind ω_1 und ω_2 Perioden von f, so ist auch $\omega_1 + \omega_2$ eine Periode von f.

3. Ist ω eine Periode von f, so ist auch $-\omega$ eine Periode von f.

    BEWEIS: $f(z - \omega) = f((z - \omega) + \omega) = f(z)$.   ∎

4. Ist z eine Polstelle von f und ω eine Periode von f, so ist auch $z + \omega$ eine Polstelle von f.

    BEWEIS: Konvergiert $(z_\nu) \in D_f$ gegen $z + \omega$, so konvergiert $(z_\nu - \omega)$ gegen z und $|f(z_\nu)| = |f(z_\nu - \omega)|$ gegen ∞.   ∎

    Ist also $z \in D_f$, aber $z + \omega \notin D_f$, so ist ω keine Periode.

4.5.1. Die Periodengruppe einer Funktion

Sei f eine nicht-konstante meromorphe Funktion auf $\mathbb{C}$. Dann ist $\mathrm{Per}(f)$ eine diskrete Untergruppe von $(\mathbb{C}, +)$.

BEWEIS: Offensichtlich ist Per(f) eine additive Gruppe. Angenommen, Per(f) ist nicht diskret. Für $z_0 \in D_f$ ist dann die Menge

$$M_{z_0} := \{z_0 + \omega \,:\, \omega \in \mathrm{Per}(f)\} \subset D_f$$

auch nicht diskret, aber die Einschränkung $f_{|M_{z_0}}$ ist konstant. Nach dem Identitätssatz ist f dann sogar auf dem ganzen Gebiet D_f konstant. Widerspruch! ∎

Eine meromorphe Funktion f auf $\mathbb{C}$ heißt **periodisch**, falls Per(f) $\neq \{0\}$ ist. Wir werden nun zeigen, dass bei periodischen Funktionen genau drei Fälle auftreten können:

1. Ist Per(f) $= \mathbb{C}$, so ist f konstant.

2. Ist Per(f) zyklisch, also Per(f) $= \mathbb{Z}\omega$ für ein $\omega \neq 0$, so heißt f einfach-periodisch. Ein Beispiel ist die Exponentialfunktion. Man kann zeigen: Ist f einfach-periodisch, so besitzt f eine **Fourier-Entwicklung**

$$f(z) = \sum_{n=-\infty}^{\infty} c_n \cdot \exp\left(\frac{2\pi\,\mathrm{i}\,z}{\omega}\right),$$

   wobei sich die Koeffizienten angeben lassen durch

$$c_n = \frac{1}{\omega} \int_a^{a+\omega} f(z) \cdot \exp\left(-\frac{2\pi\,\mathrm{i}\,nz}{\omega}\right) dz.$$

3. Es bleibt nur der Fall übrig, dass f nicht konstant und die Gruppe Per(f) nicht zyklisch ist. Da Per(f) diskret ist, kann man ein $\omega_1 \in \mathrm{Per}(f) \setminus \{0\}$ mit minimalem Betrag finden. Und da Per(f) nicht zyklisch ist, existiert ein $\omega_2 \in \mathrm{Per}(f) \setminus \mathbb{Z}\omega_1$ mit minimalem Betrag.

   Zunächst zeigen wir, dass ω_1 und ω_2 linear unabhängig über $\mathbb{R}$ sind. Wenn nicht, dann wäre der Quotient ω_2/ω_1 reell, aber nicht ganzzahlig. Natürlich gibt es dann eine ganze Zahl n, so dass $n < \omega_2/\omega_1 < n+1$ gilt. Daraus folgt:

$$0 < \omega_2/\omega_1 - n < 1 \quad \text{und} \quad 0 < |\omega_2 - n\omega_1| < |\omega_1|.$$

   Aber $\omega_2 - n\omega_1$ ist eine Periode ungleich Null. Das ist ein Widerspruch zur Wahl von ω_1!

   Das abgeschlossene Dreieck Δ mit den Ecken 0, ω_1 und ω_2 kann nur endlich viele Perioden enthalten. Ersetzt man ω_2 durch ein anderes $\omega \in \Delta \cap \mathrm{Per}(f)$, so dass ω_1 und ω ebenfalls linear unabhängig sind, so enthält das Dreieck mit den Ecken 0, ω_1 und ω mindestens eine Periode weniger. Man kann also gleich von Anfang an ω_2 so wählen, dass Δ mit Ausnahme der Ecken überhaupt keine Periode mehr enthält.

Nun sei $\overline{P} = \{z = x_1\omega_1 + x_2\omega_2 : 0 \le x_1, x_2 \le 1\}$ das Parallelogramm mit den Ecken 0, ω_1, ω_2 und $\omega_1 + \omega_2$.

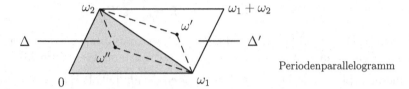

Periodenparallelogramm

In Δ gibt es nach Konstruktion außer 0, ω_1 und ω_2 keine Perioden. Mit Δ' sei das Dreieck mit den Ecken ω_1, $\omega_1 + \omega_2$ und ω_2 bezeichnet, dann ist $\overline{P} = \Delta \cup \Delta'$.

Angenommen, es gäbe neben ω_1, $\omega_1 + \omega_2$ und ω_2 noch ein weiteres $\omega' \in \Delta' \cap \text{Per}(f)$. Dann setze man $\omega'' := \omega_1 + \omega_2 - \omega'$. Weil $\omega' + \omega'' = \omega_1 + \omega_2$ ist, also $\omega' - \omega_2 = \omega_1 - \omega''$ und $\omega_2 - \omega' = \omega'' - \omega_1$, sind ω' und ω'' gegenüberliegende Ecken eines Parallelogramms, das die Strecke von ω_1 nach ω_2 als Diagonale besitzt. Das geht nur, wenn $\omega'' \in \Delta \cap \text{Per}(f)$ ist. Aber dann müsste $\omega'' = 0$ (und damit $\omega' = \omega_1 + \omega_2$) oder $\omega'' = \omega_1$ (und damit $\omega' = \omega_2$) oder $\omega'' = \omega_2$ (und damit $\omega' = \omega_1$) sein. Dies widerspricht der Wahl von ω'.

Wir haben damit gezeigt: Die einzigen Perioden in $\overline{P}$ sind die Punkte 0, ω_1, ω_2 und $\omega_1 + \omega_2$.

Behauptung: Es ist $\text{Per}(f) = \mathbb{Z}\omega_1 + \mathbb{Z}\omega_2$,   d.h. die Menge der Perioden bildet ein ganzzahliges Gitter, erzeugt von ω_1 und ω_2.

BEWEIS: Ist $\omega \in \text{Per}(f)$ beliebig, so existieren reelle Zahlen λ_1, λ_2, so dass $\omega = \lambda_1\omega_1 + \lambda_2\omega_2$ ist. Wir schreiben $\lambda_1 = m_1 + \varepsilon_1$ und $\lambda_2 = m_2 + \varepsilon_2$, mit ganzen Zahlen m_1, m_2 und $0 \le \varepsilon_1, \varepsilon_2 < 1$. Dann gehört $\omega' := \varepsilon_1\omega_1 + \varepsilon_2\omega_2 = (\lambda_1 - m_1)\omega_1 + (\lambda_2 - m_2)\omega_2 = \omega - m_1\omega_1 - m_2\omega_2$ zu $\overline{P} \cap \text{Per}(f)$, muss also $= 0$ sein. Damit folgt: $\omega \in \mathbb{Z}\omega_1 + \mathbb{Z}\omega_2$. ∎

Definition (Periodengitter und elliptische Funktionen):

Sind $\omega_1, \omega_2 \in \mathbb{C}$ zwei über $\mathbb{R}$ linear unabhängige Vektoren, so nennt man

$$\Gamma := \mathbb{Z}\omega_1 + \mathbb{Z}\omega_2$$

ein *Periodengitter*. Eine meromorphe Funktion $f \in \mathcal{M}(\mathbb{C})$ heißt *doppelt-periodisch* oder *elliptisch* (bezüglich Γ), falls $\Gamma \subset \text{Per}(f)$ ist.

Bemerkungen:

1. Ist Γ ein Periodengitter, so ist eine meromorphe Funktion f genau dann elliptisch bezüglich Γ, wenn f konstant ist oder wenn es ein Gitter Γ_0 mit $\Gamma \subset \Gamma_0 = \text{Per}(f)$ gibt. Mit $K(\Gamma)$ sei die Menge aller elliptischen Funktionen

bezüglich Γ bezeichnet. Offensichtlich ist $K(\Gamma)$ ein Unterkörper von $\mathcal{M}(\mathbb{C})$, der $\mathbb{C}$ in Gestalt der konstanten Funktionen enthält.

2. Mit $f \in K(\Gamma)$ gehört immer auch die Ableitung f' zu $K(\Gamma)$. Zum Beweis definieren wir für jedes $\omega \in \Gamma$ die Translation $T_\omega(z) := z + \omega$. Für jede Funktion $f \in K(\Gamma)$ gilt dann: $f \circ T_\omega = f$. Mit der Kettenregel folgt die Behauptung aus

$$f'(z) = (f \circ T_\omega)'(z) = f'(T_\omega(z)) \cdot T'_\omega(z) = (f' \circ T_\omega)(z).$$

Definition (Periodenparallelogramm):

Sei $f \in \mathcal{M}(\mathbb{C})$, $\mathrm{Per}(f) = \mathbb{Z}\omega_1 + \mathbb{Z}\omega_2$ und $a \in \mathbb{C}$ beliebig. Die Menge

$$P_a := \{a + z \ : \ z = x_1\omega_1 + x_2\omega_2; \ 0 \le x_i < 1 \text{ für } i = 1, 2\}$$

heißt ***Periodenparallelogramm*** von f bei a.

Bemerkung: Weil die Polstellen von f diskret in $\mathbb{C}$ liegen, ist es möglich, ein Periodenparallelogramm so auszuwählen, dass f keine Polstellen auf dem Rand hat. Um Informationen über f zu gewinnen, reicht die Untersuchung in einem Periodenparallelogramm.

4.5.2. Erster Liouville'scher Satz

Ist Γ ein Periodengitter und $f \in K(\Gamma)$ holomorph, so ist f konstant.

BEWEIS: Ist $\Gamma = \mathbb{Z}\omega_1 + \mathbb{Z}\omega_2 \subset \mathrm{Per}(f)$, so betrachten wir das abgeschlossene Periodenparallelogramm $\overline{P} := \{x_1\omega_1 + x_2\omega_2 \ : \ 0 \le x_i \le 1 \text{ für } i = 1, 2\}$. Da $\overline{P}$ kompakt ist, sind die Werte der holomorphen Funktion f auf $\overline{P}$ beschränkt. Wegen der Elliptizität ist f dann aber sogar auf ganz $\mathbb{C}$ beschränkt und nach dem Satz von Liouville konstant. ∎

4.5.3. Zweiter Liouville'scher Satz

Ist f elliptisch und P_a ein Periodenparallelogramm, dessen Rand keine Polstelle von f enthält, so gilt:

$$\sum_{z \in P_a} \mathrm{res}_z(f) = 0.$$

BEWEIS: Der Residuensatz liefert die Gleichung

$$\sum_{z \in P_a} \mathrm{res}_z(f) = \frac{1}{2\pi \mathrm{i}} \int\limits_{\partial P_a} f(\zeta)d\zeta,$$

und dabei ist

$$\int\limits_{\partial P_a} f(\zeta)\,d\zeta = \int\limits_{a}^{a+\omega_1} f(\zeta)\,d\zeta + \int\limits_{a+\omega_1}^{a+\omega_1+\omega_2} f(\zeta)\,d\zeta - \int\limits_{a+\omega_2}^{a+\omega_1+\omega_2} f(\zeta)\,d\zeta - \int\limits_{a}^{a+\omega_2} f(\zeta)\,d\zeta = 0.$$

Je zwei der Integrale heben sich gegenseitig auf, weil die gleichen Werte in entgegengesetzter Richtung durchlaufen werden.   ∎

4.5.4. Folgerung

Ist Γ ein Periodengitter und $f \in K(\Gamma)$ nicht konstant, so hat f in P_a mindestens zwei Polstellen (oder eine Polstelle der Ordnung 2).

BEWEIS: Klar, eine einfache Polstelle hätte ein Residuum $\neq 0$.   ∎

4.5.5. Dritter Liouville'scher Satz

Ist Γ ein Periodengitter und $f \in K(\Gamma)$ nicht konstant, so nimmt f im Periodenparallelogramm P_a jeden Wert aus $\overline{\mathbb{C}}$ (mit Vielfachheiten gezählt) gleich oft an.

BEWEIS: Die logarithmische Ableitung f'/f ist elliptisch. Daher ist

$$0 = \sum_{z\in P_a} \mathrm{res}_z\left(\frac{f'}{f}\right) = \text{Anzahl der Nullstellen} - \text{Anzahl der Polstellen,}$$

wobei wir das Argumentprinzip benutzt haben. Wenden wir außerdem die Gleichung auf die (elliptische) Funktion $f - c$ an, so folgt, dass f gleich viele c-Stellen wie Polstellen hat.   ∎

Die einfachste nicht-konstante elliptische Funktion wäre eine doppelt-periodische meromorphe Funktion, die in jedem Gitterpunkt eine Polstelle zweiter Ordnung aufweist. Wir versuchen, nach Mittag-Leffler eine solche Funktion zu konstruieren. $h_\omega(z) = 1/(z-\omega)^2$ sei der Hauptteil der gesuchten Funktion im Punkt $\omega \in \Gamma$. Für $|z| < |\omega|$ gilt dann:

$$\begin{aligned}
h_\omega(z) &= \frac{1}{\omega^2}\cdot\frac{1}{(1-z/\omega)^2} = \frac{1}{\omega^2}\cdot\omega\left(\frac{1}{1-z/\omega}\right)' \\
&= \frac{1}{\omega}\cdot\left(\sum_{\nu=0}^{\infty}\left(\frac{z}{\omega}\right)^\nu\right)' = \sum_{\nu=1}^{\infty}\frac{\nu z^{\nu-1}}{\omega^{\nu+1}} = \frac{1}{\omega^2}\sum_{\nu=0}^{\infty}(\nu+1)\left(\frac{z}{\omega}\right)^\nu.
\end{aligned}$$

Das nullte Taylor-Polynom ist $p_\omega(z) := 1/\omega^2$. Wir wollen es als „konvergenzerzeugenden Summanden" benutzen und untersuchen die Differenz

$$\left| \frac{1}{(z-\omega)^2} - \frac{1}{\omega^2} \right| = \left| \frac{\omega^2 - (z^2 + \omega^2 - 2z\omega)}{(z-\omega)^2 \omega^2} \right| = \frac{|z| \cdot |2\omega - z|}{|\omega|^2 \cdot |z-\omega|^2}.$$

Das Majorantenkriterium wird liefern, dass die Reihe über diese Differenzen konvergiert. Dazu müssen wir abschätzen: Ist $|z| \leq R$ und $|\omega| \geq 2R$ (was für fast alle ω gilt), so folgt:

$$\frac{|z| \, |2\omega - z|}{|\omega|^2 \cdot |z-\omega|^2} \leq \frac{R \cdot (2|\omega| + R)}{|\omega|^2 \cdot (|\omega| - R)^2} < \frac{R \cdot 3|\omega|}{|\omega|^2 \cdot (|\omega|/2)^2} = \frac{12R}{|\omega|^3}.$$

Es genügt zu zeigen, dass die Reihe $\sum_{\omega \neq 0} 1/|\omega|^3$ konvergiert. Dafür betrachten wir die Ränder von Parallelogrammen

$$\partial Q_n := \{ z = x\omega_1 + y\omega_2 \ : \ \max(|x|, |y|) = n \}.$$

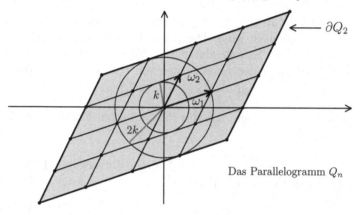

Das Parallelogramm Q_n

Für $\omega \in \Gamma \cap \partial Q_n$ ist $|\omega| = \mathrm{dist}(0, \omega) \geq \mathrm{dist}(0, \partial Q_n)$. Der n-te Rand enthält genau $8n$ Gitterpunkte. Ist $k := \mathrm{dist}(0, \partial Q_1)$, so ist $\mathrm{dist}(0, \partial Q_n) = n \cdot k$. Damit zeigen wir die Konvergenz:

$$\sum_{\omega \in \Gamma \setminus \{0\}} \frac{1}{|\omega|^3} = \sum_{n=1}^{\infty} \sum_{\omega \in \partial Q_n} \frac{1}{|\omega|^3} \leq \sum_{n=1}^{\infty} \sum_{\omega \in \partial Q_n} \frac{1}{\mathrm{dist}(0, \partial Q_n)^3}$$

$$= \sum_{n=1}^{\infty} \frac{8n}{(kn)^3} = \frac{8}{k^3} \sum_{n=1}^{\infty} \frac{1}{n^2} < \infty.$$

Definition (Weierstaß'sche $\wp$-Funktion):

Ist Γ ein Periodengitter, so heißt

$$\wp(z) := \frac{1}{z^2} + \sum_{\omega \in \Gamma \setminus \{0\}} \left(\frac{1}{(z-\omega)^2} - \frac{1}{\omega^2} \right)$$

die **Weierstraß'sche $\wp$-Funktion.**

Wir werden sehen, dass die $\wp$-Funktion eine besonders wichtige elliptische Funktion ist. Die Konvergenz der Reihe haben wir oben gezeigt. Es fehlt noch die Elliptizität:

$\wp$ hat Polstellen der Ordnung 2 in Γ, sonst ist die Funktion überall holomorph. Wegen der kompakten Konvergenz können wir die Ableitung $\wp'$ berechnen, indem wir die Reihe gliedweise differenzieren:

$$\wp'(z) = \sum_{\omega \in \Gamma} \frac{-2}{(z - \omega)^3}.$$

Da über alle ω aus Γ summiert wird, ist die Ableitung periodisch bezüglich Γ. Ist $\omega_0 \in \Gamma$, so gilt :

$$\frac{d}{dz}\big(\wp(z + \omega_0) - \wp(z)\big) = \wp'(z + \omega_0) - \wp'(z) = 0.$$

Deshalb ist die Differenz $\wp(z + \omega_0) - \wp(z)$ eine Konstante $c(\omega_0)$, die noch von der Wahl von ω_0 abhängen kann. Die $\wp$-Funktion ist aber gerade, d.h. $\wp(z) = \wp(-z)$, was direkt aus der Summendarstellung folgt. Damit bestimmen wir nun die Konstanten, die zu den beiden Erzeugenden von Γ gehören. Ist ω aus $\{\omega_1, \omega_2\}$, so gilt: $\wp\big(\frac{\omega}{2}\big) = \wp\big(-\frac{\omega}{2} + \omega\big) = \wp\big(-\frac{\omega}{2}\big) + c(\omega) = \wp\big(\frac{\omega}{2}\big) + c(\omega).$

Also muss $c(\omega)$ gleich Null sein. Da das für die beiden Erzeuger von Γ gilt, ist $\wp$ periodisch bezüglich Γ.

Für den nächsten Satz benötigen wir die Laurent-Entwicklung der $\wp$-Funktion im Nullpunkt. Dabei hilft die geometrische Reihe:

$$\frac{1}{(z - \omega)^2} - \frac{1}{\omega^2} = \frac{1}{\omega^2}\left[\frac{1}{(1 - z/\omega)^2} - 1\right] = \frac{1}{\omega^2}\left[\omega\left(\frac{1}{1 - z/\omega}\right)' - 1\right]$$

$$= \frac{1}{\omega^2}\left[\omega\left(\sum_{\nu=0}^{\infty}(\frac{z}{\omega})^\nu\right)' - 1\right] = \frac{1}{\omega^2}\left[\omega\left(\sum_{\nu=0}^{\infty}\frac{\nu z^{\nu-1}}{\omega^\nu}\right) - 1\right]$$

$$= \sum_{\nu=1}^{\infty}\left(\frac{\nu z^{\nu-1}}{\omega^{\nu+1}}\right) - \frac{1}{\omega^2} = \sum_{\nu=2}^{\infty}\frac{\nu z^{\nu-1}}{\omega^{\nu+1}}.$$

Eingesetzt in die Darstellung von $\wp$ ergibt das

$$\wp(z) = \frac{1}{z^2} + \sum_{\omega \in \Gamma \setminus \{0\}}\left(\sum_{\nu=2}^{\infty}\frac{\nu z^{\nu-1}}{\omega^{\nu+1}}\right) = \frac{1}{z^2} + \sum_{\nu=2}^{\infty}\nu\left(\sum_{\omega \in \Gamma \setminus \{0\}}\frac{1}{\omega^{\nu+1}}\right)z^{\nu-1}.$$

Weil mit ω stets auch $-\omega$ zum Gitter gehört, verschwindet die innere Reihe bei geradem ν. Deshalb sieht die Laurent-Entwicklung der $\wp$-Funktion im Nullpunkt folgendermaßen aus:

$$\wp(z) = \frac{1}{z^2} + \sum_{\mu=1}^{\infty}C_{2\mu} \cdot z^{2\mu}, \quad \text{mit } C_{2\mu} = (2\mu + 1)\sum_{\omega \in \Gamma \setminus \{0\}}\frac{1}{\omega^{2\mu+2}}.$$

4.5.6. Differentialgleichung der $\wp$-Funktion

Die $\wp$-Funktion erfüllt die Differentialgleichung

$$(\wp'(z))^2 = 4\wp(z)^3 - g_2 \cdot \wp(z) - g_3$$

$$\text{mit} \quad g_2 = 60 \sum_{\omega \in \Gamma \setminus \{0\}} \frac{1}{\omega^4} \quad \text{und} \quad g_3 = 140 \sum_{\omega \in \Gamma \setminus \{0\}} \frac{1}{\omega^6}.$$

BEWEIS: Definiert man g_2 und g_3 durch die Formeln aus dem Satz, so ist $g_2 = 20C_2$ und $g_3 = 28C_4$.

Da auf beiden Seiten der zu beweisenden Gleichung meromorphe Funktionen stehen, genügt es wegen des Identitätssatzes, die Gleichheit nahe Null zu zeigen. Zunächst berechnen wir die führenden Terme auf beiden Seiten der Gleichung in der benötigten Genauigkeit:

$$\wp(z) = \frac{1}{z^2} + z^2(C_2 + C_4 z^2 + \ldots) = \frac{1}{z^2} + z^2 \cdot g(z)$$

(mit einer nahe 0 holomorphen Funktion $g(z) = C_2 + C_4 z^2 + \cdots$),

$$\wp(z)^3 = \frac{1}{z^6} + \frac{3}{z^2} g(z) + 3z^2 g(z)^2 + z^6 g(z)^3$$

$$= \frac{1}{z^6} + \frac{3C_2}{z^2} + 3C_4 + z^2 \cdot h(z) \quad \text{(mit einer holomorphen Funktion } h\text{)},$$

$$\wp'(z) = -\frac{2}{z^3} + 2C_2 z + 4C_4 z^3 + \ldots = -\frac{2}{z^3} + z \cdot (2C_2 + 4C_4 z^2 + \ldots)$$

und damit

$$(\wp'(z))^2 = \frac{4}{z^6} - \frac{4}{z^3}(2C_2 z + 4C_4 z^3 + \ldots) + (2C_2 z + 4C_4 z^3 + \ldots)^2$$

$$= \frac{4}{z^6} - \frac{8C_2}{z^2} - 16C_4 + z^2 \cdot k(z) \quad \text{(mit einer holomorphen Funktion } k\text{)}.$$

Jetzt definieren wir f als Differenz der beiden Seiten der Differentialgleichung:

$$f(z) := (\wp'(z))^2 - 4\wp(z)^3 + 20C_2\wp(z) + 28C_4.$$

In der Nähe des Nullpunktes ist dann

$$f(z) = \frac{4}{z^6} - \frac{8C_2}{z^2} - 16C_4 + z^2 k(z) - \frac{4}{z^6} - \frac{12C_2}{z^2} - 12C_4 + 4z^2 h(z)$$

$$+ \frac{20C_2}{z^2} + 20z^2 g(z) + 28C_4 = z^2 \cdot u(z),$$

mit der nahe Null holomorphen Funktion $u(z) = k(z) + 4h(z) + 20g(z)$.

f ist eine elliptische Funktion, die im Periodenparallelogramm höchstens im Nullpunkt eine Polstelle haben kann. Aber gerade haben wir gesehen, dass f dort holomorph ist. Also muss f konstant sein. Und weil $f(0) = 0$ ist, verschwindet f identisch. Damit ist die Gültigkeit der Differentialgleichung gezeigt. ∎

Die Existenz der Differentialgleichung für die $\wp$-Funktion ist erstaunlich, und sie zieht erstaunliche Konsequenzen nach sich. Um ihre Bedeutung klarzumachen, erlauben wir uns einen kleinen Abstecher in die reelle Analysis. Die Formel für die Ableitung der Umkehrfunktion liefert z.B. die Beziehung

$$\arccos'(s) = \frac{1}{\cos'(\arccos(s))} = \frac{1}{\sqrt{1 - s^2}} \text{ , also } \arccos(s) = \int \frac{ds}{\sqrt{1 - s^2}} .$$

Die trigonometrischen Funktionen kann man deuten als Umkehrfunktionen von unbestimmten Integralen der Form $\int ds/\sqrt{P(s)}$ mit quadratischen Polynomen $P(s)$.

Setzen wir nun $P(u) := 4u^3 - g_2 u - g_3$, so folgt aus der Differentialgleichung für die $\wp$-Funktion die Beziehung $\wp'(z) = \sqrt{P(\wp(z))}$, also

$$\left(\wp^{-1}\right)'(\wp(z)) = \frac{1}{\wp'(z)} = \frac{1}{\sqrt{P(\wp(z))}} \quad \text{und} \quad \wp^{-1}(u) = \int \frac{du}{\sqrt{P(u)}} .$$

Die Umkehrung der $\wp$-Funktion ist ein sogenanntes elliptisches Integral. Mehr darüber wird in den Anwendungen zu Kapitel 5 berichtet werden.

Zum Schluss zeigen wir, dass jede elliptische Funktion durch $\wp$ und $\wp'$ dargestellt werden kann.

4.5.7. Die Struktur des Körpers der elliptischen Funktionen

Jede elliptische Funktion ist eine rationale Funktion in $\wp$ und $\wp'$.

BEWEIS: Es sei eine elliptische Funktion f zum Periodengitter Γ gegeben. Zunächst zerlegen wir f in einen geraden Anteil f^+ und einen ungeraden Anteil f^-:

$$f^+(z) = \frac{f(z) + f(-z)}{2} \quad \text{und} \quad f^-(z) = \frac{f(z) - f(-z)}{2}.$$

Da sowohl f^- als auch $\wp'$ ungerade sind, ist der Quotient $f^-/\wp'$ gerade. Weil sich

$$f = f^+ + \wp' \cdot (f^-/\wp')$$

aus $\wp'$ und geraden elliptischen Funktionen zusammensetzt, reicht es, die Behauptung für gerade elliptische Funktionen zu zeigen. Sei also f gerade.

1. Fall: f habe im Periodenparallelogramm $P = P_0$ nur in 0 eine Polstelle. Die Laurententwicklung von f im Nullpunkt hat die Gestalt $f(z) = a_{-2n}z^{-2n} + \cdots$, also hat $g := f - a_{-2n}\wp^n$ in Null eine Polstelle kleinerer Ordnung. Im Falle $n = 1$ muss g eine Konstante sein und allgemein erhält man per Induktion, dass f ein Polynom in $\wp$ ist.

2. Fall: f habe (weitere) Polstellen $a_1, \ldots, a_N$ in P. Wählt man Exponenten $k_1, \ldots, k_N$ groß genug, so hat

$$h(z) := f(z) \cdot \prod_{j=1}^{N} (\wp(z) - \wp(a_j))^{k_j}$$

in den a_j höchstens hebbare Singularitäten. Also ist h ein Polynom in $\wp$. ∎

Ist $\mathbb{C}(z)$ der Körper der rationalen Funktion auf $\mathbb{C}$, so können wir einen Ringhomomorphismus $\varphi : \mathbb{C}(z)[x] \longrightarrow K(\Gamma)$ definieren durch

$$\varphi\Big(\sum_{i=0}^{N} R_i(z) x^i\Big) := \sum_{i=0}^{N} R_i(\wp) \cdot (\wp')^i.$$

Die Surjektivität von φ ist genau die Aussage des letzten Satzes, wobei zu beachten ist, dass $\wp'$ im Nenner immer zu $(\wp')^2$ erweitert und dieses durch ein Polynom dritten Grades in $\wp$ ersetzt werden kann.

Der Kern von φ ist natürlich ein Ideal im Ring $\mathbb{C}(z)[x]$: Die Funktion $c(z) := 4z^3 - g_2 z - g_3$ liegt in $\mathbb{C}(z)$. Deshalb ist $x^2 - c(z)$ ein Element aus $\mathbb{C}(z)[x]$. Die Anwendung von φ ergibt $\varphi(x^2 - c(z)) = (\wp'(z))^2 - 4\wp(z)^3 + g_2\wp(z) + g_3 = 0$. Also liegt $x^2 - c(z)$ im Kern von φ. Wäre $x^2 - c(z)$ ein zerlegbares Polynom, so gäbe es rationale Funktionen $a(z)$ und $b(z)$, so dass gilt:

$$x^2 - c(z) = (x - a(z))(x - b(z)).$$

Dann ist aber $a(z) + b(z) \equiv 0$, also $b(z) = -a(z)$ und $c(z) = a(z)^2$. Weil der Grad von $c(z)$ ungerade ist, ist das ein Widerspruch! Also wird der Kern von φ im Hauptidealring $\mathbb{C}(z)[x]$ von $x^2 - c(z)$ erzeugt. Damit haben wir den Körper der meromorphen Funktionen auf einem Gitter bestimmt, es gilt:

$$K(\Gamma) \cong \mathbb{C}(z)[x]/(x^2 - 4z^3 + g_2 z + g_3).$$

4.5.8. Aufgaben

A. Sei $\Gamma = \mathbb{Z}\omega_1 + \mathbb{Z}\omega_2$ ein Periodengitter und $\tau := \omega_2/\omega_1$. Man kann ω_1, ω_2 so wählen, dass gilt:

(a) $-1/2 < \mathrm{Re}(\tau) \le 1/2$ und $\mathrm{Im}(\tau) > 0$.

(b) $|\tau| \ge 1$, und für $|\tau| = 1$ ist $\mathrm{Re}(\tau) \ge 0$.

Ist $\{\omega_1', \omega_2'\}$ eine weitere Basis von Γ mit

$$\omega_2' = a\omega_2 + b\omega_1 \quad \text{und} \quad \omega_1' = c\omega_2 + d\omega_1,$$

so liegt $A = \begin{pmatrix} a & b \\ c & d \end{pmatrix}$ in $\mathrm{GL}_2(\mathbb{Z}) = \{A \in M_2(\mathbb{Z}) : \det(A) = \pm 1\}$, und es ist $\tau' = (a\tau + b)/(c\tau + d)$.

B. Sei Γ ein Periodengitter. Dann konvergiert $\displaystyle\sum_{\omega\in\Gamma\setminus\{0\}} |\omega|^{-s}$ für jedes $s > 2$.

C. Die Laurententwicklung der $\wp$-Funktion im Nullpunkt hat die Gestalt

$$\wp(z) = \frac{1}{z^2} + \sum_{n=1}^{\infty} C_{2n} \cdot z^{2n}, \quad \text{mit } C_{2n} = (2n+1) \sum_{\omega\in\Gamma\setminus\{0\}} \frac{1}{\omega^{2n+2}}.$$

Beweisen Sie die Beziehung $\bigl(n(2n-1) - 6\bigr)C_{2n} = 3 \displaystyle\sum_{\substack{r+s=n-1\\ r,s\geq 1}} C_{2r}C_{2s}$.

D. Sei $\wp$ die Weierstraß-Funktion mit den Perioden ω_1 und ω_2,

$$e_1 := \wp\Bigl(\frac{\omega_1}{2}\Bigr), \; e_2 := \wp\Bigl(\frac{\omega_2}{2}\Bigr) \text{ und } e_3 := \wp\Bigl(\frac{\omega_1 + \omega_2}{2}\Bigr).$$

Zeigen Sie:

(a) $(\wp')^2(z) = 4(\wp(z) - e_1)(\wp(z) - e_2)(\wp(z) - e_3)$.

(b) $e_1 + e_2 + e_3 = 0$, $e_1 e_2 + e_1 e_3 + e_2 e_3 = -g_2/4$ und $e_1 e_2 e_3 = g_3/4$.

4.6   Anwendungen

Die meisten Anwendungen der Funktionentheorie ergeben sich aus dem Residuensatz. So beginnen wir auch in diesem Abschnitt mit solchen Anwendungen, können dabei aber nun etwas lockerer mit dem Unendlichen umgehen. Weitere Anwendungen benutzen – wie etwa im Falle der Riemann'schen Zetafunktion – die Gamma-Funktion oder die elliptischen Funktionen.

Reihenberechnungen I

Der Residuensatz kann auch zur Berechnung von unendlichen Reihen der Form $\sum_{n=-\infty}^{\infty} a_n$ verwendet werden. Die Idee sieht folgendermaßen aus: Man suche eine holomorphe Funktion auf $\mathbb{C}$, die höchstens isolierte Singularitäten besitzt und die a_n interpoliert, so dass $f(n) = a_n$ für alle $n \in \mathbb{Z}$ gilt. Außerdem verwende man eine „summatorische Funktion" σ mit einfachen Polen mit Residuum $+1$ in allen Zahlen $n \in \mathbb{Z}$, die sonst überall holomorph ist. Schließlich sei γ_m der (positiv orientierte) Rand des Rechtecks $R_m := \{z \in \mathbb{C} : \max(|x|, |y|) < m + 1/2\}$. Dann ist $|\gamma_m| \cap \mathbb{Z} = \varnothing$.

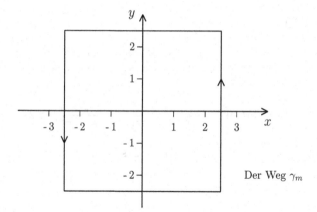

Der Weg γ_m

Ist $\gamma = \gamma_m$ und S die Menge der Singularitäten von f, so gilt:

$$\int_\gamma f(z)\sigma(z)\,dz = 2\pi\,\mathrm{i}\,\Big(\sum_{n\in\mathrm{Int}(\gamma)} f(n) + \sum_{z\in S\cap\mathrm{Int}(\gamma)} \mathrm{res}_z(f\cdot\sigma)\Big),$$

denn in der Nähe von $z = n$ ist $\sigma(z) = 1/(z-n) + h_n(z)$ mit einer in $z = n$ holomorphen Funktion h_n, und deshalb ist $\mathrm{res}_n(f\cdot\sigma) = f(n)$.

Wenn $\int_\gamma f(z)\sigma(z)\,dz$ für $m\to\infty$ gegen Null strebt, erhält man:

$$\sum_{n=-\infty}^{\infty} a_n = -\sum_{z\in S} \mathrm{res}_z(f\cdot\sigma).$$

Wenn die Residuen von $f\cdot\sigma$ leicht zu berechnen sind, dann erhält man den gewünschten Wert der Reihe.

Ähnlich kann man vorgehen, wenn man eine Reihe der Gestalt $\sum_{n=-\infty}^{\infty}(-1)^n a_n$ berechnen will. Man muss dann eine summatorische Funktion $\widetilde{\sigma}$ mit $\mathrm{res}_n(\widetilde{\sigma}) = (-1)^n$ wählen.

Die Funktionen $\sigma(z) := \pi/\tan(\pi z)$ und $\widetilde{\sigma}(z) := \pi/\sin(\pi z)$ leisten das Gewünschte. Am besten verwendet man die Darstellungen

$$\sigma(z) = \mathrm{i}\,\pi\frac{1+e^{-2\pi\,\mathrm{i}\,z}}{1-e^{-2\pi\,\mathrm{i}\,z}} \quad\text{und}\quad \widetilde{\sigma}(z) = \frac{2\pi\,\mathrm{i}}{e^{\mathrm{i}\,\pi z} - e^{-\mathrm{i}\,\pi z}}.$$

Wir untersuchen das Verhalten von σ und $\widetilde{\sigma}$ auf γ_m.

1. Sei $\gamma_m(t) = z = x + \mathrm{i}\,y$, mit $y = \pm(m+1/2)$. Wir beschränken uns auf den Fall $y = m + 1/2$, also $y \geq 1/2$, $\pi y > 3/2$ und $2\pi y > 3$.

   Dann ist $e^{\pi y} \geq e^{3/2} = \sum_{n=0}^{\infty} \frac{(3/2)^n}{n!} > 1 + \frac{3}{2} > 2$ und $e^{2\pi y} > 4$, also

   $$\frac{1+e^{-2\pi\,\mathrm{i}\,y}}{1-e^{-2\pi\,\mathrm{i}\,y}} < \frac{1+1/4}{1-1/4} = \frac{5}{3} < 2 \quad\text{und}\quad \frac{1}{e^{\pi y} - e^{-\pi y}} < \frac{1}{2-1/2} = \frac{2}{3} < 1.$$

Daraus folgt:

$$|\sigma(z)| = \pi \cdot \left| \frac{1 + e^{-2\pi i z}}{1 - e^{-2\pi i z}} \right| \leq \pi \cdot \frac{1 + e^{-2\pi y}}{1 - e^{-2\pi y}} < 2\pi$$

und

$$|\widetilde{\sigma}(z)| = \frac{2\pi}{|e^{\pi i z} - e^{-\pi i z}|} \leq \frac{2\pi}{e^{\pi y} - e^{-\pi y}} < 2\pi.$$

2. Ist $\gamma_m(t) = z = x + i y$, mit $x = m + 1/2$, so ist $\cos(\pi x) = 0$ und $\sin(\pi x) = \pm 1$.

Weil

$$\sin(\pi z) = \frac{1}{2 i}\left(e^{i \pi z} - e^{-i \pi z}\right) = \cosh(\pi y)\sin(\pi x) + i \sinh(\pi y)\cos(\pi x)$$

und

$$\tan(\pi z) = \frac{1}{i} \cdot \frac{e^{i \pi z} - e^{-i \pi z}}{e^{i \pi z} + e^{-i \pi z}} = \frac{\sin(\pi x)\cosh(\pi y) + i \cos(\pi x)\sinh(\pi y)}{\cos(\pi x)\cosh(\pi y) - i \sin(\pi x)\sinh(\pi y)}$$

ist, folgt:

$$|\sigma(z)| = \frac{\pi}{|\tan(\pi z)|} = \pi \tanh(\pi y) \leq \pi$$

$$\text{und} \quad |\widetilde{\sigma}(z)| = \frac{\pi}{|\sin(\pi z)|} = \frac{\pi}{\cosh(\pi y)} \leq \pi.$$

Zusammengefasst ergibt sich:

4.6.1. Reihenberechnung mit Hilfe von Residuen

Sei $R(z)$ eine rationale Funktion mit Polstellenmenge P, deren Nenner einen um mindestens 2 größeren Grad als der Zähler hat. Ist $P \cap \mathbb{Z} = \varnothing$, so gilt:

$$\sum_{n=-\infty}^{\infty} R(n) = -\sum_{z \in P} \mathrm{res}_z(R \cdot \sigma)$$

und

$$\sum_{n=-\infty}^{\infty} (-1)^n R(n) = -\sum_{z \in P} \mathrm{res}_z(R \cdot \widetilde{\sigma}),$$

wobei die summatorischen Funktionen σ und $\widetilde{\sigma}$ wie oben zu wählen sind.

BEWEIS: Umschließt $\gamma = \gamma_m$ alle Polstellen von R, so gilt:

$$\frac{1}{2\pi i}\int_\gamma R(z)\sigma(z)\,dz = \sum_{n=-m}^{m} R(n) + \sum_{z \in P}\mathrm{res}_z(R \cdot \sigma).$$

Lässt man m gegen Unendlich gehen, so verschwindet das Integral auf der linken Seite (weil σ beschränkt bleibt und R von zweiter Ordnung gegen Null geht). Daraus folgt die erste Behauptung. Bei der zweiten geht es analog. ∎

4.6.2. Beispiel

Sei ω eine positive reelle Zahl. Es soll der Wert der Reihe $\sum_{n=1}^{\infty} 1/(n^2 + \omega^2)$ bestimmt werden. Dazu verwenden wir die rationale Funktion

$$R(z) := 1/(z^2 + \omega^2).$$

Sie hat einfache Pole bei $z = \pm\,\mathrm{i}\,\omega$. Außerdem ist

$$\begin{aligned}
\operatorname{res}_{\mathrm{i}\omega}(R \cdot \sigma) &= \lim_{z \to \mathrm{i}\omega} \frac{\pi}{(z + \mathrm{i}\omega)\tan(\pi z)} = \frac{\pi}{2\,\mathrm{i}\,\omega\tan(\pi\,\mathrm{i}\,\omega)} \\
&= \frac{1 + e^{2\pi\omega}}{2\omega(1 - e^{2\pi\omega})} = -\frac{\pi}{2\omega}\coth(\pi\omega).
\end{aligned}$$

Im Punkt $z = -\mathrm{i}\,\omega$ erhält man das gleiche Residuum. Weil $R(-x) = R(x)$ auf der reellen Achse gilt, ist

$$\frac{1}{\omega^2} + 2\sum_{n=1}^{\infty} \frac{1}{n^2 + \omega^2} = -\sum_{z \in P}\operatorname{res}_z(R \cdot \sigma) = -2\left(-\frac{\pi}{2\omega}\coth(\pi\omega)\right) = \frac{\pi}{\omega}\coth(\pi\omega).$$

Reihenberechnungen II

Die Funktion $b(z) = \dfrac{z}{\exp(z) - 1}$ hat in $z = 0$ eine hebbare Singularität.

Mit $b(0) := 1$ wird diese behoben. Weitere Singularitäten hat b in den Punkten $a_k = 2k\pi\,\mathrm{i}$, wobei k die ganzen Zahlen ohne Null durchläuft. Wir bestimmen die Residuen in den a_k :

$$\frac{z}{\exp(z) - 1} = \frac{z}{\exp(z - a_k) - 1} = \frac{1}{z - a_k} \cdot \frac{z}{h(z - a_k)},$$

wobei h eine ganze Funktion ist, mit $h(0) = 1$. Deshalb ist das Residuum in a_k gleich a_k, das heißt, b ist meromorph mit Hauptteilverteilung

$$\left(\frac{a}{z - a}\right)_{a \in P}, \quad P = \{a_k = 2k\pi\,\mathrm{i} \;:\; k \in \mathbb{Z} \setminus \{0\}\}.$$

Auf einer Kreisscheibe vom Radius 2π um Null kann b in eine Taylor-Reihe entwickelt werden :

$$b(z) = \sum_{\nu=0}^{\infty} \frac{B_\nu}{\nu!} z^\nu.$$

Die Taylor-Koeffizienten B_ν heißen die ***Bernoulli'schen Zahlen***.

4.6.3. Eigenschaften der Bernoulli-Zahlen

1. *Die ersten Bernoulli'schen Zahlen sind* $B_0 = 1$ *und* $B_1 = -\frac{1}{2}$.

2. *Es gilt* $B_{2\nu+1} = 0$ *für alle* $\nu \geq 1$.

3. *Alle weiteren lassen sich mit folgender Rekursionsformel berechnen:*

$$\sum_{\nu=0}^{\lambda-1} \binom{\lambda}{\nu} B_\nu = 0 \ \textit{für} \ \lambda \geq 2.$$

BEWEIS: Es gilt natürlich $B_0 = b(0) = 1$. Wir beweisen nun zunächst die Rekursionsformel (3):

$$z = b(z) \cdot (\exp(z) - 1) = \left(\sum_{\nu=0}^{\infty} \frac{B_\nu}{\nu!} z^\nu \right) \cdot \left(\sum_{\mu=1}^{\infty} \frac{z^\mu}{\mu!} \right)$$

$$= \sum_{\lambda=0}^{\infty} \left(\sum_{\substack{\nu+\mu=\lambda, \\ \mu \geq 1}} \frac{B_\nu}{\nu!\mu!} \right) z^\lambda = \sum_{\lambda=0}^{\infty} \left(\sum_{\nu=0}^{\lambda-1} \binom{\lambda}{\nu} B_\nu \right) \frac{z^\lambda}{\lambda!}.$$

Koeffizientenvergleich ergibt deshalb $\displaystyle\sum_{\nu=0}^{\lambda-1} \binom{\lambda}{\nu} B_\nu = 0$ für $\lambda \geq 2$, insbesondere ist

$$0 = \binom{2}{0} B_0 + \binom{2}{1} B_1 = 1 + 2B_1, \quad \text{also } B_1 = -\frac{1}{2}.$$

Für die weiteren ungeraden Bernoulli'schen Zahlen beachten wir

$$b(z) - b(-z) = \frac{z}{\exp(z) - 1} + \frac{z}{\exp(-z) - 1} = \frac{z - z\exp(z)}{\exp(z) - 1} = -z.$$

Das bedeutet für die Taylor-Entwicklungen:

$$-z = \left(\sum_{\nu=0}^{\infty} \frac{B_\nu}{\nu!} z^\nu \right) - \left(\sum_{\nu=0}^{\infty} \frac{B_\nu}{\nu!} (-1)^\nu z^\nu \right) = 2 \sum_{\mu=0}^{\infty} \frac{B_{2\mu+1}}{(2\mu+1)!} z^{2\mu+1}.$$

Deshalb sind alle Bernoulli'schen Zahlen $B_{2\mu+1} = 0$ für $\mu \geq 1$.   ∎

4.6.4. Folgerung

Die nächsten Bernoulli'schen Zahlen sind $B_2 = \dfrac{1}{6}$, $B_4 = -\dfrac{1}{30}$ *und* $B_6 = \dfrac{1}{42}$.

BEWEIS: Das folgt unmittelbar aus der Rekursionsformel.   ∎

4.6.5. Satz (Euler'sche Relation)

Mit Hilfe der Bernoulli'schen Zahlen lassen sich Grenzwerte einer Serie von unendlichen Reihen bestimmen, es gilt:

$$\sum_{\nu=1}^{\infty} \frac{1}{\nu^{2m}} = (-1)^{m+1} \cdot \frac{2^{2m-1}}{(2m)!} \cdot B_{2m} \cdot \pi^{2m}.$$

BEWEIS: Wir starten mit der Reihendarstellung des Cotangens, die wir auf beiden Seiten mit z multiplizieren: $\quad \pi z \cdot \cot(\pi z) = 1 + z \cdot \sum_{\nu \neq 0} \left(\frac{1}{z-\nu} + \frac{1}{\nu} \right).$

Zunächst wird die linke Seite „geeignet" umgeformt. Man erhält:

$$\cot z = \frac{\cos z}{\sin z} = i \frac{e^{iz} + e^{-iz}}{e^{iz} - e^{-iz}} = i \frac{e^{2iz} + 1}{e^{2iz} - 1} = i \left(1 + \frac{2}{e^{2iz} - 1} \right).$$

Nach Multiplikation mit z taucht dann die Funktion $b(z) = z/(\exp z - 1)$ auf:

$$\begin{aligned}
z \cdot \cot z &= iz + \frac{2iz}{e^{2iz} - 1} &&= iz + b(2iz) \\
&= iz + 1 - \frac{2iz}{2} + \sum_{\nu=1}^{\infty} \frac{B_{2\nu}}{(2\nu)!}(2iz)^{2\nu} &&= 1 + \sum_{\nu=1}^{\infty} \frac{B_{2\nu}}{(2\nu)!} 2^{2\nu}(-1)^{\nu} z^{2\nu}.
\end{aligned}$$

Ersetzen wir schließlich z durch πz, so folgt:

$$\begin{aligned}
\pi z \cdot \cot(\pi z) &= 1 + \sum_{\nu=1}^{\infty} \frac{B_{2\nu}}{(2\nu)!} 2^{2\nu}(-1)^{\nu}(\pi z)^{2\nu} \\
&= 1 - 2 \cdot \sum_{\nu=1}^{\infty} \left((-1)^{\nu+1} \frac{2^{2\nu-1}}{(2\nu)!} B_{2\nu} \pi^{2\nu} \right) z^{2\nu}.
\end{aligned}$$

Es ist aber $\quad 1 + z \cdot \sum_{\nu \neq 0} \left(\frac{1}{z-\nu} + \frac{1}{\nu} \right) =$

$$\begin{aligned}
&= 1 + z \cdot \left(\sum_{\nu=1}^{\infty} \left(\frac{1}{z-\nu} + \frac{1}{\nu} \right) + \sum_{\nu=1}^{\infty} \left(\frac{1}{z+\nu} - \frac{1}{\nu} \right) \right) \\
&= 1 + 2z^2 \sum_{\nu=1}^{\infty} \frac{1}{z^2 - \nu^2} = 1 - 2z^2 \left(\sum_{\nu=1}^{\infty} \frac{1}{\nu^2} \cdot \sum_{\mu=0}^{\infty} \left(\frac{z}{\nu} \right)^{2\mu} \right) \\
&= 1 - 2 \sum_{\mu=0}^{\infty} \left(\sum_{\nu=1}^{\infty} \frac{1}{\nu^{2\mu+2}} \right) z^{2\mu+2} = 1 - 2 \sum_{\mu=1}^{\infty} \left(\sum_{\nu=1}^{\infty} \frac{1}{\nu^{2\mu}} \right) z^{2\mu}.
\end{aligned}$$

Ein Koeffizientenvergleich der beiden Entwicklungen ergibt die Behauptung. ∎

Nun können die Summen von Reihen, die man meist schon aus der reellen Analysis kennt, endlich berechnet werden:

4.6.6. Folgerung

Es ist $\displaystyle\sum_{\nu=1}^{\infty}\frac{1}{\nu^2}=\frac{\pi^2}{6}$ *und* $\displaystyle\sum_{\nu=1}^{\infty}\frac{1}{\nu^4}=\frac{\pi^4}{90}$.

Das Residuum im unendlich fernen Punkt

Sei $U \subset \overline{\mathbb{C}}$ eine offene Umgebung des unendlich fernen Punktes und f eine holomorphe Funktion auf $U \setminus \{\infty\}$. Dann gibt es ein $r > 0$, so dass das Komplement von $\overline{D_r(0)}$ in U enthalten ist. Dann heißt

$$\operatorname{res}_\infty(f) := -\frac{1}{2\pi\,\mathrm{i}} \int_{\partial D_R(0)} f(z)\,dz \text{ (für jedes } R > r)$$

das **Residuum von f in** ∞. Die Definition ist unabhängig von R, das beweist man wie üblich. Das Minuszeichen ist notwendig, weil ∞ im Äußeren des Kreises $D_R(0)$ liegt.

4.6.7. Satz

Ist f holomorph auf $\mathbb{C} \setminus \{c_1, \ldots, c_n\}$, so ist $\displaystyle\sum_{i=1}^{n} \operatorname{res}_{c_i}(f) + \operatorname{res}_\infty(f) = 0.$

BEWEIS: Wählt man $R > 0$ so groß, dass alle c_i in $D_R(0)$ liegen, so ist nach dem Residuensatz

$$\int_{D_R(0)} f(z)\,dz = 2\pi\,\mathrm{i} \sum_{i=1}^{n} \operatorname{res}_{c_i}(f).$$

Aber die linke Seite der Gleichung stimmt auch mit $-2\pi\,\mathrm{i}\,\operatorname{res}_\infty(f)$ überein. ∎

Ist f in $U \setminus \{\infty\}$ holomorph, so besitzt f eine Laurent-Entwicklung in $\{z \in \mathbb{C} : |z| > R\}$. Sie entspricht der Laurent-Entwicklung von $f_0(w) := f(1/w)$ im Kreisring $D_{1/R}(0) \setminus \{0\}$. Ist $f_0(w) = \sum_{n=-\infty}^{\infty} c_n w^n$, so ist

$$f(z) = \sum_{n=1}^{\infty} c_n z^{-n} + \sum_{n=0}^{\infty} c_{-n} z^n.$$

Außer z^{-1} haben alle Potenzen von z eine Stammfunktion. Deshalb ergibt die Integration:

$$\operatorname{res}_\infty(f) = -\frac{1}{2\pi\,\mathrm{i}} \int_{\partial D_R(0)} f(z)\,dz = -\frac{c_1}{2\pi\,\mathrm{i}} \int_{\partial D_R(0)} \frac{dz}{z} = -c_1.$$

Man erhält also nicht – wie man es vielleicht erwarten könnte – den Koeffizienten c_1 der Entwicklung von f_0. Vielmehr gilt:

$$\mathrm{res}_\infty(f) = \mathrm{res}_0\Big(-\frac{1}{z^2}\cdot f\Big(\frac{1}{z}\Big)\Big).$$

BEWEIS: Es ist

$$-\frac{1}{z^2}f\Big(\frac{1}{z}\Big) = -\frac{1}{z^2}\Big(\sum_{n=1}^{\infty} c_n z^n + \sum_{n=0}^{\infty} c_{-n} z^{-n}\Big) = \sum_{m=0}^{\infty}(-c_{m+2})z^m + \sum_{m=1}^{\infty}(-c_{-m+2})z^{-m}.$$

Daraus folgt: $\mathrm{res}_0\Big(-\frac{1}{z^2}\cdot f\Big(\frac{1}{z}\Big)\Big) = -c_1$. ∎

4.6.8. Beispiel

Die Funktion $f(z) := 1/(z^2+1)$ ist holomorph nahe ∞, mit $f(\infty) = 0$. Ist $\gamma(t) := re^{-it}$ die Parametrisierung der Kreislinie $\partial D_r(0)$, für die ∞ im Innern liegt, so ist

$$\mathrm{res}_\infty(f) = \frac{1}{2\pi\,\mathrm{i}} \int_\gamma \frac{1}{z^2+1}\,dz.$$

Da f genau in den Punkten $\pm\mathrm{i}$ Singularitäten besitzt, ist

$$-\frac{1}{2\pi\,\mathrm{i}}\int_\gamma \frac{1}{z^2+1}\,dz = \mathrm{res}_\mathrm{i}(f) + \mathrm{res}_{-\mathrm{i}}(f) = \frac{1}{2\pi\,\mathrm{i}}\Big[\lim_{z\to\mathrm{i}}\frac{1}{z+\mathrm{i}} + \lim_{z\to-\mathrm{i}}\frac{1}{z-\mathrm{i}}\Big]$$

$$= \frac{1}{2\pi\,\mathrm{i}}\Big[\frac{1}{2\mathrm{i}} - \frac{1}{2\mathrm{i}}\Big] = 0$$

und damit auch $\mathrm{res}_\infty(f) = 0$.

Asymptotische Entwicklungen

In Anwendungen interessiert man sich häufig für das Verhalten von Funktionen für großes $|z|$. Bei der Untersuchung des asymptotischen Verhaltens vergleicht man eine gegebene Funktion mit einer einfacheren anderen Funktion, die z.B. numerisch leichter behandelt werden kann. Dabei sollten wesentliche Eigenschaften erhalten bleiben, nebensächlichere Eigenschaften können vernachlässigt werden.

Eine typische Methode sind die so genannten „asymptotischen Entwicklungen". Zwei Funktionen f und g heißen (bezüglich Subtraktion) auf einem Gebiet G **asymptotisch äquivalent**, falls es zu jedem $\varepsilon > 0$ ein $c > 0$ gibt, so dass $|f(z) - g(z)| < \varepsilon$ für alle $z \in G$ mit $|z| > c$ gilt. Man nennt dann $g(z)$ eine asymptotische Darstellung von $f(z)$.

Besonders einfach ist die Situation, wenn die Funktionen f und g holomorph sind und G eine Umgebung von ∞ ist. Da $f - g$ in der Nähe von ∞ beschränkt bleibt, kann man diese Funktion holomorph nach Unendlich fortsetzen (durch 0) und dort in eine Reihe entwickeln. Diese Reihe ist eine Laurent-Reihe, die nur negative Potenzen von z enthält:

$$f(z) = g(z) + \sum_{\nu=1}^{\infty} \frac{a_\nu}{z^\nu}.$$

Die Reihe konvergiert in diesem Fall für großes z. Also ist die Folge

$$z^n \Big(f(z) - g(z) - \sum_{\nu=1}^{n} \frac{a_\nu}{z^\nu} \Big) = \sum_{\nu=1}^{\infty} \frac{a_{n+\nu}}{z^\nu}$$

ebenfalls für großes z konvergent. Im Unendlichen nimmt die Reihe auf der rechten Seite den Wert Null an. Ein solches Verhalten kann man auch untersuchen, wenn f nicht auf einer Umgebung von ∞ definiert und die Reihe divergent ist. Häufig werden Winkelbereiche $\{z : \alpha < \arg(z) < \beta\}$ betrachtet.

Wir betrachten speziell den Fall, dass $g = a_0 = \lim_{z\to\infty} f(z)$ eine Konstante ist.

Definition (asymptotische Entwicklung):

Die Reihe $\sum_{\nu=1}^{\infty} a_\nu/z^\nu$ ist *asymptotische Entwicklung* von $f(z)$ auf G, falls zu jedem $\varepsilon > 0$ und jedem $n \in \mathbb{N}$ ein $R > 0$ existiert, so dass gilt:

$$\Big| z^n \Big(f(z) - \sum_{\nu=0}^{n} \frac{a_\nu}{z^\nu} \Big) \Big| < \varepsilon \text{ für } z \in G \text{ und } |z| \geq R.$$

Man schreibt dann:

$$f(z) \sim \sum_{\nu=0}^{\infty} \frac{a_\nu}{z^\nu}.$$

4.6.9. Eindeutigkeit der asymptotischen Entwicklung

Wenn f eine asymptotische Entwicklung besitzt, dann ist sie eindeutig bestimmt.

BEWEIS: Ist zugleich $f(z) \sim \sum_{\nu=0}^{\infty} \dfrac{a_\nu}{z^\nu}$ und $f(z) \sim \sum_{\nu=0}^{\infty} \dfrac{b_\nu}{z^\nu}$, so gibt es zu jedem $\varepsilon > 0$ und jedem $n \in \mathbb{N}$ ein $c > 0$, so dass für $|z| > c$ gilt:

$$\Big| z^n \Big(f(z) - \sum_{\nu=0}^{n} \frac{a_\nu}{z^\nu} \Big) \Big| < \frac{\varepsilon}{2} \quad \text{und} \quad \Big| z^n \Big(\sum_{\nu=0}^{n} \frac{b_\nu}{z^\nu} - f(z) \Big) \Big| < \frac{\varepsilon}{2},$$

also

$$\Big| z^n \Big(\sum_{\nu=0}^{n} \frac{b_\nu}{z^\nu} - \sum_{\nu=0}^{n} \frac{a_\nu}{z^\nu} \Big) \Big| < \varepsilon.$$

Hieraus folgt zunächst im Falle $n = 0$ die Gleichung $a_0 = b_0$. Ist schon bewiesen, dass $a_\nu = b_\nu$ für $\nu = 0, 1, \ldots, n-1$ ist, so folgt, dass $|b_n - a_n| < \varepsilon$ für jedes $\varepsilon > 0$ ist, also $a_n = b_n$.   ∎

Es folgt dann sukzessive:

$$a_0 = \lim_{z \to \infty} f(z),$$

$$a_1 = \lim_{z \to \infty} z\big(f(z) - a_0\big),$$

$$a_2 = \lim_{z \to \infty} z^2\big(f(z) - a_0 - \frac{a_1}{z}\big) \text{ usw.}$$

4.6.10. Das Rechnen mit asymptotischen Entwicklungen

Es sei $f(z) \sim \sum_{\nu=0}^{\infty} \dfrac{a_\nu}{z^\nu}$ *und* $g(z) \sim \sum_{\nu=0}^{\infty} \dfrac{b_\nu}{z^\nu}$. *Dann ist*

$$f(z) + g(z) \sim \sum_{\nu=0}^{\infty} \frac{a_\nu + b_\nu}{z^\nu} \quad \textit{und} \quad f(z) \cdot g(z) \sim \sum_{\nu=0}^{\infty} \frac{c_\nu}{z^\nu} \quad \textit{mit } c_\nu = \sum_{i=0}^{\nu} a_i b_{\nu-i}.$$

BEWEIS: Nach Voraussetzung ist

$$\lim_{z \to \infty} z^n\Big(f(z) - \sum_{\nu=0}^{n} \frac{a_\nu}{z^\nu}\Big) = 0 \quad \text{und} \quad \lim_{z \to \infty} z^n\Big(g(z) - \sum_{\nu=0}^{n} \frac{b_\nu}{z^\nu}\Big) = 0,$$

also auch $\lim_{z \to \infty} z^n\Big(f(z) + g(z) - \sum_{\nu=0}^{n} \dfrac{a_\nu + b_\nu}{z^\nu}\Big) = 0$.

Da außerdem $\lim_{z \to \infty} \sum_{\nu=0}^{n} \dfrac{a_\nu}{z^\nu} = a_0$ für jedes feste n und $\lim_{z \to \infty} g(z) = b_0$ ist, folgt:

$$\lim_{z \to \infty} z^n\Big(f(z)g(z) - \sum_{\nu=0}^{n}\Big(\sum_{i=0}^{\nu} a_i b_{\nu-i}\Big)\frac{1}{z^\nu}\Big) =$$

$$= \lim_{z \to \infty} z^n\Big[\Big(f(z) - \sum_{\nu=0}^{n} \frac{a_\nu}{z^\nu}\Big)g(z) + \sum_{\nu=0}^{n} \frac{a_\nu}{z^\nu} \cdot \Big(g(z) - \sum_{\nu=0}^{n} \frac{b_\nu}{z^\nu}\Big)$$

$$+ \sum_{\substack{\nu=0}}^{2n}\Big(\sum_{\substack{i+j=\nu \\ i,j \le n}} a_i b_j\Big)\frac{1}{z^\nu} - \sum_{\nu=0}^{n}\Big(\sum_{i+j=\nu} a_i b_j\Big)\frac{1}{z^\nu}\Big]$$

$$= \lim_{z \to \infty} z^n\Big[\Big(f(z) - \sum_{\nu=0}^{n} \frac{a_\nu}{z^\nu}\Big)g(z) + \sum_{\nu=0}^{n} \frac{a_\nu}{z^\nu} \cdot \Big(g(z) - \sum_{\nu=0}^{n} \frac{b_\nu}{z^\nu}\Big)$$

$$+ \sum_{\nu=1}^{n}\Big(\sum_{\substack{i+j=n+\nu \\ i,j \le n}} a_i b_j\Big)\frac{1}{z^{n+\nu}}\Big] = 0 \quad \text{für jedes feste } n. \qquad \blacksquare$$

4.6.11. Integration von asymptotischen Entwicklungen

Sei f eine holomorphe Funktion auf einem Winkelraum, der die positive x-Achse

enthält. Ist $f(z) \sim \sum\limits_{\nu=0}^{\infty} \dfrac{a_\nu}{z^\nu}$, *mit* $a_0 = a_1 = 0$, *so ist*

$$\int_z^\infty f(\zeta)\, d\zeta \sim \sum_{\nu=2}^{\infty} \frac{a_\nu}{(\nu-1)z^{\nu-1}}\,.$$

Dabei ist das Integral über die in W liegende Halbgerade durch 0 und z von 0
nach ∞ *zu erstrecken.*

BEWEIS: Sei $\varepsilon > 0$ und $n \in \mathbb{N}$. Dann gibt es ein $c > 0$, so dass für $|z| > c$ gilt:

$$\Big| f(z) - \sum_{\nu=2}^{n} \frac{a_\nu}{z^\nu} \Big| < \frac{\varepsilon}{|z|^n}\,.$$

Dann ist

$$\Big| \int_z^\infty f(\zeta)\, d\zeta - \sum_{\nu=2}^{n} \frac{a_\nu}{(\nu-1)z^{\nu-1}} \Big| \; = \; \Big| \int_z^\infty \Big(f(\zeta) - \sum_{\nu=2}^{n} \frac{a_\nu}{\zeta^\nu} \Big)\, d\zeta \Big|$$

$$\leq \; \int_{|z|}^\infty \frac{\varepsilon}{x^n}\, dx \; = \; \frac{\varepsilon}{(n-1)|z|^{n-1}}$$

Das bedeutet:

$$\lim_{z\to\infty} \Big| z^{n-1} \Big(\int_z^\infty f(\zeta)\, d\zeta - \sum_{\nu=2}^{n} \frac{a_\nu}{(\nu-1)z^{\nu-1}} \Big) \Big| = 0\,.$$

Und daraus folgt die Behauptung.   ∎

4.6.12. Beispiel

Das Rechnen mit asymptotischen Entwicklungen ist eine Sache, die Bestimmung solcher Entwicklungen eine andere. Wir suchen die asymptotische Entwicklung des „Exponential-Integrals"

$$\mathrm{Ei}(z) := \int_z^\infty \frac{e^{-\zeta}}{\zeta}\, d\zeta \quad (\text{für } \mathrm{Re}(z) > 0).$$

Der Integrationsweg γ soll im Innern eines Winkelraums $-\pi/2+\varepsilon < \arg(z) < \pi/2 - \varepsilon$ gewählt werden. Ist $R > |z|$, so wird das in der folgenden Skizze grau gekennzeichnete Gebiet durch ein Stück γ_0 von γ, ein Kreisbogenstück ϱ und die (negativ durchlaufene) Strecke σ berandet. Nach dem Cauchy'schen Integralsatz verschwindet das Integral über $e^{-\zeta}/\zeta$ entlang $\gamma_0 + \varrho - \sigma$.

Zur asymptotischen Entwicklung
des Exponential-Integrals:

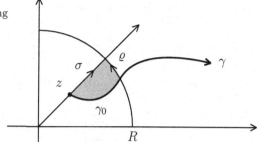

Es sei $z = re^{\mathrm{i}\varphi}$. Dann ist $\sigma(t) = t(\cos\varphi + \mathrm{i}\sin\varphi)$, mit $r \leq t \leq R$, und $\varrho(t) = Re^{\mathrm{i}t}$, mit $\alpha \leq t \leq \varphi$ (für ein geeignetes α). Wir verwenden die Hilfsfunktion $h(s) := \cos s + 2s/\pi - 1$. Weil $h(0) = h(\pi/2) = 0$ und $h''(s) < 0$ auf $(0, \pi/2)$ ist, ist $h(s) \geq 0$ auf diesem Intervall, also $R\cos s \geq R(1 - 2s/\pi)$. Damit erhält man die Abschätzung

$$\left| \int_\varrho \frac{e^{-\zeta}}{\zeta} \, d\zeta \right| = \int_\alpha^\varphi |e^{-R\cos t}| \, dt \leq \int_{-\pi/2}^{\pi/2} e^{-R} e^{2Rt/\pi} \, dt$$

$$= \frac{\pi}{R}(1 - e^{-R}) \to 0 \ \text{ für } R \to \infty.$$

und

$$\left| \int_\sigma \frac{e^{-\zeta}}{\zeta} \, d\zeta \right| = \left| \int_r^R \frac{e^{-t\cos\varphi}}{t} \, dt \right| \leq \frac{1}{r} \int_r^R e^{-t\cos\varphi} \, dt$$

$$= \frac{1}{r\cos\varphi}\left(e^{-r\cos\varphi} - e^{-R\cos\varphi}\right) \to \frac{e^{-r\cos\varphi}}{r\cos\varphi},$$

für $R \to \infty$. Damit ist die Existenz des Integrals über γ gesichert, und man erhält das gleiche Ergebnis wie beim Integral über den Strahl von z nach Unendlich.

Partielle Integration (vgl. Aufgabe 2.3.24.A) liefert:

$$\mathrm{Ei}(z) = \int_z^\infty \frac{e^{-\zeta}}{\zeta} \, d\zeta = -\left[\frac{e^{-\zeta}}{\zeta}\Big|_z^\infty + \int_z^\infty \frac{e^{-\zeta}}{\zeta^2} \, d\zeta\right]$$

$$= \frac{e^{-z}}{z} - \int_z^\infty \frac{e^{-\zeta}}{\zeta^2} \, d\zeta = \frac{e^{-z}}{z} + \left[\frac{e^{-\zeta}}{\zeta^2}\Big|_z^\infty + 2\int_z^\infty \frac{e^{-\zeta}}{\zeta^3} \, d\zeta\right]$$

$$= \frac{e^{-z}}{z} - \frac{e^{-z}}{z^2} + 2\int_z^\infty \frac{e^{-\zeta}}{\zeta^3} \, d\zeta$$

$$\vdots$$

$$= e^{-z} \cdot \sum_{k=1}^n \frac{(-1)^{k-1}(k-1)!}{z^k} + R_n(z)$$

mit dem Restglied $R_n(z) := (-1)^n n! \int_z^\infty \frac{e^{-\zeta}}{\zeta^{n+1}} \, d\zeta$.

Setzt man $\zeta = tz/|z|$, so erhält man (mit $z = re^{i\varphi}$) die Abschätzung

$$|R_n(z)| \leq n! \int_r^\infty \frac{e^{-t\cos\varphi}}{t^{n+1}} \, dt \leq C \cdot \frac{n!}{|z|^{n+1}}, \text{ mit } C = C(z) := \frac{e^{-|z|\cos\varphi}}{\cos\varphi},$$

also $\lim\limits_{z\to\infty} |z^n R_n(z)| \leq \lim\limits_{z\to\infty} C \cdot n!/|z| = 0$ für jedes feste n. Das bedeutet:

$$\mathrm{Ei}(z) \sim e^{-z} \cdot \sum_{k=1}^\infty \frac{(-1)^{k-1}(k-1)!}{z^k}, \text{ für } \mathrm{Re}\, z > 0.$$

Die asymptotische Reihe mit den Gliedern $a_k := (-1)^k(k-1)!/z^k$ divergiert für alle z, denn $|a_{k+1}/a_k| = k/|z|$ strebt für festes z gegen Unendlich. Trotzdem approximieren geeignete Partialsummen das Exponential-Integral sehr gut. Setzt man $A_k := k!/|z|^{k+1}$, so ist $A_{k-1} > A_k$ für $k < |z|$ und $A_{k-1} < A_k$ für $k > |z|$. Das beste Ergebnis erhält man demnach, wenn $n = \big[|z|\big]$ ist.

Ist etwa $n = z = 10$, so ist $|R_n(z)| \leq \dfrac{10!}{10^{11}} \cdot e^{-10} = \dfrac{9!e^{-10}}{10} \cdot 10^{-9} \approx 1.64747 \cdot 10^{-9}$.

Die Sattelpunktmethode

Gegeben seien ein Gebiet $G \subset \mathbb{C}$, eine Kurve C in G und holomorphe Funktionen φ und f auf G. Es gibt viele Anwendungen, bei denen man Integrale der Form

$$J(\lambda) := \int_C \varphi(z) e^{\lambda f(z)} \, dz \quad \text{(mit großem } \lambda > 0)$$

auswerten muss. Man interessiert sich für das asymptotische Verhalten von $J(\lambda)$ für $\lambda \to \infty$.

Die Idee bei der „Sattelpunktmethode" beruht auf der Beobachtung, dass diejenigen Teile des Integrals den entscheidenden Anteil liefern, die von der Auswertung über einem Kurvenstück herrühren, auf dem $\mathrm{Re}\, f(z)$ große Werte oder gar ein Maximum annimmt (und zwar um so mehr, je größer λ ist). Da der Imaginärteil stark oszillieren kann, sucht man nach Integrationswegen, bei denen das nicht der Fall ist, also z.B. Niveaulinien von $\mathrm{Im}\, f(z)$. Der Cauchy'sche Integralsatz macht es möglich, den ursprünglichen Integrationsweg so zu verändern, dass sich der Wert des Integrals nicht ändert.

Als harmonische Funktion besitzt $\mathrm{Re}\, f(z)$ weder Maxima noch Minima. Es kann aber Punkte $z_0 \in G$ mit $f'(z_0) = 0$ geben. Ist zugleich $f''(z_0) \neq 0$, so nennt man z_0 einen *(einfachen) Sattelpunkt*. Ist $f'(z_0) = f''(z_0) = \ldots = f^{(k)}(z_0) = 0$ und $f^{(k+1)}(z_0) \neq 0$, so spricht man von einem Sattelpunkt der Ordnung k. Wir beschränken uns hier auf den Fall $k = 1$. Dann gilt in der Nähe von z_0:

$$f(z) = f(z_0) + \frac{1}{2} f''(z_0)(z - z_0)^2 \big[1 + (z - z_0)h(z)\big],$$

mit einer holomorphen Funktion h. Eine einfache Koordinatentransformation zeigt das qualitive Verhalten von f in der Nähe des Sattelpunktes: Wählt man eine komplexe Wurzel $c = \sqrt{f''(z_0)}$ und eine in der Nähe von $z = 1$ definierte holomorphe Wurzelfunktion σ, so ist

$$w = \Phi(z) := c(z - z_0) \cdot \sigma\big(1 + (z - z_0)h(z)\big)$$

eine holomorphe Funktion mit $\Phi'(z_0) = c \neq 0$, also lokal biholomorph, und es ist $f(z) - f(z_0) = \Phi(z)^2/2$, also

$$f \circ \Phi^{-1}(w) = f \circ \Phi^{-1}(w_0) + \frac{1}{2}w^2 \text{ mit } w_0 := \Phi(z_0).$$

Schreiben wir $w = u + \mathrm{i}\,v$ und $\widetilde{f}(w) := f \circ \Phi^{-1}(w) = \widetilde{f}(w_0) + w^2/2$, so ergibt sich folgendes Bild:

$$\mathrm{Re}\,\widetilde{f}(u + \mathrm{i}\,v) = \mathrm{Re}\,\widetilde{f}(w_0) + \frac{1}{2}(u^2 - v^2) \quad \text{und} \quad \mathrm{Im}\,\widetilde{f}(u + \mathrm{i}\,v) = \mathrm{Im}\,\widetilde{f}(w_0) + uv.$$

In geeigneten Koordinaten sind die Niveaulinien von $\mathrm{Re}\,\widetilde{f}$ und $\mathrm{Im}\,\widetilde{f}$ Hyperbeln, die beiden Scharen stehen aufeinander senkrecht.

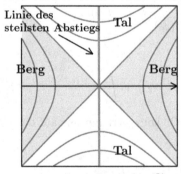
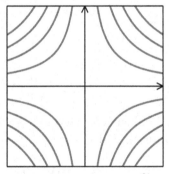

Niveaulinien von $\mathrm{Re}\,\widetilde{f}$ Niveaulinien von $\mathrm{Im}\,\widetilde{f}$

Kommen wir nun zurück zur Ausgangssituation und verwenden die Approximation

$$w := f(z) - f(z_0) \approx \frac{1}{2}f''(z_0)(z - z_0)^2.$$

Gesucht ist (zu dem Sattelpunkt z_0) ein Weg $\gamma : [a, b] \to G$ mit $\gamma(t_0) = z_0$, so dass $\mathrm{Re}\,f(\gamma(t))$ in $t = t_0$ ein (isoliertes) Maximum hat und $\mathrm{Im}\,f(\gamma(t))$ in der Nähe von t_0 konstant ist. Man interessiert sich für die Richtung der Wege mit dem steilsten Abstieg (ausgehend von $\mathrm{Re}\,f(z_0)$) auf dem Graphen von $\mathrm{Re}\,f$ und projiziert dann auf den Weg γ in der Ebene. Im Angelsächsischen spricht man von der „method of steepest descent".

Ist $f''(z_0) = Re^{\mathrm{i}\omega}$ und $z - z_0 = re^{\mathrm{i}\theta}$ (mit variablem r und θ), so ist

$$f(z) - f(z_0) \approx \frac{1}{2}r^2 Re^{\mathrm{i}(\omega + 2\theta)} = \frac{1}{2}r^2 R\big[\cos(\omega + 2\theta) + \mathrm{i}\,\sin(\omega + 2\theta)\big].$$

Damit $\operatorname{Im} f(z) = \operatorname{Im} f(z_0)$ ist, muss $\sin(\omega + 2\theta) = 0$ sein. Dann ist $f(z) - f(z_0)$ in der Nähe von z_0 auf $|\gamma|$ reell. Damit auf $|\gamma|$ auch $f(z) < f(z_0)$ nahe z_0 ist, muss $\cos(\omega + 2\theta) < 0$ sein. Das trifft zu für

$$\theta_1 = -\frac{\omega}{2} + \frac{\pi}{2} \quad \text{und} \quad \theta_2 = -\frac{\omega}{2} + \frac{3\pi}{2}.$$

Die Vektoren $e^{i\theta_1}$ und $e^{i\theta_2}$ geben also die zwei Richtungen an, in denen $\operatorname{Re} f$ am stärksten fällt und $\operatorname{Im} f$ konstant ist. Man ersetzt nun den ursprünglich gegebenen Integrationsweg α (mit $|\alpha| = C$) durch den neuen Weg γ (durch z_0), der in Richtung des steilsten Abstieges verläuft und schließlich mit α zusammen einen geschlossenen Weg bildet, auf man den Cauchy'schen Integralsatz anwenden kann.

Sei $h(t) := \operatorname{Re} f \circ \gamma(t) - \operatorname{Re} f \circ \gamma(t_0) = f \circ \gamma(t) - f \circ \gamma(t_0)$. Dann kann man ein $T > 0$ und Zahlen t', t'' mit $a < t' < t_0 < t'' < b$ finden, so dass $h(t') = h(t'') = -T$ ist, h auf $[t', t_0]$ streng monoton wächst und auf $[t_0, t'']$ fällt und $h < -T$ außerhalb des Intervalls $I_0 := [t', t'']$ ist.

Sei $z_1 := \gamma(a)$, $z_1' := \gamma(t')$, $z_2' := \gamma(t'')$ und $z_2 := \gamma(b)$, sowie $\gamma_1 := \gamma|_{[a,t']}$ und $\gamma_2 := \gamma|_{[t'',b]}$. Außerdem sei $A := \varphi(z_0)$ und $|\varphi(z)| \leq M$ auf $|\gamma|$. Dann ist

$$\int_C \varphi(z) e^{\lambda f(z)} \, dz = \varphi(z_0) e^{\lambda f(z_0)} \int_\gamma \frac{\varphi(z)}{\varphi(z_0)} e^{\lambda(f(z) - f(z_0))} \, dz$$

mit

$$\left| \int_\gamma \frac{\varphi(z)}{\varphi(z_0)} e^{\lambda(f(z) - f(z_0))} \, dz \right| \leq \frac{M}{|A|} \left[e^{-\lambda T} \left(L(\gamma_1) + L(\gamma_2) \right) + \int_{z_1'}^{z_2'} e^{\lambda(f(z) - f(z_0))} \, dz \right].$$

Der erste Summand verschwindet für $\lambda \to \infty$. Wir konzentrieren uns auf das verbliebene Integral und setzen

$$-\tau = -\tau(z) = f(z) - f(z_0) \approx \frac{(z - z_0)^2}{2} f''(z_0).$$

Zu jedem u mit $-T < u < 0$ gibt es genau ein z_- auf $|\gamma|$ zwischen z_1' und z_0 und ein z_+ zwischen z_0 und z_2', so dass $-\tau(z_-) = -\tau(z_+) = u$ ist. Die (zweideutige) Zuordnung $-u \mapsto z_\pm$ liefert zwei Umkehrfunktionen $g_\pm : [0, T] \to C$ zur Funktion $z \mapsto \tau(z)$, nämlich

$$z = g_\pm(\tau) = z_0 \pm i \sqrt{\frac{2\tau}{f''(z_0)}}, \quad \text{mit } g_\pm'(\tau) = i \sqrt{\frac{2}{\tau f''(z_0)}}.$$

Man beachte, dass diese Funktionen bei $\tau = 0$ nicht differenzierbar sind, dass aber $g_\pm$ und $g_\pm'$ dort noch integrierbar sind. Man kann deshalb τ als Parameter für den Weg zwischen z_1' und z_2' benutzen und erhält

$$\int_{z_1'}^{z_2'} e^{\lambda(f(z) - f(z_0))} \, dz = 2 \int_0^T e^{-\lambda\tau} g_+'(\tau) \, d\tau = 2 i \sqrt{\frac{1}{2 f''(z_0)}} \int_0^T \frac{e^{-\lambda\tau}}{\sqrt{\tau}} \, d\tau.$$

Dabei ist

$$\int_0^T \frac{e^{-\lambda\tau}}{\sqrt{\tau}}\, d\tau = \int_0^\infty \frac{e^{-\lambda\tau}}{\sqrt{\tau}}\, d\tau - \int_T^\infty \frac{e^{-\lambda\tau}}{\sqrt{\tau}}\, d\tau,$$

mit

$$\int_0^\infty \frac{e^{-\lambda\tau}}{\sqrt{\tau}}\, d\tau = \int_0^\infty e^{-t}\left(\frac{t}{\lambda}\right)^{-1/2}\frac{1}{\lambda}\, dt = \frac{1}{\sqrt{\lambda}}\int_0^\infty e^{-t}t^{-1/2}\, dt = \frac{\Gamma(1/2)}{\sqrt{\lambda}} = \sqrt{\frac{\pi}{\lambda}}$$

und

$$\left| \int_T^\infty \frac{e^{-\lambda\tau}}{\sqrt{\tau}}\, d\tau \right| \le \frac{1}{\lambda\sqrt{T}}\int_T^\infty \lambda e^{-\lambda\tau}\, d\tau = \frac{1}{\lambda\sqrt{T}}e^{-\lambda T} \quad (\to 0 \text{ für } \lambda \to \infty).$$

Wir nehmen der Einfachheit halber an, dass $\varphi(z) \equiv 1$ ist. Dann folgt:

$$\left| e^{-\lambda f(z_0)}J(\lambda) - \mathrm{i}\sqrt{\frac{2\pi}{\lambda f''(z_0)}} \right| =$$

$$= \left| e^{-\lambda f(z_0)}J(\lambda) - \mathrm{i}\sqrt{\frac{2}{f''(z_0)}}\int_0^\infty e^{-\lambda\tau}\frac{d\tau}{\sqrt{\tau}} \right|$$

$$= \left| \left(\int_{z_1}^{z_1'} + \int_{z_2'}^{z_2}\right)\varphi(z)e^{\lambda(f(z)-f(z_0))}\, dz - \mathrm{i}\sqrt{\frac{2}{f''(z_0)}}\int_T^\infty e^{-\lambda\tau}\frac{d\tau}{\sqrt{\tau}} \right|$$

$$\le \left[\big(L(\gamma_1) + L(\gamma_2)\big) + \frac{\sqrt{2}}{\lambda\sqrt{T\cdot f''(z_0)}} \right]e^{-\lambda T},$$

und dieser Ausdruck strebt für $\lambda \to \infty$ gegen Null. Also gilt:

$$J(\lambda) \sim \mathrm{i}\,\frac{e^{\lambda f(z_0)}\sqrt{2\pi}}{\sqrt{\lambda f''(z_0)}}.$$

Weil $f''(z_0) < 0$ ist, ist die rechte Seite reell.

4.6.13. Beispiele

A. Es soll das asymptotische Verhalten eines Integrals $J(k) = \int_{-\infty}^a \varphi(z)e^{-kz^2}\, dz$ für $k \to \infty$ untersucht werden. Dabei sei $a = x_0 + \mathrm{i}y_0$ ein Punkt im ersten Quadranten, und der Integrationsweg α verlaufe irgendwie in der oberen Halbebene von $-\infty$ nach a.

Hier ist $f(z) = -z^2$, also $f'(z) = -2z$ und $f''(z) = -2$. Der einzige auftretende Sattelpunkt ist $z_0 = 0$ und hat die Ordnung 1. In diesem Falle ist $f''(z_0) = 2\cdot e^{\mathrm{i}\pi}$, also $R = 2$ und $\omega = \pi$. Damit sind $\theta_1 = -\pi/2 + \pi/2 = 0$ und $\theta_2 = -\pi/2 + 3\pi/2 = \pi$ die beiden gesuchten Winkel und $e^{\mathrm{i}\theta_1} = 1$ und $e^{\mathrm{i}\theta_2} = e^{\mathrm{i}\pi} = -1$ die beiden Richtungen des steilsten Abstieges.

Es bietet sich also an, für γ ein Stück γ_1 der reellen Achse (durch den Null-punkt) zu wählen. Nun muss man von dort aus zum Punkt a gelangen. Die Niveaulinie von $\operatorname{Im} f$ durch a verläuft in a orthogonal zur Niveaulinie von $\operatorname{Re} f$, also parallel zum Gradienten von $\operatorname{Re} f$. Und dieser Gradient zeigt in die Richtung, in der sich $\operatorname{Re} f$ am stärksten verändert. Deshalb benutzt man auch noch ein Stück γ_3 der Niveaulinie $0 = \operatorname{Im} f(z) - \operatorname{Im} f(a) = 2(x_0y_0 - xy)$.

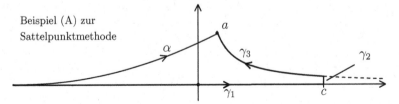

Beispiel (A) zur Sattelpunktmethode

Schließlich verbindet man die beiden Teile γ_1 und γ_3 bei $x = c$ durch eine Strecke γ_2. Lässt man c gegen Unendlich gehen, so verschwindet das Integral über γ_2. Das Integral über γ_3 lässt sich gut abschätzen und das über γ_1 ist im Nullpunkt konzentriert. Der Weg $\gamma = \gamma_1 + \gamma_2 + \gamma_3$ ergibt zusammen mit $-\alpha$ einen geschlossenen Weg, über den das Integral Null ergibt.

Damit ist $J(k) = \displaystyle\int_{-\infty}^{\infty} \varphi(z)e^{-kz^2}\, dz + \lim_{c \to \infty} \left(\int_{\gamma_2} + \int_{\gamma_3} \right) \varphi(z)e^{-kz^2}\, dz.$

Das Integral über γ_2 verschwindet offensichtlich für $c \to \infty$. Auf der Spur von γ_3 ist $xy = x_0y_0$, also

$$z^2 - a^2 = (x^2 - y^2) - (x_0^2 - y_0^2) = (x^2 - x_0^2) + y_0^2\Big(1 - \Big(\frac{x_0}{x}\Big)^2\Big) \text{ reell und } \geq 0.$$

Mit der Parametrisierung $z(t) = \sqrt{a^2 + t}$ ist dann

$$
\begin{aligned}
\int_{\gamma_3} \varphi(z)e^{-kz^2}\, dz &= -\int_0^{\infty} \varphi\big(\sqrt{a^2+t}\big)e^{-k(a^2+t)}\frac{1}{2\sqrt{a^2+t}}\, dt \\
&= -\frac{e^{-ka^2}}{2}\int_0^{\infty} \varphi\big(\sqrt{a^2+t}\big)\frac{e^{-kt}}{\sqrt{a^2+t}}\, dt,
\end{aligned}
$$

also (wenn φ auf $|\gamma|$ durch $M > 0$ beschränkt ist)

$$\Big| \int_{\gamma_3} \varphi(z)e^{-kz^2}\, dz \Big| \leq \frac{M}{2}e^{-ka^2}\int_0^{\infty} e^{-kt}\, dt = \frac{M}{2ka}e^{-ka^2},$$

und dieser Ausdruck strebt für $k \to \infty$ gegen Null.

Da der Hauptanteil des Integrals durch das Verhalten in unmittelbarer Um-gebung des Sattelpunktes $z_0 = 0$ bestimmt ist, ist asymptotisch

$$J(k) \sim \varphi(0) \cdot \int_{-\infty}^{\infty} e^{-kz^2}\, dz$$

und

$$\int_{-\infty}^{\infty} e^{-kz^2}\, dz \sim \mathrm{i}\, \frac{e^{kf(z_0)}\sqrt{2\pi}}{\sqrt{k \cdot f''(z_0)}} = \sqrt{\frac{\pi}{k}}, \quad \text{also } J(k) \sim \varphi(0)\sqrt{\frac{\pi}{k}}.$$

B. Wir wollen die Sattelpunktmethode auf die Gammafunktion anwenden. Es ist

$$\begin{aligned}
\Gamma(k+1) &= \int_0^{\infty} e^{-t} t^k\, dt = \int_0^{\infty} e^{k\log t - t}\, dt \\
&= \int_0^{\infty} e^{k\log(ks) - ks} k\, ds = k^{k+1} \int_0^{\infty} e^{-kf(s)}\, ds,
\end{aligned}$$

mit $f(s) := s - \log s$.

Es ist $f'(s) = 1 - 1/s$, also $f'(s) = 0 \iff s = 1$, und $f''(s) = 1/s^2$, also $f''(1) = 1$. Damit liegt in $s_0 = 1$ ein Sattelpunkt vor. Das liefert die asymptotische Formel

$$k! = \Gamma(k+1) \sim k^{k+1} \cdot \mathrm{i} \cdot \frac{e^{-k \cdot f(s_0)}}{\sqrt{k}} \sqrt{\frac{2\pi}{-f''(s_0)}} = \left(\frac{k}{e}\right)^k \sqrt{2\pi k}.$$

Das ist die **Stirling'sche Formel** über das asymptotische Verhalten der Fakultäten.

Die Riemann'sche Zeta-Funktion

Definition (Zeta-Funktion):

Die **Riemannsche ζ-Funktion** ist definiert durch

$$\zeta(s) = \sum_{n=1}^{\infty} \frac{1}{n^s},$$

wobei traditionell die komplexe Unbestimmte in der Form $s = \sigma + \mathrm{i}\, t$ geschrieben wird.

Die Reihe der ζ-Funktion konvergiert für $\sigma > 1$ absolut, denn es ist

$$\sum_{n=1}^{\infty} \left| \frac{1}{n^s} \right| = \sum_{n=1}^{\infty} \frac{1}{n^\sigma},$$

und aus der Analysis ist bekannt, dass $\sum_{n=1}^{\infty} 1/n^\sigma$ für $\sigma > 1$ konvergiert.

Ist $s_0 = \sigma_0 + \mathrm{i}\, t_0$ ein Punkt mit $\sigma_0 > 1$, so kann die Reihe wegen der Monotonie $1/n^\sigma \le 1/n^{\sigma_0}$ für alle $\sigma \ge \sigma_0$ gleichmäßig durch eine konvergente Reihe abgeschätzt werden. Daher ist die ζ-Funktion holomorph für $\sigma > 1$. Bei $s = 1$ besitzt ζ offensichtlich eine Singularität. Den Funktionswert für $s = 2$ haben wir auch schon ausgerechnet, es ist $\zeta(2) = \pi^2/6$.

4.6.14. Euler'sche Produktformel

Es bezeichne $p_1, p_2, \ldots$ die Folge der Primzahlen. Dann gilt für alle s mit $\mathrm{Re}(s) > 1$ die folgende Produktformel:

$$\zeta(s) = \prod_{n=1}^{\infty} \frac{1}{1 - p_n^{-s}} \,.$$

BEWEIS: Wir untersuchen konkret die ersten Partialprodukte. Bekanntlich sind die ersten Primzahlen die Zahlen 2, 3, 5 $\ldots$, das ergibt

$$\zeta(s) \cdot (1 - 2^{-s}) = \sum_{n=1}^{\infty} n^{-s} - \sum_{n=1}^{\infty} (2n)^{-s} = \sum_{2 \nmid m} m^{-s}.$$

Der Schritt für $p_2 = 3$ läuft analog :

$$\begin{aligned}
\zeta(s) \cdot (1 - 2^{-s})(1 - 3^{-s}) &= \sum_{2 \nmid m} m^{-s}(1 - 3^{-s}) \\
&= \sum_{2 \nmid m} m^{-s} - \sum_{2 \nmid m} (3m)^{-s} = \sum_{2,3 \nmid m} m^{-s}.
\end{aligned}$$

Allgemein ist, wenn wir bis p_N weiter verfahren,

$$\zeta(s) \cdot (1 - p_1^{-s})(1 - p_2^{-s}) \cdots (1 - p_N^{-s}) = \sum_{p_1, \ldots, p_N \nmid m} m^{-s} = 1 + p_{N+1}^{-s} + \text{höhere Terme}.$$

Den entstandenen „Rest" können wir abschätzen: $|p_{N+1}^{-s} + \ldots| \leq \sum_{n \geq p_{N+1}} \frac{1}{n^\sigma}$.

Die rechte Seite geht aber für $N \to \infty$ gegen Null, da es unendlich viele Primzahlen gibt. Das bedeutet

$$\lim_{N \to \infty} \zeta(s) \cdot \prod_{n=1}^{N} (1 - p_n^{-s}) = 1.$$

Das Produkt ist kompakt konvergent, da die unendliche Reihe $\sum_{n=1}^{\infty} |p_n^{-s}|$ kompakt konvergiert. ∎

In dem Beweis ist die Existenz von unendlich vielen Primzahlen eingegangen. Der Spieß kann aber auch umgedreht werden, d.h. aus der Produktdarstellung der ζ-Funktion kann die Existenz unendlich vieler Primzahlen gefolgert werden:

Angenommen, es gäbe nur endlich viele Primzahlen. Dann ist das Produkt endlich, und es gilt

$$\zeta(s) = \frac{1}{(1 - 2^{-s}) \cdots (1 - p_N^{-s})}.$$

Auf der rechten Seite erhält man einen endlichen Grenzwert für $s \to 1$, auf der linken Seite aber nicht. Widerspruch!

Der im Satz gezeigte Zusammenhang zwischen der ζ-Funktion und der Primzahlverteilung ist der Anfang der analytischen Zahlentheorie. Dort wird versucht, mit den Methoden der Funktionentheorie zahlentheoretische Aussagen zu beweisen, wobei die ζ-Funktion häufig eine zentrale Rolle spielt.

4.6.15. Folgerung

Der Funktionswert $\zeta(s)$ ist ungleich Null, falls $\sigma > 1$ ist.

BEWEIS: In der Produktdarstellung sind alle Faktoren ungleich Null, also muss es auch das Produkt sein. ∎

Nun wollen wir sehen, wie weit wir die ζ-Funktion nach links fortsetzen können :

4.6.16. Die Zeta-Funktion und die Gamma-Funktion

Ist $s \in \mathbb{C}$ mit $\sigma > 1$, dann gilt

$$\zeta(s) \cdot \Gamma(s) = \int_0^\infty \frac{t^{s-1}}{e^t - 1} \, dt = \frac{1}{s-1} + \varrho(s),$$

wobei ϱ eine in der rechten Halbebene holomorphe Funktion ist.

BEWEIS: Die (kompakte) Konvergenz des uneigentlichen Integrals zeigt man so ähnlich wie bei der Gammafunktion. Sei $1 < a \leq \sigma \leq A$.

a) Ist $0 < t \leq 1$, so ist

$$\left| \frac{t^{s-1}}{e^t - 1} \right| \leq \left| \frac{t^{s-1}}{t} \right| \leq t^{a-2},$$

und die rechte Seite ist über $(0, 1]$ integrierbar.

b) Sei $t \geq 1$. Für $t \to \infty$ strebt $t^{A-1} e^{-t/2}$ gegen null, und deshalb gibt es eine Konstante $c > 0$, so dass $t^{A-1} e^{-t/2} \leq c$, also $t^{A-1} \leq c e^{t/2}$ ist. Damit ist

$$\left| \frac{t^{s-1}}{e^t - 1} \right| \leq \frac{t^{A-1}}{e^t - 1} \leq \frac{c e^{t/2}}{e^t - 1},$$

und die rechte Seite ist über $[1, \infty)$ integrierbar.

Damit konvergiert das Integral $\int_0^\infty t^{s-1}/(e^t - 1) \, dt$ auf $\{\sigma > 1\}$ kompakt. Nun ist

$$\int\limits_0^\infty \frac{t^{s-1}}{e^t-1}\,dt = \int\limits_0^\infty t^{s-1}\cdot\frac{e^{-t}}{1-e^{-t}}\,dt = \int\limits_0^\infty t^{s-1}\Big(\frac{1}{1-e^{-t}}-1\Big)\,dt$$

$$= \sum_{k=1}^\infty \int\limits_0^\infty t^{s-1}e^{-kt}\,dt = \sum_{k=1}^\infty \frac{1}{k}\int\limits_0^\infty (\frac{\varphi(t)}{k})^{s-1}\cdot e^{-\varphi(t)}\cdot\varphi'(t)\,dt,$$

wobei $\varphi(t) = kt$ ist. Mit der Substitutionsregel folgt dann

$$\int\limits_0^\infty \frac{t^{s-1}}{e^t-1}\,dt = \sum_{k=1}^\infty \frac{1}{k^s}\cdot\int\limits_0^\infty x^{s-1}e^{-x}\,dx = \zeta(s)\cdot\Gamma(s) \quad \text{für } \operatorname{Re} s > 1.$$

Die Laurententwicklung der Funktion $1/(e^s-1)$ um den Nullpunkt hat die Gestalt

$$\frac{1}{e^s-1} = \frac{1}{s} - \frac{1}{2} + \sum_{n=1}^\infty a_n s^n.$$

Deshalb bleibt $\dfrac{1}{e^t-1} - \dfrac{1}{t}$ in der Nähe von $t = 0$ beschränkt, und

$$A(s) := \int\limits_0^1 \Big(\frac{1}{e^t-1}-\frac{1}{t}\Big)t^{s-1}\,dt$$

konvergiert auf $R := \{s : \sigma > 0\}$ kompakt gegen eine holomorphe Funktion. Da außerdem

$$B(s) := \int\limits_1^\infty \frac{t^{s-1}}{e^t-1}\,dt.$$

offensichtlich auf R holomorph ist, ist auch $\varrho(s) = A(s) + B(s)$ auf R holomorph und

$$\zeta(s)\cdot\Gamma(s) - \varrho(s) = \int\limits_0^\infty \frac{t^{s-1}}{e^t-1}\,dt - \int\limits_0^1 \Big(\frac{1}{e^t-1}-\frac{1}{t}\Big)t^{s-1}\,dt - \int\limits_1^\infty \frac{t^{s-1}}{e^t-1}\,dt$$

$$= \int\limits_0^1 t^{s-2}\,dt = \frac{t^{s-1}}{s-1}\Big|_0^1 = \frac{1}{s-1}.$$

Damit ist alles gezeigt. ∎

4.6.17. Folgerung

ζ kann meromorph auf die rechte Halbebene fortgesetzt werden und hat dann genau einen einfachen Pol bei $s = 1$.

BEWEIS: Dividieren der letzten Identität durch Γ ergibt:

$$\zeta(s) = \frac{1}{\Gamma(s)} \cdot \left(\frac{1}{s-1} + \varrho(s) \right).$$

Weil $\Gamma(s)$ in der rechten Halbebene keine Polstellen hat, gibt es nur genau den einen Pol. ∎

Es stellt sich die Frage, ob es gelingt, ζ noch weiter fortzusetzen. Die Antwort liefert der folgende Satz:

4.6.18. Die Zeta-Funktion und die Funktion I

Es gibt eine ganze Funktion $I(s)$ mit $I(1) = 2\pi\mathrm{i}$, so dass gilt:

$$\zeta(s) = \frac{I(s)}{(e^{2\pi\mathrm{i}s}-1)\Gamma(s)} \quad \text{für } \operatorname{Re} s > 1.$$

BEWEIS: Zu $\delta > 0$ wählen wir einen Weg γ_δ, der vom unendlich fernen Punkt aus entlang der reellen Achse bis zum Punkt δ läuft, von dort den Nullpunkt gegen den Uhrzeigersinn auf einem Kreis mit Radius δ umläuft und dann wieder gegen Unendlich geht. Man beachte, dass γ_δ direkt auf der x-Achse verläuft (im Gegensatz zur Skizze, wo der Pfad zur Verdeutlichung etwas oberhalb und unterhalb der Achse eingezeichnet wurde).

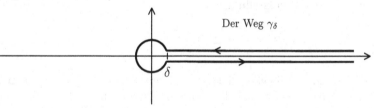

Der Weg γ_δ

Es sei

$$I_\delta(s) := \int\limits_{\gamma_\delta} \frac{z^{s-1}}{e^z-1}\, dz,$$

wobei die Potenz z^{s-1} mit jenem Zweig des Logarithmus erklärt wird, für den die positive reelle Achse entfernt wurde, also

$$\log(r \cdot e^{\mathrm{i}t}) = \ln r + \mathrm{i}\,t, \text{ mit } 0 < t < 2\pi.$$

Ist $\alpha_\delta(t) := \delta \cdot e^{\mathrm{i}t}$ die Parametrisierung des Kreises, so ist

$$I_\delta(s) = \int\limits_{\alpha_\delta} \frac{z^{s-1}}{e^z-1}\, dz + \left(e^{2\pi\mathrm{i}s}-1 \right) \cdot \int\limits_\delta^\infty \frac{t^{s-1}}{e^t-1}\, dt.$$

I_δ ist holomorph auf ganz $\mathbb{C}$, und weil der Integrand in $I_\delta(s)$ auf einer im Nullpunkt gelochten Kreisscheibe um Null holomorph ist, folgt sofort, dass der Wert $I_\delta(s)$ vom speziellen δ unabhängig ist. Außerdem gilt für $z = \sigma + \mathrm{i}\,y$:

$$\left| \int_{\alpha_\delta} \frac{z^{s-1}}{e^z - 1}\, dz \right| = \left| \int_0^{2\pi} \frac{(\delta e^{\mathrm{i}\,t})^{\sigma-1+\mathrm{i}\,y} \cdot \delta\,\mathrm{i}\,e^{\mathrm{i}\,t}}{e^{\delta(\cos t + \mathrm{i}\,\sin t)} - 1}\, dt \right|$$

$$\leq 2\pi \cdot \max_{0 \leq t \leq 2\pi} \frac{\delta^\sigma \cdot e^{-yt}}{\left| e^{\delta(\cos t + \mathrm{i}\,\sin t)} - 1 \right|} \to 0$$

für $\sigma > 1$ und $\delta \to 0$. Damit ist $I(s) := \lim_{\delta \to 0} I_\delta(s) = (e^{2\pi\mathrm{i}\,s} - 1) \cdot \zeta(s) \cdot \Gamma(s)$. Das ist die gewünschte Gleichung.

Außerdem ist

$$I(1) = \int_{\alpha_\delta} \frac{1}{e^z - 1}\, dz = 2\pi\,\mathrm{i} \cdot \mathrm{res}_0\left(\frac{1}{e^z - 1} \right) = 2\pi\,\mathrm{i}\,,$$

weil $z/(e^z - 1)$ für $z \to 0$ gegen 1 geht.   ∎

4.6.19. Folgerung (Fortsetzung der Zeta-Funktion nach $\mathbb{C}$)

ζ lässt sich meromorph nach ganz $\mathbb{C}$ fortsetzen, mit einer einzigen Polstelle bei $s = 1$ (mit Residuum gleich 1).

BEWEIS: Wir benutzen die Darstellung

$$\zeta(s) = \frac{I(s)}{(e^{2\pi\mathrm{i}\,s} - 1) \cdot \Gamma(s)}.$$

Weil die Γ-Funktion keine Nullstellen hat, kann ζ nur einen Pol haben, wenn s eine ganze Zahl ist. Allerdings werden die Nennernullstellen für $s \in \mathbb{N}_0$ von den Polstellen von Γ aufgehoben, also ist ζ dort holomorph.

An den Stellen $n \in \mathbb{N}$, $n > 1$, ist ζ ohnehin holomorph, weil die ursprüngliche Produktdarstellung dort Bestand hat. Es bleibt noch die Polstelle bei $s = 1$ zu betrachten:

$$\mathrm{res}_1(\zeta) = \lim_{s \to 1}(s-1)\zeta(s) = \lim_{s \to 1} \frac{2\pi\,\mathrm{i}\,(s-1)}{e^{2\pi\mathrm{i}\,s} - 1} = \lim_{s \to 1} \frac{2\pi\,\mathrm{i}\,(s-1)}{e^{2\pi\mathrm{i}\,(s-1)} - 1} = 1,$$

weil $I(1) = 2\pi\,\mathrm{i}$ und $\lim_{z \to 0}(z/(e^z - 1)) = 1$ ist.   ∎

4.6.20. Satz (Funktionalgleichung der ζ-Funktion)

Für $s \neq 1$ gilt $\zeta(s) = 2^s \cdot \pi^{s-1} \cdot \sin\left(\dfrac{\pi s}{2}\right) \cdot \Gamma(1-s) \cdot \zeta(1-s)$.

BEWEIS: Wir verwenden die Wege Γ_n und γ_δ aus der folgenden Skizze:

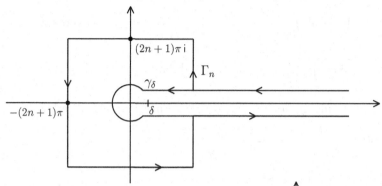

Dann ist $C_n := \Gamma_n - \gamma_\delta$ ein geschlossener Weg:

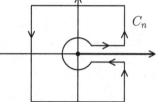

1) Die Funktion $f(z,s) := \dfrac{(-z)^{s-1}}{e^z - 1}$ hat für festes s einfache Pole bei $z = \pm 2\pi\,\mathrm{i}\,m$, die für $1 \le m \le n$ im Innern von C_n liegen. Dabei ist $(-z)^{s-1} = e^{(s-1)\log_{(0)}(-z)}$ und

$$\mathrm{res}_{2\pi\,\mathrm{i}\,m}(f) = (-2\pi\,\mathrm{i}\,m)^{s-1} = (2\pi)^{s-1} \cdot m^{s-1} \cdot \mathrm{i} \cdot e^{(\mathrm{i}\,\pi s)/2},$$

nach dem Residuensatz also

$$\frac{1}{2\pi\,\mathrm{i}} \int_{C_n} f(z,s)\,dz = \sum_{m=1}^{n} \Big(\mathrm{res}_{2\pi\,\mathrm{i}\,m}(f) + \mathrm{res}_{-2\pi\,\mathrm{i}\,m}(f) \Big) = 2^s \cdot \pi^{s-1} \cdot \sin\Big(\frac{\pi s}{2}\Big) \cdot \sum_{m=1}^{n} m^{s-1}.$$

Für $n \to \infty$ und $\mathrm{Re}(s) < 0$ strebt die rechte Seite gegen $2^s \cdot \pi^{s-1} \cdot \sin\Big(\dfrac{\pi s}{2}\Big) \cdot \zeta(1-s)$.

2) Γ_n zerfällt in zwei Ketten Γ'_n und Γ''_n, wobei mit Γ'_n der Teil bezeichnet sei, der auf dem Rand K_n des Quadrates der Seitenlänge $2(2n+1)\pi$ mit Mittelpunkt 0 liegt. Γ''_n ist in der Spur von γ_δ enthalten. Lässt man δ gegen 0 gehen, so strebt Γ'_n gegen K_n. Wir zeigen zunächst, dass das Integral über f und K_n für $n \to \infty$ gegen 0 konvergiert.

Weil $e^z - 1$ auf K_n keine Nullstelle besitzt, gibt es ein $\alpha > 0$, so dass $|e^z - 1| \ge \alpha$ für $z \in |K_n|$ ist. Außerdem ist $|z| \le \sqrt{2(2n+1)^2\pi^2} \le \sqrt{2(3n)^2\pi^2} = 3\pi\sqrt{2} \cdot n$. Mit $s = \sigma + \mathrm{i}\,t$ erhält man also für $z \in K_n$ die Abschätzung $|(-z)^{s-1}| \le e^{(\sigma-1)\ln|z|}e^{2\pi|t|} \le A \cdot n^{\sigma-1}$, mit einer von s abhängigen Konstante A. Daraus folgt (mit geeigneten Konstanten B und C):

$$\Big| \int_{K_n} f(z,s)\,dz \Big| \le L(K_n) \cdot \sup_{\Gamma_n} |f(z,s)| \le (B \cdot n) \cdot \Big(\frac{A}{\alpha} \cdot n^{\sigma-1}\Big) \le C \cdot n^{\sigma},$$

und die rechte Seite strebt für $\sigma < 0$ und $n \to \infty$ gegen 0.

Weil das Integral $\displaystyle\int_1^\infty \frac{x^{\sigma-1}}{e^x - 1}\, dx = \lim_{n \to \infty} \int_1^n \frac{x^{\sigma-1}}{e^x - 1}\, dx$ konvergiert, ist

$$\lim_{n \to \infty} \int_n^\infty \frac{x^{\sigma-1}}{e^x - 1}\, dx = 0 \quad \text{und daher} \quad \lim_{n \to \infty} \int_{\Gamma_n''} f(z,s)\, dz = 0.$$

Die Berechnung des letzten Integrals wird in Abschnitt (3) erklärt.

Also ist $\displaystyle\lim_{n \to \infty} \int_{C_n} f(z,s)\, dz = - \int_{\gamma_\delta} f(z,s)\, dz.$

3) Behauptung: Für $\sigma > 1$ ist $\displaystyle\lim_{\delta \to 0}\left(-\frac{1}{2\pi\,\mathrm{i}} \int_{\gamma_\delta} \frac{(-z)^{s-1}}{e^z - 1}\, dz \right) = \frac{1}{\Gamma(1-s)} \zeta(s).$

Beim Beweis benutzen wir oberhalb und unterhalb der reellen Achse zwei verschiedene Logarithmus-Werte. Das Integral hängt nicht von δ ab, und das Teilintegral über den Kreisrand mit Radius δ verschwindet für $\delta \to 0$ (weil der Integrand beschränkt bleibt). Weiter ist

$$\lim_{\delta \to 0}\left(\int_\infty^\delta f(z,s)\, dz + \int_\delta^\infty f(z,s)\, dz \right)$$

$$= \lim_{\delta \to 0}\left(e^{\mathrm{i}\pi(s-1)} - e^{-\mathrm{i}\pi(s-1)} \right) \int_\delta^\infty \frac{x^{s-1}}{e^x - 1}\, dx$$

$$= -2\,\mathrm{i}\,\sin(\pi s) \int_0^\infty \frac{x^{s-1}}{e^x - 1}\, dx = -2\,\mathrm{i}\,\sin(\pi s) \int_0^\infty \left(\sum_{n=1}^\infty e^{-nx} \right) x^{s-1}\, dx$$

$$= -2\,\mathrm{i}\,\sin(\pi s) \sum_{n=1}^\infty \frac{1}{n^s} \int_0^\infty e^{-t} t^{s-1}\, dt = -2\,\mathrm{i}\,\sin(\pi s)\zeta(s)\Gamma(s).$$

Wegen der Ergänzungsformel für die Gamma-Funktion folgt daraus:

$$\lim_{\delta \to 0}\left(-\frac{1}{2\pi\,\mathrm{i}} \int_{\gamma_\delta} \frac{(-z)^{s-1}}{e^z - 1}\, dz \right) = \frac{\sin(\pi s)}{\pi} \zeta(s)\Gamma(s) = \frac{\zeta(s)}{\Gamma(1-s)}.$$

4) Die Funktion $F(s) := \left(-\dfrac{1}{2\pi\,\mathrm{i}} \displaystyle\int_{\gamma_\delta} \dfrac{(-z)^{s-1}}{e^z - 1}\, dz \right) \cdot \Gamma(1-s)$ ist unabhängig von δ und meromorph auf $\mathbb{C}$. Das zeigt man ähnlich wie im Beweis von Satz 4.3.18 bei der Holomorphie von I.

Aus (3) folgt: Für $\operatorname{Re} s > 1$ ist $F(s) = \zeta(s)$. Nach dem Identitätssatz gilt diese Gleichung dann auf dem Definitionsbereich von ζ, also auf $\mathbb{C} \setminus \{1\}$.

Für $\operatorname{Re} s < 0$ ist $\quad -\dfrac{1}{2\pi\,\mathrm{i}} \displaystyle\int_{\gamma_\delta} \dfrac{(-z)^{s-1}}{e^z - 1}\, dz = \lim_{n \to \infty}\left(\frac{1}{2\pi\,\mathrm{i}} \int_{C_n} \frac{(-z)^{s-1}}{e^z - 1}\, dz \right)$

$$= 2^s \pi^{s-1} \sin\left(\frac{\pi s}{2}\right)\zeta(1-s),$$

also $F(s) = 2^s \pi^{s-1} \sin\left(\frac{\pi s}{2}\right) \zeta(1-s)\Gamma(1-s)$.

Nach dem Identitätssatz gilt auch diese Gleichung auf $\mathbb{C} \setminus \{1\}$. Fasst man alles zusammen, so erhält man die Funktionalgleichung. Man beachte: Auf den ersten Blick hat es den Anschein, als gäbe es auf der rechten Seite mehr Singularitäten als auf der linken Seite. Wegen der Gültigkeit der Gleichung kann das aber nicht sein. ∎

4.6.21. Folgerung (über einige Werte der Zeta-Funktion)

Es ist $\zeta(-n) = \begin{cases} -1/2 & \text{für } n = 0, \\ 0 & \text{für gerades } n \in \mathbb{N}, \\ -B_{n+1}/(n+1) & \text{für ungerades } n \in \mathbb{N} \end{cases}$.

BEWEIS: Im obigen Beweis wurde gezeigt: $\zeta(s) = \dfrac{-\Gamma(1-s)}{2\pi i} \displaystyle\int_{\gamma_\delta} \dfrac{(-z)^{s-1}}{e^z - 1}\, dz$, also

$$
\begin{aligned}
\zeta(-n) &= \frac{-\Gamma(n+1)}{2\pi i} \int_{\gamma_\delta} \frac{(-z)^{-(n+1)}}{e^z - 1}\, dz \\
&= (-1)^n \frac{n!}{2\pi i} \int_{\gamma_\delta} \frac{f(z)}{z^{n+1}}\, dz = (-1)^n n! a_n,
\end{aligned}
$$

wenn man $f(z) := \dfrac{1}{e^z - 1} = \dfrac{1}{z} \displaystyle\sum_{\nu=0}^{\infty} \frac{B_\nu}{\nu!} z^\nu = \dfrac{1}{z} - \dfrac{1}{2} + \sum_{\mu=1}^{\infty} \frac{B_{2\mu}}{(2\mu)!} z^{2\mu - 1} = \sum_{m=-1}^{\infty} a_m z^m$

setzt, wobei die B_ν die Bernoulli'schen Zahlen und die a_m die Koeffizienten in der Laurententwicklung von f sind. Daraus folgt die Behauptung. ∎

4.6.22. Folgerung (über die Nullstellen der Zeta-Funktion)

Es ist $\zeta(-n) = 0$, *falls* $n \in \mathbb{N}$ *gerade ist. Darüber hinaus hat* $\zeta(s)$ *höchstens Nullstellen im Gebiet* $0 \le \sigma = \operatorname{Re}(s) \le 1$.

BEWEIS: Die Gammafunktion hat Polstellen in $z = -n$, $n \in \mathbb{N}_0$, also hat $\Gamma(1-z)$ Polstellen in $z = 1, 2, 3, \ldots$. Da $\zeta(s)$ für $s \ne 1$ holomorph ist, folgt

$$\sin\left(\frac{\pi s}{2}\right) \cdot \zeta(1-s) = 0 \text{ für } s = 2, 3, \ldots$$

Da die Polstellen der Gammafunktion einfach sind, müssen auch die obigen Nullstellen einfach sein. Für gerades s hat bereits $\sin((\pi s)/2)$ eine Nullstelle, aber auch nur dann. Setzen wir also $z = 1 - s$, so ist $\zeta(z) = 0$ für $s = 3, 5, \ldots$, also für $z = -2, -4, -6, \ldots$, und $\zeta(z) \ne 0$ für $s = 2, 4, 6, \ldots$, also $z = -1, -3, -5, \ldots$.

Ist $\sigma > 1$, so folgt aus der Produktdarstellung, dass $\zeta(s) \ne 0$ ist. Insbesondere ist dort die rechte Seite der Funktionalgleichung ungleich Null. Schreiben wir wieder

$z = 1 - s$, so kann $\zeta(z)$ für $\mathrm{Re}(z) < 0$ nur dann eine Nullstelle haben, wenn der Ausdruck

$$\Gamma(1 - s) \cdot \sin(\frac{\pi s}{2})$$

eine Polstelle hat. Weil der Sinus keine Polstellen hat, muss eine solche von der Γ-Funktion kommen und darf nicht mit einer Nullstelle des Sinus gekürzt werden. Nun gilt:

- $\Gamma(1 - s)$ hat Polstellen für alle $s \in \mathbb{N}$.

- $\sin(\pi s / 2)$ hat genau dann eine Nullstelle, wenn s gerade ist.

Also kann $\zeta(z)$ für $\mathrm{Re}(z) < 0$ höchstens dann eine Nullstelle haben, wenn s eine ungerade natürliche Zahl > 1 ist – das bedeutet aber genau, dass $z = 1 - s = -2, -4, -6, \ldots$ ist. Andere Nullstellen kann $\zeta(z)$ für $\mathrm{Re}(z) < 0$ nicht aufweisen. ∎

Bemerkung: Die Nullstellen $-n$ für gerades n heißen die **trivialen Nullstellen** der ζ-Funktion.

Für das Auftreten von nicht-trivialen Nullstellen geben wir ohne Beweis an:

4.6.23. Satz von Hadamard / de la Valleé-Poussin

$\zeta(s)$ hat keine Nullstellen für $\mathrm{Re}(s) = 1$ (und damit auch keine für $\mathrm{Re}(s) = 0$).

Also müssen weitere Nullstellen im Gebiet $S := \{z \in \mathbb{C} : 0 < \mathrm{Re}\,z < 1\}$ liegen, im sogenannten „kritischen Streifen".

Der Satz von Hadamard / de la Valleé-Poussin ist äquivalent zum Primzahlsatz, der besagt: *Ist $\pi(x)$ die Anzahl der Primzahlen $\leq x$, dann existiert der Grenzwert*

$$\lim_{x \to \infty} \frac{\pi(x) \log(x)}{x} = 1,$$

d.h. $\pi(x)$ verhält sich wie $x / \log x$. Mehr zu diesem Thema findet man in dem Buch von M. Heins ([Hei]). Man kann zeigen, dass unendlich viele Nullstellen von $\zeta(s)$ im kritischen Streifen liegen und dass die Nullstellen dort symmetrisch zur Geraden $\sigma = 1/2$ liegen, jedoch nicht auf der reellen Achse.

4.6.24. Satz von Hardy (1914)

$\zeta(s)$ hat unendlich-viele Nullstellen bei $\sigma = 1/2$.

4.6.25. Satz

Ist $\varepsilon > 0$, so liegen (maßtheoretisch gesehen) „fast alle" Nullstellen im Streifen

$$\frac{1}{2} - \varepsilon < \sigma < \frac{1}{2} + \varepsilon.$$

Diese immer stärker werdenden Sätze legen die folgende berühmte Vermutung nahe:

4.6.26. Riemann'sche Vermutung:

Alle Nullstellen der ζ-Funktion im kritischen Streifen liegen bei $\sigma = 1/2$.

Man weiß immerhin: Die ersten 150 Millionen Nullstellen im kritischen Streifen liegen genau bei $\sigma = 1/2$. Aber die Vermutung von Riemann blieb bis heute ungelöst.

Elliptische Kurven

Nachdem elliptische Funktionen behandelt wurden, geben wir hier eine kurze Einführung in die Theorie der elliptischen Kurven. Dahinter verstecken sich eigentlich bestimmte Flächen, und das sieht man folgendermaßen: Man starte mit einer elliptischen Funktion, deren Periodenparallelogramm im günstigsten Fall ein Rechteck ist, realisierbar als Blatt Papier. Das Blatt kann man rollen und zu einem Rohr zusammenkleben. Wenn man außerdem so tut, als wäre diese Papierrolle aus Gummi, so kann man sie herumbiegen und an den Enden zusammenkleben, so dass so etwas wie ein Rettungsring entsteht. Das ist eine kompakte, reell 2-dimensionale Fläche, die von den Mathematikern als **Torus** bezeichnet wird. Tatsächlich kann man den Torus mit einer komplexen Struktur versehen und erhält so eine Riemannsche Fläche. Noch immer ist keine Kurve in Sicht. Oder? Ein Rettungsring entsteht auch, wenn man einen vertikal aufgestellten Kreis einmal horizontal im Kreis herumschiebt. Deshalb kann man die Fläche als kartesisches Produkt $S^1 \times S^1$ auffassen und am besten in den 4-dimensionalen Raum $\mathbb{C} \times \mathbb{C}$ einbetten. Der reell 4-dimensionale Raum ist aus komplexer Sicht eine Ebene, und die reell 2-dimensionale Fläche ist komplex 1-dimensional. Voilà, da ist die Kurve!

Eine ebene komplexe Kurve ist normalerweise die Nullstellenmenge eines Polynoms $p(z, w)$ in der komplexen affinen Ebene $\mathbb{C}^2 = \mathbb{C} \times \mathbb{C}$ mit den Koordinaten z und w. Das Kreuz mit den Nullstellen ist, dass sie gerne mal im Unendlichen verschwinden. Um also elliptische Kurven richtig betrachten zu können, müssen wir einen Blick auf die unendlich fernen Punkte werfen und dafür komplex-projektive Räume einführen. Den einfachsten Fall kennen wir eigentlich schon:

Zwei Punkte $(z_0, z_1), (w_0, w_1) \neq (0, 0)$ der komplexen affinen Ebene $\mathbb{C}^2$ sollen äquivalent genannt werden, wenn es eine komplexe Zahl $\lambda \neq 0$ gibt, so dass $(w_0, w_1) = \lambda(z_0, z_1)$ ist. Das ergibt eine Äquivalenzrelation auf $\mathbb{C}^2 \setminus \{(0,0)\}$. Das Verhältnis $z_0 : z_1$ zwischen den Komponenten eines Elementes einer Äquivalenzklasse ist dann unabhängig vom gewählten Repräsentanten. Deshalb bezeichnet man die Klasse von (z_0, z_1) mit dem Symbol $(z_0 : z_1)$. Die Menge $\mathbb{P}^1$ der Äquivalenzklassen nennt man den 1-*dimensionalen komplex-projektiven Raum*. Die Abbildung

$$\Phi : \overline{\mathbb{C}} \to \mathbb{P}^1 \text{ mit } \Phi(z) := \begin{cases} (1 : z) & \text{falls } z \in \mathbb{C}, \\ (0 : 1) & \text{falls } z = \infty \end{cases}$$

ist bijektiv, mit

$$\Phi^{-1}(s : t) = \begin{cases} t/s & \text{falls } s \neq 0, \\ \infty & \text{falls } s = 0. \end{cases}$$

Der 1-dimensionale komplex-projektive Raum ist also nichts anderes als die Riemann'sche Zahlenkugel.

Nun kommen wir zur projektiven Ebene, dem 2-dimensionalen komplex-projektiven Raum. Ausgangspunkt ist diesmal eine Äquivalenzrelation auf $\mathbb{C}^3 \setminus \{(0,0,0)\}$:

$$(z_0, z_1, z_2) \sim (w_0, w_1, w_2) \; :\Longleftrightarrow \; \exists \lambda \in \mathbb{C}^* \text{ mit } (w_0, w_1, w_2) = \lambda(z_0, z_1, z_2).$$

Wie oben bezeichnet man die Äquivalenzklasse von (z_0, z_1, z_2) mit $(z_0 : z_1 : z_2)$, und analog die Menge der Äquivalenzklassen mit $\mathbb{P}^2$. Die Komponenten z_i von $x = (z_0 : z_1 : z_2) \in \mathbb{P}^2$ nennt man die **homogenen Koordinaten** von x.

So wie der 1-dimensionale komplex-projektive Raum aus $\mathbb{C}$ durch Hinzunahme eines unendlich-fernen Punktes entsteht, so entsteht $\mathbb{P}^2$ aus $\mathbb{C}^2$ durch Hinzunahme einer „unendlich fernen Gerade": Durch $j : \mathbb{C}^2 \to \mathbb{P}^2$ mit $j(u,v) := (1 : u : v)$ wird $\mathbb{C}^2$ bijektiv auf die Menge

$$U_0 := \{(z_0, z_1, z_2) \in \mathbb{P}^2 \; : \; z_0 \neq 0\}$$

abgebildet und kann als Teilmenge von $\mathbb{P}^2$ aufgefasst werden. Die Restmenge

$$\{(z_0 : z_1 : z_2) \in \mathbb{P}^2 \; : \; z_0 = 0\} = \{(0 : u : v) \; : \; (u : v) \in \mathbb{P}^1\}$$

kann mit $\mathbb{P}^1 = \overline{\mathbb{C}}$ identifiziert werden. Das ist die unendlich ferne Gerade.

Ein Polynom $p = p(z_0, z_1, z_2)$ in den drei Variablen z_0, z_1, z_2 heißt **homogen vom Grad** k, falls $p(\lambda z_0, \lambda z_1, \lambda z_2) = \lambda^k \cdot p(z_0, z_1, z_2)$ für alle $\lambda \in \mathbb{C}^*$ gilt. Ist p nicht das Nullpolynom, so nennt man die Menge

$$C = N(p) := \{(z_0 : z_1 : z_2) \in \mathbb{P}^2 \; : \; p(z_0, z_1, z_2) = 0\}$$

eine **ebene projektive Kurve**. Man beachte, dass C wegen der Homogenität von p wohldefiniert ist, und dass C ein **komplex 1-dimensionales Gebilde** ist, **reell** gesehen also eigentlich **eine Fläche**. Ob man nun von einer Kurve oder einer Fläche spricht, das hängt vom Standpunkt des Betrachters ab. Das einfachste Beispiel ist die „projektive Gerade" $\mathbb{P}^1 = \{(z_0 : z_1 : z_2) \in \mathbb{P}^2 \; : \; z_0 = 0\}$, die hier als Nullstellenmenge des homogenen Polynoms $p(z_0, z_1, z_2) := z_0$ auftritt.

Wenn man Glück hat, lässt sich eine gegebene projektive Kurve parametrisieren. Tatsächlich kann man aus der Weierstraß'schen $\wp$-Funktion die Parametrisierung einer ebenen projektiven Kurve gewinnen, das Ergebnis ist eine „elliptischen Kurve". Dies wollen wir hier nun demonstrieren.

Sei $\Gamma \subset \mathbb{C}$ ein Periodengitter. Wir nennen zwei Punkte $z, w \in \mathbb{C}$ äquivalent (oder kongruent) bezüglich Γ (in Zeichen: $z \equiv w \mod \Gamma$), falls $z - w$ in Γ liegt. Die Punkte eines (halb-offenen) Periodenparallelogramms P bilden ein Repräsentantensystem für die Äquivalenzklassen modulo Γ. Die Menge der Äquivalenzklassen bezeichnen wir mit T_Γ. Das Bilden der Äquivalenzklassen bedeutet, dass man beim Periodenparallelogramm gegenüberliegende Seiten „verklebt". Auf diese Weise entsteht ein **Torus**, also eine Fläche, die wie ein Rettungsring oder ein Donut aussieht. Versieht man $T = T_\Gamma$ auf naheliegende Weise mit einer Topologie, so entsteht eine kompakte Fläche. Ist $p : \mathbb{C} \to T$ die natürliche Projektion, die einer komplexen Zahl $z \in \mathbb{C}$ die Äquivalenzklasse $[z] \in T$ zuordnet, so definiert man: f heißt eine meromorphe Funktion auf T, falls es eine elliptische Funktion F auf $\mathbb{C}$ mit $f \circ p = F$ gibt. Damit wird der Körper der elliptischen Funktionen zugleich zum Körper der meromorphen Funktionen auf T.

Wir definieren eine Abbildung $\varphi : T \to \mathbb{P}^2$ durch

$$\varphi([z]) := \begin{cases} (1 : \wp(z) : \wp'(z)) & \text{falls } z \notin \Gamma, \\ (0 : 0 : 1) & \text{falls } z \in \Gamma. \end{cases}$$

4.6.27. Satz

$\varphi : T \to \mathbb{P}^2$ *ist eine injektive Abbildung mit*

$$\varphi(T) = C := \{(z_0 : z_1 : z_2) \in \mathbb{P}^2 : z_0 z_2^2 - 4z_1^3 + g_2 z_0^2 z_1 + g_3 z_0^3 = 0\}.$$

Ist $U_0 = \{(z_0 : z_1 : z_2) \in \mathbb{P}^2 : z_0 \neq 0\}$, *so ist*

$$C \cap U_0 = \{(1 : u : v) \in U_0 : v^2 = 4u^3 - g_2 u - g_3\}.$$

BEWEIS: a) Ist $z \equiv w \ (\Gamma)$, so ist $\wp(z) = \wp(w)$ und $\wp'(z) = \wp'(w)$. Ist $z \notin \Gamma$, so ist $\wp(z) \in \mathbb{C}$ und $\wp'(z) \in \mathbb{C}$. Also ist φ wohldefiniert.

b) Sei $\pi : \mathbb{C}^3 \setminus \{(0,0,0)\} \to \mathbb{P}^2$ die durch $\pi(z_0, z_1, z_2) := (z_0 : z_1 : z_2)$ definierte Projektion. Die Abbildung $\varphi_0 : \mathbb{C} \setminus \Gamma \to \mathbb{C}^3 \setminus \{\mathbf{0}\}$ mit $z \mapsto \big(1, \wp(z), \wp'(z)\big)$ ist offensichtlich holomorph (in dem Sinne, dass alle Komponenten holomorphe Funktionen sind) und erfüllt die Gleichung

$$\varphi \circ p = \pi \circ \varphi_0.$$

Was passiert in den Gitterpunkten? Wir benutzen die Laurent-Entwicklungen in der Nähe des Nullpunktes:

$$\wp(z) = \frac{1}{z^2} + c_2 z^2 + c_4 z^4 + \cdots$$

$$\text{und} \quad \wp'(z) = -\frac{2}{z^3} + 2c_2 z + 4c_4 z^3 + \cdots$$

Dann ist $\pi \circ \varphi_0(z) = \big(1 : \wp(z) : \wp'(z)\big) = \big(z^3 : z + c_2 z^5 + \cdots : -2 + 2c_2 z^4 + \cdots\big)$, und damit

$$\lim_{z \to 0} \varphi \circ p(z) = \lim_{z \to 0} \pi \circ \varphi_0(z) = (0 : 0 : 1) = \varphi \circ p(0).$$

Das bedeutet, dass φ in $p(0)$ stetig ist (wenn man die beteiligten Räume in naheliegender Weise mit Topologien versieht, was wir hier allerdings nicht ausführen wollen). Man könnte sogar komplexe Strukturen einführen und (mit Hilfe des Riemann'schen Hebbarkeitssatzes) zeigen, dass φ überall holomorph ist.

c) Sei $\varphi([z]) = \varphi([w])$. Wir können annehmen, dass $[z]$ und $[w]$ beide in $T \setminus \{p(0)\}$ liegen. Dann ist $\wp(z) = \wp(w)$ und $\wp'(z) = \wp'(w)$. Da $\wp$ gerade ist und jeden Wert mit Vielfachheit genau zweimal annimmt, ist $w \equiv z$ (Γ) oder $w \equiv -z$ (Γ), also $w \pm z \in \Gamma$. Wäre $w + z \in \Gamma$, so wäre $\wp'(w) = \wp'(-z) = -\wp'(z)$, also $\wp'(z) = 0$. Das ist nur möglich, wenn $2z \in \Gamma$ und $z \notin \Gamma$ ist. Aber dann nimmt $\wp$ in z einen Wert zweimal an (weil die Ableitung dort verschwindet). Das geht nur, wenn $[z] = [w]$ ist. Damit ist φ injektiv.

d) Wegen der Differentialgleichung der $\wp$-Funktion ist $\varphi(T) \subset C$. Sei nun umgekehrt ein Punkt $(1 : u : v) \in C \cap U_0$ gegeben. Dann ist $v^2 = 4u^3 - g_2 u - g_3$. Da $\wp(z)$ jeden Wert aus $\overline{\mathbb{C}}$ (sogar zweimal) annimmt, gibt es ein $z_0 \in \mathbb{C} \setminus \Gamma$ mit $\wp(z_0) = u$. Nun sei $v_0 := \wp'(z_0)$. Dann ist

$$v_0^2 = 4u^3 - g_2 u - g_3 = v^2, \quad \text{also } v = \pm v_0.$$

Es ist aber

$$\varphi([-z_0]) = (1 : \wp(-z_0) : \wp'(-z_0)) = (1 : \wp(z_0) : -\wp'(z_0)) = (1 : u : -v_0).$$

Daraus folgt, dass entweder $\varphi([z_0]) = (1 : u : v)$ oder $\varphi([-z_0]) = (1 : u : -v)$ ist. Damit ist $\varphi : T \to C$ surjektiv. ∎

Jede Kurve, die auf diese Weise entsteht, nennt man eine **elliptische Kurve**. Weil $\varphi : T \to C$ eine bijektive Abbildung ist, ist eine elliptische Kurve nichts anderes als ein Torus!

Jeder Torus ist eine Gruppe, mit der Verknüpfung $[z] + [w] := [z + w]$ (deren Wohldefiniertheit leicht zu zeigen ist). Wie überträgt sich diese Gruppenstruktur auf die Kurve C? Dazu betrachten wir für beliebige Punkte $a, b \in \mathbb{C}$ die elliptische Funktion

$$f_{a,b}(z) := \wp'(z) - (a \cdot \wp(z) + b) = -\frac{2}{z^3} - \frac{a}{z^2} - b - 2c_2 z + z^2(\ldots)$$

Offensichtlich hat $f_{a,b}$ in $z = 0$ einen Pol 3. Ordnung (und sonst nirgends). Also muss $f_{a,b}$ drei Nullstellen w_1, w_2, w_3 besitzen, und es muss gelten:

$$w_1 + w_2 + w_3 \equiv 0 \mod \Gamma.$$

Sind umgekehrt zwei Punkte w_1, w_2 im Periodenparallelogramm gegeben, so gibt es in $U_0 \cong \mathbb{C}^2$ eine Gerade $v = au + b$ durch die Punkte $\varphi(w_1)$ und $\varphi(w_2)$. Dann sind w_1 und w_2 zwei Nullstellen von $f_{a,b}$. Ist w_3 die dritte Nullstelle, so liegt $\varphi(w_3)$ ebenfalls auf der Gerade. Es gibt zwei Fälle:

1. Die Nullstelle w_1 hat die Vielfachheit 2. Ist dann etwa $w_3 = w_1$, so ist

$$2w_1 + w_2 \equiv 0 \mod \Gamma.$$

2. w_1 und w_2 haben beide die Vielfachheit 1. Dann ist $w_3 \equiv -(w_1 + w_2) \mod \Gamma$.

Wir betrachten nur den zweiten Fall. Da ist

$$
\begin{aligned}
\varphi(w_3) &= \big(\wp(w_3), \wp'(w_3)\big) = \big(\wp(-(w_1 + w_2)), \wp'(-(w_1 + w_2))\big) \\
&= \big(\wp(w_1 + w_2), -\wp'(w_1 + w_2)\big)
\end{aligned}
$$

und $\varphi(w_1 + w_2) = \big(\wp(w_1 + w_2), \wp'(w_1 + w_2)\big).$

Also erhält man $\varphi(w_1 + w_2)$ aus $\varphi(w_3)$ durch Spiegelung an der u-Achse.

Eine elliptische Kurve
und die Gruppenoperation

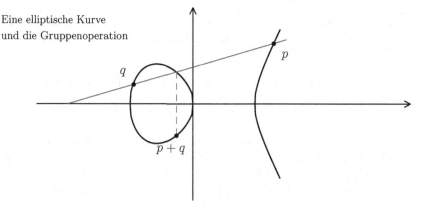

Die elliptische Kurve C wird durch die Gleichung $v^2 = 4u^3 - g_2 u - g_3$ beschrieben. Also liegt $\varphi(z) = (u, v)$ genau dann auf dem Durchschnitt von C und der Geraden $L = \{v = au + b\}$, wenn $f_{a,b}(z) = 0$ ist, wenn also $4u^3 - g_2 u - g_3 - (au + b)^2 = 0$ ist. Diese Gleichung hat – mit Vielfachheit gezählt – die drei Nullstellen $\wp(w_1)$, $\wp(w_2)$ und $\wp(w_3)$. Das bedeutet:

$$4u^3 - g_2 u - g_3 - (au + b)^2 = 4(u - \wp(w_1))(u - \wp(w_2))(u - \wp(w_3)).$$

Vergleicht man die Koeffizienten bei u^2, so folgt daraus:

$$\wp(w_1) + \wp(w_2) + \wp(w_3) = \frac{a^2}{4}.$$

Andererseits ist $\wp'(w_1) - \wp'(w_2) = (a\wp(w_1) + b) - (a\wp(w_2)) = a\big(\wp(w_1) - \wp(w_2)\big)$ und $\wp(w_3) = \wp(w_1 + w_2)$. Daraus folgt (für $w_1 \not\equiv w_2 \mod \Gamma$):

$$\wp(w_1 + w_2) = \frac{a^2}{4} - \wp(w_1) - \wp(w_2) \quad \text{und} \quad a = \frac{\wp'(w_1) - \wp'(w_2)}{\wp(w_1) - \wp(w_2)}.$$

Wir haben bewiesen:

4.6.28. Additions-Theorem der $\wp$-Funktion

Sind w, w_1, w_2 Punkte in $\mathbb{C}$ mit $w_1 \not\equiv w_2$ mod Γ, so gilt:

$$\wp(w_1 + w_2) = -\wp(w_1) - \wp(w_2) + \frac{1}{4}\left(\frac{\wp'(w_1) - \wp'(w_2)}{\wp(w_1) - \wp(w_2)}\right)^2$$

und

$$\wp(2w) = -2\wp(w) + \frac{1}{4}\left(\frac{\wp''(w)}{\wp'(w)}\right)^2.$$

Der Beweis des Spezialfalls ist eine einfache Übungsaufgabe.

Betrachtet man elliptische Kurven nicht über $\mathbb{C}$, sondern über endlichen Körpern $\mathbb{Z}/p\mathbb{Z}$ (mit einer Primzahl p), so kann man sie für die Verschlüsselung von Daten verwenden.

1. Um eine zu verschlüsselnde Zahl $m \in \mathbb{Z}$ in einer elliptischen Kurve

   $$E = \{y^2 = x^3 + ax + b\}$$

   modulo einer Primzahl p zu verstecken, wählt man eine Zahl k und berechnet so lange die Zahlen $x = mk + j$ mit $0 \leq j < k$, bis $x^3 + ax + b$ ein Quadrat modulo p ist. Dann liegt $\left(x, \sqrt{x^3 + ax + b}\right)$ auf der Kurve. Ist umgekehrt eine verschlüsselte Botschaft, also ein Punkt $(x, y) \in E$ gegeben, so ist $m = [x/k]$.

   Sei z.B. $a = 3$ und $b = 0$, sowie $m = 2174$, $p = 4177$ (in der Praxis wird man p sehr viel größer wählen) und $k = 30$. Dann ist $x = k \cdot m + 15 = 65235$ und $x^3 + 3x \equiv 38^2$ ein Quadrat modulo p. Die Verschlüsselung von m ergibt den Punkt $(65235, 38)$. Erhält man diese verschlüsselte Botschaft, so bekommt man daraus wieder die Originalbotschaft $m = [65235/30] = 2174$.

2. Ist $q \in \mathbb{N}$ und g das erzeugende Element einer zyklischen Gruppe G, so kann man $\exp_g : \mathbb{Z}/q\mathbb{Z} \to G$ durch k mod $q\mathbb{Z} \mapsto g^k$ definieren. Die Umkehrung dieser Abbildung bezeichnet man als „diskreten Logarithmus". Er ist im Allgemeinen schwer zu berechnen. Als zyklische Gruppe kann man eine elliptische Kurve über einem endlichen Körper benutzen.

In der Realität benutzt man bekannte (Public-Key-)Verfahren und baut Schritte wie die obigen (und andere) ein, bei denen elliptische Kurven zum Einsatz kommen.

5 Geometrische Funktionentheorie

5.1 Automorphismen von Gebieten

5.1.1. Möbius-Transformationen der oberen Halbebene

Eine lineare Transformation $T(z) = \dfrac{az+b}{cz+d}$ bildet genau dann $\mathbb{H}$ bijektiv auf sich ab, wenn a, b, c, d reell sind und $ad - bc > 0$ ist.

BEWEIS: a) Sei $T(\mathbb{H}) = \mathbb{H}$. Weil T dann den Rand von $\mathbb{H}$ (also $\mathbb{R} \cup \{\infty\}$) auch auf den Rand von $\mathbb{H}$ abbildet, gibt es Punkte $z_1, z_2, z_3 \in \mathbb{R} \cup \{\infty\}$, die auf 0, 1 und ∞ abgebildet werden. Weil $T(z) = DV(z, z_1, z_2, z_3)$ ist und a, b, c, d rationale Ausdrücke in z_1, z_2, z_3 sind, müssen auch die Koeffizienten a, b, c, d reell sein.

Außerdem ist

$$\operatorname{Im} T(\mathrm{i}) = \operatorname{Im}\left(\frac{a\,\mathrm{i} + b}{c\,\mathrm{i} + d}\right) = \frac{ad - bc}{c^2 + d^2}.$$

Weil $T(\mathrm{i})$ in $\mathbb{H}$ liegt, muss $ad - bc > 0$ sein.

b) Sind umgekehrt a, b, c, d reell, so wird $\mathbb{R} \cup \{\infty\}$ durch T nach $\mathbb{R} \cup \{\infty\}$ abgebildet. Ist außerdem $ad - bc > 0$, so ist $T(\mathrm{i}) \subset \mathbb{H}$. Da $\mathbb{C} \setminus \mathbb{R}$ in zwei disjunkte Gebiete zerfällt, muss $T(\mathbb{H}) = \mathbb{H}$ sein. ∎

Definition (Automorphismengruppe):

Die Gruppe aller biholomorphen Abbildungen eines Gebietes G auf sich nennt man die **Automorphismengruppe** von G. Wir bezeichnen sie kurz mit $\operatorname{Aut}(G)$.

Ist $\varphi : G_1 \to G_2$ biholomorph, so induziert φ durch $f \mapsto \varphi \circ f \circ \varphi^{-1}$ einen Isomorphismus von $\operatorname{Aut}(G_1)$ auf $\operatorname{Aut}(G_2)$.

5.1.2. Die Automorphismen der komplexen Ebene

$\operatorname{Aut}(\mathbb{C})$ *besteht genau aus den affin-linearen Abbildungen $T(z) = az + b$ mit $a \neq 0$.*

BEWEIS: Ist $f \in \operatorname{Aut}(\mathbb{C})$, so ist f eine nicht-konstante ganze Funktion, die in ∞ eine isolierte Singularität besitzt.

1. Wäre die Singularität hebbar, so wäre f beschränkt und nach Liouville konstant. Das kann nicht sein!

2. Wäre die Singularität wesentlich, so wäre das Bild der (gelochten) Umgebung $U := \mathbb{C} \setminus \overline{D_1(0)}$ von ∞ nach Casorati-Weierstraß dicht in $\mathbb{C}$. Andererseits folgt aus der Injektivität von f, dass die Gebiete $f(D_1(0))$ und $f(\mathbb{C} \setminus \overline{D_1(0)})$ disjunkt sein müssen. Das ist ein Widerspruch!

© Springer-Verlag GmbH Deutschland, ein Teil von Springer Nature 2019
K. Fritzsche, *Grundkurs Funktionentheorie*,
https://doi.org/10.1007/978-3-662-60382-6_5

Also liegt in $z = \infty$ eine Polstelle vor. Die Laurent-Entwicklung von $f(1/z)$ im Nullpunkt hat die Gestalt

$$f\left(\frac{1}{z}\right) = \frac{c_n}{z^n} + \frac{c_{n-1}}{z^{n-1}} + \cdots + \frac{c_1}{z} + g(z),$$

wobei $c_n \neq 0$ und g eine holomorphe Funktion auf einer Umgebung $U = U(0)$ ist. Der Hauptteil von f in ∞ ist das Polynom

$$H(w) := c_n w^n + c_{n-1} w^{n-1} + \cdots + c_1 w.$$

Auf einer gelochten Umgebung $V = V(\infty)$ ist $f(w) = H(w) + g(1/w)$, wobei die Funktion $w \mapsto g(1/w)$ in $w = \infty$ eine hebbare Singularität besitzt. Also ist $f - H$ eine ganze Funktion mit einer hebbaren Singularität in ∞ und damit eine Konstante c_0. Mit dem Identitätssatz folgt, dass f ein Polynom vom Grad n ist.

Angenommen, es ist $n > 1$. Dann besitzt f entweder zwei verschiedene Nullstellen (was der Injektivität widerspricht), oder es gibt ein $z_0 \in \mathbb{C}$, in dem f eine Nullstelle der Ordnung $n > 1$ besitzt. Dann gibt es in der Nähe von z_0 eine Darstellung $f(z) = (z - z_0)^n \cdot h(z)$, mit einer holomorphen Funktion h und $h(z_0) \neq 0$. Lokal kann man aus h eine holomorphe n-te Wurzel η ziehen. Setzt man $\varphi(z) := (z - z_0) \cdot \eta(z)$, so ist φ lokal injektiv (weil $\varphi'(z_0) = \eta(z_0) \neq 0$ ist), $\varphi(z_0) = 0$ und $f(z) = \varphi(z)^n$. Da die Funktion $w \mapsto w^n$ in der Nähe des Nullpunktes jeden Wert n-mal annimmt, kann f nicht injektiv sein.

Das zeigt, dass f ein Polynom vom Grad $= 1$ ist, also eine affin-lineare Funktion. $\blacksquare$

5.1.3. Satz

Aut($\overline{\mathbb{C}}$) ist genau die Gruppe der Möbius-Transformationen.

BEWEIS: Sei $T \in \operatorname{Aut}(\overline{\mathbb{C}})$. Ist $T(\infty) = \infty$, so liegt T sogar in $\operatorname{Aut}(\mathbb{C})$ und ist damit affin-linear.

Sei nun $T(\infty) = c \in \mathbb{C}$. Dann liegt $S(z) := 1/(z - c)$ in $\operatorname{Aut}(\overline{\mathbb{C}})$, genauso wie $H := S \circ T$. Es ist aber $H(\infty) = \infty$, also H affin-linear. Damit ist klar, dass $T = S^{-1} \circ H$ eine Möbius-Transformation ist. $\blacksquare$

Jede Matrix $A = \begin{pmatrix} \alpha & \beta \\ \gamma & \delta \end{pmatrix} \in \operatorname{GL}_2(\mathbb{C})$ definiert durch $T_A(z) := \dfrac{\alpha z + \beta}{\gamma z + \delta}$ einen Automorphismus von $\overline{\mathbb{C}}$. Ist $d := \det(A) = \alpha\delta - \beta\gamma \neq 0$, so setze man $A_0 := \dfrac{1}{\sqrt{d}} A$. Dann ist $\det(A_0) = 1$, also $A_0 \in \operatorname{SL}_2(\mathbb{C})$. Außerdem ist $T_{A_0} = T_A$. Man kann also sagen:

$$\operatorname{Aut}(\overline{\mathbb{C}}) = \{ T_A \;:\; A \in \operatorname{SL}_2(\mathbb{C}) \}.$$

Um die Automorphismengruppe des Einheitskreises $\mathbb{D}$ zu berechnen, braucht man den folgenden, äußerst nützlichen Satz über holomorphe Funktionen auf $\mathbb{D}$:

5.1.4. Schwarz'sches Lemma

Sei $f : \mathbb{D} \to \mathbb{D}$ holomorph und $f(0) = 0$. Dann ist $|f(z)| \le |z|$ für alle $z \in \mathbb{D}$, und daher $|f'(0)| \le 1$.

Ist sogar $|f'(0)| = 1$ oder $|f(z_0)| = |z_0|$ für ein $z_0 \ne 0$, so ist $f(z) = e^{i\lambda} \cdot z$ mit einem festen $\lambda \in \mathbb{R}$.

BEWEIS: Die Funktion

$$g(z) := \begin{cases} f(z)/z & \text{für } z \ne 0 \\ f'(0) & \text{für } z = 0 \end{cases}$$

ist offensichtlich holomorph auf $\mathbb{D}$. Für $0 < r < 1$ gilt nach dem Maximumprinzip:

$$|g(z)| \le \max_{\partial D_r(0)} |g(\zeta)| \le \frac{1}{r} \text{ für } |z| \le r.$$

Lässt man r gegen 1 gehen, so erhält man $|g(z)| \le 1$ auf $\mathbb{D}$. Daraus ergeben sich die ersten beiden Behauptungen.

Ist $|f'(0)| = 1$ oder $|f(z_0)| = |z_0|$ für ein $z_0 \ne 0$, so ist $|g(z)| = 1$ für ein $z \in \mathbb{D}$. Dann hat g in z ein lokales Maximum, und nach dem Maximumprinzip muss g auf $\mathbb{D}$ konstant (vom Betrag 1) sein. Daraus folgt die letzte Behauptung.   ∎

5.1.5. Die Automorphismen des Einheitskreises

Sei $f \in \text{Aut}(\mathbb{D})$, $f(\alpha) = 0$. Dann gibt es ein θ mit

$$f(z) = e^{i\theta} \cdot \frac{z - \alpha}{1 - \overline{\alpha} z}.$$

BEWEIS: Für $\alpha \in \mathbb{D}$ sei $T_\alpha(z) := \dfrac{z - \alpha}{1 - \overline{\alpha} z}$. Dann ist T_α eine Möbius-Transformation, die in $z = 1/\overline{\alpha}$ nicht definiert ist. Ist $|z| = 1$, so ist auch

$$|T_\alpha(z)| = \left| \frac{1}{z} \cdot \frac{z - \alpha}{\overline{z} - \overline{\alpha}} \right| = 1.$$

Nach dem Maximumprinzip ist dann $|T_\alpha(z)| \le 1$ für $z \in \mathbb{D}$, also $T_\alpha(\mathbb{D}) \subset \overline{\mathbb{D}}$. Nach dem Satz von der Gebietstreue folgt sogar, dass $T_\alpha(\mathbb{D}) \subset \mathbb{D}$ ist.

Man rechnet nun leicht nach, dass $T_\alpha(-T_\alpha(-z)) = z$ ist. Das bedeutet, dass T_α ein Automorphismus von $\mathbb{D}$ ist.

Jetzt sei $f \in \text{Aut}(\mathbb{D})$ beliebig, mit $f(\alpha) = 0$. Dann ist auch $g := f \circ T_\alpha^{-1} \in \text{Aut}(\mathbb{D})$, und es ist $g(0) = 0$. Aus dem Schwarz'schen Lemma folgt, dass $|g(z)| \le |z|$ ist, und weil man das Lemma auch auf g^{-1} anwenden kann, gilt sogar die Gleichheit. Aber daraus folgt wiederum, dass $g(z) = e^{i\theta} z$ ist, für ein geeignetes θ. Damit ist $f(z) = e^{i\theta} \cdot T_\alpha(z)$.   ∎

5.1.6. Folgerung (über die Automorphismen von $\mathbb{H}$)

Die Transformationen $T(z) = \dfrac{az+b}{cz+d}$ mit $a,b,c,d \in \mathbb{R}$ und $ad - bc > 0$ bilden die Automorphismengruppe der oberen Halbebene $\mathbb{H}$.

BEWEIS: Ist φ ein Automorphismus von $\mathbb{H}$ und $C : \mathbb{D} \to \mathbb{H}$ die Cayley-Abbildung, so ist $C^{-1} \circ \varphi \circ C : \mathbb{D} \to \mathbb{D}$ ein Automorphismus des Einheitskreises, also eine Möbius-Transformation. Damit müssen auch alle Automorphismen von $\mathbb{H}$ Möbius-Transformationen sein. Mit 5.1.1 folgt die Behauptung. ∎

5.1.7. Folgerung

Die Abbildung $z \mapsto \dfrac{z^2 - i}{z^2 + i}$ bildet den ersten Quadranten biholomorph auf $\mathbb{D}$ ab.

Das ist klar, denn $z \mapsto z^2$ bildet den ersten Quadranten biholomorph auf die obere Halbebene ab, und die Abbildung $f(z) := (z - i)/(z + i)$ bildet $\mathbb{H}$ biholomorph auf $\mathbb{D}$ ab. ∎

Man erhält auf diesem Wege auch die Automorphismengruppe des ersten Quadranten.

Es soll nun eine Metrik auf $\overline{\mathbb{C}}$ eingeführt werden. Dazu kann man die stereographische Projektion $\varphi : S^2 \to \mathbb{C}$ mit $\varphi(z, h) := z/(1 - h)$ (für $(z, h) \in \mathbb{C} \times \mathbb{R}$ mit $z\overline{z} + h^2 = 1$) benutzen.

Definition (chordaler Abstand):
Für $z_1, z_2 \in \mathbb{C}$ wird der ***chordale Abstand*** definiert durch

$$d_c(z_1, z_2) := \mathrm{dist}(\varphi^{-1}(z_1), \varphi^{-1}(z_2)).$$

Ist $\mathbf{n} = (0, 0, 1)$ der „Nordpol", so setzt man $d_c(z, \infty) := \mathrm{dist}(\varphi^{-1}(z), \mathbf{n})$.

Mit dist ist stets ***der gewöhnliche euklidische Abstand*** im $\mathbb{R}^3$ gemeint. Für $z \in \mathbb{C}$ sei $l = l(z) := \mathrm{dist}(\mathbf{n}, (z, 0))$ und $s = s(z) := \mathrm{dist}(\mathbf{n}, \varphi^{-1}(z))$. Die Größen s und l finden sich in den zwei (im Sinne der Elementargeometrie) ähnlichen rechtwinkligen Dreiecken ABC und DAM in nebenstehender Skizze (mit $\mathbf{x} = \varphi^{-1}(z)$).

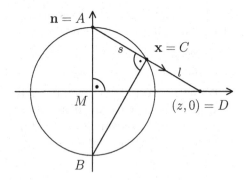

Dann ist $1 : l = s : 2$, mit $\mathbf{x}_1 := \varphi^{-1}(z_1)$ und $\mathbf{x}_2 := \varphi^{-1}(z_2)$ also $s(\mathbf{x}_1) \cdot l(\mathbf{x}_1) = 2 = s(\mathbf{x}_2) \cdot l(\mathbf{x}_2)$. Zur Abkürzung setzen wir $s_i = s(\mathbf{x}_i)$ und $l_i = l(\mathbf{x}_i)$. Damit ist $s_1/s_2 = l_2/l_1$, also $l_1 = \mu s_2$ und $l_2 = \mu s_1$ (mit $\mu := l_1/s_2$). Es entstehen zwei ähnliche Dreiecke $C_1 C_2 A$ und $D_2 D_1 A$:

$$
\begin{array}{l}
\mathbf{n} = A \\
\qquad \mathbf{x}_2 = C_2 \\
\mathbf{x}_1 = C_1 \\
\qquad\qquad (z_2, 0) = D_2 \\
(z_1, 0) = D_1
\end{array}
$$

Also ist $\dfrac{\mathrm{dist}(\mathbf{x}_1, \mathbf{x}_2)}{s_1} = \dfrac{\mathrm{dist}\big((z_1,0),(z_2,0)\big)}{l_2}$, d.h. $\mathrm{dist}(\mathbf{x}_1, \mathbf{x}_2) = \dfrac{2}{l_1 l_2} \cdot |z_1 - z_2|$. Weil $l_i = \|(-z_i, 1)\| = \sqrt{1 + |z_i|^2}$ ist, folgt: $\quad d_c(z_1, z_2) = \dfrac{2|z_1 - z_2|}{\sqrt{(1 + |z_1|^2)(1 + |z_2|^2)}}$.

Außerdem ist

$$
d_c(z, \infty) = \mathrm{dist}(\varphi^{-1}(z), \mathbf{n}) = s(\mathbf{z}) = \frac{2}{l(z)} = \frac{2}{\mathrm{dist}\big((z,0), \mathbf{n}\big)} = \frac{2}{\sqrt{1 + |z|^2}}.
$$

5.1.8. Kompakte Konvergenz ist chordale Konvergenz

Sei $G \subset \mathbb{C}$ ein Gebiet. Wenn eine Folge (f_n) von holomorphen Funktionen auf G kompakt gegen eine Funktion f auf G konvergiert, so konvergiert sie auch chordal (also bezogen auf die chordale Metrik) lokal gleichmäßig gegen f.

BEWEIS: Das ist klar, denn es ist $d_c(z_1, z_2) \leq 2|z_1 - z_2|$.   ∎

Fasst man eine holomorphe oder meromorphe Funktion als Abbildung nach $\overline{\mathbb{C}}$ auf, so ist auch der Wert ∞ zugelassen.

Definition (kompakte Konvergenz gegen Unendlich):

Eine Funktionenfolge (f_n) auf G heißt **kompakt divergent** oder **kompakt konvergent gegen** ∞, falls es zu jedem Kompaktum $K \subset G$ und zu jeder kompakten Menge $L \subset \mathbb{C}$ ein n_0 gibt, so dass $f_n(K) \cap L = \varnothing$ für $n \geq n_0$ gilt.

Zu jedem $\varepsilon > 0$ gibt es eine kompakte Menge $L \subset \mathbb{C}$, so dass $d_c(w, \infty) < \varepsilon$ für alle $w \in \mathbb{C} \setminus L$ gilt. Das bedeutet: Konvergiert (f_n) auf G kompakt gegen Unendlich, so konvergiert die Folge chordal kompakt (also lokal gleichmäßig) gegen die Funktion $f(z) \equiv \infty$.

Bei Folgen meromorpher Funktionen ist es manchmal besser, mit der chordalen Metrik zu arbeiten. Dann erweist sich der folgende Satz als nützlich:

5.1.9. Grenzwerte chordal konvergenter Funktionenfolgen

Sei G ein Gebiet und (f_n) eine Folge von meromorphen Funktionen auf G. Wenn (f_n) chordal kompakt gegen eine Grenzfunktion $f : G \to \overline{\mathbb{C}}$ konvergiert, dann ist f meromorph oder $\equiv \infty$. Sind alle f_n holomorph, so ist f holomorph oder $\equiv \infty$.

BEWEIS:　Bezüglich der chordalen Metrik sind alle meromorphen Funktionen stetig (als Abbildungen von G nach $\overline{\mathbb{C}}$), und aus der lokal gleichmäßigen Konvergenz folgt, dass auch die Grenzfunktion f stetig ist.

a) Ist $f(z) \equiv \infty$, so ist nichts mehr zu zeigen.

b) Sei also $z_0 \in G$ und $f(z_0) \neq \infty$. Dann gibt es eine Umgebung $U = U(z_0) \subset G$, so dass f und alle f_n für genügend großes n auf U beschränkt sind. Die f_n sind dann auf U holomorph, und nach Weierstraß ist auch f auf U holomorph.

Gibt es einen Punkt $z_1 \in G$ mit $f(z_1) = \infty$, so strebt $f_n(z_1)$ gegen Unendlich, und die Funktionen $g_n := 1/f_n$ sind in der Nähe von z_1 holomorph und streben in z_1 gegen Null. Also ist $g := 1/f$ nahe z_1 holomorph und hat in z_1 eine Nullstelle. Das bedeutet, dass f nahe z_1 meromorph ist, mit einer Polstelle in z_1. Die Grenzfunktion f ist also in diesem Fall nahe z_1 meromorph.

Sind die f_n sogar holomorph, so haben die Funktionen g_n keine Nullstellen, und nach dem Satz von Hurwitz muss g nullstellenfrei oder $\equiv 0$ sein. Das bedeutet, dass f holomorph oder $\equiv \infty$ ist.　　■

5.1.10. Satz

Ist $R : S^2 \to S^2$ eine euklidische Drehung und $\varphi : S = S^2 \to \overline{\mathbb{C}}$ die stereographische Projektion, so ist $f := \varphi \circ R \circ \varphi^{-1} : \overline{\mathbb{C}} \to \overline{\mathbb{C}}$ eine Möbius-Transformation.

BEWEIS:　Ist $R : S \to S$ eine Drehung der Sphäre (beschrieben durch eine Matrix aus $SO(3)$), so ist $f := \varphi \circ R \circ \varphi^{-1} : \overline{\mathbb{C}} \to \overline{\mathbb{C}}$ ein winkeltreuer und orientierungserhaltender Homöomorphismus. Sei $f(0) = a$ und $f(\infty) = b$. Dann kann man eine Möbius-Transformation T mit $T(a) = 0$ und $T(b) = \infty$ finden. Auch $g := T \circ f$ ist ein winkeltreuer und orientierungserhaltender Homöomorphismus, und zusätzlich ist jetzt $g(0) = 0$ und $g(\infty) = \infty$. Außerdem ist g auf $\mathbb{C} \setminus \{b\}$ differenzierbar.

Die lineare Abbildung $L := Dg(z) : \mathbb{R}^2 \to \mathbb{R}^2$ ist für jedes $z \in \mathbb{C} \setminus \{b\}$ ebenfalls winkeltreu und orientierungserhaltend. Insbesondere wird das Dreieck mit den Ecken 0, 1 und i auf ein Dreieck mit den gleichen Winkeln abgebildet. Es ist $L(0) = 0$, und nach Anwendung einer Drehstreckung (also der Multiplikation mit einer komplexen Zahl) kann man annehmen, dass $L(1) = 1$ ist. Weil das Dreieck mit den Ecken 0, 1 und $L(i)$ die Winkel $90°$ (bei 0) und $45°$ (bei 1) besitzt und die Orientierung erhalten bleibt, muss auch $L(i) = i$ sein. Das bedeutet, dass $L = \mathrm{id}_{\mathbb{R}^2}$ (also eigentlich eine Drehstreckung) ist. Weil das in jedem $z \in \mathbb{C} \setminus \{b\}$ gilt und g auf $\mathbb{C}$ stetig ist, ist g auf $\mathbb{C}$ holomorph, also eine ganze Funktion.

Weil g auch auf $\overline{\mathbb{C}}$ stetig und $g(\infty) = \infty$ ist, besitzt g einen Pol in ∞. Dann muss g ein Polynom sein. Und weil g bijektiv ist, muss die Nullstelle von g im Nullpunkt die Ordnung 1 besitzen. Also ist $h(z) := g(z)/z$ ein Polynom ohne Nullstellen. Das ist nur möglich, wenn $h(z) \equiv c$ eine Konstante ist, also $g(z) = cz$. Die Ausgangsfunktion f ist dann eine Möbius-Transformation. ∎

5.1.11. Beispiel

Die Inversion $I(z) = 1/z$ entspricht tatsächlich einer Drehung. In Aufgabe 4.1.11 (B) wird gezeigt, dass $R(z, h) := \varphi^{-1} \circ I \circ \varphi(z, h) = (\overline{z}, -h)$ ist. Das ist eine Drehung um die x-Achse um den Winkel π.

Aber nicht alle Möbius-Transformationen entsprechen Drehungen von S. Eine Drehung bildet nämlich Antipodenpunkte $\mathbf{x}$ und $\mathbf{y} := -\mathbf{x}$ wieder auf Antipodenpunkte ab. Man muss also herausfinden, wie man diese Beziehung in $\overline{\mathbb{C}}$ wiederfindet.

5.1.12. Lemma

Seien $w, z \in \overline{\mathbb{C}}$. Die Urbilder $\varphi^{-1}(w)$ und $\varphi^{-1}(z)$ sind genau dann Antipodenpunkte, wenn $w\overline{z} + 1 = 0$ ist.

BEWEIS: Siehe Aufgabe 4.1.11 (A). ∎

5.1.13. Satz (von Gauß)

Die Drehungen der Sphäre S entsprechen per stereographischer Projektion den Möbius-Transformationen $T(z) = (az + b)/(-\overline{b}z + \overline{a})$ mit $|a|^2 + |b|^2 = 1$.

BEWEIS: Sei $T(z) = T_A(z) = (az + b)/(cz + d)$ mit $ad - bc = 1$, also $A \in \mathrm{SL}_2(\mathbb{C})$. Weil T Paare von Antipodenpunkten wieder auf solche abbildet, gilt $T(-1/\overline{z}) = -1/\overline{T(z)}$ für alle $z \in \overline{\mathbb{C}}$. Daraus folgt:

$$\frac{b\overline{z} - a}{d\overline{z} - c} = \frac{-\overline{c}z - \overline{d}}{\overline{a}z + \overline{b}} \text{ für alle } z \in \overline{\mathbb{C}}, \text{ also } \begin{pmatrix} -\overline{c} & -\overline{d} \\ \overline{a} & \overline{b} \end{pmatrix} = \pm \begin{pmatrix} b & -a \\ d & -c \end{pmatrix}.$$

Ist $c = -\overline{b}$ und $d = \overline{a}$, so ist $a\overline{a} + b\overline{b} = 1$, und die Transformation hat die gewünschte Gestalt. Wäre dagegen $c = \overline{b}$ und $d = -\overline{a}$, so wäre $a\overline{a} + b\overline{b} = -1$, und das ist nicht möglich. ∎

Die im Satz beschriebenen Möbius-Transformationen sollen hier **unitär** genannt werden.

5.1.14. Satz

Ist $z_1 \subset \mathbb{C}$, so gibt es eine – bis auf einen Faktor $e^{i\theta}$ eindeutig bestimmte – unitäre Möbius-Transformation $T = T_{z_1}$, die z_1 auf 0 abbildet.

BEWEIS: Ist nämlich $T(z) = \dfrac{\alpha z + \beta}{-\overline{\beta} z + \overline{\alpha}}$, so ist genau dann $T(z_1) = 0$, wenn $\beta =$

$-\alpha z_1$ ist und damit $T(z) = \dfrac{\alpha z - \alpha z_1}{\overline{\alpha z_1} z + \overline{\alpha}} = \dfrac{\alpha}{\overline{\alpha}} \cdot \dfrac{z - z_1}{\overline{z}_1 z + 1} = e^{i\theta} \cdot \dfrac{z - z_1}{\overline{z}_1 z + 1}.$ ∎

Ist $z_2 \in \mathbb{C}$ ein weiterer Punkt, so interessiert man sich für die Zahl

$$\tau(z_1, z_2) := |T_{z_1}(z_2)| = \left| \frac{z_2 - z_1}{\overline{z}_1 z_2 + 1} \right|.$$

5.1.15. Satz

Die Größe $\tau(z_1, z_2)$ ist invariant gegenüber unitären Möbius-Transformationen.

BEWEIS: Seien z_1 und z_2 festgehalten, sowie S eine beliebige unitäre Möbius-Transformation. Ist $w_1 := S(z_1)$, $w_2 := S(z_2)$ und $T = T_{w_1}$, so ist $T \circ S(z_1) = T(w_1) = 0$, also $T \circ S = \lambda \cdot T_{z_1}$ für ein λ mit $|\lambda| = 1$.

Es folgt:

$$\begin{aligned}
\tau(S(z_1), S(z_2)) &= \left| \frac{S(z_2) - S(z_1)}{\overline{S(z_1)} S(z_2) + 1} \right| = \left| \frac{w_2 - w_1}{\overline{w}_2 w_1 + 1} \right| \\
&= |T_{w_1}(w_2)| = |T \circ S(z_2)| = |T_{z_1}(z_2)| = \tau(z_1, z_2).
\end{aligned}$$

∎

Der weiter oben eingeführte Begriff des chordalen Abstandes wird manchem etwas unnatürlich vorgekommen sein. Aus dem Alltag kennt man eher den Abstandsbegriff auf der Sphäre, der auf der Oberfläche entlang von Großkreisen gemessen wird. Der Zusammenhang zwischen diesen beiden Metriken soll nun untersucht werden.

Seien $z, w \in \mathbb{C}$ und $\mathbf{x} := \varphi^{-1}(z)$ und $\mathbf{y} := \varphi^{-1}(w)$ die Urbilder auf der Sphäre. Dann sei $c := d_c(z, w) = \text{dist}(\mathbf{x}, \mathbf{y})$ und

$$s := d_s(z, w) := \text{Länge des Kreisbogens zwischen } \mathbf{x} \text{ und } \mathbf{y}.$$

$c = d_c(z, w)$ ist der chordale Abstand, $s = d_s(z, w)$ wird als **sphärischer Abstand** von z und w bezeichnet.

Chordaler und sphärischer Abstand:

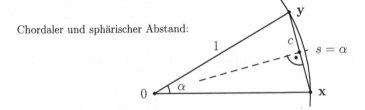

Offensichtlich gleicht s dem darunterliegenden Winkel α im Bogenmaß. Das Dreieck aus den Punkten 0, $\mathbf{x}$ und $\mathbf{y}$ zerfällt in zwei kongruente rechtwinklige Dreiecke, in denen gilt: $(c/2) : 1 = \sin(\alpha/2)$. Daraus folgt:

$$c = 2 \cdot \sin\left(\frac{s}{2}\right) = \frac{2\tan(s/2)}{\sqrt{1 + \tan^2(s/2)}}.$$

Auf der anderen Seite ist

$$
\begin{aligned}
c &= \frac{2|z - w|}{\sqrt{(1 + |z|^2)(1 + |w|^2)}} = \frac{2|z - w|}{\sqrt{|\overline{z}w + 1|^2 + |z - w|^2}} \\
&= \frac{2|z - w|/|\overline{z}w + 1|}{\sqrt{1 + (|z - w|/|\overline{z}w + 1|)^2}} = \frac{2\tau(z, w)}{\sqrt{1 + \tau(z, w)^2}}.
\end{aligned}
$$

Daraus folgt: $\tan(s/2) = \tau$, also $d_s(z, w) = 2\arctan\tau(z, w)$.

Definition (sphärische Länge):

Ist $\alpha : [0, 1] \to \mathbb{C}$ ein Integrationsweg, so bezeichnet man

$$L_s(\alpha) := \int_0^1 \frac{2|\alpha'(t)|}{1 + |\alpha(t)|^2} \, dt$$

als *sphärische Länge* des Weges α.

Ist α die Verbindungsstrecke von z und w, so ist $\gamma(t) := \varphi^{-1} \circ \alpha(t)$ das Verbindungsstück von $\varphi^{-1}(z)$ und $\varphi^{-1}(w)$ auf dem entsprechenden Großkreis. Die Länge dieses Kreisstückes ist der sphärische Abstand $d_s(z, w)$. Durch eine Drehung kann man erreichen, dass $z = 0$ und $w = x$ reell und > 0 ist. Dann ist $\alpha(t) = tx$ und

$$
\begin{aligned}
L_s(\alpha) &= \int_0^1 \frac{2|\alpha'(t)|}{1 + |\alpha(t)|^2} \, dt = \int_0^1 \frac{2x}{1 + x^2 t^2} \, dt = 2 \int_0^x \frac{1}{1 + u^2} \, du \\
&= 2\arctan(x) = 2\arctan(\tau(0, r)) = 2\arctan(\tau(z, w)) = d_s(z, w).
\end{aligned}
$$

Die sphärische Länge eines Abschnittes eines Großkreises stimmt also mit dem sphärischen Abstand der Endpunkte des Abschnittes überein. Der chordale Abstand ist natürlich immer kleiner als der sphärische Abstand.

Zum Schluss gilt es noch, ein kleines Rätsel zu lösen. Mit Hilfe der Möbius-Transformationen haben wir uns auf die Suche nach den Automorphismen spezieller Gebiete gemacht. Im Falle der komplexen Ebene gibt es nur die affin-linearen Abbildungen, die sich aus Translationen $z \mapsto z + w$ und Drehstreckungen $z \mapsto az$ zusammensetzen, also durch vier freie Parameter bestimmt sind. Nimmt man den unendlich fernen Punkt hinzu, so erhält man als Automorphismengruppe die Gruppe aller Möbius-Transformationen. Hier gibt es zwar die vier komplexen Parameter a, b, c, d, durch Kürzen kann man aber einen einsparen und erhält 6 reelle Freiheitsgrade. Wo kommen die zusätzlichen zwei Freiheitsgrade gegenüber der Automorphismengruppe der Ebene her? Hinzu kommt ja eigentlich nur die Inversion $I : z \mapsto 1/z$.

Eine anschauliche Erklärung liefert ein berühmtes Video aus dem Jahr 2007 von Douglas N. Arnold und Jonathan Rogness von der University of Minnesota in Minneapolis:

http://www.ima.umn.edu/~arnold/moebius/

Das Video, das auch über YouTube verbreitet wird, zeigt, dass die stereographische Projektion das Geheimnis enthüllt. Alle Möbius-Transformationen lassen sich als Projektionen von Bewegungen der Sphäre auf die Ebene erklären.

- Horizontale Translationen der Sphäre liefern Translationen in $\mathbb{C}$, beschrieben durch 2 Parameter.

- Vertikale Translationen, also Auf- und Abbewegungen der Sphäre liefern Streckungen in $\mathbb{C}$, beschrieben durch einen reellen Parameter.

- Rotationen der Sphäre um die z-Achse liefern Drehungen in der Ebene und damit noch einen Parameter.

- Rotationen um eine horizontale Achse liefern weitere Möbius-Transformationen (parametrisiert durch zwei Winkel). Speziell ergibt die Drehung, die Nord- und Südpol vertauscht, die Inversion I.

5.1.16. Aufgaben

A. Sei $G := \overline{\mathbb{C}} \setminus \{z_1, \ldots, z_N\}$, $N \geq 2$. Zeigen Sie:

$$\mathrm{Aut}(G) = \{T \, : \, T \text{ ist Möbius-Transformation und permutiert die } z_i\}.$$

B. Sei $G_1 = \{z \, : \, r_1 < |z| < R_1\}$ und $G_2 = \{z \, : \, r_2 < |z| < R_2\}$. Unter welchen Umständen gibt es eine biholomorphe Abbildung $F : G_1 \to G_2$?

HINWEIS: Mit den hier zur Verfügung stehenden Mitteln kann man nur eine hinreichende Bedingung dafür finden, dass F existiert.

C. Für $A \in \mathrm{GL}_2(\mathbb{C})$ sei h_A definiert durch $h_A(z) := (az+b)/(cz+d)$. Zeigen Sie:

$$\mathrm{Aut}(\mathbb{H}) = \{h_A \, : \, A \in \mathrm{SL}_2(\mathbb{R})\}.$$

Ist $A \in \mathrm{SL}_2(\mathbb{R})$, $A \neq \pm E_2$, so hat h_A genau dann einen Fixpunkt, wenn $|\mathrm{Spur}\, A| < 2$.

D. Sei $f : \mathbb{D} \to G$ biholomorph, $G_r := f(D_r(0))$ für $0 < r < 1$. Zeigen Sie: Ist G konvex, so sind alle Gebiete G_r konvex, für $0 < r < 1$.

HINWEIS: Zu vorgegebenen Punkten $z_0, z_1 \in G_r$ und $0 < t_0 < 1$ kann man unter gewissen Umständen die auf $\mathbb{D}$ definierte Funktion

$$g(z) := (1 - t_0)f\big(z \cdot f^{-1}(z_0)/f^{-1}(z_1)\big) + t_0 f(z)$$

einführen und das Schwarz'sche Lemma auf $f^{-1} \circ g$ anwenden.

5.2 Normale Familien

Dieser Abschnitt ist den Funktionenfolgen gewidmet. Ein wichtiges und folgenschweres Ergebnis in der reellen Analysis ist der Satz von Bolzano-Weierstraß, der besagt, dass jede beschränkte Punktfolge einen Häufungspunkt besitzt. Für Folgen reeller Funktionen (für die Konvergenz und Beschränktheit mit Hilfe der Supremumsnorm eingeführt werden können) gilt ein solcher Satz nicht, aber für Folgen von holomorphen Funktionen liefert der Satz von Montel ein vergleichbares Resultat. „Familien" (d.h. Mengen) von Funktionen, in denen jede Folge eine konvergente Teilfolge besitzt, nennt man normal, und es ist nicht überraschend, dass solche Familien eine bedeutende Rolle in der Funktionentheorie spielen.

Mit Hilfe des chordalen Abstandes kann Normalität auch für meromorphe Familien eingeführt werden. Man findet dann aber holomorphe Familien, die im holomorphen Sinne nicht normal sind, wohl aber im meromorphen Sinne.

Wir wollen den Vektorraum $\mathscr{O}(G) = \{f : G \to \mathbb{C} \text{ holomorph}\}$ mit einer Topologie versehen. Das geht aber nicht ganz so einfach, weil sich die kompakte Konvergenz nicht durch eine Norm beschreiben lässt. Ist $f \in \mathscr{O}(G)$ und $K \subset G$ kompakt, so definieren wir $|f|_K := \sup_{z \in K} |f(z)| < \infty$.

Für $\varepsilon > 0$ sei $U_{K,\varepsilon}(f) := \{g \in \mathscr{O}(G) : |f - g|_K < \varepsilon\}$, also die Menge aller auf G holomorphen Funktionen, die sich auf K von f nur um ε unterscheiden.

Definition (Umgebung im Funktionenraum):

$\mathscr{M} \subset \mathscr{O}(G)$ heißt **Umgebung** von f_0, falls es eine kompakte Menge K und ein $\varepsilon > 0$ mit $U_{K,\varepsilon}(f_0) \subset \mathscr{M}$ gibt.

Bemerkung: $U_{K,\varepsilon}$ wird kleiner, wenn K größer oder ε kleiner wird.

Definition (Offene Menge im Funktionenraum):

$\mathscr{U} \subset \mathscr{O}(G)$ heißt **offen**, falls $\mathscr{U}$ für jedes $f \in \mathscr{U}$ eine Umgebung ist.

Insbesondere sind die $U_{K,\varepsilon}$ offen.

5.2.1. Satz

$\mathscr{O}(G)$ ist ein Hausdorff'scher topologischer Raum.

BEWEIS: 1) Die leere Menge und $\mathscr{O}(G)$ sind offen. Bei der leeren Menge gibt es nichts zu zeigen, $\mathscr{O}(G)$ enthält jede Menge $U_{K,\varepsilon}(f)$.

2) Es seien $\mathscr{M}, \mathscr{N}$ offen, $f \in \mathscr{M} \cap \mathscr{N}$. Wegen der Offenheit von $\mathscr{N}$ bzw. $\mathscr{M}$ existieren Umgebungen $U_{K_1,\varepsilon_1}(f)$ in $\mathscr{M}$ und $U_{K_2,\varepsilon_2}(f)$ in $\mathscr{N}$. Setzen wir nun $\varepsilon := \min\{\varepsilon_1, \varepsilon_2\}$ und $K := K_1 \cup K_2$, dann ist $U_{K,\varepsilon}(f) \subset \mathscr{M} \cap \mathscr{N}$.

3) Ist $\{\mathcal{M}_\iota\,,\ \iota \in I\}$ eine Familie offener Mengen, so ist auch die Vereinigung aller $\mathcal{M}_\iota$ offen, da jede Menge $\mathcal{M}_\iota$ schon Umgebung jedes ihrer Elemente ist.

4) Jetzt prüfen wir die Hausdorff-Eigenschaft: Dazu seien $f, g \in \mathscr{O}(G)$, $f \neq g$. Dann gibt es ein $z_0 \in G$ mit $f(z_0) \neq g(z_0)$. Setzen wir $K := \{z_0\}$ und $\varepsilon := |f(z_0) - g(z_0)|/2 > 0$, so sind die Umgebungen $U_{K,\varepsilon}(f)$ und $U_{K,\varepsilon}(g)$ disjunkt. $\blacksquare$

Man nennt die eingeführte Topologie die K.O.-Topologie (für „kompakt-offen").

Definition (Konvergenz im Funktionenraum):

Eine Folge $(f_n) \subset \mathscr{O}(G)$ heißt *in $\mathscr{O}$ (bzgl. der K.O.-Topologie) konvergent* gegen ein $f \in \mathscr{O}(G)$, falls in jeder Umgebung von f fast alle (d.h. alle bis auf endlich viele) f_n liegen.

5.2.2. Satz

Eine Folge $(f_n) \subset \mathscr{O}(G)$ konvergiert genau dann in der K.O.-Topologie gegen f, wenn die Funktionenfolge (f_n) auf G kompakt gegen f konvergiert.

BEWEIS: Die Topologie auf $\mathscr{O}(G)$ ist gerade so gemacht worden, dass die Begriffe übereinstimmen. $\blacksquare$

Definition (beschränkte Menge im Funktionenraum):

Eine Menge $\mathcal{M} \subset \mathscr{O}(G)$ heißt *beschränkt*, wenn gilt: Für jedes Kompaktum $K \subset G$ existiert ein r mit $\mathcal{M} \subset U_{K,r}(0)$, d.h. für jedes K ist $\{\,|f|_K : f \in \mathcal{M}\}$ (durch r) beschränkt.

Definition (lokal beschränkte Folge):

Sei $G \subset \mathbb{C}$ ein Gebiet, (f_n) eine Folge stetiger Funktionen auf G. Die Folge (f_n) heißt auf G *lokal beschränkt*, falls es zu jedem $z_0 \in G$ eine Umgebung $U(z_0)$ und eine von U abhängige Konstante $C > 0$ gibt, so dass gilt:

$$|f_n(z)| \leq C \quad \text{für jedes } n \in \mathbb{N},\ z \in U.$$

5.2.3. Satz (über die Beschränktheit von Funktionenfolgen)

Eine Folge (f_n) ist genau dann auf G lokal beschränkt, wenn die Menge der Funktionen $\{f_n : n \in \mathbb{N}\}$ im Funktionenraum $\mathscr{O}(G)$ beschränkt ist.

BEWEIS: Sei (f_n) auf G lokal beschränkt, $K \subset G$ kompakt. Dann existiert eine Familie von offenen Mengen $\{U_z : z \in G\}$ mit zugehörigen Konstanten C_z, so dass

(f_n) auf U_z durch C_z beschränkt ist. Die Mengen U_z überdecken ganz G. Da K kompakt ist, wird K auch schon von endlich vielen der U_z überdeckt, die wir mit $U_1, \ldots, U_N$ bezeichnen, $C_1, \ldots C_N$ seien die zugehörigen Konstanten. Wir setzen $C := \max\limits_{1 \le i \le N} \{C_i\}$. Dann gilt

$$|f_n(z)| \le C \text{ für alle } z \in K, n \in \mathbb{N}, \text{ d.h. } \{f_n : n \in \mathbb{N}\} \subset U_{K,C}(0).$$

Sei umgekehrt die Menge $\mathcal{M} := \{f_n : n \in \mathbb{N}\}$ beschränkt. Ist $z_0 \in G$, dann wählen wir eine Umgebung $U(z_0) \subset\subset G$. Dann ist $K := \overline{U}$ kompakt, und weil $\mathcal{M}$ beschränkt ist, existiert ein $r > 0$ mit $\mathcal{M} \subset U_{K,r}(0)$. Insbesondere ist $|f_n(z)| \le r$ für jedes $z \in U$ und $n \in \mathbb{N}$. ∎

5.2.4. Konvergenz auf dichten Teilmengen

Es sei $(f_n) \subset \mathcal{O}(G)$ eine lokal beschränkte Funktionenfolge, $A \subset G$ eine dichte Teilmenge. Ist $(f_n(z))$ für jedes $z \in A$ konvergent, so ist (f_n) auf G kompakt konvergent.

BEWEIS: Es reicht zu zeigen, dass (f_n) lokal eine Cauchy-Folge im Sinne der gleichmäßigen Konvergenz ist, d.h. zu beliebigem $z_0 \in G$ ist ein $r > 0$ gesucht, so dass zu jedem $\varepsilon > 0$ ein n_0 existiert, mit

$$|f_n(z) - f_m(z)| \le \varepsilon \quad \text{für } |z - z_0| \le r \text{ und } m, n > n_0.$$

Sei $z_0 \in G$ gegeben. Wegen der lokalen Beschränktheit existieren $r' > 0$, $C > 0$, so dass $|f_n(z)| \le C$ für alle $z \in \overline{D_{r'}(z_0)} \subset G$ und alle n gilt.

Wir setzen $r = r'/2$. Dann ist $|z - \zeta| \ge r'/2$ und $|z' - \zeta| \ge r'/2$ für $z, z' \in \overline{D_r(z_0)} \subset D_{r'}(z_0)$ und jedes $\zeta \in \partial D_{r'}(z_0)$. Mit Hilfe der Cauchy'schen Integralformel folgt daraus

$$
\begin{aligned}
|f_n(z) - f_n(z')| &= \left| \frac{1}{2\pi i} \int\limits_{\partial D_{r'}(z_0)} \left(\frac{f_n(\zeta)}{\zeta - z} - \frac{f_n(\zeta)}{\zeta - z'} \right) d\zeta \right| \\[2mm]
&= \frac{1}{2\pi} \cdot \left| \int\limits_{\partial D_{r'}(z_0)} \frac{f_n(\zeta)(\zeta - z' - \zeta + z)}{(\zeta - z)(\zeta - z')} d\zeta \right| \\[2mm]
&\le \frac{1}{2\pi} \cdot |z - z'| \cdot 2\pi r' \cdot \sup_{\partial D_{r'}(z_0)} |f_n(\zeta)| \cdot \frac{4}{r'^2} \\[2mm]
&= \frac{4|z - z'|}{r'} \cdot C, \quad \text{mit } C := \sup_{\zeta \in \partial D_{r'}(z_0)} |f_n(\zeta)|.
\end{aligned}
$$

Sei jetzt $\varepsilon > 0$ beliebig vorgegeben und $\varrho := \frac{1}{2} \cdot \frac{\varepsilon}{3} \cdot \frac{r'}{4C} > 0$.

Die Kreisscheiben $D_\varrho(a)$, $a \in \Lambda \cap D_r(z_0)$, überdecken $\overline{D_r(z_0)}$, denn A liegt dicht in G. Da $\overline{D_r(z_0)}$ kompakt ist, genügen auch endlich viele Scheiben. Deren Mittelpunkte seien $a_1, \ldots, a_N$. Nun wählen wir natürliche Zahlen n_i so groß, dass

$|f_n(a_i) - f_m(a_i)| \leq \varepsilon/3$ für alle $m, n > n_i$ gilt. Wegen der punktweisen Konvergenz geht das für jedes $i \in \{1, \dots, N\}$. Dann kann n_0 als Maximum der endlich vielen n_i genommen werden.

Ist $z \in D_r(z_0)$, so gibt es ein $i \in \{1, \dots, N\}$ mit $|z - a_i| \leq \varrho$, da die Scheiben ganz $D_r(z_0)$ überdecken. Seien jetzt $n, m > n_0$. Dann folgt:

$$
\begin{aligned}
|f_n(z) - f_m(z)| \;&\leq\; |f_n(z) - f_n(a_i)| + |f_n(a_i) - f_m(a_i)| + |f_m(a_i) - f_m(z)| \\
&\leq\; \frac{4|z - a_i|}{r'} \cdot C + \frac{\varepsilon}{3} + \frac{4|a_i - z|}{r'} \cdot C \\
&\leq\; \frac{4C\varrho}{r'} + \frac{\varepsilon}{3} + \frac{4C\varrho}{r'} < \frac{\varepsilon}{3} + \frac{\varepsilon}{3} + \frac{\varepsilon}{3} = \varepsilon.
\end{aligned}
$$

Also ist die Folge lokal gleichmäßig konvergent, was ja auch behauptet wurde. ∎

5.2.5. Folgerung (Satz von Montel)

Sei $G \subset \mathbb{C}$ ein Gebiet und $(f_n) \subset \mathscr{O}(G)$ eine lokal beschränkte Folge holomorpher Funktionen. Dann besitzt (f_n) eine kompakt konvergente Teilfolge.

BEWEIS: $A := \{a_1, a_2, a_3, \dots\}$ sei eine abzählbare, dichte Teilmenge von G, z.B. die Menge aller Punkte mit rationalen Koordinaten. Wir betrachten die Punktfolge $(f_n(a_1))_{n \in \mathbb{N}}$. Da sie beschränkt ist, existiert eine Teilfolge $(f_{1,n})$ von (f_n), die in a_1 punktweise konvergiert. Nun betrachten wir die Werte der Teilfolge in a_2, $(f_{1,n}(a_2))_{n \in \mathbb{N}}$. Auch die sind beschränkt, d.h. es existiert eine Teilfolge $(f_{2,n})$ von $(f_{1,n})$, die in a_1 und a_2 punktweise konvergiert.

Im k-ten Schritt wird eine Teilfolge $(f_{k,n})$ von $(f_{k-1,n})$ gebildet, so dass $(f_{k,n})$ in allen a_i konvergent ist, für $i \in \{1, \dots, k\}$, und so fährt man fort. Die Diagonalfolge $(f_{n,n})$ konvergiert punktweise auf A. Damit sind wir in der Situation des obigen Satzes und können folgern, dass die Diagonalfolge auf G kompakt konvergiert. ∎

Eine Teilmenge eines Funktionenraumes wird oft auch als eine „Familie von Funktionen" bezeichnet.

Definition (normale Familie):
Eine Familie $\mathscr{F} \subset \mathscr{O}(G)$ heißt **normal**, wenn jede unendliche Teilmenge von $\mathscr{F}$ eine auf G kompakt konvergente Teilfolge enthält.

Da eine lokal beschränkte Familie als Teilmenge von $\mathscr{O}$ beschränkt ist, kann man den Satz von Montel auch folgendermaßen formulieren:

Jede beschränkte Familie ist normal.

Übrigens gilt auch:

5.2.6. Die Umkehrung des Satzes von Montel

Jede normale Familie ist beschränkt.

BEWEIS: Sei $\mathscr{F} \subset \mathscr{O}(G)$ eine normale Familie. Wir nehmen an, $\mathscr{F}$ sei nicht beschränkt. Dann gibt es ein Kompaktum $K \subset G$ und eine Folge $(f_n) \subset \mathscr{F}$ mit $\lim\limits_{n \to \infty} |f_n|_K = \infty$. Aber dann kann (f_n) keine auf G kompakt konvergente Teilfolge besitzen. Das ist ein Widerspruch! ∎

5.2.7. Beispiele

A. Sei $\mathscr{F} = \{z^n : n \in \mathbb{N}\}$. Auf dem Einheitskreis $\mathbb{D}$ konvergiert die Folge der Funktionen z^n kompakt gegen Null, also bildet $\mathscr{F}$ auf $\mathbb{D}$ eine normale Familie.

Auf einer kompakten Teilmenge $K \subset \mathbb{C} \setminus \overline{\mathbb{D}}$ nimmt $|z|$ einen minimalen Wert $c > 1$ an. Deshalb konvergiert (z^n) auf K gleichmäßig gegen ∞. Nach unserer Definition bildet $\mathscr{F}$ auf $\mathbb{C} \setminus \overline{\mathbb{D}}$ keine normale Familie.

B. Sei $G \subset \mathbb{C}$ ein Gebiet und $\mathscr{F}$ die Familie der holomorphen Funktionen auf G mit positivem Imaginärteil. Diese Familie ist **nicht normal**, denn durch $f_n(z) := \mathrm{i}n$ wird eine Folge (f_n) von Funktionen aus $\mathscr{F}$ definiert, die gegen Unendlich konvergiert, und das ist ein Widerspruch zur Normalität.

Man variiert deshalb gerne den Begriff der Normalität so, dass auch die kompakte Konvergenz gegen Unendlich zugelassen ist.

Definition (normale Familien meromorpher Funktionen):

Eine Familie $\mathscr{F}$ von meromorphen Funktionen auf einem Gebiet G heißt ***normal***, falls jede Folge (f_n) in $\mathscr{F}$ eine Teilfolge besitzt, die (chordal) kompakt gegen eine meromorphe Grenzfunktion oder gegen $f(z) \equiv \infty$ konvergiert.

Sind die Funktionen aus $\mathscr{F}$ alle holomorph, so sind die Grenzwerte von konvergenten Folgen aus $\mathscr{F}$ auch holomorph – oder konstant $\equiv \infty$. Wir nennen daher eine Familie von holomorphen Funktionen m-***normal***, wenn sie normal im Sinne einer Familie von meromorphen Funktionen ist. In der Literatur wird Normalität von holomorphen Familien häufig von Anfang an so definiert. Das erklärt auch, warum man dort lesen kann, dass die Umkehrung des Satzes von Montel falsch sei.

5.2.8. Beispiel

Die holomorphe Familie $\mathscr{F} = \{z^n : n \in \mathbb{N}\}$ ist nach unserer ursprünglichen Definition auf $\mathbb{C} \setminus \overline{\mathbb{D}}$ nicht normal, sie ist aber m-normal.

Auf einem Gebiet $G \subset \mathbb{C}$, das sowohl Punkte von $\mathbb{D}$ als auch Punkte von $\mathbb{C} \setminus \overline{\mathbb{D}}$ enthält, bildet $\mathscr{F}$ auch im neuen Sinne keine normale Familie!

5.2.9. Normalitätslemma

Sei $G \subset \mathbb{C}$ ein Gebiet und (f_n) eine Folge von holomorphen Funktionen auf G mit Werten in einem Gebiet $H \subset \mathbb{C}$, Wenn es eine biholomorphe Abbildung ψ von H auf ein beschränktes Gebiet G_0 und eine meromorphe Funktion φ auf $\mathbb{C}$ mit $\varphi|_{G_0} = \psi^{-1}$ gibt, dann gibt es eine Teilfolge (f_{n_ν}) von (f_n), die entweder kompakt gegen eine holomorphe Funktion $f : G \to \mathbb{C}$ oder kompakt gegen ∞ konvergiert.

BEWEIS: Vorbemerkung: Sind unendlich viele $f_n(z) \equiv c_n$ konstant, so hat die Folge der Zahlen c_n entweder einen Häufungspunkt oder sie ist unbeschränkt. Also findet man eine Teilfolge, die gegen eine Zahl c oder gegen ∞ konvergiert. Diese Zahlenfolge konvergiert natürlich als Funktionenfolge kompakt, so dass nichts mehr zu zeigen ist. Deshalb kann man o.B.d.A. annehmen, dass die Funktionen f_n nicht konstant und somit ihre Bilder Teilgebiete von H sind.

Die Folge $h_n := \psi \circ f_n : G \to G_0$ ist offensichtlich beschränkt und damit normal. Also gibt es eine Teilfolge (h_{n_ν}), die kompakt gegen eine holomorphe Funktion $h : G \to \mathbb{C}$ konvergiert. O.B.d.A. konvergiere schon (h_n) kompakt gegen h.

Weil die Bildgebiete $G_n := h_n(G)$ alle in G_0 liegen, muss $h(G)$ in $\overline{G_0}$ enthalten sein. Es gibt nun zwei Möglichkeiten: Ist die Grenzfunktion h nicht konstant, so ist $h(G)$ ein Teilgebiet von G_0 (wie in Aufgabe 5.2.14(A) zu zeigen ist). Ist dagegen $h(z) \equiv c_0$ eine Konstante, so kann c_0 im Innern von G_0 oder in ∂G_0 liegen.

Nach Voraussetzung ist ψ^{-1} Einschränkung einer meromorphen Funktion φ, die als Abbildung von $\mathbb{C}$ nach $\overline{\mathbb{C}}$ aufgefasst werden kann und auf G_0 holomorph ist. Nun sei $K \subset G$ eine beliebige kompakte Teilmenge. Für den weiteren Beweis muss man zwei Fälle unterscheiden.

1. Fall: Für $z \in G$ sei $h(z) \equiv c_0$, $c_0 \in \partial G_0$ und $\varphi(c_0) = \infty$.

$L \subset \mathbb{C}$ sei eine weitere beliebige, kompakte Menge. $Q := \varphi^{-1}(L) \subset \overline{\mathbb{C}} \setminus \{c_0\}$ ist dann abgeschlossen, und es gibt eine offene Umgebung $V = V(c_0) \subset \mathbb{C}$ mit $V \cap Q = \varnothing$. Weil $h_n|_K$ gleichmäßig gegen c_0 konvergiert, gibt es ein n_0, so dass $h_n(K) \subset V$ für $n \geq n_0$ gilt. Für diese n ist auch $f_n(K) = \varphi \circ h_n(K) \subset \varphi(V)$. Weil $V \cap \varphi^{-1}(L) = \varnothing$ ist, ist auch $\varphi(V) \cap L = \varnothing$, und daraus folgt:

$$f_n(z) \notin L \text{ für } z \in K \text{ und } n \geq n_0.$$

Das bedeutet, dass (f_n) kompakt gegen ∞ konvergiert.

2. Fall: Für $z \in G$ sei $\varphi \circ h(z) \neq \infty$.

a) Ist h nicht konstant, so setzen wir $K_0 := h(K) \subset G_0$, $d := \text{dist}(K_0, \mathbb{C} \setminus G_0)/2$ und $K_1 := \{w \in G_0 : \text{dist}(w, K_0) \leq d\}$. Dann sind $K_0 \subset K_1 \subset G_0$ beide kompakt.

b) Ist $h(z) \equiv c_0$ (aber $\varphi(c_0) \neq \infty$), so kann man reelle Zahlen $0 < r < R$ finden, so dass $\varphi(w) \neq \infty$ für alle $w \in \overline{D_R(c_0)}$ ist. In diesem Fall sei $K_0 := \overline{D_r(c_0)}$ und $K_1 := \overline{D_R(c_0)}$.

Die stetige Abbildung φ ist auf jeden Fall auf K_1 gleichmäßig stetig. Jetzt sei ein $\varepsilon > 0$ vorgegeben. Dann gibt es ein $\delta > 0$, so dass $|\varphi(w) - \varphi(w')| < \varepsilon$ für $w, w' \in K_1$ und $|w - w'| < \delta$ ist. Man kann $\delta < \min(d, R)$ wählen.

Zu dem gefundenen δ gibt es ein n_0, so dass $|h_n(z) - h(z)| < \delta$ für $z \in K$ und $n \geq n_0$ ist. Für $z \in K$ liegt $h(z)$ in K_0 (und damit auch in K_1). Wenn außerdem $n \geq n_0$ ist, so liegt auch $h_n(z)$ in K_1. Deshalb ist $|\varphi \circ h_n(z) - \varphi \circ h(z)| < \varepsilon$ für $z \in K$ und $n \geq n_0$. Das bedeutet, dass $f_n = \varphi \circ h_n$ auf K gleichmäßig gegen $\varphi \circ h$ konvergiert. ∎

Bemerkung: Eine Teilmenge $\mathscr{F} \subset \mathscr{O}(G)$ heißt ***folgenkompakt***, falls jede unendliche Folge in $\mathscr{F}$ eine (kompakt) konvergente Teilfolge besitzt. Man kann zeigen, dass $\mathscr{F}$ genau dann folgenkompakt ist, wenn $\mathscr{F}$ kompakt im üblichen Sinne ist.[1]

Damit ergibt sich: *Eine Teilmenge $\mathscr{F} \subset \mathscr{O}(G)$ ist genau dann kompakt, wenn sie abgeschlossen und beschränkt ist.* Diese Heine-Borel-Eigenschaft ist in den meisten unendlich-dimensionalen Vektorräumen falsch.

Wie weit man in unendlich-dimensionalen Räumen von der Anschauung entfernt ist, zeigt die folgende Aussage: *Jede Nullumgebung in $\mathscr{O}(G)$ ist unbeschränkt.*

BEWEIS: Sei $\mathscr{M}$ eine Nullumgebung. Dann gibt es eine kompakte Menge K und ein $\varepsilon > 0$, so dass $U_{K,\varepsilon}(0) \subset \mathscr{M}$ ist. Nehmen wir eine nicht-konstante, holomorphe Funktion f auf G (zum Beispiel die Funktion $z \mapsto z$), so gibt es nach dem Maximumprinzip einen Punkt $z_0 \in G$ mit $|f(z_0)| > |f|_K$. Ist $\delta := \bigl(|f(z_0)| - |f|_K\bigr)/2$, so definieren wir die holomorphe Funktion $g(z) := f(z)/(|f|_K + \delta)$. Dann ist

$$|g(z_0)| = \frac{|f(z_0)|}{|f(z_0)| - \delta} > 1 \quad \text{und} \quad |g(z)| \leq \frac{|f|_K}{|f|_K + \delta} < 1 \text{ für } z \in K.$$

Deshalb wird für großes n die Funktion $g^n(z)$ auf K beliebig klein, in z_0 aber unbeschränkt, d.h. es gibt ein n_0, so dass g^n für $n \geq n_0$ in $\mathscr{M}$ liegt. Auf dem Kompaktum $\widetilde{K} = K \cup \{z_0\}$ wird g^n für großes n aber beliebig groß. Deshalb ist $\mathscr{M}$ unbeschränkt. ∎

Die bisherigen Ergebnisse können noch weiter verschärft werden:

5.2.10. Satz von Vitali

Sei $G \subset \mathbb{C}$ ein Gebiet, (f_n) eine lokal beschränkte Folge in $\mathscr{O}(G)$ und $A \subset G$ eine Teilmenge, auf der (f_n) punktweise konvergiert. Hat A einen Häufungspunkt in G, so ist (f_n) auf G kompakt konvergent.

BEWEIS: Sei $f := \lim_{n \to \infty} f_n$ auf A. Nach Montel ist (f_n) eine normale Familie, besitzt also eine kompakt konvergente Teilfolge (f_{n_ν}). Deren Grenzfunktion sei mit

---

[1] Man kann auf $\mathscr{O}(G)$ eine Metrik einführen, so dass die dadurch definierte Topologie die K.O.-Topologie ist. Und für metrische Räume folgt leicht, dass Kompaktheit und Folgenkompaktheit äquivalente Eigenschaften sind.

$\widehat{f}$ bezeichnet. Das ist dann eine holomorphe Funktion auf G, die auf A mit f übereinstimmt.

Wir nehmen an, es gibt eine kompakte Teilmenge $K \subset G$, so dass die Folge der Normen $|f_n - \widehat{f}|_K$ nicht gegen Null konvergiert. Dann gibt es ein $\varepsilon > 0$ und eine Teilfolge (f_{n_μ}) von (f_n) mit $|f_{n_\mu} - \widehat{f}|_K \geq \varepsilon$ für alle μ. Weil natürlich auch die Folge (f_{n_μ}) lokal beschränkt ist, besitzt sie eine Teilfolge, die auf G kompakt gegen eine holomorphe Funktion $\widetilde{f}$ konvergiert. Offensichtlich ist $\widetilde{f}(z) \neq \widehat{f}(z)$ für $z \in K$. Weil aber andererseits $\widetilde{f}(z) = f(z) = \widehat{f}(z)$ auf A ist, folgt aus dem Identitätssatz, dass $\widetilde{f} = \widehat{f}$ auf ganz G gelten muss. Das ist ein Widerspruch. ∎

Definition (sphärische Ableitung):

Ist f eine meromorphe Funktion, so heißt

$$f^\sharp(z) := \frac{2|f'(z)|}{1 + |f(z)|^2} \in \mathbb{R}$$

die **sphärische Ableitung** von f in z.

Die sphärische Ableitung ist damit zunächst nur in den Punkten definiert, in denen f holomorph ist. Sei nun z_0 eine Polstelle von f. Dann gibt es ein $k \in \mathbb{N}$ und eine nahe z_0 definierte holomorphe Funktion g, so dass gilt:

$$f(z) = \frac{a_1}{z - z_0} + \cdots + \frac{a_k}{(z - z_0)^k} + g(z), \text{ mit } a_k \neq 0.$$

Dann ist

$$f'(z) = \frac{-a_1}{(z - z_0)^2} + \cdots + \frac{-ka_k}{(z - z_0)^{k+1}} + g'(z),$$

also

$$\frac{2|f'(z)|}{1 + |f(z)|^2} = \frac{|z - z_0|^{k-1} \cdot 2|a_1(z - z_0)^{k-1} + \cdots + ka_k - g'(z)(z - z_0)^{k+1}|}{|z - z_0|^{2k} + |a_1(z - z_0)^{k-1} + \cdots + a_k + g(z)(z - z_0)^k|}.$$

Insbesondere ist

$$\frac{2|f'(z)|}{1 + |f(z)|^2} = \frac{2|a_1 - (z - z_0)^2 g'(z)|}{|z - z_0|^2 + |a_1 + g(z)(z - z_0)|^2} \text{ für } k = 1.$$

Daraus folgt:

$$\lim_{z \to z_0} \frac{2|f'(z)|}{1 + |f(z)|^2} = \begin{cases} 2/|a_1| & \text{falls } k = 1 \\ 0 & \text{falls } k \geq 2. \end{cases}$$

Also kann man $f^\sharp(z_0)$ als Grenzwert $\lim_{z \to z_0} f^\sharp(z)$ definieren. Das macht $f^\sharp$ zu einer stetigen Funktion.

5.2.11. Lemma

1) Es ist stets $(1/f)^\sharp(z) = f^\sharp(z)$.

2) Konvergiert (f_k) auf G kompakt gegen f oder gegen ∞, so konvergiert $(f_k^\sharp)$ auf G kompakt gegen $f^\sharp$.

BEWEIS: 1) Es ist $(1/f)'(z_0) = -f'(z_0)/f(z_0)^2$, also

$$\left(\frac{1}{f}\right)^\sharp(z_0) = \frac{2|f'(z_0)|}{|f(z_0)|^2 \cdot (1 + (1/|f(z_0)|)^2)} = \frac{2|f'(z_0)|}{1 + |f(z_0)|^2} = f^\sharp(z_0).$$

Das gilt zunächst nur in den holomorphen Punkten. Es folgt dann aber auch durch einen einfachen Grenzübergang in den Polstellen.

2) a) Konvergiert f_k nahe z_0 gleichmäßig gegen die holomorphe Funktion f, so konvergiert dort auch f_k' gleichmäßig gegen f', und dann konvergiert $f_k^\sharp$ gleichmäßig gegen $f^\sharp$.

b) Ist $f(z) \equiv \infty$ nahe z_0, so ist $1/f$ holomorph, und $1/f_k$ konvergiert nahe z_0 gleichmäßig gegen $1/f$. Mit (1) folgt die Behauptung auch in diesem Fall. ∎

Ist $\gamma : [0,1] \to \mathbb{C}$ ein Integrationsweg und f meromorph, so ist $f \circ \gamma$ ein Weg in $\overline{\mathbb{C}}$, und für die sphärische Länge von $f \circ \gamma$ gilt:

$$L_s(f \circ \gamma) = \int_0^1 \frac{2|(f \circ \gamma)'(t)|}{1 + |f(\gamma(t))|^2}\, dt = \int_0^1 f^\sharp(\gamma(t))|\gamma'(t)|\, dt = \int_\gamma f^\sharp\, ds.$$

Das ist ein Kurvenintegral 1. Art (vgl. Abschnitt 2.4, Seite **??**).

5.2.12. Satz von Marty

Eine Familie $\mathscr{F}$ von meromorphen Funktionen auf G ist genau dann normal, wenn $\{f^\sharp : f \in \mathscr{F}\}$ auf jeder kompakten Menge $K \subset G$ beschränkt ist.

BEWEIS: 1) Zunächst sei $\{f^\sharp : f \in \mathscr{F}\}$ lokal beschränkt. Sei $z_0 \in G$, $C > 0$ und $r > 0$, so dass $f^\sharp(z) \leq C$ für $z \in K = \overline{D_r(z_0)}$ und alle $f \in \mathscr{F}$ ist. Für $z_1, z_2 \in K$ sei γ die (in K verlaufende) Verbindungsstrecke von z_1 und z_2. Dann gilt für alle $f \in \mathscr{F}$:

$$d_s(f(z_1), f(z_2)) = L_s(f \circ \gamma) = \int_\gamma f^\sharp\, ds \leq C \int_0^1 |\gamma'(t)|\, dt = C \cdot |z_1 - z_2|. \quad (*)$$

Diese Abschätzung ist unabhängig von $f \in \mathscr{F}$. Man wähle nun eine abzählbare, dichte Teilmenge $A \subset D$. Ist (f_n) eine Folge in $\mathscr{F}$, so kann man nach dem Diagonalverfahren eine Teilfolge f_{n_ν} finden, die (im Sinne der Metrik d_s) punktweise auf A konvergiert (wie im Beweis des Satzes von Montel 5.2.5).

Wie im zweiten Teil des Beweises von Satz 5.2.4 kann man dann zeigen, dass f_{n_ν} eine Cauchyfolge bezüglich der Metrik d_s ist. Also ist f_{n_ν} gleichmäßig auf K konvergent. Dabei ist auch Konvergenz gegen ∞ zugelassen.[2]

2) Sei umgekehrt $\{f^\sharp : f \in \mathscr{F}\}$ nicht lokal beschränkt. Dann gibt es eine Folge f_n in $\mathscr{F}$ und eine kompakte Menge $K \subset G$, so dass $\sup_K |f_k^\sharp|$ gegen $+\infty$ strebt. Würde eine Teilfolge von f_k oder $1/f_k$ auf K gleichmäßig gegen eine holomorphe Funktion f konvergieren, so müsste die entsprechende Folge der $f_k^\sharp$ gegen $f^\sharp$ konvergieren. Das ist ein Widerspruch, $\mathscr{F}$ kann nicht normal sein.   ■

5.2.13. Beispiel

Die Familie der Funktionen $az + b$ (mit $a, b \in \mathbb{C}$) ist nicht normal, denn die Menge $\{f^\sharp(0) = 2|a|/(1 + |b|^2) : a, b \in \mathbb{C}\}$ ist unbeschränkt.

5.2.14. Aufgaben

A. Sei G ein Gebiet, $D \subset \mathbb{C}$ ein weiteres Gebiet und (f_n) eine Folge von holomorphen Funktionen auf G, die kompakt gegen eine nicht-konstante Grenzfunktion f konvergiert. Ist $f_n(G) \subset D$ für alle n, so ist auch $f(G) \subset D$.

B. Sei G ein Gebiet und $\mathscr{F}$ eine normale Familie von holomorphen Funktionen auf G. Dann ist auch jede Familie $\{f^{(k)} : f \in \mathscr{F}\}$ (für festes $k \in \mathbb{N}$) normal auf G.

Für m-normale Familien wird die Aussage falsch. Zeigen Sie das an Hand der Folge $f_n(z) := n(z^2 - n)$ auf $\mathbb{C}$.

C. Sei $G \subset \mathbb{C}$ ein Gebiet, $\mathscr{F}$ die Familie aller holomorphen Funktionen $f : G \to R_+ := \{z \in \mathbb{C} : \mathrm{Re}(f) > 0\}$, $g : R_+ \to \mathbb{D}$ definiert durch $g(z) := (z - 1)/(z + 1)$. Zeigen Sie, dass $\{g \circ f : f \in \mathscr{F}\}$ normal und $\mathscr{F}$ selbst m-normal (aber nicht unbedingt normal) ist.

D. Sei $G \subset \mathbb{C}$ ein Gebiet und $G_0 := \mathbb{C} \setminus [0, 1]$. Zeigen Sie, dass die Familie $\mathscr{F} := \{f \in \mathscr{O}(G) : f(G) \subset G_0\}$ m-normal ist.

E. Sei $\mathscr{F} \subset \mathscr{O}(G)$ eine normale Familie und (f_n) eine Folge in $\mathscr{F}$, die nicht kompakt konvergiert. Zeigen Sie, dass es zwei Teilfolgen von (f_n) gibt, die kompakt gegen verschiedene Grenzfunktionen konvergieren.

F. Sei $c > 0$. Dann ist $\mathscr{F} := \{f(z) = \sum_n a_n z^n \in \mathscr{O}(\mathbb{D}) : \sum_n |a_n|^2 \le c\}$ eine normale Familie.

---

[2]Die Eigenschaft $(*)$ nennt man auch „gleichgradig stetig". In der Literatur wird an dieser Stelle gern der Satz von Arzelà-Ascoli zitiert und benutzt. Im Grunde haben wir diesen Satz hier aber mitbewiesen.

G. Ist $D = D_r(a) \subset \mathbb{C}$ eine Kreisscheibe und f stetig auf $\overline{D}$, so sei $N_{D,2}(f) :=$ $\left(\int_D |f(x + \mathrm{i} x)|^2 \, dx \, dy\right)^{1/2}$. Man zeige:

a) Ist $f(z) = \sum_{n=0}^{\infty} a_n (z - a)^n$, so ist $\left(N_{D,2}(f)\right)^2 = \pi \sum_{n=0}^{\infty} \dfrac{|a_n|^2 r^{2n+2}}{n+1}$.

b) $|f(a)| \leq \dfrac{1}{r\sqrt{\pi}} \cdot N_{D,2}(f)$.

c) Sei $c > 0$ und $D := \mathbb{D} = D_1(0)$. Dann ist die Familie der Funktionen $f \in \mathcal{O}(\mathbb{D})$ mit $N_{D,2}(f) < c$ normal.

5.3 Der Riemann'sche Abbildungssatz

Wir werden in diesem Abschnitt die schon lange versprochene topologische Charakterisierung einfach zusammenhängender Gebiete herleiten. Wichtigstes Hilfsmittel dafür ist der Riemann'sche Abbildungssatz, der zeigt, dass jedes einfach zusammenhängende Gebiet $\neq \mathbb{C}$ biholomorph äquivalent zum Einheitskreis ist. Leider ist der Beweis dieses erstaunlichen Resultates nicht konstruktiv, aber im weiteren Verlauf dieses Kapitels werden wir mit Hilfe des Spiegelungsprinzips Methoden gewinnen, mit denen man gewisse Gebiete ganz konkret auf den Einheitskreis abbilden kann.

Zu Erinnerung: Bislang nennen wir ein Gebiet $G \subset \mathbb{C}$ einfach zusammenhängend, falls jede holomorphe Funktion auf G eine Stammfunktion besitzt. Und wir wissen z.B. schon:

1. Jedes sternförmige Gebiet ist einfach zusammenhängend.

2. Ist G einfach zusammenhängend und $F : G \to \mathbb{C}$ holomorph und injektiv, so ist auch $F(G)$ einfach zusammenhängend.

3. Sei $G \subset \mathbb{C}$ ein einfach zusammenhängendes Gebiet, $f : G \to \mathbb{C}$ holomorph und $f(z) \neq 0$ auf G. Dann gibt es eine holomorphe Funktion h auf G, so dass $\exp(h(z)) = f(z)$ für alle $z \in G$ gilt.

5.3.1. Folgerung (Existenz der Quadratwurzel)

Sei $G \subset \mathbb{C}$ ein einfach zusammenhängendes Gebiet, $f : G \to \mathbb{C}$ holomorph und $f(z) \neq 0$ auf G. Dann gibt es eine holomorphe Funktion g auf G mit $g^2 = f$.

BEWEIS: Sei $e^h = f$. Setzt man $g := e^{h/2}$, so ist $g^2 = e^h = f$. ∎

Wir wollen nun (biholomorphe) Äquivalenzlassen von Gebieten bestimmen.

1. Ist $G = \overline{\mathbb{C}}$, so ist G kompakt. Das ist ein Sonderfall.

2. Ist $G \neq \overline{\mathbb{C}}$, so gibt ein $z_0 \in \overline{\mathbb{C}} \setminus G$. Wir können ohne Einschränkung verlangen, dass $z_0 = \infty \notin G$ ist, sonst bilden wir G mittels $1/(z - z_0)$ biholomorph auf ein Gebiet in $\mathbb{C}$ ab. Also reicht es, wenn wir Gebiete in $\mathbb{C}$ betrachten.

5.3.2. Riemann'scher Abbildungssatz

Sei $G \subset \mathbb{C}$ ein einfach zusammenhängendes Gebiet, $G \neq \mathbb{C}$. Dann ist G biholomorph äquivalent zum Einheitskreis $\mathbb{D}$.

BEWEIS: Wir zeigen genauer: *Ist $G \subset \mathbb{C}$ einfach zusammenhängend, so gibt es zu jedem Punkt $z_0 \in G$ eine biholomorphe Abbildung $T : G \to \mathbb{D}$ mit $T(z_0) = 0$, deren Ableitung $T'(z_0)$ reell und > 0 ist.*

Der Punkt z_0 sei fest gewählt. Dann wird der Beweis in drei Schritten geführt:

1. Zunächst konstruieren wir eine injektive, holomorphe Abbildung $T_1 : G \to \mathbb{D}$ mit $T_1(z_0) = 0$, so dass $T_1'(z_0)$ reell und > 0 ist. Das Gebiet $G_1 := T_1(G)$ ist dann auch einfach zusammenhängend.

2. Als Nächstes betrachten wir die Familie

$$\mathcal{F} := \{ f : G_1 \to \mathbb{D} \mid f \text{ holomorph und injektiv}, f(0) = 0, f'(0) > 0 \}.$$

   Mithilfe des Satzes von Montel zeigen wir, dass es eine Abbildung $T_0 \in \mathcal{F}$ mit maximaler Ableitung im Nullpunkt gibt. Dies ist der nicht-konstruktive Teil des Beweises.

3. Schließlich beweisen wir, dass T_0 das Gebiet G_1 surjektiv auf $\mathbb{D}$ abbildet. Dann ist $T := T_0 \circ T_1$ die gesuchte, biholomorphe Abbildung $T : G \to \mathbb{D}$.

Wir kommen nun zur Ausführung. $G \subset \mathbb{C}$ sei das gegebene einfach zusammenhängende Gebiet, $G \neq \mathbb{C}$.

1) o.B.d.A. sei $G \subset \mathbb{C}^*$, sonst verschieben wir G entsprechend.

Wenn jetzt der Nullpunkt nicht in G liegt, ist die Funktion $z \mapsto z$ holomorph und nullstellenfrei auf G. Weil G einfach zusammenhängend ist, existiert eine holomorphe Quadratwurzel $q(z) = \sqrt{z}$ auf G. Die Funktion q ist injektiv, deshalb ist das Gebiet $G' := q(G) \subset \mathbb{C}^*$ biholomorph äquivalent zu G. Aber das Komplement von G' enthält eine ganze Kreisscheibe, denn mit $w \in G'$ ist $-w \notin G'$, sonst wäre die Wurzel auf G' nicht umkehrbar. Nehmen wir nun ein $w_0 \in G'$, dann gibt es wegen der Offenheit ein $\varepsilon > 0$, so dass die Menge $\overline{D_\varepsilon(w_0)}$ in G' liegt. Also muss der Kreis mit gleichem Radius um $-w_0$ ganz im Komplement G' liegen.

Wir betrachten nun den Automorphismus $g(z) := \varepsilon/(z + w_0)$ von $\overline{\mathbb{C}}$. Es ist $g(\infty) = 0$ und $|g(z)| < 1$ für $|z + w_0| > \varepsilon$. Also bildet g die Menge $\overline{\mathbb{C}} \setminus D_\varepsilon(-w_0)$ nach $\mathbb{D} \setminus \{0\}$ ab, d.h. es gibt ein Gebiet G'' im Innern von $\mathbb{D}$, so dass $g \circ q : G \to G''$ eine biholomorphe Abbildung ist.

Sei $a := g(q(z_0))$ das Bild des ausgewählten Punktes z_0. Die Transformation

$$T_a(z) := \frac{z - a}{1 - \overline{a}z}$$

schickt a auf den Nullpunkt, und hintereinandergeschaltet schickt die Abbildung $T_a \circ g \circ q$ den Punkt z_0 dorthin. Ist jetzt $(T_a \circ g \circ q)'(z_0) = r \cdot e^{it}$ mit $r > 0$, $t \in [0, 2\pi)$, so wenden wir noch die Drehung $R_t(z) := e^{-it} \cdot z$ an. Dann bildet $T_1 := R_t \circ T_a \circ g \circ q$ immer noch G nach $\mathbb{D}$ hinein und z_0 auf 0 ab, zusätzlich ist aber $T_1'(0) = r > 0$.

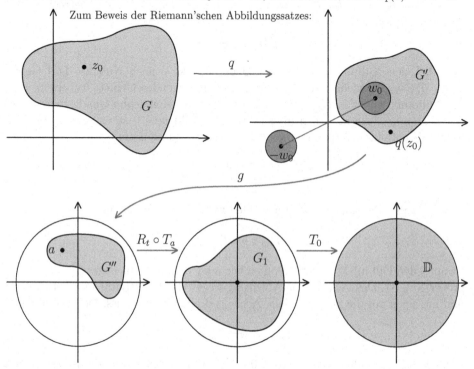

Zum Beweis der Riemann'schen Abbildungssatzes:

2) Sei $G_1 := T_1(G)$. Dann ist G_1 auch einfach zusammenhängend. Wir benutzen die Familie

$$\mathcal{F} := \{f : G_1 \to \mathbb{D} \mid f \text{ holomorph und injektiv}, f(0) = 0, f'(0) > 0\}.$$

Wir suchen ein $T_0 \in \mathcal{F}$, so dass $T_0'(0)$ maximal ist. $\mathcal{F}$ ist lokal-beschränkt, sogar gleichmäßig beschränkt, und $\mathcal{F}$ ist nicht leer, da $\mathrm{id}_{\mathbb{D}}$ in $\mathcal{F}$ liegt.

Sei $\alpha := \sup\{f'(0) \mid f \in \mathcal{F}\} \in \mathbb{R} \cup \{\infty\}$. Da $(\mathrm{id}_{\mathbb{D}})'(0) = 1$ gilt, ist $\alpha \geq 1$, und es gibt eine Folge von Funktionen f_n in $\mathcal{F}$, deren Ableitungen im Nullpunkt gegen α konvergieren. Wegen der lokalen Beschränktheit und des Satzes von Montel enthält die Folge eine Teilfolge, die kompakt gegen eine Funktion $f_0 \in \mathcal{O}(G_1)$ konvergiert. Ohne Einschränkung sei (f_n) schon selbst diese Teilfolge. Nach dem Konvergenzsatz von Weierstraß konvergieren auch die Ableitungen (f_n') gegen f_0', deshalb gilt $f_0'(0) = \alpha$. Insbesondere ist f_0 nicht konstant. Da alle f_n injektiv sind, liefert der Satz von Hurwitz, dass f_0 auch injektiv ist. Da $|f_n| < 1$ für alle n ist, ist $|f_0| \leq 1$. Nach dem Maximumsprinzip muss $|f_0| < 1$ sein. Außerdem ist $f_0(0) = \lim\limits_{n\to\infty} f_n(0) = 0$ und damit $f_0 \in \mathcal{F}$. Wir definieren nun $T_0 := f_0$, und der zweite Schritt des Beweises ist abgeschlossen.

3) Ist T_0 surjektiv, so sind wir fertig, weil die Verkettung $T_0 \circ T_1 : G_1 \to \mathbb{D}$ biholomorph ist.

Angenommen, $G_2 := T_0(G_1) \neq \mathbb{D}$. Sei c ein Punkt aus $\mathbb{D} \setminus G_2$. Wir betrachten den Automorphismus

$$T_c(z) := \frac{z - c}{1 - \overline{c}z}.$$

T_c bildet den Nullpunkt nach $-c$ und den Punkt c nach Null ab. Das Gebiet $G_3 := T_c(G_2)$ ist wieder ein einfach zusammenhängendes Gebiet. Außerdem liegt der Nullpunkt nicht in G_3. Deshalb existiert eine holomorphe Quadratwurzel auf G_3, $p(z) = \sqrt{z}$, die natürlich injektiv ist. Das Bild $p(G_3)$ ist vollständig im Einheitskreis enthalten. Wir setzen jetzt eine Transformation an:

$$T_{\lambda,d}(z) := e^{\mathrm{i}\lambda} \cdot \frac{z - d}{1 - \overline{d}z}, \text{ mit } d := p(-c),$$

wobei wir den Parameter λ später wählen wollen. Die Verkettung

$$S := T_{\lambda,d} \circ p \circ T_c : G_2 \to \mathbb{D},$$

ist auf jeden Fall injektiv. Jetzt wählen wir λ so, dass die Ableitung $S'(0)$ reell und größer Null ist. Das geht, da die Ableitung wegen der Injektivität ungleich Null ist und nur noch auf die positive reelle Achse gedreht werden muss. Definieren wir

$$p^*(z) := z^2 \quad \text{und} \quad S^* := T_c^{-1} \circ p^* \circ T_{\lambda,d}^{-1} : \mathbb{D} \to \mathbb{D},$$

so ist $S^* \circ S|_{G_2} = \mathrm{id}_{G_2}$. Weil $S^*(0) = 0$ ist, kann man das Schwarz'sche Lemma auf S^* anwenden, und es folgt $|(S^*)'(0)| \leq 1$. Wäre der Betrag der Ableitung in Null gleich Eins, also S^* eine Drehung, dann wäre

$$p^*(z) = T_c \circ S^* \circ T_{\lambda,d}$$

ein Automorphismus des Einheitskreises, was aber nicht der Fall ist.

Also ist $|(S^*)'(0)| < 1$. Dann ist aber $|S'(0)| > 1$, und weil $S'(0)$ reell ist, ist sogar $S'(0) > 1$.

Die Abbildung $h := S \circ T_0 : G_1 \to \mathbb{D}$ ist eine holomorphe, injektive Abbildung, die den Nullpunkt fix lässt, und außerdem ist $h'(0) = S'(0) \cdot T_0'(0) > T_0'(0)$. Das ist ein Widerspruch! Also ist T_0 surjektiv und wir sind fertig. ∎

5.3.3. Der Zyklus um ein Kompaktum

Sei $B \subset \mathbb{C}$ offen, $K \subset B$ kompakt. Dann gibt es einen Zyklus Γ in $B \setminus K$, so dass gilt:

$$n(\Gamma, z) = \begin{cases} 1 & \text{für } z \in K, \\ 0 & \text{für } z \in \mathbb{C} \setminus B. \end{cases}$$

BEWEIS: Betrachten wir zunächst den Fall, dass K zusammenhängend ist. Es gibt ein $\delta > 0$, so dass $2\delta < \text{dist}(K, \partial B)$ ist. Wir wählen nun einen Punkt $a \in K$ beliebig, aber fest, und einen Punkt a_0, so dass gilt:

$$\text{Re}(a_0) < \text{Re}(a) < \text{Re}(a_0) + \delta \quad \text{und} \quad \text{Im}(a_0) < \text{Im}(a) < \text{Im}(a_0) + \delta.$$

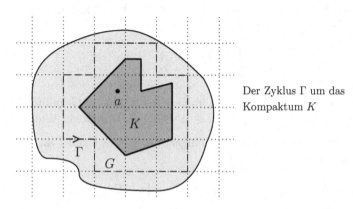

Der Zyklus Γ um das Kompaktum K

Weiter sei $a_{n,m} := a_0 + n\delta + \mathrm{i}\, m\delta$, für $n, m \in \mathbb{Z}$. So entsteht ein quadratisches Gitter der Maschenbreite δ. $Q_{(n,m)}$ sei das (abgeschlossene) Quadrat, das $a_{n,m}$ als linke untere Ecke hat. $\partial Q_{(n,m)}$ sei stets positiv orientiert.

Es gibt eine endliche Teilmenge $J \subset \mathbb{Z} \times \mathbb{Z}$, so dass gilt: $Q_\iota \cap K \neq \varnothing \iff \iota \in J$. Wir setzen $\Gamma := \sum_{\iota \in J} \partial Q_\iota$. Das ist ein Zyklus, und da es genau ein $\iota_0 \in J$ mit $a \in Q_{\iota_0}$ gibt, folgt: $n(\Gamma, a) = \sum_{\iota \in J} n(\partial Q_\iota, a) = n(\partial Q_{\iota_0}, a) = 1$.

Schreiben wir $\partial Q_\iota = \sum_{\nu=1}^{4} \sigma_{\iota,\nu}$, wobei die $\sigma_{\iota,\nu}$ die 4 Kanten darstellen, so gilt: Ist $|\sigma_{\iota,\nu}| \cap K \neq \varnothing$, so wird K von zwei nebeneinander liegenden Quadraten getroffen, die $\sigma_{\iota,\nu}$ als gemeinsame Kante haben. Aber weil die Kante dann mit zwei entgegengesetzten Orientierungen versehen ist, trägt sie nichts zur Spur von Γ bei. Also ist $|\Gamma| \cap K = \varnothing$. Ist $Q_\iota \cap K \neq \varnothing$, so ist $\sup\{|z - w| : z \in \partial Q_\iota, w \in K\} \leq \sqrt{2}\delta$, d.h. für $z \in |\Gamma|$ ist $\text{dist}(z, K) < 2\delta < \text{dist}(\partial B, K)$. Damit liegt $|\Gamma|$ in B. Jetzt nutzen wir aus, dass K zusammenhängend ist. Dann muss $n(\Gamma, z)$ nämlich auf K konstant $= 1$ sein. Und für $z \in \mathbb{C} \setminus B$ und $\iota \in J$ ist $z \notin Q_\iota$, also $n(\partial Q_\iota, z) = 0$.

Jetzt müssen wir noch den Fall untersuchen, dass K aus mehreren Komponenten besteht: $K = K_1 \cup \ldots \cup K_N$. Dann wählen wir in jeder Komponente K_i einen Punkt

a_i und die Zahl δ so klein, dass jeder der Punkte a_i im Innern eines der Quadrate liegt. Der Beweis lässt sich dann ganz analog durchführen.   ∎

5.3.4. Kriterium I für einfachen Zusammenhang

Ein Gebiet $G \subset \mathbb{C}$ ist genau dann einfach zusammenhängend, wenn gilt:

Ist $\mathbb{C} \backslash G = A' \cup A''$ eine Zerlegung in zwei disjunkte nicht-leere in $\mathbb{C}$ abgeschlossene Teilmengen, so kann keine der beiden kompakt sein.

BEWEIS: 1) Sei G einfach zusammenhängend, $\mathbb{C} \setminus G = A' \cup A''$ eine Zerlegung in zwei disjunkte nicht-leere abgeschlossene Teilmengen. Wir nehmen an, A' sei kompakt.

Die Menge $B := G \cup A'$ ist offen, denn $\mathbb{C} \setminus B = A''$ ist abgeschlossen. Also gibt es einen Zyklus Γ in $B \setminus A' = G$ mit

$$n(\Gamma, z) = \begin{cases} 1 & \text{für } z \in A' \\ 0 & \text{für } z \in \mathbb{C} \setminus B. \end{cases}$$

Aber da G einfach zusammenhängend ist, muss jeder Zyklus in G nullhomolog in G sein, also insbesondere $n(\Gamma, z) = 0$ für $z \in A' \subset \mathbb{C} \setminus G$. Das ist ein Widerspruch.

2) Ist G hingegen nicht einfach zusammenhängend, so gibt es einen Zyklus Γ in G, der dort nicht nullhomolog ist. Sei nun

$$A' := \{z \in \mathbb{C} \setminus G \mid n(\Gamma, z) \neq 0\} \quad \text{und} \quad A'' := \{z \in \mathbb{C} \setminus G \mid n(\Gamma, z) = 0\}.$$

Nach Voraussetzung ist $A' \neq \varnothing$, und da nur auf den beschränkten Zusammenhangskomponenten von $\mathbb{C} \setminus |\Gamma|$ die Umlaufszahl $\neq 0$ sein kann, ist A' beschränkt.

Sei nun $A \in \{A', A''\}$. Eine Folge von Punkten $a_\nu \in A$, die in $\mathbb{C}$ konvergiert, muss auch schon in der abgeschlossenen Menge $\mathbb{C} \setminus G$ gegen ein a_0 konvergieren. Dann kann aber a_0 nicht auf der Spur von Γ liegen, und es gibt eine offene Umgebung $U = U(a_0)$, so dass $n(\Gamma, z)$ auf U konstant ist. Liegen also die a_ν alle in A' (bzw. alle in A''), so muss auch a_0 in A' (bzw. in A'') liegen. Also sind A' und A'' beide abgeschlossen in $\mathbb{C}$. Und oben haben wir gesehen, dass A' dann sogar kompakt sein muss, dass also das Kriterium nicht erfüllt ist.   ∎

5.3.5. Beispiel

Sei $\alpha : [0, \infty) \to \mathbb{C}$ definiert durch $\alpha(t) := t \cdot e^{it}$. Dann ist $|\alpha|$ eine bei Null startende und nach ∞ strebende Spirale, die offensichtlich abgeschlossen, zusammenhängend und nicht kompakt ist. Also ist $G := \mathbb{C} \setminus |\alpha|$ ein in $\mathbb{C}^*$ enthaltenes einfach zusammenhängendes Gebiet. Insbesondere gibt es auf G eine Logarithmusfunktion.

5.3.6. Kriterium II für einfachen Zusammenhang

Es sei $G \subset \mathbb{C}$ ein Gebiet. Dann sind äquivalent :

1. *$G = \mathbb{C}$ oder G ist biholomorph äquivalent zum Einheitskreis.*

2. *G ist einfach zusammenhängend.*

3. *Das Komplement $\overline{\mathbb{C}} \setminus G$ ist zusammenhängend.*

BEWEIS:

(1) $\implies$ (2): Jede sternförmige Menge (und jedes biholomorphe Bild einer solchen Menge) ist einfach zusammenhängend.

(2) $\implies$ (3): Sei G einfach zusammenhängend. Angenommen, $\overline{\mathbb{C}} \setminus G$ ist nicht zusammenhängend, U_1 ist eine Zusammenhangskomponente und U_2 ist die Vereinigung aller anderen Komponenten. In der Relativtopologie von $\overline{\mathbb{C}} \setminus G$ sind U_1 und U_2 beide offen und damit auch beide abgeschlossen. Weil $\overline{\mathbb{C}} \setminus G$ in $\overline{\mathbb{C}}$ abgeschlossen ist, gilt dies auch für U_1 und U_2. Ohne Einschränkung sei $\infty \in U_1$. Dann sind $A_1 := U_1 \setminus \{\infty\}$ und $A_2 := U_2$ abgeschlossen in $\mathbb{C}$, und die Menge A_2 ist zusätzlich beschränkt, also kompakt. Das widerspricht dem Kriterium I.

(3) $\implies$ (1): Jetzt bestehe $\overline{\mathbb{C}} \setminus G$ aus einer einzigen Komponente, Γ sei ein Zyklus in G und C die unbeschränkte Zusammenhangskomponente von $\overline{\mathbb{C}} \setminus |\Gamma|$. Die Menge $\overline{\mathbb{C}} \setminus G$ muss ganz in der unbeschränkten Komponente C enthalten sein. Das bedeutet aber, dass Γ nullhomolog in G ist.

Weil das für jeden Zyklus gilt, ist G einfach zusammenhängend. Der Rest folgt aus dem Riemann'schen Abbildungssatz. ∎

5.3.7. Homotopiekriterium für einfachen Zusammenhang

Ein Gebiet $G \subset \mathbb{C}$ ist genau dann einfach zusammenhängend, wenn jeder geschlossene Weg in G nullhomotop ist.

BEWEIS: Es sei G einfach zusammenhängend. Dann ist $G = \mathbb{C}$ oder G biholomorph äquivalent zum Einheitskreis. Da $\mathbb{C}$ und $\mathbb{D}$ konvex sind, ist dort jeder geschlossene Weg nullhomotop. Die Homotopie kann mit Hilfe der biholomorphen Abbildung nach G übertragen werden.

Die umgekehrte Richtung haben wir schon bewiesen. ∎

5.3.8. Aufgaben

A. Bestimmen Sie alle Möbiustransformationen, die $D_r(0)$ biholomorph auf $\mathbb{D}$ abbilden.

B. Sei $f : \mathbb{H} \to \mathbb{C}$ definiert durch $f(z) := e^{2\pi \mathrm{i} z}$. Ist $f(\mathbb{H})$ einfach-zusammenhängend?

C. Sei $G \subset \mathbb{C}$ ein einfach-zusammenhängendes Gebiet, $z_1, z_2 \in G$. Dann gibt es eine biholomorphe Abbildung $f : G \to G$ mit $f(z_1) = z_2$.

D. Sei $G := \{z = re^{\mathrm{i}t} : r > 0 \text{ und } -\pi/10 < t < \pi/10\}$ und $f : G \to \mathbb{D}$ biholomorph mit $f(1) = 0$ und $f'(1) > 0$. Bestimmen Sie den Wert $f(2)$.

5.4   Holomorphe Fortsetzung

In diesem und den folgenden Abschnitten geht es um die Frage, ob holomorphe Funktionen über ihren Definitionsbereich hinaus auf ein größeres Gebiet fortgesetzt werden können.

Es seien $U \subset V \subset \mathbb{C}$ offene Mengen, $f \in \mathscr{O}(U)$. Gibt es eine holomorphe Funktion $\widehat{f}$ auf V mit $\widehat{f}|_U = f$, so sagt man: f *lässt sich holomorph* (von U aus) nach V *fortsetzen*. In gewissen Fällen ist eine solche Fortsetzung unmöglich:

Definition (voll singulär):

Sei $G \subset \mathbb{C}$ ein Gebiet, $f \in \mathscr{O}(G)$ und $z_0 \in \partial G$. Die Funktion f heißt in z_0 *voll singulär*, falls es keine Umgebung $U = U(z_0) \subset \mathbb{C}$ gibt, so dass sich f von einer Zusammenhangskomponente von $G \cap U$ aus nach U holomorph fortsetzen lässt.

Man kann das folgende Lemma gebrauchen, um interessante Beispiele zu gewinnen.

5.4.1. Lemma (Konstruktion einer dichten Menge in $\partial\mathbb{D}$)

Sei E_n die Menge der n-ten Einheitswurzeln. Dann ist $E := \bigcup_{n=0}^{\infty} E_{2^n}$ dicht in $\partial\mathbb{D}$.

BEWEIS: Die Menge $M := \{m2^{-n} : m \in \mathbb{Z} \text{ und } n \in \mathbb{N}\}$ liegt dicht in $\mathbb{R}$, also auch die Menge $2\pi M$. Weil $p : \mathbb{R} \to S^1 = \partial\mathbb{D}$ mit $p(t) := e^{\mathrm{i}t}$ stetig und surjektiv und damit $p(\overline{A}) \subset \overline{p(A)}$ für jede Teilmenge $A \subset \mathbb{R}$ ist, ist auch $E = p(2\pi M)$ dicht in $\partial\mathbb{D}$. ∎

5.4.2. Beispiele

A. Sei $G := \mathbb{C} \setminus \{x \in \mathbb{R} : x \leq 0\}$ und $f(z) := \log z$ auf G. Dann ist f in $z = 0$ voll singulär und in $z = -1$ nicht.

B. Ist G ein beliebiges Gebiet und $z_0 \in \partial G$, so ist $f(z) := 1/(z - z_0)$ holomorph in G und voll singulär in z_0.

C. Sei $G := \mathbb{D}$ und $f(z) := \sum_{\nu=0}^{\infty} z^{2^\nu} = z + z^2 + z^4 + z^8 + \cdots$. Die Formel von Hadamard zeigt sofort, dass der Konvergenzradius der Reihe $= 1$ ist. Nun ist

$$f(z^{2^n}) = z^{2^n} + z^{2^{n+1}} + z^{2^{n+2}} + z^{2^{n+3}} + \cdots = f(z) - (z + z^2 + z^4 + \cdots + z^{2^{n-1}}),$$

also $|f(z^{2^n})| \le |f(z)| + n$, für $|z| < 1$ und $n \ge 1$. (*)

Setzt man eine reelle Zahl t mit $0 < t < 1$ ein, so erhält man (für $q \in \mathbb{N}$):

$$f(t) > \sum_{\nu=0}^{q} t^{2^\nu} > (q+1)t^{2^q},$$

und das ist größer als $(q+1)/2$, falls $t > \left(\sqrt[2^q]{2} \right)^{-1}$ ist. Daraus ergibt sich in $\mathbb{R}$ die Beziehung $\lim_{t \to 1} f(t) = +\infty$.

Jetzt benutzen wir die Dichtheit der Menge E. Ist $\zeta \in E_{2^n}$, so folgt aus (*) die Ungleichung $|f(t\zeta)| \ge |f(t^{2^n})| - n$. Für $t \to 1$ strebt die rechte Seite (und damit auch die linke Seite) gegen $+\infty$. Weil E dicht in S^1 liegt, wird f in jedem Punkt von S^1 voll singulär.

Voll singuläre Stellen können isolierte Singularitäten sein, aber auch Häufungspunkte von Singularitäten.

Die Beispiele haben gezeigt, dass man eine holomorphe Funktion nicht unbedingt über den Rand ihres Definitionsbereiches hinaus holomorph fortsetzen kann. Und wenn, dann nicht in jeder Richtung (siehe Logarithmus). Wir wollen uns jetzt mit holomorpher Fortsetzung entlang eines Weges beschäftigen.

Definition (Fortsetzung von Funktionselementen):

Unter einem *Funktionselement* in z_0 verstehen wir ein Paar (f, D) mit einer Kreisscheibe D um z_0 und einer holomorphen Funktion f auf D.

Ein Funktionselement (f_2, D_2) heißt *direkte holomorphe Fortsetzung* des Funktionselementes (f_1, D_1), falls gilt: $D_1 \cap D_2 \ne \varnothing$ und $f_1 = f_2$ auf $D_1 \cap D_2$.

Sei jetzt $\alpha : [a, b] \to \mathbb{C}$ ein stetiger Weg und (f, D) ein Funktionselement in $z_0 := \alpha(a)$. Außerdem gebe es eine Kreiskette $(D_0, D_1, \ldots, D_n)$ längs α und für jedes i eine holomorphe Funktion f_i auf D_i, so dass gilt:

1. $D_1 = D$ und $f_1 = f$.

2. Für $i = 1, \ldots, n$ ist (f_i, D_i) direkte holomorphe Fortsetzung von (f_{i-1}, D_{i-1}).

Man sagt dann, (f_n, D_n) ist eine *holomorphe Fortsetzung von* (f, D) *längs* α. Die Beziehung zwischen Funktionselementen, Fortsetzung längs eines Weges voneinander zu sein, ist offensichtlich eine Äquivalenzrelation.

Ein gegebenes Funktionselement muss nicht unbedingt längs eines Weges fortsetzbar sein, wie wir oben gesehen haben. Ist allerdings G ein Gebiet, f holomorph auf G, $\alpha : [a,b] \to G$ ein stetiger Weg und (F,D) ein Funktionselement in $\alpha(a)$ mit $D \subset G$ und $F' = f|_D$, so gibt es eine holomorphe Fortsetzung von (F,D) längs α.

5.4.3. Verschiedene Fortsetzungen längs eines Weges

Gegeben sei ein Funktionselement (f,D) in $z_0 \in \mathbb{C}$ und ein stetiger Weg $\alpha :$ $[a,b] \to \mathbb{C}$ mit $\alpha(a) = z_0$. Sind (g,D') und (h,D'') zwei Funktionselemente in $w_0 := \alpha(b)$, beide holomorphe Fortsetzungen von (f,D) längs α, so ist $g = h$ auf $D' \cap D''$, also (h,D'') direkte holomorphe Fortsetzung von (g,D').

BEWEIS: Es gibt Zerlegungen $a = t_0 < t_1 < \ldots < t_n = b$ und $a = s_0 < s_1 < \ldots <$ $s_m = b$, sowie Kreisketten $(D_1, \ldots, D_n)$ und $(\widetilde{D}_1, \ldots, \widetilde{D}_m)$ längs α und holomorphe Funktionen f_i auf D_i und g_j auf $\widetilde{D}_j$, mit $D_1 = \widetilde{D}_1 = D$, $f_1 = g_1 = f$, so dass für alle i,j gilt:

$$\alpha([t_{i-1}, t_i]) \subset D_i \quad \text{und} \quad \alpha([s_{j-1}, s_j]) \subset \widetilde{D}_j,$$

(f_i, D_i) ist direkte holomorphe Fortsetzung von (f_{i-1}, D_{i-1}), und $(g_j, \widetilde{D}_j)$ ist direkte holomorphe Fortsetzung von $(g_{j-1}, \widetilde{D}_{j-1})$. Außerdem kann man annehmen, dass $D_n = D'$, $\widetilde{D}_m = D''$, $f_n = g$ und $g_m = h$ ist.

Wir wollen zeigen: Ist $[t_{i-1}, t_i] \cap [s_{j-1}, s_j] \neq \varnothing$, so ist $(g_j, \widetilde{D}_j)$ direkte holomorphe Fortsetzung von (f_i, D_i). Im Fall $i = j = 1$ ist nach Konstruktion nichts zu zeigen. Wir führen Induktion nach $i + j$ (der Fall $i + j = n + m$ ergibt die gewünschte Aussage). Dazu sei $i + j > 2$ und $[t_{i-1}, t_i] \cap [s_{j-1}, s_j] \neq \varnothing$. O.B.d.A. sei $t_{i-1} \geq s_{j-1}$. Dann ist $t_{i-1} \in [s_{j-1}, s_j]$, $i \geq 2$ und $[t_{i-2}, t_{i-1}] \cap [s_{j-1}, s_j] \neq \varnothing$, nach Induktionsannahme also $(g_j, \widetilde{D}_j)$ direkte holomorphe Fortsetzung von (f_{i-1}, D_{i-1}). Andererseits ist (f_i, D_i) nach Definition direkte holomorphe Fortsetzung von (f_{i-1}, D_{i-1}).

Also ist $g_j = f_i$ auf $D_{i-1} \cap D_i \cap \widetilde{D}_j$. Dieser Durchschnitt ist nicht leer, denn er enthält den Punkt $\alpha(t_{i-1})$. Aus dem Identitätssatz folgt nun, dass $g_j = f_i$ auf $D_i \cap \widetilde{D}_j$ ist, und damit ist alles gezeigt. ∎

Benutzt man verschiedene Wege von z_0 nach w_0, so braucht das Ergebnis der holomorphen Fortsetzung im Endpunkt nicht übereinzustimmen, wie etwa das Beispiel des Logarithmus zeigt. In gewissen Fällen kann man aber zeigen, dass das Ergebnis **nicht** vom Weg abhängt.

5.4.4. Monodromiesatz

Sei (f,D) ein Funktionselement in $z_0 \in \mathbb{C}$ und $F : [a,b] \times [0,1] \to \mathbb{C}$ eine Homotopie zwischen den Wegen $\alpha(t) = F(t,0)$ und $\beta(t) = F(t,1)$ mit $\alpha(a) = \beta(a) = z_0$ und $\alpha(b) = \beta(b) = w_0$. Wenn (f,D) längs jeden Weges $\alpha_s(t) = F(t,s)$ holomorph fortgesetzt werden kann, dann stimmen die Fortsetzungen längs α und längs β in einer Umgebung von w_0 überein.

BEWEIS: 1. Schritt: Sei $s_0 \in [0,1]$ und $\alpha_0(t) := F(t, s_0)$. Die Fortsetzung von (f, D) längs α_0 wird mit Hilfe einer Kreiskette $(D_1, D_2, \ldots, D_n)$ und holomorphen Funktionen f_i auf D_i bewerkstelligt. Sei $U := D_1 \cup \ldots \cup D_n$. Da F auf $[a, b] \times [0, 1]$ gleichmäßig stetig ist, gibt es ein $\delta > 0$, so dass gilt: Ist $|s - s_0| < \delta$, so liegt die Spur von $\alpha_s(t) := F(t, s)$ in U. Also liefert die Kreiskette auch eine Fortsetzung längs α_s. Das bedeutet, dass das Ergebnis der Fortsetzung für alle solche s gleich ist.

2. Schritt: Man kann $[0, 1]$ durch offene Intervalle I_ι überdecken, so dass das Ergebnis der holomorphen Fortsetzung längs α_s für alle $s \in I_\iota$ gleich ist.

Da $[0, 1]$ kompakt ist, kommt man mit endlich vielen Intervallen aus, wobei man vermeiden kann, dass eins der Intervalle ganz in einem anderen enthalten ist. Sortiert man sie dann nach ihrem Anfangspunkt, so überschneidet sich jedes der Intervalle mit seinem Nachfolgerintervall, und das letzte Intervall enthält den Endpunkt 1. Unter Verwendung von (1) folgt die Behauptung. ∎

5.4.5. Folgerung

Sei $G \subset \mathbb{C}$ ein einfach zusammenhängendes Gebiet, $z_0 \in G$ und (f, D) ein Funktionselement um z_0, das sich längs jeder von z_0 ausgehenden Kurve innerhalb von G holomorph fortsetzen lässt. Dann gibt es eine holomorphe Funktion F auf G mit $F|_D = f$.

BEWEIS: Ist $w_0 \in G$ ein beliebiger Punkt, so gibt es einen Weg $\alpha : [0, 1] \to G$ mit $\alpha(0) = z_0$ und $\alpha(1) = w_0$. Nach Voraussetzung gibt es ein Funktionselement (g, E) um w_0, das Fortsetzung von (f, D) längs α ist. Nach Satz 5.4.3 ist g in der Nähe von w_0 durch f und α eindeutig bestimmt. Ist $\beta : [0, 1] \to G$ ein weiterer Weg von z_0 nach w_0, so sind α und β innerhalb von G homotop, und der Monodromiesatz liefert, dass man bei Fortsetzung längs β wieder ein Ergebnis erhält, das nahe w_0 mit g übereinstimmt. Man setze dann einfach $F(w_0) := g(w_0)$. ∎

5.4.6. Beispiel

Das Funktionselement (f, D) mit $f := \log$ und $D := D_1(1)$ lässt sich innerhalb von $\mathbb{C}^*$ längs jeden Weges holomorph fortsetzen. Trotzdem gibt es keine holomorphe Funktion F auf $\mathbb{C}^*$, die auf D mit f übereinstimmt. Das liegt daran, dass $\mathbb{C}^*$ nicht einfach zusammenhängend ist.

Aus den bisherigen Überlegungen kann man Ideen gewinnen, wie die Riemann'sche Fläche einer holomorphen Funktion konstruiert werden kann.

Zwei Funktionselemente (f, U) und (g, V) in $z_0 \in \mathbb{C}$ heißen **äquivalent in** z_0, falls es eine offene Umgebung $W = W(z_0) \subset U \cap V$ gibt, so dass $f|_W = g|_W$ ist. Die Äquivalenzklasse eines Funktionselements (f, U) in z_0 nennt man den **Keim von f in** z_0 und bezeichnet ihn mit dem Symbol f_{z_0}. Der Wert $f(z_0)$ ist durch den Keim eindeutig bestimmt. Allerdings beinhaltet der Keim noch mehr Informationen. Man überlegt sich leicht, dass f_{z_0} die (in der Nähe von z_0 konvergente) Potenzreihenentwicklung von f um z_0 bestimmt. Gewinnt man nun das Funktionselement (g, V) in w_0 aus dem Funktionselement (f, U) in z_0 durch holomorphe Fortsetzung längs eines Weges α von z_0 nach w_0, so ist der Keim g_{w_0} durch f_{z_0} und α eindeutig bestimmt. Man sagt dann auch, dass g_{w_0} aus f_{z_0} durch holomorphe Fortsetzung längs α gewonnen wird.

Es sei nun $\mathcal{O}$ die Menge aller Funktionskeime f_z mit $z \in \mathbb{C}$ und einer holomorphen Funktion f in z. Die „kanonische Projektion" $\pi : \mathcal{O} \to \mathbb{C}$ sei definiert durch $\pi(f_z) := z$.

Ist $U \subset \mathbb{C}$ offen und $f \in \mathcal{O}(U)$, so kann man eine Abbildung $s_f : U \to \mathcal{O}$ durch $s_f(z) := f_z$ definieren. Dann kann man $\mathcal{O}$ mit einer Topologie versehen, so dass alle offenen Mengen in $\mathcal{O}$ Vereinigungen von Mengen vom Typ $s_f(U)$ sind.[3] Die Projektion π wird so zu einer stetigen Abbildung, und weil natürlich auch alle Abbildungen $s_f : U \to \mathcal{O}$ stetig sind, ist π sogar lokal topologisch. Grob gesprochen kann man sich $\mathcal{O}$ mit seiner Topologie wie ein unendlich weit ausgedehntes Blätterteiggebäck vorstellen.

Sei nun (f, D) ein Funktionselement in z_0, das sich in alle Punkte eines Gebietes $G \subset \mathbb{C}$ holomorph fortsetzen lässt. Ist G maximal, so bezeichnet man die Menge aller Funktionskeime g_z, $z \in G$, die man aus f_{z_0} durch Fortsetzung längs eines Weges von z_0 nach z gewinnt, mit $\mathscr{R}_f$ und nennt sie die **Riemann'sche Fläche** des Funktionselementes (f, D). Man kann zeigen, dass dies einfach die Zusammenhangskomponente von f_{z_0} in $\mathcal{O}|_G = \pi^{-1}(G) \subset \mathcal{O}$ ist.

5.4.7. Beispiel

Auf $D = D_1(1)$ kann man jede komplexe Zahl in der Form $z = re^{it}$ mit $-\pi/2 < t < \pi/2$ schreiben. Dann ist $f : D \to \mathbb{C}$ mit $f(z) := \sqrt{r}e^{it/2}$ eine holomorphe Wurzelfunktion. Die kann man in jeden Punkt $z \in \mathbb{C}^*$ holomorph fortsetzen. So erhält man die Riemann'sche Fläche von $\sqrt{z}$, die durch π lokal topologisch auf $\mathbb{C}^*$ abgebildet wird. Über jedem Punkt $z \in \mathbb{C}^*$ liegen genau zwei Punkte der Riemann'schen Fläche. Man beachte, dass bei dieser Konstruktion der Nullpunkt fehlt. Der ist ein sogenannter **Verzweigungspunkt**, über dem nur ein Punkt liegt.

Ist $\mathscr{R}$ eine Riemann'sche Fläche, so definiert man $F : \mathscr{R} \to \mathbb{C}$ durch $F(f_z) := f(z)$. Das ergibt eine globale Funktion auf $\mathscr{R}$.

5.4.8. Aufgaben

A. Zeigen Sie, dass $f(z) := \sum_{n=1}^{\infty} z^{n!}$ in jedem Punkt $z \in \partial\mathbb{D}$ voll singulär wird.

---

[3]Man nennt dann das System der Mengen $s_f(U)$ eine **Basis der Topologie** von $\mathcal{O}$.

B. Sei $f(z) := \exp\big((1/2)\log z\big)$ auf einer Umgebung von $z_0 = 1$, wobei mit $\log$ der Hauptzweig des Logarithmus bezeichnet werde. Welche Funktion erhält man, wenn man f längs des Einheitskreises fortsetzt und schließlich wieder bei $z_0 = 1$ anlangt?

C. Sei $f(z) := \sum\limits_{n=1}^{\infty} \dfrac{z^n}{n^2}$. Zeigen Sie, dass $f(z)$ in allen Punkten von $\partial\mathbb{D}$ konvergiert, dass f aber in keine Umgebung von $z_0 = 1$ holomorph fortgesetzt werden kann. (Hinweis: Berechnen Sie $f''(z)$.)

D. Berechnen Sie die Konvergenzradien der Reihen

$$f(z) := \sum_{n=0}^{\infty} \frac{z^n}{2^{n+1}} \quad \text{und} \quad g(z) := \sum_{n=0}^{\infty} \frac{(z-\mathrm{i})^n}{(2-\mathrm{i})^{n+1}}.$$

Zeigen Sie, dass g eine holomorphe Fortsetzung von f ist.

5.5 Randverhalten

Im Folgenden geht es um die Existenz der Fortsetzung von holomorphen Funktionen. Einen ersten Beitrag dazu liefert der Satz von Caratheodory, der klärt, unter welchen Bedingungen eine biholomorphe Abbildung $f : G \to \mathbb{D}$ stetig auf den Rand von G fortgesetzt werden kann. Im nächsten Abschnitt wird sich zeigen, dass es unter günstigen Umständen möglich ist, eine bis zum Rand stetige, holomorphe Funktion in ein deutlich größeres Gebiet holomorph fortzusetzen. Dabei reicht eigenartigerweise die Stetigkeit auf dem Rand, alles weitere hängt nur von der Geometrie des Gebietes und seines Randes ab.

Der Rand eines Gebietes kann sehr kompliziert aussehen, das wird auch am Ende dieses Kapitels im Abschnitt 5.7 im Zusammenhang mit den „Fraktalen" angesprochen. Um allgemeine Aussagen über das Fortsetzungsverhalten machen zu können, muss man sich auf „schöne" oder „einfache" Randpunkte beschränken. Schwierig ist aber eine saubere Charakterisierung des Begriffes „einfach".

Definition (erreichbarer Randpunkt):

Ein Punkt z_0 im Rand eines Gebietes G heißt *einfach* oder *erreichbar*, falls zu jeder Folge $(a_\nu) \in G$, die gegen z_0 konvergiert, eine stetige Kurve $\gamma : [0,1) \to G$ existiert, so dass gilt:

1. z_0 ist der Endpunkt $\gamma(1) = \lim\limits_{t \to 1} \gamma(t)$.

2. Es gibt eine monoton wachsende Folge $(t_\nu) \in [0,1)$ mit $\gamma(t_\nu) = a_\nu$ und $\lim\limits_{\nu \to \infty} t_\nu = 1$.

Ein Randpunkt z_0 ist sicher dann nicht erreichbar, wenn man sich ihm (im Innern des Gebietes) über Folgen so auf zweierlei Weisen nähern kann, dass die Verbindung zwischen beteiligten Folgenpunkten verschiedener Art innerhalb des Gebietes immer länger wird.

nicht erreichbarer Randpunkt:

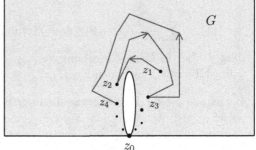

Der folgende Satz charakterisiert die Situation auf andere Weise:

5.5.1. Kriterium für Erreichbarkeit

Es sei $G \subset \mathbb{C}$ ein Gebiet, $z_0 \in \partial G$ ein Randpunkt. Der Punkt z_0 ist genau dann erreichbar, wenn es für jede Folge $(z_\nu) \in G$, die gegen z_0 konvergiert, und für jedes $\varepsilon > 0$ ein ν_0 und genau eine Zusammenhangskomponente Z von $G \cap D_\varepsilon(z_0)$ gibt, so dass für $\nu > \nu_0$ alle z_ν in Z liegen.

BEWEIS: Sei z_0 erreichbar. Zu einer gegebenen Folge $(z_\nu) \subset G$, die gegen z_0 konvergiert, sei $\gamma : [0,1] \to \mathbb{C}$ die stetige Kurve, die z_0 über die z_ν erreicht. Wegen der Stetigkeit von γ in $t = 1$ gibt es zu jedem $\varepsilon > 0$ ein $t_0 < 1$, so dass die Menge

$$A_{t_0} := \gamma([t_0, 1))$$

ganz in $D_\varepsilon(z_0)$ enthalten ist. Weil es aber eine Folge $(t_\nu) \in [0,1]$ mit $t_\nu \to 1$ und $\gamma(t_\nu) = z_\nu$ gibt, existiert ein ν_0, so dass für $\nu > \nu_0$ alle z_ν in A_{t_0} liegen. Und weil A_{t_0} zusammenhängend ist, liegen alle diese z_ν in der gleichen Zusammenhangskomponente von $G \cap D_\varepsilon(z_0)$.

Sei jetzt die Bedingung erfüllt, dass zu jeder Folge (z_ν) und jedem $\varepsilon > 0$ ein ν_0 existiert, so dass alle z_ν in der gleichen Zusammenhangskomponente von $D_\varepsilon(z_0) \cap G$ liegen. Wir konstruieren den Weg γ:

Für $n \in \mathbb{N}$ sei $N(n)$ so gewählt, dass für $\nu \geq N(n)$ alle z_ν in der gleichen Zusammenhangskomponente Z_n von $G \cap D_{1/n}(z_0)$ liegen. Ohne Beschränkung der Allgemeinheit können wir annehmen, dass $N(1) = 1$ und $N(n+1) \geq N(n)$ ist. Sei

$$\gamma_n : \left[1 - \frac{1}{n}, 1 - \frac{1}{n+1}\right] \to \mathbb{C}$$

ein stetiger Weg, der die Punkte $z_{N(n)}, z_{N(n)+1}, \ldots, z_{N(n+1)}$ in $Z_n \subset G$ miteinander verbindet. Durch die Vorschrift

$$\gamma(t) := \begin{cases} \gamma_n(t) & \text{für } t \in [1 - 1/n, 1 - 1/(n+1)], \\ z_0 & \text{für } t = 1, \end{cases}$$

wird ein Weg $\gamma : [0,1] \to \mathbb{C}$ definiert, der offensichtlich auf $[0,1)$ stetig ist. Wegen $|\gamma_n| \subset D_{1/n}(z_0)$ folgt: $\operatorname{dist}(\gamma(t), z_0) \to 0$ für $t \to 1$. Also ist γ auch in $t = 1$ stetig. Da $t_n := 1 - 1/n$ monoton wachsend gegen 1 konvergiert und γ die Punkte $z_n = \gamma(t_n)$ verbindet, ist z_0 erreichbar. ∎

5.5.2. Hilfssatz

Es seien $G, G' \subset \mathbb{C}$ beschränkte Gebiete, $f : G \to G'$ eine topologische Abbildung, also ein Homöomorphismus. Dann gilt:

1. *Ist $(z_n) \subset G$ eine Folge, deren Randabstand $\operatorname{dist}(z_n, \partial G)$ gegen Null konvergiert, dann gilt das auch für die Folge der Randabstände der Bilder $f(z_n)$ zum Rand $\partial G'$.*

2. *Ist $\alpha : [0,1] \to G$ ein stetiger Weg mit $\lim_{t \to 1} \operatorname{dist}(\alpha(t), \partial G) = 0$, so ist auch $\lim_{t \to 1} \operatorname{dist}(f(\alpha(t)), \partial G') = 0$.*

BEWEIS: Die Beweise laufen analog, wir zeigen nur die erste Aussage.

Es sei (z_n) eine Folge, deren Randabstand zu ∂G gegen Null konvergiert. Das ist genau dann erfüllt, wenn für jedes Kompaktum $K \subset G$ ein n_0 existiert, so dass für $n \geq n_0$ alle z_n außerhalb von K liegen. Ist $K' \subset G'$ kompakt, dann ist $K := f^{-1}(K') \subset G$ kompakt, da f ein Homöomorphismus ist. Also existiert ein n_0, so dass z_n nicht in K liegt für alle $n \geq n_0$. Dann liegen aber auch die $f(z_n)$ nicht in K' für alle $n \geq n_0$, d.h. die Randabstände von $f(z_n)$ zu $\partial G'$ gehen gegen Null. ∎

Bemerkung: Abbildungen, deren Urbilder von Kompakta wieder kompakt sind, heißen **eigentliche Abbildungen**. Jede topologische Abbildung zwischen beschränkten Gebieten ist natürlich eigentlich, für beliebige stetige Abbildungen gilt das keineswegs.

5.5.3. Satz von Caratheodory

Es sei $G \subset \mathbb{C}$ beschränkt und einfach zusammenhängend. $f : G \to \mathbb{D}$ sei eine biholomorphe Abbildung. Dann gilt

1. *Ist $z_0 \in \partial G$ ein erreichbarer Randpunkt, so existiert*

$$\lim_{\substack{z \to z_0 \\ z \in G}} f(z) \in \partial \mathbb{D}.$$

2. *Sind $z_1, z_2 \in \partial G$ erreichbare Randpunkte, $z_1 \neq z_2$ und $w_i = \lim_{z \to z_i} f(z)$, so ist auch $w_1 \neq w_2$.*

BEWEIS: 1) Angenommen, der Grenzwert existiert nicht. Da $\overline{\mathbb{D}}$ kompakt ist, bedeutet das die Existenz einer Folge $(z_n) \subset G$, die gegen z_0 konvergiert, so dass die Bilder $f(z_n)$ nicht konvergieren, also ohne Einschränkung alternierend zwei Grenzwerte ansteuern:

$$f(z_{2n}) \to w_1 \in \partial\mathbb{D} \quad \text{und} \quad f(z_{2n+1}) \to w_2 \in \partial\mathbb{D},\ w_2 \neq w_1.$$

Weil z_0 erreichbar ist, existiert ein stetiger Weg γ, der z_0 über die z_n erreicht, wobei (t_n) die zugehörige Folge von Parametern sei, so dass $\gamma(t_n) = z_n$ ist. Wir definieren nun eine Folge von stetigen Wegstücken $\gamma_n := \gamma|_{[t_{2n}, t_{2n+1}]}$ mit zugehörigen Kurvenstücken $C_n := |\gamma_n|$ und den Bildern $\widetilde{C}_n := f(C_n) \subset \mathbb{D}$.

Zur Konstruktion der Kurvenstücke $\widetilde{C}_n$:

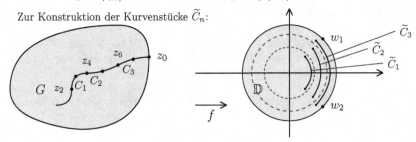

Ohne Einschränkung liegen die Bilder $\widetilde{C}_n$ außerhalb von $D_{1-1/n}(0)$, schließlich nähern sich die Punkte z_n immer mehr dem Rand von G.

Seien $a_n = t_{2n}$ und $b_n = t_{2n+1}$ die oben schon betrachteten Teilfolgen der Parameterfolge, $\beta_n := f \circ \gamma_n : [a_n, b_n] \to \mathbb{D}$. Dann ist $\widetilde{C}_n = \beta_n([a_n, b_n])$. Ohne Beschränkung der Allgemeinheit liegen die Punkte w_1 und w_2 symmetrisch zur reellen Achse, w_1 in der oberen Halbebene (sonst müssen wir f noch mit einer Drehung verketten).

Sei jetzt $M \in \mathbb{N}$ so groß, dass der zu $\mathbb{R}$ symmetrische Sektor mit Öffnungswinkel $2\pi/M$ weder w_1 noch w_2 enthält. Dann treffen die beiden den Sektor begrenzenden Strahlen L_1 und L_2 die Mengen $\widetilde{C}_n$, jedenfalls für großes n.

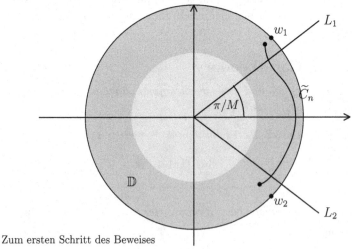

Zum ersten Schritt des Beweises

Es sei $h : \mathbb{D} \to \mathbb{C}$ definiert durch $h(w) := f^{-1}(w) - z_0$. Dann ist h eine holomorphe, beschränkte Funktion (weil G beschränkt ist). Wir definieren die Zahlen

$$r_n := \sup\{|h(w)| : w \in \widetilde{C}_n\} = \sup\{|z - z_0| : z \in C_n\}.$$

Da $\text{dist}(C_n, z_0)$ gegen Null konvergiert, ist $\lim_{n \to \infty} r_n = 0$. Aus dem nachfolgenden Lemma 5.5.4 folgt, dass $h(z) \equiv 0$ und damit $f^{-1}(w) \equiv z_0$ ist. Das ist ein Widerspruch, f ist nach z_0 fortsetzbar.

2) Es fehlt noch die Injektivität der Fortsetzung: Seien dazu $z_1 \neq z_2$ erreichbare Randpunkte von G, $w_i := f(z_i)$ die Bilder, wobei wir die Fortsetzung wieder f genannt haben. Wir können annehmen, dass $w_1 = w_2 = -1$ ist (sonst verketten wir f mit einer entsprechenden Drehung). Außerdem sei $g := f^{-1} : \mathbb{D} \to G$. $\gamma_i : [0,1] \to \mathbb{C}$ seien stetige Kurven mit $\gamma_i([0,1)) \subset G$ und $\gamma_i(1) = z_i$. Da die Kurven stetig sind und auf verschiedene Punkte zulaufen, existiert ein $t_0 \in (0,1)$, so dass

$$|\gamma_1(t_1) - \gamma_2(t_2)| > K := \frac{1}{2}|z_1 - z_2| \quad \text{für } t_0 < t_1, t_2 < 1.$$

Es seien $\beta_i := f \circ \gamma_i : [0,1] \to \overline{\mathbb{D}}$ die durch f abgebildeten stetigen Wege. Für die gilt natürlich $\beta_i([0,1)) \subset \mathbb{D}$ und $\beta_1(1) = \beta_2(1) = -1$.

Wählen wir δ genügend klein, so liegen die Kurvenstücke $\beta_i([0,t_0])$ außerhalb von $D_\delta(-1)$. Mit A_δ bezeichnen wir den Abschluss des Schnittes von $\mathbb{D}$ und $D_\delta(-1)$:

$$A_\delta = \overline{\mathbb{D} \cap D_\delta(-1)} = \{w = -1 + re^{it} : 0 \le r \le \delta; \ -\varphi(r) \le t \le \varphi(r)\},$$

wobei $\varphi : [0, \delta] \to [0, \pi/2]$ jedem Radius den passenden Winkel zuordnet.

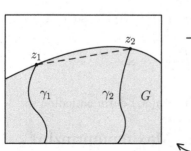

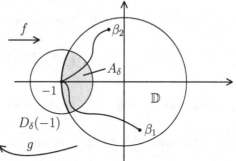

Zum zweiten Teil des Beweises

Wir bestimmen das Lebesgue-Maß der Bildmenge $g(A_\delta)$, um einen Widerspruch zur Beschränktheit von G zu erhalten:

$$\mu(g(A_\delta)) = \int\limits_{g(A_\delta)} dx\, dy = \int\limits_{A_\delta} |\det J_g(u,v)| \, du\, dv$$

$$= \int\limits_{A_\delta} |g'(u,v)|^2 \, du\, dv = \int\limits_0^\delta \int\limits_{-\varphi(r)}^{\varphi(r)} |g'(-1 + re^{it})|^2 \cdot r \, dt\, dr.$$

Ist $0 < r < \delta$, so gibt es Punkte $u_i \in \partial D_r(-1) \cap \beta_i([t_0, 1])$ mit zugehörigen Urbildern t_1 bzw. t_2 von β_1 bzw. β_2. Dafür gilt dann

$$|g(u_1) - g(u_2)| = |g(\beta_1(t_1)) - g(\beta_2(t_2))| = |\gamma_1(t_1) - \gamma_2(t_2)| > K.$$

Andersherum aufgeschrieben schätzen wir damit einen Teil des Integrals von unten ab:

$$K < |g(u_1) - g(u_2)| = \left| \int_{u_1}^{u_2} g'(\zeta)\,d\zeta \right| \leq \int_{-\varphi(r)}^{\varphi(r)} |g'(-1 + re^{it})| \cdot r\,dt,$$

$$\text{bzw.} \quad \frac{K}{r} \leq \int_{-\varphi(r)}^{\varphi(r)} |g'(-1 + re^{it})|\,dt.$$

Jetzt findet die Cauchy-Schwarz'sche Ungleichung Anwendung und liefert:

$$\frac{K^2}{r^2} \leq \left(\int_{-\varphi(r)}^{\varphi(r)} |g'(-1 + re^{it})|\,dt \right)^2 \leq \int_{-\varphi(r)}^{\varphi(r)} |g'(-1 + re^{it})|^2\,dt \cdot \underbrace{\int_{-\varphi(r)}^{\varphi(r)} dt}_{\leq \pi}.$$

Als entscheidende Abschätzung haben wir damit gewonnen:

$$\frac{K^2}{\pi r^2} \leq \int_{-\varphi(r)}^{\varphi(r)} |g'(-1 + re^{it})|^2\,dt.$$

Setzen wir das Ergebnis in die Berechnung von $\mu(g(A_\delta))$ ein, so folgt:

$$\mu(g(A_\delta)) \geq \frac{K^2}{\pi} \int_0^\delta \frac{1}{r}\,dr = \infty.$$

Dies ist ein Widerspruch, da G beschränkt und $g(A_\delta)$ darin enthalten ist. ∎

5.5.4. Lemma (Verallgemeinertes Maximumprinzip)

Es seien L_1, L_2 zwei vom Nullpunkt ausgehende Strahlen, symmetrisch zur x-Achse, die einen Winkel der Größe $2\pi/M$ einschließen. Zu jedem $n \in \mathbb{N}$ gebe es eine Kurve $\beta_n : [a_n, b_n] \to \mathbb{D}$, so dass für die Spuren $\widetilde{C}_n = |\beta_n|$ gilt:

1. $\widetilde{C}_n \subset \mathbb{D} \setminus D_{1/n}(0)$.

2. Es gibt Punkte $p_n \in \widetilde{C}_n \cap L_1$ und $q_n \in \widetilde{C}_n \cap L_2$.

Ist $h : \mathbb{D} \to \mathbb{C}$ eine beschränkte holomorphe Funktion, so dass die Zahlen $r_n := \sup\{|h(w)| : w \in \widetilde{C}_n\}$ eine Nullfolge bilden, so ist $h(z) \equiv 0$.

BEWEIS: Vorbemerkung: Wir können o.B.d.A. annehmen, dass $h(0) \neq 0$ ist. Ist nämlich $h(0) = 0$, aber h nicht identisch Null, so hat h eine lokale Normalform

$$h(z) = z^k \cdot \widetilde{h}(z) \qquad \text{mit } k \geq 1 \text{ und } \widetilde{h}(0) \neq 0,$$

wobei $\widetilde{h}$ ansonsten die gleichen Eigenschaften wie h hat.

Zu $n \in \mathbb{N}$ seien $u_n < v_n$ so aus $[a_n, b_n]$ gewählt, dass

- u_n der größte Parameter s ist, so dass $\beta_n(s)$ in L_1 liegt,

- v_n der kleinste Parameter $s > u_n$ ist, so dass $\beta_n(s) \in \mathbb{R}$ ist.

Spiegeln wir $\beta_n([u_n, v_n])$ an $\mathbb{R}$, dann erhalten wir ein stetiges Kurvenstück $S_n^{(0)}$, das $\beta_n(u_n)$ mit $\overline{\beta_n(u_n)}$ verbindet. Ist T die Drehung um $2\pi/M$, so setzen wir $S_n^{(k)} := T^k(S_n^{(0)})$. Die Vereinigung der $S_n^{(k)}$ ergibt eine geschlossen Kurve S_n in $\mathbb{D}$, die ganz in $\{w \in \mathbb{D} : 1 - 1/n < |w| < 1\}$ enthalten ist.

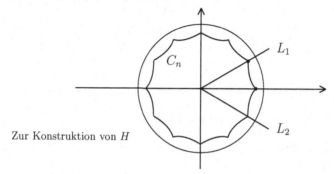

Zur Konstruktion von H

Wir definieren weiterhin $h^*(w) := h(w) \cdot \overline{h(\overline{w})} \in \mathcal{O}(\mathbb{D})$ und

$$H(w) := h^*(w) \cdot h^*(Tw) \cdots h^*(T^{M-1}w) \in \mathcal{O}(\mathbb{D}).$$

H hängt zwar von dem Winkel $2\pi/M$ ab, jedoch nicht von n oder den Kurven C_n.

$|h(w)|$ ist nach Voraussetzung durch eine Konstante $B > 0$ beschränkt. Deshalb ist jeder Faktor von H durch B^2 beschränkt. Liegt ein Punkt w in S_n, so liegt $T^k w$ für ein geeignetes k in $S_n^{(0)}$, und es ist dann $|h^*(T^k w)| \leq r_n \cdot B$. Deshalb gilt auf S_n:

$$|H(w)| \leq (B^2)^{M-1} \cdot r_n \cdot B = r_n \cdot B^{2M-1},$$

wobei für jedes h^* ein B^2 in die Abschätzung einging; in einem Fall liegt aber $T^k w$ im Sektor $S_n^{(0)}$, und deshalb ist $|h(T^k w)|$ nach oben abschätzbar durch r_n. Sei jetzt U_n die Zusammenhangskomponente von $\mathbb{D} \setminus S_n$, in der die Null enthalten ist. Wegen des Maximumprinzips muss

$$|H(0)| \leq \sup\{|H(z)| : z \in \partial U_n\} \leq B^{2M-1} \cdot r_n$$

gelten, aber für $n \to \infty$ geht die rechte Seite gegen Null. Also ist $H(0)$ gleich Null. Weil $H(0) = |h(0)|^{2M}$ ist, muss $h(z) \equiv 0$ sein. ∎

5.5.5. Folgerung

Es sei $G \subset \mathbb{C}$ beschränkt und einfach zusammenhängend, so dass jeder Rand-punkt erreichbar ist. Dann hat jede biholomorphe Abbildung $f : G \to \mathbb{D}$ eine topologische Fortsetzung $\widehat{f} : \overline{G} \to \overline{\mathbb{D}}$.

BEWEIS: Nach Caratheodory kann f durch

$$\widehat{f}(z_0) := \lim_{\substack{z \to z_0 \\ z \in G}} f(z) \text{ für } z_0 \in \partial G$$

auf den Rand von G fortgesetzt werden. Offensichtlich ist $\widehat{f}|_G = f$.

Zeigen wir zuerst die Stetigkeit von $\widehat{f}$ in den Randpunkten: Sei $z_0 \in \partial G$ und $\varepsilon > 0$ vorgegeben. Da ∂G kompakt ist, gibt es ein $\delta_0 > 0$, so dass $|f(z') - \widehat{f}(z)| < \varepsilon/2$ für alle $z \in \partial G$ und $z' \in G$ mit $|z' - z| < \delta_0$ gilt.

Ist $z \in \partial G$ und $|z - z_0| < \delta := \delta_0/2$, so kann man ein $z' \in G$ mit $|z' - z| < \delta$ finden, und dann ist $|z' - z_0| \leq |z' - z| + |z - z_0| < \delta_0$ und $|\widehat{f}(z) - \widehat{f}(z_0)| \leq |\widehat{f}(z) - f(z')| + |f(z') - \widehat{f}(z_0)| < \varepsilon$.

Die Injektivität von $\widehat{f}$ erhalten wir durch eine Fallunterscheidung:

1. $\widehat{f}|_G = f$ ist nach Voraussetzung injektiv.

2. $\widehat{f}$ ist auch injektiv auf ∂G – das war der zweite Teil der Aussage des Satzes von Caratheodory.

3. Weil $\widehat{f}$ das Gebietsinnere ins Innere des Einheitskreises und den Rand auf den Rand abbildet, ist $\widehat{f}$ insgesamt injektiv.

Die Surjektivität folgt noch schneller: $\widehat{f}(\overline{G})$ ist kompakt, insbesondere abgeschlossen, und wegen $\mathbb{D} \subset \widehat{f}(\overline{G}) \subset \overline{\mathbb{D}}$ kann kein Punkt aus dem Rand fehlen.

Die Stetigkeit der Umkehrabbildung folgt schließlich aus Satz 4.1.2.   ∎

5.5.6. Aufgaben

A. Sei $G_0 := \{z = x + iy : 0 < x < 1 \text{ und } 0 < y < 1\}$, $S_n := \{z = x + iy : x = 1/n \text{ und } 0 < y \leq 1/2\}$ für $n \geq 2$ und $G := G_0 \setminus \bigcup_{n=2}^{\infty} S_n$. Zeigen Sie, dass 0 ein nicht erreichbarer Randpunkt von G ist.

B. Sei $G \subset \mathbb{C}$ ein Gebiet. Ein **Randschnitt** in G ist ein stückweise stetig differenzierbarer Weg $\gamma : [a, b] \to \mathbb{C}$ mit $\gamma([a, b)) \subset G$ und $\gamma(b) \in \partial G$. Im Falle des Gebietes G aus der vorigen Aufgabe gibt es keinen Randschnitt in G, der im Nullpunkt endet. Geben Sie ein Beispiel eines Gebietes $G \subset \mathbb{C}$ und eines nicht erreichbaren Randpunktes $z_0 \in G$ an, so dass dennoch ein Randschnitt in G existiert, der in z_0 endet.

C. Sei $G \subset \mathbb{C}$ ein Gebiet, $z_0 \in \partial G$ Endpunkt eines Randschnittes. Betrachtet werden nun alle Folgen (z_ν) in G, die auf einem Randschnitt liegen und gegen z_0 konvergieren. Zwei solche Folgen (z_n) und (w_n) heißen äquivalent, wenn es einen Randschnitt gibt, auf dem beide Folgen liegen. Zeigen Sie, dass tatsächlich eine Äquivalenzrelation vorliegt. Wodurch unterscheiden sich in diesem Zusammenhang erreichbare und nicht erreichbare Randpunkte?

5.6 Das Spiegelungsprinzip

Will man eine beliebige holomorphe Funktion $f : G \to \mathbb{C}$ über den Rand hinaus fortsetzen, so muss man die stetige Fortsetzbarkeit voraussetzen, und das Gebiet sollte einen hinreichend schönen Rand besitzen. Dann aber liefert das „Spiegelungsprinzip" ein bequemes und mächtiges Verfahren für die holomorphe Fortsetzung.

Das folgende technische Lemma wird beim Beweis des Spiegelungsprinzips gebraucht.

5.6.1. Lemma

Sei $G \subset \mathbb{C}$ ein Gebiet, $f : G \to \mathbb{C}$ stetig und $G' \subset\subset G$ ein Teilgebiet. Gegeben seien außerdem Folgen von Punkten $a_\nu, b_\nu \in G'$, die gegen a bzw. b konvergieren. Die Verbindungsstrecke von a und b sei mit S bezeichnet, die der Punkte a_ν und b_ν jeweils mit S_ν. Dann ist

$$\lim_{\nu \to \infty} \int_{S_\nu} f(z)\, dz = \int_S f(z)\, dz.$$

BEWEIS: Es sei $K := \overline{G'}$, $M := \sup_K |f|$ und $C := \sup_\nu |b_\nu - a_\nu|$. Außerdem seien $\alpha_\nu(t) := a_\nu + t(b_\nu - a_\nu)$ und $\alpha(t) := a + t(b - a)$ die Parametrisierungen von S_ν bzw. S. Nun sei ein $\varepsilon > 0$ vorgegeben. f ist stetig und daher auf K gleichmäßig stetig. Zu $\varepsilon^* := \varepsilon/(2C)$ gibt es ein $\delta > 0$, so dass für alle $z, z' \in K$ mit $|z - z'| < \delta$ gilt: $|f(z) - f(z')| < \varepsilon^*$. Dabei können wir $\delta < \varepsilon/(2M)$ wählen.

Weil (a_ν) gegen a und (b_ν) gegen b konvergiert, gibt es ein ν_0, so dass für $\nu \geq \nu_0$ gilt: $|a_\nu - a| < \delta/2$ und $|b_\nu - b| < \delta/2$. Daraus folgt:

$$|\alpha_\nu(t) - \alpha(t)| = |(a_\nu - a)(1 - t) + (b_\nu - b)t| < \delta \text{ für } \nu \geq \nu_0 \text{ und } t \in I := [0, 1].$$

Für eben diese $\nu \geq \nu_0$ und alle $t \in I$ ist dann $|f(\alpha_\nu(t)) - f(\alpha(t))| < \varepsilon^*$ und

$$
\begin{aligned}
\big| f(\alpha_\nu(t))\alpha_\nu'(t) - f(\alpha(t))\alpha'(t) \big| &= \\
- \big| \big(f(\alpha_\nu(t)) - f(\alpha(t))\big)\alpha'(t) &+ f(\alpha_\nu(t))\big(\alpha_\nu'(t) - \alpha'(t)\big) \big| \\
\leq \varepsilon^* \cdot C + \delta \cdot M &< \frac{\varepsilon}{2} + \frac{\varepsilon}{2} = \varepsilon,
\end{aligned}
$$

Also konvergiert $F_\nu(t) := f(\alpha_\nu(t))\alpha'_\nu(t)$ auf I gleichmäßig gegen $F(t) := f(\alpha(t))\alpha'(t)$. Dann lässt sich Limes und Integral vertauschen, es ist

$$\int_S f(z)\,dz = \int_I F(t)\,dt = \lim_{\nu \to \infty} \int_I F_\nu(t)\,dt = \lim_{\nu \to \infty} \int_{S_\nu} f(z)\,dz. \qquad \blacksquare$$

Das Lemma begründet das, was man gerne salopp so beschreibt: „Streben die Streckenzüge S_ν gegen eine Strecke S, so streben die Integrale einer Funktion f über die S_ν gegen das Integral von f über S."

Wir werden das Spiegelungsprinzip zunächst in einem sehr speziellen Fall kennenlernen. Dieses Prinzip liefert die holomorphe Fortsetzung über die reelle Achse hinaus, indem einem zu z gespiegelten Punkt $\overline{z}$ die Spiegelung des Wertes der Funktion an der Stelle z zugeordnet wird. $\mathbb{H}$ bezeichne dabei wie üblich die obere Halbebene.

5.6.2. Schwarz'sches Spiegelungsprinzip

Es sei $G_+ \subset \mathbb{H}$ ein Gebiet, dessen Rand ∂G_+ ein offenes Intervall $I \subset \mathbb{R}$ enthalte. Es sei $G_- := \{z \in \mathbb{C} : \overline{z} \in G_+\}$ das Spiegelbild von G_+ bezüglich der reellen Achse. Dann gilt :

1. *Ist f stetig auf der Vereinigung $G_+ \cup I \cup G_-$ und holomorph im Inneren der beiden Gebiete G_+ und G_-, so ist f holomorph auf $G_+ \cup I \cup G_-$.*

2. *Ist f stetig auf $G_+ \cup I$, holomorph auf G_+ und zusätzlich noch reellwertig auf dem Intervall I, so gibt es eine eindeutig bestimmte holomorphe Fortsetzung F von f auf $G_+ \cup I \cup G_-$, mit*

$$F(z) = \overline{f(\overline{z})} \qquad \text{für alle } z.$$

BEWEIS: Sei zunächst f stetig auf $G := G_+ \cup G \cup G_-$. Es sei t eine reelle Zahl aus I, $U = U_\varepsilon(t)$ eine Umgebung, die ganz in G liegt. Wir wollen die Holomorphie von f in U mit dem Satz von Morera zeigen. Sei dafür Δ ein abgeschlossenes Dreieck in U, γ bezeichne den orientierten Rand $\partial\Delta$.

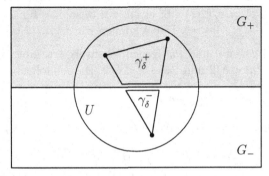

Eine Anwendung des
Satzes von Morera

Für $\delta > 0$ seien γ_δ^+ und γ_δ^- die Ränder der auf der Höhe von $\delta\mathrm{i}$ bzw. $-\delta\mathrm{i}$ abgeschnittenen „Dreiecksstümpfe". Geht δ gegen Null, so geht die Summe der beiden

Wege gegen γ (ein Stück reelle Achse hebt sich weg, da es entgegengesetzt durchlaufen wird), und es gilt: $\displaystyle\int_\gamma f(z)dz = \lim_{\delta\to 0} \int_{\gamma_\delta^+ + \gamma_\delta^-} f(z)dz = 0$.

Mit dem Satz von Morera folgt nun die Holomorphie von f.

Für den zweiten Teil sei f stetig auf G_+ und $F(z) := \begin{cases} f(z) & \text{für } z \in G_+ \\ \overline{f(\overline{z})} & \text{für } z \in G \setminus G_+ \end{cases}$.

Weil f reell auf I ist, ist F stetig auf G. Nach Voraussetzung ist F holomorph auf G_+, aber die Holomorphie überträgt sich auf G_-, denn mit $c(z) := \overline{z}$ ist $F(z) = \overline{f} \circ c$ auf G_-, und die Ableitung nach $\overline{z}$ ergibt mittels Kettenregel

$$\frac{\partial F}{\partial \overline{z}} = \frac{\partial \overline{f}}{\partial z} \cdot \frac{\partial c}{\partial \overline{z}} + \frac{\partial \overline{f}}{\partial \overline{z}} \cdot \frac{\partial \overline{c}}{\partial \overline{z}} = 0,$$

weil $(\overline{f})_z = 0$ und $(\overline{z})_{\overline{z}} = 0$ ist. Deshalb ist der erste Teil anwendbar, d.h. F ist holomorph auf G. ∎

Definition (glattes analytisches Kurvenstück):

Eine Kurve $\gamma : [a,b] \to \mathbb{C}$ heißt *reell-analytisch*, falls es für jedes $t_0 \in [a,b]$ eine konvergente Potenzreihe

$$\Gamma(t) = \sum_{\nu=0}^{\infty} a_\nu (t - t_0)^\nu$$

mit (komplexen) Koeffizienten a_ν gibt, so dass $\Gamma(t) = \gamma(t)$ für t nahe t_0 ist.

$C = \gamma([a,b])$ heißt **glattes analytisches Kurvenstück**, falls γ reell-analytisch und injektiv und $\gamma'(t) \neq 0$ für alle t aus $[a,b]$ ist.

Ist $C = \gamma([a,b])$ ein glattes analytisches Kurvenstück, so gibt es eine Umgebung $U([a,b]) \subset \mathbb{C}$ und eine Umgebung $W = W(C)$, so dass γ zu einer biholomorphen Abbildung $\widehat{\gamma} : U \to W$ fortgesetzt werden kann. Das sehen wir so ein:

Jede lokale Potenzreihe konvergiert (als komplexe Potenzreihe gesehen) auf einem Kreis gegen eine holomorphe Funktion. Da zwei solche Potenzreihen auf dem reellen Schnitt übereinstimmen, garantiert der Identitätssatz die Gleichheit auf dem offenen Schnitt der Kreise in $\mathbb{C}$. Da die Ableitung γ' auf $[a,b]$ ungleich Null ist, gilt das auch auf einer (unter Umständen verkleinerten) Umgebung für die Fortsetzung. In dieser Situation führen wir die folgende Redeweise ein:

Definition (Symmetrie bezüglich einer Kurve):

Zwei Punkte $z_1, z_2 \in W$ heißen **symmetrisch bezüglich** C, falls

$$\widehat{\gamma}^{-1}(z_1) = \overline{\widehat{\gamma}^{-1}(z_2)}$$

gilt, falls also die Urbilder bezüglich $\widehat{\gamma}$ symmetrisch zur reellen Achse liegen.

Bemerkung: Die Eigenschaft „symmetrisch bezüglich C" ist unabhängig von der Parametrisierung von γ. Ist nämlich $\varrho : [c, d] \to \mathbb{C}$ eine andere Parametrisierung von C und $\widehat{\varrho}$ die holomorphe Fortsetzung von ϱ auf eine Umgebung $U' = U'([c, d])$, so können wir annehmen, dass $\widehat{\varrho}$ und $\widehat{\gamma}$ die gleiche Bildmenge W besitzen, sonst verkleinern wir den Definitionsbereich entsprechend. Dann ist

$$\Lambda := \widehat{\varrho}^{-1} \circ \widehat{\gamma} : U \to U'$$

auf $U \cap \mathbb{R}$ reellwertig und die Einschränkung λ von Λ auf $U \cap \mathbb{R}$ kann um jedes $t_0 \in [a, b]$ in eine reelle Potenzreihe entwickelt werden: $\lambda(t) = \sum\limits_{\nu=0}^{\infty} b_\nu (t - t_0)^\nu$. Da λ reellwertig ist, sind alle b_ν reell. Die Reihenentwicklung bleibt aber im Komlexen gültig. Deshalb ist

$$\Lambda(\overline{z}) = \sum_{\nu=0}^{\infty} b_\nu (\overline{z} - t_0)^\nu = \overline{\sum_{\nu=0}^{\infty} b_\nu (z - t_0)^\nu} = \overline{\Lambda(z)}.$$

Sind $w_1 = \widehat{\gamma}^{-1}(z_1)$, $w_2 = \widehat{\gamma}^{-1}(z_2)$ symmetrisch zu $\mathbb{R}$, so ist $w_1 = \overline{w_2}$. Dann gilt :

$$\widehat{\varrho}^{-1}(z_2) = \widehat{\varrho}^{-1} \circ \widehat{\gamma} \circ \widehat{\gamma}^{-1}(z_2) = \Lambda(w_2) = \Lambda(\overline{w_1}) = \overline{\Lambda(w_1)} = \overline{\widehat{\varrho}^{-1} \circ \widehat{\gamma} \circ \widehat{\gamma}^{-1}(z_1)} = \overline{\widehat{\varrho}^{-1}(z_1)}.$$

Deshalb ist die Symmetrie bzgl. C wohldefiniert.

5.6.3. Beispiele

A. Es sei $\gamma(t) = a + tv$, $v \neq 0$ eine Gerade. Dann ist γ die Einschränkung der affin linearen, holomorphen Funktion $\widehat{\gamma}(z) = a + zv$. Die Menge $\widehat{\gamma}(\mathbb{H})$ ist eine der beiden durch γ bestimmten Halbebenen. Die Spiegelung an der Geraden wird beschrieben durch $x = a + zv \mapsto x^* = a + \overline{z}v$. Setzt man $z = (x - a)/v$ in x^* ein, so erhält man die geschlossene Spiegelungsformel

$$x^* = a + \frac{v}{\overline{v}}(\overline{x} - \overline{a}),$$

die wir schon in Abschnitt 1.5. als Anwendung der komplexen Zahlen in der Geometrie kennengelernt haben.

B. Es sei $\gamma(t) = a + re^{it}$, $r > 0$, ein parametrisierter Kreis. Dann erhalten wir die Fortsetzung wieder durch Ersetzen der reellen Variablen t durch die komplexe Variable z. Die Spiegelung am Kreis hat dann die Gestalt

$$x = a + re^{iz} \mapsto x^* = a + re^{i\overline{z}}.$$

Die Auflösung nach z ergibt

$$z = \frac{1}{i} \log\left(\frac{x - a}{r}\right), \quad \text{also} \quad i\overline{z} = -\log\frac{\overline{x} - \overline{a}}{r} = \log\frac{r}{\overline{x} - \overline{a}},$$

und damit die geschlossene Formel

$$x^* = a + \frac{r^2}{\overline{x} - \overline{a}} \qquad \text{für } x \neq a.$$

Anzuwenden ist die Formel auf Punkte x mit $0 < |x - a| < r$. Dann ist $|x^* - a| > r$.

Bemerkung: Dabei wird das gesamte Innere auf das gesamte Äußere und der Mittelpunkt a ins Unendliche gespiegelt. Ist $a = 0$ und $r = 1$, so erhält man – bis auf die Konjugation – die Inversion.

Definition (freier Randbogen):

Sei $G \subset \mathbb{C}$ ein Gebiet. ∂G enthält ein glattes analytisches Kurvenstück C als *freien Randbogen*, wenn es eine reell-analytische Parametrisierung $\gamma : [a, b] \to C$ und Umgebungen U von $[a, b]$ und W von C gibt, so dass die Fortsetzung $\widehat{\gamma} : U \to W$ biholomorph ist und $\widehat{\gamma}^{-1}(W \cap G)$ ganz in der oberen Halbebene $\mathbb{H}$ liegt.

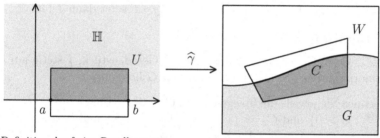

Zur Definition des freien Randbogens

5.6.4. Großer Spiegelungssatz

Sei $G \subset \mathbb{C}$ ein Gebiet. ∂G enthalte ein glattes, analytisches Kurvenstück C als freien Randbogen. $f : G \to \mathbb{C}$ sei holomorph und stetig nach $G \cup C$ fortsetzbar. Das Bild $C' := f(C)$ sei ein glattes, analytisches Kurvenstück, das im Rand von $G' = f(G)$ als freier Randbogen enthalten ist. Dann gibt es eine Umgebung $W = W(C) \subset \mathbb{C}$ und eine holomorphe Fortsetzung $\widehat{f}$ von f nach $G \cup W$, so dass $\widehat{f}$ Punkte, die bezüglich C symmetrisch liegen, auf Punkte abbildet, die bezüglich C' symmetrisch liegen.

BEWEIS: Seien $\gamma : [a, b] \to C$ und $\varrho : [c, d] \to C'$ die Parametrisierungen der freien Randbögen, $\widehat{\gamma} : U \to W$ und $\widehat{\varrho} : U' \to W'$ die biholomorphen Fortsetzungen. Dann ist $F_+ := \widehat{\varrho}^{-1} \circ f \circ \widehat{\gamma} : U \cap \mathbb{H} \to U' \cap \mathbb{H}$ holomorph und besitzt eine reellwertige stetige Fortsetzung auf $U \cap \mathbb{R}$.

Nach dem Schwarz'schen Spiegelungsprinzip gibt es eine holomorphe Fortsetzung F (auf das gespiegelte Gebiet) mit $F(z) = \overline{F_+(\overline{z})}$ für z in der unteren Halbebene. Nun sei $\widehat{f}(z) := \widehat{\varrho} \circ F \circ \widehat{\gamma}^{-1}(z)$ für $z \in W$. Ist $z \in W \cap G$, so liegt $\widehat{\gamma}^{-1}(z)$ in $U \cap \mathbb{H}$, und es ist

$$\widehat{f}(z) := \widehat{\varrho} \circ F_+ \circ \widehat{\gamma}^{-1}(z) = f(z).$$

Also ist $\widehat{f}$ eine holomorphe Fortsetzung von f. Offensichtlich bildet $\widehat{f}$ symmetrische Punkte auf symmetrische Punkte ab.   ∎

5.6.5. Folgerung

Sei $G \subset \mathbb{C}$, $G \neq \mathbb{C}$ ein einfach zusammenhängendes Gebiet, C ein analytisches Kurvenstück, das ein freier Randbogen von G ist. Ist $f : G \to \mathbb{D}$ eine biholomorphe Abbildung, so lässt sich f über C hinaus holomorph fortsetzen.

BEWEIS: Aus dem Beweis zum Riemann'schen Abbildungssatz entnehmen wir die Existenz einer biholomorphen Abbildung $T \in \mathrm{Aut}(\overline{\mathbb{C}})$, so dass $G' := T(G)$ beschränkt ist. $C' := T(C)$ ist dann ein freier analytischer Randbogen von G'. Die Abbildung $g := f \circ T^{-1} : G' \to \mathbb{D}$ ist biholomorph, deshalb kann g zu einer stetigen Abbildung $\widehat{g} : G' \cup C' \to \overline{\mathbb{D}}$ fortgesetzt werden, wobei $K := \widehat{g}(C') \subset \partial\mathbb{D}$ wieder freier analytischer Randbogen ist. Deshalb ist der Spiegelungssatz anwendbar, d.h. $\widehat{g}$ kann über C' hinaus fortgesetzt werden. $F := \widehat{g} \circ T$ setzt dann f fort.   ∎

5.6.6. Aufgaben

A. Sei $G \subset \mathbb{C}$ ein Gebiet, $S \subset G$ ein (offenes) Geradenstück, f stetig auf G und holomorph auf $G \setminus S$. Dann ist f auf ganz G holomorph.

B. Berechnen Sie jeweils die Spiegelung an $C_1 := \{z : \mathrm{Im}(z) = -2\}$, $C_2 := \{z = re^{i\pi/4} : r > 0\}$ und $C_3 := \{1 + t(i-1) : t \in \mathbb{R}\}$ und bestimmen Sie die Bilder von $z_1 = 0$, $z_2 = 2 + i$ und $z_3 = -5$.

C. Es sei $G_+ \subset \mathbb{H}$ ein Gebiet, dessen Rand ∂G_+ ein offenes Intervall $I \subset \mathbb{R}$ enthält, sowie $G_- := \{z \in \mathbb{C} : \overline{z} \in G_+\}$. Dann gibt es zu jeder reellwertigen, stetigen Funktion u auf $G_+ \cup I$, die auf G_+ harmonisch und auf I konstant $= 0$ ist, eine harmonische Fortsetzung $\widehat{u}$ von u auf $G_+ \cup I \cup G_-$.

D. Sei $G \subset \mathbb{C}$ ein Gebiet und $C \subset \partial G$ ein glattes, analytisches Kurvenstück (als freier Randbogen). Ist f stetig auf $G \cup C$, holomorph auf G und $= 0$ auf C, so ist $f = 0$ auf ganz G.

E. Sei $f : \overline{\mathbb{D}} \to \mathbb{C}$ stetig, holomorph auf $\mathbb{D}$ und $|f(z)| = 1$ auf $\partial\mathbb{D}$. Zeigen Sie, dass es eine meromorphe Funktion $\widehat{f}$ mit nur endlich vielen Polstellen auf $\mathbb{C}$ gibt, so dass $\widehat{f} = f$ auf $\overline{\mathbb{D}}$ gilt.

F. Sei K eine Kreislinie, z_1 und z_2 zwei bezüglich K spiegelbildlich gelegene Punkte. Ein Kreis oder eine Gerade C durch z_1 läuft genau dann auch durch z_2, wenn sich K und C senkrecht treffen.

5.7   Anwendungen

Die Mandelbrot-Menge

1967 veröffentlichte der französische Mathematiker Benoit Mandelbrot in der Zeitschrift *Science* einen Aufsehen erregenden Artikel unter dem Titel „Wie lang ist die Küste Britanniens?". Denkt man genau über diese Frage nach, so kommt man zu dem Schluss, dass es keine korrekte Antwort gibt. Je genauer man nachmisst, desto größer wird die Zahl, und die Genauigkeit lässt sich – zumindest theoretisch – beliebig vergrößern. In der Mathematik ist natürlich beliebige Genauigkeit möglich, und da wird die Küste Britanniens zu einem Gebilde, das man nicht mehr als etwas Eindimensionales auffassen kann. Man gelangt zum Begriff der „gebrochenen Dimension", seit Mandelbrot spricht man von *fraktaler Geometrie*.

Schon zu Anfang des 20. Jahrhunderts hatten die französischen Mathematiker Gaston Julia und Pierre Fatou das Verhalten der n-fach Iterierten $f^n := f \circ \ldots \circ f$ von rationalen Funktionen $f : \overline{\mathbb{C}} \to \overline{\mathbb{C}}$ studiert. Ihre Arbeit geriet ins Stocken, weil sie die untersuchten Objekte graphisch nicht darstellen konnten. Um 1980 entstanden die ersten Computer-Bilder von Fraktalen, und man entdeckte eigenartige Ordnungsstrukturen im Chaos. Je weiter die Fähigkeiten der Computer voranschritten, desto phantastischere Bilder und Strukturen wurden entdeckt. Beispiele liefert das berühmte Buch „The Beauty of Fractals" von H. O. Peitgen und P. H. Richter (Springer-Verlag, 1986).

Hier ist nicht der Platz, im Detail auf die Geometrie der Fraktale einzugehen. Es soll nur in aller Kürze dargelegt werden, was diese Theorie mit der Funktionentheorie im allgemeinen und dem Begriff der normalen Familie im besonderen zu tun hat.

Es sei also eine rationale Funktion $f : \overline{\mathbb{C}} \to \overline{\mathbb{C}}$ gegeben.

1. $\mathrm{Fat}(f) := \{z \in \overline{\mathbb{C}} : \exists\, W = W(z),$ so dass $(f^n|_W)$ eine normale Familie ist$\}$ heißt die *Fatou-Menge* von f.

2. $\mathrm{Jul}(f) := \overline{\mathbb{C}} \setminus \mathrm{Fat}(f)$ heißt *Julia-Menge* von f.

Man sieht sofort, dass $\mathrm{Fat}(f)$ offen und $\mathrm{Jul}(f)$ abgeschlossen ist. Im Falle der Funktion $f(z) = z^2$ ist $\mathrm{Jul}(f) = \partial\mathbb{D}$, aber im Falle der Funktion $f_c(z) := z^2 + c$ kann die Julia-Menge – abhängig von c – sehr kompliziert werden. Eine Darstellung ist dann nur mit Computerhilfe möglich.

Die Menge $M := \{c \in \mathbb{C} : \mathrm{Jul}(f_c)$ ist zusammenhängend $\}$ heißt *Mandelbrot-Menge*. 1978 erzeugte Mandelbrot die erste Grafik der Menge M, die wegen ihres Aussehens auch „Apfelmännchen" genannt wurde. Er konnte zeigen:

$$M = \{c \in \mathbb{C} : |f_c^n(0)| \le 2 \text{ für alle } n \in \mathbb{N}_0\}.$$

M ist symmetrisch zur reellen Achse, schneidet diese im Intervall $[-2, 1/4]$ und umfasst das Innere der Kardioide $K := \{c \in \mathbb{C} : |1 - \sqrt{1 - 4c}| < 1\}$ und des Kreises $D_{1/4}(-1)$.

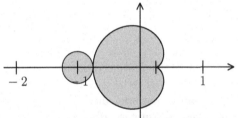

Erste Annäherung an die Mandelbrotmenge

Ein Bild der Mandelbrot-Menge entsteht nun folgendermaßen:

Jedem Pixel (x, y) eines Grafik-Bereichs entspricht eine komplexe Zahl $c = x + \mathrm{i}\,y$. Man gibt eine feste Anzahl N an Iterationen vor und berechnet $|f_c^n(0)|$ für $n = 1, 2, \ldots, N$. Ist $|f_c^n(0)| > 2$ für ein n, so geht man davon aus, dass c nicht in der Mandelbrot-Menge liegt und färbt das Pixel weiß, andernfalls färbt man es dunkel. Je mehr Iterationen man pro Pixel durchführt, desto genauer wird das Bild, das bei genügender Genauigkeit etwa so aussieht:

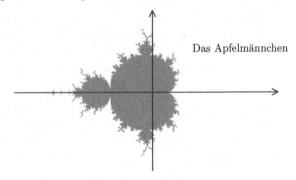

Das Apfelmännchen

Nichteuklidische Geometrie

Um 300 v.Chr. lehrte der Mathematiker **Euklid** an der Universität von Alexandria. Obwohl kaum etwas über seine Person bekannt ist, machte er sich unsterblich durch die Niederschrift der „Elemente", einer streng axiomatisch aufgebauten Sammlung der wichtigsten zu jener Zeit bekannten mathematischen Fakten. Diese Sammlung entwickelte sich zum einflussreichsten Lehrbuch in der Geschichte der Zivilisation.

Nach Einführung der Begriffe stellte Euklid 5 Postulate auf, aus denen er dann die gesamte Geometrie herleitete. Nach unseren Maßstäben enthielten diese Postulate logische Lücken, die erst um 1900 von David Hilbert geschlossen wurden. Eine moderne Version von Euklids Postulaten würde etwa folgendermaßen aussehen:

Postulat I (Inzidenz): Durch je zwei (verschiedene) Punkte geht genau eine Gerade. Jede Gerade enthält wenigstens zwei (verschiedene) Punkte. Die Ebene enthält wenigstens zwei (verschiedene) Geraden.

Postulat II (Anordnung): Von drei (verschiedenen) Punkten auf einer Geraden liegt genau einer zwischen den beiden anderen. Zu zwei Punkten A, B gibt es einen dritten Punkt C auf der gleichen Geraden, so dass B zwischen A und C liegt.

Man kann dann sagen, dass zwei Punkte A und B auf verschiedenen Seiten einer Geraden ℓ liegen, wenn es einen Punkt C auf ℓ gibt, der zwischen A und B liegt. Es wird noch gefordert, dass es zu einer Geraden immer genau zwei Seiten gibt.

Postulat III (Bewegungen): Es gibt eine Gruppe von bijektiven Abbildungen der Ebene auf sich (sogenannten **Bewegungen** oder *Kongruenzabbildungen*), die Inzidenzen und Anordnungen respektieren.

Geometrische Figuren heißen **kongruent**, wenn sie durch eine Bewegung aufeinander abgebildet werden. Es wird gefordert, dass es genügend viele Bewegungen gibt, so dass die bekannten Kongruenzsätze gelten. Man kann dann auch Spiegelungen, Drehungen und Translationen, sowie rechte Winkel definieren.

Postulat IV (Stetigkeit): Geraden sind vollständig im Sinne des Dedekind'schen Schnittaxioms.

Bei Euklid lauteten die Postulate anders, aber er benutzte sie zumindest implizit in der obigen Form. Mit Hilfe von (I) bis (IV) bewies er 31 Sätze, dann benutzte er zum ersten Mal sein letztes Postulat. Zwei Geraden heißen **parallel**, wenn sie keinen Punkt gemeinsam haben. Nun wird gefordert:

Postulat V (Parallelenaxiom): Ist ℓ eine Gerade und P ein Punkt, der nicht auf ℓ liegt, so gibt es genau eine Gerade ℓ' durch P, die parallel zu ℓ ist.

Bei Euklid war die Formulierung des 5. Postulates sehr viel komplizierter als die der ersten vier Postulate. Obwohl es gebraucht wurde, um den Satz von der Winkelsumme im Dreieck und den Satz des Pythagoras herzuleiten, sahen es die nachfolgenden Mathematiker als nicht vollwertiges Axiom an und suchten nach einem Beweis. Zunächst die Griechen, dann die Araber, dann die Italiener, die Engländer und zuletzt die Deutschen, Schweizer und Franzosen. Fast 2000 Jahre lang!

Erst im 18. Jahrhundert entdeckten fast gleichzeitig der Deutsche Carl Friedrich Gauß, der Ungar Johann Bolyai und der Russe Nikolai Iwanowitsch Lobatschewski, dass man mit Hilfe der Postulate (I) bis (IV) und einer abgewandelten Version von Postulat (V) eine ebenfalls in sich schlüssige Geometrie entwickeln konnte, in der die Winkelsumme im Dreieck stets weniger als 180° beträgt. Die „nichteuklidische Geometrie" war gefunden! Damit wurde gleichzeitig offensichtlich, dass man in der euklidischen Geometrie auf das Parallelenaxiom nicht verzichten konnte.

Die Widerspruchsfreiheit des Axiomensystems der nichteuklidischen Geometrie konnte erst Ende des 19., Anfang des 20. Jahrhunderts mit Hilfe von Modellen nachgewiesen werden. Ein besonders schönes Modell liefert uns die hyperbolische Geometrie im Einheitskreis (nach Poincaré), bei der Kreise und Geraden, die auf dem Rand des Einheitskreises senkrecht stehen, die Rolle der „hyperbolischen Geraden" spielen.

Definition (hyperbolische Weglänge):

Sei $\mathbb{D}$ der Einheitskreis und $\gamma : [a, b] \to \mathbb{D}$ ein stückweise stetig differenzierbarer Weg. Dann nennt man

$$L_h(\gamma) := \int_a^b \frac{|\gamma'(t)|}{1 - |\gamma(t)|^2} \, dt$$

die *hyperbolische Weglänge* von γ.

Ist z.B. $\gamma : [0, 1 - \varepsilon] \to \mathbb{D}$ mit $\gamma(t) = t$ die Verbindungsstrecke von 0 nach $1 - \varepsilon$, so ist

$$L_h(\gamma) = \int_0^{1-\varepsilon} \frac{dt}{1 - t^2} = \frac{1}{2} \ln \frac{1 + t}{1 - t} \Big|_0^{1-\varepsilon} = \frac{1}{2} \ln \frac{2 - \varepsilon}{\varepsilon} \ .$$

Für $\varepsilon \to 0$, also $1 - \varepsilon \to \partial \mathbb{D}$, strebt $L_h(\gamma)$ gegen $+\infty$.

5.7.1. Wege kürzester Länge

Unter allen Integrationswegen $\mu : [a, b] \to \mathbb{D}$ mit $\mu(a) = 0$ und $\mu(b) = 1 - \varepsilon$ ist die Verbindungsstrecke γ der Weg mit der kürzesten hyperbolischen Weglänge. Außerdem ist $L_h(\alpha) \geq L(\alpha)$ für jeden Integrationsweg α in $\mathbb{D}$.

BEWEIS: Wir schreiben $\mu = \mu_1 + i\,\mu_2$. Dann ist

$$|\mu'(t)| \geq |\mu_1'(t)| \geq \mu_1'(t)$$

und

$$1 - |\mu(t)|^2 = 1 - \mu_1(t)^2 - \mu_2(t)^2 \leq 1 - \mu_1(t)^2.$$

daraus folgt:

$$\begin{aligned}
L_h(\mu) &= \int_a^b \frac{|\mu'(t)|}{1 - |\mu(t)|^2} \, dt \geq \int_a^b \frac{\mu_1'(t)}{1 - \mu_1(t)^2} \, dt \\
&= \int_{\mu_1(a)}^{\mu_1(b)} \frac{1}{1 - t^2} \, dt = \int_0^{1-\varepsilon} \frac{1}{1 - t^2} \, dt = L_h(\gamma).
\end{aligned}$$

Außerdem gilt für einen beliebigen Weg $\alpha : [a, b] \to \mathbb{D}$:

$$L_h(\alpha) = \int_a^b \frac{|\alpha'(t)|}{1 - |\alpha(t)|^2} \, dt \geq \int_a^b |\alpha'(t)| \, dt = L(\alpha).$$

Die hyperbolische Weglänge ist stets größer als die euklidische Weglänge.   ∎

Der *hyperbolische Abstand* zwischen zwei Punkten x und y in $\mathbb{D}$ ist die Zahl

$$d_h(x, y) := \inf\{L_h(\gamma) : \gamma \text{ Weg von } x \text{ nach } y\}.$$

Offensichtlich ist stets $d_h(x, y) \geq d(x, y)$, und es ist $d_h(x, x) = 0$.

5.7.2. Eigenschaften des hyperbolischen Abstandes

Der hyperbolische Abstand ist eine Metrik auf $\mathbb{D}$, *d.h., es gilt:*

1. $d_h(x, y) \geq 0$.

2. Ist $d_h(x, y) = 0$, *so ist* $x = y$.

3. $d_h(x, y) = d_h(y, x)$ *für alle* $x, y \in \mathbb{D}$.

4. Es gilt die Dreiecks-Ungleichung:

$$d_h(x, y) \leq d_h(x, z) + d_h(z, y).$$

Der BEWEIS ist einfach.

Wir führen jetzt die Hilfsgröße $\delta(z, w) := \left| \dfrac{z - w}{1 - \overline{w}z} \right|$ ein. $\delta(z, w)$ ist symmetrisch in z und w, und es ist $\delta(z, 0) = |z|$. Für $\alpha \in \mathbb{D}$ ist $\delta(z, \alpha) = |T_\alpha(z)|$, wobei T_α der durch α bestimmte Automorphismus des Einheitskreises $z \mapsto (z - \alpha)/(1 - \overline{\alpha}z)$ ist.

5.7.3. Lemma von Schwarz-Pick

Sei $f : \mathbb{D} \to \mathbb{D}$ *holomorph. Dann ist*

$$\delta(f(z_1), f(z_2)) \leq \delta(z_1, z_2) \text{ für } z_1, z_2 \in \mathbb{D}$$

und

$$|f'(z)| \leq \frac{1 - |f(z)|^2}{1 - |z|^2} \text{ für } z \in \mathbb{D}.$$

Ist sogar $f \in \mathrm{Aut}(\mathbb{D})$, *so gilt in beiden Fällen die Gleichheit. Ist* f *kein Automorphismus, so gilt die strenge Ungleichung.*

BEWEIS: Es seien $z_1, z_2 \in \mathbb{D}$, sowie $w_1 = f(z_1)$ und $w_2 = f(z_2)$. Außerdem setzen wir $T := T_{-z_1}$ und $T^* := T_{w_1}$. Dann liegen T und T^* in $\mathrm{Aut}(\mathbb{D})$, es ist $T(0) = z_1$ und $T^*(w_1) = 0$, und $g := T^* \circ f \circ T : \mathbb{D} \to \mathbb{D}$ ist eine holomorphe Abbildung mit $g(0) = 0$. Aus dem Schwarz'schen Lemma folgt: $|g(z)| \leq |z|$ und $|g'(0)| \leq 1$. Dabei gilt jeweils die Gleichheit, wenn g eine Rotation ist. Damit folgt:

$$
\begin{aligned}
\delta(f(z_1), f(z_2)) &= \left| \frac{f(z_2) - w_1}{1 - \overline{w_1}f(z_2)} \right| = |T^*(f(z_2))| = |g(T^{-1}(z_2))| \\
&\leq |T^{-1}(z_2)| = |T_{z_1}(z_2)| = \left| \frac{z_1 - z_2}{1 - \overline{z_2}z_1} \right| = \delta(z_1, z_2),
\end{aligned}
$$

und die Gleichheit gilt genau dann, wenn g eine Rotation ist.

Ist $z_0 \in \mathbb{D}$ beliebig, $w_0 := f(z_0)$ und wie oben $T := T_{-z_0}$, $T^* := T_{w_0}$ und $g := T^* \circ f \circ T$, so ist auch hier $g(0) = 0$ und damit $|g'(0)| \leq 1$. Weil $g'(0) = (T^*)'(w_0) \cdot$

$f'(z_0) \cdot T'(0)$ ist, folgt:

$$|f'(z_0)| \leq \frac{1}{|T'(0)| \cdot |(T^*)'(w_0)|} \; .$$

Allgemein ist

$$T_\alpha'(z) = \frac{(1 - \overline{\alpha}z) + \overline{\alpha}(z - \alpha)}{(1 - \overline{\alpha}z)^2} = \frac{1 - |\alpha|^2}{(1 - \overline{\alpha}z)^2} \; ,$$

speziell also $T'(0) = 1 - |z_0|^2$ und $(T^*)'(w_0) = 1/(1 - |w_0|^2)$. Daraus folgt die zweite Behauptung.

Ist f ein Automorphismus, so auch g, und wegen $g(0) = 0$ ist g dann eine Rotation. In diesem Falle erhalten wir die Gleichheit.

Ist umgekehrt $|f'(z_0)| = (1 - |f(z_0)|^2)/(1 - |z_0|^2)$, so ist $|g'(0)| = 1$, also g (und damit auch f) ein Automorphismus.   ∎

5.7.4. Holomorphe Funktionen sind abstandsverkürzend

Sei $f : \mathbb{D} \to \mathbb{D}$ holomorph. Dann ist $L_h(f \circ \gamma) \leq L_h(\gamma)$ für alle Wege γ, also $d_h(f(z), f(w)) \leq d_h(z, w)$.

BEWEIS: Wir verwenden das Lemma von Schwarz-Pick. Danach ist

$$\begin{aligned} L_h(f \circ \gamma) &= \int_a^b \frac{|(f \circ \gamma)'(t)|}{1 - |f \circ \gamma(t)|^2} \, dt = \int_a^b \frac{|f'(\gamma(t)) \cdot \gamma'(t)|}{1 - |f(\gamma(t))|^2} \, dt \\ &\leq \int_a^b \frac{|\gamma'(t)|}{1 - |\gamma(t)|^2} \, dt = L_h(\gamma). \end{aligned}$$ ∎

Die Automorphismen des Einheitskreises sind also Isometrien für die hyperbolische Metrik.

5.7.5. Formel für die hyperbolische Metrik

Für $z, w \in \mathbb{D}$ ist $d_h(z, w) = \dfrac{1}{2} \ln \dfrac{1 + \delta(z, w)}{1 - \delta(z, w)}$.

BEWEIS: Ist $z = 0$ und w reell und positiv, so ist $\delta(z, w) = w$. In diesem Fall kennen wir die Formel schon.

Sind $z, w \in \mathbb{D}$ beliebig, so setzen wir $T := T_z \in \mathrm{Aut}(\mathbb{D})$. Dann ist $T(z) = 0$ und $|T(w)| = \delta(z, w)$. Daraus folgt:

$$d_h(z, w) = d_h(T(z), T(w)) = d_h(0, T(w)) = d_h(0, |T(w)|) = d_h(0, \delta(z, w)).$$

Mit der Bemerkung vom Anfang des Beweises ergibt sich die Behauptung.   ∎

5.7.6. Hyperbolische Metrik und Topologie

Die hyperbolische Metrik d_h induziert die Standard-Topologie auf $\mathbb{D}$, und der metrische Raum $(\mathbb{D}, d_h)$ ist vollständig.

BEWEIS: Für $z \in \mathbb{D}$ gilt:

$$d_h(0, z) < \varepsilon \iff \frac{1 + \delta(0, z)}{1 - \delta(0, z)} < e^{2\varepsilon} \iff \delta(0, z) < \frac{e^{2\varepsilon} - 1}{e^{2\varepsilon} + 1} \iff |z| < \frac{e^{2\varepsilon} - 1}{e^{2\varepsilon} + 1}$$

Also stimmen die Umgebungen von 0 in beiden Topologien überein. Ist $z_0 \in \mathbb{D}$ ein beliebiger Punkt, so gibt es einen Automorphismus T von $\mathbb{D}$, der 0 auf z_0 abbildet. Da T biholomorph ist, bildet T Umgebungen von 0 (in der Standard-Topologie) auf Umgebungen von z_0 ab, und umgekehrt. Als Isometrie bildet T aber auch ε-Umgebungen von 0 (in der hyperbolischen Metrik) auf ebensolche Umgebungen von z_0 ab. Also sind die Topologien gleich.

Sei nun (z_n) eine Cauchy-Folge bezüglich der hyperbolischen Metrik. Dann gibt es ein r mit $0 < r < 1$, so dass alle z_n in $\overline{D_r^{(h)}(0)} = \{z \in \mathbb{D} : d_h(0, z) \leq r\}$ liegen (denn $\partial\mathbb{D}$ ist vom Nullpunkt unendlich weit entfernt). Aber dann konvergiert eine Teilfolge (in der gewöhnlichen Metrik) gegen ein z_0 in dieser abgeschlossenen Kreisscheibe. Diese Teilfolge konvergiert auch in der hyperbolischen Metrik, und weil (z_n) eine Cauchy-Folge ist, konvergiert sogar die ursprüngliche Folge gegen z_0. ∎

Wir haben gezeigt, dass die hyperbolische Länge jeweils auf den konformen Bildern von Abschnitten der positiven reellen Achse ihr Minimum annimmt. Dies können wieder nur Abschnitte von Geraden oder Kreisen sein. Wegen der Konformität müssen die Bildkurven in der Verlängerung den Rand des Einheitskreises unter einem rechten Winkel treffen. Das tun nur Geraden durch den Nullpunkt oder sogenannten ***Orthokreise***, die $\partial\mathbb{D}$ unter einem rechten Winkel treffen.

Das ***Poincaré-Modell*** für die nichteuklidische Geometrie sieht nun folgendermaßen aus:

- Als „Ebene" benutzt man das Innere des Einheitskreises $\mathbb{D}$, als „Geraden" die Orthokreise (inkl. der euklidischen Geraden durch den Nullpunkt). Die Inzidenz- und Anordnungsaxiome sind offensichtlich erfüllt, und da alle hyperbolischen Geraden homöomorph zu einem offenen Intervall und damit zur rellen Achse sind, ist auch das Dedekind-Axiom erfüllt.

- Als Bewegungsgruppe dient die Gruppe $\mathrm{Aut}(\mathbb{D})$ (mit den verallgemeinerten Translationen T_α und den Drehungen R_θ um 0), erweitert um die Spiegelung $z \mapsto \bar{z}$. Dann kann man zeigen, dass alle Bewegungs-Axiome erfüllt sind.

- In der vorliegenden Geometrie ist offensichtlich das „hyperbolische Parallelenaxiom" erfüllt:

Es gibt eine Gerade ℓ und einen Punkt P, der nicht auf ℓ liegt, so dass durch P mindestens zwei Parallelen zu ℓ gehen.

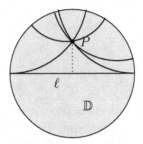

Parallelen zu ℓ durch P

Man sieht auch, dass eine Parallele zu einer Geraden g auf diese asymptotisch zulaufen kann, eine Tatsache, die 100 Jahre vor Gauß und Bolyai den Jesuitenpater Girolama Saccheri daran zweifeln ließ, dass er eine neue, gültige Geometrie entdeckt habe, so dass er lieber einen logisch eigentlich nicht haltbaren Widerspruch herbeiführte und damit eine historische Chance verpasste. Das Modell von Poincaré entstand erst 1881, zuvor musste man völlig abstrakt argumentieren.

Man kann auch leicht Dreiecke mit einer Winkelsumme < 180° finden:

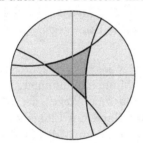 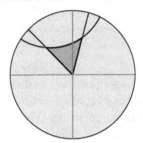

Die Cayley-Abbildung C bildet $\mathbb{D}$ biholomorph auf $\mathbb{H}$ ab. Deshalb kann auch die obere Halbebene als Modell für die nichteuklidische Geometrie dienen. Die Geraden in diesem Modell sind die Halbgeraden, die auf der reellen Achse senkrecht stehen, und die Halbkreise in $\mathbb{H}$ mit dem Mittelpunkt auf der reellen Achse.

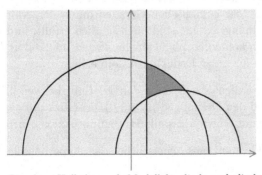

Die obere Halbebene als Modell für die hyperbolische Geometrie

Die Formel von Schwarz-Christoffel

Mit Hilfe des Spiegelungsprinzips kann man für polygonal berandete Gebiete eine biholomorphe Abbildung auf den Einheitskreis explizit berechnen.

Definition (Polygongebiet):

Ein **Polygongebiet** ist ein einfach zusammenhängendes, beschränktes Gebiet G, zusammen mit einer Menge $\{w_1, \ldots, w_n\} \subset \partial G$ (den **Ecken**), so dass sich der Rand ∂G aus den Strecken $S_k = \overline{w_k w_{k+1}}$ (den **Seiten**) zusammensetzt und insbesondere $w_{n+1} = w_1$ ist. Außerhalb der Ecken seien die S_k freie Randbögen von G, die Ecken seien alle erreichbar. Zusätzlich wollen wir fordern, dass die S_k so orientiert sind, dass G positiv berandet ist, dass sich also das Gebiet beim Durchlaufen des Randes immer auf der linken Seite befindet.

Die Innenwinkel bei w_k schreiben wir in der Form $\alpha_k \pi$ mit $\alpha_k \in (0, 2)$.

Ist der Innenwinkel $\alpha_k \pi$ gegeben, dann entspricht die Richtungsänderung beim Durchlaufen der Ecke genau $+(1 - \alpha_k)\pi$.

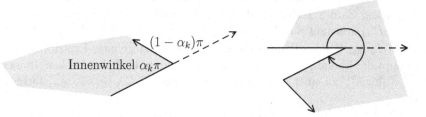

Dabei ist es egal, ob ein spitzer oder stumpfer Winkel vorliegt (Richtungswechsel nach links) oder ein überstumpfer Winkel (Richtungswechsel nach rechts). Weil das Gebiet genau einmal umlaufen wird, ist die Summe der Richtungsänderungen genau 2π, d.h.

$$2\pi = \sum_{k=1}^{n}(1 - \alpha_k)\pi \quad \text{bzw.} \quad \sum_{k=1}^{n}\alpha_k = n - 2.$$

Wir untersuchen jetzt die Eigenschaften einer biholomorphen Abbildung $f : G \to \mathbb{H}$. Oben hatten wir angekündigt, eine biholomorphe Abbildung in den Einheitskreis zu konstruieren, aber wir können G auch in die obere Halbebene biholomorph abbilden, denn diese ist über die Cayley-Abbildung biholomorph äquivalent zum Einheitskreis. Sei also f wie oben gegeben – die Existenz folgt aus dem Riemann'schen Abbildungssatz. Mit $F := f^{-1} : \mathbb{H} \to G$ bezeichnen wir die Umkehrabbildung. Nach unserer letzten Folgerung lässt sich F topologisch auf den Rand fortsetzen zu einer Abbildung $\overline{F} : \overline{\mathbb{H}} \to \overline{G}$. Die Ableitung $F' : \mathbb{H} \to G$ ist holomorph und ohne Nullstellen, denn sonst wäre F nicht umkehrbar. Also besitzt F' einen Logarithmus, d.h. es gibt eine holomorphe Funktion $g : \mathbb{H} \to \mathbb{C}$, so dass $\exp(g) = F'$ gilt. Die Ableitung von g,

$$g'(z) = \frac{F''(z)}{F'(z)} : \mathbb{H} \to \mathbb{C},$$

ist holomorph. Mit ϱ_k seien die Bilder der Ecken $f(w_k)$ bezeichnet. Die ϱ_k sind alle reell, deshalb ist $I_k := \overline{\varrho_k \varrho_{k+1}}$ ein Intervall, nämlich genau das Urbild einer Polygonseite: $S_k = F(I_k)$.

Nach dem Spiegelungsprinzip kann F über $\mathring{I}_k$ hinaus holomorph fortgesetzt werden. Dabei ist die Ableitung $F'(z) \neq 0$ für alle $z \in \mathring{I}_k$, da auch die Fortsetzung umkehrbar ist. Deshalb kann $F|_{\mathring{I}_k}$ auch als glatte Kurve geschrieben werden: Es gibt $a_0, v_0 \in \mathbb{C}$ und eine stetig-differenzierbare Funktion $\varphi_k : \mathring{I}_k \to \mathbb{R}$, so dass gilt:

$$F(t) = a_0 + \varphi_k(t) \cdot v_0 \text{ für } t \in \mathring{I}_k.$$

Dann ist die Ableitung von F in $t_0 \in \mathring{I}_k$ gegeben durch

$$F'(t_0) = \lim_{t \to t_0} \frac{F(t) - F(t_0)}{t - t_0} = \varphi_k'(t_0) \cdot v_0.$$

Also ist das Argument der Ableitung konstant auf $\mathring{I}_k$. Aber das Argument einer komplexen Zahl z ist gleich dem Imaginärteil des Logarithmus von z, also ist $\mathrm{Im}(\log(F'))$ konstant auf $\mathring{I}_k$. Das bedeutet, dass $g' = F''/F' = (\log F')'$ reellwertig auf $\mathring{I}_k$ ist. Wenn wir nun das Schwarz'sche Spiegelungs-Prinzip anwenden, dann klappt das überall, nur nicht in den Bildpunkten der Polygonecken. Immerhin kann $g' = (\log F')'$ zu einer holomorphen Funktion auf $\mathbb{C} \setminus \{\varrho_1, \ldots, \varrho_n\}$ fortgesetzt werden.

Behauptung: g' hat in den Punkten $\varrho_k \in \mathbb{R}$ Polstellen erster Ordnung. Außerdem verschwindet g' im Unendlichen.

Zum BEWEIS betrachten wir Kreisscheiben $D_\varepsilon(\varrho_k)$ so, dass g' dort holomorph bis auf eine isolierte Singularität in ϱ_k ist. Die Abbildung $\widetilde{F}(z) := F(z) - w_k$ ist holomorph in $D_\varepsilon(\varrho_k) \cap \mathbb{H}$ und stetig auf der reellen Achse, und in ϱ_k hat sie eine Nullstelle. Weil $\widetilde{F}$ biholomorph ist, ist das Bild $\widetilde{F}(D_\varepsilon(\varrho_k) \cap \mathbb{H})$ einfach zusammenhängend in $\mathbb{C}^*$.

Wir wissen noch mehr über diese Menge: Es handelt sich um ein Stück vom Polygongebiet, wobei die Ecke w_k mit dem Winkel α_k nach Null verschoben ist. Deshalb existiert die holomorphe Funktion

$$h(z) := (F(z) - w_k)^{1/\alpha_k}$$

auf $D_\varepsilon(\varrho_k) \cap \mathbb{H}$ und klappt den Winkel zu einem gestreckten Winkel auf. Wie F kann auch h auf die Seiten stetig fortgesetzt werden, d.h. h ist auch auf $D_\varepsilon(\varrho_k) \cap \mathbb{R}$ definiert und hat natürlich die Nullstelle in ϱ_k. Das Spiegelungsprinzip setzt h fort zu einer holomorphen Abbildung $\widetilde{h} : D_\varepsilon(\varrho_k) \to \mathbb{C}$. Diese wird nun auf $D_\varepsilon(\varrho_k)$ in eine Potenzreihe entwickelt:

$$\tilde{h}(z) = \sum_{\nu=1}^{\infty} a_\nu (z - \varrho_k)^\nu.$$

Auf $D_\varepsilon(\varrho_k)$ ist $\tilde{h}$ injektiv, da h vor dem Spiegeln auch injektiv war. Deshalb verschwindet die erste Ableitung nicht in ϱ_k, und der Koeffizient a_1 ist ungleich Null. Also hat $\tilde{h}$ die folgende lokale Normalform:

$$\tilde{h}(z) = a_1(z - \varrho_k) \cdot \tilde{g}(z) \text{ mit } \tilde{g}(z) = 1 + \frac{a_2}{a_1}(z - \varrho_k) + \dots .$$

Diese Darstellung wollen wir so weit wie möglich auf g' übertragen. Es ist

$$F(z) - w_k = \tilde{h}^{\alpha_k}(z) = a_1^{\alpha_k}(z - \varrho_k)^{\alpha_k} \cdot \tilde{g}(z)^{\alpha_k}$$

und $\quad F'(z) = (z - \varrho_k)^{\alpha_k - 1} \left[\alpha_k a_1^{\alpha_k} \tilde{g}(z)^{\alpha_k} + a_1^{\alpha_k}(z - \varrho_k)(\tilde{g}^{\alpha_k})'(z) \right].$

Zur Abkürzung bezeichnen wir die eckige Klammer mit g^*. Das ist eine holomorphe Funktion, die in ϱ_k den Wert $\alpha_k a_1^{\alpha_k} \neq 0$ annimmt. Dann folgt:

$$F''(z) = (\alpha_k - 1)(z - \varrho_k)^{\alpha_k - 2} \left[g^*(z) + \frac{z - \varrho_k}{\alpha_k - 1}(g^*)'(z) \right] = (\alpha_k - 1)(z - \varrho_k)^{\alpha_k - 2} \cdot k(z),$$

wenn $k(z)$ wiederum für die eckige Klammer steht. In der „Ecke" ϱ_k nimmt auch $k(z)$ den Wert $\alpha_k a_1^{\alpha_k} \neq 0$ an. Die Ableitung g' hat dann das Aussehen

$$g'(z) = \frac{F''(z)}{F'(z)} = \frac{(\alpha_k - 1)(z - \varrho_k)^{\alpha_k - 2} \cdot k(z)}{(z - \varrho_k)^{\alpha_k - 1} \cdot g^*(z)} = \frac{\alpha_k - 1}{z - \varrho_k} \cdot r(z),$$

wobei $r(z) = k(z)/g^*(z)$ holomorph ist, und in $z = \varrho_k$ den Wert Eins annimmt. Damit hat g' in ϱ_k die angekündigte Polstelle erster Ordnung mit Residuum $\alpha_k - 1$.

Es muss eine Ecke geben, die auf Unendlich abgebildet wird. Ohne Einschränkung sei $\varrho_1 = \infty$, dann ist die Differenz

$$g'(z) - \sum_{k=2}^{n} \frac{\alpha_k - 1}{z - \varrho_k}$$

eine auf $\mathbb{C}$ holomorphe Funktion, wobei der Grenzwert des hinteren Summanden für $z \to \infty$ gegen Null geht. In der Nähe von ϱ_1 ist $F(z) - w_1 = h(z)^{\alpha_1}$, wobei $h(\infty) = 0$ ist. Wir transportieren alles von Unendlich nach Null mit $h_0(z) := h(1/z)$. Dann ist $h_0(0) = 0$. Und weil h_0 lokal injektiv ist, ist $h_0(z) = z \cdot g_0(z)$ mit $g_0(0) \neq 0$. Einsetzen in F ergibt

$$F(z) = w_1 + h(z)^{\alpha_1} = w_1 + h_0(\frac{1}{z})^{\alpha_1} = w_1 + \frac{1}{z^{\alpha_1}} \cdot \tilde{g}(z),$$

wobei $\tilde{g}(z) = g_0(1/z)^{\alpha_1}$ holomorph ist und in ∞ nicht verschwindet. Für die Ableitung gilt:

$$F'(z) = -\alpha_1 z^{-\alpha_1-1} \cdot \tilde{g}(z) + z^{-\alpha_1} \cdot \tilde{g}'(z) = z^{-\alpha_1-1}\left[-\alpha_1 \tilde{g}(z) + z \cdot \tilde{g}'(z)\right] = z^{-\alpha_1-1} \cdot g^*(z),$$

mit

$$
\begin{aligned}
g^*(z) &= -\alpha_1 \cdot g_0\left(\frac{1}{z}\right)^{\alpha_1} + z \cdot \alpha_1 \cdot g_0\left(\frac{1}{z}\right)^{\alpha_1-1} \cdot \left(\frac{-1}{z^2}\right) \\
&= -\alpha_1 \cdot g_0\left(\frac{1}{z}\right)^{\alpha_1} - \frac{\alpha_1}{z} \cdot g_0\left(\frac{1}{z}\right)^{\alpha_1-1}.
\end{aligned}
$$

Dann ist $g^*(\infty) = -\alpha_1 g_0(0)^{\alpha_1} \neq 0$. Weiter folgt:

$$F''(z) = z^{-\alpha_1-2}\left[(-\alpha_1 - 1)g^*(z) + z \cdot (g^*)'(z)\right],$$

also

$$g'(z) = \frac{F''(z)}{F'(z)} = \frac{-\alpha_1 - 1}{z} + \frac{(g^*)'(z)}{g^*(z)}.$$

Die rechte Seite strebt für z gegen Unendlich gegen Null, denn $(g^*)'/g^*$ ist nahe ∞ holomorph. Damit ist die Zwischenbehauptung bewiesen.

Jetzt folgt aber, dass

$$g'(z) - \sum_{k=2}^{n} \frac{\alpha_k - 1}{z - \varrho_k}$$

eine holomorphe Funktion auf $\mathbb{C}$ ist, die in einer Umgebung von Unendlich beschränkt ist. Also ist sie auf ganz $\mathbb{C}$ beschränkt und nach dem Satz von Liouville konstant. Wegen des Grenzwertes in Unendlich ist sie $\equiv 0$.

Damit wollen wir nun rückwärts auf das Aussehen von F schließen:

$$g'(z) = (\log F')'(z) = \sum_{k=2}^{n} \frac{\alpha_k - 1}{z - \varrho_k} = \left(\log \prod_{k=2}^{n} (z - \varrho_k)^{\alpha_k-1}\right)',$$

und das ergibt

$$F'(z) = C \cdot \prod_{k=2}^{n} (z - \varrho_k)^{\alpha_k-1}.$$

Zusammengefasst haben wir folgendes Ergebnis bewiesen :

5.7.7. Formel von Schwarz-Christoffel

Sei $G \subset \mathbb{C}$ ein Polygongebiet mit den Ecken $\{w_1, \dots, w_n\}$ und den Innenwinkeln $\alpha_k \pi$ für $k \in \{1, \dots, n\}$. Außerdem sei $\varrho_2, \dots, \varrho_n$ eine streng monotone Folge reeller Zahlen. Dann gibt es komplexe Zahlen A, B, so dass die Funktion

$$F(z) := A \int_{0}^{z} \prod_{k=2}^{n} (\zeta - \varrho_k)^{\alpha_k-1} \, d\zeta + B$$

die obere Halbebene so biholomorph auf G abbildet, dass zusätzlich Unendlich auf die Ecke w_1 und jeweils ϱ_k auf die Ecke w_k abgebildet wird.

5.7.8. Beispiele

A. Es sei G ein Dreieck mit den Ecken a, b und c, wobei wir annehmen, dass die Ecke a der Nullpunkt ist. Als reelle Zahlen wählen wir die Null für Ecke a und die Eins für Ecke b. Das Urbild von der Ecke c wird Unendlich sein. Der Ansatz ist nun

$$F(z) = A \int\limits_0^z \zeta^{\alpha/\pi - 1}(\zeta - 1)^{\beta/\pi - 1} d\zeta + B,$$

wobei α und β die Innenwinkel an den Ecken a und b sind. Zur Bestimmung der Konstanten A und B setzen wir $z = 0$ ein, dann verschwindet das Integral. $F(0)$ ist aber per Konstruktion die Ecke $a = 0$, also ist $B = 0$. Das Bild $F(1)$ ist die Ecke b, also können wir nach A auflösen:

$$A = b \cdot \left(\int\limits_0^1 x^{\alpha/\pi - 1}(x - 1)^{\beta/\pi - 1} dx \right)^{-1}.$$

Das reelle Integral lässt sich mit Hilfe der Γ-Funktion lösen. Dazu führt man die **Beta-Funktion** $B(p, q) := \int_0^1 t^{p-1}(1-t)^{q-1} dt$ ein und beweist die Formel

$$B(p, q) = \frac{\Gamma(p)\Gamma(q)}{\Gamma(p + q)}.$$

B. Sei G nun ein Rechteck. Wir legen es so, dass die eine Seite auf der reellen Achse liegt und je zwei Ecken symmetrisch zur imaginären Achse sind, d.h. die Ecken sind die Punkte $-a/2 + b\mathrm{i}$, $-a/2$, $a/2$ und $a/2 + b\mathrm{i}$.

Diesmal wollen wir für jede Ecke einen reellen Punkt wählen. Unendlich wird dann auf einen Punkt auf der Seite zwischen erster und letzter Ecke abgebildet. Sei k eine reelle Zahl größer Eins. Dann sollen die reellen Werte $-k$, -1, 1, k in gleicher Reihenfolge Urbilder der Ecken sein.

Die Winkel sind alle rechte Winkel, d.h. es ist $\alpha_k = 1/2$ für alle Ecken. Damit ergibt sich die Abbildung

$$F(z) = A \int\limits_0^z \frac{1}{\sqrt{(1 - \zeta^2)(k^2 - \zeta^2)}} \, d\zeta.$$

Das Integral ist ein „elliptisches Integral", das nicht elementar berechenbar ist. Die Umkehrabbildung $f := F^{-1}$ bildet das Rechteck nach $\mathbb{H}$ ab und kann mit Hilfe des Spiegelungsprinzips zunächst auf ein benachbartes Rechteck und dann Schritt für Schritt auf ganz $\mathbb{C}$ (unter Auslassung eines Eckengitters) fortgesetzt werden. Die fortgesetzte Funktion wird dabei automatisch doppelt-periodisch, also eine **elliptische Funktion**. Der folgende Unterabschnitt wird noch weiter auf den Zusammenhang zwischen Ellipsen, elliptischen Integralen und elliptischen Funktionen eingehen.

Elliptische Integrale und Jacobi'sche elliptische Funktionen

Ein *elliptisches Integral* ist ein Integral der Form $\int R(x, \sqrt{P(x)})\, dx$, wobei R eine rationale Funktion und P ein Polynom 3. oder 4. Grades ist.

Eine besondere Rolle spielen die *Normalintegrale 1., 2. und 3. Gattung*, auf die sich jedes elliptische Integral zurückführen lässt. Wir betrachten hier nur die Normalintegrale 1. und 2. Art

$$K(x, k) = \int_0^x \frac{dt}{\sqrt{(1 - t^2)(1 - k^2 t^2)}} \quad \text{und} \quad E(x, k) = \int_0^x \sqrt{\frac{1 - k^2 t^2}{1 - t^2}}\, dt, \text{ mit } k \in \mathbb{C}.$$

Durch die Substitution $t = \sin \varphi$ erhält man diese Integrale in der Form

$$K(\theta, k) = \int_0^\theta \frac{d\varphi}{\sqrt{1 - k^2 \sin^2 \varphi}} \quad \text{und} \quad E(\theta, k) = \int_0^\theta \sqrt{1 - k^2 \sin^2 \varphi}\, d\varphi.$$

Wählt man als obere Grenze $t = 1$ bzw. $\theta = \pi/2$, so spricht man von *vollständigen Normalintegralen.* Dabei gibt es nur die von 1. und 2. Art.

5.7.9. Beispiele

A. Die achsenparallele Ellipse mit Mittelpunkt $(0, 0)$ und den Halbachsen a und b wird parametrisiert durch $\alpha(t) := (a \cos t, b \sin t)$, $\quad 0 \leq t \leq 2\pi$. Der Ellipsenbogen zwischen den Parameterwerten 0 und T hat deshalb die Länge

$$\begin{aligned}
L(\alpha) &= \int_0^T \|\alpha'(t)\|\, dt = \int_0^T \sqrt{a^2 \sin^2 t + b^2 \cos^2 t}\, dt \\
&= \int_0^T \sqrt{b^2 - (b^2 - a^2)\sin^2 t}\, dt \\
&= b \int_0^T \sqrt{1 - k^2 \sin^2 t}\, dt \quad (\text{mit } k = \sqrt{1 - a^2/b^2}).
\end{aligned}$$

B. Sei $a > 0$, $\mathbf{p}_\pm := (\pm a, 0)$ und $d_\pm(\mathbf{x}) := \text{dist}(\mathbf{x}, \mathbf{p}_\pm)$. Unter der *Lemniskate von Bernoulli* versteht man die Menge

$$\Lambda := \{\mathbf{x} \in \mathbb{R}^2 : d_-(\mathbf{x}) \cdot d_+(\mathbf{x}) = a^2\}.$$

Ist $\mathbf{x} = (x, y)$ und $r^2 = x^2 + y^2$, so gilt:

$$\begin{aligned}
d_-(\mathbf{x}) \cdot d_+(\mathbf{x}) = a^2 &\iff \\
&\iff \big((x + a)^2 + y^2\big) \cdot \big((x - a)^2 + y^2\big) = a^4 \\
&\iff \big((x^2 + y^2) + (a^2 + 2ax)\big) \cdot \big((x^2 + y^2) + (a^2 - 2ax)\big) = a^4 \\
&\iff (x^2 + y^2)^2 + 2(x^2 + y^2)a^2 - 4a^2 x^2 = 0 \\
&\iff (x^2 + y^2)^2 - 2a^2(x^2 - y^2) = 0.
\end{aligned}$$

Verwendet man Polarkoordinaten, $x = r \cos t$ und $y = r \sin t$, so ist $x^2 + y^2 = r^2$ und $x^2 - y^2 = r^2(\cos^2 t - \sin^2 t) = r^2 \cos(2t)$. Die Lemniskate wird also auch durch die Gleichung

$$r^2 = 2a^2 \cos(2t) \text{ bzw. } r = a\sqrt{2\cos(2t)}$$

beschrieben. Das ergibt die Parametrisierung

$$t \mapsto \left(a\cos t\sqrt{2\cos(2t)}, a\sin t\sqrt{2\cos(2t)}\right).$$

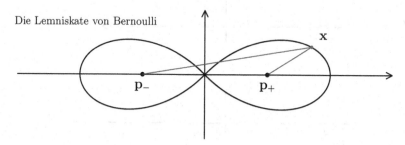

Die Lemniskate von Bernoulli

Ist $(x, y) \in \Lambda$ und $r = \sqrt{x^2 + y^2}$, so ist $r^2 = x^2 + y^2$ und $r^4 = (x^2 + y^2)^2 = 2a^2(x^2 - y^2)$, also $4a^2x^2 = 2a^2r^2 + r^4$ und $4a^2y^2 = 2a^2y^2 - r^4$. Das ergibt die Parametrisierung

$$\gamma(t) := (x, y) = \left(\frac{1}{2a}\sqrt{2a^2t^2 + t^4}, \frac{1}{2a}\sqrt{2a^2t^2 - t^4}\right)$$

mit

$$\gamma'(t) = \left(\frac{a^2 + t^2}{a\sqrt{2a^2 + t^2}}, \frac{a^2 - t^2}{a\sqrt{2a^2 - t^2}}\right),$$

also

$$\begin{aligned}
\|\gamma'(t)\| &= \frac{1}{a}\left[\frac{(a^2 + t^2)^2(2a^2 - t^2) + (a^2 - t^2)^2(2a^2 + t^2)}{4a^4 - t^4}\right]^{1/2} \\
&= \frac{1}{a}\left[\frac{4a^6}{4a^4 - t^4}\right]^{1/2} = \frac{2a^2}{\sqrt{4a^4 - t^4}}.
\end{aligned}$$

Der Lemniskatenbogen zwischen $t = 0$ und $t = T$ hat demnach die Länge

$$L = \int_0^T \frac{2a^2}{\sqrt{4a^4 - t^4}}\, dt = \int_0^T \frac{1}{\sqrt{1 - \left(\frac{t}{a\sqrt{2}}\right)^4}}\, dt = a\sqrt{2}\int_0^{T/(a\sqrt{2})} \frac{ds}{\sqrt{1 - s^4}}.$$

Hier tritt ein elliptisches Normalintegral 1. Art mit $k = i$ auf.

Nach dem Satz von Schwarz-Christoffel wird für $0 < k < 1$ durch die Funktion

$$w = F(z) := \int_0^z \frac{d\zeta}{\sqrt{(1 - \zeta^2)(1 - k^2\zeta^2)}}$$

eine biholomorphe Funktion $F : \mathbb{H} \to R$ definiert, wobei R das Rechteck mit den Ecken $-K$, K, $K + \mathrm{i}\,K'$ und $-K + \mathrm{i}\,K'$ ist und folgende Zuordnung getroffen wird:

$$F(0) = 0, \quad F(\pm 1) = \pm K \quad \text{und} \quad F(\pm 1/k) = \pm K + \mathrm{i}\,K'.$$

Es ist $F(-z) = -F(z)$, und für reelle Argumente $x \in (-1, 1)$ ist $F(x)$ reell.

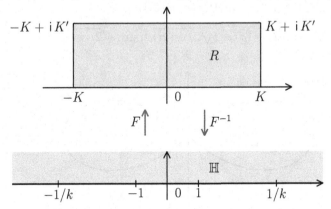

Das Rechteck grenzt auf einer Seite an die reelle Achse und ist symmetrisch zum Nullpunkt gelegen. Es hat die Breite $2K$ und die Höhe K'. Dabei ist

$$K = K(1, k) = \int_0^1 \frac{dt}{\sqrt{(1 - t^2)(1 - k^2 t^2)}}$$

ein vollständiges elliptisches Normalintegral 1. Gattung. Weiter ist

$$K + \mathrm{i}\,K' = \int_0^{1/k} \frac{dt}{\sqrt{(1 - t^2)(1 - k^2 t^2)}},$$

und damit

$$\mathrm{i}\,K' = \int_1^{1/k} \frac{dt}{\sqrt{(1 - t^2)(1 - k^2 t^2)}}, \quad \text{also } K' = \int_1^{1/k} \frac{dt}{\sqrt{(t^2 - 1)(1 - k^2 t^2)}}.$$

Mit der Substitution $\tau = 1/kt$ erhält man schließlich:

$$
\begin{aligned}
F(\infty) &= F(1/k) + \int_{1/k}^{\infty} \frac{dt}{\sqrt{(1 - t^2)(1 - k^2 t^2)}} \\
&= F(1/k) - \int_0^1 \frac{dt}{\sqrt{(1 - t^2)(1 - k^2 t^2)}} \\
&= (K + \mathrm{i}\,K') - K = \mathrm{i}\,K'.
\end{aligned}
$$

Die Funktion $F^{-1} : R \to \mathbb{H}$ kann durch Spiegelung an den Seiten des Rechtecks holomorph fortgesetzt werden, einzig bei $\mathrm{i}\,K'$ und den gespiegelten Punkten treten Pole auf. Die einzige Nullstelle liegt bei 0 (und den entsprechenden Spiegelbildern).

Weil $dF/dz(0) \neq 0$ ist, haben alle Punkte die Ordnung 1. Die durch Fortsetzung von F^{-1} gewonnene Funktion ist also meromorph auf $\mathbb{C}$ und doppelt-periodisch mit den Perioden $\omega_1 := 4K$ und $\omega_2 := 2 \mathrm{i}\, K'$. Sie ist eine der „Jacobi'schen elliptischen Funktionen".

Definition (Jacobi'sche elliptische Funktionen):

Die (durch holomorphe Fortsetzung gewonnene) Funktion

$$\mathrm{sn}(w) = \mathrm{sn}(k, w) := F^{-1}(w)$$

heißt *Jacobi'scher elliptischer Sinus* (oder *Sinus-Amplitude*), die Funktion

$$\mathrm{cn}(w) = \mathrm{cn}(k, w) := \sqrt{1 - \mathrm{sn}^2(w)}$$

Jacobi'scher elliptischer Cosinus (oder *Cosinus-Amplitude*).

Schließlich nennt man $\mathrm{dn}(w) = \mathrm{dn}(k, w) := \sqrt{1 - k^2 \mathrm{sn}^2(w)}$ die *Delta-Amplitude*.

5.7.10. Eigenschaften der Jacobi-Funktionen

1. $\mathrm{sn}(0) = 0$ *und* $\mathrm{cn}(0) = \mathrm{dn}(0) = 1$.

2. $\mathrm{sn}(-w) = -\mathrm{sn}(w)$, $\mathrm{cn}(-w) = \mathrm{cn}(w)$ *und* $\mathrm{dn}(-w) = \mathrm{dn}(w)$.

3. sn, cn *und* dn *hängen von* k *ab. Speziell gilt für reelles* x :

$$\mathrm{sn}(0, x) = \sin(x), \ \mathrm{cn}(0, x) = \cos(x) \ und \ \mathrm{dn}(0, x) \equiv 1.$$

4. $\mathrm{sn}^2(w) + \mathrm{cn}^2(w) = 1$ *und* $k^2 \mathrm{sn}^2(w) + \mathrm{dn}^2(w) = 1$.

BEWEIS: 1) ist klar.

2) Sei $w = F(z)$. Dann ist $\mathrm{sn}(-w) = F^{-1}(-w) = F^{-1}(-F(z)) = F^{-1}(F(-z)) = -z = -F^{-1}(w) = -\mathrm{sn}(w)$. Die Aussagen über cn und dn folgen nun trivial.

3) Im Falle $k = 0$ ist $F(x) = \displaystyle\int_0^x \frac{dt}{\sqrt{1 - x^2}} = \arcsin(x)$, also $\mathrm{sn}(x) = \sin x$. Der Rest ist klar.

4) Die Gleichungen folgen unmittelbar aus den Definitionen. ∎

Es gibt noch weitere Ähnlichkeiten mit den Winkelfunktionen, zum Beispiel ist

$$\mathrm{sn}'(w) = \mathrm{cn}(w) \cdot \mathrm{dn}(w) \quad \text{und} \quad \mathrm{cn}'(w) = -\mathrm{sn}(w) \cdot \mathrm{dn}(w).$$

Der Beweis ergibt sich aus der Definition von F und der Regel über die Ableitung der Umkehrfunktion.

6 Lösungen zu den Aufgaben

Lösungen zu Kapitel 1

Zu den Aufgaben in (1.1.20):

A. Ergebnisse: $-20 + 20\,\mathrm{i}$, 2 und $-1/2$.

B. Man unterscheidet die Fälle $n = 4k + r$ mit $r = 0, 1, 2, 3$ und erhält die Ergebnisse 1, i, -1 und $-\mathrm{i}$.

C. Es werden die folgenden Beziehungen benutzt:

$$|z| < r \iff -r < z < +r \quad \text{und} \quad |z| = |(z - w) + w| \le |z - w| + |w|.$$

Damit ergeben sich die Ungleichungen

$$-|z - w| \le |z| - |w| \quad (1),$$
$$\text{und} \quad |z| - |w| \le |z - w|. \quad (2).$$

(1) und (2) liefern zusammen die Behauptung der Aufgabe.

D. Man berechne $\cos(5t) + \mathrm{i}\,\sin(5t) = (\cos t + \mathrm{i}\,\sin t)^5$ nach der binomischen Formel und vergleiche Real- und Imaginärteil. Dann erhält man:

$$\cos(5t) = \cos^5 t - 10\cos^3 t \sin^2 t + 5\cos t \sin^4 t$$
$$\text{und} \quad \sin(5t) = 5\cos^4 t \sin t - 10\cos^2 t \sin^3 t + \sin^5 t.$$

E. Es ist $\cos(2\pi/6) = \cos(\pi/3) = 1/2$ und $\sin(2\pi/6) = \sin(\pi/3) = \sqrt{3}/2$, also $\zeta_6 = \frac{1}{2}\left(1 + \mathrm{i}\,\sqrt{3}\right)$, sowie $\zeta_6^2 = \frac{1}{2}\left(-1 + \mathrm{i}\,\sqrt{3}\right)$, $\zeta_6^3 = -1$, $\zeta_6^4 = -\zeta_6$ und $\zeta_6^5 = -\zeta_6^2$.

F. a) G_1 ist ein Gebiet: Zwei Punkte $z_1 = x_1 + \mathrm{i}\,y_1$ und $z_2 = x_2 + \mathrm{i}\,y_2$ in G_1 kann man innerhalb G_1 durch den Streckenzug von z_1 über $w_1 := x_1 + (3/4)\,\mathrm{i}$ und $w_2 := x_2 + (3/4)\,\mathrm{i}$ nach z_2 verbinden.

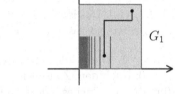

b) G_2 ist kein Gebiet. Sind nämlich $z, w \in G_2$ mit $|z| < 1$ und $|w| > 1$, so trifft jeder Weg von z nach w den Kreisrand $\partial D_1(0) = \mathbb{C} \setminus G_2$.

© Springer-Verlag GmbH Deutschland, ein Teil von Springer Nature 2019
K. Fritzsche, *Grundkurs Funktionentheorie*,
https://doi.org/10.1007/978-3-662-60382-6_6

c) G_3 ist ein Gebiet: Sind z und w Punkte von G_3, so gehört die Verbindungsstrecke von z und w sowohl zu G' als auch zu G'', und damit zu $G_3 = G' \cap G''$.

Sind G' und G'' nicht beide konvex, so kann es sein, dass $G' \cap G''$ unendlich viele Zusammenhangskomponenten besitzt:

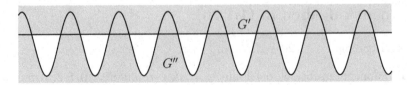

G. Ist $z \in K$, so setze man $\mathrm{dist}(z, A) := \inf\{\mathrm{dist}(z, w) : w \in A\}$. Offensichtlich ist $\mathrm{dist}(z, A)$ stets eine reelle Zahl ≥ 0, und dann ist auch $\mathrm{dist}(K, A) := \inf\{\mathrm{dist}(z, A) : z \in K\}$ eine reelle Zahl ≥ 0, und es gibt eine Folge von Punkten $z_\nu \in K$, so dass $\lim_{\nu \to \infty} \mathrm{dist}(z_\nu, A) = \mathrm{dist}(K, A)$ ist. Weil K kompakt ist, kann man annehmen, dass (z_ν) gegen einen Punkt $z_0 \in K$ konvergiert. Dann ist $\mathrm{dist}(z_0, A) = \mathrm{dist}(K, A)$.

Weiter muss es eine Folge von Punkten $w_\mu \in A$ geben, so dass die Folge der Zahlen $\mathrm{dist}(z_0, w_\mu)$ monoton fallend gegen $\mathrm{dist}(z_0, A)$ konvergiert. Für ein hinreichend großes μ_0 und $\mu \geq \mu_0$ ist sicher $\mathrm{dist}(z_0, w_\mu) < R := \mathrm{dist}(z_0, A) + 1$. Für $\mu \geq \mu_0$ liegen die w_μ also in der kompakten Menge $L := A \cap \overline{D_R(z_0)}$. Nach Übergang zu einer Teilfolge kann man annehmen, dass (w_μ) gegen einen Punkt $w_0 \in L$ konvergiert, und dann ist $\mathrm{dist}(z_0, w_0) = \mathrm{dist}(z_0, A) = \mathrm{dist}(K, A)$, also $\mathrm{dist}(z_0, w_0) \leq \mathrm{dist}(z, w)$ für alle $z \in K$ und $w \in A$.

H. Die Menge S ist nicht wegzusammenhängend. Das sieht man folgendermaßen:

$$\begin{aligned} \text{Sei} \quad S_1 &:= \{z = x + \mathrm{i}\,y : x = 0 \text{ und } |y| \leq 1\} \\ \text{und} \quad S_2 &:= \{x + \mathrm{i}\,y : x > 0 \text{ und } y = \sin(1/x)\}, \end{aligned}$$

so dass $S = S_1 \cup S_2$ ist. Gegeben sei ein stetiger Weg $\alpha : I := [0, 1] \to S$ mit $\alpha(0) = 0$. Ist $p : S \to \mathbb{R}$ die durch $p(x + \mathrm{i}\,y) := x$ definierte Projektion, so ist die Funktion $f := p \circ \alpha : [0, 1] \to \mathbb{R}$ stetig, und es ist $f(0) = 0$.

Sei $T := \{t \in [0, 1] : f(\tau) = 0 \text{ für } 0 \leq \tau < t\}$ und $t_0 := \sup T$. Dann ist $0 \leq t_0 \leq 1$ und $f(t_0) = 0$. Sei $z_0 := \alpha(t_0) = \mathrm{i}\,s_0$, o.B.d.A. sei $s_0 \geq 0$. Weiter sei $U := S \cap D_{1/4}(z_0)$. Das ist eine offene Umgebung von z_0 in S. Weil α stetig ist, gibt es ein $\varepsilon > 0$, so dass $\alpha(t) \in U$ für alle $t \in I$ mit $|t - t_0| < \varepsilon$ gilt.

Annahme, $t_0 < 1$. Dann gibt es ein t_1 mit $t_0 < t_1 < \min(t_0 + \varepsilon, 1)$ und $x_1 := f(t_1) > 0$. Nach dem Zwischenwertsatz nimmt f auf $[t_0, t_1]$ jeden Wert zwischen 0 und x_1 an. Insbesondere gibt es für hinreichend großes k stets ein $t_k \in (t_0, t_1]$ mit $f(t_k) = x_k := 2/(\pi(4k + 3))$. Weil $\alpha(t_k)$ in U liegt, muss $|\alpha(t_k) - z_0| < 1/4$ sein. Andererseits ist

$$|\alpha(t_k) - z_0| = \left| (x_k + \sin(1/x_k)\,\mathrm{i}) - \mathrm{i}\,s_0 \right| = |x_k - \mathrm{i} - \mathrm{i}\,s_0|$$
$$= \sqrt{x_k^2 + (1+s_0)^2} \ge s_0 + 1 \ge 1.$$

Das ist ein Widerspruch, es muss $t_0 = 1$ sein. Das bedeutet aber, dass man 0 innerhalb von S mit keinem Punkt aus S_2 verbinden kann.

I. a) Sei $G \subset \mathbb{C}$ ein Gebiet und $K \subset G$ kompakt. Man überdecke K durch abgeschlossene Kreisscheiben $\subset G$. Davon reichen schon endlich viele aus, und die Vereinigung von ihren abgeschlossenen Hüllen bildet eine kompakte Menge $L \subset G$ (mit $K \subset L$). Offensichtlich kann L nur endlich viele Zusammenhangskomponenten besitzen.

b) Die Menge $K := \{0\} \cup \{1/n : n \in \mathbb{N}\}$ ist abgeschlossen und beschränkt, also kompakt. Jede Teilmenge $\{1/n\}$ mit $n \in \mathbb{N}$ stellt eine Zusammenhangskomponente dar.

J. a) Sei (z_ν) eine Cauchyfolge in $\mathbb{C}$, und $\varepsilon > 0$ vorgegeben. Dann gibt es ein ν_0, so dass $|z_\nu - z_\mu| < \varepsilon$ für $\nu, \mu \ge \nu_0$ gilt. Es gibt ein $R > 0$, so dass $z_1, \ldots, z_{\nu_0}$ in $D_R(0)$ liegen. Dann sind aber alle z_ν in $D_{R+\varepsilon}(0)$ enthalten.

b) Die Folge i^n hat 4 Häufungspunkte, ist also divergent. Dagegen ist $|\mathrm{i}^n| = 1$ konvergent.

K. a) Offensichtlich strebt $|w_n| = 1/n^n$ gegen null. Das bedeutet, dass die Folge gegen null konvergiert, und der Grenzwert ist der einzige Häufungspunkt.

b) Es ist $u_n = \dfrac{1-n^2}{1+n^2} - \dfrac{2n}{1+n^2}\,\mathrm{i}$. Damit konvergiert $\mathrm{Re}(u_n)$ gegen -1 und $\mathrm{Im}(u_n)$ gegen 0, also u_n gegen -1. Das ist auch der einzige Häufungspunkt.

L. a) Konvergiert eine Reihe komplexer Zahlen $\sum_{n=0}^{\infty} c_n$ gegen eine Zahl c, so muss die Folge (c_n) eine Nullfolge sein. Das beweist man wie im Reellen. Da z^n für $|z| \ge 1$ keine Nullfolge ist, divergiert in diesem Falle die Reihe $\sum_{n=0}^{\infty} z^n$. Ist $|z| < 1$, so ist $\sum_{n=0}^{\infty} z^n$ eine konvergente (geometrische) Reihe, die sogar absolut konvergent ist. Nun gilt:

$$\left| \frac{z-1}{z+1} \right| < 1 \iff (z-1)(\bar{z}-1) < (z+1)(\bar{z}+1) \iff \mathrm{Re}(z) > 0.$$

Also ist $\displaystyle\sum_{n=0}^{\infty} \left(\frac{z-1}{z+1} \right)^n$ konvergent (sogar absolut konvergent) $\iff \mathrm{Re}(z) > 0$.

b) Sei $c_n := z^n/n^2$. Dann konvergiert $|c_{n+1}/c_n|$ gegen $|z|$. Ist also $|z| < 1$, so folgt aus dem Quotientenkriterium, dass die Reihe $\sum_{n=1}^{\infty} z^n/n^2$ absolut konvergiert.

Ist $|z| = 1$, so konvergiert $\sum_{n=1}^{\infty} \left| z^n/n^2 \right| = \sum_{n=1}^{\infty} 1/n^2$. Die Ausgangsreihe ist auch in diesem Fall absolut konvergent. Ist $|z| > 1$, also $|z| = 1 + h$ mit $h > 0$, so ist $|c_n| = (1+h)^n/n^2 = 1/n^2 + h/n + \left((1 - 1/n)/2 \right) h^2 + \cdots$ keine Nullfolge. In diesem Fall ist die Ausgangsreihe divergent.

Zu den Aufgaben in (1.2.13):

A. Um $\sqrt{5 - 12\,\mathrm{i}}$ in der Form $z = x + \mathrm{i}y$ zu bestimmen, muss man die Gleichungen $x^2 - y^2 = 5$ und $2xy = -12$ lösen. Man erhält die zwei Lösungen $z_1 = 3 - 2\,\mathrm{i}$ und $z_2 = -3 + 2\,\mathrm{i}$. Als $\sqrt{-24 + 10\,\mathrm{i}}$ ergeben sich die Zahlen $w_1 = 1 + 5\,\mathrm{i}$ und $w_2 = -1 - 5\,\mathrm{i}$.

B. Ist $(U_\iota)_{\iota \in I}$ eine offene Überdeckung von $f(K)$, so sind alle Mengen $f^{-1}(U_\iota)$ offen, und eine einfache mengentheoretische Rechnung zeigt dann, dass $f(K)$ schon von endlich vielen U_ι überdeckt wird, also kompakt ist. Das Bild von K unter der stetigen Abbildung $|f|$ ist ebenfalls kompakt und besitzt dann als Teilmenge von $\mathbb{R}$ ein Supremum.

C. (a) Es ist $c_{2^k} = 1$ und $c_n = 0$ sonst. Nach Cauchy-Hadamard ist dann $R = 1$.

(b) Auf $P_2(z)$ kann man das Quotientenkriterium anwenden. Der Ausdruck

$$\left| \frac{c_n}{c_{n+1}} \right| = \frac{n^3 \cdot 3^{n+1}}{3^n \cdot (n+1)^3} = 3 \cdot \left(\frac{n}{n+1} \right)^3,$$

konvergiert gegen $R = 3$, und das ist auch der Konvergenzradius der Reihe.

(c) Bei P_3 ist $|c_n| = k \cdot 3^{k+1}$, falls $n = 2k + 1$ ist, und $= 0$ sonst. Nun ist

$$\sqrt[2k+1]{|c_{2k+1}|} = \sqrt[2k+1]{k \cdot 3^{k+1}} = \sqrt[2k+1]{n} \cdot 3^{(n+1)/(2n+1)}.$$

Der erste Faktor strebt gegen 1, der zweite gegen $\sqrt{3}$, wie man sieht, indem man zuerst den (natürlichen) Logarithmus und dann wieder die Exponentialfunktion anwendet. Also ist $R = 1/\sqrt{3}$ der Konvergenzradius.

(d) Im Falle der Reihe P_4 ist $\sqrt[n]{|c_n|} = 1/n$, also $\overline{\lim} \sqrt[n]{|c_n|} = 0$. Das ergibt den Konvergenzradius $R = \infty$.

D. Sei $c_n := a_{n-1}/n$ für $n \geq 1$ und $c_0 = 0$. Dann hat die Reihe $Q(z) = \sum_{n=0}^{\infty} c_n(z - z_0)^n$ den gleichen Konvergenzradius wie $Q'(z) = P(z)$.

E. Es ist $\Delta(z) = z + z_0 - 2$.

F. Das Differenzierbarkeitskriterium (mit $\Delta(z) := e^{z^2+1} + \overline{z}$) und die klassischen Differentiationsregeln liefern natürlich das gleiche Ergebnis, $f'(0) = e$.

G. 1. Schritt: Ist $\alpha_n : [0,1] \to D_r(z_0)$ definiert durch $\alpha_n(t) := w_n + t(z_n - w_n)$, so ist $\alpha_n'(t) = z_n - w_n$ für alle $t \in [0,1]$.

2. Schritt: Benutzt man die komplexe Differenzierbarkeit von f im Punkt $\alpha_n(t)$, so kann man beweisen, dass $g_n := f \circ \alpha_n : [0,1] \to \mathbb{C}$ in t differenzierbar (im Sinne der reellen Analysis) und $g_n'(t) = (z_n - w_n) \cdot f'(\alpha_n(t))$ ist. Man beachte dabei, dass der Zusammenhang zwischen reeller und komplexer Differenzierbarkeit erst in Abschnitt 1.3 behandelt wird.

3. Schritt: Nach dem Mittelwertsatz gibt es ein $\xi_n \in (0,1)$, so dass $g_n'(\xi) = g_n(1) - g_n(0)$ ist, also

$$\lim_{n \to \infty} \frac{f(z_n) - f(w_n)}{z_n - w_n} = \lim_{n \to \infty} f'(w_n + \xi_n(z_n - w_n)) = f'(z_0).$$

H. Man berechnet sofort, dass $f \circ f = \mathrm{id}$ ist, also f bijektiv und $f^{-1} = f$. Außerdem ist $\big| (z+1)/(z-1) \big| < 1 \iff \mathrm{Re}(z) < 0$. Daher bildet f die Kreisscheibe $D_1(0)$ auf $\{z \in \mathbb{C} : \mathrm{Re}(z) < 0\}$ ab.

I. Für $|z| \le 1/2$ ist

$$|\exp(z) - 1| = \Big| \sum_{n=1}^{\infty} \frac{z^n}{n!} \Big| \le |z| \cdot \sum_{n=1}^{\infty} \frac{1}{n!} \Big(\frac{1}{2} \Big)^{n-1} \le |z| \cdot \sum_{n=0}^{\infty} \Big(\frac{1}{2} \Big)^n = 2|z|.$$

Sei $K \subset \mathbb{C}$ kompakt, (f_n) eine Folge stetiger Funktionen auf K, die gleichmäßig gegen f konvergiert, sowie $C := \max_C |\exp \circ f|$. Ist $\varepsilon > 0$ vorgegeben, so gibt es ein $n_0 \in \mathbb{N}$ mit $|f_n(z) - f(z)| < \varepsilon/(2C)$ für $n \ge n_0$ und $z \in K$. Für diese n und z gilt dann aber:

$$
\begin{aligned}
|(\exp \circ f_n)(z) - (\exp \circ f)(z)| &= |\exp(f(z))| \cdot \Big| \frac{\exp \circ f_n(z)}{\exp \circ f(z)} - 1 \Big| \\
&\le C \cdot |\exp\big(f_n(z) - f(z)\big) - 1| \\
&\le 2C \cdot |f_n(z) - f(z)| < \varepsilon.
\end{aligned}
$$

J. a) Auf $\mathbb{C}$ ist $(\sin^2 z + \cos^2 z)' = 2\sin z \cos z - 2\cos z \sin z \equiv 0$, also $\sin^2 z + \cos^2 z \equiv c$ konstant. Setzt man $z = 0$ ein, so erhält man $c = 1$.

b) $2\sin z \cos z = 2 \cdot \frac{1}{2i}(e^{iz} - e^{-iz})\frac{1}{2}(e^{iz} + e^{-iz}) = \frac{1}{2i}(e^{2iz} - e^{-2iz}) = \sin(2z)$.

K. Ersetzt man $\sin x$, $\cosh y$, $\cos x$ und $\sinh y$ durch

$$\frac{1}{2i}(e^{ix} - e^{-ix}), \quad \frac{1}{2}(e^y + e^{-y}), \quad \frac{1}{2}(e^{ix} + e^{-ix}) \quad \text{und} \quad \frac{1}{2}(e^y - e^{-y}),$$

so erhält man:

$$\sin x \cosh y + i \cos x \sinh y = \frac{1}{2i}\big(e^{i(x+iy)} - e^{-i(x+iy)}\big) = \sin(x + iy).$$

L. Die Aufgabe ist trivial.

Zu den Aufgaben in (1.3.14):

A. Schreibt man $f = g + \mathrm{i}\,h$, mit $g(x,y) = e^x \cos y$ und $h(x,y) = e^x \sin y$, so ist $g_x = e^x \cos y = h_y$ und $g_y = -e^x \sin y = -h_x$.

B. a) Schreibt man $f = u + \mathrm{i}\,v$, so ist $u_x = 2x$ und $v_y = -2x \neq u_x$, also $u_x = v_y \iff x = 0$. Weiter ist $u_y = -2y$ und $v_x = -2y$, also $u_y = -v_x \iff y = 0$. Damit ist f nur in 0 komplex differenzierbar und nirgends holomorph.

   b) Es ist $g = u + \mathrm{i}\,v$ mit $u_x = 2x = v_y$ und $u_y = -2y = -v_y$, also g holomorph.

   c) Mit $h = u + \mathrm{i}\,v$ ist überall $u_y = 0$ und $v_x = -1$, also h nirgends holomorph.

C. Die Funktionen $f_1(x) = f(x + \mathrm{i} \cdot 0) \equiv 0$ und $f_2(y) = f(0 + \mathrm{i}\,y) \equiv 0$ sind in 0 differenzierbar, und es ist $f_x(0) = f_y(0) = 0$. Die CR-DGLn sind im Nullpunkt erfüllt.

Der komplexe Differenzenquotient von f in $z = 0$ hat die Gestalt

$$\Delta(z) := \frac{f(z) - f(0)}{z - 0} = \frac{xy(x + \mathrm{i}\,y)}{x^2 + y^2} \Big/ (x + \mathrm{i}\,y) = \frac{xy}{x^2 + y^2}.$$

Setzt man $z_n := 1/n + \mathrm{i}\,(1/n)$ ein, so strebt $\Delta(z_n)$ gegen $1/2$. Setzt man $w_n := 1/n + \mathrm{i}\,(1/n^2)$ ein, so strebt $\Delta(w_n)$ gegen 0. Also existiert $\lim\limits_{z \to 0} \Delta(z)$ nicht, und f ist im Nullpunkt nicht komplexe differenzierbar.

D. Ist $f = g + \mathrm{i}\,h$, so ist $\det J_f = g_x h_y - h_x g_y$. Andererseits ist

$$\begin{aligned}
|f_z|^2 - |f_{\bar{z}}|^2 &= \frac{1}{4}\big|(g_x + h_y) + \mathrm{i}\,(h_x - g_y)\big|^2 - \frac{1}{4}\big|(g_x - h_y) + \mathrm{i}\,(h_x + g_y)\big|^2 \\
&= \frac{1}{4}(2g_x h_y - 2h_x g_y + 2g_x h_y - 2h_x g_y) = g_x h_y - h_x g_y.
\end{aligned}$$

E. Sei $\varphi(r,t) = u(r,t) + \mathrm{i}\,v(r,t)$ mit $u(r,t) = r \cos t$ und $v(r,t) = r \sin t$. Dann ist $u_r = \cos t$, $u_t = -r \sin t = -v$, $v_r = \sin t$ und $v_t = r \cos t = u$. Daraus folgt:

$$\begin{aligned}
(g \circ \varphi)_r &= (g_x \circ \varphi)\cos t + (g_y \circ \varphi)\sin t, \\
(g \circ \varphi)_t &= r \cdot \big(-(g_x \circ \varphi)\cdot \sin t + (g_y \circ \varphi)\cdot \cos t\big), \\
(h \circ \varphi)_r &= (h_x \circ \varphi)\cos t + (h_y \circ \varphi)\sin t, \\
\text{und } (h \circ \varphi)_t &= r \cdot \big(-(h_x \circ \varphi)\cdot \sin t + (h_y \circ \varphi)\cdot \cos t\big).
\end{aligned}$$

Sind die CR-DGLn $g_x = h_y$ und $g_y = -h_x$ erfüllt, so ist $r \cdot (g \circ \varphi)_r = (h \circ \varphi)_t$ und $r \cdot (h \circ \varphi)_r = -(g \circ \varphi)_t$.

Umgekehrt sei $r \cdot (g \circ \varphi)_r = (h \circ \varphi)_t$ und $r \cdot (h \circ \varphi)_r = -(g \circ \varphi)_t$ vorausgesetzt. Es ist $r = r(x, y) = \sqrt{x^2 + y^2}$ und $t = t(x, y) = \arctan(y/x)$ (für $x \neq 0$), also

$$r_x = \frac{x}{\sqrt{x^2 + y^2}} = \cos t, \quad \text{und} \quad r_y = \frac{y}{\sqrt{x^2 + y^2}} = \sin t,$$

$$\text{sowie} \quad t_x = \frac{-y}{x^2 + y^2} = -\frac{\sin t}{r} \quad \text{und} \quad t_y = \frac{x}{x^2 + y^2} = \frac{\cos t}{r}.$$

Damit ist

$$g_x = (g \circ \varphi)_r \cdot \cos t - \frac{1}{r}(g \circ \varphi)_t \cdot \sin t, \; g_y = (g \circ \varphi)_r \cdot \sin t + \frac{1}{r}(g \circ \varphi)_t \cdot \cos t,$$

$$h_x = (h \circ \varphi)_r \cdot \cos t - \frac{1}{r}(h \circ \varphi)_t \cdot \sin t, \; h_y = (h \circ \varphi)_r \cdot \sin t + \frac{1}{r}(h \circ \varphi)_t \cdot \cos t.$$

Setzt man die Ausgangsgleichungen ein, so folgen die CR-DGLn.

F. Zunächst muss man für reell differenzierbare Funktionen f und g folgende Formeln beweisen:

$$(f \circ g)_z = (f_w \circ g)g_z + (f_{\overline{w}} \circ g)\overline{g}_z \quad \text{und} \quad (f \circ g)_{\overline{z}} = (f_w \circ g)g_{\overline{z}} + (f_{\overline{w}} \circ g)\overline{g}_{\overline{z}}.$$

Setzt man $q(z) := \overline{z}$, so ist $q_z \equiv 0$, $q_{\overline{z}} \equiv 1$ und $f^*(z) = q \circ f \circ q(z)$. Ist $z \in G^*$, so ist $q(z) \in G$ und f^* in z definiert. Dann folgt: $(f^*)_{\overline{z}} = 0$, also f^* holomorph.

G. Es ist $\alpha(0) = \beta(0) = 2 + 4\,i$, $\alpha'(0) = 1 + 2\,i$ und $\beta'(0) = 1 - i$. Damit ist

$$\angle(\alpha, \beta) = \arg\left(\frac{\beta'(0)}{\alpha'(0)}\right) = \arg\left(-\frac{1}{5} - \frac{3}{5}\,i\right) = \pi + \arctan(3).$$

Dabei ist $\pi + \arctan(3) \approx 4.39\ldots$, also ungefähr $252°$.

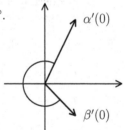

Zu den Aufgaben in (1.4.5):

A. a) $\log(-2 - 2\,i) = (3/2) \cdot \ln 2 + i\big((5\pi)/4 + 2\pi\,i\,k\big)$.

b) $\log(i) = \log(e^{i\pi/2}) = i\left(\pi/2 + 2\pi k\right)$.

c) $(-i)^i = \exp\big(i \cdot \log(-i)\big) = \exp\big(i \cdot i(3\pi/2 + 2\pi k)\big) = e^{-3\pi/2}\,e^{-2\pi k}$.

d) $2^i = \exp(i \cdot \log(2)) = \exp\big(i \cdot (\ln 2 + 2\pi\,i\,k)\big) = \big(\cos(\ln 2) + i \sin(\ln 2)\big)e^{-2\pi k}$.

B. a) Es gibt ein a, so dass w_1 und w_2 beide im Definitionsbereich von $\log_{(a)}$ liegen. O.B.d.A. sei $a = -\pi$. Dann ist

$$
\begin{aligned}
z \in \mathrm{Log}(w_1 \cdot w_2) \;&\Longleftrightarrow\; \exp(z) = w_1 \cdot w_2 = \exp\!\big(\log(w_1) + \log(w_2)\big) \\
&\Longleftrightarrow\; \exists\, n \in \mathbb{N} \text{ mit } z = \log(w_1) + \log(w_2) + 2\pi\,\mathrm{i}\,n \\
&\Longleftrightarrow\; \exists\, n_1, n_2 \in \mathbb{N} \text{ mit } z = z_1 + z_2 \text{ und} \\
&\qquad z_1 = \log(w_1) + 2\pi\,\mathrm{i}\,n_1 \text{ und } z_2 = \log(w_2) + 2\pi\,\mathrm{i}\,n_2 \\
&\Longleftrightarrow\; z = z_1 + z_2 \text{ mit } z_1 \in \mathrm{Log}(w_1) \text{ und } z_2 \in \mathrm{Log}(w_2)
\end{aligned}
$$

b) Ganz analog erhält man die Beschreibung von $\mathrm{Log}(w_1/w_2)$.

c) Sei $m \in \mathbb{Z}$ und $u = mz$ für ein $z \in \mathrm{Log}(w)$. Dann ist $\exp(u) = \exp(mz) = \exp(z)^m = w^m$, also $u \in \mathrm{Log}(w^m)$.

C. Für $|z| < 1$ ist $\log(1 + z) = \sum_{n=1}^{\infty}(-1)^{n-1}z^n/n$, also $|\log(1+z) - z| = |z|^2(1/2 + z \cdot g(z))$ mit $|g(z)| < 1$. Ist $|z| \le 1/2$, so ist $|\log(1+z) - z| \le |z|^2$.

D. Die kompakte Menge K liegt in einer Kreisscheibe $D_R(0)$. Für $z \in K$ und genügend großes $n \ge 2R$ ist dann $\big|(1 + z/n) - 1\big| = |z|/n < R/n < 1/2$. Also liegt $1 + z/n$ in $D_{1/2}(1)$, und $f_n(z) = n \cdot \log(1 + z/n)$ ist definiert.

Für $z \in K$ und $n \ge 2R$ gilt dann gemäß Aufgabe (C):

$$
|f_n(z) - z| = \Big| n \cdot \log\!\big(1 + \frac{z}{n}\big) - z \Big| \le n \cdot \Big| \frac{z}{n} \Big|^2 = \frac{|z|^2}{n} \le \frac{R^2}{n}.
$$

Daraus folgt, dass $f_n(z)$ auf K gleichmäßig gegen $f(z) := z$ konvergiert. Dann konvergiert aber auch $(1+z/n)^n = \exp\!\big(n \cdot \log(1+z/n)\big) = \exp f_n(z)$ auf jedem Kompaktum gleichmäßig gegen $\exp f(z) = e^z$ (siehe Aufgabe (I) in (1.2.13)).

E. Am besten zerlegt man die Abbildung f in ihre Bestandteile:

a) $f_1(z) := z^2$ bildet G holomorph auf $G_1 := \mathbb{C} \setminus \{x \in \mathbb{R} : x \ge -1\}$

b) $f_2(u) := u + 1$ bildet G_1 holomorph auf $G_2 := \mathbb{C} \setminus \{x \in \mathbb{R} : x \ge 0\}$ ab.

c) $\log_{(0)}(re^{\mathrm{i}t}) := \ln r + \mathrm{i}t$ bildet G_2 holomorph nach $\mathbb{C}$ ab. Nun ist $f(z) = \sqrt{z^2 + 1} = \exp\!\big(\log_{(0)}(z^2 + 1)/2\big)$.

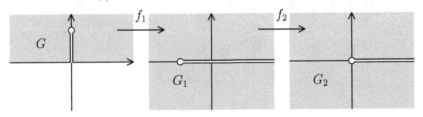

Ist $v = re^{\mathrm{i}t} \in G_2$, so liegt $\sqrt{v} := \sqrt{r}\,e^{\mathrm{i}t/2}$ in H_+. Also ist $f(G) \subset H_+$.

Die Ableitung $f'(z)$ ist stetig und verschwindet auf G nirgends. Also ist f lokal biholomorph. Außerdem kann man zeigen, dass $f : G \to H_+$ sogar bijektiv ist: Ist $w \in H_+$, so liegt w^2 in G_2 und $w^2 - 1$ in G_1. Dann gibt es ein $z \in G$ mit $z^2 = w^2 - 1$, also $f(z) = w$. Damit ist f surjektiv. Sind $z_1, z_2 \in G$ mit $f(z_1) = f(z_2)$, so ist $0 = z_1^2 - z_2^2 = (z_1 - z_2)(z_1 + z_2)$. Da z_1 und z_2 in H_+ liegen, muss dann $z_1 = z_2$ sein. Also ist f injektiv.

F. Man benutzt die Darstellung $u = \sin z = \left(e^{iz} - e^{-iz}\right)/(2i) = g \circ h(z)$ mit $w = h(z) := e^{iz}$ und $u = g(w) := \left(w - 1/w\right)/(2i)$.

Dabei bildet h offensichtlich $G_0 := \{z \in \mathbb{C} : -\pi/2 < \mathrm{Re}(z) < \pi/2\}$ holomorph und bijektiv auf die rechte Halbebene $R := \{z \in \mathbb{C} : \mathrm{Re}(z) > 0\}$ ab. Die Umkehrabbildung $h^{-1} : R \to G_0$ ist gegeben durch $h^{-1}(w) = \log(z)/i$.

Die Abbildung g ist auf $\mathbb{C} \setminus \{0\}$ definiert, und für reelles $t \neq 0$ ist $g(it)$ reell und $|g(it)| \geq 1$. Ist umgekehrt $w \in \mathbb{C}^*$, $g(w) = s \in \mathbb{R}$ und $|s| \geq 1$, so ist $w - 1/w = 2is$ und $w^2 - 2isw - 1 = 0$, also w rein imaginär. Deshalb liegt $g(R)$ in $G^* := \mathbb{C} \setminus \{t \in \mathbb{R} : |t| \geq 1\}$. Außerdem ist $g : R \to G^*$ sogar bijektiv: Die Surjektivität erhält man ganz einfach aus der Untersuchung der quadratischen Gleichung $w^2 - 2iuw - 1 = 0$. Nun zur Injektivität: Sind w_1, w_2 in R mit $g(w_1) = g(w_2)$, so ist $w_1 = w_2$ oder $w_1 w_2 = -1$. Ist im zweiten Fall $\mathrm{Re}(w_1) > 0$, so muss $\mathrm{Re}(w_2) < 0$ sein, und das ist nicht möglich.

Damit ist $g : R \to G^*$ bijektiv, $g^{-1}(u) = iu + \sqrt{1 - u^2}$ (wobei der Wurzelzweig so gewählt werden sollte, dass $\sqrt{1} = 1$, also $g^{-1}(0) = 1$ ist) und $\sin^{-1} = h^{-1} \circ g^{-1}$. Damit ist $\arcsin : G^* \to G_0$ gegeben durch

$$\arcsin(u) := \frac{1}{i} \log(iu + \sqrt{1 - u^2}).$$

G. Für $z \in \mathbb{C}$ ist

$$e^z = \exp(z \cdot \log_{(-\pi)}(e)) = \exp(z \cdot (1 + 2\pi ik)) = \exp(z) \cdot \exp(z \cdot 2\pi ik).$$

Im Falle $k = 0$ ist dies die bekannte Exponentialfunktion. Die anderen Werte können durchaus $\neq \exp(z)$ sein.

Lösungen zu Kapitel 2

Zu den Aufgaben in (2.1.8):

A. Der Rand des Rechtecks setzt sich aus 4 Strecken $\alpha_1, \alpha_2, \alpha_3$ und α_4 zusammen, die nacheinander die Ecken $z_1 := -2 - i$, $z_2 := 2 - i$, $z_3 := 2 + i$, $z_4 := -2 + i$ und dann wieder z_1 miteinander verbinden.

Man kann nun Stammfunktionen benutzen, muss dabei aber z_1 und z_4 in Polarkoordinaten beschreiben:

$$z_1 = \sqrt{5} \cdot e^{i t_1} \text{ und } z_4 = \sqrt{5} \cdot e^{i t_4}, \text{ mit } -\pi < t_1 < -\pi/2 \text{ und } \pi/2 < t_4 < \pi.$$

Die Spuren der Strecken α_1, α_2 und α_3 liegen im Definitionsbereich von $\log = \log_{(-\pi)}$, und die Spur von α_4 im Definitionsbereich von $\log_{(0)}$. Deshalb ist

$$\int_{\alpha_1+\alpha_2+\alpha_3} \frac{dz}{z} = \log(z) \Big|_{z_1}^{z_4} = \left(\ln \sqrt{5} + i t_4\right) - \left(\ln \sqrt{5} + i t_1\right) = i(t_4 - t_1)$$

und

$$\int_{\alpha_4} \frac{dz}{z} = \log_{(0)} \Big|_{z_4}^{z_1} = \left(\ln \sqrt{5} + i(t_1 + 2\pi)\right) - \left(\ln \sqrt{5} + i t_4\right) = i(2\pi + t_1 - t_4),$$

zusammen also $\displaystyle\int_{\alpha_1+\alpha_2+\alpha_3+\alpha_4} \frac{dz}{z} = 2\pi i$.

B. Mit $\alpha(t) := 3e^{it}$ für $0 \le t \le \pi/2$ ergibt die Standard-Abschätzung:

$$\left| \int_\alpha \frac{dz}{1+z^2} \right| \le L(\alpha) \cdot \sup_{|\alpha|} \left| \frac{1}{1+z^2} \right| = \frac{3 \cdot 2\pi}{4} \cdot \sup_{[0,\pi/2]} \left| \frac{1}{1+9e^{2it}} \right|$$

$$\le \frac{3\pi}{2} \cdot \frac{1}{9-1} = \frac{3\pi}{16} \quad (\text{wegen } |z+w| \ge |w| - |z|).$$

C. Sei $\alpha : [a, b] \to \mathbb{C}$ eine Parametrisierung von ∂R mit $\alpha(a) = \alpha(b) =: p$, sowie $f(z) := -\cos(z)$. Dann ist $\int_{\partial R} \sin z \, dz = f(\alpha(b)) - f(\alpha(a)) = 0$.

D. Sei $z = x + i y \in G$ und $z_0 := 1 \in G$. Die Verbindungsstrecke von z_0 und z wird durch $\alpha(t) := \big(1 + t(x-1)\big) + i(ty)$ (für $t \in [0,1]$) parametrisiert. Ist $y \ne 0$, so gehört $\alpha(t)$ offensichtlich zu G. Ist $y = 0$ (und daher $x > 0$) und $0 < t < 1$, so ist $\alpha(t) = 1 + t(x-1) > 1 - t > 0$ und damit auch in diesem Fall $\alpha(t) \in G$. Also ist G sternförmig bezüglich z_0.

E. Es ist

$$\int_\alpha \frac{z+2}{z} \, dz = \int_0^{2\pi} \frac{2e^{it} + 2}{2e^{it}} \cdot 2 i \, e^{it} \, dt = 2 i \int_0^{2\pi} (e^{it} + 1) \, dt = 4\pi i.$$

F. 1. Schritt: Man zeige, dass $M := |\alpha| \cup \bigcup_{n=1}^\infty |\alpha_n|$ kompakt ist. Dazu sei eine offene Überdeckung $(U_\iota)_{\iota \in J}$ von M gegeben. Es gibt eine endliche Teilmenge $J_0 \subset J$, so dass $|\alpha|$ in $U := \bigcup_{\iota \in J_0} U_\iota$ enthalten ist. Weiter gibt es ein $\varepsilon > 0$, so dass $\text{dist}(|\alpha|, \mathbb{C} \setminus U) > \varepsilon$ ist, sowie ein n_0, so dass $\text{dist}(|\alpha_n|, |\alpha|) < \varepsilon$ (also $|\alpha_n| \subset U$) für $n \ge n_0$ gilt. Die endlich vielen Mengen $|\alpha_n|$ mit $n = 1, \ldots, n_0 - 1$ liegen natürlich auch in nur endlich vielen U_ι. So sieht man: M ist kompakt.

2. Schritt: Weil die stetige Funktion f auf der kompakten Menge M sogar gleichmäßig stetig ist, kann man schnell zeigen, dass $f \circ \alpha_n$ auf $[0,1]$ gleichmäßig gegen $f \circ \alpha$ konvergiert.

3. Schritt: Weil α'_n auf $I := [0,1]$ gleichmäßig gegen α' konvergiert, bleibt $|\alpha'_n(t)|$ auf I durch eine Konstante $C > 0$ beschränkt, und weil f auf $|\alpha|$ stetig ist, bleibt $|f \circ \alpha|$ auf I durch eine Konstante $D > 0$ beschränkt. Weiter streben $\sup_I |f \circ \alpha_n - f \circ \alpha|$ und $\sup_I |\alpha'_n - \alpha'|$ für $n \to \infty$ gegen null. Das liefert folgende Abschätzung:

$$
\left| \int_{\alpha_n} f(z)\, dz - \int_\alpha f(z)\, dz \right| = \left| \int_0^1 f \circ \alpha_n(t) \alpha'_n(t)\, dt - \int_0^1 f \circ \alpha(t) \alpha'(t)\, dt \right|
$$
$$
\leq \sup_I |f \circ \alpha_n - f \circ \alpha| \cdot C + \sup_I |\alpha'_n - \alpha'| \cdot D
$$
$$
\to 0 \text{ für } n \to \infty.
$$

G. Sei $\alpha_1(t) := t$ und $\alpha_2(t) := 1 + t\,\mathrm{i}$, jeweils für $0 \leq t \leq 1$. Dann ist $\alpha_1(0) = 0$, $\alpha_1(1) = \alpha_2(0) = 1$ und $\alpha_2(1) = 1 + \mathrm{i}$, und es gilt:

$$
\int_{\alpha_1 + \alpha_2} |z|^2\, dz = \int_0^1 t^2\, dt + \int_0^1 |1 + t\,\mathrm{i}|^2 \mathrm{i}\, dt
$$
$$
= 1/3 + \mathrm{i}\left(t + t^3/3 \right) \Big|_0^1 = \frac{1}{3}(1 + 4\,\mathrm{i}).
$$

Setzt man $\alpha_3(t) := t\,\mathrm{i}$ und $\alpha_4(t) := t + \mathrm{i}$, so ist

$$
\int_{\alpha_3 + \alpha_4} |z|^2\, dz = \mathrm{i} \int_0^1 t^2\, dt + \int_0^1 (1 + t^2)\, dt
$$
$$
= \mathrm{i}\left(t^3/3 \right) \Big|_0^1 + \left(t + t^3/3 \right) \Big|_0^1 = \frac{1}{3}(4 + \mathrm{i}).
$$

Das Integral hängt also vom gewählten Weg ab!

Zu den Aufgaben in (2.2.13):

A. Es ist $z^3 + 2z^2 - 3z - 10 = (z - 2)(z^2 + 4z + 5)$. Dabei hat das Polynom $z^2 + 4z + 5$ die Nullstellen $z_{1/2} = -2 \pm 2\,\mathrm{i}$, die nicht im Innern von Δ liegen.

Setzt man also $f(z) := e^{-z}/(z^2 + 4z + 5)$, so ist f auf einer Umgebung von Δ holomorph, und die Cauchy'sche Integralformel liefert:

$$
\int_{\partial\Delta} \frac{e^{-z}}{z^3 + 2z^2 - 3z - 10}\, dz = \int_{\partial\Delta} \frac{f(z)}{z - 2}\, dz = 2\pi\,\mathrm{i}\, f(2) = \frac{2\pi\,\mathrm{i}}{17} e^{-2}.
$$

B. a) Mit $\gamma(t) := e^{it}$ für $0 \le t \le 2\pi$ wird $\partial D_1(0)$ parametrisiert.

Setzt man $f(z) := \dfrac{1}{z} \cdot F\left(\dfrac{1}{2i}\left(z - \dfrac{1}{z}\right), \dfrac{1}{2}\left(z + \dfrac{1}{z}\right)\right)$, so erhält man:

$$\frac{1}{i} \int_{\partial D_1(0)} f(z)\, dz = \int_0^{2\pi} e^{-it} \cdot F\left(\frac{1}{2i}\left(e^{it} - e^{-it}\right), \frac{1}{2}\left(e^{it} + e^{-it}\right)\right) e^{it}\, dt$$

$$= \int_0^{2\pi} F(\sin t, \cos t)\, dt = I.$$

b) Hier ist $F(u, v) := 1/(3 + 2u)$ und daher

$$f(z) = \frac{1}{z(3 - i(z - 1/z))} = \frac{1}{-iz^2 + 3z + i},$$

also $\dfrac{1}{i} f(z) = \dfrac{1}{(z - a)(z - b)}$, mit $a = -\dfrac{i}{2}(3 + \sqrt{5})$ und $b = -\dfrac{i}{2}(3 - \sqrt{5})$.

Dabei liegt b in $D_1(0)$ und a außerhalb. Also ist $g(z) := 1/(z - a)$ holomorph auf einer Umgebung von $\overline{D_1(0)}$, und die Cauchy'sche Integralformel liefert:

$$I = \frac{1}{i} \int_{\partial D_1(0)} f(z)\, dz = \int_{\partial D_1(0)} \frac{g(z)}{z - b}\, dz = 2\pi i\, g(b) = \frac{2\pi i}{b - a} = \frac{2\pi}{\sqrt{5}}.$$

C. Es ist $z^3 + 8 = (z + 2)(z^2 - 2z + 4) = (z + 2)(z - 1 - i\sqrt{3})(z - 1 + i\sqrt{3})$. Weil $1.5 < \sqrt{3}$ ist, liegen die Punkte $z_1 := 1 + i\sqrt{3}$ und $z_2 := 1 - i\sqrt{3}$ außerhalb der Kreise $C_1 = D_{3/2}(1)$ und $C_2 = D_1(-2)$. Also ist $f(z) := z\sin z/(z^2 - 2z + 4)$ auf Umgebungen dieser Kreise holomorph, und es gilt:

$$\int_{C_1} \frac{z \sin z}{z^3 + 8}\, dz = \int_{C_1} \frac{f(z)}{z + 2}\, dz = 0$$

und

$$\int_{C_2} \frac{z \sin z}{z^3 + 8}\, dz = \int_{C_2} \frac{f(z)}{z + 2}\, dz = 2\pi i\, f(-2) = 2\pi i \cdot \frac{\sin(2)}{6} = \frac{\pi \sin(2)}{3}\, i.$$

D. Bei der Berechnung von $\int_0^\infty (\sin x)/x\, dx$ beachte man, dass die reelle Funktion $x \mapsto (\sin x)/x$ auf ganz $\mathbb{R}$ stetig und symmetrisch zum Nullpunkt ist. Daher gilt:

$$\int_0^\infty \frac{\sin x}{x}\, dx = \lim_{\substack{r \to 0 \\ R \to \infty}} \int_r^R \frac{\sin x}{x}\, dx = \frac{1}{2} \lim_{\substack{r \to 0 \\ R \to \infty}} \left(\int_{-R}^{-r} \frac{\sin x}{x}\, dx + \int_r^R \frac{\sin x}{x}\, dx \right).$$

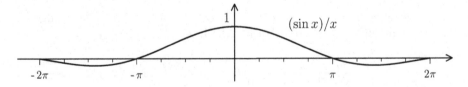

Der Hinweis auf die Skizze legt nahe, dass man den Cauchy'schen Integralsatz auf den angegebenen Weg und die holomorphe Funktion $h(z) := (\sin z)/z$ anwenden soll. Das funktioniert aber nicht, weil das Integral über h und den Halbkreis mit Radius R für $R \to \infty$ nicht verschwindet. Der letzte Hinweis soll daran erinnern, dass $(\sin x)/x$ der Imaginärteil von e^{ix}/x ist. Die Funktion $f(z) := e^{iz}/z$ ist zwar im Nullpunkt nicht definiert, aber das erweist sich als unproblematisch. Dafür funktionieren hier die nötigen Abschätzungen:

Für $\varrho \in \mathbb{R}_+$ sei $\gamma_\varrho : [0, \pi] \to \mathbb{C}$ jeweils definiert durch $\gamma_\varrho(t) := \varrho \cdot e^{it}$. Außerdem seien $\sigma_\pm$ die Verbindungsstrecken von r nach R bzw. von $-R$ nach $-r$. Dann ist $\Gamma := \Gamma_{r,R} := \sigma_+ + \gamma_R + \sigma_- - \gamma_r$ ein geschlossener Weg und $\int_\Gamma f(z)\, dz = 0$.

a) Es ist $\displaystyle \lim_{r \to 0} \int_{-\gamma_r} \frac{e^{iz}}{z}\, dz = -\lim_{r \to 0} i \int_0^\pi e^{i(re^{it})}\, dt = -i \int_0^\pi dt = -\pi i$.

b) Weil $\sin t \geq 2t/\pi$ für $0 \leq t \leq \pi/2$ ist, folgt:

$$
\begin{aligned}
\left| \int_{\gamma_R} \frac{e^{iz}}{z}\, dz \right| &= \left| \int_0^\pi \frac{e^{i\gamma_R(t)}}{\gamma_R(t)} \gamma_R'(t)\, dt \right| \leq \int_0^\pi |e^{iRe^{it}}|\, dt \\
&= \int_0^\pi e^{-R\sin t}\, dt = 2 \cdot \int_0^{\pi/2} e^{-R\sin t}\, dt \\
&\leq 2 \cdot \int_0^{\pi/2} e^{-(2R/\pi)t}\, dt = \frac{\pi}{R}(1 - e^{-R}) \to 0 \text{ für } R \to \infty.
\end{aligned}
$$

Also ist $0 = \displaystyle\int_\Gamma \frac{e^{iz}}{z}\, dz = -\pi i + 2 \int_0^\infty \frac{e^{ix}}{x}\, dx$, und der Übergang zum Imaginärteil liefert $\displaystyle\int_0^\infty \frac{\sin x}{x}\, dx = \frac{\pi}{2}$.

E. Auf $\mathbb{C}' = \mathbb{C} \setminus \{x \in \mathbb{R} : x \leq 0\}$ gibt es zwei holomorphe Funktionen $\sqrt{z} = \pm \exp(\frac{1}{2} \log_{(-\pi)}(z))$. Das Kreissegment $C_\varepsilon := \{e^{it} : -\pi + \varepsilon \leq t \leq \pi - \varepsilon\}$ liegt in $\mathbb{C}'$ und wird durch $\gamma_\varepsilon : [-\pi + \varepsilon, \pi - \varepsilon] \to \mathbb{C}$ mit $\gamma_\varepsilon(t) := e^{it}$ parametrisiert.

Sei $f_+(z) := 1/(\exp(\log_{(-\pi)}(z)/2))$. Dann gilt:

$$
\begin{aligned}
\int_{\partial D_1(0)} \frac{1}{\sqrt{z}}\, dz &= \lim_{\varepsilon \to 0} \int_{\gamma_\varepsilon} f_+(z)\, dz = \lim_{\varepsilon \to 0} \int_{-\pi+\varepsilon}^{\pi-\varepsilon} f_+(\gamma_\varepsilon(t)) \gamma_\varepsilon'(t)\, dt \\
&= i \cdot \lim_{\varepsilon \to 0} \int_{-\pi+\varepsilon}^{\pi-\varepsilon} e^{it/2}\, dt = 4i.
\end{aligned}
$$

Benutzt man $-f_+$ als Wurzelfunktion, so ändert sich der Wert zu $-4i$.

F. Partialbruchzerlegung liefert

$$
\frac{1}{(z - z_1)(z - z_2)} = \frac{1/(z_1 - z_2)}{z - z_1} + \frac{1/(z_2 - z_1)}{z - z_2}.
$$

Mit der Integralformel erhält man dann die Behauptung.

G. Sei $C_1 := \partial D_2(2\,\mathrm{i})$ und $C_2 := \partial D_2(0)$. Es ist $z^2 + 1 = (z - \mathrm{i})(z + \mathrm{i})$, wobei nur i im Innern von C_1 liegt, während i und $-\mathrm{i}$ beide im Innern von C_2 liegen. Der Integralsatz liefert dementsprechend:

$$\frac{1}{2\pi\,\mathrm{i}} \int_{C_1} \frac{\cos z}{z^2 + 1}\, dz = \frac{\cos \mathrm{i}}{2\,\mathrm{i}} = -\frac{\mathrm{i}}{4}(e + e^{-1}).$$

Das Ergebnis von Aufgabe F zeigt:

$$\frac{1}{2\pi\,\mathrm{i}} \int_{C_2} \frac{\cos z}{z^2 + 1}\, dz = \frac{\cos \mathrm{i}}{2\,\mathrm{i}} + \frac{\cos(-\mathrm{i})}{-2\,\mathrm{i}} = -\frac{\mathrm{i}}{4}(e + e^{-1}) + \frac{\mathrm{i}}{4}(e + e^{-1}) = 0.$$

H. Sei $\alpha : I := [0, 1] \to \mathbb{C}$ ein geschlossener Integrationsweg, der ∂Q parametrisiert, und $\|\alpha'\| := \sup_I |\alpha'(t)| \leq C$. Man setze

$$\alpha_n(t) := z_0 + \left(1 - \frac{1}{n}\right) \cdot (\alpha(t) - z_0) \quad \text{für } 0 \leq t \leq 1.$$

Dann ist $\alpha_1(t) \equiv z_0$, und für jedes t konvergiert $\alpha_n(t)$ gegen $\alpha(t)$. Weiter strebt $\|\alpha_n(t) - \alpha(t)\| = \|z_0 - \alpha(t)\|/n$ unabhängig von t für $n \to \infty$ gegen null, und das Gleiche gilt für $\|\alpha_n'(t) - \alpha'(t)\| = \|\alpha'(t)\|/n \leq C/n$. Das heißt, dass α_n gleichmäßig gegen α und α_n' gleichmäßig gegen α' konvergiert. Nach Aufgabe F in 2.1.8 strebt dann $\int_{\alpha_n} f(z)\, dz$ gegen $\int_{\alpha} f(z)\, dz$. Weil alle Integrale $\int_{\alpha_n} f(z)\, dz$ nach dem Cauchy'schen Integralsatz verschwinden, folgt daraus, dass $\int_{\alpha} f(z)\, dz = 0$ ist.

Zu den Aufgaben in (2.3.24):

A. Man verwende die Formel $f' \circ \alpha(t) \cdot \alpha'(t) = (f \circ \alpha)'(t)$ und die Regel der partiellen Integration für Funktionen von einer reellen Veränderlichen.

B. Sei $f : \mathbb{C} \to \mathbb{C}$ holomorph und $\operatorname{Re} f$ beschränkt. Dann ist die Funktion $g := \exp \circ f$ ebenfalls auf $\mathbb{C}$ holomorph, und es ist $|g(z)| = |e^{f(z)}| = e^{\operatorname{Re}(f(z))}$ beschränkt. Nach dem Satz von Liouville ist $g(z) \equiv c$ konstant und $\neq 0$. Wählt man einen geeigneten Logarithmuszweig, so ist auch $\log \circ g(z) \equiv \log(c)$ konstant. Offensichtlich ist aber $\log(g(z)) = \log \circ \exp(f(z)) = f(z) + 2\pi\,\mathrm{i}\,k$ mit einem passenden $k \in \mathbb{Z}$. Das zeigt, dass f konstant ist.

C. Sei $|f|$ auf ∂D konstant. Es gibt nun zwei Möglichkeiten:

1. Fall: $|f|$ ist sogar auf D konstant. Dann ist natürlich auch f auf D konstant, und aus dem Identitätssatz folgt, dass f auf ganz G konstant ist.

2. Fall: $|f|$ ist auf D nicht konstant. Weil $|f|$ sein Maximum c_0 auf $\overline{D}$ auf dem Rand von D annimmt, muss $|f|$ in einem Punkt $z_0 \in D$ einen Wert

$< c_0$ annehmen und deshalb in D ein lokales Minimum besitzen. Nach dem Minimumprinzip kann das nur eine Nullstelle sein.

D. In einer Umgebung $D = D(a) \subset G$ besitzt f eine Entwicklung

$$f(z) = \frac{f^{(n)}(a)}{n!}(z-a)^n + (z-a)^{n+1}\widetilde{f}(z) \quad (\widetilde{f} \text{ holomorph auf } D).$$

Für g gilt Analoges. Daraus folgt:

$$\frac{f(z)}{g(z)} = \frac{f^{(n)}(a) + (z-a) \cdot n! \cdot \widetilde{f}(z)}{g^{(n)}(a) + (z-a) \cdot n! \cdot \widetilde{g}(z)} \to \frac{f^{(n)}(a)}{g^{(n)}(a)} \quad \text{für } z \to a.$$

E. Das Ergebnis der Aufgabe ist eine einfache Folgerung aus dem Identitätssatz.

F. Sei $f : G \to \mathbb{C}$ holomorph und $D = D_r(z_0) \subset\subset G$. Dann ist

$$f^{(n)}(z_0) = \frac{n!}{2\pi\,\mathrm{i}} \int_{\partial D} \frac{f(\zeta)}{(\zeta - z_0)^{n+1}}\,d\zeta,$$

und die Standardabschätzung liefert:

$$|f^{(n)}(z_0)| \le \frac{n!}{2\pi} \cdot L(\partial D) \cdot \max_{\partial D}\left|\frac{f(\zeta)}{(\zeta-z_0)^{n+1}}\right| = \frac{n!}{r^n} \cdot \max_{\partial D}|f(\zeta)|.$$

G. Eine stetige Funktion f besitzt auf G genau dann eine Stammfunktion, wenn $\int_\alpha f(z)\,dz = 0$ für jeden geschlossenen Integrationsweg gilt.

Wenn die Folge f_n auf G lokal gleichmäßig gegen f konvergiert, dann konvergiert sie auch auf jedem Kompaktum in G gleichmäßig gegen f. Ist α ein geschlossener Integrationsweg in G, so ist $\int_\alpha f_n(z)\,dz = 0$ für jedes n, weil die f_n alle eine Stammfunktion besitzen. Daraus folgt:

$$\left|\int_\alpha f(z)\,dz\right| = \left|\int_\alpha (f - f_n)(z)\,dz\right| \le L(\alpha) \cdot \sup_{|\alpha|}|f(z) - f_n(z)| \to 0$$

Also ist $\int_\alpha f(z)\,dz = 0$, und das bedeutet, dass f eine Stammfunktion besitzt.

H. a) Annahme, es gibt eine ganze Funktion f mit $f^{(n)}(0) = (n!)^2$ für $n \ge 0$. Setzt man $C := \max_{\partial D_1(0)}|f|$, so ergeben die Cauchy'schen Ungleichungen: $(n!)^2 = |f^{(n)}(0)| \le n! \cdot C$, also $n! \le C$ für $n \ge 0$. Das kann aber nicht sein.

b) $g(z) := z^2$ erfüllt alle geforderten Bedingungen.

c) Annahme, es gibt eine ganze Funktion h mit $h(1/(2n)) = h(1/(2n-1)) = 1/n$ für $n \ge 1$. Dann ist $h(0) = 0$, und h stimmt auf der Menge $\{0\}\cup\{1/(2n) : n \in \mathbb{N}\}$ mit der Funktion $\widetilde{h}(z) := 2z$ überein. Nach dem Identitätssatz ist dann $h = \widetilde{h}$, also $1/n = h\big(1/(2n-1)\big) = \widetilde{h}\big(1/(2n-1)\big) = 2/(2n-1)$ und damit $n - 1/2 = n$ für $n \ge 1$. Das kann nicht sein, h kann nicht existieren.

I. Vorbemerkung: Sind $C, D > 0$ zwei Konstanten und ist $R \geq \max(1, D)$, so ist $C|z|^n + D \leq (C+1)|z|^n$ für $|z| \geq R$.

Man kann nun Induktion nach n führen. Im Falle $n = 0$ ist $|f(z)| \leq C$ für $|z| \geq R$, also f beschränkt und damit konstant.

Für den Schluss von $n-1$ auf n sei vorausgesetzt, dass $|f(z)| \leq C|z|^{n-1}$ für $|z| \geq R$ ist. Setzt man

$$g(z) := \begin{cases} \big(f(z) - f(0)\big)/z - f'(0) & \text{für } z \neq 0, \\ 0 & \text{für } z = 0, \end{cases}$$

so ist g eine ganze Funktion mit $g(0) = 0$, und für $|z| \geq \max(1, R)$ gilt:

$$\begin{aligned} |g(z)| &\leq \frac{|f(z)| + |f(0)|}{|z|} + |f'(0)| \leq C|z|^{n-1} + |f(0)| + |f'(0)| \\ &\leq (C+1)|z|^{n-1} \quad \text{für } |z| \geq \max(1, R, |f(0)| + |f'(0)|). \end{aligned}$$

Nach Induktionsvoraussetzung ist dann g (und damit auch f) ein Polynom.

J. Sei $G \subset \mathbb{C}$ ein Gebiet und $f : G \to \mathbb{C}$ holomorph ohne Nullstellen. Dann ist $g := 1/f$ holomorph auf G. Hat $|f|$ in $z_0 \in G$ ein lokales Minimum, so besitzt g dort ein lokales Maximum. Nach dem Maximumprinzip ist g (und damit auch f) konstant.

Lösungen zu Kapitel 3

Zu den Aufgaben in (3.1.13):

A. Sei f ganz und nicht konstant. Ist $f(z)$ ein Polynom, so besitzt $F_c(z) := f(z) - c$ nach dem Fundamentalsatz der Algebra für jedes $c \in \mathbb{C}$ eine Nullstelle z_0. Das zeigt, dass $f(\mathbb{C}) = \mathbb{C}$ ist. Man kann also annehmen, dass f **kein** Polynom ist. Unter dieser Voraussetzung untersuche man am besten die isolierte Singularität von $g(z) := f(1/z)$ im Nullpunkt:

a) Wäre die Singularität hebbar, so bliebe $f(z)$ für $|z| \to \infty$ beschränkt. Nach Liouville müsste f dann konstant sein, aber das wurde ja ausgeschlossen.

b) Nimmt man an, dass g in 0 eine Polstelle hat, so gibt es ein $m \in \mathbb{N}$ und eine holomorphe Funktion h mit $h(0) \neq 0$, so dass $g(z) \cdot z^m = h(z)$ nahe 0 gilt. Außerhalb von 0 ist dann $f(z) = g(1/z) = z^m \cdot h(1/z) = p(z) + r(z)$, mit einem Polynom p und einer außerhalb 0 definierten holomorphen Funktion r, so dass $r(1/z)$ für $z \to 0$ beschränkt bleibt. Das sieht man mit Hilfe der Potenzreihenentwicklung von h in 0. Weil die ganze Funktion $f(z) - p(z)$ für $z \neq 0$ mit $r(z)$ übereinstimmt, folgt wie in (a), dass $f - p$ konstant ist. WS!

c) g muss also in 0 eine wesentliche Singularität besitzen. Dann gibt es zu jedem $w \in \mathbb{C}$ eine Folge u_n mit $|u_n| \to \infty$, so dass $f(u_n)$ gegen w konvergiert. Damit ist $f(\mathbb{C})$ dicht in $\mathbb{C}$.

B. Zunächst beachte man, dass z_0 keine isolierte Singularität ist! Man kann also nicht den Apparat der isolierten Singularitäten benutzen.

Annahme, es gibt ein $c \in \mathbb{C}$ und ein $\varepsilon > 0$, so dass $U_\varepsilon(c) \cap f(D') = \varnothing$ ist. Die Funktion $g(z) := 1/(f(z) - c)$ strebt für $z \to z_\nu$ gegen null, und es ist $|g(z)| < 1/\varepsilon$ auf D'. Man kann dann g in den Punkten z_ν stetig durch 0 fortsetzen und erhält so eine holomorphe Fortsetzung $\widehat{g}$ von g auf $D^* := D_r(z_0) \setminus \{z_0\}$, die auf ganz D^* beschränkt bleibt. Weil jetzt z_0 eine isolierte Singularität von $\widehat{g}$ ist, kann $\widehat{g}$ zu einer holomorphen Funktion $\widehat{\widehat{g}}$ auf $D_r(z_0)$ fortgesetzt werden, die in allen z_ν verschwindet. Dann muss $\widehat{\widehat{g}}$ aber auch in z_0 verschwinden, und aus dem Identitätssatz folgt, dass $\widehat{\widehat{g}}$ sogar auf ganz $D_r(z_0)$ (und deshalb g auf D') verschwindet. Weil $f(z) = c + 1/g(z)$ auf D' gilt, kann das nicht sein.

C. a) Die Funktion $f(z) := 1/(e^z + 1)$ hat isolierte Singularitäten in den Punkten $z_k = (2k+1)\,\mathrm{i}\,\pi$, $k \in \mathbb{Z}$. Wegen der Periodizität der Exponentialfunktion reicht es, die Singularität in $z_0 = \mathrm{i}\,\pi$ näher zu untersuchen.

Konvergiert $w_\nu = \mathrm{i}\,\pi + u_\nu$ gegen z_0, so strebt $e^{w_\nu} + 1$ gegen null, also $|f(w_\nu)|$ gegen ∞. Also ist z_0 (und damit auch jedes z_k) eine Polstelle von f.

b) $g(z) := \cos\big(1/(z - \mathrm{i})\big)$ besitzt eine isolierte Singularität in $z_0 := \mathrm{i}$. Die Laurent-Entwicklung von g um z_0 hat die Gestalt

$$g(z) = \sum_{n=0}^{\infty} (-1)^n \frac{(z - \mathrm{i})^{-2n}}{(2n)!} = 1 - \frac{1}{2(z - \mathrm{i})^2} + \frac{1}{24(z - \mathrm{i})^4} \pm \cdots$$

Das zeigt, dass eine wesentliche Singularität vorliegt.

c) $h(z) := 1/z + \cot^2(z)$ hat isolierte Singularitäten bei $z = 0$ und in allen Nullstellen von $\sin(z)$, also in allen Punkten $z_k := k\pi$, $k \in \mathbb{Z}$.

Bekanntlich ist $\sin(z) = z \cdot \varphi(z)$, mit einer holomorphen Funktion φ und $\varphi(0) = 1$. Damit ist

$$h(z) = \frac{1}{z} + \frac{\cos^2(z)}{z^2 \varphi^2(z)} = \frac{1}{z^2} \cdot \left(z + \frac{\cos^2(z)}{\varphi^2(z)} \right) = \frac{1}{z^2} \cdot g(z),$$

mit $g(0) = 1$. Also hat h in $z_0 = 0$ eine Polstelle 2. Ordnung.

In den Punkten z_k mit $k \neq 0$ ist der Summand $1/z$ holomorph, trägt also nichts zum Typ der Singularität bei. Dort gilt für $z = k\pi + w$: $\sin(z) = (-1)^k \sin(w) = w \cdot (-1)^k \varphi(w) = (z - k\pi) \cdot \psi(z)$, mit $\psi(k\pi) = (-1)^k$. Also ist

$$h(z) = \frac{1}{z} + \frac{1}{(z - k\pi)^2} \cdot \frac{\cos^2(z)}{\psi^2(z)}.$$

Auch hier liegt ein Pol 2. Ordnung vor.

D. Hat g in a eine Polstelle, so gibt es ein $k \geq 1$ und eine holomorphe Funktion h mit $h(a) \neq 0$, so dass $g(z) = (z - a)^{-k} \cdot h(z)$ nahe a ist. Dann folgt:

$$\frac{g'(z)}{g(z)} = \frac{(-k)(z - a)^{-k-1}h(z) + (z - a)^{-k}h'(z)}{(z - a)^{-k}h(z)} = \frac{(-k)}{z - a} + \frac{h'(z)}{h(z)}$$

hat in a einen Pol erster Ordnung. Nimmt man also an, eine Funktion der Gestalt $g := e^f$ hat in a eine Polstelle, so erhält man, dass f' dort einen Pol 1. Ordnung besitzt. Das kann aber nicht sein, wenn f in a eine nicht hebbare Singularität besitzt, denn es gibt keine Umgebung $U = U(a)$, so dass auf $U \setminus \{a\}$ eine Stammfunktion von $1/(z - a)$ existiert.

E. Es ist $\dfrac{1}{z^2 + z^4} = \dfrac{1}{z^2} \displaystyle\sum_{n=0}^{\infty}(-z^2)^n = \dfrac{1}{z^2} - 1 + \displaystyle\sum_{n=2}^{\infty}(-1)^n z^{2n-2}$ für $0 < |z| < 1,$

und

$$\frac{\sin z}{z^3} = \frac{1}{z^3}\sum_{n=0}^{\infty}(-1)^n\frac{z^{2n+1}}{(2n+1)!} = \frac{1}{z^2} - 1 + \sum_{n=2}^{\infty}(-1)^n z^{2n-2} \text{ für } 0 < |z| < \infty.$$

F. Es ist $1/(z^2 - 4) = \big(1/(z - 2) - 1/(z + 2)\big)/4$. Entwickelt werden soll um den Punkt $z_0 = 2$. Es gibt zwei Ringgebiete, in denen das möglich ist:

a) Im Gebiet $K_{0,4} = \{z \in \mathbb{C} : 0 < |z - 2| < 4\}$ ist

$$\frac{1}{z + 2} = \frac{1}{(z - 2) + 4} = \frac{1}{4}\sum_{n=0}^{\infty}\Big(\frac{z - 2}{-4}\Big)^n,$$

$$\text{also} \quad \frac{1}{z^2 - 4} = \frac{1/4}{z - 2} - \frac{1}{16}\sum_{n=0}^{\infty}\frac{(-1)^n}{4^n}(z - 2)^n.$$

b) Im Gebiet $K_{4,\infty} = \{z \in \mathbb{C} : 4 < |z - 2| < \infty\}$ ist

$$\frac{1}{z + 2} = \frac{1}{z - 2} \cdot \frac{1}{1 - (-4)/(z - 2)} = \frac{1}{z - 2}\sum_{n=0}^{\infty}\Big(\frac{-4}{z - 2}\Big)^n,$$

$$\text{also} \quad \frac{1}{z^2 - 4} = \sum_{n=1}^{\infty}\frac{(-4)^{n-1}}{(z - 2)^{n+1}}.$$

G. Es ist $\dfrac{1}{(z-2)(z-3)} = \dfrac{1}{z-3} - \dfrac{1}{z-2}$.

Für $|z| < 3$ ist $\quad \dfrac{1}{z-3} = \dfrac{-1}{3} \cdot \dfrac{1}{1-z/3} = \dfrac{-1}{3} \displaystyle\sum_{n=0}^{\infty} \left(\dfrac{z}{3}\right)^n$,

und für $|z| > 2$ ist $\quad \dfrac{1}{z-2} = \dfrac{1}{z} \cdot \dfrac{1}{1-2/z} = \dfrac{1}{z} \displaystyle\sum_{n=0}^{\infty} \left(\dfrac{2}{z}\right)^n$. Also gilt:

$$\frac{1}{(z-2)(z-3)} = -\left[\sum_{n=0}^{\infty} \frac{z^n}{3^{n+1}} + \sum_{n=0}^{\infty} \frac{2^n}{z^{n+1}}\right] \text{ für } 2 < |z| < 3.$$

H. Sei $f(x;z) := e^{(z-1/z)x/2}$ für $x \in \mathbb{R}$ und $z \in \mathbb{C}^*$. Dann kann f als Funktion von z in eine Laurentreihe um 0 entwickelt werden:

$$f(z) = f(x;z) = \sum_{n=-\infty}^{\infty} J_n(x) z^n.$$

Man nennt die Funktionen $J_n(x)$ **Bessel-Funktionen** 1. Art von der Ordnung n. Verwendet man die allgemeine Formel für die Koeffizienten der Laurent-Entwicklung, so erhält man:

$$\begin{aligned}
J_n(x) &= \frac{1}{2\pi i} \int_{|z|=1} \frac{f(z)}{z^{n+1}} \, dz = \frac{1}{2\pi i} \int_0^{2\pi} \frac{f(e^{it})}{e^{it(n+1)}} \, i e^{it} \, dt \\[2mm]
&= \frac{1}{2\pi} \int_0^{2\pi} \frac{e^{(e^{it}-e^{-it})x/2}}{e^{int} \cdot e^{it}} e^{it} \, dt = \frac{1}{2\pi} \int_0^{2\pi} e^{i(x\sin t - nt)} \, dt \\[2mm]
&= \frac{1}{2\pi} \int_0^{2\pi} \cos(x\sin t - nt) \, dt + \frac{i}{2\pi} \int_0^{2\pi} \sin(x\sin t - nt) \, dt.
\end{aligned}$$

Die Funktion $u(t) := \sin(x\sin t - nt)$ ist periodisch mit Periode 2π und ungerade. Deshalb verschwindet das Integral über $u(t)$ von 0 bis 2π.

Die Funktion $v(t) := \cos(x\sin t - nt)$ ist ebenfalls periodisch mit Periode 2π. Deshalb ist $\int_{-\pi}^{\pi} v(t) \, dt = \int_0^{2\pi} v(t) \, dt$ und $J_n(x) = \int_{-\pi}^{\pi} \cos(x\sin t - nt) \, dt$.

I. Das Polynom $z^2 + 4z + 3$ hat die beiden Nullstellen -1 und -3. Deshalb ist

$$\frac{2z+1}{z^2+4z+3} = \frac{2z+1}{(z+1)(z+3)} = \frac{5/2}{z+3} - \frac{1/2}{z+1}, \text{ und für } 1 < |z| < 3 \text{ gilt:}$$

$$\frac{2z+1}{z^2+4z+3} = \frac{5}{2} \sum_{n=0}^{\infty} \frac{(-1)^n}{3^{n+1}} z^n - \frac{1}{2} \sum_{n=0}^{\infty} \frac{(-1)^n}{z^{n+1}}.$$

J. Die geometrische Reihe $\sum_{n=0}^{\infty} z^n = 1/(1-z)$ konvergiert nur für $|z| < 1$, und die Reihe $\sum_{n=0}^{\infty} z^{-n} = -1/(1-z)$ nur für $|z| > 1$. Die beiden Konvergenzgebiete sind disjunkt, und deshalb darf man die beiden Reihen nirgends addieren.

K. Die Funktion $f(z) = 1/(z-a)$ hat eine isolierte Singularität in $z = a$. Da es um Konvergenz für $|z| \to \infty$ geht, muss das Ringgebiet $|a| < |z| < \infty$ betrachtet werden. Ist $|z| > |a|$, so ist $|(a/z)| < 1$ und

$$\frac{1}{z-a} = \frac{1}{z} \cdot \frac{1}{1-(a/z)} = \frac{1}{z} \sum_{n=0}^{\infty} \left(\frac{a}{z}\right)^n = \sum_{n=0}^{\infty} a^n z^{-n-1}.$$

Diese Reihe konvergiert für $|z| \to \infty$ gegen 0.

L. $f(z) := e^z/(z-1)^2$ hat eine isolierte Singularität bei $z_0 := 1$. Für $|z-1| > 0$, also $z \neq 0$, gilt:

$$\frac{e^z}{(z-1)^2} = \frac{e^{(z-1)+1}}{(z-1)^2} = e \cdot \left(\frac{1}{(z-1)^2} + \frac{1}{z-1} + \sum_{n=0}^{\infty} \frac{(z-1)^n}{(n+2)!}\right).$$

Die Konvergenz der Reihe folgt wie bei der Original-Exponentialfunktion mit Hilfe des Quotientenkriteriums.

Zu den Aufgaben in (3.2.14):

A. Der Beweis ist eine simple Anwendung der Integrationsregeln.

B. a) Sei γ auf $[\alpha, \beta]$ definiert. Es ist $T'(z) = a$ und daher

$$n(T \circ \gamma, T(z_0)) = \frac{1}{2\pi i} \int_\alpha^\beta \frac{(T \circ \gamma)'(t)\, dt}{T \circ \gamma(t) - T(z_0)} = \frac{1}{2\pi i} \int_\alpha^\beta \frac{\gamma'(t)\, dt}{\gamma(t) - z_0} = n(\gamma, z_0).$$

b) Es ist $n(\overline{\gamma}, \overline{z}_0) = \frac{1}{2\pi i} \int_\alpha^\beta \frac{\overline{\gamma}'(t)\, dt}{\overline{\gamma}(t) - \overline{z}_0} = \overline{\frac{1}{2\pi i} \int_\alpha^\beta \frac{\gamma'(t)}{\gamma(t) - z_0}\, dt} = -\overline{n(\gamma, z_0)}.$
Ist γ geschlossen, so ist natürlich $\overline{n(\gamma, z_0)} = n(\gamma, z_0)$.

C. Dies ist eher eine Scherzaufgabe. Man beginne außen mit 0 und erhöhe oder erniedrige die Umlaufszahl bei jedem Überqueren des Weges um ± 1, je nach der Richtung, aus der der Weg kommt:

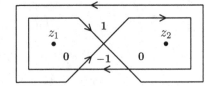

D. O.B.d.A. sei $z_0 = 0$. Weil α **stetig** differenzierbar und $\alpha'(0) \neq 0$ ist, kann man annehmen, dass $\alpha'(t) \neq 0$ für $t \in [0,1]$ ist. Schreibt man $\alpha(t) = x(t) + \mathrm{i}\, y(t)$, so ist $x(0) = y(0) = 0$, $x'(0) > 0$ und $y'(0) = 0$, und man kann annehmen, dass $x'(t) > 0$ für $t \in [0,1]$ ist.

Sei $r(t) := |\alpha(t) - z_0| = |\alpha(t)| = \sqrt{x(t)^2 + y(t)^2}$. Für $t \neq 0$ ist r stetig differenzierbar, und $r(t)/t$ strebt für $t \to 0$ gegen $x'(0)$. Also ist r auch in $t = 0$ differenzierbar und $r'(0) = x'(0)$. Da man zeigen kann, dass auch $r'(t)$ für $t \to 0$ gegen $x'(0)$ konvergiert, ist r auf $[0,1]$ sogar stetig differenzierbar.

a) Wenn $\delta > 0$ klein genug ist, ist r auf $[0,\delta]$ streng monoton wachsend. Setzt man $\varepsilon := r(\delta)$, so ist $r : [0,\delta] \to [0,\varepsilon]$ bijektiv, und zu jedem $\varrho \in [0,\varepsilon]$ gibt es genau ein $t \in [0,\delta]$ mit $r(t) = \varrho$.

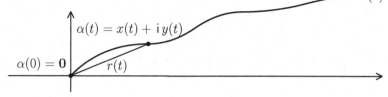

b) Nun ist $t(s) := r^{-1}(s)$ stetig und streng monoton wachsend und $r(t(s)) = s$. Weil $x'(0) > 0$ ist, ist auch $x(t) > 0$ für kleines $t > 0$. Daher ist

$$\varphi(s) := \arctan\left(\frac{y(t(s))}{x(t(s))}\right)$$

definiert und stetig für $0 < s < \varepsilon$ (für genügend kleines ε). Mit l'Hospital folgt die Existenz des Grenzwertes $\lim_{s \to 0} \varphi(s) = \arctan(y'(0)/x'(0)) = 0$. Also ist $\varphi : [0,\varepsilon] \to \mathbb{R}$ stetig und $\varphi(0) = 0 = \arg(\alpha'(0))$.

Schreibt man $\alpha(t) = r(t)e^{\mathrm{i}\psi(t)}$, mit einer stetigen Argumentfunktion ψ mit $\psi(0) = 0$, so ist $y(t)/x(t) = \sin\psi(t)/\cos\psi(t) = \tan\psi(t)$, also $\varphi(s) = \psi(t(s))$. Deshalb ist $\widetilde{\alpha}(s) := \alpha(t(s)) = s \cdot e^{\mathrm{i}\varphi(s)}$ die gesuchte Parametrisierung.

Im allgemeinen Fall kann man mit Hilfe einer biholomorphen Abbildung die speziellen Voraussetzungen herstellen: Ist $\alpha(0) = z_0$ und $\alpha'(0) = re^{\mathrm{i}\theta}$ mit $r > 0$ und $\theta \in [0, 2\pi)$, so setze man $T(z) := z - z_0$ und $D(w) := e^{-\mathrm{i}\theta} \cdot w$, sowie $\Phi := D \circ T$. Löst man das Problem für $\Phi \circ \alpha$ mit Hilfe einer Parametrisierung α^*, so parametrisiert $\widetilde{\alpha} := \Phi^{-1} \circ \alpha^*$ die Spur des ursprünglichen Weges α.

E. O.B.d.A. sei angenommen, dass $t_0 = 0$ und $z_0 = 0$ ist. Nach Aufgabe (D) gibt es ein $\varepsilon > 0$ mit $a \leq -\varepsilon < 0 < \varepsilon \leq b$, so dass die Teilwege $\alpha_l := \alpha|_{[-\varepsilon,0]}$ und $\alpha_r := \alpha|_{[0,\varepsilon]}$ stetig differenzierbar und glatt sind. Dabei kann man ε so klein wählen, dass es stetige Funktionen φ_l und φ_r auf $[0,\varepsilon]$ gibt, so dass gilt: $\widetilde{\alpha_l}(t) := te^{\mathrm{i}\varphi_l(t)}$ parametrisiert $|\alpha_l|$ und $\widetilde{\alpha_r}(t) := te^{\mathrm{i}\varphi_r(t)}$ parametrisiert $|\alpha_r|$. Es muss $\varphi_l(0) = \varphi_r(0) + \pi$ gelten, weil die Wege $\widetilde{\alpha_r}$ und $\widetilde{\alpha_l}$ beide bei 0 starten und dort entgegengesetzte Richtung haben. Und weil α injektiv ist, kann man annehmen, dass $\varphi_r(t) < \varphi_l(t) < \varphi_r(t) + 2\pi$ für alle $t \in [0,\varepsilon]$ ist.

Für $0 < \delta \le \varepsilon$ definiere man dann:

$$
\begin{aligned}
C_+(\delta) &:= \{te^{is} \mid 0 < t < \delta,\ \varphi_r(t) < s < \varphi_l(t)\}, \\
C_-(\delta) &:= \{te^{is} \mid 0 < t < \delta,\ \varphi_l(t) < s < \varphi_r(t) + 2\pi\}.
\end{aligned}
$$

Das sind die beiden gesuchten Zusammenhangskomponenten von $D_\delta(0) \setminus |\alpha|$.

F. Sei $\varepsilon > 0$ so gewählt, dass $D_\varepsilon(z_0) \subset \mathbb{C} \setminus |\alpha_0|$ ist, sowie $0 < \delta < \varepsilon$. Ist ein geschlossener Weg $\alpha : [a,b] \to \mathbb{C}$ mit $|\alpha(t) - \alpha_0(t)| < \delta$ auf $[a,b]$ gegeben, so folgt einfach, dass $z_0 \notin |\alpha|$ ist. Dann definiere man $\gamma : [a,b] \to \mathbb{C}$ durch

$$
\gamma(t) := z_0 + \frac{\alpha(t) - z_0}{\alpha_0(t) - z_0}.
$$

Offensichtlich ist γ auch geschlossen, und weil $|(\alpha(t) - z_0) - (\alpha_0(t) - z_0)| < \delta$ ist, folgt:

$$
|\gamma(t) - (z_0 + 1)| = \left| \frac{\alpha(t) - z_0}{\alpha_0(t) - z_0} - 1 \right| < \frac{\delta}{|\alpha_0(t) - z_0|} \le \frac{\delta}{\varepsilon} < 1 \quad \text{für alle } t,
$$

also $|\gamma| \subset D_1(z_0 + 1)$. z_0 liegt in der unbeschränkten Komponente von $\mathbb{C} \setminus |\gamma|$. Bis auf eine Konstante ist $\log(\gamma(t) - z_0) = \log(\alpha(t) - z_0) - \log(\alpha_0(t) - z_0)$ und damit (nach Differenzieren)

$$
\frac{\gamma'(t)}{\gamma(t) - z_0} = \frac{\alpha'(t)}{\alpha(t) - z_0} - \frac{\alpha_0'(t)}{\alpha_0(t) - z_0}.
$$

Daraus folgt:

$$
0 = n(\gamma, z_0) = \frac{1}{2\pi i} \int_0^1 \frac{\gamma'(t)}{\gamma(t) - z_0}\, dt = n(\alpha, z_0) - n(\alpha_0, z_0).
$$

Zu den Aufgaben in (3.3.19):

A. Es ist $f(z) = \dfrac{1}{(z - z_0)^3 (z + z_0)^3}$, und deshalb liegt in z_0 eine Polstelle der Ordnung 3 vor, und es gilt:

$$
\begin{aligned}
\operatorname{res}_{z_0}(f) &= \frac{1}{(3-1)!} \lim_{z \to z_0} \left[(z - z_0)^3 f(z) \right]^{(3-1)} = \frac{1}{2} \lim_{z \to z_0} \left[\frac{1}{(z + z_0)^3} \right]'' \\
&= \frac{1}{2} \lim_{z \to z_0} \frac{12}{(z + z_0)^5} = \frac{6}{(2\sqrt{2}\,i)^5} = -\frac{3\sqrt{2}}{128}\, i.
\end{aligned}
$$

B. Die Spur von α besteht aus zwei Kreisen (mit den Mittelpunkten -1 und 1 und dem Radius 1). Zunächst wird der rechte Kreis zweimal im positiven Sinne umlaufen, und dann der linke Kreis zweimal im negativen Sinne. Für die Punkte z im Innern des rechten Kreises ist $n(\alpha, z) = 2$, für die im Innern des linken Kreises ist $n(\alpha, z) = -2$.

Der Integrand

$$f(z) := \frac{16z^3 + 6z}{(z^2 + 1)(4z^2 - 1)} = \frac{16z^3 + 6z}{(z - \mathrm{i})(z + \mathrm{i})(2z - 1)(2z + 1)}$$

hat einfache Polstellen bei $z_{1/2} = \pm\mathrm{i}$ und bei $z_{3/4} = \pm 1/2$. Also ist

$$\int_\alpha f(z)\,dz = 2\pi\,\mathrm{i} \cdot \left(n\left(\alpha, \frac{1}{2}\right) \operatorname{res}_{1/2}(f) + n\left(\alpha, -\frac{1}{2}\right) \operatorname{res}_{-1/2}(f) \right) = 0.$$

C. a) $f(z) = \dfrac{5z - 2}{z(z - 1)}$ hat einfache Pole in $z_0 := 0$ und $z_1 := 1$. Beide liegen im Innern des durch $\alpha(t) := 2e^{\mathrm{i}t}$ parametrisierten Weges. Daraus folgt:

$$\int_\alpha f(z)\,dz = 2\pi\,\mathrm{i}\,\big(\operatorname{res}_0(f) + \operatorname{res}_1(f)\big) = 2\pi\,\mathrm{i}\,(2 + 3) = 10\pi\,\mathrm{i}.$$

b) Da $f(z) = z \cdot \cos(1/z)$ in $z = 0$ eine wesentliche Singularität besitzt, greifen die meisten Methoden zur Bestimmung des Residuums nicht. Hier berechnet man am besten den Koeffizienten a_{-1}. Tatsächlich ist

$$z \cdot \cos\left(\frac{1}{z}\right) = z \cdot \sum_{n=0}^\infty (-1)^n \frac{z^{-2n}}{(2n)!} = z - \frac{1}{2}z^{-1} + \frac{1}{24}z^{-3} \mp \cdots,$$

also $\operatorname{res}_0(f) = a_{-1} = 1/2$.

c) Man muss hier den Satz von Rouché zweimal benutzen. Zunächst sei $g(z) \equiv 12$ und $h(z) := z^7 + 5z^3$. Auf $\partial D_1(0)$ ist $|h(z)| \leq 6 < 12 = |g(z)|$. Nach Rouché haben dann g und $f = g + h$ in $D_1(0)$ gleich viele Nullstellen, also gar keine.

Im zweiten Schritt sei $h(z) := -5z^3 + 12$ und $g(z) := z^7$. Auf $\partial D_2(0)$ ist $|h(z)| = 52 < 128 = |g(z)|$. Also hat $f = g + h$ sieben Nullstellen in $D_2(0)$. Da $f(z)$ als Polynom 7. Grades genau 7 Nullstellen besitzt, müssen alle diese Nullstellen in $D_2(0) \setminus D_1(0) = \{z \in \mathbb{C} : 1 \leq |z| < 2\}$ liegen.

D. $f(z) := (z^2 + 1)/(z^4 + 1)$ hat die einfachen Polstellen $z_k = e^{(\pi + 2k\pi)\mathrm{i}/4}$, $k = 0, 1, 2, 3$. Für die Berechnung des Integrals interessieren nur die Polstellen in der oberen Halbebene, also z_0 und z_1.

Es ist $\operatorname{res}_{z_0}(f) = -\mathrm{i}/2\sqrt{2}$ und $\operatorname{res}_{z_1}(f) = -\mathrm{i}/2\sqrt{2}$, also

$$\int_{-\infty}^\infty \frac{x^2 + 1}{x^4 + 1}\,dx = 2\pi\,\mathrm{i}\,\big(\operatorname{res}_{z_0}(f) + \operatorname{res}_{z_1}(f)\big) = -2\pi\,\mathrm{i} \cdot \frac{2\,\mathrm{i}}{2\sqrt{2}} = \pi\sqrt{2}.$$

E. Sei $a > 0$ und $J := \displaystyle\int_0^\infty \frac{dx}{(x^2+a^2)^2} = \frac{1}{2}\int_{-\infty}^\infty \frac{dx}{(x^2+a^2)^2}$.

Die Funktion $f(z) := 1/(z^2+a^2)^2$ hat Polstellen 2. Ordnung in den Punkten $z_{0/1} = \pm i\,a$. Nur $z_0 = i\,a$ liegt in der oberen Halbebene, und es ist $\mathrm{res}_{z_0}(f) = 1/(4\,i\,a^3)$, also $J = \pi/(4a^3)$.

F. $p(z) := z^2 + 2z + 2 = 0$ hat die Nullstellen $z = -1 \pm i$. Also hat $f(z) := z^2/((z^2+1)^2 p(z))$ in der oberen Halbebene den doppelten Pol $z_0 := i$ und den einfachen Pol $z_1 := -1 + i$. Dort müssen die Residuen berechnet werden:

a) Sei $N(z) := (z - i)^2 p(z)$. Es ist $p(i) = 1 + 2i$ und $N(i) = -4 - 8i$, also

$$
\begin{aligned}
\mathrm{res}_{z_0}(f) &= \lim_{z\to i}\left[\frac{z^2}{(z+i)^2(z^2+2z+2)}\right]' \\
&= \lim_{z\to i}\frac{2z\cdot N(z) - z^2\cdot\big(2(z+i)p(z) + (z+i)^2(2z+2)\big)}{N(z)^2} \\
&= \frac{-12\,i}{16(-3+4\,i)} = \frac{9\,i - 12}{100}.
\end{aligned}
$$

b) Es ist $p(z) = (z - z_1)(z + 1 + i)$ und daher

$$
\mathrm{res}_{z_1}(f) = \lim_{z\to z_1}(z - z_1)f(z) = \lim_{z\to z_1}\frac{z^2}{(z^2+1)^2(z+1+i)} = \frac{3 - 4\,i}{25}.
$$

Damit ist

$$
\int_{-\infty}^\infty f(x)\,dx = 2\pi\,i\left(\frac{9\,i - 12}{100} + \frac{3 - 4\,i}{25}\right) = \frac{7\pi}{50}.
$$

G. a) Es ist $\sin(z) = z \cdot p(z)$ mit einer holomorphen Funktion p und $p(0) = 1$. Deshalb hat $f(z) := e^z/\sin z$ in 0 einen Pol 1.Ordnung. Da f die Gestalt g/h mit $g(0) \neq 0$, $h(0) = 0$ und $h'(0) = 1 \neq 0$ besitzt, ist $\mathrm{res}_0(f) = g(0)/h'(0) = 1$.

b) Offensichtlich hat $f(z) := (2z + 1)/(z(z^3 - 5))$ in 0 einen Pol 1. Ordnung, und es ist $\mathrm{res}_0(f) = \lim_{z\to 0} z\cdot f(z) = -1/5$.

c) $\log(1+z)$ ist in $D_1(0)$ holomorph und kann dort in eine Taylorreihe entwickelt werden: $\log(1+z) = \sum_{n=1}^\infty((-1)^n/n)z^n$. Damit hat $f(z) := \log(1+z)/z^2$ die Laurententwicklung

$$
f(z) = \sum_{n=1}^\infty (-1)^n \frac{z^{n-2}}{n} = \frac{1}{z} - \frac{1}{2} + \frac{1}{3}z \pm \cdots
$$

Offensichtlich hat f in 0 einen Pol 1.Ordnung, und es ist $\mathrm{res}_0(f) = 1$.

d) $f(z) := (\sin z)/z^4$ hat in 0 einen Pol 3. Ordnung, wie man aus der Laurentreihe ersieht, und es ist $\mathrm{res}_0(f) = -1/6$.

H. Gezeigt werden soll:

Für $n \geq 2$ ist $\displaystyle\int_0^\infty \frac{1}{1+x^n}\,dx = \frac{\pi/n}{\sin(\pi/n)}$.

Zum Beweis wird die Skizze benutzt.

Der Punkt $z_0 := e^{i\pi/n}$ ist die einzige Singularität von $f(z) := 1/(1+z^n)$ im Innern des Weges $\alpha_R + \beta_R - \gamma_R$. Deshalb ist

$$\int_\alpha \frac{dz}{1+z^n} + \int_\beta \frac{dz}{1+z^n} - \int_\gamma \frac{dz}{1+z^n} = 2\pi i \cdot \mathrm{res}_{z_0}(f).$$

Dabei ist $\alpha_R(t) := t$ auf $[0,R]$, $\beta_R(t) := Re^{it}$ auf $[0,2\pi/n]$ und $\gamma_R(t) := tz_0^2$ auf $[0,R]$. Außerdem ist $z_0^n = -1$. Zur Berechnung des Residuums schreibe man $f(z) = g(z)/h(z)$ (mit $g(z) = 1$ und $h(z) = 1 + z^n$). Dann ist $\mathrm{res}_{z_0}(f) = g(z_0)/h'(z_0) = -z_0/n$.

Weiter ist $|1 + (Re^{it})^n| \geq |(Re^{it})^n| - 1 = R^n - 1$, und deshalb strebt $\displaystyle\left| \int_{\beta_R} f(z)\,dz \right| \leq \sup_{|\beta_R|} |f| \cdot \frac{2\pi R}{n} \leq \frac{2\pi R}{n(R^n - 1)}$ für $R \to \infty$ gegen 0. Also ist $\displaystyle\frac{-2\pi i\, z_0}{n} = (1 - z_0^2) \int_0^\infty \frac{dt}{1 + t^n}$. Mit $z_0 - z_0^{-1} = 2i\sin(\pi/n)$ folgt die Formel.

I. Die Kurve der Punkte z mit $|z + 2| + |z - 2| = 6$ ist eine Ellipse mit den Brennpunkten $w_1 := -2$ und $w_2 := 2$. Die Halbachsen kann man ausrechnen: Es ist $a = 3$ und $b = \sqrt{5}$. Also wird $\alpha : [0, 2\pi] \to \mathbb{C}$ parametrisiert durch $\alpha(t) := a\cos t + i\, b\sin t = 3\cos t + i\sqrt{5}\sin t$.

$f(z) := z^5/((z - i)(z + i)^3)$ hat bei $z_1 := i$ einen einfachen und bei $z_2 := -i$ einen dreifachen Pol. Es ist $\mathrm{res}_{z_1}(f) = \lim_{z \to i}(z - i)f(z) = -1/8$ und

$$\mathrm{res}_{z_2}(f) = \frac{1}{2} \lim_{z \to -i} \left[(z + i)^3 f(z) \right]'' = \frac{1}{2} \lim_{z \to -i} \left[\frac{z^5}{z - i} \right]'' = -5 + \frac{9}{8}.$$

Damit ist $\displaystyle\int_\alpha f(z)\,dz = 2\pi i \left(\mathrm{res}_i(f) + \mathrm{res}_{-i}(f) \right) = -8\pi i$.

J. Hier kann man die zweite Variante des Integrationssatzes verwenden. Ist $R(x) := x/(x^2 + 1)^2$, so ist $\displaystyle\int_{-\infty}^\infty R(x)e^{ix}\,dx = 2\pi i \sum_{\mathrm{Im}(z) > 0} \mathrm{res}_z\big(R(z)e^{iz}\big)$, und da $R(x)\sin x$ gerade ist, ist

$$\int_0^\infty R(x)\sin x\,dx = \frac{1}{2} \int_{-\infty}^\infty R(x)\sin x\,dx$$

$$= \frac{1}{2} \mathrm{Im}\left(\int_{-\infty}^\infty R(x)e^{ix}\,dx \right) = \mathrm{Im}\big(\pi i\, \mathrm{res}_i(R(z)e^{iz})\big).$$

Nun bleibt nur noch das Residuum zu berechnen:

$$\text{res}_i \frac{ze^{iz}}{(z^2+1)^2} = \lim_{z \to i} \left[\frac{ze^{iz}}{(z+i)^2} \right]'$$

$$= \lim_{z \to i} \frac{e^{iz}(1+iz)(z+i)^2 - 2ze^{iz}(z+i)}{(z+i)^4} = \frac{1}{4e}.$$

Damit ist $\displaystyle\int_0^\infty R(x) \sin x \, dx = \frac{\pi}{4e}$.

K. a) Es ist $e^{2z} = e^2 \cdot e^{2(z-1)} = e^2 \cdot \sum_{n=0}^\infty (2(z-1))^n/n!$, also

$$f(z) := \frac{e^{2z}}{(z-1)^3} = e^2 \sum_{n=0}^\infty \frac{2^n}{n!}(z-1)^{n-3} = \sum_{k=-3}^\infty \frac{e^2 2^{k+3}}{(k+3)!}(z-1)^k.$$

Damit ist $\text{res}_1(f) = \dfrac{4e^2}{2!} = 2e^2$.

b) Für die Entwicklung um $z_0 = 3$ muss man hier zunächst $1/z^2$ nach Potenzen von $z - 3$ entwickeln:

Es ist $1/z^2 = (-1/z)'$ und $\dfrac{1}{z} = \dfrac{1}{(z-3)-(-3)} = \dfrac{1}{3}\sum_{n=0}^\infty \left(\dfrac{z-3}{-3}\right)^n$, also

$$\frac{1}{z^2} = -\frac{1}{3}\sum_{n=1}^\infty \frac{n}{(-3)^n}(z-3)^{n-1} = \sum_{k=0}^\infty \frac{k+1}{(-3)^{k+2}}(z-3)^k \text{ und damit}$$

$$g(z) := \frac{1}{z^2(z-3)^2} = \sum_{k=0}^\infty \frac{k+1}{(-3)^{k+2}}(z-3)^{k-2} = \sum_{m=-2}^\infty \frac{m+3}{(-3)^{m+4}}(z-3)^m.$$

Daraus folgt: $\text{res}_3(g) = -2/27$.

L. Es handelt sich um ein Integral vom Typ 1. Setzt man $R(x,y) := \dfrac{1}{(5-3y)^2}$

und $f(z) := \dfrac{1}{z} \cdot R\left(\dfrac{1}{2}\left(z+\dfrac{1}{z}\right), \dfrac{1}{2i}\left(z-\dfrac{1}{z}\right)\right)$, so ist

$$\int_0^{2\pi} \frac{dt}{(5-3\sin t)^2} = \int_0^{2\pi} R(\cos t, \sin t)\, dt = 2\pi \sum_{z \in D_1(0)} \text{res}_z(f).$$

Dabei ist

$$f(z) = \frac{1}{z} \cdot \frac{1}{\left(5-(3/2i)(z-1/z)\right)^2} = \frac{-4z}{9(z-3i)^2(z-i/3)^2}.$$

$z_0 := i/3$ ist die einzige isolierte Singularität von f in $D_1(0)$, und zwar eine Polstelle 2. Ordnung. Deshalb ist

$$\mathrm{res}_{i/3}(f) = \lim_{z \to i/3}\left[(z - i/3)^2 f(z)\right]' = -\frac{4}{9}\lim_{z \to i/3}\frac{(z - 3i)^2 - 2z(z - 3i)}{(z - 3i)^4} = \frac{5}{64}$$

und $\displaystyle\int_0^{2\pi}\frac{dt}{(5 - 3\sin t)^2} = 2\pi \cdot \mathrm{res}_{i/3}(f) = \frac{5\pi}{32}.$

M. Bei der Berechnung des Integrals $I := \displaystyle\int_0^{2\pi}\frac{dx}{3 - 2\cos x + \sin x}$ geht man genauso wie bei Aufgabe (L) vor. Es ist

$$f(z) = \frac{2i}{(1 - 2i)z^2 + 6iz - (2i + 1)} = \frac{2i}{(1 - 2i)\big(z - (2 - i)\big)\big(z - (2 - i)/5\big)}.$$

Von den beiden Polstellen $z_1 := 2 - i$ und $z_2 := (2 - i)/5$ liegt nur z_2 in $D_1(0)$, und es ist $\mathrm{res}_{z_2}(f) = 1/2$. Damit ist $I = 2\pi \cdot \mathrm{res}_{z_2}(f) = \pi$.

N. Hier ist
$$f(z) = \frac{4z}{9(z + 1/3)^2(z + 3)^2}.$$

Von den (doppelten) Polstellen $z_1 := -1/3$ und $z_2 := -3$ liegt nur z_1 in $D_1(0)$, und es ist $\mathrm{res}_{-1/3}(f) = 5/16$, und deshalb $\displaystyle\int_0^{2\pi}\frac{dt}{(3\cos t + 5)^2} = \frac{5\pi}{8}.$

O. Ist $D := D_{\sqrt{2}}(-1 - i)$, so ist $C = \partial D$. Die Funktion

$$f(z) := \frac{z^5}{(z - 1)(z + 1)(z + i)^2}$$

hat einfache Polstellen in $z_1 := -1$ und $z_2 := 1$, sowie einen zweifachen Pol in $z_3 := -i$. Die Pole z_1 und z_3 liegen in D. Es ist $\mathrm{res}_{-1}(f) = i/4$ und $\mathrm{res}_{-i}(f) = -2$, und daher

$$\int_C \frac{z^5}{(z^2 - 1)(z + i)^2}\,dz = 2\pi i\big(\mathrm{res}_{-1}(f) + \mathrm{res}_{-i}(f)\big) = -\frac{\pi}{2} - 4\pi i.$$

Zu den Aufgaben in (3.4.10):

A. Man setze

$$\gamma(t) := \begin{cases} \gamma_1(2t) & \text{für } 0 \le t \le 1/2, \\ \gamma_2(2t - 1) & \text{für } 1/2 \le t \le 1 \end{cases}$$

Wei die Grenzwerte $\displaystyle\lim_{t \to 1/2-}\gamma'(t) = 2$ und $\displaystyle\lim_{t \to 1/2+}\gamma'(t) = 2(-1 + i)$ existieren, ist γ stückweise glatt.

Setzt man $\alpha_1(t) := 2t - t^2$ und $\alpha_2(t) := 1 + t^2(-1 + i)$ auf $[0, 1]$, so ist $|\alpha_1| = |\gamma_1|$, $|\alpha_2| = |\gamma_2|$ und $\alpha_1'(1) = 0 = \alpha_2'(0)$. Deshalb ergibt

$$\alpha(t) := \begin{cases} \alpha_1(2t) & \text{für } 0 \leq t \leq 1/2, \\ \alpha_2(2t - 1) & \text{für } 1/2 \leq t \leq 1 \end{cases}$$

eine stetig differenzierbare Parametrisierung. Allerdings ist $\alpha'(1/2) = 0$ und α deshalb auch nicht glatt.

B. a) $f(z) = ze^z$ ist auf ganz $\mathbb{C}$ holomorph, und es ist $f(0) = 0$. Eine Stammfunktion von f ist

$$F(z) := \int_0^z \zeta e^\zeta \, d\zeta, \text{ wobei über die Verbindungsstrecke integriert wird.}$$

Ist $\gamma : [a, b] \to \mathbb{C}$ ein Integrationsweg mit $\gamma(a) = z_0$ und $\gamma(b) = z_1$, so gilt die folgende Regel der partiellen Integration:

$$\int_\gamma f(z)g'(z) \, dz = f(z_1)g(z_1) - f(z_0)g(z_0) - \int_\gamma f'(z)g(z) \, dz.$$

Eine Anwendung der Regel ergibt $F(z) = \int_0^z \zeta \cdot e^\zeta \, d\zeta = ze^z - e^z + 1$.

b) Hier geht man analog vor. Eine Stammfunktion von $g(z) = \cos^2(z)$ ist $G(z) = (\sin(z)\cos(z) + z)/2$.

c) $h(z) := \log(z)$ ist holomorph auf $G := \mathbb{C}^* \setminus \mathbb{R}_-$. Für jedes $z \in G$ ist die Verbindungsstrecke von 1 und z (parametrisiert über $[0, 1]$ durch $\alpha_z(t) := 1 + t(z - 1)$) in G enthalten. Eine Stammfunktion von h ist deshalb

$$H(z) = \int_{\alpha_z} \log(\zeta) \cdot z' \, d\zeta = (\log \zeta) \cdot \zeta \Big|_1^z - \int_{\alpha_z} d\zeta = z \cdot \log(z) - z + 1.$$

C. γ parametrisiert einen Halbkreis mit Radius 1 um 0, in der rechten Halbebene von $-i$ bis i. Die Funktion $f(z) = (1/(2\pi i)) \int_\gamma 1/(\zeta - z) \, d\zeta$ ist auf $D_1(0)$ holomorph.

Nach dem Entwicklungs-Lemma konvergiert die Potenzreihe $p(z) = \sum_{\nu=0}^\infty a_\nu z^\nu$

mit $a_\nu = \dfrac{1}{2\pi i} \displaystyle\int_\gamma \frac{1}{\zeta^{\nu+1}} \, d\zeta$ im Innern von $D_1(0)$ absolut und gleichmäßig gegen $f(z)$. Dabei ist

$$\int_\gamma \frac{1}{\zeta^{\nu+1}} \, d\zeta = \frac{1}{\nu}\left(\frac{-1}{i^\nu} + \frac{1}{(-i)^\nu}\right) = \begin{cases} 0 & \text{für } \nu = 2k \\ 2i(-1)^k/(2k+1) & \text{für } \nu = 2k+1 \end{cases},$$

also $a_{2k} = 0$ und $a_{2k+1} = (-1)^k/(\pi(2k+1))$. Der Konvergenzradius ist dann $= 1$, wie man mit Hilfe der Formel von Cauchy-Hadamard sieht.

D. Mit dem Zyklus α ist auch $\Gamma_3 = 2\alpha$ ein Zyklus. Weiter gilt: $z_A(\beta) = 1$, $z_E(\beta) = 3$, $z_A(\gamma) = 1$ und $z_E(\gamma) = 3$. Alle anderen Punkte von $\mathbb{C}$ sind weder Anfangs- noch Endpunkt von einem der drei Wege. Im Folgenden sei $\alpha_1 := \alpha$, $\alpha_2 := \beta$ und $\alpha_3 := \gamma$ gesetzt. Im Falle der Kette $\Gamma_1 = \alpha_1 + \alpha_2 - \alpha_3$ ist dann

$$\sum_{z_A(\alpha_j)=1} n(\alpha_j) = 1 = \sum_{z_E(\alpha_k)=1} n(\alpha_k) \quad \text{und} \quad \sum_{z_A(\alpha_j)=3} n(\alpha_j) = 0 = \sum_{z_E(\alpha_k)=3} n(\alpha_k).$$

Im Falle von $\Gamma_2 = 3\alpha_1 + \alpha_2$ ist $\displaystyle\sum_{z_A(\alpha_j)=1} n(\alpha_j) = 4$, aber $\displaystyle\sum_{z_E(\alpha_k)=1} n(\alpha_k) = 3$. Γ_1 ein Zyklus, Γ_2 aber nicht. Weiter gilt: $n(\Gamma_1, z_0) = 1$ und $n(\Gamma_3, z_0) = 0$.

E. Die Situation sieht folgendermaßen aus:

Es ist $n(\alpha, \mathsf{i}) = -1$, $n(\alpha, -\mathsf{i}) = -1$,
sowie $n(\beta_1, \mathsf{i}) = 1$, $n(\beta_1, -\mathsf{i}) = 0$,
$n(\beta_2, \mathsf{i}) = 0$ und $n(\beta_2, -\mathsf{i}) = 1$.

Also gilt: $n(\gamma, z) =$

$$= k \cdot n(\alpha, z) + l \cdot n(\beta_1, z) + m \cdot n(\beta_2, z)$$
$$= \begin{cases} -k + l & \text{für } z = \mathsf{i} \\ -k + m & \text{für } z = -\mathsf{i}. \end{cases}$$

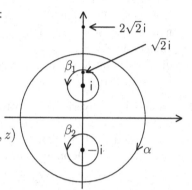

Damit γ in G nullhomolog ist, muss $n(\gamma, \mathsf{i}) = n(\gamma, -\mathsf{i}) = 0$ sein, also $-k + l = -k + m = 0$. Das bedeutet, dass $k = l = m$ ist, also $\gamma = k \cdot (\alpha + \beta_1 + \beta_2)$.

Ist $f(z) = 1/(z - \mathsf{i})$, so ist $\int_\gamma f(z)\,dz = 2\pi\,\mathsf{i}\,(-k + l)$. Ist $g(z) = 1/(z + \mathsf{i})$, so ist $\int_\gamma g(z)\,dz = 2\pi\,\mathsf{i}\,(-k + m)$.

Ist $h(z) = \dfrac{1}{z^2 + 1} = \dfrac{\mathsf{i}}{2}\left(\dfrac{-1}{z - \mathsf{i}} + \dfrac{1}{z + \mathsf{i}}\right)$, so ist $\int_\gamma h(z)\,dz = \mathsf{i}\,\big(-\pi\,\mathsf{i} \cdot n(\gamma, \mathsf{i}) + \pi\,\mathsf{i} \cdot n(\gamma, -\mathsf{i})\big) = -\pi\big(-(-k + l) + (-k + m)\big) = \pi(l - m)$.

Lösungen zu Kapitel 4

Zu den Aufgaben in (4.1.18):

A. Die stereographische Funktion $\varphi : S^2 \setminus \{\mathbf{n}\} \to \mathbb{C}$ ist gegeben durch $\varphi(z, h) = z/(1 - h)$. Zwei Punkte $\mathbf{x}_1, \mathbf{x}_2 \in S^2$ sind Antipodenpunkte, wenn $\mathbf{x}_2 = -\mathbf{x}_1$ ist. Ist $\mathbf{x}_1 = (z, h)$ und $\mathbf{x}_2 = (-z, -h)$, so gilt für $z_1 := \varphi(\mathbf{x}_1)$ und $z_2 := \varphi(\mathbf{x}_2)$:

$$z_1 \bar{z}_2 = -\frac{z\bar{z}}{1 - h^2} = -\frac{1 - h^2}{1 - h^2} = -1.$$

Ist umgekehrt $z_1\overline{z}_2 = -1$, so ist $\mathbf{x}_1 := \varphi^{-1}(z_1) = \left(\dfrac{2z_1}{|z_1|^2+1}, \dfrac{|z_1|^2-1}{|z_1|^2+1}\right)$ und

$$\mathbf{x}_2 := \varphi^{-1}(z_2) = \varphi^{-1}\left(-\dfrac{1}{\overline{z}_1}\right) = \left(\dfrac{-2z_1}{1+|z_1|^2}, \dfrac{1-|z_1|^2}{1+|z_1|^2}\right) = -\mathbf{x}_1.$$

B. Die Inversion $I : \overline{\mathbb{C}} \to \overline{\mathbb{C}}$ ist gegeben durch $I(z) = 1/z$. Sei $\Psi : S^2 \to S^2$ durch $\Psi(z,h) := (\overline{z}, -h)$ definiert. Speziell ist $\Psi(\mathbf{n}) = \mathbf{s} := (0,-1)$. Dann gilt:

$$I\circ\varphi(z,h) = I\left(\dfrac{1}{1-h}z\right) = \dfrac{1-h}{z} \quad \text{und} \quad \varphi\circ\Psi(z,h) = \dfrac{z\overline{z}}{(1+h)z} = \dfrac{(1-h)(1+h)}{(1+h)z}.$$

C. Sei $z_0 := 1 + i$ und $r := 1$. Dann ist $K := \{z : |z - 1 - i| = 1\} = \partial D_r(z_0)$. Nun verwende man die Darstellung von Kreisen aus Abschnitt 1.5. Setzt man $c := -\overline{z_0} = -1 + i$ und $\delta := c\overline{c} - r^2 = 1$, so wird K gegeben durch die Gleichung $z\overline{z} + cz + \overline{c}\overline{z} + \delta = 0$. Nach der Transformation $w = 1/z$ erhält man die Gleichung $w\overline{w} + (-1 - i)w + (-1 + i)\overline{w} + 1 = 0$. Dies beschreibt einen Kreis mit Mittelpunkt $w_0 = 1 - i$ und Radius $\varrho = \sqrt{2 - 1} = 1$.

D. Ist das Doppelverhältnis invariant unter den Transformationen S und T, so auch unter $S \circ T$. Deshalb reicht es, affin-lineare Transformationen $T(z) = az + b$ und die Inversion $I(z) = 1/z$ zu betrachten. Man rechnet ganz einfach nach, dass das Doppelverhältnis in beiden Fällen invariant bleibt.

E. Das fragliche Gebiet G ist der Durchschnitt zweier Kreisscheiben. Die Schnittpunkte z_1, z_2 der berandenden Kreise

$$K_1 := \{z : |z - 1| = 2\} \quad \text{und} \quad K_2 := \{z : |z + 1| = 2\}$$

liegen symmetrisch zum Nullpunkt auf der imaginären Achse: $z_1 = -ih$ und $z_2 = ih$. Pythagoras ergibt im Dreieck aus den Punkten 1, z_2 und 0 die Gleichung $h^2 + 1 = 2^2$, also $h = \sqrt{3}$. Der Winkel δ bei 1 in diesem Dreieck erfüllt die Gleichung $\cos\delta = 1/2$, also ist $\delta = \pi/3$ (d.h. $= 60°$).

Die Tangenten an einen Kreis stehen jeweils auf dem Radius senkrecht. Deshalb beträgt der Schnittwinkel α zwischen den beiden Kreisen $= 2\pi/3$ ($= 120°$), und das Gebiet G hat folgende Gestalt:

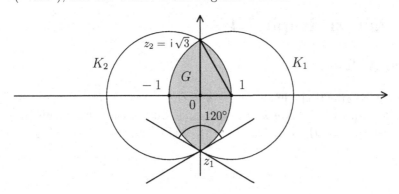

Die Möbius-Transformation $T(z) := \dfrac{z - z_1}{z - z_2} = \dfrac{z + \mathrm{i}\sqrt{3}}{z - \mathrm{i}\sqrt{3}}$ bildet z_1 auf 0 und z_2 auf ∞ ab, also die Kreise K_1 und K_2 auf Geraden durch den Nullpunkt. Speziell ist $T(1) = \dfrac{1}{2}(-1 + \mathrm{i}\sqrt{3})$ und $T(-1) = \dfrac{1}{2}(-1 - \mathrm{i}\sqrt{3})$. Damit sind die Geraden festgelegt, und $T(0) = z_1/z_2 = -1$ liegt im Innern des Bildgebietes. $T(G)$ ist das Winkelgebiet zwischen den beiden Bildgeraden, mit Öffnungswinkel $120°$. Sei $R(w) := e^{-\mathrm{i}(2\pi/3)} \cdot w$.

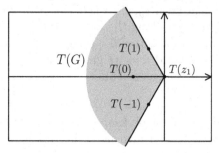

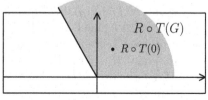

Mit Hilfe der Drehung R erhält man den $120°$-Sektor $R \circ T(G) \subset \mathbb{H}$.

Die Funktion $f(z) := \big(R \circ T(z)\big)^{3/2} = -\left[\dfrac{z + \mathrm{i}\sqrt{3}}{z - \mathrm{i}\sqrt{3}}\right]^{3/2}$ bildet schließlich G biholomorph auf die obere Halbebene $\mathbb{H}$ ab. Speziell ist $f(0) = -\mathrm{i}^3 = \mathrm{i}$.

Zu den Aufgaben in (4.2.6):

A. In der Nähe von z_k hat g die Gestalt $g(z) = (z - z_k)^{n_k} g_k(z)$ mit einer holomorphen Funktion g_k mit $g_k(z_k) \neq 0$. Also ist dort

$$\frac{g'(z)}{g(z)} = \frac{n_k}{z - z_k} + \frac{g_k'(z)}{g_k(z)}.$$

Das bedeutet, dass g'/g in den z_k lauter einfache Polstellen (mit Residuum n_k) besitzt. Wie man dem Beweis des speziellen Satzes von Mittag-Leffler entnimmt, hat eine Lösung dieser Polstellenverteilung die Gestalt

$$L(z) := \frac{n_0}{z} + \sum_{k=1}^{\infty} \left(\frac{n_k}{z - z_k} - P_{k,N_k}(z)\right),$$

wobei $P_{k,N_k}(z) = -\dfrac{n_k}{z_k} \displaystyle\sum_{\nu=0}^{N_k - 1} \left(\frac{z}{z_k}\right)^{\nu}$ ein Taylorpolynom von $h_k(z) := n_k/(z - z_k)$ mit $|h_k(z) - P_{k,N_k}(z)| < 2^{-k}$ auf der Kreisscheibe $D_k := \{z : |z| \leq |z_k|/2\}$ ist. Dann ist $g'(z)/g(z) = L(z) + g_0(z)$, mit einer ganzen Funktion g_0. Nach Konstruktion ist die Konvergenz kompakt.

B. Dass $\sum_{\nu=1}^{\infty} f_\nu$ auf G kompakt gegen f konvergiert, bedeutet: Zu jedem Kompaktum $K \subset G$ gibt es ein ν_0, so dass f_ν für $\nu \geq \nu_0$ keine Polstelle in K

besitzt und die Restreihe $\sum_{\nu \geq \nu_0} f_\nu$ auf K gleichmäßig gegen eine holomorphe Funktion g konvergiert. Dann gilt auf K: $f = f_0 + f_1 + \cdots + f_{\nu_0-1} + g$.

Nach dem Konvergenzsatz von Weierstraß konvergiert $\sum_{\nu \geq \nu_0} f'_\nu$ auf K gleichmäßig gegen g'. Außerdem ist $f' = f'_0 + f'_1 + \cdots + f'_{\nu_0-1} + g'$ außerhalb der Polstellen von $f'_0, \ldots, f'_{\nu_0-1}$. Damit konvergiert $\sum_{\nu=1}^{\infty} f'_\nu$ kompakt gegen f'.

C. Sind $N(f)$ und $N(g)$ die Nullstellenmengen von f bzw. g, so ist $N(f) \cap N(g) = \varnothing$ und $N(f) \cup N(g)$ die Nullstellenmenge von fg, also die Polstellenmenge von $1/(fg)$. Ist h eine Lösung der Hauptteilverteilung $H_{1/(fg)}$, so zerfällt diese Reihe in zwei Teilreihen a und b, die jeweils Lösungen der Hauptteilverteilungen $H_{1/f}$ und $H_{1/g}$ sind. Dann sind $\widetilde{u} := bg$ und $\widetilde{v} := af$ ganze Funktionen, und $\widetilde{u}f + \widetilde{v}g = (a+b)fg = h(fg) =: \gamma$ ist eine ganze Funktion ohne Nullstellen. Man setze $u := \widetilde{u}/\gamma$ und $v := \widetilde{v}/\gamma$.

D. Hier geht es um Pole zweiter Ordnung. Deshalb kann der spezielle Satz von Mittag-Leffler nicht angewandt werden, und man muss die Abschätzungen selbst durchführen.

Die Taylorentwicklung der Hauptteile gewinnt man durch Differentiation:

$$h_\nu(z) = \frac{1}{(z-a_\nu)^2} = \frac{1}{a_\nu^2} \cdot \frac{1}{(1-z/a_\nu)^2} = \frac{1}{a_\nu} \cdot \left(\frac{1}{1-z/a_\nu}\right)'$$

$$= \frac{1}{a_\nu} \cdot \left(\sum_{\lambda=0}^{\infty} \left(\frac{z}{a_\nu}\right)^\lambda\right)' = \sum_{\lambda=1}^{\infty} \lambda \frac{z^{\lambda-1}}{a_\nu^{\lambda+1}}.$$

Die Aufgabenstellung legt nahe, nur den ersten Term der Taylorreihe zu berücksichtigen. Tatsächlich funktioniert das. Ist $|z| \leq R$ und $|a_\nu| > 2R$, so gilt:

$$\left| h_\nu(z) - \frac{1}{a_\nu^2} \right| = \left| \frac{a_\nu^2 - (z-a_\nu)^2}{(z-a_\nu)^2 a_\nu^2} \right| = \left| \frac{z(2a_\nu - z)}{(z-a_\nu)^2 a_\nu^2} \right|$$

$$\leq \frac{R \cdot (2|a_\nu| + R)}{|a_\nu|^2 \cdot (|a_\nu| - R)^2} < \frac{3R|a_\nu|}{|a_\nu|^2 \cdot (|a_\nu|/2)^2} \leq \frac{12R}{|a_\nu|^3}.$$

Ist also $\sum_{\nu=1}^{\infty} \left|\frac{1}{a_\nu}\right|^3 < \infty$, so ist $\sum_{\nu=1}^{\infty} \left(\frac{1}{(z-a_\nu)^2} - \frac{1}{a_\nu^2}\right)$ eine kompakt konvergente Lösung der gegebenen Hauptteilverteilung.

E. Es ist

$$\tan(z/2) - \cot(z/2) = \frac{\sin^2(z/2) - \cos^2(z/2)}{\cos(z/2)\sin(z/2)} = \frac{-\cos(z)}{(\sin(z))/2} = -2\cot(z)$$

und

$$\pi\cot(\pi z) = \frac{1}{z} + \sum_{\nu \geq 1}\left(\frac{1}{z-\nu}+\frac{1}{\nu}\right) + \sum_{\nu \geq 1}\left(\frac{1}{z+\nu}-\frac{1}{\nu}\right) = \frac{1}{z} + \sum_{\nu \geq 1}\frac{2z}{z^2-\nu^2}.$$

Damit folgt:

$$\begin{aligned}
\pi\tan(\pi z) &= \pi\cot(\pi z) - 2\pi\cot(2\pi z) \\
&= \frac{1}{z} + \sum_{\nu \geq 1}\frac{2z}{z^2-\nu^2} - 2\cdot\left(\frac{1}{2z} + \sum_{\nu \geq 1}\frac{4z}{4z^2-\nu^2}\right) \\
&= 8z\cdot\left(\sum_{\nu \geq 1}\frac{1}{4z^2-(2\nu)^2} - \sum_{\nu \geq 1}\frac{1}{4z^2-\nu^2}\right) = 8z\cdot\sum_{\nu \geq 1}\frac{1}{(2\nu+1)^2-4z^2}.
\end{aligned}$$

F. Es ist $e^z - 1 = z\cdot(1 + z(\frac{1}{2} + z\cdot h(z)))$, mit einer holomorphen Funktion h mit $h(0) = 1/6 \neq 0$. Deshalb ist

$$\begin{aligned}
\frac{1}{\exp(z)-1} - \frac{1}{z} &= \frac{z - e^z + 1}{(e^z-1)z} = \frac{(z+1)-(1+z+z^2/2+z^3 h(z))}{z^2(1+z/2+z^2 h(z))} \\
&= \frac{-1/2 - zh(z)}{1+z/2+z^2 h(z)}.
\end{aligned}$$

Also ist $z = 0$ eine hebbare Singularität von $f(z) = 1/(e^z-1) - 1/z$, und der einzusetzende Wert ist $f(0) = -1/2$. In den Punkten $z_n := 2\pi i n$ besitzt $f(z)$ offensichtlich einfache Polstellen mit Residuum 1. Der Hauptteil $h_n(z) = 1/(z-z_n)$ hat die Taylorentwicklung

$$h_n(z) = \frac{1}{z-2\pi i n} = \frac{-1}{2\pi i n}\sum_{\nu=0}^{\infty}\left(\frac{z}{2\pi i n}\right)^\nu = \frac{-1}{2\pi i n} + \frac{1}{(2\pi n)^2}z + \text{höhere Terme.}$$

Als Näherungspolynom reicht der 0. Term. Ist $|z| \leq R$ und $n > R/(2\pi - 1)$, so erhält man für $p_n(z) := -1/(2\pi i n)$ folgende Abschätzung:

$$|h_n(z) - p_n(z)| = \left|\frac{z}{2\pi i n z + (2\pi n)^2}\right| \leq \frac{R}{4\pi^2 n^2 - 2\pi n R} < \frac{R/(2\pi)}{n^2}.$$

Weil $\sum_n 1/n^2$ konvergiert, konvergiert $\sum_n (h_n(z) - p_n(z))$ kompakt gegen eine Lösung L der Hauptverteilung:

$$L(z) = \sum_{n\neq 0}\left(\frac{1}{z-2\pi i n} + \frac{1}{2\pi i n}\right) = \sum_{n\geq 1}\frac{2z}{z^2+(2\pi n)^2}.$$

Es ist $L(0) = 0$ und $f(0) = -1/2$. Aber man kann zu L die konstante Funktion $f_0(z) \equiv -1/2$ addieren und so erreichen, dass $L(0) + f_0(0) = -1/2 = f(0)$ gilt. Dann ist $f(z) = -\frac{1}{2} + 2z\sum_{n=1}^{\infty}\frac{1}{z^2+(2\pi n)^2}$.

G. Gesucht wird eine meromorphe Funktion f auf $\mathbb{D}$, die die Hauptteilverteilung $(h_n)_{n\geq 1}$ mit $h_n(z) := 1/(z - (1 - 1/n))$ für $n \geq 2$ und $h_1(z) = 1/z$ löst. Auf diese Situation kann man **nicht** die Untersuchungen von Hauptverteilungen auf $\mathbb{C}$ anwenden.

Für $n \geq 2$ sei $z_n := 1 - 1/n$ und $P_n(z) := -\dfrac{1}{z_n} \cdot \displaystyle\sum_{\nu=0}^{n-1} \left(\dfrac{z}{z_n}\right)^\nu = \dfrac{1 - (z/z_n)^n}{z - z_n}$. Das

ist ein Taylorpolynom von $h_n(z)$ um den Nullpunkt. Sei nun $0 < r < 1$ und n_0 so gewählt, dass $|z_n| > r$ für $n \geq n_0$ ist. Außerdem sei $1 - 1/n_0^2 < q < 1$. Für $z \in \mathbb{D}$, $|z| \leq r$ und $n > n_0$ gilt dann:

$$\left|\frac{z}{z_n}\right| \leq \left|\frac{z_{n_0}}{z_{n_0+1}}\right| = \frac{(n_0 - 1)(n_0 + 1)}{n_0^2} < q \quad \text{und} \quad \left|\frac{z}{z_n} - 1\right| \geq 1 - q.$$

Also ist

$$\begin{aligned}
|h_n(z) - P_n(z)| &= \left|\frac{1}{z - z_n}\left(1 - \left(1 - \left(\frac{z}{z_n}\right)^n\right)\right)\right| = \left|\frac{1}{z - z_n}\left(\frac{z}{z_n}\right)^n\right| \\
&\leq \frac{1}{|z_n|} \cdot \frac{1}{|(z/z_n) - 1|} \cdot \left|\frac{z}{z_n}\right|^n \leq \frac{2}{1 - q} \cdot q^n.
\end{aligned}$$

Weil $\sum_n q^n$ konvergiert und r beliebig war, konvergiert $\sum_n (h_n(z) - P_n(z))$ auf $\mathbb{D}$ kompakt gegen eine meromorphe Funktion. Also ist

$$f(z) = \frac{1}{z} + \sum_{n=2}^{\infty} \frac{1}{z - z_n}\left(\frac{z}{z_n}\right)^n \quad \text{(bis auf eine ganze Funktion)}.$$

Zu den Aufgaben in (4.3.10):

A. a) Es ist

$$\prod_{k=2}^{N}\left(1 - \frac{1}{k^2}\right) = \prod_{k=2}^{N}\frac{k-1}{k} \cdot \prod_{k=2}^{N}\frac{k+1}{k} = \frac{N+1}{2 \cdot N}, \quad \text{also} \quad \prod_{k=2}^{\infty}\left(1 - \frac{1}{k^2}\right) = \frac{1}{2}.$$

b) Es ist

$$\prod_{k=2}^{2N+1}\left(1 + \frac{(-1)^k}{k}\right) = 1, \quad \prod_{k=2}^{2N}\left(1 + \frac{(-1)^k}{k}\right) = 1 + \frac{1}{2N} \quad \text{und} \quad \prod_{k=2}^{\infty}\left(1 + \frac{(-1)^k}{k}\right) = 1.$$

B. a) Zum Beweis der ersten Behauptung benutzt man am besten Induktion nach N. Im Falle $N = 2$ ergibt sich auf beiden Seiten der Wert $2/3$. Der Induktionsschluss funktioniert folgendermaßen:

$$\begin{aligned}
\prod_{k=2}^{N+1}\left(1 - \frac{2}{k(k+1)}\right) &= \frac{1}{3}\left(1 + \frac{2}{N}\right) \cdot \left(1 - \frac{2}{(N+1)(N+2)}\right) \\
&= \frac{1}{3}\left(1 + \frac{2(N+1) - 2}{N(N+1)}\right) = \frac{1}{3}\left(1 + \frac{2}{N+1}\right)
\end{aligned}$$

Damit hat das unendliche Produkt den Wert 1/3,

b) Auch hier funktioniert Induktion nach N. Im Fall $N = 2$ haben beide Seiten den Wert 7/9. Der Schluss von N nach $N + 1$ sieht so aus:

$$
\begin{aligned}
\prod_{k=2}^{N+1} \left(1 - \frac{2}{k^3 + 1}\right) &= \frac{2}{3}\left(1 + \frac{1}{N(N+1)}\right) \cdot \left(1 - \frac{2}{(N+1)^3 + 1}\right) \\
&= \frac{2}{3}\left(1 + \frac{(N+1)^3 + 1 - 2N(N+1) - 2}{N(N+1) \cdot \left((N+1)^3 + 1\right)}\right) \\
&= \frac{2}{3}\left(1 + \frac{1}{(N+1)(N+2)}\right).
\end{aligned}
$$

Also hat das unendliche Produkt den Wert 2/3.

C. Es wird sich zeigen, dass gar keine Grenzwerte zu berechnen sind.

a) $\displaystyle \prod_{k=1}^{N} \left(1 + \frac{1}{k}\right) = \prod_{k=1}^{N} \frac{k+1}{k} = N + 1$ strebt für $N \to \infty$ gegen Unendlich. Also divergiert das unendliche Produkt.

b) $\displaystyle \prod_{k=1}^{N} \left(1 - \frac{1}{k}\right) = \prod_{k=1}^{N} \frac{k-1}{k} = \frac{1}{N}$ strebt für $N \to \infty$ gegen 0. Auch in diesem Falle divergiert das unendliche Produkt, denn ein unendliches Produkt darf nur dann $= 0$ werden, wenn wenigstens ein Faktor $= 0$ ist.

c) Es ist $1 + \dfrac{i}{k} = \sqrt{1 + 1/k^2} \cdot e^{i \arctan(1/k)}$ also

$$
\log\left(1 + \frac{i}{k}\right) = \frac{1}{2} \ln\left(1 + \frac{1}{k^2}\right) + i \arctan(1/k).
$$

Weil $\arctan(1/k) - 1/k$ für $k \to \infty$ gegen null konvergiert und $\sum_k 1/k$ divergiert, divergiert auch $\sum_k \arctan(1/k)$. Also ist $\sum_k \log(1 + i/k)$ und damit auch $\prod_k (1 + i/k)$ divergent.

D. Weil $\sum_{n=0}^{\infty} z^{2^n}$ als Teilreihe der geometrischen Reihe für $|z| < 1$ absolut konvergiert, gilt das auch für $\prod_{n=0}^{\infty} (1 + z^{2^n})$. Der Grenzwert ist $1/(1 - z)$.

E. Die Formel für den Tangens ergibt sich unmittelbar aus dem Ergebnis von Aufgabe 4.2.6(E) und hat nichts mit unendlichen Produkten zu tun.

Die Funktion $\cos(\pi z)$ hat die Nullstellen $a_n := n + 1/2 = (2n + 1)/2$, $n \in \mathbb{Z}$, jeweils von erster Ordnung. Dabei strebt $|a_n|$ für $|n| \to \infty$ gegen Unendlich. Ist $r > 0$ beliebig, so ist

$$
\sum_{n \in \mathbb{Z}} \left(\frac{r}{|a_n|}\right)^2 = 2r^2 \cdot \sum_{n=0}^{\infty} \frac{4}{(2n+1)^2} \leq 2r^2 \cdot \left(4 + \sum_{n=1}^{\infty} \frac{1}{n^2}\right),
$$

und diese Reihe konvergiert. Nach dem Weierstraß'schen Produktsatz ist

$$f(z) := \prod_{n \in \mathbb{Z}} \left(1 - \frac{2z}{2n+1}\right) \exp\left(\frac{2z}{2n+1}\right) = \prod_{n=0}^{\infty} \left(1 - \frac{4z^2}{(2n+1)^2}\right)$$

eine ganze Funktion, die genau die angegebenen Nullstellen besitzt. Es gibt dann eine ganze Funktion h, so dass $g(z) := f(z) \cdot \exp(h(z)) = \cos(\pi z)$ ist. Nun berechne man $(\log g)' = g'/g$. Auf der einen Seite erhält man

$$\frac{g'(z)}{g(z)} = -\frac{\pi \sin(\pi z)}{\cos(\pi z)} = -\pi \tan(\pi z) = \sum_{n=0}^{\infty} \frac{-8z}{(2n+1)^2 - 4z^2},$$

auf der anderen Seite dagegen

$$(\log g)'(z) = \left[\sum_{n=0}^{\infty} \log\left(1 - \frac{4z^2}{(2n+1)^2}\right) + h(z)\right]' = \sum_{n=0}^{\infty} \frac{-8z}{(2n+1)^2 - 4z^2} + h'(z).$$

Also ist $h'(z) \equiv 0$ und $h(z) \equiv c$ konstant. Wegen $f(0) = 1$ ist $\exp(c) = 1$.

F. Das Produkt $f(z) = \prod_{k=1}^{\infty}(1 + 1/k^z)$ konvergiert genau dann (absolut), wenn die Reihe $\sum_{k=1}^{\infty} 1/k^z$ (absolut) konvergiert. Für $\mathrm{Re}(z) > 1$ konvergiert die Reihe $\sum_{k=1}^{\infty} |(1/k^z)| = \sum_{k=1}^{\infty} (1/k^{\mathrm{Re} z})$ aber nach bekannten Sätzen aus Analysis 1 tatsächlich.

Ist $K \subset \{z \in \mathbb{C} : \mathrm{Re}\, z > 1\}$ kompakt, so gibt es ein $x_0 > 1$, so dass K sogar in $\{z \in \mathbb{C} : \mathrm{Re}\, z \geq x_0\}$ enthalten ist. Dann wird $\sum_k 1/k^z$ auf ganz K von der (absolut konvergenten) Reihe $\sum_k 1/k^{x_0}$ majorisiert. Also ist das Produkt $\prod_k (1 + 1/k^z)$ im Innern von $\{z \in \mathbb{C} : \mathrm{Re}\, z > 1\}$ normal konvergent und die Grenzfunktion f dort holomorph.

G. Die einzigen Nullstellen, die hier auftauchen, liegen bei den Punkten $z = \pm \mathrm{i}\, n$, $n \in \mathbb{N}$. Ist $D_R := \{z \in \mathbb{C} : |z| \leq R\}$ und $n_0 > R$, so haben die Funktionen $f_n(z) := 1 + z^2/n^2$ für $n \geq n_0$ in D_R keine Nullstelle mehr, und weil $\sum_{n=1}^{\infty} 1/n^2$ konvergiert, konvergiert $\sum_{n \geq n_0} z^2/n^2$ kompakt auf D_R. Das bedeutet, dass das Produkt $\prod_{n=1}^{\infty} f_n(z)$ im Innern von $\mathbb{C}$ normal gegen eine ganze Funktion konvergiert.

H. Sei $M := \{z_n : n \in \mathbb{N}\}$. Wenn M keinen Häufungspunkt in $\mathbb{C}$ besitzt, dann gibt es eine ganze Funktion h, die genau in den Punkten z_n verschwindet. Die Funktionen $f(z) := h(z) + 1$ und $g(z) \equiv 1$ sind dann auf ganz $\mathbb{C}$ holomorph, und es ist $f(z_n) = 1 = g(z_n)$ für alle $n \in \mathbb{N}$, aber es ist $f \neq g$. Damit also die in der Aufgabe geforderte Eigenschaft erfüllt werden kann, muss M einen Häufungspunkt besitzen.

I. Wenn die (paarweise verschiedenen) Nullstellen von f eine unendliche Folge (a_n) bilden, dann gibt es eine ganze Funktion h, so dass

$$f(z) = \exp\big(h(z)\big) \prod_{n=1}^{\infty} E_n\big(z/a_n\big)^2$$

ist. Dann ist $g(z) := \exp\big(h(z)/2\big) \prod_{n=1}^{\infty} E_n\big(z/a_n\big)$ ganz und $g^2 = f$.

Besitzt f nur endlich viele verschiedene Nullstellen, so kann man die gleiche Konstruktion verwenden, braucht aber nur endlich viele Faktoren.

Zu den Aufgaben in (4.4.6):

A. $\ln(n) = \int_1^n (1/x)\,dx$ ist das Integral der Funktion $f(x) := 1/x$ über $[1,n]$, und $\sum_{\nu=1}^{n-1} 1/\nu$ ist eine Riemann'sche Obersumme für dieses Integral und deshalb $> \ln(n)$. Erst recht ist dann $a_n := \sum_{\nu=1}^{n}(1/\nu) - \ln(n) > 0$.

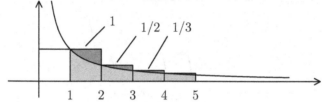

Weiter ist

$$a_n - a_{n+1} = \big(\ln(n+1) - \ln(n)\big) - \frac{1}{n+1} = \int_n^{n+1} \frac{1}{x}\,dx - \frac{1}{n+1} > 0,$$

denn auf $[n, n+1]$ ist $f(x) \geq 1/(n+1)$. Also ist (a_n) monoton fallend.

B. a) Es ist $\Psi(z) = -\gamma - \dfrac{1}{z} - \displaystyle\sum_{n=1}^{\infty}\Big(\dfrac{1}{z+n} - \dfrac{1}{n}\Big)$. Daraus folgt sofort $\Psi(1) = -\gamma$.

Es ist nun praktischer, erst den Teil (c) zu bearbeiten:

$$\begin{aligned}
\Psi(z+1) &= -\gamma - \frac{1}{z+1} - \sum_{n=1}^{\infty}\Big(\frac{1}{z+n+1} - \frac{1}{n}\Big)\\[2mm]
&= \frac{1}{z} - \gamma - \frac{1}{z} - \lim_{N\to\infty}\Big(\sum_{n=1}^{N}\big(\frac{1}{z+n} - \frac{1}{n}\big) + \frac{1}{z+N+1}\Big)\\[2mm]
&= \frac{1}{z} + \Big(-\gamma - \frac{1}{z} - \sum_{n=1}^{\infty}\big(\frac{1}{z+n} - \frac{1}{n}\big)\Big) = \frac{1}{z} + \Psi(z).
\end{aligned}$$

b) Sei $H_N := \sum_{n=1}^{N} 1/n$ (und $H_0 := 0$). Per Induktion nach N kann man zeigen, dass $\Psi(N) = -\gamma + H_{N-1}$ für alle N gilt: Offensichtlich gilt die Gleichung für $N = 1$ und $N = 2$, und außerdem ist

$$\Psi(N+1) = \frac{1}{N} + \Psi(N) = \frac{1}{N} - \gamma + H_{N-1} = -\gamma + H_{(N+1)-1}.$$

Es folgt: $\Gamma'(1) = \Psi(1) \cdot \Gamma(1) = -\gamma$.

C.

Setzt man die Existenz eines der Grenzwerte

$$\lim_{R \to \infty} \int_{Q_R} f(x,y) \, dx \, dy \quad \text{und} \quad \lim_{R \to \infty} \int_{S_R} f(x,y) \, dx \, dy$$

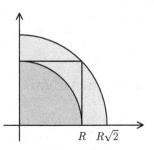

voraus, so folgt die Existenz des anderen und ihre Gleichheit aus der Tatsache, dass man Quadrate und Viertelkreise schachteln kann (siehe Skizze).

Mit der Substitution $x = s^2$ und $y = t^2$ erhält man:

$$
\begin{aligned}
\Gamma(m)\Gamma(n) &= \int_0^\infty e^{-x} x^{m-1} \, dx \cdot \int_0^\infty e^{-y} y^{n-1} \, dy \\
&= \int_0^\infty \int_0^\infty e^{-(x+y)} x^{m-1} y^{n-1} \, dx \, dy \\
&= 4 \cdot \lim_{R \to \infty} \int_0^R \int_0^R e^{-(s^2+t^2)} s^{2m-1} t^{2n-1} \, ds \, dt
\end{aligned}
$$

Das zeigt insbesondere die Existenz des ersten Grenzwertes. Weiter ist

$$
\begin{aligned}
\Gamma(m+n) &= \int_0^\infty e^{-t} t^{(m+n)-1} \, dt = 2 \int_0^\infty e^{-r^2} (r^2)^{m+n-1} r \, dr \\
&= 2 \int_0^\infty e^{-r^2} r^{2(m+n)-1} \, dr,
\end{aligned}
$$

und (nach Einführung von Polarkoordinaten $s = r\cos\theta$ und $t = r\sin\theta$)

$$\int_{S_R} f(x,y) \, dx \, dy = \int_0^R \int_0^{\pi/2} e^{-r^2} r^{2(m+n)-2} \cos^{2m-1}(\theta) \sin^{2n-1}(\theta) r \, dr \, d\theta,$$

also $\quad 2 \lim_{R \to \infty} \int_{S_R} f(s,t) \, ds \, dt = \Gamma(m+n) \cdot \int_0^{\pi/2} \cos^{2m-1}(\theta) \sin^{2n-1}(\theta) \, d\theta$.

Das zeigt die Existenz beider Grenzwerte und die Gleichung

$$\int_0^{\pi/2} \cos^{m-1}(\theta) \sin^{n-1}(\theta) \, d\theta = \frac{1}{2} \cdot \frac{\Gamma(m/2)\Gamma(n/2)}{\Gamma(m/2+n/2)}.$$

D. Es ist $\quad \Gamma(z+1)\Gamma(z+\frac{1}{2}) = z \cdot \Gamma(z) \cdot \Gamma(z+\frac{1}{2})$

$$
\begin{aligned}
&= z \cdot \Gamma(2z) \cdot \sqrt{\pi} \cdot 2^{-2z+1} \quad \text{(wegen der Verdopplungsformel)} \\
&= z \cdot \frac{\Gamma(2z+1)}{2z} \cdot \sqrt{\pi} \cdot 2^{-2z+1} = \sqrt{\pi} \cdot 4^{-z} \cdot \Gamma(2z+1).
\end{aligned}
$$

E. Sei $G(z) := \int_{\eta_+} e^{-\zeta} \zeta^{z-1} \, d\zeta$. Dabei sei $\eta_+ := -\alpha_1 + \sigma + \alpha_2$ der Weg in $\mathbb{C}_+ := \mathbb{C} \setminus \{z = x + \mathrm{i}\, y : x \geq 0,\, y = 0\}$, der sich folgendermaßen zusammensetzt:

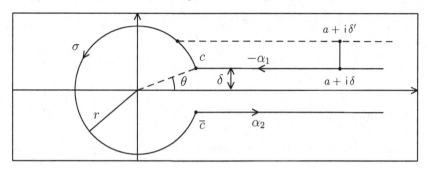

Mit $c := r e^{\mathrm{i}\theta} = x_0 + \mathrm{i}\,\delta$ sei $\alpha_1(t) := t + \mathrm{i}\,\delta$ auf $[x_0, \infty)$, $\sigma(t) := r e^{\mathrm{i}t}$ auf $[\theta, 2\pi - \theta]$ und $\alpha_2(t) := t - \mathrm{i}\,\delta$ auf $[x_0, \infty)$. $G(z)$ hängt nicht von δ ab (zeigt man mit dem Cauchy'schen Integralsatz). Man kann deshalb δ gegen null gehen lassen und integriert über folgenden Weg:

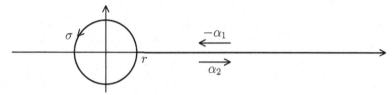

Beim Integranden $e^{-\zeta} \zeta^{z-1} = e^{-\zeta + (z-1)\log(\zeta)}$ benutzt man den Logarithmus $\log_{(0)}$, der auf $\mathbb{C}_+$ definiert ist. In der oberen Halbebene erhält man dann

$$\int_{\alpha_1} e^{-\zeta} \zeta^{z-1} \, d\zeta = \int_r^1 e^{-t} e^{(z-1)\ln t} \, dt + \int_1^\infty e^{-t} e^{(z-1)\ln t} \, dt.$$

Das erste Integral ist ein eigentliches Integral, das natürlich in z holomorph ist. Das zweite Integral konvergiert kompakt auf $\mathbb{C}$ (wird wie bei der Gammafunktion gezeigt), definiert also auch eine holomorphe Funktion von z.

In der unteren Halbebene ist

$$\int_{\alpha_2} e^{-\zeta} \zeta^{z-1} \, d\zeta = \int_r^1 e^{-t} e^{(z-1)(\ln t + 2\pi \mathrm{i})} \, dt + \int_1^\infty e^{-t} e^{(z-1)(\ln t + 2\pi \mathrm{i})} \, dt,$$

und auch das (und damit $G(z)$) ist eine holomorphe Funktion von z.

Für das Integral über σ gilt außerdem (für $z = x + \mathrm{i}\, y$) folgende Abschätzung:

$$\left| \int_\sigma e^{-\zeta} \zeta^{z-1} \, d\zeta \right| \leq 2\pi r \cdot \sup_{|\sigma|} |e^{-\zeta} \zeta^{z-1}| = 2\pi r \cdot \sup_{[0,2\pi]} e^{-r\cos t + (x-1)\ln r - yt}$$

$$\leq 2\pi r \cdot r^{x-1} \cdot \sup_{[0,2\pi]} e^{-r\cos t - yt} \leq M \cdot r^x,$$

mit einer Konstanten $M > 0$, denn es ist $0 < e^{-r\cos t - yt} \leq e^r \leq 1$. Ist $x > 0$, so strebt das Integral für $r \to 0$ gegen null. Für $\mathrm{Re}(z) > 0$ ist also

$$G(z) = \int_0^\infty e^{-t} e^{(z-1)(\ln t + 2\pi i)}\, dt - \int_0^\infty e^{-t} e^{(z-1)\ln t}\, dt = (e^{2\pi i z} - 1)\Gamma(z),$$

und $\qquad \Gamma(z) = \dfrac{1}{e^{2\pi i z} - 1} \displaystyle\int_{\eta_+} e^{-\zeta} \zeta^{z-1}\, d\zeta.$ $\qquad$ (*)

Die Gleichung $\quad \dfrac{1}{\Gamma(z)} = \dfrac{1}{2\pi i} \displaystyle\int_{\eta_-} e^{\zeta} \zeta^{-z}\, d\zeta \quad$ (**) beweist man ähnlich. Man

kann sie aber auch aus (*) herleiten, aus $\Gamma(1-z) = \dfrac{1}{e^{-2\pi i z} - 1} \displaystyle\int_{\eta_+} e^{-\zeta} \zeta^{-z}\, d\zeta$.

Liegt $\zeta = \varrho e^{i s} \in \mathbb{C}_+$ (mit $0 < s < 2\pi$), so ist $(-\zeta)^{-z} = e^{-z(\ln \varrho + i s - i\pi)} = e^{i\pi z} \zeta^{-z}$, und man erhält:

$$
\begin{aligned}
\frac{1}{\Gamma(z)} &= \frac{\sin(\pi z)}{\pi}\Gamma(1-z) = \frac{1}{2\pi i}\cdot \frac{e^{i\pi z} - e^{-i\pi z}}{e^{-2\pi i z} - 1}\cdot \int_{\eta_+} e^{-\zeta}\zeta^{-z}\, d\zeta \\
&= \frac{1}{2\pi i}\cdot \frac{e^{i\pi z} - e^{-i\pi z}}{e^{-2\pi i z} - 1}\cdot e^{-i\pi z}\cdot \int_{\eta_+} e^{-\zeta}(-\zeta)^{-z}\, d\zeta \\
&= \frac{1}{2\pi i}\int_{-\eta_+} e^{\zeta}\zeta^{-z}\, d\zeta = \frac{1}{2\pi i}\int_{\eta_-} e^{\zeta}\zeta^{-z}\, d\zeta.
\end{aligned}
$$

Man spricht bei den beiden gewonnenen Formeln auch von den „Hankel'schen Integraldarstellungen der Gamma-Funktion". Die Integrale heißen „Hankel'sche Schleifenintegrale".

Zu den Aufgaben in (4.5.8):

A. Man kann eine Basis $\{\omega_1, \omega_2\}$ des Periodengitters wählen, so dass gilt:

- $|\omega_1|$ ist minimal in $\Gamma \setminus \{0\}$ $\qquad$ (*),
- $|\omega_2|$ ist minimal in $\Gamma \setminus \mathbb{Z}\omega_1$ $\qquad$ (**),
- $\{\omega_1, \omega_2\}$ ist eine positiv orientierte Basis des $\mathbb{R}^2$.

Sei $\tau := \omega_2 / \omega_1$. Weil $|\omega_2| \geq |\omega_1|$ ist, folgt: $\qquad |\tau| \geq 1$ $\qquad$ (1).

Wegen (**) ist außerdem $|\omega_2 \pm \omega_1| \geq |\omega_2|$, also $|\tau \pm 1| \geq |\tau|$. Das ist nur möglich, wenn gilt: $\quad -\dfrac{1}{2} \leq \mathrm{Re}(\tau) \leq \dfrac{1}{2}$. $\qquad$ (2)

Weil $y := \mathrm{Im}(\tau) \neq 0$ ist, gilt für $\omega_i = x_i + i y_i$:

$$0 < \det \begin{pmatrix} \omega_1 \\ \omega_2 \end{pmatrix} = \det \begin{pmatrix} x_1 & y_1 \\ x_2 & y_2 \end{pmatrix} = x_1 y_2 - x_2 y_1.$$

Also ist

$$\operatorname{Im}(\tau) = \operatorname{Im}(\omega_2/\omega_1) = \operatorname{Im}(\omega_2\overline{\omega_1}/|\omega_1|^2) = (x_1 y_2 - x_2 y_1)/|\omega_1|^2 > 0 \qquad (3)$$

Indem man ggf. die Basis $\{\omega_1, \omega_2\}$ durch die (auch positiv orientierte) Basis $\{\omega_1, \omega_1 + \omega_2\}$ ersetzt, kann man sogar erreichen: $-\dfrac{1}{2} < \operatorname{Re}(\tau) \le \dfrac{1}{2}$. $\qquad (2')$

Ist $|\tau| = 1$, aber $\operatorname{Re}(\tau) < 0$, so ersetze man $\{\omega_1, \omega_2\}$ durch $\{-\omega_2, \omega_1\}$. Dann bleiben alle anderen Bedingungen erfüllt, und man hat (a) und (b) erreicht.

Ist $\omega_2' = a\omega_2 + b\omega_1$ und $\omega_1' = c\omega_2 + d\omega_1$ eine weitere Basis des Gitters Γ, so liegt die Übergangsmatrix A offensichtlich in $\mathrm{GL}_2(\mathbb{C})$. Da die Elemente von Γ immer ganzzahlige Linearkombinationen von ω_1 und ω_2 sind, liegt A aber auch in $\mathrm{GL}_2(\mathbb{Z})$. Dann ist $\det(A)$ ein invertierbares Element von $\mathbb{Z}$, also $= \pm 1$. Die Gleichung $\tau' = (a\tau + b)/(c\tau + d)$ ist offensichtlich.

B. Wir benutzen die Mengen $\partial Q_n := \{z = x\omega_1 + y\omega_2 : \max(|x|, |y|) = n\}$. Zur Summation über alle $\omega \in \Gamma$ braucht man eine Summationsreihenfolge. Sind alle Summanden positiv, so hat man die Wahl, und es bietet sich an, nacheinander über alle ω aus ∂Q_1, ∂Q_2, ∂Q_3 usw. zu summieren.

Sei $c := \min\{|z| : z \in \partial Q_1\}$ und $C := \max\{|z| : z \in \partial Q_1\}$. Ist $\Gamma_n := \partial Q_n \cap \Gamma \subset \partial Q_n$, so gilt $n \cdot c \le |\omega| \le n \cdot C$ für alle $\omega \in \Gamma_n$. Dabei besitzt Γ_n jeweils $8n$ Elemente. Für $s, n \in \mathbb{N}$ sei $T_{n,s} := \sum_{\omega \in \Gamma_n} |\omega|^{-s}$. Dann ist

$$8 \cdot n^{1-s} \cdot c^{-s} = 8n \cdot (nc)^{-s} \le T_{n,s} \le 8n \cdot (nC)^{-s} = 8 \cdot n^{1-s} \cdot C^{-s},$$

und daraus folgt:

$$\sum_{\omega \in \Gamma \setminus \{0\}} |\omega|^{-s} = \sum_{n=1}^{\infty} T_{n,s} < \infty \iff \sum_{n=1}^{\infty} n^{1-s} < \infty \iff s > 2.$$

C. Es ist $(\wp'(z))^2 = 4\wp(z)^3 - g_2\wp(z) - g_3$, also $2\wp'(z) \cdot \wp''(z) = 12\wp(z)^2 \cdot \wp'(z) - g_2\wp'(z)$, und daher $\wp''(z) = 6\wp(z)^2 - g_2/2$. Andererseits ist

$$\wp'(z) = -\frac{2}{z^3} + \sum_{n=1}^{\infty} C_{2n} \cdot 2n z^{2n-1} \quad \text{und} \quad \wp''(z) = \frac{6}{z^4} + \sum_{n=1}^{\infty} C_{2n} \cdot 2n \cdot (2n-1) z^{2n-2}.$$

Daraus folgt:

$$\frac{6}{z^4} + \sum_{n=1}^{\infty} 2n \cdot (2n-1) C_{2n} z^{2(n-1)} =$$

$$= 6 \cdot \left(\frac{1}{z^2} + \sum_{n=1}^{\infty} C_{2n} z^{2n} \right) \cdot \left(\frac{1}{z^2} + \sum_{m=1}^{\infty} C_{2m} z^{2m} \right) - 10 C_2$$

$$= 6 \cdot \left(\frac{1}{z^4} + 2 \sum_{n=1}^{\infty} C_{2n} z^{2(n-1)} + \sum_{k=2}^{\infty} \Big(\sum_{r+s=k} C_{2r} C_{2s} \Big) z^{2k} \right) - 10 C_2,$$

also

$$\sum_{n=2}^{\infty}\Big((2n\cdot(2n-1)-12)C_{2n}\Big)z^{2(n-1)}=6\sum_{k=2}^{\infty}\Big(\sum_{r+s=k}C_{2r}C_{2s}\Big)z^{2k}.$$

Ein Koeffizientenvergleich ergibt: $(n(2n-1)-6)C_{2n}=3\cdot\displaystyle\sum_{r+s=n-1}C_{2r}C_{2s}.$

D. $\wp'$ ist periodisch zum Periodengitter $\Gamma=\mathbb{Z}\omega_1+\mathbb{Z}\omega_2$. Da $\wp'$ in 0 eine Polstelle 3. Ordnung besitzt, muss $\wp'$ im Periodenparallelogramm auch drei Nullstellen besitzen. Die müssen gefunden werden. Die Punkte $\omega_1/2$, $\omega_2/2$ und $(\omega_1+\omega_2)/2$ gehören nicht zu Γ, und weil $\wp'$ eine ungerade Funktion ist, folgt:

$$\wp'\Big(\frac{\omega_1}{2}\Big)=\wp'\Big(\omega_1-\frac{\omega_1}{2}\Big)=\wp'\Big(-\frac{\omega_1}{2}\Big)=-\wp'\Big(\frac{\omega_1}{2}\Big),\ \text{also}\ \wp'\Big(\frac{\omega_1}{2}\Big)=0.$$

Analog folgt, dass auch $\wp'\Big(\dfrac{\omega_2}{2}\Big)=0$ und $\wp'\Big(\dfrac{\omega_1+\omega_2}{2}\Big)=0$ ist. Sei nun

$$e_1:=\wp\Big(\frac{\omega_1}{2}\Big),\ e_2:=\wp\Big(\frac{\omega_2}{2}\Big)\ \text{und}\ \ e_3:=\wp\Big(\frac{\omega_1+\omega_2}{2}\Big).$$

Ist $F(X):=4X^3-g_2X-g_3=4\big(X^3-(g_2/4)X-(g_3/4)\big)$, so ist $F(\wp(z))=(\wp'(z))^2$. Das bedeutet, dass e_1, e_2 und e_3 Nullstellen von F sind. Demnach gilt:

$$\begin{aligned}F(X)&=4(X-e_1)(X-e_2)(X-e_3)\\&=4\big(X^3-(e_1+e_2+e_3)X^2+(e_1e_2+e_1e_3+e_2e_3)X-e_1e_2e_3\big).\end{aligned}$$

Ein Koeffizientenvergleich liefert:

$$e_1+e_2+e_3=0,\quad e_1e_2+e_1e_3+e_2e_3=-\frac{g_2}{4}\quad\text{und}\quad e_1e_2e_3=\frac{g_3}{4}.$$

Lösungen zu Kapitel 5

Zu den Aufgaben in (5.1.16):

A. Ein Automorphismus f von $G=\overline{\mathbb{C}}\setminus\{z_1,\dots,z_N\}$ hat in den z_i jeweils isolierte Singularitäten. Man kann zwei Fälle unterscheiden:

1) Liegt ∞ in G, so gibt es ein $z_0\in G$ mit $f(z_0)=\infty$, und das Urbild einer kompletten Umgebung von ∞ liegt in G. Wegen der Injektivität kann f dann in keinem der Punkte $z_1,\dots,z_N$ eine Polstelle besitzen.

2) Wenn es keinen Punkt $z_0\in G$ mit $f(z_0)=\infty$ gibt, dann kann zwar in einem z_i eine Polstelle vorliegen, aber – mit der gleichen Argumentation wie oben – in keinem zweiten Punkt.

Man zeige nun, dass f in allen Punkten z_i holomorph fortsetzbar ist. Es reicht, das in dem einen Punkt z_1 nachzuweisen. Dazu sei $U = U_\varepsilon(z_1) \subset \overline{\mathbb{C}}$ so klein gewählt, dass $z_2, \ldots, z_N \notin U$ gilt. Aus der Bijektivität von f kann man folgern, dass das Bild von $U \setminus \{z_1\}$ nicht dicht in $\overline{\mathbb{C}}$ liegen kann. Das bedeutet, dass f in z_1 keine wesentliche Singularität besitzen kann. Also ist z_1 hebbar oder eine Polstelle, und es existiert der Grenzwert $w_1 := \lim_{z \to z_1} f(z) \in \overline{\mathbb{C}}$. Nun muss nur noch gezeigt werden, dass w_1 nicht in $f(G) = G$ liegt, also wieder einer der Punkte $z_1, \ldots, z_N$ ist.

Annahme, es gibt ein $z_0 \neq z_1$ in G mit $f(z_0) = w_1$. Dann gibt es offene, disjunkte Umgebungen $W_1 = W_1(z_1)$ und $W_2 = W_2(z_0)$ in $\overline{\mathbb{C}}$. Der Durchschnitt ihrer (offenen) Bildmengen $f(W_1) \cap f(W_2)$ muss dann unendlich viele Punkte enthalten, aber es ist $f(W_1 \setminus \{z_1\}) \cap f(W_2 \setminus \{z_0\}) = \varnothing$ (wegen der Injektivität von f). Das ist ein Widerspruch. Analog argumentiert man bei $z_2, \ldots, z_N$.

B. Gesucht wird eine hinreichende Bedingung dafür, dass es eine biholomorphe Abbildung F zwischen zwei Kreisringen

$$K_{r_1, R_1} = \{z : r_1 < |z| < R_1\} \text{ und } K_{r_2, R_2} = \{z : r_2 < |z| < R_2\}$$

gibt. Das ist nicht so schwer. Zunächst bildet die lineare Abbildung $h_r(z) := rz$ den Kreisring $K_{1,R}$ biholomorph auf den Kreisring $K_{r, rR}$ ab. Also ist

$$K_{r_1, R_1} \cong K_{1, R_1/r_1} \cong K_{r_2, r_2 R_1/r_1}.$$

Ist nun $R_2/r_2 = R_1/r_1$, so ist $r_2 R_1/r_1 = R_2$ und damit $K_{r_1, R_1} \cong K_{r_2, R_2}$. Man nennt übrigens den Quotienten R/r den „Modul" des Kreisringes $K_{r,R}$. Ringgebiete mit gleichem Modul sind biholomorph äquivalent.

In Wirklichkeit gilt auch die Umkehrung, aber das ist mit den hier zur Verfügung stehenden Mitteln nicht zu zeigen. Der Beweis soll hier trotzdem angedeutet werden.

Ist $F : K_{1,r} \to K_{1,R}$ biholomorph, so muss zunächst gezeigt werden, dass F stetig auf die Randkreise fortgesetzt werden kann. Der Satz von Caratheodory (Satz 5.5.3) liefert das nur bedingt, weil Ringgebiete nicht einfach zusammenhängend sind. In dem Buch „Complex Analysis" von Ahlfors wird in Abschnitt 6.5 gezeigt, wie es bei Ringgebieten geht. Dann wendet man wiederholt das Spiegelungsprinzip (Satz 5.6.2 und Satz 5.6.4) an, um F nach innen und außen immer weiter fortzusetzen. Man erhält schließlich eine biholomorphe Abbildung $\widehat{F} : \mathbb{C}^* \to \mathbb{C}^*$. Diese muss nach Aufgabe (A) eine Möbius-Transformation sein, die $\{0, \infty\}$ permutiert. Ist $\widehat{F}(0) = 0$, so handelt es sich um einen Automorphismus von $\mathbb{C}$, also um eine affin-lineare Abbildung $\widehat{F}(z) = az + b$, mit $b = 0$. Da $\widehat{F}(1)$ auf dem Einheitskreis liegen muss, ist $|a| = 1$. Für ein z mit $|z| = r$ muss $|az| = R$ sein. Daraus folgt die Gleichung $r = R$. Wird 0 auf ∞ (und umgekehrt) abgebildet, so hat $\widehat{F}$ die Gestalt

$\widehat{F}(z) = a/z$ mit $|a| = 1$, und es ist $R = 1/r$. Fordert man zuvor, dass $r > 1$ und $R > 1$ ist, so kann dieser Fall nicht eintreten.

Wird spezieller schon vorausgesetzt, dass F eine Möbius-Transformation ist, so geht alles etwas einfacher.

C. a) Ist $A \in SL_2(\mathbb{R})$ (mit Koeffizienten a, b, c, d), so ist $ad - bc = 1$ und

$$\operatorname{Im}(h_A(z)) = \frac{1}{2\mathrm{i}}\left(\frac{az+b}{cz+d} - \frac{a\bar{z}+b}{c\bar{z}+d}\right)$$
$$= \frac{1}{2\mathrm{i}}\left(\frac{(ad-bc)(z-\bar{z})}{|cz+d|^2}\right) = \frac{\operatorname{Im}(z)}{|cz+d|^2},$$

und h_A bildet $\mathbb{H}$ nach $\mathbb{H}$ ab. Das Gleiche gilt für $(h_A)^{-1} = h_{A^{-1}}$. Ist also $w \in \mathbb{H}$, so ist $h_A^{-1}(w) \in \mathbb{H}$ und $w = h_A(h_A^{-1}(w)) \in h_A(\mathbb{H})$. Demnach ist h_A ein Automorphismus von $\mathbb{H}$.

b) Sei nun umgekehrt $f \in \operatorname{Aut}(\mathbb{H})$. Nach Folgerung 5.1.6 ist $f = h_A$, mit einer reellen Matrix A und $ad - bc > 0$. Man kann dann sogar annehmen, dass $A \in \mathrm{SL}_2(\mathbb{R})$ liegt.

c) Ist $A \in SL_2(\mathbb{R})$ und $h_A \neq \pm\mathrm{id}_{\widehat{\mathbb{C}}}$, so kann h_A höchstens zwei Fixpunkte besitzen, und die sind Lösungen der quadratischen Gleichung $cz^2 + (d-a)z - b = 0$. Es soll gezeigt werden, dass es genau dann einen Fixpunkt in $\mathbb{H}$ gibt, wenn $|a + d| < 2$ ist. Weil $ad - bc = 1$ ist, hat die allgemeine Lösung der obigen quadratischen Gleichung die Gestalt

$$z = \frac{(a-d) \pm \sqrt{(a-d)^2 + 4bc}}{2c} = \frac{(a-d) \pm \sqrt{(a+d)^2 - 4}}{2c}.$$

Damit z in $\mathbb{H}$ liegt, muss der Radikand negativ sein, also $|a + d| < 2$.

D. O.B.d.A. sei $f(0) = 0$ (sonst ersetze man f durch $f(z) - f(0)$). Gegeben seien nun $z_0, z_1 \in G_r$ (für ein festes r mit $0 < r < 1$). Gezeigt werden soll, dass die Verbindungsstrecke von z_0 und z_1 ganz in G_r verläuft. Man weiß schon, dass $\alpha(t) := (1 - t)z_0 + tz_1$ für jedes $t \in [0, 1]$ in G liegt. Es sei ein solches t_0 ausgewählt und $w_0 := (1 - t_0)z_0 + t_0z_1$. Es bleibt zu zeigen: $w_0 \in G_r$.

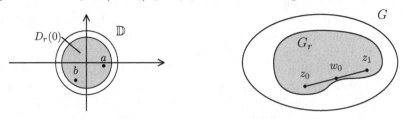

Nun kommt der eigentliche Trick. Sei $a := f^{-1}(z_0)$ und $b := f^{-1}(z_1)$. Man kann annehmen, dass $|a| \leq |b|$ und $b \neq 0$ ist. Für $z \in \mathbb{D}$ ist dann $|za/b| \leq |z|$, also auch $za/b \in \mathbb{D}$. Man kann nun die holomorphe Abbildung $g : \mathbb{D} \to G$ definieren durch

$$g(z) := (1 - t_0)f(za/b) + t_0 f(z).$$

Offensichtlich ist $g(0) = 0$ und $g(b) = (1 - t_0)z_0 + t_0 z_1 = \alpha(t_0) = w_0$. Die Funktion $h := f^{-1} \circ g : \mathbb{D} \to \mathbb{D}$ ist natürlich auch holomorph, mit $h(0) = 0$, und darauf kann man das Schwarz'sche Lemma anwenden: $|h(z)| \leq |z|$ für alle $z \in \mathbb{D}$. Speziell ist $|f^{-1}(w_0)| = |f^{-1}(g(b))| = |h(b)| \leq |b| \leq r$, also $f^{-1}(w_0) \in D_r(0)$ und $w_0 \in G_r$. Damit ist alles gezeigt.

Der hier bewiesene Satz stammt von E. Study (1862 - 1930), der Beweis von T. Radó aus dem Jahr 1929. Man findet ihn in [Rem1] (Satz 6 in 9.2).

Zu den Aufgaben in (5.2.14):

A. Annahme, $f(G) \not\subset D$. Dann gibt es einen Punkt $z_0 \in G$, so dass $w_0 := f(z_0)$ in $\mathbb{C} \setminus D$ liegt. Man definiere die holomorphen Funktionen $g_n : G \to \mathbb{C}$ durch $g_n(z) := f_n(z) - w_0$. Die Folge (g_n) konvergiert auf G kompakt gegen $g(z) := f(z) - w_0$. Weil $f_n(G) \subset D$ und $w_0 \notin D$ ist, haben die g_n keine Nullstellen. Weil $g(z_0) = 0$ ist, muss g nach dem Satz von Hurwitz $\equiv 0$ sein. Dann wäre $f(z) \equiv w_0$ konstant, und das ist ein Widerspruch.

B. Es reicht zu zeigen, dass die Familie $\{f' : f \in \mathscr{F}\}$ normal ist. Ein trivialer Induktionsbeweis liefert dann die allgemeine Aussage. Ist $z_0 \in G$, $R := 2r$ und $D = D_R(z_0) \subset\subset G$, so gilt (nach der 2. Cauchy'schen Ungleichung):

$$|f'(z)| \leq \frac{4}{R} \sup_{\partial D} |f| \text{ auf } \overline{D_r(z_0)}.$$

Als normale Familie ist $\mathscr{F}$ auch lokal beschränkt. Es gibt also ein $C > 0$, so dass $|f(z)| \leq C$ für $z \in \overline{D}$ und alle $f \in \mathscr{F}$ ist. Dann ist

$$|f'(z)| \leq \frac{4}{R} \cdot C \text{ auf } \overline{D_r(z_0)}.$$

Die Abschätzung ist unabhängig von $f \in \mathscr{F}$. Damit ist $\mathscr{F}' := \{f' : f \in \mathscr{F}\}$ lokal beschränkt und nach Montel auch normal.

Die Familie $\{f_n(z) := n(z^2 - n) : n \in \mathbb{N}\}$ ist **nicht normal**, aber m-normal, denn die Folge konvergiert kompakt gegen ∞. Die Familie der Ableitungen $\{f'_n(z) = 2nz : n \in \mathbb{N}\}$ ist aber nicht einmal m-normal, denn $f'_n(0)$ konvergiert gegen 0, während $f'_n(z)$ für $z \neq 0$ kompakt gegen ∞ konvergiert.

Tatsächlich ist $(f'_n)^\sharp(z) = \dfrac{4n}{1 + 4n^2|z|^2}$ in $z = 0$ unbeschränkt.

C. g ist eine Möbiustransformation mit $g(-\mathrm{i}) = -\mathrm{i}$, $g(0) = -1$ und $g(\mathrm{i}) = \mathrm{i}$, bildet also die imaginäre Achse auf den Rand des Einheitskreises ab. Außerdem ist $g(1) = 0$. Also ist $g(R_+) = \mathbb{D}$. Damit ist $\{g \circ f : f \in \mathscr{F}\}$ global durch 1 beschränkt, also eine normale Familie.

Die Familie $\mathscr{F}$ selbst ist **nicht normal**, denn die Folge $f_n(z) \equiv n$ liegt in $\mathscr{F}$, konvergiert aber kompakt gegen ∞. Verwendet man das Normalitätslemma, so sieht man, dass $\mathscr{F}$ m-normal ist.

D. Die Folge $f_n(z) := 1 + n$ liegt in $\mathscr{F}$ und konvergiert kompakt gegen ∞. Also ist $\mathscr{F}$ nicht normal. Aber die Möbiustransformation $\varphi(z) := z/(z-1)$ bildet $\mathbb{C} \setminus \{1\}$ nach $\mathbb{C}$ ab. Außerdem ist $\varphi(0) = 0$, $\varphi(1/n) = 1/(1-n) \to 0$ (von links), $\varphi(1-1/n) = -(n-1) \to -\infty$. Also ist $\varphi([0,1]) = \overline{\mathbb{R}_-} := \{z = x + \mathrm{i}\,y : y = 0 \text{ und } x \le 0\}$. Weil $\varphi^{-1}(v) = v/(v-1)$ ebenfalls nicht in $v = 1$ definiert ist, ist $\varphi(\mathbb{C} \setminus [0,1]) = \mathbb{C}' \setminus \{1\} = \mathbb{C}^* \setminus (\mathbb{R}_- \cup \{1\})$. Die Abbildung

$$\varrho(z) := \sqrt{z} = \exp\left(\frac{1}{2}\log_{(-\pi)}(z)\right)$$

bildet $\mathbb{C}' \setminus \{1\}$ biholomorph auf die rechte Halbebene R_+ ohne $\{1\}$ ab. Und schließlich bildet die Möbiustransformation g aus Aufgabe (C) die rechte Halbebene ohne 1 biholomorph auf $\mathbb{D}^* := \mathbb{D} \setminus \{0\}$ ab. Sei $\Phi := g \circ \varrho \circ \varphi : \mathbb{C} \setminus [0,1] \to \mathbb{D}^*$. Dann ist Φ biholomorph und

$$\Phi^{-1}(w) = \varphi^{-1} \circ \varrho^{-1} \circ g^{-1}(w) = \varphi^{-1}\left(\left(\frac{1+w}{1-w}\right)^2\right) = \frac{(1+w)^2}{4w}.$$

$\Psi(w) := (1+w)^2/(4w)$ ist eine rationale Funktion, die im Nullpunkt eine Polstelle der Ordnung 1 besitzt. Man kann Ψ als stetige Abbildung von $\mathbb{C}$ nach $\overline{\mathbb{C}}$ auffassen. In ∞ liegt eine weitere Polstelle vor, so dass Ψ nicht in $\mathrm{Aut}(\overline{\mathbb{C}})$ liegen kann. Auf $\mathbb{D}^*$ ist allerdings $\Psi = \Phi^{-1}$, und mit Ausnahme des Nullpunktes ist Ψ über den Rand hinaus holomorph fortsetzbar.

Weil die Werte der Funktionen aus $\mathscr{F}_0 := \{\Phi \circ f : f \in \mathscr{F}\}$ global beschränkt sind, ist $\mathscr{F}_0$ eine normale Familie. Ist f_n eine Folge aus $\mathscr{F}$, so besitzt $h_n := \Phi \circ f_n$ eine gegen eine holomorphe Funktion h kompakt konvergente Teilfolge h_{n_ν}. Mit dem Normalitätslemma folgt, dass $f_{n_\nu} = \Psi \circ h_{n_\nu}$ kompakt gegen die holomorphe Funktion $\Psi \circ h$ oder gegen ∞ konvergiert.

E. Sei $\mathscr{F} \subset \mathcal{O}(G)$ eine normale Familie und (f_n) eine Folge in $\mathscr{F}$, die nicht kompakt konvergiert. Wegen der Normalität gibt es aber eine Teilfolge (f_{n_ν}) von (f_n), die kompakt gegen eine holomorphe Funktion f konvergiert. Es gibt nun ein $\varepsilon > 0$ und eine kompakte Menge K, so dass zu jedem n ein $m(n) \ge n$ mit $|f_{m(n)}(z) - f(z)| \ge \varepsilon$ für $z \in K$ existiert.

Die Folge $(f_{m(n)})$ besitzt eine Teilfolge (f_{m_μ}), die kompakt gegen eine holomorphe Funktion g konvergiert.

Nun sei $0 < \delta < \varepsilon/2$. Dann gibt es ein μ_0, so dass $\sup_K |f_{m_\mu} - g| < \delta$ für $\mu \geq \mu_0$ ist. Für solche μ und $z \in K$ ist

$$
\begin{aligned}
|f(z) - g(z)| &= |f(z) - f_{m_\mu}(z) + f_{m_\mu}(z) - g(z)| \\
&\geq |f(z) - f_{m_\mu}(z)| - |f_{m_\mu}(z) - g(z)| \\
&\geq \varepsilon - \delta > \varepsilon - \frac{\varepsilon}{2} = \frac{\varepsilon}{2} > 0.
\end{aligned}
$$

Das bedeutet, dass $f \neq g$ ist.

F. Ist $\sum_n |a_n|^2 \leq c$, so ist $|a_n| \leq \sqrt{c}$ für alle n. Nun sei $0 < r < 1$. Jede kompakte Teilmenge von $\mathbb{D}$ ist in einer Scheibe $\overline{D_r(0)}$ enthalten. Ist $|z| \leq r$, so ist $1 - |z| \geq 1 - r$ und daher

$$
|f(z)| \leq \sum_n |a_n| \cdot |z|^n \leq \sqrt{c} \cdot \sum_n |z|^n = \sqrt{c} \cdot \frac{1}{1 - |z|} \leq \frac{\sqrt{c}}{1 - r}.
$$

Damit ist $\mathscr{F}$ beschränkt und deshalb auch normal.

G. Nach Voraussetzung ist $\left(N_{D,2}(f)\right)^2 := \int_D |f(x + \mathrm{i}\, y)|^2 \, dx \, dy$.

a) Führt man Polarkoordinaten ein, so erhält man

$$
\begin{aligned}
\left(N_{D,2}(f)\right)^2 &= \int_D |f(x + \mathrm{i}\, y)|^2 \, dx \, dy = \int_0^{2\pi} \int_0^r |f(te^{\mathrm{i}\theta})|^1 \, t \, dt \, d\theta \\
&= \int_0^{2\pi} \int_0^r \left(\sum_n a_n t^n e^{\mathrm{i} n\theta} \right) \cdot \left(\sum_m \overline{a_m} t^m e^{-\mathrm{i} m\theta} \right) t \, dt \, d\theta \\
&= \sum_{n,m} a_n \overline{a_m} \int_0^{2\pi} e^{\mathrm{i}(n-m)\theta} \, d\theta \int_0^r t^{n+m+1} \, dt \\
&= 2\pi \sum_n |a_n|^2 \frac{t^{2n+2}}{2(n+1)} \Big|_0^r = \pi \sum_n \frac{|a_n|^2}{n+1} r^{2n+2}.
\end{aligned}
$$

b) Da $f(a) = a_0$ ist, folgt:

$$
\frac{1}{\pi r^2} \left(N_{D,2}(f)\right)^2 = |f(a)|^2 + \sum_{n \geq 1} \frac{|a_n|^2 r^{2n}}{n+1}, \quad \text{also } |f(a)| \leq \frac{1}{r\sqrt{\pi}} \cdot N_{D,2}(f).
$$

c) Sei $c > 0$ und $\mathscr{F} := \{ f \in \mathscr{O}(D) : N_{D,2}(f) < c \}$. Weiter sei $K \subset D$ kompakt und $d := \mathrm{dist}(K, \mathbb{C} \setminus D)$. Ist $z \in K$ und $0 < r < d$, so ist $D(r) := D_r(z) \subset D$ und daher $N_{D(r),2}(f) \leq N_{D,2}(f)$ für alle $f \in \mathscr{O}(D)$, insbesondere

$$
|f(z)| \leq \frac{1}{r\sqrt{\pi}} N_{D(r),2}(f) \leq \frac{1}{r\sqrt{\pi}} N_{D,2}(f).
$$

Da dies für alle $r < d$ gilt, ist auch $|f(z)| \leq \frac{1}{d\sqrt{\pi}} N_{D,2}(f)$. Die Konstante auf der rechten Seite hängt nicht von $z \in K$ ab. Also ist $\mathscr{F}$ lokal beschränkt und deshalb normal.

Zu den Aufgaben in (5.3.8):

A. $\Phi : \mathbb{D} \to D_r(0)$ mit $\Phi(z) := rz$ ist offensichtlich biholomorph (und eine Möbiustransformation). Ist nun $\Psi : D_r(0) \to \mathbb{D}$ eine beliebige biholomorphe Abbildung, so ist $\psi := \Psi \circ \Phi$ ist ein Automorphismus von $\mathbb{D}$. Also gibt es ein $\theta \in \mathbb{R}$ und ein $\eta \in \mathbb{D}$, so dass gilt:

$$\Psi(z) = \psi \circ \Phi^{-1}(z) = e^{i\theta} \cdot \frac{(z/r) - \eta}{1 - \overline{\eta}(z/r)} = e^{i\theta} \cdot \frac{z - r\eta}{r - \overline{\eta}z}.$$

Setzt man $\alpha := r\eta$, so erhält man die Formel

$$\Psi(z) = e^{i\theta} \frac{r(z - \alpha)}{r^2 - \overline{\alpha}z}.$$

Dabei liegt α in $D_r(0)$.

B. Für $z = x + iy \in \mathbb{H}$ ist

$$|\exp(2\pi i z)| = |e^{2\pi i x} \cdot e^{-2\pi y}| = e^{-2\pi y} < 1,$$

weil $-\infty < -2\pi y < 0$ ist. Außerdem ist $\exp(2\pi i z) \neq 0$ für alle z. Also liegt $f(\mathbb{H})$ in $\mathbb{D} \setminus \{0\}$.

Ist umgekehrt $w = re^{ia} \in \mathbb{D} \setminus \{0\}$, also $0 < r < 1$ und $0 \leq a < 2\pi$, so setze man $x := a/2\pi$ und $y := -(\ln r)/(2\pi)$. Dann ist $0 \leq x < 1$ und $0 < y < +\infty$, also $x + iy \in \mathbb{H}$ und $f(x + iy) = e^{ia} \cdot e^{-2\pi y} = w$. Damit ist $f(\mathbb{H}) = \mathbb{D} \setminus \{0\}$, und diese Menge ist natürlich **nicht** einfach zusammenhängend.

C. Sei $G \subset \mathbb{C}$ einfach zusammenhängend, $z_1, z_2 \in G$. Man muss zwei Fälle unterscheiden:

a) Sei $G = \mathbb{C}$. Dann ist $f : \mathbb{C} \to \mathbb{C}$ mit $f(z) := z + z_2 - z_1$ biholomorph und $f(z_1) = z_2$.

b) Es gebe eine biholomorphe Abbildung $\Phi : G \to \mathbb{D}$. Dann sei $a := \Phi(z_1)$ und $b := \Phi(z_2)$. Es gibt ein $\varphi \in \mathrm{Aut}(\mathbb{D})$ mit $\varphi(a) = b$. Die Abbildung $f : G \to G$ sei definiert durch $f := \Phi^{-1} \circ \varphi \circ \Phi$. Dann ist f biholomorph und $f(z_1) = z_2$.

D. Zunächst zeige man: *Sei $G \subset \mathbb{C}$ ein Gebiet, $z_0 \in G$. Dann gibt es höchstens eine biholomorphe Abbildung $f : G \to \mathbb{D}$ mit $f(z_0) = 0$ und $f'(z_0) > 0$.*

BEWEIS dafür: Es seien zwei solche Abbildungen f_1, f_2 gegeben. Dann ist $F := f_1 \circ f_2^{-1} : \mathbb{D} \to \mathbb{D}$ biholomorph mit $F(0) = 0$ und $F'(0) = f_1'(z_0)/f_2'(z_0) > 0$. Als Automorphismus von $\mathbb{D}$ hat F die Gestalt

$$F(z) = e^{i\theta} \cdot \frac{z - \alpha}{1 - \overline{\alpha}z}, \quad \text{mit } \alpha \in \mathbb{D}.$$

Weil $F(0) = 0$ ist, muss $\alpha = 0$ sein, und weil $F'(0) > 0$ ist, muss $e^{i\theta} = 1$ sein, also $F(z) \equiv z$. Damit ist $f_1 = f_2$. ∎

Zur Lösung der Aufgabe muss man nun nur noch eine einzige biholomorphe Abbildung $f : G \to \mathbb{D}$ mit $f(1) = 0$ und $f'(1) > 0$ finden. Ist $R := \{z \in \mathbb{C} : \operatorname{Re}(z) > 0\}$ die rechte Halbebene, so ist $f_1 : G \to R$ mit $f_1(z) := z^5$ biholomorph, und es ist $f_1(1) = 1$ und $f_1'(1) = 5$. Eine biholomorphe Abbildung $f_2 : R \to \mathbb{H}$ ist gegeben durch $f_2(z) := iz$, und es ist $f_2(1) = i$ und $f_2'(1) = i$. Schließlich ist $f_3 : \mathbb{H} \to \mathbb{D}$ mit $f_3(z) := (z - i)/(z + i)$ biholomorph, $f_3(i) = 0$ und $f_3'(i) = -i/2$.

Nun setze man $f := f_3 \circ f_2 \circ f_1$. Dann ist $f : G \to \mathbb{D}$ biholomorph, $f(1) = 0$ und $f'(1) = f_3'(i) \cdot f_2'(1) \cdot f_1'(1) = 5/2 > 0$. Das ist die gesuchte Abbildung, und es ist $f(2) = f_3 \circ f_2(32) = f_3(32\,i) = 31/33$.

Zu den Aufgaben in (5.4.8):

A. Sei $f(z) = \displaystyle\sum_{n=1}^{\infty} z^{n!}$. Dann ist $f(z) = \displaystyle\sum_{\nu=1}^{\infty} a_\nu z^\nu$ mit $a_\nu = \begin{cases} 1 & \text{für } \nu = n! \\ 0 & \text{sonst.} \end{cases}$

Weil $\overline{\lim} \sqrt[\nu]{|a_\nu|} = 1$ ist, ist $R = 1$ der Konvergenzradius von f. Die Punkte $z_{p,q} := e^{2\pi i p/q}$ liegen dicht in $\partial\mathbb{D}$, wie man Lemma 5.4.1 entnimmt. Ist $n > q$, so ist $(z_{p,q})^{n!} = e^{2\pi i pn!/q} = 1$ und die Reihe divergiert in $z_{p,q}$. Es gibt also keinen zusammenhängenden Bogen auf $\partial\mathbb{D}$, über den hinaus f holomorph fortsetzbar ist.

B. Die beiden Funktionen $f_{\pm}(z) := \pm \exp\!\left(\dfrac{1}{2}\log_{(-\pi)}(z)\right) = \pm\sqrt{z}$ sind auf $\mathbb{C}_- = \mathbb{R}^* \setminus \mathbb{R}_-$ definiert und holomorph.

Nun überdecke man den Einheitskreis wie in der folgenden Skizze mit kleinen Kreisscheiben $D_0, D_1, \ldots, D_7$. Auf D_i sei $f_i(z) := f_+(z)$, für $i = 0, 1, 2, 3$. Dann wird f_0 entlang der Kreislinie Schritt für Schritt direkt analytisch fortgesetzt.

Auf $D_4 \setminus \mathbb{R}$ sei $f_4(z) := \begin{cases} f_+(z) & \text{für } z \in D_4 \cap \mathbb{H}, \\ f_-(z) & \text{für } z \in D_4 \cap \{z : \operatorname{Im}(z) < 0\} \end{cases}$

Ist $z = re^{i(\pi - \varepsilon)}$, mit $\varepsilon > 0$, so ist $f_4(z) = \sqrt{r} \cdot \exp(i(\pi - \varepsilon)/2)$. Das konvergiert für $\varepsilon \to 0$ gegen $i\sqrt{r}$.

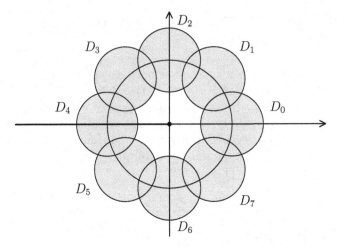

Ist $z = re^{i(-\pi+\varepsilon)}$, mit $\varepsilon > 0$, so ist $f_4(z) = -\sqrt{r} \cdot \exp(i(-\pi + \varepsilon)/2)$. Das konvergiert für $\varepsilon \to 0$ gegen $-(-i)\sqrt{r} = i\sqrt{r}$. Da außerdem $re^{i(-\pi)} = re^{i(-\pi)+2\pi i} = re^{i\pi}$ ist, lässt sich f_4 auf $D_4 \cap \mathbb{R}$ stetig fortsetzen und ist damit auf ganz D_4 holomorph. Insbesondere ist f_4 eine direkte Fortsetzung von f_3.

Auf D_i setze man nun $f_i(z) := f_-(z)$ für $i = 5, 6, 7$, und auf $D_8 := D_0$ sei $f_8(z) := f_-(z)$. Dann ergibt sich f_8 aus f_4 durch schrittweise direkte analytische Fortsetzung längs des Einheitskreises. Es ist aber $f_8(z) = -f_0(z)$.

C. Für $z \in \overline{\mathbb{D}}$ ist $\left| \dfrac{z^n}{n^2} \right| \leq \dfrac{1}{n^2}$. Deshalb konvergiert die Reihe $f(z)$ in allen Punkten von $\overline{\mathbb{D}}$, insbesondere auf $\partial\mathbb{D}$.

Annahme, es gibt eine Umgebung $U = U(1)$ und eine holomorphe Funktion $\widehat{f} : U \to \mathbb{C}$, so dass $\widehat{f}(z) = f(z)$ für alle $z \in \mathbb{D} \cap U$ ist. Dann stimmen auch alle Ableitungen von f und $\widehat{f}$ in $\mathbb{D} \cap U$ überein. Nun gilt dort:

$$f'(z) = \sum_{n=1}^{\infty} \frac{n \cdot z^{n-1}}{n^2} \quad \text{und} \quad f''(z) = \sum_{n=2}^{\infty} \frac{(n-1)z^{n-2}}{n}.$$

$\widehat{f}$ ist auf ganz U stetig (komplex) differenzierbar. Also ist

$$\widehat{f}''(1) = \lim_{z \to 1} \widehat{f}''(z) = \lim_{z \to 1} f''(z) = \sum_{n=2}^{\infty} \frac{n-1}{n}.$$

Das ist ein Widerspruch, weil die Reihe auf der rechten Seite divergiert (denn $(n-1)/n$ konvergiert nicht gegen 0).

D. Es ist $\overline{\lim} \sqrt[n]{\dfrac{1}{2^{n+1}}} = \dfrac{1}{2} \overline{\lim} \sqrt[n]{\dfrac{1}{2}} = \dfrac{1}{2}$. Also ist $R = 2$ der Konvergenzradius

von $f(z) = \displaystyle\sum_{n=0}^{\infty} \frac{z^n}{2^{n+1}}$.

Weiter ist $\overline{\lim} \sqrt[n]{\left| \dfrac{1}{(2-\mathrm{i})^{n+1}} \right|} = \dfrac{1}{|2-\mathrm{i}|} \cdot \overline{\lim} \sqrt[n]{\dfrac{1}{|2-\mathrm{i}|}} = \dfrac{1}{\sqrt{5}}$. Also ist $R' :=$

$\sqrt{5} \approx 2.236$ der Konvergenzradius von $g(z) = \displaystyle\sum_{n=0}^{\infty} \dfrac{(z-\mathrm{i})^n}{(2-\mathrm{i})^{n+1}}$.

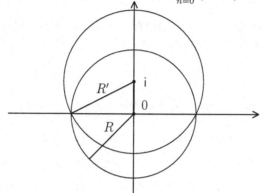

Für $0 < \varepsilon < 1$ ist

$$f(\mathrm{i}\varepsilon) = \sum_{n=0}^{\infty} \frac{(\mathrm{i}\varepsilon)^n}{2^{n+1}} = \frac{1}{2} \sum_{n=0}^{\infty} \left(\frac{\mathrm{i}\varepsilon}{2}\right)^n = \frac{1}{2} \cdot \frac{1}{1 - \mathrm{i}\varepsilon/2} = \frac{1}{2 - \mathrm{i}\varepsilon}$$

und

$$g(\mathrm{i}\varepsilon) = \sum_{n=0}^{\infty} \frac{(\mathrm{i}\varepsilon - \mathrm{i})^n}{(2-\mathrm{i})^{n+1}} = \frac{1}{2-\mathrm{i}} \cdot \sum_{n=0}^{\infty} \left(\frac{-(\mathrm{i} - \mathrm{i}\varepsilon)}{2-\mathrm{i}}\right)^n = \frac{1}{2 - \mathrm{i}\varepsilon}.$$

Nachdem $f(\mathrm{i}\varepsilon) = g(\mathrm{i}\varepsilon)$ für alle $\varepsilon \in (0,1)$ ist, folgt mit dem Identitätssatz, dass $f = g$ auf $D_2(0) \cap D_{\sqrt{5}}(\mathrm{i})$ ist. Damit ist g direkte Fortsetzung von f.

Zu den Aufgaben in (5.5.6):

A. Das Gebiet G sieht folgendermaßen aus:

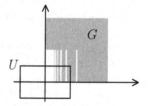

$U := \{z = x + \mathrm{i}y : -0.4 < x < 0.4 \text{ und } -1/4 < y < 1/4\}$ ist eine offene Umgebung von 0, und es ist $U \cap G = \bigcup_{n=2}^{\infty} G_n$, mit

$$G_n := \{z = x + \mathrm{i}y : \frac{1}{n+1} < x < \frac{1}{n} \text{ und } 0 < y < \frac{1}{4}\} \text{ für } n \geq 3.$$

Das ist eine disjunkte Zerlegung von $U \cap G$ in unendlich viele Teilgebiete. Die Punkte $z_n := \frac{1}{2}(1/n + 1/(n+1)) + \mathrm{i}(1/n)$ liegen für $n \geq 5$ jeweils in G_n, und die Folge (z_n) konvergiert gegen $z_0 = 0$. Da aber die z_n alle in verschiedenen Zusammenhangskomponenten von $G \cap U$ liegen, ist das Erreichbarkeitskriterium nicht erfüllt. $z_0 = 0$ ist ein nicht erreichbarer Randpunkt von G.

B. Sei $G := \mathbb{D} \setminus \{z = x + \mathrm{i}\,y : 0 \le x < 1 \text{ und } y = 0\}$.

Der Punkt $z_0 := 1/2$ liegt in ∂G und ist nicht erreichbar. Wählt man nämlich eine kleine offene Umgebung $U = U(z_0)$, so liegen die Punkte

$$z_n := \frac{1}{2} + (-1)^n \cdot \frac{\mathrm{i}}{n}$$

abwechselnd in verschiedenen Zusammenhangskomponenten von $U \cap G$. Das Erreichbarkeitskriterium ist nicht erfüllt. Einen Randschnitt, der in z_0 endet, erhält man durch $\gamma : [0, 1) \to G$ mit $\gamma(t) := \frac{1}{2} + \varepsilon\,\mathrm{i}\,(1 - t)$ und $0 < \varepsilon < 1/2$.

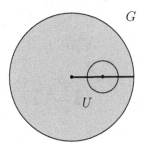

C. Sei $G \subset \mathbb{C}$ ein Gebiet und $z_0 \in \partial G$. Außerdem sei

$$R(z_0) := \{(z_\nu) \in G : z_\nu \to z_0 \text{ und } \exists \text{ Randschnitt } \gamma \text{ in } G \text{ mit } z_\nu \in |\gamma|\}.$$

(z_ν) und (w_μ) aus $R(z_0)$ heißen **äquivalent**, falls ein Randschnitt α in G existiert, so dass (z_ν) und (w_μ) auf $|\alpha|$ liegen. Die Relation sei mit „$\sim$" bezeichnet.

Die Reflexivität und Symmetrie von $\sim$ sind ziemlich offensichtlich. Es bleibt nur noch die Transitivität zu beweisen.

Sei $(z_\nu) \sim (w_\nu)$ und $(w_\nu) \sim (u_\nu)$. Dann gibt es Randschnitte $\alpha : [0, 1) \to G$ und $\beta : [0, 1) \to G$, so dass alle z_ν und alle w_ν auf $|\alpha|$ liegen, und alle w_ν und u_ν auf $|\beta|$. Zu jedem $n \in \mathbb{N}$ gibt es Zahlen a_n und b_n, so dass $\alpha([a_n, 1)) \subset D_{1/n}(z_0)$ und $\beta([b_n, 1)) \subset D_{1/n}(z_0)$ gilt. Sei $c_n := \max(a_n, b_n)$. Dann sei eine streng monoton wachsende Folge $N(n)$ konstruiert, so dass $z_\nu, w_\nu \in \alpha([c_n, 1))$ und $w_\nu, u_\nu \in \beta([c_n, 1))$ für alle $\nu \ge N(n)$ ist.

Sei $\gamma_1 : [0, 1/2] \to G$ ein stetiger Weg, der alle Punkte z_ν und u_ν für $\nu < N(2)$ enthält (und bei $z_{N(2)}$ endet). Das ist zunächst mal kein Problem.

Sei jetzt $n \ge 2$. Für $\nu \ge N(n)$ liegen alle z_ν und w_ν in einer Zusammenhangskomponente Z_n' von $D_{1/n}(z_0) \cap G$ (denn sie liegen alle auf dem gleichen Abschnitt eines Randschnittes). Analog liegen alle w_ν und u_ν für $\nu \geq N(n)$ in einer Zusammenhangskomponente Z_n'' von $D_{1/n}(z_0) \cap G$. Weil die w_ν in $Z_n' \cap Z_n''$ liegen, ist $Z_n' = Z_n'' =: Z_n$. Es gibt dann einen Weg $\gamma_n : [1 - 1/n, 1 - 1/(n+1)] \to Z_n \subset G$, der nacheinander die folgenden Punkte verbindet:

$$z_{N(n)} \text{ mit } u_{N(n)},\, z_{N(n)+1},\, u_{N(n)+1},\, \ldots,\, z_{N(n+1)-1},\, u_{N(n+1)-1},\, z_{N(n+1)}.$$

Der Weg $\gamma : [0,1) \to G$, der sich aus γ_1 und den Wegen γ_n für $n \geq 2$ zusammensetzt, enthält alle z_ν und alle u_ν.

Weil $|\gamma_n| \subset D_{1/n}(z_0)$ ist, folgt: $\mathrm{dist}(\gamma(t), z_0) \to 0$ für $t \to 1$. Also kann man γ bei $t = 1$ durch z_0 stetig fortsetzen. Damit wird γ ein Randschnitt, der alle z_ν und u_ν enthält. Es ist $(z_\nu) \sim (u_\nu)$.

Ist der Randpunkt z_0 erreichbar, so ergibt jede Folge von Punkten z_ν in G mit $z_\nu \to z_0$ ein Element $(z_\nu) \in R(z_0)$, und außerdem sind je zwei solche Folgen äquivalent. Ist z_0 dagegen nicht erreichbar, so kann $R(z_0) = \varnothing$ sein, kann aber auch aus mehreren Äquivalenzklassen bestehen.

Zu den Aufgaben in (5.6.6):

A. Die Menge S sei ein (offenes) Teilstück einer Geraden Γ. Dann gibt es eine biholomorphe Abbildug $\Phi : \mathbb{C} \to \mathbb{C}$ mit $\Phi(\Gamma) = \mathbb{R}$, so dass $\Phi(S) = I$ ein Intervall in $\mathbb{R}$ ist. Außerdem enthält $\Phi(G)$ zwei Teilgebiete $U_+ \subset \mathbb{H}$ und U_- in der unteren Halbebene, so dass U_- das Spiegelbild von U_+ und $U := U_+ \cup I \cup U_- \subset \Phi(G)$ ein Gebiet ist.

Die Funktion $\widehat{f} := f \circ \Phi^{-1}$ ist stetig auf U und holomorph auf U_+ und U_-. Nach dem ersten Teil des Schwarz'schen Spiegelungsprinzips (der auf dem Satz von Morera beruht) ist $\widehat{f}$ dann sogar auf ganz U holomorph, also f auf $\Phi^{-1}(U)$. Damit ist f auf ganz G holomorph.

B. a) Die Spiegelung an der Geraden $L = \{a + tv : t \in \mathbb{R}\}$ ist gegeben durch

$$x \mapsto x^* := a + \frac{v}{\overline{v}}(\overline{x} - \overline{a}).$$

Speziell ist $C_1 = \{z = -2\mathrm{i} + t{\cdot}1 : t \in \mathbb{R}\}$ und die Spiegelung s_1 an C_1 gegeben durch $z \mapsto -2\mathrm{i} + (\overline{z} - 2\mathrm{i})$. Insbesondere ist $s_1(0) = -4\mathrm{i}$, $d_1(2 + \mathrm{i}) = 2 - 5\mathrm{i}$ und $s_1(-5) = -5 - 4\mathrm{i}$.

b) Es ist $C_2 = \{z = t(1 + \mathrm{i}) : t > 0\}$ und die zugehörige Spiegelung s_2 gegeben durch $z \mapsto \mathrm{i}\overline{z}$. Also ist $s_2(0) = 0$, $s_2(2 + \mathrm{i}) = 1 + 2\mathrm{i}$ und $s_2(-5) = -5\mathrm{i}$.

c) Es ist $C_3 = \{z = 1 + t(\mathrm{i} - 1) : t \in \mathbb{R}\}$ und $s_3(z) = 1 - \mathrm{i}(\overline{z} - 1)$. also $s_3(0) = 1 + \mathrm{i}$, $s_3(2 + \mathrm{i}) = -\mathrm{i}$ und $s_3(-5) = 1 + 6\,\mathrm{i}$.

C. Sei $G_+ \subset \mathbb{H}$ ein Gebiet und $I \subset \mathbb{R}$ ein offenes Intervall, so dass $I \subset \partial G$ ist. Die Funktion $u : G_+ \cup I \to \mathbb{R}$ sei stetig, harmonisch auf G_+ und $\equiv 0$ auf I. Schließlich sei $G_- := \{z \in \mathbb{C} : \overline{z} \in G_+\}$ und $G := G_+ \cup I \cup G_-$.

Nun definiere man $\widehat{u} : G \to \mathbb{R}$ durch

$$\widehat{u}(z) := \left\{ \begin{array}{ll} u(z) & \text{für } z \in G_+ \cup I, \\ -u(\overline{z}) & \text{für } z \in G_- \end{array} \right.$$

Offensichtlich ist $\widehat{u}$ stetig auf G und harmonisch auf G_+.

Zu jeder Kreisscheibe $D \subset G_+$ gibt es eine holomorphe Funktion f auf D mit $u|_D = \operatorname{Im}(f)$. Dann ist $f^*(z) := \overline{f(\overline{z})}$ holomorph auf $D^* := \{z \in \mathbb{C} : \overline{z} \in D\}$, und deshalb ist $\operatorname{Im}(f^*(z)) = -\operatorname{Im} f(\overline{z}) = -u(\overline{z}) = \widehat{u}(z)$ auf D^* harmonisch. Es bleibt zu zeigen, dass $\widehat{u}$ auch in jedem Punkt $z_0 \in I$ harmonisch ist. Dazu benutzt man die Mittelwerteigenschaft. Weil $\widehat{u}(z_0) = 0$ ist, gilt für jede Kreisscheibe $D_r(z_0) \subset G$:

$$\begin{aligned} \int_0^{2\pi} \widehat{u}(z_0 + re^{\mathrm{i}t})\, dt &= \int_0^{\pi} \widehat{u}(z_0 + re^{\mathrm{i}t})\, dt + \int_{\pi}^{2\pi} \widehat{u}(z_0 + re^{\mathrm{i}t})\, dt \\ &= \int_0^{\pi} \widehat{u}(z_0 + re^{\mathrm{i}t})\, dt + \int_0^{\pi} \widehat{u}(z_0 - re^{\mathrm{i}s})\, ds \\ &= \int_0^{\pi} \widehat{u}(z_0 + re^{\mathrm{i}t})\, dt - \int_0^{\pi} \widehat{u}(z_0 + re^{\mathrm{i}s})\, ds = 0. \end{aligned}$$

Dabei wurde zunächst die Substitution $\varphi : [0, \pi] \to [\pi, 2\pi]$ mit $\varphi(s) := s + \pi$ benutzt, und dann die Tatsache, dass $\widehat{u}(z_0 - re^{\mathrm{i}s}) = -\widehat{u}(z_0 + re^{\mathrm{i}s})$ ist.

D. Nach Voraussetzung existiert eine offene Menge $U \subset \mathbb{C}$ mit $U \cap \partial G = C$ und eine biholomorphe Abbildung $\varphi : U \to W \subset \mathbb{C}$ mit $\varphi(U \cap G) = W \cap \mathbb{H}$ und $\varphi(C) = W \cap \mathbb{H}$. Ist f auf $G \cup C$ stetig, auf G holomorph und auf C identisch null, so ist $f \circ \varphi^{-1}$ stetig auf $W \cap \overline{\mathbb{H}}$, holomorph auf $W \cap \mathbb{H}$ und reellwertig auf $I := W \cap \mathbb{R}$. Sei $W_+ := W \cap \mathbb{H}$ und $W_- = \{z : \overline{z} \in W_+\}$, sowie $\widehat{f} : W_+ \cup I \cup W_- \to \mathbb{C}$ definiert durch

$$\widehat{f}(z) := \left\{ \begin{array}{ll} f \circ \varphi^{-1}(z) & \text{für } z \in W_+ \cup I, \\ \overline{f \circ \varphi^{-1}(\overline{z})} & \text{für } z \in W_-. \end{array} \right.$$

Nach dem Schwarz'schen Spiegelungsprinzip ist $\widehat{f}$ holomorph. Damit ist $\widehat{f} \circ \varphi$ eine holomorphe Fortsetzung von f auf U. Weil f auf C verschwindet, ist $\widehat{f} \circ \varphi(z) = 0$ auf ganz U (nach dem Identizätssatz). Eine weitere Anwendung des Identitätssatzes liefert, dass f auf G verschwindet.

E. Sei $f : \overline{\mathbb{D}} \to \mathbb{C}$ stetig, f holomorph auf $\mathbb{D}$ und $|f(z)| = 1$ auf $\partial\mathbb{D}$.

Annahme, es gibt eine unendliche Folge (z_ν) von Punkten in $\mathbb{D}$ mit $f(z_\nu) = 0$. Dann hat (z_ν) einen Häufungspunkt z_0 in $\mathbb{D}$. Der Punkt kann nicht in $\partial\mathbb{D}$ liegen, denn dann wäre gleichzeitig $f(z_0) = 0$ und $|f(z_0)| = 1$. Also liegt $z_0 \in \mathbb{D}$. Nach dem Identitätssatz müsste dann aber schon $f(z) \equiv 0$ auf $\mathbb{D}$ sein, und das ist nicht möglich.

Es gibt also höchstens endlich viele Nullstellen $z_1, z_2, \ldots, z_N$ von f in $\mathbb{D}$ (und keine Nullstelle auf $\partial\mathbb{D}$). Sei nun

$$\widehat{f}(z) := \begin{cases} f(z) & \text{für } z \in \overline{\mathbb{D}}, \\ 1/\overline{f(1/\overline{z})} & \text{für } z \in \mathbb{C} \setminus \overline{\mathbb{D}}. \end{cases}$$

Für $z \in \partial\mathbb{D}$ ist $1/\overline{z} = z$ und $f(z) \in \partial\mathbb{D}$, also auch $1/\overline{f(z)} = f(z)$. Daher ist $\widehat{f}$ stetig auf einer kleinen Umgebung U von $\partial\mathbb{D}$. Auf $U \setminus \overline{\mathbb{D}}$ ist $\widehat{f}$ holomorph, und damit auch auf $U \cup \overline{\mathbb{D}}$. In den Punkten $w_\nu := 1/\overline{z_\nu}$ hat $\widehat{f}$ Polstellen, und überall sonst ist die Funktion holomorph. Also ist $\widehat{f}$ meromorph mit endlich vielen Polstellen und $\widehat{f}|_\mathbb{D} = f$.

F. a) O.B.d.A. sei $K = \partial D_r(0)$ und $z_1 \in D_r(0)$. Ist z_2 der Spiegelpunkt von z_1, so ist $z_2 = r^2/\overline{z_1} = (r^2/|z_1|^2) \cdot z_1$. Die Punkte liegen also auf dem gleichen Strahl vom Nullpunkt aus, z_2 allerdings außerhalb von $D_r(0)$.

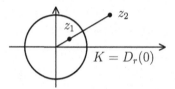

Die Gerade durch z_1 und den Spiegelpunkt z_2 ist also immer ein Radius von K, und dieser Radius steht senkrecht auf K.

b) Sei wieder z_2 der Spiegelpunkt von z_1, sowie C ein Kreis durch z_1. Zu zeigen ist, dass sich C und K genau dann orthogonal treffen, wenn z_2 auch auf C liegt.

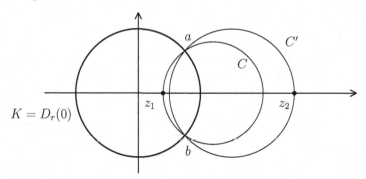

Sei C' das Spiegelbild von C bezüglich K. Dann liegt z_2 auf C'.

Zunächst sei vorausgesetzt, dass C auch durch z_2 geht. Als ein Kreis, der durch einen Punkt im Innern von K und durch einen Punkt im Äußeren von K geht, trifft C den Kreis K in zwei Punkten a und b. Die werden jeweils auf sich gespiegelt, liegen also in $C \cap C'$. Außerdem liegt $z_2 \in C \cap C'$. Durch drei Punkte ist eine Kreis festgelegt, es muss $C = C'$ sein. Das bedeutet, dass C auf sich selbst gespiegelt wird. Insbesondere müssen die Winkel zwischen C und K auf beiden Seiten von K gleich sein. Das bedeutet, dass diese Winkel Rechte sind.

Sei nun vorausgesetzt, dass sich C und K in einem Punkt a (und einem zweiten Punkt b) orthogonal treffen. Dann stehen der Radius von K durch a und der Radius von C durch a in a senkrecht. Also liegt der Abschitt zwischen 0 und a auf der Tangenten an C in a. Die Gerade durch 0 und z_1 trifft C in einem zweiten Punkt w. Sei nun $s := |z_1|$ und $t := |w|$. Nach dem Sehnen-Tangentensatz ist $r^2 = s \cdot t$. Also ist

$$w = \frac{t}{s} \cdot z_1 = \frac{r^2}{s^2} \cdot z_1 = \frac{r^2 z_1}{z_1 \overline{z_1}} = \frac{r^2}{\overline{z_1}} = z_2.$$

Damit geht C durch z_1 und z_2.

Literaturverzeichnis

Funktionentheorie:

[Ahl]   L. V. Ahlfors: *Complex Analysis.* McGraw-Hill, 3rd Ed. (1979).

[Ash]   R. B. Ash: *Complex Variables.* Academic Press (1971).

[BaNe]   J. Bak, D. J. Newman: *Complex Analysis.* Springer, 2nd Ed. (1997).

[Born]   F. Bornemann: *Funktionentheorie.* Birkhäuser, 2.A. (2016).

[Con]   J. B. Conway: *Functions of One Cmpl. Variable.* Springer, 2nd Ed. (1978).

[FiLi]   W. Fischer, I. Lieb: *Funktionentheorie.* vieweg studium, 7. A. (1994).

[FoHo]   W. Forst, D. Hoffmann: *Funkt.th. erkunden mit Maple.* Springer (2002).

[FrBu]   E. Freitag, R. Busam: *Funktionentheorie 1.* Springer, 4. A. (2006).

[Jae1]   K. Jänich: *Funktionentheorie – eine Einführung.* Springer, 3. A. (1992).

[Lang]   S. Lang: *Complex Analysis.* Springer, 3rd Ed. (1993).

[Lor]   F. Lorenz: *Funktionentheorie.* Spektrum Akademischer Verlag (1997).

[Osb]   A. D. Osborne: *Complex Variables and their Applications.*

[Rem1]   R. Remmert: *Funktionentheorie I.* Springer, 5. A. (2001).

[Rem2]   R. Remmert, G. Schumacher: *Funktionentheorie II.* Springer, 3. A. (2006).

Klassiker:

[BeSo]   H. Behnke, F. Sommer: *Theorie der analytischen Funktionen einer komplexen Veränderlichen.* Springer, 3. A. (1965).

[Car]   H. Cartan: *Elementare Theorie der analytischen Funktionen einer oder mehrerer komplexen Veränderlichen.* BI-Hochschultaschenbuch (1966).

[CCar]   C. Carathéodory: *Funktionentheorie 1.* Birkhäuser 2. A. (1960).

[Hei]   M. Heins: *Complex Function Theory.* Academic Press (1968).

[HuCo]   A. Hurwitz, R. Courant: *Funktionentheorie.* Springer, 4. A. (1964).

[Rue]   F. Rühs: *Funktionentheorie.* VEB Deutscher Verlag der Wiss. (1976).

© Springer-Verlag GmbH Deutschland, ein Teil von Springer Nature 2019
K. Fritzsche, *Grundkurs Funktionentheorie*,
https://doi.org/10.1007/978-3-662-60382-6

Schwerpunkt Anwendungen:

[AbFo]   M. J. Ablowitz, A. S. Fokas: *Complex Variables – Introduction and Applications.* Cambridge University Press, 2nd Ed. (2003).

[Hen]   P. Henrici: *Applied and Computational Complex Analysis, volume I-III.* John Wiley & Sons (1974).

[Jae2]   K. Jänich: *Analysis für Physiker und Ingenieure.* Springer, 2. A. (1990).

[Jeff]   A. Jeffrey: *Complex Analysis and Applications.* Chapman & Hall/CRC, 2nd Ed. (2006).

[Kyr]   A. Kyrala: *Applied Functions of a complex variable.* Wiley-Interscience (1972).

[LSch]   M. A. Lawrentjew, B. W. Schabat: *Methoden der komplexen Funktionentheorie.* VEB Deutscher Verlag der Wissenschaften (1967).

[Wun]   A. D. Wunsch: *Complex Variables with Applications.* Addison-Wesley, 2nd Ed. (1994).

Weiterführende und ergänzende Literatur:

[Doe]   G. Doetsch: *Handbuch der Laplace-Transf., Band I.* Birkhäuser (1971).

[Fri0]   K. Fritzsche: *Mathematik für Einsteiger.* Springer Spektrum, 5. A. (2014).

[Fri1]   K. Fritzsche: *Grundkurs Analysis 1.* Spektrum-Verlag, 2. A. (2008).

[Fri2]   K. Fritzsche: *Grundkurs Analysis 2.* Springer Spektrum, 2. A. (2013).

[Huse]   D. Husemöller: *Elliptic Curves.* Springer, 2nd Ed. (2002).

[Jae3]   K. Jänich: *Topologie.* Springer, 2. A. (1987).

[JoSi]   G. A. Jones, D. Singerman: *Complex functions – an algebraic and geometric viewpoint.* Cambridge University Press (1994).

[Olv]   F. W. J. Olver: *Asymptotics and special functions.* Academic Press (1974).

[SaSz]   R. Sauer, I. Szabó (Herausg.), verf. von G. Dotsch, F. W. Schäfke, H. Tietz: *Mathematische Hilfsmittel des Ingenieurs, Teil I.* Springer (1967).

[Schi]   J. L. Schiff: *Normal Families.* Springer (1993).

[WhWa]   E. T. Whittaker, G. N. Watson: *A Course of modern analysis.* Cambridge University Press, 4th Ed. (1986)

Symbolverzeichnis

$\mathbb{C}$	Körper der komplexen Zahlen	1
$i = \sqrt{-1}$	imaginäre Einheit	1
$\mathrm{Re}(z)$	Realteil der komplexen Zahl z	2
$\mathrm{Im}(z)$	Imaginärteil der komplexen Zahl z	2
$\overline{z}$	konjugierte komplexe Zahl	2
$|z|$	Betrag einer komplexen Zahl	3
$\arg(z)$	Argument von z	3
$U(t) = \cos t + i \sin t$		4
$D_r(z_0)$	Kreisscheibe mit Radius r um z_0	7
$-\alpha$	umgekehrt durchlaufener Weg	11,72
$\alpha + \beta$	zusammengesetzter Weg	11,72
$C_M(z)$	Zusammenhangskomponente von z in M	11
∂M	Rand einer Menge	15
$\overline{M}$	abgeschlossene Hülle	16
$\mathring{M}$	offener Kern	16
$\mathrm{dist}(z,w)$	Abstand $|z-w|$	17
$\lim_{z \to z_0} f(z)$	Grenzwert der Funktion f für $z \to z_0$	22
$\overline{\lim} \, a_n$	Limes superior	25
$Df(z_0)$	totale Ableitung	34
f_z und $f_{\overline{z}}$	Wirtinger-Ableitungen	38
S_a	Streifen parallel zur x-Achse	44
$\log_{(a)}$	Logarithmuszweig	44
$\mathbb{C}'$	aufgeschlitzte Ebene	45
$\mathbb{C}^*$	$\mathbb{C}$ ohne Null	46
H_+	obere Halbebene	55
j	imaginäre Einheit in der Elektrotechnik	56
$\int_\alpha f(z)\,dz$	komplexes Kurvenintegral	69
$|\alpha|$	Spur eines Weges	69
$L(\alpha)$	Länge eines Weges	70
$B \subset\subset G$	relativ kompakt	82
$\mathbb{D}$	Einheitskreisscheibe	83
$\mathbb{H}$	obere Halbebene	83
MWE	Mittelwerteigenschaft	100
$P_R(z,\theta)$	Poisson-Kern	101
$\mathbf{T}_\alpha$	Tangenteneinheitsvektor	106
$\mathbf{N}_\alpha$	Normaleneinheitsvektor	106
$\dfrac{\partial f}{\partial \nu}(\alpha, z_0)$	Normalenableitung	106
$K_{r,R}(z_0)$	Kreisring	116
$n(\alpha, z)$	Umlaufszahl	131
$\mathrm{Int}(\alpha)$	Inneres eines Weges	134
$\mathrm{Ext}(\alpha)$	Äußeres eines Weges	134

© Springer-Verlag GmbH Deutschland, ein Teil von Springer Nature 2019
K. Fritzsche, *Grundkurs Funktionentheorie*,
https://doi.org/10.1007/978-3-662-60382-6

$\mathrm{res}_{z_0}(f)$ Residuum   137

C.H. $\int_{-\infty}^{\infty} g(t)\, dt$

oder PV $\int_{-\infty}^{\infty} g(t)\, dt$ Cauchy'scher Hauptwert   146

$n(\Gamma, z)$ Umlaufszahl   154

$\mathscr{R} \int_a^b f(z)\, dz$ Rechtswert des Integrals   167

$\mathscr{L} \int_a^b f(z)\, dz$ Linkswert des Integrals   167

$f(x) \;\circ\!\!\overset{T}{\longrightarrow}\!\!\bullet\; T[f(x)]$ lineare Transformation   171

$\pi(t)$ Rechteck-Impuls   173

$\mathrm{si}(x) := \sin x / x$ 173

$\mathscr{L}[f(t)]$ Laplace-Transformierte   180

∞ unendlich ferner Punkt   189

$\overline{\mathbb{C}}$ abgeschlossene Ebene   189

$DV(z, z_1, z_2, z_3)$ Doppelverhältnis   195

$\mathbb{H}$ obere Halbebene   196

$\mathscr{O}(U)$ holomorphe Funktionen auf U 197

$\mathscr{M}(G)$ meromorphe Funktionen auf G 199

$P(z)$ Hilfsfunktion zur Gamma-Funktion   216

γ Euler'sche Konstante   217

$\Gamma(z)$ Gamma-Funktion   217

$\Psi(z)$ Hilfsfunktion zur Gamma-Funktion   219

$\mathrm{Per}(f)$ Menge der Perioden von f 224

$K(\Gamma)$ Körper der Γ-elliptischen Funktionen   227

P_a Periodenparallelogramm   227

$\wp(z)$ Weierstraß'sche $\wp$-Funktion   229

$\mathbb{C}(z)$ Körper der rationalen Funktionen   233

B_ν Bernoulli'sche Zahlen   237

$\mathrm{Ei}(z)$ Exponential-Integral   244

$\zeta(s)$ Zeta-Funktion   251

$\mathbb{P}^2$ komplex projektive Ebene   262

$\mathrm{Aut}(G)$ Automorphismengruppe von G 267

$\tau(z_1, z_2) = |(z_2 - z_1)/(\overline{z}_1 z_2 + 1)|$ 274

$\mathscr{O}(G)$ Raum der holomorphen Funktionen auf G 277

$f^\sharp(z)$ sphärische Ableitung   284

$\mathrm{Fat}(f)$ Fatou-Menge   313

$\mathrm{Jul}(f)$ Julia-Menge   313

$L_h(\gamma)$ hyperbolische Weglänge   316

$\mathrm{sn}(w)$ Sinus-Amplitude   329

$\mathrm{cn}(w)$ Cosinus-Amplitude   329

Stichwortverzeichnis

Abbildung
  eigentliche, 301
Abel
  Lemma von, 24
abgeschlossen, 7
  relativ, 9
abgeschlossene Hülle, 16
Ableitung
  komplexe, 26
  partielle
    nach x und y, 34
    nach z und $\overline{z}$, 38
  totale, 34
Ableitungsregeln, 27
absolute Konvergenz
  eines unendlichen Produktes, 209
Abszisse
  absoluter Konvergenz, 180
Additionstheorem
  der Exponentialfunktion, 31
  für die $\wp$-Funktion, 266
Ähnlichkeitssatz, 182
analytisch, 90
antiholomorph, 39
Antipodenpunkte, 273
Apfelmännchen, 313
Äquipotentiallinien, 62
Arcussinus, 49
Arcustangens, 48
Argument, 3
Argument-Prinzip, 141
Argumentfunktion
  stetige, 130
Argumentprinzip
  verallgemeinertes, 158
Arzelá-Ascoli
  Satz von, 286
asymptotisch äquivalent, 241
asymptotische Entwicklung, 242
Äußeres
  eines Weges, 134

Automorphismus
  der Ebene, 267
  des Einheitskreises, 269
  eines Gebietes, 267
  von $\overline{\mathbb{C}}$, 268
  von $\mathbb{H}$, 270

Basis
  einer Topologie, 298
Bernoulli-Zahlen, 237
Bessel-Funktionen, 349
Betrag
  einer komplexen Zahl, 3
Bewegung, 315
biholomorph, 41
  äquivalent, 41
  lokal, 41
Bildfunktion, 171, 172, 180
Blindleitwert, 57
Blindwiderstand, 56
Bolyai, 315

$\mathbb{C}$, 1
Caratheodory
  Satz von, 301
Casorati-Weierstraß
  Satz von, 114
Cauchy'sche Integralformel, 84
  höhere, 89
  mit einer Singularität, 169
Cauchy'sche Ungleichungen, 95
Cauchy'scher Hauptwert, 146, 167
Cauchy'scher Integralsatz
  allgemeiner, 155
  für einfach zusammenhängende Gebiete, 83
  für Sterngebiete, 80
Cauchy-Folge, 14
Cauchy-Hadamard, 25
Cauchy-Kriterium, 14
Cauchy-Riemann
  Differentialgleichungen von, 35

Cauchyfolge
  von Funktionen, 21
Cayley-Abbildung, 196
chordale Konvergenz, 271
chordaler Abstand, 270
Cosinus, 31
Cosinus-Amplitude, 329
Cotangens-Reihe, 205

$\mathbb{D}$, 83
Dämpfungssatz, 182
Darstellungssatz
  lokaler, 91
Delta-Amplitude, 329
Differentialgleichung, 51
  der $\wp$-Funktion, 231
Differentialgleichungen, 187
Differenzierbarkeit
  komplexe, 26
    Charakterisierung der, 35
  reelle, 34
Differenzierbarkeitskriterium, 26
Dirichlet-Problem, 100
  Lösung, 102
Dispersionsrelationen, 171
Divisor, 211
doppelt-periodisch, 226
Doppelverhältnis, 195
Drehung, 53, 272
Dreiecksgebiet, 75
Dreiecksungleichung, 8

einfach zusammenhängend, 82, 130, 157
einfacher Randpunkt, 299
Einheitskreis, 3, 83
Einheitskreisscheibe, 55
Einheitssphäre, 191
Einheitswurzel, 5, 55
  fünfte, 6
Einschaltvorgang, 179
Elektrotechnik, 56
Ellipse, 67
Ellipsenbogen, 326
elliptisch, 226
elliptische Funktion, 325

Jacobi'sche, 329
elliptische Kurve, 264
elliptischer Cosinus, 329
elliptischer Sinus, 329
elliptisches Integral, 326
entwickelbar
  in eine Potenzreihe, 90
Entwicklungs-Lemma, 87
Entwicklungssatz von Cauchy, 88
Ergänzungsformel, 218
erreichbarer Randpunkt, 299
Erreichbarkeitskriterium, 300
Euklid, 314
euklidischer Abstand, 270
Euler'sche Formel, 31, 32, 50
Euler'sche Konstante, 217
Euler'sche Produktformel, 252
Euler'sche Relation, 239
Exponential-Integral, 244
Exponentialfunktion, 31
  Bijektivitätsbereich der, 43

Fatou-Menge, 313
Fixpunkt, 194
Fluss
  eines Vektorfeldes, 106
Folge
  lokal beschränkte, 278
folgenkompakt, 283
Folgenkriterium, 22
Fourier-Entwicklung, 225
Fourier-Integral-Theorem, 177
Fourier-Transformation, 172
Fourier-Transformierte, 172
  der Ableitung, 176
fraktale Geometrie, 313
freier Randbogen, 311
Frequenzgang, 172
Fundamentalsatz
  der Algebra, 96
  für Kurvenintegrale, 153
Funktion
  analytische, 90
  doppelt-periodische, 226

elliptische, 226
ganze, 95
harmonische, 60, 104
  konjugierte, 62
holomorphe
  im Unendlichen, 197
meromorphe, 136
  in Unendlich, 197
periodische, 225
Funktionselement, 295

Gamma-Funktion, 217
Gauß, 315
  Satz von, 273
Gebiet, 9
Gebietstreue, 97
geometrische Reihe
  Trick mit der, 88
Gerade, 52
Goursat
  Satz von, 77
    in verschärfter Form, 79
Green'sche Formel, 107
Green'sche Funktion, 108
Green-Funktion, 171
Grenzwert
  einer Funktion, 22

$\mathbb{H}$, 83, 267
Hadamard, 260
Hankel'sche Integrale, 370
Hardy
  Satz von, 260
Häufungspunkt
  einer Folge, 13
  einer Menge, 12
Hauptsatz
  für Sterngebiete, 75
  über Kurvenintegrale, 73
Hauptteil
  einer Laurent-Reihe, 116
Hauptteilverteilung, 199
Hausdorff-Raum, 8
Heaviside-Funktion, 183
Hebbarkeitssatz

von Riemann, 91
Hilbert-Transformation, 171
holomorph, 36
holomorphe Fortsetzung, 294
  direkte, 295
  längs eines Weges, 295
homogene Koordinaten, 262
homolog, 154
Homöomorphismus, 193
homotop, 128
Homotopie, 128
Homotopieinvarianz
  des Kurvenintegrals, 129
Homotopiekriterium, 293
Hurwitz
  Satz von, 143
Hyperbel, 67
hyperbolischer Abstand, 316

i, 1
Identitätssatz, 92
imaginäre Einheit, 1
Imaginärteil, 2
Induktionsgesetz, 57
innerer Punkt, 15, 190
Inneres
  eines Weges, 134
Integraldarstellung
  der Gamma-Funktion, 220
Integrale
  mit Polen auf dem Integrationsweg,
    165
  trigonometrische, 144
  uneigentliche rationale, 145
Integralformel
  Cauchy'sche, 84
Integralsatz
  Cauchy'scher, 83
  Green'scher, 108, 111
Integraltransformation, 172
Integrationsregel, 71
Integrationssatz, 145
  erste Variante, 148
  zweite Variante, 148

Integrationsweg, 69
Inverses
    einer komplexen Zahl, 3
Inversion, 29, 192
isolierter Punkt, 12

Joukowski-Funktion, 66
Joukowski-Profil, 68
Julia-Menge, 313

K.O.-Topologie, 278
Keim
    eines Funktionselements, 297
Kette, 152
kompakt, 13
kompakt divergent, 271
kompakt konvergent
    gegen Unendlich, 271
komplexe Amplitude, 56
komplexe Umkehrformel, 178, 186
komplexe Zahl, 1
    konjugierte, 2
Kondensator, 57
konform, 40
Kongruenz, 315
konvergent
    kompakt, 143, 200
Konvergenz
    absolute, 15
    einer Folge, 9
    einer Laurent-Reihe, 116
    einer Reihe, 14
    im Funktionenraum, 278
    normale
        im Inneren, 210
Konvergenz von Funktionenfolgen
    gleichmäßige, 21
    punktweise, 21
Konvergenz von Funktionenreihen
    gleichmäßige, 21
    normale, 21
    punktweise, 21
konvergenzerzeugende Summanden, 201
Konvergenzkreis, 24
Konvergenzradius, 24

Konvergenzsatz
    von Weierstraß, 96
konvex, 17, 128
Kramers-Kronig-Relationen, 171
Kreis, 52
    Parametrisierung, 72
Kreisfrequenz, 56
Kreiskette, 127
Kreisring, 116
Kreisscheibe, 7
Kriterium I
    für einfachen Zusammenhang, 292
Kriterium II
    für einfachen Zusammenhang, 293
kritischer Streifen, 260
Kurve
    reell-analytische, 309
Kurvenintegral, 127
    erster Art, 105
    komplexes, 69
    zweiter Art, 105
Kurvenstück
    glattes analytisches, 309

Länge
    eines Weges, 70
Laplace-Integral, 180
Laplace-Operator, 60
Laplace-Transformation, 180
    Umkehrung der, 185
Laplace-Transformierte, 180
    der Ableitung, 183
Laurent-Reihe, 116
Laurent-Trennung, 119
Legendre'sche Verdopplungsformel, 219
Lemniskate, 326
L-Funktion, 179
Limes superior, 25
Linkswert, 167
Liouville
    Satz von, 95
Liouville'scher Satz
    dritter, 228
    erster, 227

zweiter, 227
Lobatschewski, 315
Logarithmus
    Ableitung des, 45
    Berechnungsformel für den, 44
    Hauptzweig des, 44
    Reihendarstellung des, 45
Logarithmusfunktion, 83
Logarithmuszweig, 44
Lösung
    einer Hauptteilverteilung, 199
    einer Nullstellenverteilung, 211

m-normal, 281
Majorantenkriterium, 15
Mandelbrot-Menge, 313
Marty
    Satz von, 285
Maximumprinzip, 94
    verallgemeinertes, 304
Mellin-Transformation, 161
Menge
    abgeschlossene, 7
    beschränkte, 13, 278
    diskrete, 12
    offene, 7, 8
        im Funktionenraum, 277
        in $\overline{\mathbb{C}}$, 190
meromorph, 136
Metrik, 8
Minimumprinzip, 94
Mittag-Leffler
    Satz von, 200
    spezieller Satz von, 202
Mittelwerteigenschaft, 93, 100
Möbius-Transformation, 29, 41, 53, 194, 275
    unitäre, 273
Moivre
    Formel von, 5
Monodromiesatz, 296
Montel
    Satz von, 280
Morera

Satz von, 90
Multiplikationsformel
    von Gauß/Euler, 218

Nebenteil
    einer Laurent-Reihe, 116
normale Familie, 280
    von meromorphen Funktionen, 281
normale Konvergenz
    im Inneren, 210
Normalenableitung, 106
Normaleneinheitsvektor, 106
Normalintegral, 326
Normalitätslemma, 282
nullhomolog, 154
nullhomotop, 128
Nullstellenordnung, 92
Nullstellenverteilung, 211

obere Halbebene, 49, 55, 83, 196
offen, 7, 8
offener Kern, 16
Ohm'sches Gesetz, 56
Operator, 171
Ordnung
    einer Nullstelle, 92
orientierungserhaltend, 39
orientierungsumkehrend, 40
Originalfunktion, 171, 180
Orthokreis, 319
Ortskurve, 58

Parallelenaxiom, 315
    hyperbolisches, 319
Parameterintegrale, 188
Parametertransformation, 70
Partialbruchzerlegung, 159, 199
Partialsumme, 14
Periode, 224
Periodengitter, 226
Periodenparallelogramm, 227
periodisch, 225
Poincaré-Modell, 319
Poisson-Kern, 101
Polarkoordinaten-Darstellung

einer komplexen Zahl, 3
Polstelle, 113
Polstellenmenge, 136
Polstellenordnung, 113
Polygongebiet, 321
Polynom, 20
positiv berandet, 140
Potential
    komplexes, 62
Potentialfunktion, 62
Potenzfunktion, 46
Potenzreihe, 20
    Ableitung einer, 29
    Konvergenzverhalten einer, 23
Primzahl, 252
Primzahlsatz, 260
Produkt
    unendliches, 207
projektive Kurve, 262
projektiver Raum, 261

Quadratwurzel
    Existenz der, 287
Quelle, 64

Randpunkt, 15
Randschnitt, 306
Raum
    metrischer, 8
    topologischer, 8
Realteil, 2
Rechteck-Impuls, 173, 183
Rechtswert, 167
Reihe
    geometrische, 15
    meromorpher Funktionen, 200
    unendliche, 14
relativ kompakt, 82
Residuenformel, 140
Residuensatz, 139
    verallgemeinerter, 157
Residuum, 137
    im Unendlichen, 240
Riemann'sche Fläche
    eines Funktionselements, 298

Riemann'sche Vermutung, 261
Riemann'sche Zahlenkugel, 193
Riemann'scher Abbildungssatz, 288
Riemannsche Fläche, 20, 46
Rouché
    Satz von, 142

Saccheri, 320
Sattelpunkt, 246
Sattelpunktmethode, 246
Satz von
    Bolzano-Weierstraß, 13
    Heine-Borel, 13
Schwarz'sches Lemma, 269
Schwarz'sches Spiegelungsprinzip, 308
Schwarz-Christoffel
    Formel von, 324
Schwarz-Pick
    Lemma von, 317
Senke, 64
Singularität
    einer Green'schen Funktion, 108
    hebbare, 113
    isolierte, 113
    wesentliche, 113
Sinus, 31
    Produktdarstellung des, 213
Sinus-Amplitude, 329
Spektralfunktion, 172
sphärische Ableitung, 284
sphärische Länge, 275
spärischer Abstand, 274
Spiegelung, 53
    am Einheitskreis, 3
    am Kreis, 310
    an einer Geraden, 310
Spiegelung an der x-Achse, 2
Spiegelungssatz
    großer, 311
Sprungfunktion, 183
Spule, 57
Spur
    einer Kette, 152
    eines Weges, 69

Stammfunktion, 71
Standardabschätzung, 70
stereographische Projektion, 191
sternförmig, 75
stetig, 22, 192
    stückweise, 75
stetig differenzierbar
    stückweise, 75
Stirling'sche Formel, 251
Strahlensatz, 191
Stromlinien, 62
Stromstärke, 56
Strömung, 62
summatorische Funktion, 234
Symmetrie
    bezüglich einer Kurve, 309

Tangenteneinheitsvektor, 106
Topologie, 8
Torus, 264
Tragfläche, 68
Transformation
    gebrochen lineare, 29
Translation, 53
trigonometrische Summen, 50

Umgebung, 8
    im Funktionenraum, 277
    von Unendlich, 189
Umlaufszahl, 131, 153
    Bestimmung der, 133
unendlich ferner Punkt, 189

Vallé-Poussin, 260
Verbindungsstrecke, 72
Verpflanzungsprinzip, 111
Verschiebungssatz, 182
Verschlüsselung, 266
Verzweigungspunkt, 298
Verzweigungssingularität, 160
Vitali
    Satz von, 283
voll singulär, 294

Wachstum

exponentielles, 181
Wallis'sche Formel, 214
Weg
    glatter, 40
    stetiger, 9
  ˙ umgekehrt durchlaufener, 11, 72
    zusammengesetzter, 11
Wegkomponente, 11
Weglänge
    hyperbolische, 316
Weierstraß
    Konvergenzsatz von, 96
Weierstraß'sche $\wp$-Funktion, 229
Weierstraß'scher Produktsatz, 211
    spezieller, 212
Weierstraß-Kriterium, 22
Winkel, 40
winkeltreu, 40
Wirkleitwert, 57
Wirkwiderstand, 56
Wirtinger-Ableitungen, 38
Wirtinger-Kalkül, 38

Zeiger, 56
Zeta-Funktion, 251
    Funktionalgleichung der, 256
Zirkulation, 106
zusammenhängend, 10
Zusammenhangskomponente, 11
    unbeschränkte, 132
Zyklus, 152
    um ein Kompaktum, 291

Willkommen zu den Springer Alerts

- Unser Neuerscheinungs-Service für Sie:
  aktuell *** kostenlos *** passgenau *** flexibel

Jetzt anmelden!

Springer veröffentlicht mehr als 5.500 wissenschaftliche Bücher jährlich in gedruckter Form. Mehr als 2.200 englischsprachige Zeitschriften und mehr als 120.000 eBooks und Referenzwerke sind auf unserer Online Plattform SpringerLink verfügbar. Seit seiner Gründung 1842 arbeitet Springer weltweit mit den hervorragendsten und anerkanntesten Wissenschaftlern zusammen, eine Partnerschaft, die auf Offenheit und gegenseitigem Vertrauen beruht.

Die SpringerAlerts sind der beste Weg, um über Neuentwicklungen im eigenen Fachgebiet auf dem Laufenden zu sein. Sie sind der/die Erste, der/die über neu erschienene Bücher informiert ist oder das Inhaltsverzeichnis des neuesten Zeitschriftenheftes erhält. Unser Service ist kostenlos, schnell und vor allem flexibel. Passen Sie die SpringerAlerts genau an Ihre Interessen und Ihren Bedarf an, um nur diejenigen Information zu erhalten, die Sie wirklich benötigen.

Mehr Infos unter: springer.com/alert

A11445 | Image: Teraberb/iStock